中国芳香植物资源

Aromatic Plant Resources in China

（第6卷）

王羽梅　主编

中国林业出版社

图书在版编目（CIP）数据

中国芳香植物资源：全6卷 / 王羽梅主编. --北京：中国林业出版社，2020.9
ISBN 978-7-5219-0790-2

Ⅰ. ①中… Ⅱ. ①王… Ⅲ. ①香料植物－植物资源－中国
Ⅳ. ①Q949.97

中国版本图书馆CIP数据核字（2020）第174231号

《中国芳香植物资源》编委会

主　编： 王羽梅

副主编： 任　飞　任安祥　叶华谷　易思荣

著　者：

王羽梅（韶关学院）
任安祥（韶关学院）
任　飞（韶关学院）
易思荣（重庆三峡医药高等专科学校）
叶华谷（中国科学院华南植物园）
邢福武（中国科学院华南植物园）
崔世茂（内蒙古农业大学）
薛　凯（北京荣之联科技股份有限公司）
宋　鼎（昆明理工大学）
王　斌（广州百彤文化传播有限公司）
张凤秋（辽宁锦州市林业草原保护中心）
刘　冰（中国科学院北京植物园）
杨得坡（中山大学）
罗开文（广西壮族自治区林业勘测设计院）
徐晔春（广东花卉杂志社有限公司）
于白音（韶关学院）
马丽霞（韶关学院）
任晓强（韶关学院）
潘春香（韶关学院）
肖艳辉（韶关学院）
何金明（韶关学院）
刘发光（韶关学院）
郑　珺（广州医科大学附属肿瘤医院）
庞玉新（广东药科大学）
陈振夏（中国热带农业科学院热带作物品种资源研究所）
刘基男（云南大学）
朱鑫鑫（信阳师范学院）
叶育石（中国科学院华南植物园）
宛　涛（内蒙古农业大学）
宋　阳（内蒙古农业大学）
李策宏（四川省自然资源科学研究院峨眉山生物站）
朱　强（宁夏林业研究院股份有限公司）
卢元贤（清远市古朕茶油发展有限公司）
寿海洋（上海辰山植物园）
张孟耸（浙江省宁波市鄞州区纪委）
周厚高（仲恺农业工程学院）
杨桂娣（茂名市芳香农业生态科技有限公司）
叶喜阳（浙江农林大学）
郑悠雅（前海人寿广州总医院）
吴锦生〔中国医药大学（台湾）〕
张荣京（华南农业大学）
李忠宇（辽宁省凤城市林业和草原局）
高志恳（广州市昌缇国际贸易有限公司）
李钱鱼（广东建设职业技术学院）
代色平（广州市林业和园林科学研究院）
容建华（广西壮族自治区药用植物园）
段士明（中国科学院新疆生态与地理研究所）
刘与明（厦门市园林植物园）
陈恒彬（厦门市园林植物园）
邓双文（中国科学院华南植物园）
彭海平（广州唯英国际贸易有限公司）
董　上（伊春林业科学院）
徐　婕（云南耀奇农产品开发有限公司）
潘伯荣（中国科学院新疆生态与地理研究所）
李镇魁（华南农业大学）
王喜勇（中国科学院新疆生态与地理研究所）

第6卷目录

紫草科

紫金牛科

紫茉莉科

紫萁科

紫葳科

棕榈科

酢浆草科

红厚壳

Calophyllum inophyllum Linn.

藤黄科　红厚壳属

别名：海棠果、琼崖海棠树、胡桐、海棠、海桐、君子树、海棠木、琼州海棠

分布：海南、广东、广西、台湾

【形态特征】乔木，高5～12 m；树皮厚，灰褐色或暗褐色，有纵裂缝，创伤处常渗出透明树脂；幼枝具有纵条纹。叶片厚革质，宽椭圆形或倒卵状椭圆形，稀长圆形，长8～15 cm，宽4～8 cm，顶端圆或微缺，基部钝圆或宽楔形，两面具有光泽。总状花序或圆锥花序近顶生，有花7～11，长在10 cm以上，稀短；花两性，白色，微香，直径2～2.5 cm；花萼裂片4枚，外方2枚较小，近圆形，顶端凹陷，内方2枚较大，倒卵形，花瓣状；花瓣4，倒披针形，顶端近平截或浑圆，内弯；雄蕊极多数，花丝基部合生成4束；子房近圆球形，柱头盾形。果圆球形，直径约2.5 cm，成熟时为黄色。花期3～6月，果期9～11月。

【生长习性】野生或栽培于海拔60～200 m的丘陵空旷地和海滨沙荒地上。性强健，抗风、耐盐、耐干旱。

【精油含量】水蒸气蒸馏法提取枝条的得油率为0.02%，鲜花的得油率为0.06%；石油醚萃取鲜花的得油率为0.33%；超临界萃取鲜花的得油率为0.20%。

【芳香成分】枝：梅文莉等（2006）用水蒸气蒸馏法提取的海南文昌产红厚壳风干枝条精油的主要成分为：δ-紫穗槐烯（14.63%）、β-石竹烯（13.13%）、γ-杜松烯（10.22%）、α-石竹烯（8.87%）、α-金合欢烯（7.80%）、十六醛（6.68%）、玷玶烯（3.37%）、α-荜澄茄油烯（3.33%）、氧化石竹烯（3.16%）、薄荷醇（2.95%）、1-十五烷醇（2.44%）、α-紫穗槐烯（2.02%）、去氢白菖烯（1.85%）、依兰烯（1.71%）、正十六烷酸（1.67%）、环氧葎草烯Ⅱ（1.59%）、艾里莫酚烯（1.41%）、3,4-脱氢紫罗烯（1.22%）、十五醛（1.06%）、α-杜松醇（1.02%）等。

花：金惠娟等（2007）用水蒸气蒸馏法提取的海南万宁产红厚壳鲜花精油的主要成分为：大根香叶烯D（22.62%）、β-倍半水芹烯（19.00%）、反式-石竹烯（12.03%）、萘衍生物（6.38%）、十二碳三烯（6.25%）、α-石竹烯（6.13%）、α-柯拜烯（3.99%）、β-波旁烯（3.46%）、δ-杜松烯（2.69%）、环己二烯（2.20%）、异喇叭烯（1.04%）、萘衍生物（1.00%）等。

【利用】种子油可供工业用，加工去毒和精炼后可食用，也可供医药用。木材适宜于造船、桥梁、枕木、农具及家具等用材。树皮可提制栲胶。根叶药用，有祛瘀止痛、祛瘀止血的功效，主治风湿疼痛、跌打损伤、痛经等症，治外伤出血、鼻衄、妇人经血过多等症。为华南地区重要的庭荫树种，也可作海岸防风树种和城乡四周绿化树种。

红芽木

Cratoxylum formosum (Jack) Dyer subsp. *pruniflorum* (Kurz) Gogelin

藤黄科　黄牛木属

别名：西双版纳苦丁茶、苦茶、牛丁角、黄浆果、苦沉茶、红眼树、酸浆树、苦丁茶

分布：广西、云南

【形态特征】越南黄牛木亚种。落叶灌木或乔木，高3～6 m，幼枝、叶、花梗及萼片外面密被柔毛。树干下部有长枝刺，皮层片状剥落。小枝略扁，多少呈四棱形。叶片椭圆形或长圆形，长4～10 cm，宽2～4 cm，先端钝形或急尖，基部圆形，有透明的腺点。花序由5～8朵花聚集而成的团伞。花直径1.3 cm。萼片椭圆形或长圆状披针形，先端钝形。花瓣倒卵形或倒卵状长圆形，有小缘毛及褐色小斑点，基部狭爪状，有鳞片，楔形，顶端截平且具小齿。蒴果椭圆形，长15 mm，宽达6 mm，黑褐色。种子每室6～8粒，倒卵形，长约7 mm，宽3 mm，基部狭爪状，不对称，一侧具翅。花期3～4月，果期5月以后。

【生长习性】生于山地次生疏林或灌丛中，海拔1400 m以下。

【精油含量】水蒸气蒸馏法提取新鲜嫩叶的得油率为0.18%。

【芳香成分】纳智（2007）用水蒸气蒸馏法提取的红芽木新鲜嫩叶精油的主要成分为：石竹烯（23.99%）、α-雪松烯（10.57%）、姜黄烯（8.75%）、α-石竹烯（8.57%）、胡椒烯（4.96%）、β-顺式-罗勒烯（3.67%）、杜松烯（3.63%）、β-红没药烯（3.52%）、氧化石竹烯（2.46%）、α-杜松醇（2.34%）、α-香柠檬烯（1.94%）、(±)-反式-橙花叔醇（1.83%）、β-雪松烯（1.62%）、β-榄香烯（1.55%）、β-蒎烯（1.33%）、α-蒎烯（1.12%）、tau-杜松醇（1.01%）等。

【利用】木材适宜作细工。树皮可作兽药，煎水治牛马肠胃

炎有效。嫩叶有化湿消滞的功效，用于治疗泄泻、痢疾、疮疖。嫩叶可作茶叶代用品。

黄牛木

Cratoxylum cochinchinense (Lour.) Blume

藤黄科　黄牛木属

别名：雀笼木、黄牛茶、黄芽木、狗牙木、山狗牙、鹧鸪木、水杧果、节节花、满天红、茶咯桌、美启烈、梅低优

分布：广东、广西、海南、云南

【形态特征】落叶灌木或乔木，高1.5～25 m，树干下部有簇生的长枝刺。枝条淡红色。叶片椭圆形至长椭圆形或披针形，长3～10.5 cm，宽1～4 cm，先端骤尖或渐尖，基部钝形至楔形，坚纸质，叶面绿色，叶背粉绿色，有透明腺点及黑点。聚伞花序腋生或腋外生及顶生，有花1～3朵。花直径1～1.5 cm。萼片椭圆形，有黑色纵腺条。花瓣粉红色、深红色至红黄色，倒卵形，长5～10 mm，宽2.5～5 mm，脉间有黑腺纹。下位肉质腺体长圆形至倒卵形，盔状，顶端增厚反曲。蒴果椭圆形，长8～12 mm，宽4～5 mm，棕色，被宿存的花萼。种子倒卵形，长6～8 mm，宽2～3 mm，基部具有爪，一侧具有翅。花期4～5月，果期6月以后。

【生长习性】生于丘陵或山地的干燥阳坡上的次生林或灌丛中，海拔1240 m以下。能耐干旱，萌发力强。

【精油含量】水蒸气蒸馏法提取枝叶的得油率为0.20%。

【芳香成分】根：李晓霞等（2010）用乙醇提取石油醚萃取法提取的海南儋州产黄牛木风干根精油的主要成分为：汉地醇（30.69%）、油酸（2.60%）、棕榈酸（2.48%）、β-豆甾醇（2.34%）、棕榈酸乙酯（2.20%）、角鲨烯（1.73%）、维生素E（1.71%）、油酸乙酯（1.49%）、亚油酸（1.47%）、亚油酸乙酯（1.42%）、豆甾醇（1.21%）、β-丁香烯（1.03%）等。

茎：李晓霞等（2010）用乙醇提取石油醚萃取法提取的海南儋州产黄牛木茎精油的主要成分为：棕榈酸（ 8.85%）、油酸（8.15%）、亚油酸（6.27%）、穿贝海绵甾醇（6.14%）、软木三萜酮（4.44%）、棕榈酸乙酯（4.26%）、豆甾醇（3.19%）、亚油酸乙酯（3.15%）、油酸乙酯（2.49%）、(顺)-7,11-二甲基-3-亚甲基-1,6,10-十二碳三烯（1.76%）、角鲨烯（1.26%）、硬脂酸乙酯（1.19%）、硬脂酸（1.15%）、豆甾-4-烯-3-酮（1.09%）、β-石竹烯（1.08%）等。

枝叶：朱亮锋等（1993）用水蒸气蒸馏法提取的广东阳山产黄牛木枝叶精油的主要成分为：β-石竹烯（26.78%）、β-荜澄茄烯（10.17%）、α-石竹烯（7.98%）、松油醇-4（7.13%）、γ-榄香烯（5.94%）、α-罗勒烯（3.82%）、姜烯（3.39%）、β-金合欢烯（3.06%）、δ-杜松烯（2.23%）、δ-杜松醇（1.44%）、喇叭茶醇（1.11%）等。

果实：王祝年等（2010）用水蒸气蒸馏法提取的海南儋州产黄牛木果实精油的主要成分为：β-石竹烯（24.06%）、油酸（14.63%）、反式-β-罗勒烯（11.57%）、石竹烯氧化

物（11.45%）、α-蒎烯（7.54%）、α-蛇麻烯（3.19%）、法呢烯（2.93%）、棕榈酸（1.89%）、硬脂酸（1.28%）、香榧醇（1.24%）、β-月桂烯（1.21%）、τ-依兰醇（1.13%）、法呢醇（1.12%）、大牻牛儿烯D（1.07%）等。

【利用】木材供雕刻用。幼果供作烹调香料。根、树皮及嫩叶入药，治感冒、腹泻。嫩叶可作茶叶代用品。可作行道树或观赏树。为蜜源植物。精油为医药和日用化工原料。

遍地金

Hypericum wightianum Wall. ex Wight et Arn.

藤黄科　金丝桃属
别名： 对叶草、对对草、小疳药、蚂蚁草、小化血、毒蛇草、蚁药、苍蝇草
分布： 广西、四川、贵州、云南

【形态特征】一年生草本，高13～35 cm。茎披散或直立。叶片卵形或宽椭圆形，长1～2.5 cm，宽0.5～1.5 cm，先端浑圆，基部略呈心形，抱茎，边缘全缘但常有具柄的黑腺毛，叶面绿色，叶背淡绿色，散布透明的腺点。花序顶生，为二岐状聚伞花序，具3至多花；苞片和小苞片披针形，长达8 mm，边缘有具柄的黑色腺毛。花小，直径约6 mm。萼片长圆形或椭圆形，边缘有具柄的黑腺齿，全面并散生有黑腺点。花瓣黄色，椭圆状卵形，长3～5 mm，边缘及上部有黑色腺点。蒴果近圆球形或圆球形，长约6 mm，宽4 mm，红褐色。种子褐色，圆柱形，长约0.5 mm，表面有细蜂窝纹。花期5～7月，果期8～9月。

【生长习性】生于田地或路旁草丛中，海拔800～2750 m。

【芳香成分】万德光等（2001）用水蒸气蒸馏法提取的四川峨眉山产遍地金全草精油的主要成分为：十一烷（29.07%）、石竹烯（11.94%）、正十六酸（8.36%）、4a-甲基-1-亚甲基-7-(1-甲基乙烯基)-1aR-(4aα,7α,8aβ)-十氢萘（7.10%）、十三烷酸（7.00%）、十二酸（5.44%）、4-甲基-1-(1-异丙基)-R-3-环己烯-1-醇（4.52%）、5-四氢化乙烯基-α,α,5-三甲基-顺式-2-甲醇呋喃（3.62%）、十四酸（3.15%）、(E)-3,7,11-三甲基-1,6,10-十二丙烯-3-醇（3.10%）、石竹烯氧化物（2.60%）、α-石竹烯（2.35%）、顺式-里哪醇氧化物（2.14%）、3-丁基-1-(3H)-异苯并呋喃（1.62%）、4,7-二甲基-1-(1-甲基)-1S-顺-1,2,3,5,6,8a-六氢萘（1.23%）、1,4-二甲基-7-(1-甲基乙烯基)-1R-(1α,3aα,4a,7β)八氢薁（1.20%）等。

【利用】全草入药，具有清热解毒、通经活血的功效，治小儿肺炎、小儿消化不良、乳腺炎、腹泻久痢、痛经、口腔炎、小儿白口疮等症；外用治黄水疮、毒蛇咬伤。

糙枝金丝桃

Hypericum scabrum Linn.

藤黄科　金丝桃属
别名： 腺点金丝桃
分布： 新疆

【形态特征】多年生草本或半灌木，高20～40 cm。茎多数，多分枝，散布有疣状突起。茎上叶卵状长圆形或长圆形，长1.3～1.7 cm，宽0.3～0.5 cm，分枝上的叶变小，先端钝形且具有小尖突，基部宽楔形至近圆形，全缘，坚纸质，全面散布淡色腺点。顶生聚伞状伞房花序，极多花密集，直径达6 cm；苞片及小苞片狭卵形至长圆形，先端钝形，基部宽楔形。花直径约5 mm。萼片5，卵状长圆形，边缘膜质且具有小齿，有2条淡色腺条。花瓣5，黄色，倒卵状长圆形，有透明腺点。蒴果卵珠形，长约5 mm，宽3.5 mm，红褐色，具有纵腺条纹。种子淡褐色，圆柱形，长约2 mm，表面有纵长乳突。花期7月，果期8～9月。

【生长习性】生于干旱多石山坡或砾质坡地上，海拔1100 m。

【精油含量】水蒸气蒸馏法提取干燥全草的得油率为0.80%。

【芳香成分】熊元君等（2006）用水蒸气蒸馏-乙酸乙酯萃取法提取的新疆巩留产糙枝金丝桃干燥全草精油的主要成分为：β-萜品烯（21.66%）、β-柠烯（12.29%）、反-3,7-二

甲基-1,3,6-辛三烯（9.95%）、γ-杜松帖烯（4.67%）、1-甲氧基-2-丙烯基-苯（4.67%）、长叶薄荷酮（4.12%）、δ-杜松萜烯（4.12%）、顺-3.7-二甲基-1,3,6-辛三烯（4.00%）、1-β-蒎烯（3.79%）、十三烷（2.76%）、γ-萜品烯（2.33%）、反-石竹烯（2.02%）、2-甲基-4-壬烯（1.72%）、α-荜澄茄油烯（1.67%）、β-香叶烯（1.41%）、(反)-5-十八碳烯（1.08%）等。

【利用】全草为哈萨克族常用药材，具有清热解毒、消肿散瘀、收敛止血等功效，用于治疗风湿性腰痛、疖肿、肝炎、蛇咬伤等。

川滇金丝桃

Hypericum forrestii (Chittenden) N. Robson

藤黄科　金丝桃属

分布：东北、西南地区

【形态特征】灌木，高0.3～1.5 m，丛状。茎红至橙色。叶片披针形或三角状卵形，长2～6 cm，宽0.9～3.5 cm，先端钝形至圆形或略微凹，基部宽楔形至圆形，边缘平坦，坚纸质，叶面绿色，叶背淡绿色，腹腺体密生，叶片腺体短条纹状和点状。花序具1～20花，近伞房状；苞片披针形至多少呈叶状。花直径2.5～6 cm，多少呈深盃状；萼片分离，卵形至近圆形，腺体12或更多，线形。花瓣金黄色，明显内弯，宽倒卵形，长1.8～3 cm，宽1.1～2.5 cm，全缘或疏生有具腺的短小齿，有近顶生小尖突。蒴果多少呈宽卵珠形，长1.2～1.8 cm，宽0.8～1.4 cm。种子深红褐色，狭圆柱形，长1.2～1.7 mm。花期6～7月，果期8～10月。

【生长习性】生于山坡多石地，有时亦在溪边或松林林缘，海拔1500～4000 m，耐寒。

【芳香成分】万德光等（2001）用水蒸气蒸馏法提取的四川汶川产川滇金丝桃全草精油的主要成分为：1-(1,5-二甲基-4-己烯基)-4-甲基苯（11.11%）、4,7-二甲基-1-(1-甲基)-1S-顺-1,2,3,5,6,8a-六氢萘（8.07%）、1,4-二甲基-7-(1-甲基乙烯基)-1R-(1α,3aα,4a,7β)-八氢薁（7.50%）、正十六酸（6.19%）、4a-甲基-1-亚甲基-7-(1-甲基乙烯基)-1aR-(4aα,7α,8aβ)-十氢萘（6.06%）、石竹烯氧化物（6.05%）、1,1,6-三甲基-1,2-二氢萘（5.00%）、1,6-二甲基-4-(1-异丙醇)-六氢萘（3.59%）、α-荜澄茄油烯（3.55%）、1,4-二甲基-1,2,3,4-四氢萘（3.35%）、7-甲基-4-亚甲基-1-(1-异丙基)-1-(1α,4aβ,8aα)-八氢萘（3.26%）、1-环己基苯酚胺（3.13%）、α-荜澄茄醇（3.07%）、1,6-二甲基-4-(1-异丙基)萘（2.88%）、顺式十氢萘（2.68%）、石竹烯（2.51%）、4-乙基-1,2-二甲基苯（2.06%）、(1α,7β,8α)-1,8a-二甲基-7-(1-甲基乙烯基)-四甲基-1R-1,2,3,5,6,7,8,8a-八氢萘（1.96%）、(-)-匙叶桉油烯醇（1.79%）、2-甲氧基3H-吖庚因（1.72%）、α-石竹烯（1.41%）等。

【利用】全草药用，用于治疗咯血、吐血、肠风下血、外伤出血、风湿骨痛、口鼻生疮、肿毒、烫伤、烧伤。

地耳草

Hypericum japonicum Thunb. ex Murray

藤黄科　金丝桃属

别名：田基黄、小元宝草、四方草、千重楼、小还魂、小连翘、犁头草、和虾草、雀舌草、上天梯、小蚁药、小付心草、小对叶草、八金刚草、斑鸠窝

分布：辽宁、山东至长江以南各地

【形态特征】一年生或多年生草本，高2～45 cm。叶片通常卵形或卵状三角形至长圆形或椭圆形，长0.2～1.8 cm，宽0.1～1 cm，先端近锐尖至圆形，基部心形抱茎至截形，全缘，坚纸质，叶面绿色，叶背淡绿但有时带苍白色，全面散布透明腺点。花序具有1～30花，两岐状或多少呈单岐状；苞片及小苞片线形、披针形至叶状。花直径4～8 mm。萼片狭长圆形或披针形至椭圆形，散生有透明腺点或腺条纹。花瓣白色、淡黄至橙黄色，椭圆形或长圆形，长2～5 mm，宽0.8～1.8 mm。蒴果短圆柱形至圆球形，长2.5～6 mm，宽1.3～2.8 mm。种子淡黄色，圆柱形，长约0.5 mm，两端锐尖，全面有细蜂窝纹。花期3～8月，果期6～10月。

【生长习性】生长于田边、沟边、草地以及撂荒地上较潮湿的地方，海拔2800 m以下。

【精油含量】水蒸气蒸馏法提取干燥茎的得油率为0.15%，花叶的得油率为0.24%。

【芳香成分】茎：郁建平等（2001）用水蒸气蒸馏法提取的干燥茎精油的主要成分为：十一碳烷（46.38%）、壬烷（23.87%）、3R-(3α,3aβ,7β,8aα)-3,6,8,8-四甲基-2,3,4,7,8,8a六氢-1H-3a,7-亚甲基薁（6.15%）、石竹烯（2.93%）、S-(Z)-3,7,11-

三甲基-1,6,10-十二碳三烯-3-醇（2.15%）、正癸醛（1.63%）、α-防风根醇（1.35%）、顺,顺,顺-1,1,4,8-四甲基-4,7,10-环十一碳三烯（1.30%）等。

花叶：郁建平等（2001）用水蒸气蒸馏法提取的花叶精油的主要成分为：十一碳烷（17.06%）、2,4-二甲基庚烷（16.58%）、正十六碳酸（6.04%）、2,5,5-三甲基-1,3,4,5,6,7-六氢化-2H-2,4a-桥亚乙基萘（5.80%）、α-防风根醇（5.29%）、石竹烯（4.42%）、正癸醛（3.25%）、1S-(1α,4β,5α)-1,8-二甲基-1-异丙烯基-螺环[4,5]-7-癸烯（3.11%）、顺-3,7,11-三甲基-1,6,10-十二碳-三烯-3-醇（2.48%）、反-3,7,11-三甲基-1,6,10-十二碳三烯-3-醇（2.41%）、反-3,7,11-三甲基-1,6,10-十二碳三烯-4-醇（2.30%）、顺,顺,顺-1,1,4,8-四甲基-4,7,10-环十一碳三烯（1.35%）、1R-2,6,6-三甲基二环[3.1.1]-2-庚烯（1.15%）、(E,E)-9,12-十八碳二烯酸（1.13%）等。

【利用】全草入药，能清热解毒、止血消肿，治疗肝炎、跌打损伤及疮毒。

贯叶连翘

Hypericum perforatum Linn.

藤黄科　金丝桃属

别名：小叶金丝桃、贯叶金丝桃、女儿茶、千层楼、大对叶草、小刘寄奴、贵州连翘、小对叶草、小过路黄、赶山鞭、小金丝桃、夜关门、铁帚把

分布：山西、甘肃、新疆、河南、陕西、湖北、湖南、四川、贵州、江西、江苏、河北、山东

【形态特征】多年生草本，高20～60 cm。茎直立，多分枝。叶椭圆形至线形，长1～2 cm，宽0.3～0.7 cm，先端钝形，基部近心形而抱茎，全缘，背卷，坚纸质，叶面绿色，叶背白绿色，散布淡色有时黑色腺点。花序为5～7花的两岐状的聚伞花序，多个再组成顶生圆锥花序；苞片及小苞片线形，长达4 mm。萼片长圆形或披针形，边缘有黑色腺点，全面有2行腺条和腺斑。花瓣黄色，长圆形或长圆状椭圆形，边缘及上部常有黑色腺点。蒴果长圆状卵珠形，长约5 mm，宽3 mm，具有背生腺条及侧生黄褐色囊状腺体。种子黑褐色，圆柱形，长约1 mm，具有纵向条棱，表面有细蜂窝纹。花期7～8月，果期9～10月。

【生长习性】生于山坡、路旁、草地、林下及河边等处，海拔500～2100 m。适应性较强，能耐寒、耐旱和耐湿，喜阳光充足、温和凉爽气候。对土壤要求不严，最佳种植区域为海拔800～1500 m。

【精油含量】水蒸气蒸馏法提取全草或叶的得油率为0.20%～0.96%。

【芳香成分】叶：曾虹燕等（2000）用水蒸气蒸馏法提取的湖南长沙产贯叶连翘叶精油的主要成分为：石竹烯（19.37%）、大根香叶烯（11.44%）、1-乙烯基-1-甲基-2,4-双(1-甲基乙烯基)-1S-(1α,2β,4β)-环己烷（5.19%）、1,8a-二甲基-7-(1-甲基乙烯基)-1S-(1α,7α,8aα)-八氢萘（5.16%）、4a,8-二甲基-2-(1-甲基乙烯基)-2R-(2α,4aα,8aβ)-八氢萘（4.59%）、4,7-二甲基-1-(1-异丙基)-1S-顺-六氢萘（3.65%）、1,2-二甲基-环辛烷（3.51%）、香木兰烯（3.36%）、2-甲基辛烷（3.36%）、雪松醇（2.76%）、2,6,6-三甲基-(+/-)-双环[3.1.1]庚-2-烯（2.44%）、十六酸（2.28%）、7,11-二甲基-3-亚甲基-Z-4,6,10-十二碳三烯（2.16%）、十五碳醇（1.65%）、3,7,11-三甲基-E-4,6,10-十二碳三烯-3-醇（1.62%）、植醇（1.49%）、au-杜松醇（1.43%）、

十一烷（1.33%）、壬烷（1.23%）、硬脂酸（1.17%）、3-甲基壬烷（1.11%）、Z,Z-10,12-十八双烯酸（1.11%）等。

全草：伊力亚斯·卡斯木等（2007）用水蒸气蒸馏法提取的新疆新源产贯叶连翘全草精油的主要成分为：α-蒎烯（43.62%）、2-甲基辛烷（41.07%）、β-蒎烯（2.10%）、3-甲基壬烷（1.89%）、三十烷（1.36%）、壬烷（1.30%）、2,2,3-三甲基-3-环戊烷-1-乙醛（1.00%）等。王小芳等（2006）用同法分析的甘肃天水产贯叶连翘全草精油的主要成分为：氧化石竹烯（7.10%）、环十二烷（4.10%）、马鞭烯醇（3.34%）、苯甲醇（2.86%）、环十四烷（2.68%）、桉叶-4(14)，11-二烯（2.46%）、5,5-二甲基-2(5H)-呋喃酮（2.23%）、[3R-(1α,3aβ,4α,7β)]-1,2,3,3a,4,5,6,7-八氢-1,4-二甲基-7-异丙烯基薁（2.15%）、1,6-二甲基-4,6-异丙基萘（2.07%）、喇叭茶醇（1.98%）、5,6,7,7a-四氢-4,4,7a-三甲基-2(4H)-苯并呋喃酮（1.95%）、环十六烷（1.86%）、2-甲基-3-丁烯-2-醇（1.78%）、2-甲基丙酸（1.76%）、乙醛（1.71%）、(R)-1,2,4a,6,7,8-六氢-3,5,5,9-四甲基苯并环庚烯（1.68%）、8-(1-甲基亚乙基)-双环[5.1.0]辛烷（1.65%）、2-苯基乙醇（1.63%）、棕榈酸（1.63%）、α-芹子烯（1.60%）、[3R-(3α,3aβ,7β,8aα)]-8-氢-3,8,8-三甲基-6-甲烯基-1H-3a,7-亚甲基薁（1.51%）、橙花醇（1.40%）、乙醇（1.35%）、(1S)-顺-1,2,3,4-四氢-1,6-二甲基-4-异丙基萘（1.28%）、6,10,14-三甲基-2-十五酮（1.14%）、顺-5-乙烯基四氢-2,2,5-三甲基-2-呋喃甲醇（1.12%）、已酸（1.09%）、异香木兰烯环氧化物（1.06%）等。肖炳坤等（2016）用同法分析的河北保定产贯叶连翘全草精油的主要成分为：芳樟醇（14.66%）、4-甲氧基丙烯基苯（6.89%）、苯乙醛（4.66%）、蘑菇醇（4.41%）、绿花白千层醇（4.38%）、苯甲醛（3.53%）、α-雪松醇（3.23%）、壬醛（3.04%）、糠醛（2.93%）、α-松油醇（2.58%）、脱氢香薷酮（2.54%）、1,9-壬二醇（2.49 %）、7-甲酰基双环[4.1.0]庚烷（2.36%）、2-戊基呋喃（2.19%）、萘（2.15%）、已酸（2.03 %）、苯并环丁烯（2.01%）、壬酸（1.76%）、3-乙烯基环己酮（1.73 %）、2,4-癸二烯-1-醇（1.73%）、香橙醇（1.72 %）、六氢金合欢基丙酮（1.72%）、芳樟醇顺式氧化物（1.52%）、樟脑（1.46%）、反式-2-辛烯醛（1.45%）、辛酸（1.37%）、对甲氧基苯甲醛（1.12%）、正己醇（1.07%）、反式-2-壬烯醛（1.02 %）、丁香酚（1.02%）等。王燕等（2016）用同法分析的陕西汉中产贯叶连翘干燥全草精油的主要成分为：正十六碳酸（16.39%）、4(14),11-桉叶二烯（9.20%）、十九醇（6.20%）、植醇（5.22%）、十二醇（5.14%）、环十二烷（3.95%）、二十一烷（3.79%）、α-柏木烯（3.72%）、十一烷（3.28%）、石竹烯（3.18%）、橙花叔醇（3.00%）、(-)-表蓝桉醇（2.53%）、正十六烷酸（2.48%）、9,12-十八碳二烯酸（2.47%）、二十烷（2.31%）、环氧石竹烯（2.30%）、β-柏木烯（2.15%）、2-异丙烯基-4a,8-二甲基-1,2,3,4,4a,5,6,7-八氢萘（1.86%）、珐玶烯（1.84%）、二十三烷（1.75%）、植酮（1.49%）、已酸（1.36%）、苄醇（1.22%）、E-乙烯醛（1.18%）、邻苯二甲酸二异辛酯（1.13%）、2,10-二甲基十一烷（1.06%）、(E)-7,11-二甲基-3-亚甲基-4,6,10-十三碳烯（1.03%）等。

【利用】全草入药，主治咯血、吐血、肠风下血、崩漏、外伤出血、月经不调、乳汁不下、黄疸、咽喉疼痛、目赤肿痛、尿路感染、口鼻生疮等。全草精油有强抗菌作用，可外用治疗创伤、烧伤和烫伤。

贵州金丝桃

Hypericum kouytchense Léve.

藤黄科　金丝桃属

别名： 过路黄

分布： 贵州

【形态特征】灌木，高1～1.8 m。茎红色。叶片椭圆形或披针形至卵形或三角状卵形，长2～5.8 cm，宽0.6～3 cm，先端锐尖至钝形或偶为圆形而具有小尖突，基部楔形或近狭形至圆形，坚纸质，腹腺体多少密生，叶片腺体点状及短条纹状。花序具1～11花，近伞房状；苞片披针形至狭披针形。花直径4～6.5 cm，星状。萼片离生，覆瓦状排列，狭卵形至披针形，腺体为10～11，线形。花瓣亮金黄色，倒卵状长圆形至倒卵形，边缘有细的具腺小齿，有近顶生的小尖突。蒴果略呈狭卵珠状角锥形至卵珠形，长1.7～2 cm，宽0.8～1 cm，成熟时为红色。种子深紫褐色，狭圆柱形，长2～3.2 mm，有狭翅。花期5～7月，果期8～9月。

【生长习性】生于草地、山坡、河滩、多石地，海拔1500～2000 m。

【精油含量】水蒸气蒸馏法提取含茎、花叶及果实的干燥全草的得油率为0.05%。

【芳香成分】郁建平等（2002）用水蒸气蒸馏法提取的贵州遵义产含茎、花叶及果实的贵州金丝桃干燥全草精油的主要成分为：γ-依兰油烯（10.86%）、石竹烯氧化物（8.67%）、玷𤪤烯（6.10%）、2-异丙基-5-甲基-9-甲烯基-双环[4.4.0]癸-1-烯（3.01%）、4-甲基-1-(1,5-二甲基-4-己烯基)苯（2.77%）、十一碳烷（2.69%）、1,6-二甲基-4-异丙基萘（2.40%）、4,4,8-三甲基三环[6.3.1.0^{1,5}]十二烷-2,9-二醇（1.84%）、壬烷（1.66%）、α-卡拉可尔烯（1.66%）、3-甲基丁酸苯乙醇酯（1.61%）、喇叭茶醇（1.58%）、1R-(1R,3E,7E,11R)-1,5,5,8-四甲基-12-氧杂双环[9.1.0]十二碳-3,7-二烯（1.49%）、α-杜松醇（1.38%）、去氢白菖烯（1.31%）、1aR-(1aα,4aβ,7α,7aβ,7bα)-十氢-1,1,7-三甲基-4-甲烯基-1H-环普鲁帕[e]薁（1.27%）、斯巴醇（1.27%）、α-荜澄茄油烯（1.25%）、桉叶-4(14)，11-双烯（1.20%）等。

【利用】花美丽，供观赏。果实及根供药用，果作连翘代用品，根能祛风、止咳、下乳、调经补血，并可治疗跌打损伤。

黄海棠

Hypericum ascyron Linn.

藤黄科　金丝桃属

别名：湖南连翘、红旱莲、大茶叶、大金雀、牛心菜、山辣椒、大叶金丝桃、救牛草、八宝茶、水黄花、金丝蝴蝶、大叶牛心菜、六安茶、降龙草、连翘、鸡蛋花、对月草、禁宫花

分布：除新疆、青海外，全国各地

【形态特征】多年生草本，高0.5～1.3 m。叶片披针形、长圆状披针形、或长圆状卵形至椭圆形、或狭长圆形，长2～10 cm，宽0.4～3.5 cm，先端渐尖、锐尖或钝形，基部楔形或心形而抱茎，全缘，坚纸质，叶面绿色，叶背常散布淡色腺点。花序具1～35花，顶生，近伞房状至狭圆锥状。花直径2.5～8 cm。萼片卵形或披针形至椭圆形或长圆形。花瓣金黄色，倒披针形，长1.5～4 cm，宽0.5～2 cm，十分弯曲。蒴果为或宽或狭的卵珠形或卵珠状三角形，长0.9～2.2 cm，宽0.5～1.2 cm，棕褐色，成熟后先端5裂。种子棕色或黄褐色，圆柱形，微弯，长1～1.5 mm，有明显的龙骨状突起或狭翅和细的蜂窝纹。花期7～8月，果期8～9月。

【生长习性】生于山坡林下、林缘、灌丛间、草丛或草甸中、溪旁及河岸湿地等处，海拔2800 m以下。喜光，不耐阴，对严寒的气候有较强的适应性，耐干旱力也很强。在干燥向阳地带最适宜生长，以土壤深厚肥沃、pH5.5～7.0的微酸性至中性黏壤中生长最盛。忌水涝，萌蘖力强。

【精油含量】水蒸气蒸馏法提取全草的得油率为0.32%～0.38%。

【芳香成分】朱亮锋等（1993）用水蒸气蒸馏法提取的广东阳山产黄海棠全草精油的主要成分为：乙酸-1-乙氧基乙酯（19.12%）、β-石竹烯（17.66%）、3-己烯醇（17.08%）、(Z,E)-α-金合欢烯（4.61%）、2-己烯醛（3.80%）、3-己烯酸（3.03%）、α-金合欢烯（1.11%）等。

【利用】全草药用，主治吐血、子宫出血、外伤出血、疮疖痈肿、风湿、痢疾以及月经不调等症。种子泡酒服，可治胃病，并可解毒和排脓。全草也是烤胶原料。民间用叶作茶叶代用品饮用。也可供观赏。嫩茎叶可作蔬菜食用。

金丝梅

Hypericum patulum Thunb. ex Murray

藤黄科　金丝桃属

别名：芒种花、云南连翘、小黄花

分布：陕西、江苏、安徽、浙江、江西、福建、台湾、湖北、湖南、广西、四川、贵州

【形态特征】灌木，高0.3～3 m，丛状。茎淡红至橙色。叶片披针形至长圆状卵形，长1.5～6 cm，宽0.5～3 cm，先端钝形至圆形，常具有小尖突，基部狭或宽楔形至短渐狭，坚纸质，叶背为苍白色，腹腺体多少密集，叶片腺体短线形和点状。花序具1～15花，伞房状；苞片狭椭圆形。花直径2.5～4 cm，多少呈盃状。萼片离生，近圆形至长圆状椭圆形，膜质，常带淡

红色。花瓣金黄色，长圆状倒卵形至宽倒卵形，长1.2～1.8 cm，宽1～1.4 cm，全缘或略为啮蚀状小齿，有1行近边缘生的腺点，有侧生的小尖突。蒴果宽卵珠形，长0.9～1.1 cm，宽0.8～1 cm。种子深褐色，多少呈圆柱形，长1～1.2 mm。花期6～7月，果期8～10月。

【生长习性】生于山坡或山谷的疏林下、路旁或灌丛中，海拔300～2400 m。

【精油含量】水蒸气蒸馏法提取干燥全草的得油率为0.91%。

【芳香成分】张兰胜等（2009）用水蒸气蒸馏法提取的云南大理产金丝梅干燥全草精油的主要成分为：α-蒎烯（18.14%）、(R)-2,4α,5,6,7,8-六氢化-3,5,5,9-四甲基-1H-苯并环庚烯（13.64%）、β-石竹烯（9.41%）、长叶烯（6.23%）、榄香烯（4.98%）、α-葎草烯（4.70%）、α-金合欢烯（4.22%）、β-金合欢烯（4.00%）、杜松烯（2.12%）、[2R-(2α,4aα,8aβ)]-1,2,3,4,4α,5,6,8α-八氢-4α,8-二甲基-2-(1-甲基乙烯基)-萘（2.01%）、8,14-雪松烯环氧化物（1.71%）、马兜铃烯（1.43%）、α-榄香烯（1.09%）等。万德光等（2001）用同法分析的四川峨眉山产金丝梅全草精油的主要成分为：α-石竹烯（10.58%）、α-金合欢烯（10.33%）、4,7-二甲基-1-(1-甲基)-1S-顺-1,2,3,5,6,8a-六氢萘（9.12%）、石竹烯（5.99%）、4a,8-二甲基-2-(1-甲基乙烯基)-2R-(2α,4aα,8aβ)-1,2,3,4,4a,5,6,8a-八氢萘（5.69%）、2,6,10-三甲基-2,6,9,11-十二丁烯（4.13%）、7-甲基-4-亚甲基-1-(1-异丙基)-1-(1α,4aβ,8aα)-八氢萘（3.98%）、十一烷（3.30%）、吉玛烷B（3.20%）、1S-α-蒎烯（2.56%）、吉玛烷D（2.52%）、β-月桂烯（2.19%）、正十六酸（1.83%）、1,8a-二甲基-7-(1-甲基乙烯基)-四甲基-1R-(1α,7β,8α)-1,2,3,5,6,7,8,8a-八氢萘（1.49%）、α-荜澄茄醇（1.47%）、1,4-二甲基-7-(1-甲基乙烯基)-1S-(1α,4α,7α)-八氢薁（1.41%）、1,4-二甲基-7-(1-甲基乙烯基)-1R-(1α,3aα,4a,7β)-八氢薁（1.25%）、4a-甲基-1-亚甲基-7-(1-甲基乙烯基)-1aR-(4aα,7α,8aβ)-十氢萘（1.15%）、1,8α-二甲基-7-(1-甲基乙烯基)-1R-(1α,7β,8aα)-八氢萘（1.01%）等。

【利用】花供观赏。根药用，能舒筋活血、催乳、利尿。

金丝桃

Hypericum monogynum Linn.

藤黄科　金丝桃属

别名：土连翘、金丝海棠、狗胡花、金线蝴蝶、过路黄、金丝莲

分布：河北、山东、河南、陕西、江苏、安徽、浙江、台湾、福建、江西、湖北、湖南、四川、广东、广西、贵州等地

【形态特征】灌木，高0.5～1.3 m，丛状。茎红色。叶对生，倒披针形或椭圆形至长圆形，长2～11.2 cm，宽1～4.1 cm，先端锐尖至圆形，常具细小尖突，基部楔形至圆形，边缘平坦，坚纸质，腺体小而点状。花序具1～30花，疏松的近伞房状；苞片小，线状披针形。花直径3～6.5 cm，星状。萼片宽或狭椭圆形或长圆形至披针形或倒披针形。花瓣金黄色至柠檬黄色，三角状倒卵形，长2～3.4 cm，宽1～2 cm，有侧生的小尖突。蒴果宽卵珠形，长6～10 mm，宽4～7 mm。种子深红褐色，圆柱形，长约2 mm，有狭的龙骨状突起，有浅的线状网纹至线状蜂窝纹。花期5～8月，果期8～9月。

【生长习性】生于山坡、路旁或灌丛中，沿海地区海拔150 m以下，山地上升至1500 m。

【精油含量】水蒸气蒸馏法提取枝叶的得油率为0.26%～0.30%。

【芳香成分】朱亮锋等（1993）用水蒸气蒸馏法提取的广东阳山产金丝桃枝叶精油的主要成分为：α-罗勒烯（93.48%）、β-罗勒烯（1.12%）等。

【利用】花美丽，供观赏。果实及根供药用，果作连翘代用品；根能祛风、止咳、下乳、调经补血，并可治疗跌打损伤。

元宝草

Hypericum sampsonii Hance.

藤黄科　金丝桃属

别名：对叶草、对对草、哨子草、散血丹、黄叶连翘、蜡烛灯台、大叶野烟子、对月草、合掌草、大还魂、相思、灯台、双合合、大叶对口莲、穿心箭、排草、对经草、对口莲、刘寄奴、铃香、蛇喳口、对月莲、穿心草、红元宝、尖金花、王不留行、大甲母猪香、叶抱枝、红旱莲、宝塔草、蛇开口、莽子草、野旱烟、叫珠草、翳子草、烂肠草、蜻蜓草、大刘寄奴

分布：陕西至江南各地

【形态特征】多年生草本，高0.2～0.8 m。叶对生，基部合生，披针形至长圆形，长2～8 cm，宽0.7～3.5 cm，先端钝或圆形，基部较宽，全缘，坚纸质，边缘密生黑色腺点，全面散生腺点。花序顶生，多花，伞房状，与腋生花枝成伞房状至圆柱状圆锥花序；苞片及小苞片线状披针形或线形。花直径6～15 mm，近扁平，基部为杯状。萼片长圆形，边缘疏生黑腺点，全面散布腺点及腺斑。花瓣淡黄色，椭圆状长圆形，边缘有黑腺体，全面散布腺点和腺条纹。蒴果宽卵珠形至卵珠状圆锥形，长6～9 mm，宽4～5 mm，散布有囊状腺体。种子黄褐色，长卵柱形，长约1 mm，表面有明显的细蜂窝纹。花期5～6月，果期7～8月。

【生长习性】生于路旁、山坡、草地、灌丛、田边、沟边等处，海拔1200 m以下。

【精油含量】水蒸气蒸馏法提取叶的得油率为0.28%，干燥全草的得油率为2.20%。

【芳香成分】叶：曾虹燕等（2001）用同时蒸馏萃取法提取的湖南长沙产元宝草叶精油的主要成分为：罗勒烯（14.49%）、十一烷（12.42%）、7-甲基-4-亚甲基-1-(1-异丙基)-(1α,4aβ,8aα)-八氢萘（9.15%）、7,11-二甲基-3-亚甲基-Z-4,6,10-十二烷三烯（5.54%）、4,7-二甲基-1-(12异丙基)-1S-顺2六氢萘（5.27%）、十六酸（5.08%）、壬烷（3.98%）、苯乙酮（2.68%）、6-乙烯基-6-甲基-1-(1-异丙基)-3-(1-甲基亚乙基)-S-环己烯（2.60%）、α-没药醇（2.17%）、十四酸（2.03%）、2,6-二甲基-6-(4-甲基-3-戊烯基)-双环[3.1.1]庚-2-烯（1.91%）、1,2-甲氧基-4-(2-丙烯基)-苯（1.71%）、6,10,14-三甲基-十五酮（1.62%）、十二酸（1.58%）、1-甲基-4-(5-甲基-1-亚甲基-4-己烯基)-S-环己烯（1.35%）、2-乙酸异丁酯（1.18%）、玷玶烯（1.07%）等。

全草：肖炳坤等（2016）用水蒸气蒸馏法提取的河北保定产元宝草干燥全草精油的主要成分为：棕榈酸乙酯（7.49 %）、苯甲醛（6.32%）、萘（5.17%）、壬烷（4.70%）、十一烷（4.63%）、苯乙酮（4.56 %）、壬醛（3.66%）、蘑菇醇（3.34%）、2-己烯醛（3.20%）、壬酸（3.08%）、六氢金合欢丙酮（3.05 %）、苯乙醛（2.56%）、正己酸（2.44%）、(-)-斯帕苏烯醇（2.30%）、芳樟醇氧化物（2.17%）、2-正戊基呋喃（2.14%）、2-甲基萘（2.02 %）、β-丁香烯氧化物（1.98%）、乙基环己烷（1.95%）、2-庚酮（1.90%）、α-杜松醇（1.78 %）、辛酸（1.72%）、癸醛（1.67 %）、正庚醇（1.66%）、正辛醇（1.64%）、(E)-2-壬烯醛（1.54%）、2-乙基己醇（1.50%）、6-甲基-5-庚烯-2-酮（1.49%）、(E)-2-辛烯醛（1.27%）、糠醛（1.26 %）、1-壬醇（1.22%）、广藿香烷（1.14 %）、己酸乙酯（1.06%）、(E)-2-庚烯醛（1.03%）等。

果实：曾虹燕等（2001）用同时蒸馏萃取法提取的湖南长沙产元宝草果实精油的主要成分为：十一烷（13.39%）、壬烷（10.32%）、石竹烯（4.61%）、7-甲基-4-亚甲基-1-(1-异丙基)-(1α,4aβ,8aα)-八氢萘（4.30%）、2-甲基辛烷（2.84%）、十六酸（2.12%）、α-蒎烯（1.94%）、1,4-甲基-7-(1-甲基乙烯基)-1R-(1α,3aβ,4α,7β)-八氢薁（1.89%）、4,7-二甲基-1-(12异丙基)-1S-顺2六氢萘（1.85%）、1,1,3a-三甲基-7-亚甲基-1aS-(1aα,3aα,7aβ,7bα)]十氢环丙萘（1.85%）、苯乙酮（1.56%）、2-乙酸异丁酯（1.50%）、雪松烯（1.48%）、3,8,8-三甲基-6-亚甲基-[3R-(3α,3aβ,7β,8aα)-八氢-H-3a,7-甲醇薁（1.27%）等。

【利用】全草入药，具有凉血止血、清热解毒、活血调经、祛风通络的功效，主治吐血、咯血、衄血、血淋、创伤出血、肠炎、痢疾、乳痈、痈肿疔毒、烫伤、蛇咬伤、月经不调、痛经、白带、跌打损伤、风湿痹痛、腰腿痛；外用还可治疗头癣、口疮、目翳。

岭南山竹子

Garcinia oblongifolia Champ. ex Benth.

藤黄科　藤黄属

别名： 海南山竹子、岭南倒捻子、金赏、罗蒙树、酸桐木、黄牙桔、严芽桔、竹节果、黄牙树、赤过、麦芽仔、鸠酸、山竹子、粘牙仔

分布： 广东、广西、海南

【形态特征】乔木或灌木，高5～15 m，胸径可达30 cm；树皮深灰色。老枝通常具有断环纹。叶片近革质，长圆形，倒卵状长圆形至倒披针形，长5～10 cm，宽2～3.5 cm，顶端急尖或钝，基部楔形，干时边缘反卷，中脉在叶面微隆起，侧脉10～18对；叶柄长约1 cm。花小，直径约3 mm，单性，异株，单生或成伞形状聚伞花序，花梗长3～7 mm。雄花萼片等大，近圆形，长3～5 mm；花瓣橙黄色或淡黄色，倒卵状长圆形，长7～9 mm；雄蕊多数，合生成1束，花药聚生成头状，无退化雌蕊。雌花的萼片、花瓣与雄花相似。浆果卵球形或圆球形，长2～4 cm，直径2～3.5 cm，基部萼片宿存，顶端承以隆起的柱头。花期4～5月，果期10～12月。

【生长习性】生于平地、丘陵、沟谷密林或疏林中，海拔200～1200 m处。

【芳香成分】余辅松等（2013）用石油醚渗漉法提取的海南琼海产岭南山竹子干燥茎皮精油的主要成分为：反-9-十八碳烯酸（36.61%）、棕榈酸（31.48%）、邻苯二甲酸二(2-乙基己基)酯（8.89%）、十八酸（5.25%）、顺,顺-9,12-十八碳二烯酸（4.91%）、蒽（2.11%）、三十六烷（2.08%）、三十二烷（1.38%）、三十五烷（1.25%）、二十八烷（1.07%）等。

【利用】果可食。种子可榨油，作工业用油。木材可制作家具和工艺品。树皮供提制栲胶。茎皮入药，常用于消炎止痛、收敛生肌、消化不良、溃疡病轻度出血、口腔炎、牙周炎等的治疗。

莽吉柿

Garcinia mangostana Linn.

藤黄科　藤黄属

别名： 山竹、山竹子、凤果、罗汉果、倒捻子

分布： 台湾、福建、广东、海南、广西、云南有栽培

【形态特征】小乔木，高12～20 m，分枝多而密集，交互对生，小枝具有明显的纵棱条。叶片厚革质，具光泽，椭圆形或椭圆状矩圆形，长14～2 5 cm，宽5～10 cm，顶端短渐尖，基部宽楔形或近圆形，中脉两面隆起，侧脉密集，多达40～50对，在边缘内联结；叶柄粗壮，长约2 cm，干时具有密横皱纹。雄花2～9簇生枝条顶端，花梗短，雄蕊合生成4束，退化雌蕊圆锥形；雌花单生或成对，着生于枝条顶端，比雄花稍大，直径4.5～5 cm，花梗长1.2 cm；子房5～8室，几乎无花柱，柱头5～6深裂。果成熟时为紫红色，间有黄褐色斑块，光滑，有种子4～5粒，假种皮瓢状多汁，白色。花期9～10月，果期11～12月。

【生长习性】对土壤的适应性广，喜有机物丰富、排水良好、pH在5～6.5的砂壤土。对水分的需求较大，热带地区年降雨量在1300～2500 mm能满足其旺盛生长。在25～35℃、相对湿度80%的环境下可以生长旺盛，当温度降到20℃以下时，生长会受到明显的抑制。需要弱光环境，忌阳光直射。

【精油含量】水蒸气蒸馏法提取果皮的得油率为 0.14%，果肉的得油率为 0.21%。

【芳香成分】卢丹等（2004）用水蒸气蒸馏法提取的新鲜果皮精油的主要成分为：3-己烯-1-醇（8.55%）、3,7-二甲基-1,6-辛二烯-3-醇（5.84%）、正二十烷（4.97%）、环己基二甲氧基甲基硅烷（4.79%）、1.6-二甲基-4-异丙基-1,2,3,4,4a,7,8,8a-八氢化萘-1-醇（4.79%）、正二十六烷（4.07%）、正十六烷（3.11%）、喇叭茶醇（3.10%）、2.5-二甲基-8-异丙基-3,4,4a,5,6,7,8,8a-八氢化萘-4a-醇（3.05%）、2,3,5,8-四甲基-癸烷（2.94%）、2-[4-甲基-3-环己烯]-异丙醇（2.72%）、α-杜松醇（2.66%）、正十七烷（2.35%）、2,6,10-三甲基-十二烷（2.28%）、1,1,5,8-四甲基-3,7-环丙叉[e]十氢化薁醇（2.13%）、3,5-二(1,1-二甲基乙基)-苯酚（2.10%）、正二十七烷（1.85%）、玷𤨏烯（1.12%）等。辛广等（2005）用同时蒸馏萃取法提取的新鲜果皮精油的主要成分为：α-荜澄茄烯（32.41%）、己酸（15.07%）、十氢-4a-甲基-1-亚甲基-7-(1-甲基乙烯基)-萘（7.69%）、石竹烯（6.44%）、2,6,11,11-四甲基三环[4.3.2.0^{8,9}]十一-2-烯（6.36%）、1,2,3,5,6,8a-六氢化-1,6-二甲基-4-(1-异丙基)-萘（5.88%）、1,2,3,5,6,7,8,8a-八氢化-1,8a-二甲基-7-(1-甲基乙烯基)-萘（3.55%）、(4aR-反式)-十氢-4a-甲基-1-甲基-1-亚甲基-7-(1-甲基亚乙基)-萘（3.14%）、5,9-二甲基-2-异丙基二环[4.4.0]癸-2,9-烯（2.49%）、(1α,4aβ,8aα)-1,2,3,4,4a,5,6,8a-八氢化-7-甲基-4-亚甲基-1-(1-异丙基)-萘（1.76%）、顺,顺,顺-1,1,4,8-四甲基-4,7,10-环十一碳三烯（1.47%）、氧化石竹烯（1.27%）、1a,2,3,5,6,7,7a,7b-八氢化-1,1,4,7-四甲基-1H环丙[e]甘菊环（1.03%）、3,7-二甲基-1,6-辛二烯-3-醇（1.02%）等；果肉精油的主要成分为：α-荜澄茄烯（41.38%）、2-甲基-十三烷（5.84%）、2-莰醇（4.36%）、3-甲基-十三烷（4.33%）、4-甲基-十三烷（3.18%）、十三烷（2.72%）、异硫氰酸根合环己烷（2.33%）、十二烷（1.49%）、醋酸己酯（1.48%）、6-甲基-十二烷（1.10%）等。

【利用】为著名的热带水果，可生食或制果脯。干燥叶可用来泡茶。外果皮可用来制作染料。

半夏

Pinellia ternata (Thunb.) Breit.

天南星科　半夏属

别名： 三叶半夏、麻芋头、三步跳、麻芋果、田里心、无心菜、老鸭眼、老鸭芋头、燕子尾、地慈姑、球半夏、尖叶半夏、老黄咀、老和尚扣、野芋头、老鸭头、地星、三步魂、麻芋子、小天老星、药狗丹、三叶头草、三棱草、洋犁头、小天南星、扣子莲、生半夏、土半夏、野半夏、半子、三片叶、三开花、三角草、三兴草、地文、和姑、守田、地珠半夏

分布： 除内蒙古、青海、新疆、西藏外，全国各地

【形态特征】块茎圆球形，直径1～2 cm。叶2～5枚，有时1枚。叶柄长15～20 cm，基部具鞘，鞘内、鞘部以上或叶片基部有直径3～5 mm的珠芽；幼苗叶片卵状心形至戟形，长2～3 cm，宽2～2.5 cm；老株叶片3全裂，裂片长圆状椭圆形或披针形，两头锐尖；全缘或具有不明显的浅波状圆齿。佛焰苞绿色或绿白色，管部狭圆柱形，长1.5～2 cm；檐部长圆形，绿色，有时边缘青紫色，长4～5 cm，宽1.5 cm，钝或锐尖。肉穗花序：雌花序长2 cm，雄花序长5～7 mm；附属器绿色变青紫色，长6～10 cm，直立，有时呈“S”形弯曲。浆果卵圆形，黄绿色，先端渐狭为明显的花柱。花期5～7月，果8月成熟。

【生长习性】常见于草坡、荒地、玉米地、田边或疏林下，海拔2500 m以下。喜温暖潮湿，耐荫蔽。多生于肥沃砂质壤土的溪、沟旁，坡地及旱地中。

【芳香成分】王锐等（1995）用同时蒸馏-萃取法提取的块茎精油的主要成分为：3-乙酸氨基-5-甲基异噁唑（44.40%）、丁基乙烯基醚（11.88%）、3-甲基-二十烷（9.78%）、十六碳烯二酸（6.92%）、2-氯丙烯酸-甲酯（4.95%）、1,5-正戊二醇（4.76%）、棕榈酸乙酯（3.48%）、苯甲醛（2.67%）、2-甲基哌嗪（2.63%）、2-十一烷酮（2.42%）、茴香脑（2.34%）、柠檬醛（1.48%）、9-十七烷醇（1.25%）、1-辛烯（1.19%）、β-榄香烯（1.10%）、戊醛肟（1.03%）等。

【利用】块茎入药，有毒，有燥湿化痰、降逆止呕、消痞散结的功能，用于治疗痰多咳喘、痰饮眩悸、风痰眩晕、痰厥头痛、呕吐反胃、胸脘痞闷等症；生用外治痈肿痰核；外用治急性乳腺炎、急慢性化脓性中耳炎。兽医用以治锁喉癀。

菖蒲

Acorus calamus Linn.

天南星科　菖蒲属

别名： 臭蒲、泥菖蒲、香蒲、野菖蒲、臭菖蒲、溪菖蒲、野枇杷、白菖蒲、山菖蒲、水剑草、凌水挡、十香和、剑叶菖蒲、大叶菖蒲、土菖蒲、家菖蒲、剑菖蒲、水菖蒲、大菖蒲、臭草

分布： 全国各地

【形态特征】多年生草本。根茎横走，稍扁，分枝，直径5～10 mm，外皮黄褐色，芳香，肉质根多数，长5～6 cm，具有毛发状须根。叶基生，基部两侧膜质叶鞘宽4～5 mm，向上渐狭，至叶长1/3处渐行消失、脱落。叶片剑状线形，长

90～150 cm，中部宽1～3 cm，基部宽、对褶，中部以上渐狭，草质，绿色，光亮；中肋在两面均明显隆起，侧脉3～5对，平行，纤弱，大都伸延至叶尖。花序柄三棱形，长15～50 cm；叶状佛焰苞剑状线形，长30～40 cm；肉穗花序斜向上或近直立，狭锥状圆柱形，长4.5～8 cm，直径6～12 mm。花黄绿色，花被片长约2.5 mm，宽约1 mm。浆果长圆形，红色。花期2～9月。

【生长习性】生于海拔2600 m以下的水边、沼泽湿地或湖泊浮岛上。喜温暖湿润气候，喜阳光，耐严寒。宜选择潮湿并富含腐殖质的黑土栽培。

【精油含量】水蒸气蒸馏法提取根茎的得油率为0.40%～6.40%，根的得油率为1.64%～4.07%，叶的得油率为0.43%～3.54%。

【芳香成分】根（根茎）：张兰胜等（2010）用水蒸气蒸馏法提取的云南大理产菖蒲干燥根茎精油的主要成分为：β-细辛醚（13.46%）、α-细辛醚（7.22%）、雪松醇（6.19%）、α-雪松烯（5.61%）、佛手甘油烯（5.48%）、β-雪松烯（3.66%）、α-古芸烯（3.19%）、α-布藜烯（2.86%）、α-依兰油烯（2.75%）、1,8-二甲基-4-(1-甲乙基)-螺[4.5]癸-8-烯-7-酮（2.36%）、罗勒烯（2.10%）、十九烷（2.10%）、α-檀香醇（1.98%）、杜松烯（1.71%）、榄香烯（1.61%）、α-柏木烯（1.52%）、珐琲烯（1.38%）、莰烯（1.32%）、芳樟醇（1.27%）、α-杜松醇（1.27%）、[1S-(α,2β,4β)]-1-甲基-1-乙烯基-2,4-二(1-甲乙烯基)-环己烷（1.23%）、柠檬烯（1.18%）、α-法呢烯（1.04%）、二十一烷（1.01%）等；四川攀枝花产菖蒲根茎精油的主要成分为：α-细辛醚（10.01%）、β-细辛醚（9.16%）、雪松醇（7.94%）、α-绿叶烯（7.05%）、α-愈创木二烯（6.68%）、佛手甘油烯（4.02%）、α-雪松烯（3.69%）、α-布藜烯（2.69%）、α-檀香醇（2.34%）、α-古芸烯（2.12%）、α-甜没药萜醇（2.10%）、二十一烷（2.09%）、α-水芹烯（1.94%）、α-杜松醇（1.91%）、α-法呢烯（1.69%）、榄香烯（1.60%）、珐琲烯（1.56%）、β-雪松烯（1.52%）、芳樟醇（1.47%）、杜松烯（1.35%）、β-法呢烯（1.32%）、樟脑（1.14%）、马兜铃烯（1.14%）等。李麦香等（1993）用同法分析的辽宁沈阳产菖蒲根茎精油的主要成分为：顺-异甲基丁香酚（17.70%）、白菖混烯（14.70%）、异菖蒲二醇（8.57%）、菖蒲大牻牛儿酮（7.38%）、水菖蒲酮（5.03%）、(+)-δ-杜松烯（3.72%）、异白菖新酮（3.25%）、γ-白菖新酮（3.00%）、细辛脑（2.85%）、(-)-3β-羟基-杜松烯（2.48%）、卡达拉三烯（2.46%）、δ-杜松醇（1.71%）、白菖考烯（1.30%）、(-)-δ-杜松醇（1.18%）等；根精油的主要成分为：表水菖蒲酮（18.70%）、菖蒲素（9.02%）、β-古芸烯（7.66%）、白菖考烯（3.15%）、顺-异甲基丁香酚（2.85%）、γ-杜松烯（2.11%）、细辛脑（1.68%）、(+)-δ-杜松烯（1.57%）、卡黎二烯（1.43%）、反-金合欢烯（1.12%）、菖蒲烯酮（1.09%）等。赵德仁等（1990）用同法分析的吉林长春产菖蒲新鲜根茎精油的主要成分为：γ-榄香烯（42.51%）、白菖烯（9.92%）、异丁香油烯甲醚（5.92%）、1-甲氧基-4-(苯乙炔基)苯（2.84%）、7-(1-甲基乙烯基)二环[4.1.0]庚烷（2.24%）、冰片（1.07%）、荜澄茄油烯（1.03%）等。

叶：林崇良等（2012）用水蒸气蒸馏法提取的浙江温州产菖蒲新鲜叶精油的主要成分为：细辛醚（57.17%）、4-(5-羟基-2,6,6-三甲基-1-环已烯基-1-基)-3-丁烯-2-酮（7.48%）、异戊烯醛（7.28%）、3,5,6,7,8,8a-六氢-4,8a-二甲基-6-[1-甲乙烯基]-2(1H)萘酮（4.47%）、石竹烯（4.08%）、(E)-5-十八烯（2.03%）、榄香素（1.98%）、水菖蒲酮（1.64%）、α-杜松醇（1.57%）、α-石竹烯（1.47%）、植物醇（1.35%）、(E)-2-十四烯

(1.34%)、β-波旁老鹳草烯(1.28%)、τ-萘醇(1.03%)等。李麦香等(1993,1994)用同法分析的辽宁沈阳产菖蒲叶精油的主要成分为：顺-异甲基丁香酚(36.40%)、Δ(10)-马兜铃烯-2-酮(6.57%)、异石竹烯(4.13%)、菖蒲大牻牛儿酮(4.09%)、(+)-δ-杜松烯(4.07%)、异白菖新酮(3.62%)、反-异甲基丁香酚(3.37%)、水菖蒲酮(3.19%)、δ-杜松醇(3.17%)、芳樟醇(3.10%)、柠檬烯(2.61%)、(-)-δ-杜松醇(2.60%)、异表荜澄茄醇(1.81%)、γ-白菖新酮(1.61%)等；辽宁营口产菖蒲叶精油的主要成分为：表水菖蒲酮(40.50%)、细辛脑(15.20%)、白菖考烯(2.33%)、顺异甲基丁香酚(2.07%)等。

【利用】根茎入药，能开窍化痰、辟秽杀虫，主治痰涎壅闭、神志不清、慢性气管炎、痢疾、肠炎、腹胀腹痛、食欲不振、风寒湿痹；外用敷疮疥。全草兽医用，治牛鼓胀病、肚胀病、百叶胃病、胀胆病、发疯狂、泻血痢、炭疽病、伤寒等。菖蒲是一种食用香料植物，可作香辛调料。根茎精油供医药和化妆品用。

金钱蒲

Acorus gramineus Soland.

天南星科　菖蒲属

别名：十香和、石菖蒲、钱蒲、菖蒲、钱菖蒲、建菖蒲、小石菖蒲、岩菖蒲、药菖蒲、九节菖蒲、凌水草、水剑草、千头草、随手香、洗手香、路边香

分布：浙江、江西、湖北、湖南、广东、广西、陕西、甘肃、四川、贵州、云南

【形态特征】多年生草本，高20～30 cm。根茎较短，长5～10 cm，横走或斜伸，芳香，外皮淡黄色，节间长1～5 mm；根肉质，多数，长可达15 cm；须根密集。根茎上部多分枝，呈丛生状。叶基对折，两侧膜质叶鞘棕色，下部宽2～3 mm，上延至叶片中部以下，渐狭，脱落。叶片质地较厚，线形，绿色，长20～30 cm，极狭，宽不足6 mm，先端长渐尖，无中肋，平行脉多数。花序柄长2.5～15 cm。叶状佛焰苞短，长3～14 cm，为肉穗花序长的1～2倍，稀比肉穗花序短，狭，宽1～2 mm。肉穗花序为黄绿色，圆柱形，长3～9.5 cm，粗3～5 mm，果序粗达1 cm，果黄绿色。花期5～6月，果7～8月成熟。

【生长习性】生于海拔1800 m以下的水旁湿地或石上。性强健，能适应湿润气候。

【精油含量】水蒸气蒸馏法提取根的得油率为2.28%，根茎的得油率为0.30%～2.10%，茎的得油率为2.28%，叶的得油率为0.11%～2.80%，全草得油率为1.60%～2.92%；超临界萃取根茎的得油率为3.32%～3.38%；微波法提取根茎的得油率为1.43%；超声波提取干燥全草的得油率为1.90%。

【芳香成分】根茎：李晶等(2010)用水蒸气蒸馏法提取的四川产金钱蒲根茎精油的主要成分为：β-细辛醚(85.15%)、γ-细辛醚(4.47%)、甲基丁香酚(3.35%)、α-细辛醚(3.20%)、菖蒲酮(1.11%)、异菖蒲酮(1.10%)等。赵超等(2008)用同法分析的贵州水城产金钱蒲根茎精油的主要成分为：草蒿脑(35.35%)、吉莉酮(23.93%)、β-蛇床烯(13.37%)、旱麦草烯(5.02%)、长叶松萜烯(4.35%)、β-榄香烯(1.77%)等。黄远征等(1993)用同法分析的四川峨眉产金钱蒲新鲜根茎精油的主要成分为：异茴香脑(86.20%)、柠檬烯(1.59%)、菖蒲烯酮异构体(1.19%)、芳樟醇(1.17%)等。朱亮锋等(1993)用同法分析的广东鼎湖山产金钱蒲根茎精油的主要成分为：2,10,11-三甲基-2,4,11-十二碳三烯-6-酮(60.30%)、异丁香酚甲醚(9.45%)、β-石竹烯(1.62%)、愈创木烯(1.53%)等。

叶：黄远征等(1991)用水蒸气蒸馏法提取的四川峨眉产金钱蒲新鲜叶精油的主要成分为：异茴香脑(60.29%)、β-丁香烯(5.47%)、β-榄香烯(4.08%)、β-细辛醚(3.16%)、δ-榄香烯(2.29%)、柠檬烯(1.93%)、α-葎草烯(1.26%)等。张晖等(1981)用同法分析了不同产地金钱蒲干燥叶的精油成分，广东梅县(冬)产的主要成分为：α-细辛醚(43.50%)、β-细辛醚(13.60%)、γ-细辛醚(5.72%)、低沸点萜类(2.95%)、甲基丁香油酚(2.91%)、顺式-甲基异丁香油酚(1.38%)等；广西南宁(春)产的主要成分为：β-细辛醚(30.62%)、γ-细辛醚(16.64%)、甲基丁香油酚(9.14%)反式-甲基异丁香油酚(4.24%)、低沸点萜类(3.26%)、顺式-甲基异丁香油酚(3.08%)等；广西桂林(春)产的主要成分为：甲基丁香油酚(74.37%)、顺式-甲基异丁香油酚(9.80%)、低沸点萜类(5.78%)、反式-甲基异丁香油酚(3.27%)等；福建闽侯(夏)产的主要成分为：顺式-甲基异丁香油酚(32.18%)、低沸点萜类(27.75%)、β-细辛醚(7.79%)、甲基丁香油酚(6.06%)、γ-细辛醚(5.89%)等。

全草：陈佳妮等(2012)用水蒸气蒸馏法提取的四川崇州产金钱蒲干燥全草精油的主要成分为：草蒿脑(42.99%)、α-杜松醇(6.20%)、1,1'-联环戊基-2,2'-二醇(4.86%)、β-榄香烯(3.81%)、δ-杜松烯(3.70%)、2,4,6,7,8,8a-六氢化-3,8-二甲基-4-(1-甲基亚乙基)，(8S-顺)-5(1H)-黄酮(3.12%)、朱栾倍半萜(2.26%)、α-松油烯(2.12%)、1,7,7-三甲基-2-乙烯基双环[2.2.1]庚-2-烯(2.09%)、芳樟醇(2.07%)、右旋龙脑(1.56%)、大根香叶烯(1.48%)、δ-榄香烯(1.24%)、反式-β-罗勒烯(1.21%)、β-石竹烯(1.13%)等。

【利用】根茎入药，治疗癫痫、痰厥、热病神昏、健忘、气闭耳聋、心胸烦闷、胃痛、腹痛、风寒湿痹、痈疽肿毒、跌打损伤。全草入药，具有行气止痛、祛风逐寒、解毒利水、豁痰开窍等功效，主治痰迷心窍、胸闷腹痛、湿浊中阻、风湿关节痛、疝痛、水肿等症；民间常用于跌打损伤、风湿疼痛、疮痈肿毒的治疗。根和花可提取精油，供医药和化妆品工业用。

石菖蒲

Acorus tatarinowii Schottin. Osterr. Bot. Zeitschr.

天南星科　菖蒲属

别名：九节菖蒲、紫耳、薄菖蒲、石蜈蚣、岩菖蒲、臭菖、野韭菜、水蜈蚣、香草、菖蒲、夜晚香、水菖蒲、回手香、随手香、山艾、小石菖蒲

分布：黄河以南各地

【形态特征】多年生草本。根茎芳香，粗2～5 mm，外部淡褐色，节间长3～5 mm，根肉质，根茎上部分枝甚密，植株成丛生状，分枝常被纤维状宿存叶基。叶无柄，叶片薄，基部两侧膜质叶鞘宽可达5 mm，上延几乎达叶片中部，渐狭，脱落；叶片暗绿色，线形，长20～50 cm，基部对折，中部以上平展，宽7～13 mm，先端渐狭，无中肋，平行脉多数，稍隆起。花序柄腋生，长4～15 cm，三棱形。叶状佛焰苞长13～25 cm，为肉穗花序长的2～5倍或更长，稀近等长；肉穗花序圆柱状，长2.5～8.5 cm，粗4～7 mm，上部渐尖，直立或稍弯。花白色。成熟果序长7～8 cm，粗可达1 cm。幼果绿色，成熟时为黄绿色或黄白色。花果期2～6月。

【生长习性】常见于海拔20～2600 m的密林下，生长于湿地或溪旁石上。喜阴湿环境，不耐阳光暴晒。不耐干旱，稍耐寒，在长江流域可露地生长。

【精油含量】水蒸气蒸馏法提取根茎的得油率为0.13%～4.10%，阴干叶的得油率为0.09%，新鲜叶的得油率为1.10%；超临界萃取根茎的得油率为3.20%～4.86%；微波法萃取根茎的得油率为1.20%～1.26%；有机溶剂萃取法提取干燥根茎的得油率为0.72%～3.42%。

【芳香成分】根（根茎）：曾志等（2011）用水蒸气蒸馏法提取的安徽安庆产石菖蒲干燥根茎精油的主要成分为：γ-细辛醚（44.58%）、β-细辛醚（35.37%）、甲基丁香酚（9.48%）、顺式-甲基异丁香酚（5.12%）、α-细辛醚（1.24%）等；浙江金华产石菖蒲根茎精油的主要成分为：β-细辛醚（87.68%）、α-细辛醚（5.54%）、顺式-甲基异丁香酚（2.46%）、γ-细辛醚（2.09%）等。高玉琼等（2003）用同法分析的贵州产石菖蒲干燥根茎精油的主要成分为：蒿脑（31.45%）、α-细辛脑（24.98%）、(+)-3,8-二甲基-5-(1-甲基亚乙基)-1,2,3,4,5,6,7,8-八氢薁-6-酮（14.84%）、甲基丁香酚（8.88%）L-龙脑（1.61%）、1,4-反式-1,7-顺式-菖蒲烯酮（1.21%）、吉玛烯-B（1.03%）、莰烯（1.02%）等。黄远征等（1993）用同法分析的四川乐山产石菖蒲新鲜根茎精油的主要成分为：异茴香脑（96.70%）。李素云等（2012）用同法分析的干燥根茎精油的主要成分为：(Z)-1,2,4-三甲氧基-5-(1-丙烯基)-苯（50.73%）、异丁香酚甲醚（24.40%）、细辛醚（9.00%）、N-甲基-4-氯苯磺酰胺（2.31%）、1,2-二甲氧基-4-(2-甲氧基-1-丙烯基)-苯（1.48%）、2,5-二叔丁基-1,4-苯醌（1.10%）等。王彬等（2015）用同法分析的石菖蒲干燥根精油的主要成分为：2,4,5-三甲氧基-1-丙烯基苯（7.67%）、甲基丁香酚（14.69%）、异丁香酚甲醚（1.92%）、δ-杜松烯（1.53%）、β-细辛脑（1.10%）、2-莰醇（1.02 %）等。张润芝等（2012）用同法分析的云南昆明产夏季采收的石菖蒲干燥根精油的主要成分为：β-细辛醚（60.72%）、甲基丁香酚（17.82%）、顺式-甲基异丁香酚（3.95%）、α-细辛醚（2.65%）、脱氢异菖蒲二醇（2.18%）、γ-古芸烯（1.73%）、α-古芸烯（1.17%）、异长（松）叶烷-8-醇（1.12%）、反式-甲基异丁香酚（1.02%）等。

叶：张润芝等（2012）用水蒸气蒸馏法提取的云南昆明产夏季采收的石菖蒲干燥叶精油的主要成分为：甲基丁香酚（58.47%）、β-细辛醚（11.45%）、β-芳樟醇（7.74%）、脱氢异菖蒲二醇（2.33%）、γ-古芸烯（1.73%）、莰烯（1.52%）、反式-甲基异丁香酚（1.52%）、顺式-甲基异丁香酚（1.38%）、4-戊基-1-(4-丙基环己基)-1-环己烯（1.09%）、8,9-脱氢环异长叶烯（1.06%）等。黄远征等（1991）用同法分析的四川乐山产石菖蒲新鲜叶精油的主要成分为：异茴香脑（94.54%）。

【利用】根茎入药，有化湿开胃、开窍豁痰、醒神益智的功效，用于治疗脘痞不饥、噤口下痢、神昏癫痫、健忘耳聋、热病神昏、心胸烦闷、胃痛腹痛、风寒湿痹、痈疽肿毒、跌打损伤等。根茎精油有抗病毒作用。

金边菖蒲

Acorus tatarinowii Schott var. *flavo-marginatus* K.M. Liu

天南星科　菖蒲属

分布：云南、湖南等地

【形态特征】石菖蒲变种。多年生草本，高16～28 cm，全体有芳香。根状茎长2.5～6 cm，粗5～11 mm，外部淡褐色，节

上被纤维状宿存的叶基；根肉质，圆柱形，粗达2 mm；根茎上部具有多数分枝，植株成丛生状。叶基生，叶片薄，扁平，基部两侧膜质叶鞘淡红色，上部色渐淡，下部宽2～3 mm，上延2～4 cm，渐狭。叶片线形，在向轴面的一边为金黄色，另一边为绿色，长16～28.5 cm，基部对折，中部宽3～5.5 mm，先端长渐尖。肉穗花序腋生，花序柄三棱形，长9.5～11.6 cm；叶状佛焰苞片长4.3～6.4 cm，肉穗花序细圆柱状，长4.5～6.2 cm，粗3～4 mm，黄白色。花期2～4 月。

【生长习性】常见于海拔20～2600 m的密林下，生长于湿地或溪旁石上。性健壮，耐寒。

【芳香成分】黄远征等（1993）用水蒸气蒸馏法提取根茎精油的主要成分为：β-细辛醚（76.27%）、顺式-甲基异丁香酚（6.27%）、α-细辛醚（3.09%）、菖蒲烯酮（1.37%）、γ-细辛醚（1.33%）等。

【利用】常用于园林观赏。

大薸

Pistia stratiotes Linn.

天南星科　大薸属

别名：水浮莲、猪牳莲、天浮萍、水浮萍、大萍叶、水荷莲、大叶莲、水葫芦、肥猪草

分布：福建、台湾、广东、广西、云南、湖南、湖北、江苏、浙江、安徽、山东、四川

【形态特征】水生飘浮草本。有长而悬垂的根多数，须根羽状，密集。叶簇生成莲座状，叶片常因发育阶段不同而形异：倒三角形、倒卵形、扇形，以至倒卵状长楔形，长1.3～10 cm，宽1.5～6 cm，先端截头状或浑圆，基部厚，两面被毛，基部尤为浓密；叶脉扇状伸展，背面明显隆起成折皱状。佛焰苞为白色，长0.5～1.2 cm，外被茸毛。花期5～11月。

【生长习性】喜欢高温多雨的环境，适宜于在平静的淡水池塘、沟渠中生长。在温暖的南方是水田中常见的杂草。

【精油含量】水蒸气蒸馏法提取干燥叶的得油率为0.30%。

【芳香成分】范润珍等（2006）用水蒸气蒸馏法提取的广东湛江产大薸干燥叶精油的主要成分为：2,6-二叔丁基-4-甲基苯酚（24.57%）、植醇（12.30%）、硬脂酸（10.70%）、十六烷基环戊烷（8.20%）、十六酸（8.10%）、十五烷基环己烷（7.13%）、十八烷（2.24%）、二十一烷（1.89%）、二十三烷（1.86%）、二十四酸（1.83%）、十六烷基环己烷（1.71%）、亚油酸（1.56%）、十四酸（1.53%）、二十烷（1.44%）、十六烷（1.26%）、十九烷（1.20%）、十七烷（1.20%）、十三烷基环己烷（1.02%）等。

【利用】全株作猪饲料。全草入药，外敷治疗无名肿毒；煮水可洗汗瘢、血热作痒、消跌打肿痛；煎水内服可通经，治疗水肿、小便不利、汗皮疹、臁疮、水蛊。

海芋

Alocasia macrorrhiza (Linn.) Schott

天南星科　海芋属

别名：羞天草、隔河仙、天荷、滴水芋、野芋、黑附子、麻芋头、野芋头、大黑附子、天合芋、大麻芋、天蒙、朴芋头、大虫楼、大虫芋、老虎芋、卜茹根、痕芋头、广东狼毒、野山芋、尖尾野芋头、狼毒、姑婆芋

分布：江西、福建、台湾、湖南、广东、广西、四川、贵州、云南等地

【形态特征】大型常绿草本植物，具有匍匐根茎，茎0.1～5 m。叶多数，叶柄绿色或污紫色，螺状排列；叶片亚革质，箭状卵形，边缘波状，长50～90 cm，宽40～90 cm；前裂片三角状卵形；后裂片多少圆形。花序柄2～3枚丛生，圆柱形，长12～60 cm，通常绿色，有时污紫色。佛焰苞管部绿色，长

3～5 cm，粗3～4 cm，卵形或短椭圆形；檐部黄绿色、绿白色，舟状，长圆形，略下弯，先端喙状。肉穗花序芳香，雌花序白色，长2～4 cm，不育雄花序绿白色，能育雄花序淡黄色；附属器淡绿色至乳黄色，圆锥状，长3～5.5 cm，粗1～2 cm，嵌以不规则的槽纹。浆果红色，卵状，长8～10 mm，粗5～8 mm，种子1～2粒。花期四季。

【生长习性】生长在海拔1700 m以下的热带雨林林缘或河谷野芭蕉林下。喜高温、潮湿，耐阴，不宜强风吹，不宜强光照。抗性强，有很强的适应不良环境的能力，耐水湿，适应灰尘大的环境和通风不良的环境。

【芳香成分】甘泳红等（2012）用水蒸气蒸馏法提取的广东广州产海芋风干全草精油的主要成分为：1,2-苯二甲酸双(2-异丁基)酯（32.51%）、邻苯二甲酸二丁酯（14.43%）、3-(1',3'-β-丁二烯)-吲哚（9.04%）、5-十四碳烯-3-炔（7.22%）、2,3-二氢-苯骈呋喃（6.85%）、十六烷酸（4.82%）、6,10,14-三甲基-2-十五烷酮（4.41%）、苯甲醛（2.26%）、3,7,11,15-四甲基-2-十六碳-1-醇（2.20%）、反式-1,2,3,4,4a,5,8,8a-八氢-4a-甲基萘（2.04%）、邻苯二甲酸双(2-异丁基)酯（1.77%）、2,6-二甲基环己醇（1.65%）、3-苄氧基-4,5-二羟基苯甲酸甲酯（1.40%）、10-(乙酰甲基)-(+)-3-蒈烯（1.19%）、3,5,5-三甲基-2-环己烯-1-酮（1.17%）、丙酮橙花酯（1.04%）、5,6,7,7a-四氢-4,4,7a-三甲-2(4氢)-苯并呋喃酮（1.04%）等。

【利用】根茎供药用，具有清热解毒、消肿散结、祛腐生机的功效，对治疗腹痛、霍乱、疝气等有良效，又可治肺结核、风湿关节炎、气管炎、流感、伤寒、风湿心脏病；外用治疗疮肿毒、蛇虫咬伤、烫火伤。兽医用以治疗牛伤风、猪丹毒。有毒，须久煎并换水2～3次后方能服用。民间用醋加生姜汁少许共煮，内服或含漱以解毒。根茎富含淀粉，可作工业的代用品，但不能食用。有吸收粉尘、净化空气等功能，用于园林绿化，能起到植物造景和保护生态环境的完美结合作用。

合果芋

Syngonium podophyllum Schott

天南星科　合果芋属

别名： 白蝴蝶、紫梗芋、剪叶芋、丝素藤、箭叶、花蝴、箭叶芋、果芋、绿精灵、白斑叶

分布： 我国南方各地

【形态特征】为多年生蔓性常绿草本植物。茎节具有气生根，攀附他物生长。叶片呈两型性，幼叶为单叶，箭形或戟形；老叶成5～9裂的掌状叶，中间一片叶大型，叶基裂片两侧常着生小型耳状叶片。初生叶色淡，老叶呈深绿色，且叶质加厚。

叶上生有各种白色斑纹。叶形、色泽和斑纹的变化因品种而异。有数个园艺品种。佛焰苞浅绿色或黄色。

【生长习性】生于山坡较荫蔽而湿润的草地、疏林下或林缘草地，常生于海拔3000～3300 m处。喜高温多湿、疏松肥沃微酸性土壤。适应性强，能适应不同光照环境。

【芳香成分】周琼等（2004）用水蒸气蒸馏法提取的广东广州产合果芋新鲜茎叶精油的主要成分为：十六酸（33.66%）、叶绿醇（12.21%）、亚油酸（8.66%）、十六烷醛（6.96%）、6,10,14-三甲基-2-十五烷酮（5.19%）、二十九烷（3.73%）、二十七烷（2.07%）、β-紫罗兰酮（2.05%）、三十一烷（1.97%）、十五酸（1.77%）、二十烷（1.40%）、二氢猕猴桃内酯（1.33%）、α-紫罗兰酮（1.24%）、十八烷（1.19%）、香叶基丙酮（1.16%）、二十五烷（1.10%）、十四酸（1.08%）、十九烷（1.04%）等。

【利用】主要用作室内观叶盆栽。

雷公连

Amydrium sinense (Engl.) H. Li

天南星科　雷公连属

别名：风湿药、软筋藤、大软筋藤、九龙上吊、野红苕、青藤、下山虎、大医药、雷公药

分布：我国特有。湖南、湖北、广西、四川、贵州、云南

【形态特征】附生藤本，茎较细弱，借肉质气生根紧贴于树干上，节间长3～5 cm。叶柄上面具槽，基部扩大，长8～15 cm，上部有长约1 cm的关节，叶柄鞘达关节，撕裂状脱落；叶片革质，叶面亮绿色，叶背黄绿色，干时恒为黑褐色，镰状披针形，全缘，锐尖，基部宽楔形至近圆形，长13～23 cm，宽5～8 cm，不等侧，常一侧为另一侧宽的2倍。佛焰苞肉质，盛花时短舟状，近卵圆形，长8～9 cm，宽11.5 cm，黄绿色至黄色。肉穗花序倒卵形，向基部变狭，先端钝圆，长约4 cm，粗1.8 cm。花两性。浆果绿色，成熟时为黄色、红色，味臭，种子1～2枚，棕褐色，倒卵状肾形，长约2 mm。花期6～7月，果期7～11月。

【生长习性】海拔550～1100 m，附生于常绿阔叶林中树干上或石崖上。

【芳香成分】王祥培等（2009）用水蒸气蒸馏法提取的干燥藤茎精油的主要成分为：亚麻酸甲酯（14.58%）、芳樟醇（12.20%）、榄香素（7.21%）、肉豆蔻醚（7.12%）、8,11-十八碳二烯酸甲酯（6.67%）、棕榈酸甲酯（4.21%）、α-松油醇（2.46%）、壬醛（2.37%）、邻苯二甲酸异丁酯（2.21%）、香芹酚（2.17%）、β-石竹烯（2.09%）、植物醇（1.99%）、棕榈醛（1.77%）、反-香天竺葵醇（1.67%）、(Z)-6-壬烯醛（1.64%）、吉玛烯B（1.60%）、β-榄烯（1.37%）、吉玛烯D（1.00%）等。

【利用】全株入药，有去瘀生新、镇痛的功能，治风湿麻木、骨折、跌打损伤、心绞痛。

鞭檐犁头尖

Typhonium flagelliforme (Lodd.) Blume

天南星科　犁头尖属

别名： 水半夏、半夏、田三七、疯狗薯

分布： 广东、广西

【形态特征】块茎近圆形，直径1～2 cm，上部周围密生长2～4 cm的肉质根。叶和花序同时抽出。叶3～4，叶柄长15～30 cm；叶片戟状长圆形，基部心形或下延，前裂片长5～14 cm，宽2～4 cm，长圆形或长圆披针形，侧裂片长三角形，长4～5 cm，宽3～5 mm。佛焰苞管部绿色，卵圆形或长圆形，长1.5～2.5 cm，直径1.2～2 cm；檐部绿色至绿白色，披针形，常伸长卷曲为长鞭状或较短而渐尖，长7.5～25 cm，宽5～8 cm。雌花序卵形，长1.5～1.8 cm；中性花序长1.7 cm；雄花序长5～6 mm，黄色；附属器为淡黄绿色，下部为长圆锥形，向上为细长的线形。浆果卵圆形，绿色。花期4～5月。

【生长习性】海拔350 m以下，生于山溪水中、水田或田边以及其他湿地。

【芳香成分】刘布鸣等（2004）用乙醚加热回流法提取的广西贵港产鞭檐犁头尖干燥块茎精油的主要成分为：9,12-十八碳二烯酸-2-羟基-1-(羟甲基)-乙酯（8.41%）、9,12,15-十八碳三烯酸（7.18%）、9-十八碳烯酸-2-羟基-1-羟甲基-乙酯（5.75%）、4-羟基-4-甲基-2-戊酮（5.70%）、2-羟基-1-羟甲基-十六酸乙酯（5.31%）、十六碳酸（4.04%）、亚麻酸乙酯（4.04%）、8,11-十八碳二烯酸（3.90%）、柠檬菌素酸（2.77%）、9-十八碳烯酸乙酯（2.04%）、9-十八碳烯酸（1.92%）、9,17-十八碳二烯醛（1.66%）、7,10,13-十六碳三烯酸（1.60%）、8,11-二十碳二烯酸（1.46%）、9,12-十八碳二烯酸乙酯（1.45%）、二十七烷（1.44%）、二十三烷（1.37%）、十九碳酸（1.31%）、二十碳酸（1.24%）、4-羟基-3-戊烯-2-酮（1.12%）、9,12-十八碳二烯酸（1.12%）、3-甲氧基-1-异丙烯基苯（1.08%）、十七碳酸（1.07%）、十八碳烯酸（1.07%）、11-十八碳烯酸（1.05%）、十八碳酸（1.04%）等。

【利用】块茎入药，能燥湿化痰、止咳，内服治咳嗽痰多、支气管炎，常与半夏通用；外用治跌打损伤、疮毒。

独角莲

Typhonium giganteum Engl.

天南星科　犁头尖属

别名： 滴水参、天南星、野芋、白附子、禹白附、牛奶白附、麦夫子、疔毒豆、麻芋子、芋叶半夏、达瓦罗玛吉涧、鸡心白附

分布： 我国特有。河北、山东、吉林、辽宁、河南、湖北、陕西、甘肃、四川、西藏、广东、广西

【形态特征】块茎倒卵形，卵球形或卵状椭圆形，直径2～4 cm，外被暗褐色小鳞片，有7～8条环状节。通常1～2年生的只有1叶，3～4年生的有3～4叶。叶与花序同时抽出。叶柄圆柱形，长约60 cm，密生紫色斑点，中部以下具膜质叶鞘；叶片幼时内卷如角状，后即展开，箭形，长15～45 cm，宽9～25 cm，先端渐尖，基部箭状。佛焰苞紫色，管部圆筒形或长圆状卵形，长约6 cm，粗3 cm；檐部卵形，长达15 cm，先端渐尖常弯曲。肉穗花序长达14 cm，雌花序圆柱形，长约3 cm；中性花序长3 cm；雄花序长2 cm；附属器为紫色，长2～6 cm，圆柱形，先端钝。花期6～8月，果期7～9月。

【生长习性】生于荒地、山坡、水沟旁，海拔通常在1500 m以下。喜温和湿润气候，能耐寒、耐荫蔽、耐干旱。土壤以排水良好的砂质壤土为宜，一般的黑壤土、砂壤土、平地、坡地

和山地都可以生长，不宜过黏或过碱。

【精油含量】水蒸气蒸馏法提取块茎的得油率为0.03%～0.04%，干燥叶的得油率为1.35%；超临界萃取干燥块茎的得油率为0.74%。

【芳香成分】块茎：李静等（1996）用水蒸气蒸馏法提取的吉林人工栽培的独角莲块茎精油的主要成分为：N-苯基-苯胺（47.35%）、2,6,10,14-四甲基十六烷（2.39%）、6-甲基-2-苯基-喹啉（2.30%）、十七烷（1.94%）、3-甲基菲（1.87%）、2,6,10,14-四甲基十五烷（1.63%）、3-甲基-十七烷（1.45%）、二十烷（1.43%）、亚油酸乙酯（1.40%）、2,7-二甲基菲（1.30%）、1,4,6-三甲基萘（1.18%）、2,6,10,13-四甲基十五烷（1.18%）、N-苯基-2-萘胺（1.15%）、十五烷酸乙酯（1.07%）等。张婷婷等（2011）用同法分析的干燥块茎精油的主要成分为：棕榈酸（26.06%）、1,4,7,10,13-五氧杂环十五烷（16.64%）、2-[2-(2-乙氧基乙氧基)乙氧基]-乙醇（9.21%）、3,6,9,12-四氧杂十六烷-1-醇（6.59%）、2-(2-乙氧基乙氧基)-乙醇（6.43%）、9,12-十八碳二烯醛（4.44%）、棕榈酸甲酯（4.26%）、甲酸-1-甲基丙基酯（3.34%）、3-甲氧基-己烷（3.08%）、3,6,9,12,15-五氧杂十九烷-1-醇（2.71%）、1,4,7,10,13,16-六氧杂环十八烷（2.67%）、4-甲氧基-1-丁烯（2.64%）、2-[2-(2-丙烯氧基)乙氧基]–乙醇（2.43%）、2-戊醇（1.96%）、2-[2-(2-丁氧基乙氧基)乙氧基]-乙醇（1.71%）、1-甲氧基-2-丙酮（1.69%）、2-乙氧基-丁烷（1.51%）、二异丙醚（1.41%）、2-乙氧基-丙烷（1.23%）等。彭广等（2010）用同法分析的干燥块茎精油的主要成分为：己醛（38.18%）、2-庚醇（16.33%）、1-辛烯-3-醇（9.56%）、樟脑（7.55%）、乙酸龙脑酯（4.53%）、2-正戊基呋喃（2.98%）、异丁基邻苯二甲酸酯（2.17%）、柠檬烯（1.89%）、丁基邻苯二甲酸酯（1.73%）、芫荽醇（1.70%）、壬醛（1.19%）、2-庚酮（1.17%）、左旋莰醇（1.17%）等。

叶：孙启良等（1995）用水蒸气蒸馏法提取的吉林抚松产独角莲干燥叶精油的主要成分为：2,6,10,14-四甲基十六烷（60.51%）、苯酚（14.31%）、2,7,10-三甲基十二烷（1.41%）、对位伞花烃（1.20%）、顺-2-甲基-环己醇乙酸酯（1.06%）等。

【利用】球茎供药用，称‘白附子’，能祛风痰、逐寒湿、镇痉，治头痛、口眼歪斜、半身不遂、破伤风、跌打劳伤、肢体麻木、中风不语、淋巴结核等。常用于美容添加剂或防腐剂及护肤品中。民间用球茎酿酒。

魔芋

Amorphophallus rivieri Durieu

天南星科　魔芋属

别名：蒟蒻、蒻头、鬼芋、花梗莲、虎掌、花伞把、蛇头根草、花杆莲、麻芋子、野魔芋、花杆南星、土南星、南星、天南星、花麻蛇

分布：陕西、甘肃、宁夏至江南各地

【形态特征】块茎扁球形，直径7.5～25 cm。叶柄长45～150 cm，有绿褐色或白色斑块；基部膜质鳞叶2～3，披针形，内面的渐长大，长7.5～20 cm。叶片3裂，小裂片互生，大小不等，长2～8 cm，长圆状椭圆形，外侧下延成翅状。佛焰苞漏斗形，长20～30 cm，苍绿色，边缘紫红色；檐部长15～20 cm，宽约15 cm，心状圆形，锐尖，边缘折波状，外面变绿色，内面深紫色。肉穗花序比佛焰苞长1倍，雌花序圆柱形，长约6 cm，紫色；雄花序长8 cm；附属器伸长的圆锥形，长20～25 cm，明显具小薄片或具棱状长圆形的不育花遗垫，深紫色。浆果球形或扁球形，成熟时为黄绿色。花期4～6月，果8～9月成熟。

【生长习性】生于疏林下、林椽或溪谷两旁湿润地。

【精油含量】超临界萃取新鲜块茎的得油率为1.09%；乙醇浸提法提取块茎的得油率为1.98%。

【芳香成分】李海池等（2017）用乙醇浸提法提取的块茎精油的主要成分为：邻苯二甲酸二异丁酯（11.34%）、穿贝海绵甾醇（9.35%）、豆甾醇（7.66%）、2,6-二甲基-1,6-二醇-2,7-辛二烯（4.34%）、E,E-1,9,17-二十二碳三烯（3.28%）、2-乙酰基-1,3-二甲基-1H-吲哚（2.30%）、芳姜黄酮（2.07%）、角鲨烯（1.84%）、2-氯辛烷（1.41%）、2-甲基-环戊酮（1.37%）、甘油脱氧胆酸（1.20%）等；用超临界CO_2萃取法提取的块茎精油的主要成分为：亚油酸乙酯（41.73%）、棕榈酸乙酯（15.51%）、豆甾-4-烯-3-酮（8.75 %）、亚麻酸（7.27%）、反油酸乙酯（4.50%）、1-三十七醇（2.81%）、豆固酮（2.56%）、角鲨烯（1.71%）、2-甲基-十九烷（1.39%）、4-胆甾烯-3-酮（1.20%）等。

【利用】块茎可加工成魔芋豆腐供疏食。块茎淀粉可用作浆纱、造纸、瓷器或建筑等的胶粘剂。块茎入药，能解毒消肿、灸后健胃、消饱胀，治流火、疔疮、无名肿毒、瘰疬、眼睛

蛇咬伤、烫火伤、间日疟、乳痈、腹中痞块、疔癀高烧、疝气等。全株有毒。

麒麟叶

Epipremnum pinnatum (Linn.) Schott

天南星科　麒麟叶属

别名：绿萝、百宿蕉、上树龙、百足藤、飞来凤、爬树龙、飞天蜈蚣

分布：台湾、广东、广西、云南、福建

【形态特征】藤本植物，攀缘极高。茎多分枝；气生根具发达的皮孔，紧贴于树皮或石面上。叶柄长25～40 cm，有膨大关节；叶鞘膜质，逐渐撕裂，脱落；叶片薄革质，幼叶狭披针形或披针状长圆形，基部浅心形，成熟叶宽的长圆形，基部宽心形，沿中肋有2行星散的、有时为长达2 mm的小穿孔，叶片长40～60 cm，宽30～40 cm，两侧不等地羽状深裂，裂片线形，基部和顶端等宽或略狭，裂弯宽5～7.5 cm，狭长渐尖。花序柄圆柱形，粗壮，长10～14 cm，基部有鞘状鳞叶包围。佛焰苞外面绿色，内面黄色，长10～12 cm，渐尖。肉穗花序圆柱形，钝，长约10 cm，粗3 cm。种子肾形，稍光滑。花期4～5月。

【生长习性】附生于热带雨林的大树上或岩壁上。喜温暖湿润和荫蔽环境，耐阴性强。不耐寒，较耐旱。忌阳光直晒。要求土质肥沃、排水良好。

【芳香成分】孟雪等（2010）用顶空萃取法提取的地上部分精油的主要成分为：α-蒎烯（30.67%）、莰烯（14.92%）、(Z)-2-丁烯（7.96%）、β-蒎烯（6.18%）、4-(2-氨乙基)四氢吡喃（2.09%）、2,2,4-三甲基戊烷（1.70%）、月桂烯（1.63%）等。

【利用】茎叶供药用，能消肿止痛，可治跌打损伤、风湿关节、痈肿疮毒。适宜作庭园绿篱、盆栽、垂直绿化材料。浆果可食用。叶片可用作烹调的调味品。

大千年健

Homalomena gigantea Engl.

天南星科　千年健属

别名：坡扣、大黑麻芋、大黑附子

分布：云南

【形态特征】多年生草本，茎斜上升，高可达50 cm，粗3 cm。鳞叶披针形，长15 cm以上。叶柄长60～100 cm，下部

1/5具鞘，中部圆柱形，上部扁平，叶片亮绿色，箭状心形，长40～50 cm，宽28～36 cm，后裂片半长圆形，长13～15 cm，略外展；前裂片半卵形，长为后裂片的2倍。花序柄长达20 cm。佛焰苞长圆形，长12 cm，短锐尖、席卷，粗2～2.5 cm。肉穗花序具短柄，长11 cm；雌花序圆柱形，长2.5～2.8 cm，粗1.2～1.3 cm；雄花序棒状，长8 cm，中部粗1.6 cm，向上渐狭，雄花有雄蕊4～5。雌蕊长圆形，柱头盘状无柄；子房3室，胚珠多数，着生于中轴胎座上。

【生长习性】生于海拔600～700 m的河谷密林中的溪边。

【芳香成分】吴刚等（2008）用水蒸气蒸馏法提取的云南西双版纳产大千年健干燥根茎精油的主要成分为：邻苯二甲酸二异丁酯（34.48%）、十六醛（9.82%）、异丙基肉豆蔻酸酯（4.68%）、邻苯二甲酸二丁酯（3.48%）、邻苯二甲酸-2-乙基己基正丁酯（3.20%）、(Z)-9,17-十八碳二烯醛（2.26%）、十三烷（2.24%）、十五醛（1.86%）、十二烷（1.76%）、氨基甲酸苯基甲酯（1.60%）、十四醛（1.57%）、亚油酸乙酯（1.49%）、十六烷酸乙酯（1.33%）、9-反式-十六碳烯-1-醇（1.30%）、2,2'，5,5'-四甲基-1,1'-联苯（1.17%）等。

【利用】根茎为傣药，具有润肺止咳、解热、祛风除湿、镇心安神的作用，治疗肺结核、咳喘病、风湿关节疼痛等症有独特疗效。

千年健

Homalomena occulta (Lour.) Schott

天南星科　千年健属

别名：香芋、团芋、一包针、千年见、千棵针、假苈芋、平丝草

分布：广东、广西、云南、海南

【形态特征】多年生草本。根茎匍匐，肉质根圆柱形。常具高30～50 cm的直立的地上茎。鳞叶线状披针形，长15～16 cm，基部宽2.5 cm，向上渐狭，锐尖。叶柄长25～40 cm，下部具宽3～5 mm的鞘；叶片膜质至纸质，箭状心形至心形，长15～30 cm，宽8～28 cm，先端骤狭渐尖。花序1～3，生鳞叶之腋。佛焰苞为绿白色，长圆形至椭圆形，长5～6.5 cm，花前席卷成纺锤形，粗3～3.2 cm，盛花时上部略展开成短舟状，人为展平宽5～6 cm，具长约1 cm的喙。肉穗花序长3～5 cm；雌花序长1～1.5 cm，粗4～5 mm；雄花序长2～3 cm，粗3～4 mm。种子褐色，长圆形。花期7～9月。

【生长习性】海拔80～1100 m，生长于沟谷密林下，竹林和山坡灌丛中。喜温暖、湿润、荫蔽环境。生长适宜温度为24～27℃，气温低于0℃时叶片受冻害。对土壤要求不严，以富含腐殖质的肥沃壤土生长较佳。

【精油含量】水蒸气蒸馏法提取根茎的得油率为0.14%～1.05%；超临界萃取干燥根茎的得油率为2.03%。

【芳香成分】邱琴等（2004）用水蒸气蒸馏法提取的广西灵山产千年健干燥根茎精油的主要成分为：芳樟醇（47.51%）、4-松油醇（12.40%）、α-松油醇（5.19%）、香叶醇（3.19%）、2,3-二戊基-2-环丙烯-1-羧酸（2.59%）、T-木材醇（2.54%）、T-杜松醇（1.64%）、伞花烃（1.55%）、斯巴醇（1.44%）、γ-松油烯（1.28%）、橙花醇（1.21%）、肉豆蔻醚（1.21%）、α,α,5-三甲基-5-四氢乙烯基-2-呋喃甲醇（1.20%）、异-黄樟脑（1.11%）、西洋丁香醇（1.06%）等。

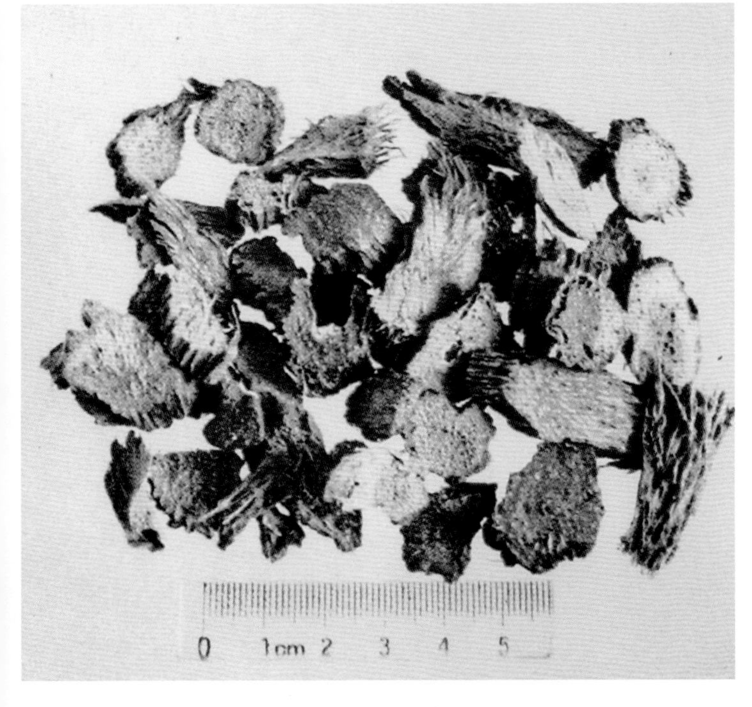

【利用】根茎入药，为瑶族群众的习惯用药，具有通经活络，祛风逐痹等功效，可治跌打损伤、骨折、外伤出血、四枝麻木、筋脉拘挛、风湿腰腿痛、类风湿关节炎、胃痛、肠胃炎、痧症等。

石柑子

Pothos chinensis (Raf.) Merr.

天南星科　石柑属

别名： 石柑、竹结草、爬山虎、风瘫药、毒蛇上树、上树葫芦、六扑风、石柑儿、巴岩香、青葫芦茶、石葫芦、马连鞍、百步藤、石上蟾蜍草、大疮花、葫芦草、石百足、千年青、落山葫芦、小毛铜钱菜、伸筋草、青竹标、岩石焦、铁斑鸠、巴岩姜、关刀草、猛药、铁板草、柚子枫、葫芦钻、藤橘

分布： 台湾、湖北、广西、广东、云南、四川、贵州

【形态特征】附生藤本，长0.4～6 m。茎近圆柱形，节上常束生长1～3 cm的气生根；枝下部常具鳞叶1枚；鳞叶线形，长4～8 cm，宽3～7 mm，锐尖。叶片纸质，椭圆形，披针状卵形至披针状长圆形，长6～13 cm，宽1.5～5.6 cm，先端渐尖至长渐尖，常有芒状尖头，基部钝。花序腋生，基部具苞片4～6枚；苞片卵形，长5 mm，上部的渐大，纵脉多数；花序柄长0.8～2 cm；佛焰苞卵状，绿色，长8 mm，展开宽10～15 mm，锐尖；肉穗花序短，椭圆形至近圆球形，淡绿色或淡黄色，长7～11 mm，粗5～10 mm，花序梗长3～8 mm。浆果黄绿色至红色，卵形或长圆形，长约1 cm。花果期四季。

【生长习性】生于海拔2400 m以下的阴湿密林中，常匍匐于岩石上或附生于树干上。

【芳香成分】覃振林等（2012）用水蒸气蒸馏法提取的广西平乐产石柑子干燥全草精油的主要成分为：植酮（20.91%）、叶绿醇（20.01%）、法呢基丙酮（15.32%）、棕榈酸（5.85%）、(Z)-氧代环十七碳-8-烯-2-酮（3.13%）、油酸酰胺（2.58%）、香叶基丙酮（2.18%）、柏木脑（1.85%）、2-莰酮（1.84%）、正十五醛（1.74%）、硬脂酰胺（1.46%）、香芹酚（1.34%）、松油烯（1.21%）等。

【利用】茎叶供药用，能祛风解暑、消食止咳、镇痛，治风湿麻木、跌打损伤、骨折、咳嗽、气痛、小儿疳积。

东北南星

Arisaema amurense Maxim.

天南星科　天南星属

别名： 东北天南星、长虫苞米、山苞米、天南星、大参、天老星、虎掌

分布： 北京、河北、内蒙古、宁夏、陕西、山西、黑龙江、吉林、辽宁、山东、河南

【形态特征】块茎小，近球形，直径1～2 cm。鳞叶2，线状披针形，锐尖，膜质，内面长9～15 cm。叶1，叶柄长17～30 cm，下部1/3具鞘，紫色；叶片鸟足状分裂，裂片5，倒

卵形，倒卵状披针形或椭圆形，先端短渐尖或锐尖，基部楔形。佛焰苞长约10 cm，管部漏斗状，白绿色，长5 cm，喉部边缘斜截形，狭，外卷；檐部直立，卵状披针形，渐尖，绿色或紫色具白色条纹。肉穗花序单性，雄花序长约2 cm，花疏；雌花序短圆锥形，长1 cm；各附属器棒状，长2.5～3.5 cm，基部截形，先端钝圆。浆果红色，直径5～9 mm；种子4枚，红色，卵形。花期5月，果9月成熟。

【生长习性】海拔50～1200 m，生于林下和沟旁。

【精油含量】水蒸气蒸馏法提的干燥茎的得油率为0.02%。

【芳香成分】孔德新等（2013）用水蒸气蒸馏法提取的吉林长白山区产东北南星干燥茎精油的主要成分为：7,9-二叔丁基-1-氧螺[4.5]-癸烷-6,9-二烯-2,8-二酮（7.91%）、14-甲基十五烷酸甲酯（7.70%）、二十四烷（6.87%）、三十六烷（6.73%）、13-十二烷基二十六烷（5.13%）、丙基-24-甲基二十五-5,9-二烯酯（5.11%）、山嵛醇（5.03%）、二十八烷（4.64%）、乙酸棕榈酯（4.05%）、二十七烷（4.01%）、亚油酸乙酯（3.59%）、三十一烷（3.29%）、5,6-2-(二甲基亚丙基)-(E,Z)-癸烷（2.81%）、三十烷（2.54%）、十七烷（2.53%）、棕榈酸丁酯（2.19%）、叔十六硫醇（1.85%）、十八烷（1.76%）、三十三烷（1.70%）、三十二烷（1.23%）、邻苯二甲酸丁酯-8-甲基壬基酯（1.15%）、邻苯二甲酸二异丁酯（1.09%）、氯代十八烷（1.04%）、十九烷（1.03%）、二十烷（1.01%）、6,10,14-三甲基-2-十五烷酮（1.00%）等。

【利用】块茎入药，有燥湿化痰、祛风止痉、散结消肿的功效，用于治疗中风痰壅、口眼歪斜、半身不遂、癫痫、惊风、破伤风、顽痰咳嗽、风疾眩晕；外用消痈肿及治蛇虫咬伤。

一把伞南星

Arisaema erubescens (Wall.) Schott.

天南星科　天南星属

别名：天南星、虎掌南星、麻蛇饭、刀口药、闹狗药、半夏、法夏、麻芋杆、一把伞、山包谷、蛇子麦、蛇芋、蛇包谷、白南星、麻芋子、狗爪半夏、血南星、野魔芋、山蕃芋、山魔芋、独角莲、铁骨伞、粉南星、蛇舌草、蛇芋头、打蛇棒、虎掌、黄狗卵

分布：除内蒙古、黑龙江、辽宁、吉林、山东、江苏、新疆外，全国各地

【形态特征】块茎扁球形，直径可达6 cm，黄色或淡红紫色。鳞叶绿白色、粉红色，有紫褐色斑纹。叶1，极稀2，叶柄长40～80 cm，具鞘，鞘部粉绿色，上部绿色，有时具褐色斑块；叶片放射状分裂，裂片无定数；披针形、长圆形至椭圆形，长6～24 cm，宽6～35 mm。佛焰苞绿色，管部圆筒形；喉部边缘截形或稍外卷；檐部三角状卵形至长圆状卵形或倒卵形，长4～7 cm，宽2.2～6 cm，先端渐狭，略下弯。肉穗花序单性，雄花序长2～2.5 cm，花密；雌花序长约2 cm；各附属器棒状、圆柱形，长2～4.5 cm。雄花淡绿色、紫色至暗褐色。浆果红色，种子1～2枚，球形，淡褐色。花期5～7月，果9月成熟。

【生长习性】生于海拔3200 m以下的林下、灌丛、草坡、荒地。喜冷凉湿润气候和阴湿环境，怕强光，应适度荫蔽。以湿润、疏松、肥沃富含腐殖质的壤土或砂质壤土为宜，黏土及洼地不宜种植。山区可在山间沟谷、溪流两岸或疏林下的阴湿地种植。忌连作。适宜于排水良好的砂质土壤。

【芳香成分】杨迺嘉等（2007）用水蒸气蒸馏法提取的贵州产一把伞南星干燥块茎精油的主要成分为：间位甲酚（5.31%）、芫荽醇（3.69%）、2,2'-次甲基呋喃（2.80%）、2-糠基-5-甲基呋喃（2.52%）、苯乙烯（2.48%）、2-烯丙基呋喃（2.15%）、2-呋喃甲醇乙酸酯（2.12%）、乙基苯（1.81%）、间二甲苯（1.74%）、戊基苯（1.55%）、2,7-二甲基氧杂（1.54%）、2-戊基呋喃（1.53%）、β-桉叶烯（1.45%）、辛醇（1.35%）、甲基取代丁子香酚（1.26%）、1-异戊基吡咯（1.23%）、正壬烷（1.20%）、α-萜品醇（1.10%）、δ-杜松萜烯（1.08%）、十五烷（1.06%）、反式-2-甲基-5-丙基呋喃（1.02%）、1-氢-1-甲基茚（1.02%）等。

【利用】块茎入药，有燥湿化痰、祛风止痉、散结消肿的功效，用于治疗顽痰咳嗽、风疾眩晕、中风痰壅、口眼歪斜、半身不遂、癫痫、惊风、破伤风；外用于治痈肿、蛇虫咬伤。块茎可提取淀粉用于制酒精，作糊料，有毒，不可食用。

爬树龙

Rhaphidophora decursiva (Roxb.) Schott

天南星科　崖角藤属

别名： 过山龙、裂叶崖角藤、青竹标、老蛇藤、大青龙、过江龙、大过山龙、爬山虎、大青竹标、大青蛇、大戆毒、万丈洁、山包谷、过岗龙、鸭绿江、上木蜈蚣、石莲藕、当年见、石蛇

分布： 福建、台湾、广东、广西、贵州、云南、西藏

【形态特征】附生藤本。茎生多数肉质气生根。幼枝上叶片圆形，长16 cm，宽13 cm，先端骤尖，全缘。成熟枝叶片轮廓卵状长圆形、卵形，长60～70 cm，宽40～50 cm，先端锐尖，基部浅心形；不等侧羽状深裂达中肋，裂片6～15对，上侧渐尖，具凸尖。花序腋生。佛焰苞肉质，两面黄色，边缘稍淡，卵状长圆形，长17～20 cm，宽10～12 cm，花时展开成舟状。肉穗花序灰绿色，圆柱形，长15～16 cm，粗2～3 cm，先端钝圆，基部斜形。果序粗棒状，长15～20 cm，粗5～5.5 cm；浆果锥状楔形，绿白色，下部白色透明或黄色，长1.8 cm，顶部宽5 cm。果皮厚，内含丰富的无色黏液。花期5～8月，果翌年夏秋成熟。

【生长习性】生于海拔2200 m以下，常见于季雨林和亚热带沟谷常绿阔叶林内，匍匐于地面、石上，或攀附于树干上。

【芳香成分】廖彭莹等（2012）用水蒸气蒸馏法提取的广西靖西产爬树龙晾干全株精油的主要成分为：榄香素（20.20%）、2,6-二叔丁基对甲酚（10.70%）、植酮（9.52%）、植醇（6.11%）、苯乙烯（3.33%）、正十五碳醛（3.29%）、3,4-二氢-8-羟基-3-甲基-1H-2-苯并吡喃-1-酮（2.96%）、8-十七碳烯（2.62%）、法呢基丙酮（1.65%）、1,4-二甲苯（1.62%）、正十七烷（1.14%）、乙基苯（1.00%）等。

【利用】茎叶供药用，有接骨、消肿、清热解毒、止血、止痛、镇咳的功效，主治跌打损伤、骨折、蛇咬伤、痈疮节肿、小儿百日咳、咽喉肿痛、感冒、风湿性腰腿痛。根或藤茎入药，有祛风湿、散瘀肿、续筋骨之功效，常用于治疗风湿关节炎、跌打瘀肿、骨折、烧伤、痈疮红肿。

大野芋

Colocasia gigantea (Blume) Hook. f.

天南星科　芋属

别名： 山野芋、水芋、象耳芋、抬板七、抬板蕉、滴水芋

分布： 云南、广西、广东、福建、湖北、江西、浙江、上海、安徽、四川

【形态特征】多年生常绿草本，根茎倒圆锥形，长5～10cm，粗3～9 cm。叶丛生，叶柄具白粉，长可达1.5 m，下部1/2鞘状；叶片长圆状心形，长达1.3 m，宽达1 m，边缘波状，后裂片圆形。花序柄长30～80 cm，鳞叶1枚；鳞叶膜质，披针形。佛焰苞长12～24 cm：管部绿色，椭圆状，席卷；檐部粉白色，

长圆形或椭圆状长圆形，基部兜状，舟形展开，锐尖。肉穗花序长9～20 cm，雌花序圆锥状，奶黄色，基部斜截形；不育雄花序长圆锥状，长3～4.5 cm；能育雄花序长5～14 cm，雄花棱柱状，长4 mm。附属器极短小，锥状。浆果圆柱形，长5 mm，种子多数，纺锤形，有多条明显的纵棱。花期4～6月，果9月成熟。

【生长习性】生于海拔100～700 m，常见于沟谷地带，特别是石灰岩地区，生于林下湿地或石缝中。

【芳香成分】刘锦东等（2014）用顶空固相微萃取法提取的湖北恩施产大野芋新鲜花序精油的主要成分为：2-异丙基-5-甲基茴香醚（46.88%）、二氢-β-紫罗兰酮（39.80%）、苯甲酸甲酯（6.61%）、4-羟基-3-甲基苯乙酮（1.46%）、4-萜烯（1.07%）、4-(2,6,6-三甲基-环己烯-1-乙基)-2-丁醇（1.03%）等。

【利用】根茎入药，能解毒消肿、祛痰镇痉。供观赏。叶可作猪饲料。叶柄可作蔬菜。

赤苍藤

Erythropalum scandens Bl.

铁青树科　赤苍藤属

别名：牛耳藤、萎藤、勾华、侧苋、细绿藤

分布：云南、贵州、西藏、广西、广东、海南

【形态特征】常绿藤本，长5～10 m，具腋生卷须。叶纸质至厚纸质或近革质，卵形、长卵形或三角状卵形，长8～20 cm，宽4～15 cm，顶端渐尖、钝尖或突尖，基部微心形、圆形、截平或宽楔形，叶面绿色，叶背粉绿色。花排成腋生的二歧聚伞花序；花萼筒长0.5～0.8 mm，具4～5裂片；花冠白色，直径2～2.5 mm，裂齿小，卵状三角形；雄蕊5枚；花盘隆起。核果卵状椭圆形或椭圆状，长1.5～2.5 cm，直径0.8～1.2 cm，全为增大成壶状的花萼筒所包围，花萼筒顶端有宿存的波状裂齿，成熟时为淡红褐色，干后为黄褐色，常不规则开裂为3～5裂瓣；果梗长1.5～3 cm；种子蓝紫色。花期4～5月，果期5～7月。

【生长习性】多见于低山及丘陵地区或山区溪边、山谷、密林或疏林的林缘或灌丛中。喜光，耐半阴，喜欢凉爽环境，习性强健，适应性强，极耐寒、耐旱、耐贫瘠。对气候、土壤、水分要求不严，喜欢肥沃湿润土壤。

【芳香成分】冯旭等（2014）用水蒸气蒸馏法提取的叶精油的主要成分为：二十七烷（10.54%）、1-辛烯-3-醇（10.20%）、叶绿醇（7.02%）、二十五烷（7.41%）、环己二烯（6.29%）、二十八烷（5.16%）、十九烷（3.74%）、3,4,4-三甲基-1-戊炔-3-醇（2.43%）、二十四烷醇（2.40%）、十七烷（2.38%）、二十四烷（1.63%）、二十二烯（1.52%）、亚油酸乙酯（1.43%）、诱虫烯（1.39%）、金合欢基丙酮（1.33%）、芳樟醇（1.32%）、二十一烷（1.18%）、棕榈酸乙酯（1.14%）、β-桉叶醇（1.08%）、二十二烷（1.02%）等。

【利用】嫩芽及嫩叶可作蔬菜食用。茎入药，能利尿，治黄疸，也治风湿骨痛。叶捣烂敷患处可治水肿。根煮肉或浸酒服。根、茎可提取栲胶。

蒜头果

Malania oleifera Chun et S. Lee ex S. Lee

铁青树科　蒜头果属
别名：山桐果、咪民、猴子果、唛厚
分布：我国特有。广西、云南

【形态特征】常绿乔木，高达20 m，胸径可达40 cm；树皮浅黄色或灰褐色；芽裸露。叶互生，薄革质或厚纸质，长椭圆形、长圆形或长圆状披针形，长7～15 cm，宽2.5～6 cm，先端急尖、短渐尖至渐尖，基部圆形或楔形，边缘略背卷；花10～15朵，排成伞形花序状、复伞形花序状或短总状花序状的蝎尾状聚伞花序，花序长2～3 cm；花萼筒小，上端具4～5裂齿，裂齿三角状卵形；花瓣4～5枚，宽卵形，长约3 mm，外面有微毛，先端尖，内曲。核果扁球形或近梨形，直径3～4.5 cm；种子1枚，球形或扁球形，直径约1.8 cm。花期4～9月，果期5～10月。

【生长习性】喜生长在湿润肥沃的土壤上和石灰岩山地混交林内或稀树灌丛林中，在砂岩、页岩地区的酸性土上也有生长。幼树期喜阴，随着树龄增大而逐渐喜光。喜肥沃较湿润的中性至微碱性石灰岩土。

【精油含量】水蒸气蒸馏法提取新鲜枝叶的得油率为0.30%，新鲜果实的得油率为1.30%；石油醚萃取种子的得油率为0.56%；超临界萃取新鲜叶的得油率为0.72%。

【芳香成分】叶：黄开响等（2008）用超临界CO_2萃取法提取的广西巴马产蒜头果新鲜叶精油的主要成分为：扁桃腈（64.98%）、苯甲醛（13.12%）、苯甲醇（9.91%）、苯甲酸（8.66%）、苯乙酸（2.08%）等。

枝叶：刘雄民等（2007）用水蒸气蒸馏法提取的广西巴马产蒜头果新鲜枝叶精油的主要成分为：苯甲醛（61.88%）、扁桃腈（24.80%）、苯甲酸（11.32%）、苯甲醇（1.51%）等。

果实：刘雄民等（2007）用水蒸气蒸馏法提取的广西巴马产蒜头果新鲜果实精油的主要成分为：苯甲醛（78.79%）、苯甲醇（14.69%）扁桃腈（4.74%）等。

【利用】种子可榨油，可作润滑油和制皂的原料，也可食用，但不宜多食。饼渣作肥料。木材供作家具、船舶、雕刻及建筑用。可作石山地区绿化树种。

普通铁线蕨

Adiantum edgewothii Hook.

铁线蕨科　铁线蕨属
别名：爱氏铁线蕨
分布：北京、河南、辽宁、河北、陕西、甘肃、山东、台湾、四川、云南、西藏

【形态特征】植株高10～30 cm。根状茎短，被黑褐色披针形鳞片。叶簇生；柄长4～10 cm，栗色，基部被鳞片；叶片线状披针形，先端渐尖，长6～23 cm，宽2～3 cm，一回羽状；羽片10～30对，对生或互生，中部羽片上缘2～5浅裂，下缘和内缘全缘；裂片近长方形，全缘或稍呈波状；基部羽片与中部羽片同形而略小，略反折，顶部羽片与中部的同形渐小，顶生羽片近扇形，上缘深裂，基部楔形。叶干后纸质，淡褐色或淡棕绿色；叶轴栗色，先端常延伸成鞭状。孢子囊群每羽片2～5枚，横生于裂片先端；囊群盖圆形或长圆形，上缘平直，膜质，棕色，全缘，宿存。孢子周壁具颗粒状纹饰，处理后周壁易脱落。

【生长习性】生于林下阴湿地方或岩石上，海拔700～2500 m。喜湿。

【芳香成分】根：姬志强等（2008）用顶空固相微萃取法提取的云南西双版纳产普通铁线蕨干燥根挥发油的主要成分为：十六烷（11.98%）、十五烷（9.33%）、5-丙基-十三烷（8.78%）、十七烷（7.64%）、2,6,10,14-四甲基-十五烷（6.95%）、十四烷（6.58%）、6,10,14-三甲基-2-十五烷酮（5.69%）、丁羟基

甲苯（5.14%）、2,3,7-三甲基-癸烷（3.90%）、(E)-6,10-二甲基-5,9-十一双烯-2-酮（3.76%）、十三烷（3.54%）、2,6,10,14-四甲基-十六烷（2.57%）、十八烷（2.19%）、壬醛（2.14%）、2-甲基-十五烷（2.12%）、邻苯二甲酸二异丁酯（1.72%）、(R)-1-甲基-4-(1,2,2-三甲基环戊基)-苯（1.64%）、3-甲基-十四烷（1.56%）、3-甲基十五烷（1.54%）、丁酸己酯（1.44%）、1-十八烯（1.39%）、2,7-二甲基-萘（1.35%）、2-甲基-十六烷（1.21%）、2,6,10-三甲基-十二烷（1.16%）、癸醇（1.12%）等。

叶：姬志强等（2008）用顶空固相微萃取法提取的云南西双版纳产普通铁线蕨干燥叶挥发油的主要成分为：十六烷（10.64%）、十五烷（9.27%）、6,10,14-三甲基-2-十五烷酮（8.34%）、十七烷（6.94%）、壬醛（5.67%）、5-丙基-十三烷（5.42%）、2,6,10,14-四甲基-十五烷（4.80%）、2,3,7-三甲基-癸烷（4.48%）、庚醛（3.88%）、邻苯二甲酸二异丁酯（3.48%）、十四烷（2.55%）、8-十七烯（2.31%）、十八烷（1.97%）、2-甲基-十五烷（1.92%）、5,6,7,7a-四氢-4,4,7a-三甲基-2(4H)-苯并呋喃酮（1.88%）、2,6,10,14-四甲基-十六烷（1.75%）、正十六酸（1.75%）、3-甲基十五烷（1.33%）、癸醇（1.32%）、2,6,10-三甲基-十四烷（1.19%）、4-(2,6,6-三甲基-1-环己-1-烯基)-3-丁烯-2-酮（1.16%）、2-甲基-十六烷（1.04%）、1-十八烯（1.04%）、3-甲基-十六烷（1.03%）等。

【利用】入药有利尿通淋、敛伤止血功效，用于治疗淋症、金创刀伤、水火烫伤。可观赏。

昆明山海棠

Tripterygium hypoglaucum (Levl.) Hutch.

卫矛科　雷公藤属

别名： 火把花、断肠草、紫金皮、紫金藤、雷公藤、掉毛草、胖关藤、红毛山藤

分布： 安徽、浙江、湖南、广西、贵州、云南、四川

【形态特征】藤本灌木，高1～4 m，小枝常具4～5棱，密被棕红色毡毛状毛。叶薄革质，长方卵形、阔椭圆形或窄卵形，长6～11 cm，宽3～7 cm，先端渐尖，基部圆形、平截或微心形，边缘具极浅疏锯齿，叶面绿色偶被厚粉，叶背常被白粉呈灰白色；叶柄常被棕红色密生短毛。圆锥聚伞花序生于小枝上部，呈蝎尾状多次分枝，有花50朵以上，花序梗、分枝及小花梗均密被锈色毛；苞片及小苞片细小，被锈色毛；花绿色，直径4～5 mm；萼片近卵圆形；花瓣长圆形或窄卵形。翅果多为长方形或近圆形，果翅宽大，长1.2～1.8 cm，宽1～1.5 cm，先端平截，内凹或近圆形，基部心形，果体窄椭圆线状，直径3～4 mm。

【生长习性】生于山野向阳的灌木丛中或疏林下。

【精油含量】水蒸气蒸馏法提取干燥去皮根的得油率为0.04%，干燥茎的得油率为0.03%。

【芳香成分】根：张亮等（1992）用水蒸气蒸馏法提取的云南弥渡产昆明山海棠干燥去皮根精油的主要成分为：棕榈酸（50.89%）、8,9-十八碳二烯酸（18.25%）、9-十八碳烯酸（7.38%）、9,12,15-十八碳三烯酸（6.24%）、十四酸（2.21%）、9-十六碳烯酸（1.86%）、十五酸（1.59%）、十二烷酸（2.55%）、桃柘酚（1.43%）、十八酸（1.27%）等。

茎：张亮等（1992）用水蒸气蒸馏法提取的云南弥渡产昆明山海棠干燥茎精油的主要成分为：棕榈酸（45.90%）、8,9-十八碳二烯酸（23.67%）、9,12,15-十八碳三烯酸（9.61%）、9-十八碳烯酸（9.38%）、9-十六碳烯酸（3.66%）、十五酸（1.77%）、十四酸（1.65%）等。

【利用】根入药，有祛风除湿、活血止血、舒筋接骨、解毒杀虫之功效，常用于治疗风湿痹痛、半身不遂、疝气痛、痛经、月经过多、产后腹痛、出血不止、急性传染性肝炎、慢性肾炎、红斑狼疮、癌肿、跌打骨折、骨髓炎、骨结核、附睾结核、疮毒、银屑病、神经性皮炎。

雷公藤

Tripterygium wilfordii Hook. f.

卫矛科　雷公藤属

分布： 台湾、福建、江苏、浙江、安徽、湖北、湖南、广西

【形态特征】藤本灌木，高1～3 m，小枝棕红色，具4细棱，被密毛及细密皮孔。叶椭圆形、倒卵椭圆形、长方椭圆形或卵形，长4～7.5 cm，宽3～4 cm，先端急尖或短渐尖，基部阔楔形或圆形，边缘有细锯齿；叶柄密被锈色毛。圆锥聚伞花序较窄小，长5～7 cm，宽3～4 cm，通常有3～5分枝，花序、分枝及小花梗均被锈色毛；花白色，直径4～5 mm；萼片先端急尖；花瓣长方卵形，边缘微蚀；花盘略5裂。翅果长圆状，长1～1.5 cm，直径1～1.2 cm，中央果体较大，占全长2/3～1/2，中央脉及2侧脉共5条，分离较疏，占翅宽2/3，小果梗细圆，长达5 mm；种子细柱状，长达10 mm。

【生长习性】生长于山地林内阴湿处。适生于土壤为排水良好、微酸性的类泥沙或红壤土，pH5～6。喜温暖避风、湿润、雨量充沛的环境。抗寒能力较强，但怕霜，霜害可引起幼苗顶端和新梢冻伤，影响下年的生长。

【精油含量】水蒸气蒸馏法提取干燥根的得油率为0.01%～0.05%，干燥叶的得油率为0.06%～0.10%。

【芳香成分】根：张亮等（1992）用水蒸气蒸馏法提取的福建产雷公藤干燥根精油的主要成分为：棕榈酸（41.48%）、8,9-十八碳二烯酸（29.13%）、9,12,15-十八碳三烯酸（13.62%）、9-十八碳烯酸（5.74%）、9-十六碳烯酸（2.47%）、十五酸（1.13%）等。

叶：张亮等（1992）用水蒸气蒸馏法提取的江西景德镇产雷公藤干燥叶精油的主要成分为：棕榈酸（44.09%）、9,12,15-十八碳三烯酸（41.23%）、十八酸（4.58%）、十四酸（1.92%）等。李汉保等（1994）用同法分析的浙江永康产雷公藤干燥叶精油的主要成分为：1,7,7-三甲基-双环[2.2.1]-2-庚醇（16.00%）、6-甲基-5-庚烯-2-酮（10.00%）、6-甲基庚醇（9.80%）、α,α,5-三甲基-5-乙烯基-2-四氢呋喃甲醇（9.40%）、戊己醚（5.00%）、苯甲醛（5.00%）、2-羟基苯甲酸甲酯（4.40%）、甲苯（3.40%）、2,6-二甲基-5-庚烯醛（3.40%）、6-甲基-5-庚烯-2-醇（2.90%）、6-甲基-3,5-庚二烯-2-酮（2.90%）、1-氯癸烷（2.50%）、4,5-二甲基八氢-2-萘酮（1.60%）、α,α,4-三甲基-3-环己烯-1-甲醇（1.30%）、1,1,2-三甲基-3,5-双(1-甲基-乙烯基)环己烷（1.30%）、4,4,7-三甲基-5,6,7,7a-四氢呋喃-2-酮（1.30%）等。

【利用】根、叶、花、果实均可入药，有大毒，有清热解毒、祛风通络、舒筋活血、杀虫的功效，用于治疗风湿关节痛、肾炎、红斑狼疮、血小板减少性紫癜、腰腿痛、末梢神经炎、麻风、骨髓炎、手指疔疮。根外用治烧伤、皮肤发痒、腰带疮、风湿性关节炎。

短梗南蛇藤

Celastrus rosthornianus Loes.

卫矛科　南蛇藤属

别名： 短柄南蛇藤、黄绳儿、丛花南蛇藤

分布： 甘肃、陕西、河南、安徽、浙江、江西、湖北、湖南、贵州、福建、广东、广西、四川、云南

【形态特征】小枝具较稀皮孔，腋芽圆锥状或卵状，长约3 mm。叶纸质，果期常稍革质，叶片长方椭圆形、长方窄椭圆形，稀倒卵椭圆形，长3.5～9 cm，宽1.5～4.5 cm，先端急

尖或短渐尖，基部楔形或阔楔形，边缘具疏浅锯齿，或基部近全缘。花序顶生及腋生，顶生者为总状聚伞花序，长2～4 cm，腋生者短小，具1至数花；萼片长圆形，长约1 mm，边缘啮蚀状；花瓣近长方形，长3～3.5 mm，宽1 mm或稍多；花盘浅裂，裂片顶端近平截。蒴果近球状，直径5.5～8 mm，小果梗长4～8 mm，近果处较粗；种子阔椭圆状，长3～4 mm，直径2～3 mm。花期4～5月，果期8～10月。

【生长习性】生长于海拔500～1800 m山坡林缘和丛林下，有时生长于高达3100 m处。

【芳香成分】茎：霍昕等（2008）用有机溶剂-水蒸气蒸馏法提取的贵州镇远产短梗南蛇藤干燥藤茎精油的主要成分为：油酸（56.71%）、13-十八碳烯（28.26%）、棕榈酸（9.11%）、异丁基邻苯二甲酸酯（1.08%）等。

叶：高玉琼等（2009）用有机溶剂-水蒸气蒸馏法提取的干燥叶精油的主要成分为：油酸（31.59%）、13-十八碳烯（29.75%）、棕榈酸（4.41%）、反-2-己烯醛（3.36%）、异丁基邻苯二甲酸酯（3.26%）、香叶基丙酮（2.30%）、6,10,14-三甲基-2-十五烷酮（1.57%）、正己醛（1.40%）、萜品烯-4-醇（1.12%）、邻苯二甲酸丁酯（1.01%）、壬醛（1.00%）等。

【利用】茎皮可提取纤维。根皮入药，治蛇咬伤及肿毒。树皮及叶作农药。

青江藤

Celastrus hindsii Benth

卫矛科　南蛇藤属

别名：夜茶藤、黄果藤

分布：江西、湖北、湖南、贵州、四川、台湾、福建、广东、海南、广西、云南、西藏

【形态特征】常绿藤本；小枝紫色，皮孔较稀少。叶纸质或革质，干后常灰绿色，长方窄椭圆形，或卵窄椭圆形至椭圆倒披针形，长7～14 cm，宽3～6 cm，先端渐尖或急尖，基部楔形或圆形，边缘具疏锯齿。顶生聚伞圆锥花序，长5～14 cm，腋生花序近具1～3花，稀成短小聚伞圆锥状。花淡绿色；花萼裂片近半圆形，覆瓦状排列，长约1 mm；花瓣长方形，长约2.5 mm，边缘具细短缘毛；花盘杯状，厚膜质，浅裂，裂片三角形。果实近球状或稍窄，长7～9 mm，直径6.5～8.5 mm，裂瓣略皱缩；种子1粒，阔椭圆状到近球状，长5～8 mm，假种皮橙红色。花期5～7月，果期7～10月。

【生长习性】生长于海拔300～2500 m的灌丛或山地林中。

【芳香成分】张昆等（1998）用超临界CO_2萃取法提取的海南乐东产青江藤干燥根皮精油的主要成分为：十六烷酸乙基酯（31.61%）、亚油酸乙酯（14.79%）、十八烷酸乙基酯（11.40%）、9-十八碳烯酸乙基酯（10.56%）、十六烷酸甲基酯（8.45%）、

9,12,15-十八碳三酸甲基酯（7.53%）、1,2-苯二羧酸-双(2-甲基丙基)酯（6.32%）、9，19-环羊毛甾-24-烯-3-醇(3β)（4.67%）、9,12-十八碳二烯酸甲基酯（4.66%）等。

【利用】根入药，有通经、利尿的功效，用于治疗经闭、小便不利。

白杜

Euonymus maackii Rupr.

卫矛科　卫矛属

别名：明开夜合、丝绵木、桃叶卫矛

分布：北起黑龙江包括华北、内蒙古各地，南到长江南岸各地，西至甘肃，除陕西、西南和两广未见野生外，其他各地均有，但长江以南常以栽培为主

【形态特征】小乔木，高达6 m。叶卵状椭圆形、卵圆形或窄椭圆形，长4～8 cm，宽2～5 cm，先端长渐尖，基部阔楔形或近圆形，边缘具细锯齿，有时极深而锐利；叶柄通常细长，常为叶片的1/4～1/3，但有时较短。聚伞花序3至多花，花序梗略扁，长1～2 cm；花4数，淡白绿色或黄绿色，直径约8 mm；小花梗长2.5～4 mm；雄蕊花药紫红色，花丝细长，长1～2 mm。蒴果倒圆心状，4浅裂，长6～8 mm，直径9～10 mm，成熟后果皮粉红色；种子长椭圆状，长5～6 mm，直径约4 mm，种皮棕黄色，假种皮橙红色，全包种子，成熟后顶端常有小口。花期5～6月，果期9月。

【生长习性】喜光，稍耐阴，生长迅速，耐寒、耐盐、耐瘠薄。耐旱，也耐水湿，为深根性植物，根萌蘖力强，有较强的适应能力。对土壤要求不严，中性土和微酸性土均能适应，最适宜栽植在肥沃、湿润的土壤中。

【芳香成分】刘新胜等（2016）用水蒸气蒸馏法提取的宁夏银川产白杜成熟期带壳干燥果实精油的主要成分为：3-(1-甲基丁氧基)-2-丁醇（6.49%）、棕榈酸（6.22%）、2-甲基戊酸（6.10%）、4-仲丁氧基-2-丁酮（5.94%）、2,2,4-三甲基-1,3-戊二醇（5.87 %）、异戊氧基甲酸丙酯（5.50%）、1,3-丁二醇（4.21 %）、甘油缩甲醛（3.98%）、亚油酸（3.55%）、1-氯-3,5-二甲基己烯（3.19%）、丙氧基乙酸-1-甲基-2-羰基丙酯（3.16%）、2-羟基-1,3-二氧环戊烷（2.81%）、1-(1-乙氧基乙基)-丁烷（2.48%）、3-(1,3-二氧戊环-2-基)乙酸丙酯（2.14%）、2-(1-乙氧基乙基)-3-甲基-1,4-丁二醇（1.94%）、2,4-二甲基-3-戊醇（1.84%）、2,2'-联(1,3-二氧戊环)(1.74%）、西松烯（1.74%）、2,3-丁烷二醇二醋酸（1.72%）、2-羟基戊酸乙酯（1.58%）、9-十六碳烯酸乙酯（1.55%）、2-甲基-1,3-二氧戊环（1.54%）、2-丙基-1,3-二氧戊环（1.37%）、L-苏丁醇（1.30%）、棕榈酸乙酯（1.29%）、2-己基-1,3-二氧戊环（1.28%）、亚油酸甲酯（1.24%）、乙烯二乙酯（1.23%）、2-(1-乙氧基乙基)丙酸乙酯（1.23%）、2-(1-乙氧基乙基)丙酸乙酯（1.23%）、1,3-甲氧基-3-甲基丁烷（1.04%）、十八烷基乙烯醚（1.02%）、1,3-丁二醇二乙酸酯（1.01%）、2-(2-甲氧基-1-甲氧乙氧基)-1-丙醇（1.00 %）、2-甲基-2-醇-丁酸甲酯（1.00%）、3-(1-甲基丁氧基)-2-甲基丁醇（1.00%）、植酮（1.00%）等。

【利用】一般作为观赏树和行道树栽植，对二氧化硫和氯气等有害气体具有较强的抗性。木材可用于器具及细工雕刻、制帆杆或滑车等。叶可代茶。树皮可提取橡胶。种子可榨油，用作工业用油。根及根皮入药，有活血通络、祛风湿、补肾的功效。嫩枝叶是牲畜的饲料。枝条是很好的编织原料，可编制各种驮筐、背斗、果筐。也是重要的燃料林树种。

冬青卫矛

Euonymus japonicus Thunb.

卫矛科　卫矛属

别名： 大叶黄杨、正木、金边黄杨、银边黄杨

分布： 全国各地

【形态特征】灌木，高可达3 m；小枝四棱，具细微皱突。叶革质，有光泽，倒卵形或椭圆形，长3～5 cm，宽2～3 cm，先端圆阔或急尖，基部楔形，边缘具有浅细钝齿；叶柄长约1 cm。聚伞花序5～12花，花序梗长2～5 cm，2～3次分枝，分枝及花序梗均扁壮，第三次分枝常与小花梗等长或较短；小花梗长3～5 mm；花白绿色，直径5～7 mm；花瓣近卵圆形，长宽各约2 mm，雄蕊花药长圆状，内向；花丝长2～4 mm；子房每室2胚珠，着生中轴顶部。蒴果近球状，直径约8 mm，淡红色；种子每室1粒，顶生，椭圆状，长约6 mm，直径约4 mm，假种皮橘红色，全包种子。花期6～7月，果熟期9～10月。

【生长习性】阳性树种，喜光耐阴，要求温暖湿润的气候和肥沃的土壤。酸性土、中性土或微碱性土均能适应。萌生性强，适应性强，较耐寒，耐干旱瘠薄。极耐修剪整形。

【精油含量】超临界萃取法提取金边黄杨干燥茎的得油率为0.18%，干燥叶的得油率为0.32%；大叶黄杨干燥叶的得油率为0.88%～1.11%，干燥茎的得油率为0.52%～0.96%；干燥果实的得油率为0.41%～0.72%。

【芳香成分】茎：卫强等（2015,2016）用超临界CO_2萃取法提取的安徽合肥产冬青卫矛栽培型‘金边黄杨’干燥茎精油的主要成分为：丙二醇单甲醚（12.20%）、正十六烷酸（5.52%）、6,6-二甲基二环[3.1.1]庚-2-烯-2-甲醇（5.17%）、2,4-二叔丁基苯酚（5.08%）、β-水芹烯（3.82%）、4-亚甲基环己酮（3.70%）、正十七烷（3.26%）、二十九烷（3.18%）、α-桉叶醇（3.11%）、3-乙基-5-(2-甲基丁基)-十八烷（3.10%）、亚油酸甲酯（3.01%）、8-丙氧基-柏木烷（2.96%）、(S)-3-乙基-4-甲基戊醇（2.95%）、正十六烷（2.92%）、2,6,10,15-四甲基-十七烷（2.73%）、反桃金娘烯醇（2.40%）、3-戊烯-2-酮（1.12%）等；栽培型‘大叶黄杨’干燥茎环己烷萃取的主要成分为：二十八烷（14.34%）、甲苯（11.88%）、二十一烷（7.74%）、邻苯二甲酸二丁酯（4.14%）、6,6-二甲基-双环[3.1.1]庚-2-烯-2-甲醇（2.55%）、乙基苯（1.74%）、1,2-苯二甲酸双(2-甲基丙基)酯（1.65%）、1,2-苯二甲酸异辛酯（1.65%）、甲基环己烷（1.17%）、对二甲苯（1.11%）等；乙醚萃取的主要成分为：甲氧基苯基肟（33.10%）、α-甲基-α-[4-甲基-3-戊烯基]环氧乙烷甲醇（12.48%）、2,4,5-三甲基-1,3-二氧戊环（3.58%）、1-丙氧基-2-丙醇（3.06%）、十五烷（1.55%）、异植醇（1.53%）、棕榈酸（1.53%）等。

叶： 卫强等（2015,2016）用超临界CO_2萃取法提取的安徽合肥产冬青卫矛栽培型‘金边黄杨’干燥叶精油的主要成分为：棕榈油酸（17.11%）、苯甲醛（10.66%）、(Z)-3-己烯-1-醇（8.93%）、正十六烷酸（7.92%）、苯甲醇（6.99%）、肉豆蔻酸（6.13%）、正十五烷酸（6.06%）、正己醇（4.68%）、(E)-2-己烯-1-醇（3.21%）、(S)- 3-乙基-4-甲基戊醇（1.44%）等；栽培型‘大叶黄杨’环己烷萃取的干燥叶精油的主要成分为：(E)-2-己烯-1-醇（17.80%）、(E)-3,7-二甲基-2,6-辛二烯-1-醇（7.86%）、甲基环己烷（6.60%）、甲苯（6.54%）、二十八烷（4.08%）、己基过氧化氢物（4.00%）、邻苯二甲酸二丁酯（2.84%）、二十七烷（2.21%）、1,2-苯二甲酸双(2-甲基丙基)酯（1.74%）、3,7-二甲基-6-辛烯-1-醇（1.46%）、二十一烷（1.24%）、9,12,15-十八碳三烯酸乙酯（1.20%）、植醇（1.04%）等；乙醚萃取的干燥叶精油的主要成分为：2-乙氧基丙烷（41.92%）、2,3-丁二醇（4.81%）、十六酰胺（3.08%）、硬脂酰胺（2.21%）、1,3-二噁烷-5-醇（2.00%）、2-丁基-5-甲基-2-己烯酸乙基酯（1.97%）、乙烯基骆驼蓬碱（酯）(1.41%）、3,7,11,15-四甲基-1-十六碳炔-3-醇（1.40%）、二十七烷（1.29%）、2,2,3,4-四甲基己-5-烯-3-醇（1.19%）、1,2-苯二甲酸双(2-甲基丙基)酯（1.04%）、二十八烷（1.02%）等。

花： 易元芬等（2000）用水蒸气蒸馏法提取的冬青卫矛鲜花精油的主要成分为：顺-9-二十三碳烯（11.75%）、二十三烷（10.49%）、3-己烯-1-醇（9.55%）、邻苯二甲酸二丁酯（9.48%）、二十一烷（5.12%）、棕榈酸（4.62%）、香叶酸（4.10%）、6-甲基-1-庚醇（3.46%）、亚油酸（3.19%）、2-庚烯-1-醇（2.80%）、二十五烷（2.56%）、3-甲基-2-己醇（1.93%）、十八碳烯（1.92%）、肉桂醇（1.88%）、苯乙醇（1.76%）、二十五碳烯（1.60%）、邻苯二甲酸二异丁酯（1.32%）、苯甲酸（1.29%）、辛醇（1.19%）、香叶醇（1.19%）、肉豆蔻酸（1.06%）、10-二十一碳烯（1.03%）等。

果实：卫强等（2016）用超临界CO_2萃取法提取的安徽合肥产冬青卫矛栽培型‘大叶黄杨’环己烷萃取的干燥果实精油的主要成分为：甲苯（15.03%）、甲基环己烷（14.76%）、(Z)-3-己烯-1-醇（10.98%）、2-甲基-5-(1-甲基乙烯基)-2-环己烯-1-醇（6.33%）、邻苯二甲酸二丁酯（4.74%）、1,3-二甲基苯（4.23%）、二十一烷（2.64%）、(E)-3,7-二甲基-2,6-辛二烯-1-醇（2.25%）、(-)-顺桃金娘醇（2.25%）、乙基苯（2.13%）、3-癸炔-2-醇（2.04%）、(S)-3-乙基-4-甲基戊醇（2.04%）、6,6-二甲基-双环[3.1.1]庚-2-烯-2-甲醇（1.68%）、1,2-苯二甲酸异辛酯（1.62%）、顺-六氢-8a-甲基-1,8(2H，5H)萘二酮（1.35%）、对二甲苯（1.29%）、4,6,6-三甲基-双环[3.1.1]庚-3-烯-2-醇（1.29%）等；乙醚萃取的干燥果实精油的主要成分为：苯甲醛（15.52%）、二十一烷（5.36%）、苯甲醇（4.82%）、2,3-丁二醇（4.64%）、二十八烷（3.86%）、3-(1-乙氧乙氧基)-2-甲基丁-1,4-二醇（3.52%）、5-十二烷基二氢-2(3H)-呋喃酮（2.10%）、二十四烷（1.84%）、二十七烷（1.74%）、1-(+)-抗坏血酸-2,6-二棕榈酸酯（1.54%）、α-甲基-α-[4-甲基-3-戊烯基]环氧乙烷甲醇（1.42%）、二十五烷（1.40%）、反式-5-乙烯基-α,α,5-三甲基-2-四氢糠醇（1.38%）、三十一烷（1.30%）、2-乙氧基丙烷（1.24%）、1,2-苯二甲酸双(2-甲基丙基)酯（1.22%）、(S)-α,α,4-三甲基-3-环己烯-1-甲醇（1.18%）、α-杜松醇（1.14%）、(E)-3,7,11-三甲基-1,6,10-十二烷三烯-3-醇（1.08%）、3,7-二甲基-1,6-辛二烯-3-醇（1.04%）、3-(1-乙氧乙氧基)-2-甲基-1-丁二醇（1.02%）、2,4,5-三甲基-1,3-二氧戊环（1.00%）等。

【利用】可作绿篱种植，可盆栽观赏，对多种有毒气体抗性很强，抗烟吸尘功能也强，并能净化空气。根有调经止痛的功效，用于治疗月经不调、痛经、跌打损伤、骨折、小便淋痛。

扶芳藤

Euonymus fortunei (Turcz.) Hand.-Mazz.

卫矛科　卫矛属

分布：江苏、浙江、安徽、江西、湖北、湖南、四川、陕西等地

【形态特征】常绿藤本灌木，高1至数米。叶薄革质，椭圆形、长方椭圆形或长倒卵形，宽窄变异较大，可窄至近披针形，长3.5～8 cm，宽1.5～4 cm，先端钝或急尖，基部楔形，边缘齿浅不明显。聚伞花序3～4次分枝；最终小聚伞花密集，有花4～7朵，分枝中央有单花，小花梗长约5 mm；花白绿色，4数，直径约6 mm；花盘方形，直径约2.5 mm；花丝细长，长2～3 mm，花药圆心形；子房三角锥状，四棱，粗壮明显，花柱长约1 mm。蒴果粉红色，果皮光滑，近球状，直径6～12 mm；果序梗长2～3.5 cm；小果梗长5～8 mm；种子长方椭圆状，棕褐色，假种皮鲜红色，全包种子。花期6月，果期10月。

【生长习性】生长于山坡丛林中。喜温暖湿润环境，喜阳光，亦耐阴。在雨量充沛、云雾多、土壤和空气湿度大的条件下，植株生长健壮。对土壤适应性强，酸碱及中性土壤均能正常生长，可在砂石地、石灰岩山地栽培，适于疏松、肥沃的砂壤土生长，适宜生长温度为15～30℃。

【芳香成分】赖红芳等（2010）用顶空固相微萃取法提取的广西产扶芳藤叶挥发油的主要成分为：[1R,4Z,9S]-4,11,11-三甲基-8-亚甲基-二环[7.2.0]-4-十一烯（8.61%）、2-甲基-5-(1,5-二甲基-4-己烯基)-1,3-环已二烯（7.71%）、4-甲基-1-(1,5-二甲基-4-己烯基)苯（7.18%）、雪松醇（5.79%）、11-溴十一烷酸乙酯（5.51%）、2,6-二甲基-6-(4-甲基-3-戊烯基)双环[3.1.1]-2-庚烯（5.38%）、1-(2-十二烯基)丁二酸酐（4.91%）、十六酸甲酯（4.32%）、4S-1-甲基-4-(1-亚甲基-5-甲基-4-己烯基)环已烯（4.20%）、3-(1,5-二甲基-4-己烯基)-6-亚甲基-环已烯（4.18%）、反-Z-α-环氧没药烯（3.78%）、匙叶桉油烯醇（3.56%）、6,10,14-

三甲基-十五烷-2-酮（2.98%）、邻苯二甲酸二丁酯（2.57%）、氧化石竹烯（1.95%）、2,6,10-三甲基十二烷（1.92%）、γ-榄香烯（1.69%）、植醇（1.41%）、α-石竹烯（1.30%）、1-氯十六烷（1.14%）、10,13-十八二烯酸甲酯（1.08%）等。

【利用】带叶茎枝入药，有舒筋活络、止血消瘀的功效，治腰肌劳损、风湿痹痛、咯血、血崩、月经不调、跌打骨折、创伤出血。为绿化观叶植物，能抗二氧化硫、三氧化硫、氧化氢、氯、氟化氢、二氧化氮等有害气体。

茶条木

Delavaya yunnanensis Franch

无患子科　茶条木属
别名：黑枪杆、滇木瓜、米香树
分布：云南、广西

【形态特征】灌木或小乔木，高3～8 m，树皮褐红色。小叶薄革质，中间一片椭圆形或卵状椭圆形，有时披针状卵形，长8～15 cm，宽1.5～4.5 cm，顶端长渐尖，基部楔形，具长约1 cm的柄，侧生的较小，卵形或披针状卵形，近无柄，全部小叶边缘均有稍粗的锯齿，很少全缘，两面无毛；侧脉纤细，两面略凸起。花序狭窄，柔弱而疏花；花梗长5～10 mm；萼片近圆形，凹陷，大的长4～5 mm，无毛；花瓣白色或粉红色，长椭圆形或倒卵形，长约8 mm，鳞片阔倒卵形、楔形或正方形，上部边缘流苏状；子房无毛或被稀疏腺毛。蒴果深紫色，裂片长1.5～2.5 cm或稍过之；种子直径10～15 mm。花期4月，果期8月。

【生长习性】生于海拔500～2000 m的山坡、沟谷及溪边密林中，有时亦见于灌丛。阳性树种，耐庇荫，耐寒，喜湿润土壤，但耐干燥瘠薄，抗病力强，适应性强。

【芳香成分】秦波等（2000）用同时蒸馏萃取法提取的包括茎、叶和种子的茶条木地上部分精油的主要成分为：二苯胺（29.97%）、十六酸（5.18%）、棕榈酸甲酯（5.17%）、十六酸乙酯（2.30%）、1,2-苯二甲酸二(2-甲基丙基)酯（1.47%）、1-二十二烯（1.43%）、邻苯二甲酸二丁酯（1.41%）、油酸（1.19%）、9-甲基菲（1.18%）、十二烷（1.13%）、6,10,14-三甲基-2-十五酮（1.10%）、2,5-二甲基菲（1.10%）等。

【利用】种子可榨油，含有毒素，不能食，可供制造肥皂，也可作润滑油，广西用以润发，可治头虱，云南用以治疥癣等。是良好的庭园观赏树种，可盆栽。

海南假韶子

Paranephelium hainanense H. S. Lo

无患子科　假韶子属
分布：我国特有。海南

【形态特征】常绿乔木，高3～9 m，小枝红褐色，有密集、椭圆形皮孔。叶轴细瘦，有直纹；小叶3～7片，革质，长圆形或长圆状椭圆形，有时两侧稍不对称，长8～20 cm，宽3～7 cm，顶端短尖或渐尖，基部楔形，边缘有稀疏锯齿，微有光泽；小叶柄肿胀，长约8 mm。花序顶生或近枝顶腋生，常较阔大，多花，被锈色短柔毛；花小，有短梗；萼裂片三角形，长约1 mm，两面被绒毛；花瓣5，卵形，长约1 mm，鳞片2裂，裂片叉开，被长柔毛；花盘5裂；雄蕊通常8；子房被糙毛。蒴果近球形，直径连刺2.5～3 cm，刺粗壮，木质，长约5 mm；种子1颗，斜压扁，宽约2 cm，种脐大，椭圆形。花期4～5月。

【生长习性】分布于海南局部地区海拔200 m以下山坡稀疏残林中，生于热带半常绿季雨林中。产地年平均温25.5℃，极端最高温约35℃，极端最低温约15℃，年降雨量约1800 mm。土壤为花岗岩或石灰岩风化形成的砖红壤性红壤土、呈微酸性反应。在深厚、疏松、肥沃而排水良好的砂壤土上生长良好。略耐旱瘠，在干旱瘦瘠而开敞的石隙中仍能生长。

【芳香成分】王天山等（2008）用乙醇提取富集和水蒸气蒸馏法提取的海南三亚产海南假韶子叶精油的主要成分为：己酸（7.44%）、苯基乙醇（7.13%）、丁基化羟基甲苯（6.31%）、2-己烯酸（5.84%）、3-异丙基-4-甲氧基苯酚（5.18%）、壬酸（4.24%）、棕榈酸（4.20%）、1,2-苯二甲酸二(2-甲基丙基)酯（4.05%）、棕榈酸乙酯（3.75%）、5,6,7,7a-四氢-4,4,7a-三甲基-2(4H)-苯并呋喃酮（3.71%）、苄醇（2.97%）、3,4-二甲基环己醇（2.32%）、2,3,5,6-四甲基苯酰胺（2.30%）、苯乙酸乙酯（2.26%）、3-甲基丁酸（2.00%）、顺-1-甲基-2-乙基环戊烷（1.97%）、2-乙叉环己酮（1.86%）、(E)-3-己烯酸（1.86%）、4-(2,2,6-三甲基)-7-氧杂双环[4.1.0]癸烷-3-丁烯-2-酮（1.62%）、6,10,14-三甲基-2-十五酮（1.62%）、(3-乙氧基)-1-环戊烷基-2-丙酮（1.46%）、戊酸（1.39%）、α-羟基苯醋酸乙酯（1.32%）、苯并噻唑（1.28%）、癸酸（1.27%）、5-苯基-1,3-间苯二酚（1.16%）、辛酸（1.10%）、2,4-二叔丁基苯酚（1.08%）、邻苯二甲酸二异辛酯（1.07%）、3,4-吡啶二胺（1.06%）等。

【利用】为海南特有的珍贵树种。木材为精工用材，适宜作梁、柱、门窗建筑。

荔枝

Litchi chinensis Sonn.

无患子科　荔枝属

别名： 大荔、离枝、丹荔

分布： 福建、广东、广西、云南、四川、台湾

【形态特征】常绿乔木，高10～15 m，树皮灰黑色；小枝圆柱状，褐红色，密生白色皮孔。叶连柄长10～25 cm或过之；小叶2或3对，较少4对，薄革质或革质，披针形或卵状披针形，有时长椭圆状披针形，长6～15 cm，宽2～4 cm，顶端骤尖或尾状短渐尖，全缘，腹面深绿色，有光泽，背面粉绿色，两面无毛；侧脉常纤细，在腹面不很明显，在背面明显或稍凸起；小叶柄长7～8 mm。花序顶生，阔大，多分枝；萼被金黄色短绒毛；雄蕊6～7，有时8，花丝长约4 mm；子房密覆小瘤体和硬毛。果卵圆形至近球形，长2～3.5 cm，成熟时通常为暗红色至鲜红色；种子全部被肉质假种皮包裹。花期春季，果期夏季。

【生长习性】喜高温高湿，喜光向阳，要求花芽分化期有相对低温，但最低气温在-2～-4℃又会遭受冻害。开花期天气晴朗温暖而不干热最有利。喜富含腐殖质的深厚、酸性土壤，怕霜冻。

【精油含量】水蒸气蒸馏法提取干燥树干的得油率为0.62%，果膜的得油率为2.10%，果核的得油率为0.01%～2.40%；同时蒸馏萃取法提取的'妃子笑'荔枝新鲜果肉的得油率为11.90%；超临界萃取干燥叶的得油率为2.60%，果皮的得油率为0.12%～0.44%，果核的得油率为4.26%。

【芳香成分】茎：韩明等（2017）用水蒸气蒸馏法提取的广东高州产荔枝干燥树干精油的主要成分为：棕榈酸（27.34%）、A-姜黄烯（12.45%）、反式-石竹烯（10.28%）、异丁子香烯（8.61%）、蒎烯（5.39%）、蜂花烷（4.96%）、异喇叭烯（4.39%）、1,54-双溴五十四烷（3.65%）、去二氢菖蒲烯（3.07%）、(R)-3,5,5,9-四甲基-2,4a,5,6,7,8-六氢-1H-苯并环庚烯（2.41%）、à-葎草烯（2.40%）、叔十六硫醇（2.06%）、长叶松萜烯（1.79%）、环氧异香树烯（1.68%）、三十七醇（1.62%）、花柏烯（1.59%）、石竹素（1.43%）等。

叶：黄立兰等（2010）用超声波萃取法提取分析了广东广州产不同品种荔枝叶的精油成分，'黑叶'的主要成分为：庚烷（47.53%）、姜烯（22.15%）、2,7-二氢-6,8-二甲氧基-3-甲基-苯并蒽-12-酮（9.97%）、内消旋肌醇（3.52%）、反式-石竹烯（2.64%）、十六烷酸甲酯（1.85%）、(Z,Z,Z)-9,12,15-十八碳三烯酸甲酯（1.43%）、α-倍半水芹烯（1.42%）、3,4-二乙基-1,1'-联二苯（1.31%）、(Z,Z)-9,12-十八碳二烯酸甲酯（1.22%）等；'三月红'的主要成分为：14-甲基-十五烷酸甲酯（53.81%）、庚烷（22.87%）、二十二烷酸甲酯（3.38%）、α-玷㸆烯（2.28%）、反式-石竹烯（2.08%）、7,3',4'-三甲氧基槲皮素（1.99%）、大根香叶烯D（1.76%）、苯并噻唑（1.57%）、δ-杜松烯（1.10%）等；'妃子笑'的主要成分为：十八酸甲酯（54.87%）、姜烯（13.45%）、α-没药烯（6.41%）、内消旋肌醇（5.59%）、苯并噻唑（1.15%）等；'糯米糍'的主要成分为：内消旋肌醇（17.61%）、庚烷（16.38%）、反式-石竹烯（13.44%）、δ-愈创木烯（11.90%）、α-愈创木烯（6.59%）、大根香叶烯D（5.84%）、α-蛇麻烯（4.47%）、β-榄香烯（4.31%）、大根香叶烯A（3.83%）、δ-榄香烯（2.36%）、3,4-二乙基-1,1'-联二苯（1.25%）、大根香叶烯B（1.13%）、十六烷酸甲酯（1.13%）、(Z,Z)-9,12-十八碳二烯酸甲酯（1.08%）、(Z,Z,Z)-9,12,15-十八碳三烯酸甲酯（1.03%）等；'桂味'的主要成分为：庚烷（33.15%）、反式-石竹烯（20.14%）、异石竹烯（17.33%）、α-蛇麻烯（5.06%）、牻牛儿烯（4.94%）、大根香叶烯D（4.64%）、内消旋肌醇（2.79%）、十六烷酸甲酯（1.52%）、(Z,Z,Z)-9,12,15-

十八碳三烯酸甲酯（1.45%）、(Z,Z)-9,12-十八碳二烯酸甲酯（1.34%）、α-玷𤣸烯（1.03%）、3,4-二乙基-1,1'-联二苯（1.02%）等。

花：方长发等（2011）用顶空固相微萃取法提取分析了不同品种荔枝花的精油成分，'妃子笑'的主要成分为：α-罗勒烯（68.20%）、石竹烯（3.90%）、5-(1,5-二甲基-4-己烯基)-2-甲基-1,3-己二烯（3.50%）、4-甲基-辛烷（3.20%）、1-甲基-4-(5-甲基-1-亚甲基-4-己烯基)-环己烯（2.30%）等；'桂味'的主要成分为：乙酸乙酯（23.60%）、β-水芹烯（19.70%）、1-乙烯基-1-甲基-2,4-二(1-甲基乙烯基)-[1S-(1α,2,4β)]-环己烷（17.50%）、α-石竹烯（12.90%）、1,3,3-三甲基-[2.2.1.0^{2,6}]三环己烷（7.30%）、石竹烯（4.40%）、依兰烯（3.90%）、蒎烯（2.30%）、4-亚甲基-环己甲醇（2.10%）等；'糯米糍'的主要成分为：石竹烯（24.50%）、1-乙烯基-1-甲基-2,4-二(1-甲基乙烯基)-[1S-(1α,2,4β)]-环己烷（17.10%）、[1S-(1α,7α,7aβ)]-1,2,3,4,5,6,7,8a-八氢化-1,4-二甲基-7-(1-异丙基)（15.90%）、[1S-(1α,4α,7α)]-1,2,3,4,5,6,7,8-八氢化-1,4-二甲基-7-(1-甲基乙烯基)（13.70%）、(Z,Z)-1,5,9,9-四甲基-1,4,7-环-十一碳三烯（6.40%）、[S-(E,E)]-1-甲基-5-亚甲基-8-异丙基-1,6-环癸二烯（4.80%）、双环大牻牛儿烯（4.20%）、2-甲基丁醛（3.20%）、α-荜澄茄烯（1.50%）、八氢-7-甲基-3-亚甲基-4-(1-甲基乙基)-1H-环戊[1.3]环丙[1.2]苯（1.00%）等。

果实：朱亮锋等（1993）用水蒸气蒸馏法提取的广东广州产荔枝果肉精油的主要成分为：α-布藜烯（22.28%）、α-愈创木烯（13.36%）、β-石竹烯（9.53%）、β-荜澄茄烯（7.11%）、α-石竹烯（4.67%）、雅槛蓝烯（3.57%）、棕榈酸（2.77%）、α-依兰油烯（2.33%）、β-古芸烯（2.01%）、β-榄香烯（1.65%）、α-玷𤣸烯（1.49%）、β-杜松烯（1.42%）、苯乙醇（1.13%）等。徐禾礼等（2010）用同时蒸馏萃取法提取分析了不同品种荔枝果实的精油成分，'桂味'的主要成分为：α-蒎烯（46.41%）、柠檬烯（3.23%）、2-甲基-1-十六醇（2.51%）、顺式氧化芳樟醇（2.35%）、芳樟醇（2.11%）、异松油烯（2.11%）、3-甲硫基丙醛（2.02%）、苯乙醛（1.79%）、3,7,11-三甲基-1-十二烷醇（1.49%）、松油醇（1.36%）、十九烷（1.36%）、2,6,10-三甲基十四烷（1.09%）等；'黑叶'的主要成分为：柠檬烯（13.30%）、安息香醛（8.57%）、δ-荜澄茄烯（7.20%）、1,6-二甲基-4-(1-甲基乙基)-萘（6.93%）、2-乙基-1-己醇（6.88%）、2,6,10-三甲基色氨酸正十四烷（6.41%）、香木兰烯（4.46%）、雪松烯（4.12%）、丙酸芳樟酯（4.00%）、苯乙醇（3.97%）、大香叶烯（3.46%）、松油醇（3.24%）、葑醇（3.24%）、苯甲酸甲酯（2.57%）、α-芹子烯（1.87%）、4-甲基-1-(1-甲乙基)-3-环己烯-1-醇（1.38%）、1-甲氧基-3,7-二甲基-2,6-顺辛二烯（1.38%）、苯乙醛（1.36%）、γ-榄香烯（1.32%）、芳樟醇（1.12%）、δ-杜松烯（1.12%）等；'糯米糍'的主要成分为：α-芹子烯（40.64%）、α-愈创木烯（4.55%）、十五烷（4.44%）、异松油烯（4.15%）、反石竹烯（3.45%）、十六烷（2.97%）、苯并噻唑（2.22%）、柠檬烯（2.21%）、大香叶烯（1.39%）、芳樟醇（1.28%）等；'妃子笑'的主要成分为：2,3-脱氢-4-氧代-β-紫罗兰酮（20.05%）、十六烷（5.95%）、α-蒎烯（5.02%）、苯乙醇（3.82%）、十七烷（2.70%）、丙酸芳樟酯（2.51%）、葑醇（2.19%）、3,7-二甲基-1,6-辛二烯-3-醇（2.05%）、乙偶姻（1.84%）、十九烷（1.84%）、正十四醇（1.51%）等；'玉荷包'的主要成分为：1-甲氧基-2-丙醇（50.28%）、乙偶姻（4.12%）、柠檬烯（3.99%）、十五烷（2.63%）、十九烷（1.91%）、芳樟醇（1.80%）、二十二烷（1.42%）、十四烷（1.34%）、α-蒎烯（1.21%）、橙花叔醇（1.15%）等；'槐枝'的主要成分为：苯甲酸甲酯（7.11%）、葑醇（4.07%）、十六烷（3.27%）、3-甲硫基丙醛（2.66%）、十七烷（2.50%）、α-胡椒烯（2.16%）、异松油烯（1.86%）、紫穗槐烯（1.83%）、十八烷（1.74%）、苯

乙醛（1.67%）、刺柏烯（1.47%）、十四烷（1.35%）、芳樟醇（1.20%）、香叶醇（1.05%）等；'挂绿'的主要成分为：醋酸苄酯（27.80%）、香茅醇（17.82%）、乙基亚油酸酯（8.14%）、十八碳烯-9-酸甲酯（8.11%）、5-甲基-2-(1-甲基乙基)-环己酮（5.65%）香茅醇乙酸酯（4.57%）、丙酸香叶酯（3.52%）、顺式玫瑰氧化物（3.37%）、苯甲醇（3.06%）、芳樟醇（2.86%）、α-胡椒烯（2.68%）、L-薄荷酮（1.21%）、柠檬烯（1.17%）等。邱松山等（2014）用同法分析的广东茂名产'妃子笑'荔枝新鲜果肉精油的主要成分为：角鲨烯（32.18%）、邻苯二甲酸二异辛酯（10.16%）、二十四烷（7.17%）、正三十六烷（6.61%）、百秋李醇（5.95%）、碘十六烷（5.30%）、脱氢醋酸（4.83%）、2,4,6-三甲氧基苯乙酮（2.79%）、顺丁烯二酸酐（2.62%）、邻苯二甲酸二异丁酯（2.23%）、邻苯二甲酸二丁酯（2.23%）、5-丁基噁唑-2,4-二酮（2.13%）、三聚乙二醇单十二醚（1.88%）、3,3-二甲基-1-戊烯（1.57%）、四聚乙二醇单月桂醚（1.43%）、酞酸双(2-乙基己基)酯（1.07%）、甲基环戊烷（1.06%）等。陈玲等（2005）用水蒸气蒸馏-乙醚萃取法提取的广东从化产'槐枝'新鲜果膜精油的主要成分为：1-(1,5-二甲基-4-己烯基)-4-甲基苯（16.23%）、2-乙氧基丙烷（6.82%）、正十六烷酸（6.30%）、石竹烯（5.92%）、4-甲基-4-(5-甲基-l-亚甲基-4-己烯基)环己烯（4.73%）、9,12-十八碳二烯酸甲酯（4.73%）、斯巴醇（3.57%）、正-二十九烷（3.24%）、6,10-二甲基-2-十一酮（3.19%）、异雪松醇（3.12%）、α-没药醇（3.10%）、3-乙基-4,4-二甲基-2-戊烷（2.89%）、9,12-十八碳二烯酸乙酯（2.43%）、1,2,4a,5,6,8a-六氢化-4,7-二甲基-1-异丙基萘（2.10%）、1，l-二甲基-4-乙基-6-叔丁基茚（2.04%）、α-石竹烯（1.98%）、1,4-二甲基-8-异亚丙基三环[5.3.0.0^{4,10}]癸烷（1.95%）、三油酸甘油酯（1.58%）、十六烷酸甲酯（1.38%）、9,12-十八碳二烯酸（1.15%）、邻苯二甲酸二丁酯（1.06%）、十六烷酸丁酯（1.03%）、β-倍半水芹烯（1.02%）等。邢其毅等（1995）用冷冻捕集法收集的福建龙溪产'乌叶'荔枝果实头香的主要成分为：醋酸（17.67%）、异戊醇（9.54%）、醋酸甲酯（7.89%）、间-甲氧基乙苯（6.56%）、芳樟醇（4.31%）、4,8-二甲基十一-1,7-二烯（4.29%）、苯并噻唑（3.73%）、异丁醇（3.00%）、3-甲基-2-庚醇（2.84%）、1-甲氧基-3-甲基-2-戊酮（2.53%）、3-甲基-3-丁烯醛（2.15%）、2-甲基-2-丁烯醛（2.03%）、正戊醇（1.80%）、2-松油醇（1.35%）等。范妍等（2017）用固相微萃取法提取分析了广东东莞产不同品种荔枝新鲜成熟果实的香气成分，'岭丰糯'的主要成分为：β-香叶烯（23.17%）、蛇麻烯（18.16%）、2-蒈烯（18.14%）、D-柠檬烯（14.56%）、石竹烯（3.24%）、橙花醇甲醚（2.15%）、紫穗槐烯（1.70%）、长叶烯（1.52%）、玷玶烯（1.48%）、δ-杜松烯（1.12%）、β-榄香烯（1.01%）等；'糯米糍'的主要成分为：β-香叶烯（18.56%）、2-蒈烯（14.05%）、D-柠檬烯（12.45%）、α-布藜烯（8.39%）、α-愈创木烯（5.98%）、橙花醇甲醚（4.40%）、β-榄香烯（3.94%）、乙酸-3-甲基-2-丁烯酯（3.88%）、石竹烯（3.72%）、2-甲基-1-丙烯苯（3.06%）、(-)-马兜铃烯（2.43%）、β-香茅醇甲醚（2.25%）、大根香叶烯D（2.08%）、乙酸-3-甲基丁酯（1.95%）、α-石竹烯（1.77%）、β-里哪醇（1.67%）、β-瑟林烯（1.02%）等；'怀枝'的主要成分为：大根香叶烯D（26.55%）、β-香叶烯（11.03%）、2-蒈烯（9.97%）、D-柠檬烯（7.39%）、α-依兰油烯（6.30%）、δ-杜松烯（4.58%）、玷玶烯（3.91%）、1,2,3,4,4a,5,6,8a-八氢-1-异丙基-4-亚甲基-7-甲基萘（3.26%）、(+)-环苜蓿烯（3.08%）、β-荜澄茄油烯（2.89%）、橙花醇甲醚（2.11%）、α-榄香烯（1.82%）、甘香烯（1.32%）、β-榄香烯（1.28%）、β-香茅醇甲醚（1.24%）、α-古芸烯（1.20%）、1-甲氧基-3,7-二甲基-2,6-辛二烯（1.16%）等。乐长高等（2001）用水蒸气蒸馏法提取的干燥果皮精油的主要成分为：乙酸乙酯（10.52%）、2-乙氧基丁烷（7.95%）、3,7-二甲醛-6-辛烯醇乙酸酯（2.75%）、4-甲氧基-4羟基-2-戊酮（1.85%）、邻苯二甲酸二丁酯（1.73%）、十六酸（1.72%）、(-)-蓝桉醇（1.59%）、十八酸（1.52%）、苯乙酸（1.36%）、长叶烯醛（1.20%）等。

种子：陈玲等（2005）用水蒸气蒸馏-乙醚萃取法提取的广东从化产'槐枝'荔枝新鲜种子精油的主要成分为：β-绿叶烯（19.17%）、1，l-二乙氧基乙烷（5.87%）、2,3-丁二醇（5.12%）、(±)-5-表-葡萄柚醇（4.25%）、1,3-丁二醇（2.76%）、苯乙醇（2.69%）、2,3-丁二醇二乙酸酯（2.59%）、邻苯二甲酸二异丁酯（2.39%）、异斯巴醇（2.19%）、金刚烷（2.19%）、l-亚乙基八氢-7α-甲基-1H-茚（1.71%）、2-苯基杂氮环丙烷（1.69%）、1,2,3,4-四氢化-2-甲基喹啉（1.41%）、δ-杜松烯（1.37%）、异噁唑胺（1.36%）、4-甲基-4-羟基-2-戊酮（1.30%）、1-乙氧基-l-己氧基-乙烷（1.30%）、1，l-二丁氧基乙烷（1.28%）、正十九烷（1.04%）、喇叭烯（1.01%）等。徐多多等（2012）用水蒸气蒸馏法提取的干燥成熟种子精油的主要成分为：十六烷酸（27.60%）、1,2,3,4,4a,5,6,7-八氢-4a,8-甲基-2-萘甲醇（2.70%）、杉木醇（1.86%）、油酸（1.86%）、十氢-4a-甲基-1-亚甲基-7-(1-甲基亚乙基)-(4aR-反式)萘（1.85%）、1,6-二甲基-4-(1-甲基乙基)-萘（1.83%）、1,2,3,4,4a,5,6,8a-八氢-8-甲基-2-萘甲醇（1.77%）、1,2,3,5,6,8a-六氢-4,7-二甲基-1-(1-甲基乙基)-萘（1.53%）、1,2,4a,5,6,8a-六氢-4,7-二甲基-1-(1-甲基乙基)-萘（1.46%）、1,2,3,，4a,5,6,8a-八氢-7-甲基-4-亚甲基-1-(1-甲基乙基)-萘（1.44%）、石竹烯醇（1.14%）、二十烷（1.03%）、透明质酸（1.01%）等。乐长高等（2001）用同法分析的干燥种子精油的主要成分为：(E)-3-苯基-2-丙烯酸（46.76%）、(E)-4-苯基3-烯-2-酮（5.36%）、苯（1.12%）等。

【利用】果实供食用，是著名的南方水果。木材主要作造船、梁、柱、上等家具用。是重要的蜜源植物。种子入药，有理气止痛、驱寒散结的功效，主治疝气痛、鞘膜积液、睾丸肿痛、胃痛、痛经、产后腹痛及糖尿病。果肉入药，有益气补血的功效，主治病后体弱、脾虚久泻、血崩。果皮入药，治痢疾、血崩、湿疹。

龙眼

Dimocarpus longan Lour.

无患子科　龙眼属

别名：桂圆、圆眼、羊眼果树

分布：广西、广东、福建、台湾、海南、云南

【形态特征】常绿大乔木，高10～40 m，胸径达1 m，具板根。叶连柄长15～30 cm或更长；小叶4～5对，很少3或6对，薄革质，长圆状椭圆形至长圆状披针形，两侧常不对称，长6～15 cm，宽2.5～5 cm，顶端短尖，有时稍钝，基部极不对

称，上侧阔楔形至截平，下侧窄楔尖，腹面深绿色，背面粉绿色。花序大型，多分枝，顶生和近枝顶腋生，密被星状毛；萼片近革质，三角状卵形，两面均被褐黄色绒毛和成束的星状毛；花瓣乳白色，披针形，外面被微柔毛。果近球形，直径1.2～2.5 cm，通常黄褐色或有时灰黄色，外面稍粗糙，或少有微凸的小瘤体；种子茶褐色，光亮，被肉质的假种皮包裹。花期春夏间，果期夏季。

【生长习性】是亚热带果树，喜高温多湿气候。一般年平均温度超过20℃的地方，均能生长发育良好。耐旱、耐酸、耐瘠，忌浸，在红壤丘陵地、旱平地生长良好。

【精油含量】水蒸气蒸馏法提取干燥树干的得油率为0.54%，阴干叶的得油率为0.35%，花或花序的得油率为0.15%～0.25%；超临界萃取干燥叶得油率为3.20%，花的得油率为0.35%。

【芳香成分】茎：韩明等（2018）用水蒸气蒸馏法提取的广东高州产龙眼干燥树干精油的主要成分为：β-石竹烯（31.44%）、α-蒎烯（17.91%）、4,7-二甲基-1-异丙基-1,2,4a,5,8,8a-六氢萘（17.55%）、α-葎草烯（11.90%）、(+)-表二环倍半水芹烯（9.33%）、异喇叭烯（1.56%）、甘油亚麻酸酯（1.46%）等。

叶：梁洁等（2010）用水蒸气蒸馏法提取的广西大新产龙眼阴干叶精油的主要成分为：大根香叶烯B（15.36%）、1-甲基-1-乙烯基-2-[1-甲基乙烯基]-4-[1-甲基亚乙基]环己烷（15.32%）、石竹烯（11.01%）、τ-榄香烯（8.53%）、(+)-δ-杜松烯（5.59%）、α-石竹烯（5.29%）、大根香叶烯D（4.99%）、(-)-蓝桉醇（3.74%）、β-榄香烯（3.17%）、α-杜松醇（2.85%）、喇叭茶醇（2.18%）、莰烯（1.64%）、杜松脑（1.48%）、[1,1-二甲乙基]-5-甲基苯酚（1.27%）、α-荜澄茄油烯（1.23%）、[2R-(2α,4aα,8aβ)]-1,2,3,4,4a,5,6,8a-八氢-4a,8-二甲基-2-[1-甲乙烯基]萘（1.03%）等。

花：梁洁等（2010）用水蒸气蒸馏法提取的广西岑溪产龙眼花精油的主要成分为：α-古芸烯（26.93%）、石竹烯（12.79%）、β-古香油烯（11.91%）、α-石竹烯（6.11%）、β-榄香烯（3.88%）、α-榄香烯（3.86%）、(-)-蓝桉醇（3.79%）、γ-榄香烯（3.21%）、(-)-β-杜松烯（3.16%）、β-愈创木烯（2.27%）、三烯甘油酯（1.98%）、(+)-长叶烯（1.67%）、6,10,14-三甲基-2-十五烷酮（1.56%）、β-桉叶烯（1.24%）、δ-榄香烯（1.21%）、δ-桉叶烯（1.19%）、τ-古芸烯（1.11%）等；广西龙州产龙眼干燥花序精油的主要成分为：(-)-别香橙烯（18.56%）、石竹烯（8.77%）、2,10,10-三甲基三环[7.1.1.0^{2,7}]十一-6-烯-8-酮（6.62%）、γ-榄香烯（4.91%）、α-古芸烯（4.87%）、α-石竹烯（4.49%）、三烯甘油酯（4.12%）、α-杜松醇（3.93%）、大根香叶烯B（3.44%）、(-)-β-杜松烯（3.41%）、β-古芸烯（3.35%）、Tau-依兰油醇（3.33%）、大根香叶烯D（3.03%）、二十七烷（1.97%）、α-金合欢烯（1.80%）、棕榈酸（1.66%）、(-)-蓝桉醇（1.64%）、β-榄香烯（1.54%）、β-愈创木烯（1.50%）、环氧芳樟醇（1.40%）、(+)-瓦伦烯（1.36%）、石竹烯氧化物（1.32%）、胡椒烯（1.07%）等。

果实：杨晓红等（2002）用水蒸气蒸馏法提取的新鲜果肉精油的主要成分为：正十五烷（18.10%）、正十四烷（11.33%）、正十六烷（8.78%）、[1S-(1α,3aβ,4α,8aβ)]-4,8,8-三甲基-3-亚甲基-1,4-亚甲撑-十氢薁（6.47%）、1,2-苯并异噻唑（6.08%）、3-甲基正十四烷（5.57%）、苯并噻唑（5.01%）、新戊酸-6-苧烯酯（2.55%）、1-环己基壬烷（2.51%）、2,4,6-三甲氧基苯乙醇（2.34%）、1,2,3,4-四甲基萘（2.32%）、2,6-二叔丁基对苯醌（2.30%）、2-甲基-1-十六醇（2.30%）、2,6,6-三甲基正十五烷（2.17%）、2-甲基萘（1.36%）、2,6,10,14-四甲基-十五烷（1.31%）、4-异丙基-1,1'-联苯（1.30%）、4-甲基-2,6-二叔丁基苯酚（1.20%）、2,6,10,16-四甲基-十六烷（1.15%）、正辛基环己烷（1.12%）等。王悠然等（2015）用同时蒸馏萃取法提取的广东饶平产龙眼新鲜果皮精油的主要成分为：罗勒烯异构体混合物（35.44%）、3-甲基-2-丁烯-1-醇（26.14%）、α-古芸烯（11.33%）、角鲨烯（6.29%）、δ-榄香烯（4.54%）、酞酸二甲酯（1.68%）、芳樟醇（1.42%）、β-榄香烯（1.12%）、(1aR)-1aβ,2,3,3a,4,5,6,7bβ-八氢-1,1,3aβ-1,7-四甲基-1H-环丙[a]萘（1.06%）、4,4-二甲基-3-(3-甲基丁-3-烯亚基)-2-亚甲基双环[4.1.0]庚烷（1.02%）等；干燥果皮精油的主要成分为：α-古芸烯（24.54%）、3-甲基-2-丁烯-1-醇（17.21%）、棕榈酸（8.07%）、罗勒烯异构体混合物（5.55%）、δ-榄香烯（4.15%）、反式角鲨烯（3.11%）、(+)-香橙烯（3.05%）、酞酸二甲酯（3.03%）、糠醛（2.81%）、苯乙醇（2.76%）、苯乙醛（2.75%）、β-瑟林烯（1.85%）、亚麻酰氯（1.85%）、(1aR)-1aβ,2,3,3a,4,5,6,7bβ-八氢-1,1,3aβ-1,7-四甲基-1H-环丙[a]萘

(1.80%)、脱氢香橙烯(1.57%)、芳樟醇(1.04%)等。

【利用】著名的南方水果，可生食。假种皮入药，有益脾、健脑的作用。种子经适当处理后，可酿酒。木材是造船、家具、细工等的优良材料。

栾树

Koelrenteria paniculata Laxm.

无患子科　栾树属
别名： 栾华、木栾、五乌拉叶、乌拉、乌拉胶、黑色叶树、石栾树、黑叶树、木栏牙、大夫树、灯笼树
分布： 全国大部分地区

【形态特征】落叶乔木或灌木；树皮老时纵裂；小枝具疣点。叶丛生，一回、不完全二回或偶为二回羽状复叶，长可达50 cm；小叶7～18片，对生或互生，纸质，卵形、阔卵形至卵状披针形，长3～10 cm，宽3～6 cm，边缘有不规则的钝锯齿，齿端具小尖头。聚伞圆锥花序长25～40 cm，密被微柔毛，末次分枝上花序具花3～6朵，密集呈头状；苞片狭披针形，被小粗毛；花淡黄色，稍芬芳；萼裂片卵形，边缘具腺状缘毛，呈啮蚀状；花瓣4，线状长圆形，长5～9 mm，被长柔毛，鳞片橙红色，深裂，被毛。蒴果圆锥形，具3棱，长4～6 cm，果瓣卵形，外面有网纹；种子近球形。花期6～8月，果期9～10月。

【生长习性】多分布在海拔1500 m以下的低山及平原，最高可达海拔2600 m。喜光，稍耐半阴。耐寒，耐干旱和瘠薄，不耐水淹，可抗零下25℃低温。对环境的适应性强，喜欢生长于石灰质土壤中，耐盐渍及短期水涝。抗风能力较强，对粉尘、二氧化硫和臭氧均有较强的抗性。

【精油含量】水蒸气蒸馏法提取干燥花的得油率为1.13%。

【芳香成分】张璐等（2011）用水蒸气蒸馏法提取的陕西西安产栾树干燥花精油的主要成分为：3-甲基-4-羰基戊酸(49.71%)、n-十六酸(16.16%)、肉豆蔻酸(2.62%)、亚麻酸(2.38%)、9,12-十八碳二烯酸(2.36%)、2-十五酮(2.32%)、正三十六烷(2.17%)、苯乙醛(2.05%)、月桂酸(1.88%)、6,10,14-三甲基-2-十五烷酮(1.78%)、二十烷(1.45%)、桃金娘烯醇(1.29%)、2-十三酮(1.24%)、叶绿醇(1.22%)等。

【利用】常栽培作庭园观赏树。木材可制家具。叶可作蓝色染料。花供药用，有清肝明目的功效，主治目赤肿痛、多泪。花可作黄色染料。树皮可提制栲胶。种子可榨油。

文冠果

Xanthoceras sorbifolium Bunge

无患子科　文冠果属
别名： 文冠树、文冠木、木瓜、文冠花、崖木瓜、文光果、僧灯毛道、温旦革子
分布： 我国北部和东北部，西至宁夏、甘肃，东北至辽宁，北至内蒙古，南至河南

【形态特征】落叶灌木或小乔木，高2～5 m；小枝粗壮，褐红色，顶芽和侧芽有覆瓦状排列的芽鳞。叶连柄长15～30 cm；小叶4～8对，膜质或纸质，披针形或近卵形，长2.5～6 cm，宽1.2～2 cm，顶端渐尖，基部楔形，边缘有锐利锯齿，顶生小叶通常3深裂，腹面深绿色，背面鲜绿色。花序先叶抽出或与叶同时抽出，两性花的花序顶生，雄花序腋生，长12～20 cm，基部常有残存芽鳞；苞片长0.5～1 cm；萼片长6～7 mm，两面被灰色绒毛；花瓣白色，基部为紫红色或黄色，长约2 cm，宽7～10 mm，爪之两侧有须毛；花盘的角状附属体为橙黄色，长4～5 mm。蒴果长达6 cm；种子长达1.8 cm，黑色，有光泽。花期春季，果期秋初。

【生长习性】野生于丘陵山坡等处。喜阳，耐半阴。对土壤适应性很强，耐瘠薄、耐盐碱。抗寒能力强，-41.4℃安全越冬。抗旱能力极强，在年降雨量仅150 mm的地区也有散生树木。不耐涝、怕风，在排水不好的低洼地区、重盐碱地和未固定沙地不宜栽植。

【精油含量】水蒸气蒸馏法提取干燥茎枝的得油率为0.03%；超临界萃取干燥茎枝的得油率为1.51%。

【芳香成分】包呼和牧区乐（2013）用水蒸气蒸馏法提取的文冠果干燥茎枝精油的主要成分为：十五酸（41.01%）、1,3,5(10)-17β-醇雌二醇（18.96%）、肉豆蔻酸（12.26%）、1-甲氧基-2,3-亚甲基二氧-5-烯丙基苯（3.96%）等。

【利用】种子可食，风味似板栗。种子入药，有祛风除湿、消肿止痛的功效，用于治疗风湿热痹、筋骨疼痛。种子可榨油，可食用，还可用作高级润滑油、高级油漆、增塑剂、化妆品等工业原料，也供点佛灯之用。是很好的蜜源植物。木材是制作家具及器具的好材料。是防风固沙、小流域治理和荒漠化治理的首选树种。可用于公园、庭园观赏种植。

可可

Theobroma cacao Linn.

梧桐科　可可属

分布：海南、云南有栽培

【形态特征】常绿乔木，高达12 m；树皮厚，暗灰褐色；嫩枝褐色，被短柔毛。叶卵状长椭圆形至倒卵状长椭圆形，长20～30 cm，宽7～10 cm，顶端长渐尖，基部圆形、近心形或钝。花排成聚伞花序，花的直径约18 mm；萼粉红色，萼片5枚，长披针形，边缘有毛；花瓣5片，淡黄色，略比萼长，下部盔状并急狭窄而反卷，顶端急尖。核果椭圆形或长椭圆形，长15～20 cm，直径约7 cm，表面有10条纵沟，初为淡绿色，后变为深黄色或近于红色，干燥后为褐色；果皮厚，肉质，干燥后硬如木质，厚4～8 mm，每室有种子12～14粒；种子卵形，稍呈压扁状，长2.5 cm，宽1.5 cm。花期几乎全年。

【生长习性】喜生于温暖湿润的气候和富于有机质的冲积土所形成的缓坡上，在排水不良和重黏土上或常受台风侵袭的地方则不适宜生长。为典型的热带植物，适生于高温多雨和湿度大的环境，要求年平均温度为24～28℃，低于15℃时，生长受影响。

【芳香成分】易桥宾等（2015）用顶空固相微萃取法提取的海南产可可晒干种子香气的主要成分为：2-庚醇（22.94%）、2-庚酮（14.69%）、2-戊酮（13.26%）、2-壬酮（7.95%）、苯乙醇（5.53%）、3-甲基丁醇（5.50%）、3,7-二甲基-1,6-辛二烯-3-醇（4.84%）、2-壬醇（3.38%）、乙酸（3.10%）、苯乙酮（2.93%）、β-月桂烯（2.54%）、苯甲醛（2.44%）、戊醛（1.47%）、乙酸-3-甲基丁酯（1.10%）、丁内酯（1.10%）等。

【利用】种子为制造可可粉、巧克力糖、可可饮料的主要原料，为世界三大饮料之一。

胖大海

Sterculia scaphigerum (Wall. ex G. Don) G. Planch.

梧桐科　苹婆属

别名：大海、大海子、大洞果、大发

分布：广西、海南

【形态特征】落叶乔木，高可达40 m。单叶互生，叶片革质，椭圆状披针形，长10～20 cm，宽6～12 cm，全缘或前端3浅裂。圆锥花序顶生或腋生，花杂性同株；花萼钟状，深裂。船形的蓇葖果1～5个，着生于果梗，长可达24 cm。种子椭圆形至倒卵形，深褐色，种皮脆而薄，浸水后膨大成海绵状，内含丰富的黏液质。

【生长习性】原产于热带，要求年平均温度为21～25℃，适宜生长的月平均温度为24～28℃，月平均温度降至20℃以下时，停止生长。成龄树较耐旱。喜阳植物。抗风能力极差。

【芳香成分】叶欣等（2018）用顶空固相微萃取法提取的广西凭祥产胖大海干燥种子香气的主要成分为：乙烯基环己烷（20.77%）、草蒿脑（11.73%）、壬酸（5.82%）、α-蒎烯（5.51%）、4-萜烯醇（5.13%）、樟脑（4.45%）、壬醛（4.03%）、1,7,7-三甲基-双环[2.2.1]庚-2-醇-乙酸酯（3.91%）、顺香芹醇（3.83%）、癸醛（3.75%）、右旋大根香叶烯（3.26%）、棕榈酸（2.39%）、3,3,7,7-四甲基-5-(2-甲基-1-丙烯-1-基)三环[$4.1.0.0^{2,4}$]庚烷（2.29%）、正己醇（2.11%）、正辛醇（2.02%）、(E)-壬烯醛（1.41%）、邻苯二甲酸二乙酯（1.37%）、乙酸（1.33%）、亚油酸（1.28%）、羊脂醛（1.07%）、庚醇（1.04%）、香叶基丙酮（1.02%）等。

【利用】种子药用，有清热润肺、解毒利咽的功效，治疗干咳无痰、痰稠难出、咽喉肿痛、口干咽燥、牙龈肿痛、音哑、骨蒸内热、吐衄下血、目赤、牙痛、痔疮漏管。

山芝麻

Helicteres angustifolia Linn.

梧桐科　山芝麻属

别名： 山油麻、坡油麻

分布： 湖南、江西、广东、广西、云南、福建、台湾

【形态特征】小灌木，高达1 m，小枝被灰绿色短柔毛。叶狭矩圆形或条状披针形，长3.5～5 cm，宽1.51～2.5 cm，顶端钝或急尖，基部圆形，叶面无毛或几乎无毛，叶背被灰白色或淡黄色星状茸毛，间或混生纲毛；叶柄长5～7 mm。聚伞花序有2至数朵花；花梗通常有锥尖状的小苞片4枚；萼管状，长6 mm，被星状短柔毛，5裂，裂片三角形；花瓣5片，不等大，淡红色或紫红色，比萼略长，基部有2个耳状附属体。蒴果卵状矩圆形，长12～20 mm，宽7～8 mm，顶端急尖，密被星状毛及混生长绒毛；种子小，褐色，有椭圆形小斑点。花期几乎全年。

【生长习性】常生于草坡上。对土壤肥力要求不高，适应性强，各种土质均可生长。一般选择土壤肥力中等、光照好、砂质壤土为宜。

【精油含量】水蒸气蒸馏法提取干燥根的得油率为0.02%。

【芳香成分】苏丹等（2011）用水蒸气蒸馏法提取的干燥根精油的主要成分为：4,5-脱氢异长叶烯（5.37%）、邻苯二甲酸二丁酯（4.84%）、1-金刚烷甲酸苯酯（4.54%）、α-红没药烯

(4.42%)、异喇叭茶烯(4.40%)、愈创木二烯(4.03%)、表姜烯(3.27%)、邻苯二甲酸二异丁酯(2.39%)、异松油烯(2.05%)、4-异丙基-1,6-二甲基萘(1.97%)、2,4-二甲基苯并[h]喹啉(1.93%)、香橙烯(1.76%)、1-金刚烷基-甲基甲酮(1.47%)、γ-依兰烯(1.41%)、9,10-脱氢异长叶烯(1.35%)、8,9-脱氢环状异长叶烯(1.32%)、邻苯二甲酸癸丁酯(1.30%)、没食子酸三甲醚(1.28%)、δ-荜澄茄醇(1.16%)、α-石竹烯(1.13%)、巨豆三烯酮(1.13%)、α-依兰烯(1.12%)、β-芹子烯(1.08%)、桉叶-4,11-二烯-2-醇(1.07%)、β-愈创木烯(1.03%)等。

【利用】茎皮纤维可作混纺原料。根或全株入药，有清热解毒、止咳的功效，用于治疗感冒高烧、扁桃体炎、咽喉炎、腮腺炎、麻疹、咳嗽、疟疾；外用治毒蛇咬伤、外伤出血、痔疮、痈肿疔疮。

梧桐

Firmiana platanifolia (Linn. f.) Marsili

梧桐科　梧桐属
别名： 青桐
分布： 全国各地

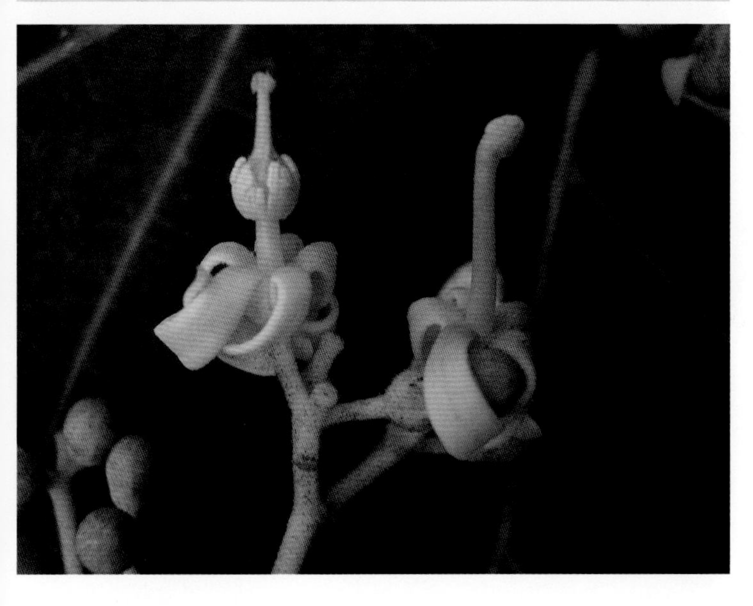

【形态特征】落叶乔木，高达16 m；树皮青绿色，平滑。叶心形，掌状3～5裂，直径15～30 cm，裂片三角形，顶端渐尖，基部心形。圆锥花序顶生，长20～50 cm，下部分枝长达12 cm，花淡黄绿色；萼5深裂几乎至基部，萼片条形，向外卷曲，长7～9 mm，外面被淡黄色短柔毛，内面仅在基部被柔毛；雄花的雌雄蕊柄与萼等长，下半部较粗，花药15个不规则地聚集在雌雄蕊柄的顶端，退化子房梨形且甚小；雌花的子房圆球形，被毛。蓇葖果膜质，有柄，成熟前开裂成叶状，长6～11 cm、宽1.5～2.5 cm，外面被短茸毛或几乎无毛，每蓇葖果有种子2～4粒；种子圆球形，表面有皱纹，直径约7 mm。花期6月。

【生长习性】喜光，喜温暖湿润气候，耐寒性不强。喜肥沃、湿润、深厚而排水良好的土壤，在酸性、中性及钙质土上均能生长，但不宜在积水洼地或盐碱地栽种，不耐草荒。不耐涝，积水易烂根。通常在平原、丘陵及山沟生长较好。对多种有毒气体都有较强的抗性。

【芳香成分】杨彩霞等(2012)用水蒸气蒸馏法提取的甘肃兰州产梧桐干燥花精油的主要成分为：二十一烷(11.29%)、2,6,10,14-四甲基十六烷(11.01%)、二十四烷(9.29%)、17-三十五碳烯(8.32%)、四十四烷(6.49%)、硬脂酸(6.25%)、甲基环戊烷(5.47%)、二十九烷(5.30%)、(Z,Z)-9-十六碳烯酸-9-十八碳烯酯(5.15%)、二十二烷(4.91%)、二十八烷(3.92%)、1,1'-二(3,3-二甲基-1-丁烯)苯(3.17%)、二十五烷(2.82%)、7-二乙酸基-4b-甲基-2-氧代-菲烷基-1-丙腈(2.74%)、(Z,Z,Z)-9,12,15-十八碳三烯-(2,3-二[(三甲基硅基)氧]丙基酯(2.41%)、2,4-二苯基-4-甲基-2(E)-戊烯(2.37%)、

(Z,Z)-1,1'-二(1,2-乙基双氧)-9-十八碳烯（2.01%）、二十六烷（1.92%）、二十七烷（1.57%）、2,4-二(1-甲基-1-苯基乙基)苯酚（1.54%）、17-乙酰基-4,4,10,13-四甲基-7-氧代-2,3,4,7,8,9,10,11,12,13,14,15,16,17-十四氢化-1H-3-环戊二烯并菲基-乙酸乙酯（1.17%）、5-(2,4-二硝基苯酯）亚肼基-2-莰酮（1.08%）、二十烷（1.06%）、3,6,8,8,10a-五甲基-十氢化-2,7,9,10-四乙酰基氧-1b,4a-环氧基-2H-[3,4]-环五二烯基-[8,9]-环丙基-[1,2-b]环十一基-环氧基-5(1aH)-酮（1.06%）、血卟啉（1.03%）等。

【利用】庭园观赏树木。木材为制木匣和乐器的良材。根、茎、叶、花、果和种子均可药用，根可祛风除湿、调经止血、解毒疗疮；树皮可祛风除湿、活血通经；叶可祛风除湿，解毒消肿，降血压；花可利湿消肿、清热解毒；种子可清热解毒、顺气和胃、健脾消食、止血。种子炒熟可食或榨油，油为不干性油。树皮的纤维可用以造纸和编绳等。木材刨片浸出黏液，可润发。叶作土农药，可杀灭蚜虫。

八角金盘

Fatsia japonica (Thunb.) Decne. et Planch.

五加科　八角金盘属
别名：八金盘、八手、手树、金刚纂
分布：华北、华东以及云南有栽培

【形态特征】常绿灌木或小乔木，高可达5 m。茎光滑无刺。叶柄长10～30 cm；叶片大，革质，近圆形，直径12～30 cm，掌状7～9深裂，裂片长椭圆状卵形，先端短渐尖，基部心形，边缘有疏离粗锯齿，叶面暗亮绿色，叶背色较浅，有粒状突起，边缘有时呈金黄色；侧脉搏在两面隆起，网脉在叶背稍显着。圆锥花序顶生，长20～40 cm；伞形花序直径3～5 cm，花序轴被褐色绒毛；花萼近全缘；花瓣5，卵状三角形，长2.5～3 mm，黄白色，无毛；雄蕊5，花丝与花瓣等长；子房下位，5室，每室有1胚球；花柱5，分离；花盘凸起半圆形。果实近球形，直径5 mm，成熟时为黑色。花期10～11月，果熟期翌年4月。

【生长习性】阴生亚热带适生植物。喜温暖湿润的气候，耐阴，不耐干旱，有一定耐寒力。适宜种植在排水良好和湿润的砂质壤土中。

【芳香成分】茎：梁志远等（2012）用水蒸气蒸馏法提取的贵州贵阳产八角金盘新鲜茎精油的主要成分为：二十五烷（5.80%）、β-荜澄茄油烯（5.03%）、二十四烷（4.62%）、δ-杜松醇（3.91%）、正二十六烷（3.73%）、二环大根香叶烯（3.55%）、二十三烷（3.54%）、2,4-二(1-苯基乙基)苯酚（3.47%）、δ-荜澄茄烯（3.45%）、2,5,8-十七碳三炔-1-醇（3.33%）、1,6-大根香叶二烯-5-醇（3.28%）、柠檬油精（3.08%）、二十七烷（2.91%）、二十八烷（1.70%）、二环榄香烯（1.59%）、α-紫穗槐烯（1.59%）、贝壳杉烯（1.57%）、二十二烷（1.56%）、α-荜澄茄油烯（1.55%）、β-子香烯（1.53%）、α-可巴烯（1.46%）、T-依兰油醇（1.40%）、邻苯二甲酸二异丁酯（1.39 %）、4-萜品醇（1.38%）、α-蛇麻烯（1.38%）、蓝桉醇（1.38%）、绿花白千层醇（1.38%）、二十九烷（1.18%）、大根香叶烯 D(1.11%)、环二十烷（1.06%）等。

叶：梁志远等（2012）用水蒸气蒸馏法提取的贵州贵阳产八角金盘新鲜叶精油的主要成分为：β-荜澄茄油烯（19.24%）、δ-荜澄茄烯（11.21%）、α-荜澄茄油烯（7.89%）、α-可巴烯（5.25%）、δ-杜松醇（4.88%）、β-子香烯（4.59%）、1,6-大根香叶二烯-5-醇（3.43%）、α-蛇麻烯（2.93%）、大根香叶烯 D（2.54%）、γ-荜澄茄烯（2.32%）、贝壳杉烯（2.31%）、柠檬油精（2.30%）、α-紫穗槐烯（2.13%）、1,4-杜松二烯（1.98%）、

表-二环倍半水芹烯（1.44%）、1-十八碳烯（1.43%）、香树烯（1.31%）、α-依兰油烯（1.29%）、植醇（1.26%）等。

花：梁志远等（2012）用水蒸气蒸馏法提取的贵州贵阳产八角金盘新鲜花（果实）精油的主要成分为：β-荜澄茄油烯（15.58%）、δ-荜澄茄烯（10.64%）、α-依兰油烯（6.14%）、二十五烷（3.94%）、β-子香烯（3.61%）、大根香叶烯B（3.61%）、α-荜澄茄油烯（2.97%）、香榧醇（2.85%）、表-二环倍半水芹烯（2.82%）、α-可巴烯（2.64%）、T-依兰油醇（2.53%）、δ-杜松醇（2.52%）、γ-姜黄烯（2.30%）、二环榄香烯（2.10%）、二十三烷（2.10%）、2,5,8-十七碳三炔-1-醇（1.46%）、二十四烷（1.46%）、镰叶芎醇（1.45%）、二十七烷（1.37%）、1,6-大根香叶二烯-5-醇（1.32%）、α-蛇麻烯（1.29%）、别香树烯（1.07%）、正二十六烷（1.02%）等。

【利用】根皮入药，具有活血化瘀、化痰止咳、散风除湿和化瘀止痛等功效，可用于治疗跌打损伤、咳嗽痰多、风湿痹痛和痛风等，具有一定的抗癌作用。孕妇慎服。室内观赏观叶植物。

常春藤

Hedera nepalensis K. Koch var. *sinensis* (Tobl.) Rehd.

五加科　常春藤属

别名：中华常春藤、爬墙虎、爬树藤、三角藤、土鼓藤、钻天风、三角枫、牛一枫、山葡萄、狗姆蛇、爬崖藤、散骨风、枫荷梨藤

分布：北自甘肃、陕西、河南、山东，南至广东、江西、福建，西至西藏，东至江苏、浙江

【形态特征】常绿攀缘灌木；茎长3～20 m，有气生根；一年生枝疏生锈色鳞片。叶片革质，在不育枝为三角状卵形或三角状长圆形，长5～12 cm，宽3～10 cm，先端短渐尖，基部截形，全缘或3裂；花枝上的常为椭圆状卵形至椭圆状披针形，长5～16 cm，宽1.5～10.5 cm，先端渐尖，基部楔形或阔楔形，全缘或有1～3浅裂。伞形花序单个顶生，或2～7个总状排列或伞房状排列成圆锥花序，直径1.5～2.5 cm，有花5～40朵；有鳞片；苞片小，三角形；花淡黄白色或淡绿白色，芳香；萼密生棕色鳞片，近全缘；花瓣5，三角状卵形，外面有鳞片。果实球形，红色或黄色，直径7～13 mm。花期9～11月，果期次年3～5月。

【生长习性】常攀缘于林缘树木、林下路旁、岩石和房屋墙壁上，垂直分布海拔自数十米至3500 m。喜温暖湿润和半阴环境，也能在充足阳光下生长，较耐寒，不耐旱，怕干风，耐水湿，土壤以疏松、肥沃的壤土为好。

【芳香成分】童星等（2007）用水蒸气蒸馏法提取的常春藤干燥枝叶精油的主要成分为：邻苯二甲酸异丁基酯（18.89%）、氧化石竹烯（15.10%）、花生酸（13.65%）、3-羟基-2-(2-环己甲基-1-烯基)丙醛（6.28%）、1-环甘菊环-1,1,7-三甲基-4-亚甲基-香紫苏内酯（6.17%）、匙叶桉油烯醇（4.77%）、1-三十七烷醇（4.76%）、石竹烯氧化物（4.42%）、(Z,Z)-9,12-十八碳二烯酸（2.80%）、葎草烯（2.49%）、6-异丙烯基-4,8a-二甲基-1,2,3,5,6,7,8,8a-八氢石脑油（2.06%）、肉豆蔻酸（1.58%）、1,2,3,4-四甲基-二环[2.2.2]辛-2-烯（1.50%）、α-石竹萜烯（1.41%）、1,2,3,4,5-五甲基-环戊烯（1.38%）、十八醛（1.21%）、(Z,Z)-1-羟基-3,13-二烯十八烷（1.18%）、柏木烯（1.08%）、二-表-α-雪松烯（1.02%）、3α,7β-二羟基5-β-6-β-环氧胆甾烷（1.00%）等。

【利用】全株供药用，有舒筋散风之效，茎叶捣碎治衄血，也可治痛疽或其他初起肿毒。枝叶供观赏用。茎叶可提制栲胶。

刺楸

Kalopanax septemlobus (Thunb.) Koidz.

五加科　刺楸属

别名：鼓钉刺、刺枫树、刺桐、云楸、茨楸、棘楸、辣枫树

分布：北自东北，南至广东、广西、云南，西至四川

【形态特征】落叶乔木，高10～30 m，胸径达70 cm以上；小枝淡黄棕色或灰棕色，散生粗刺；刺基部宽阔扁平，通常长5～6 mm，基部宽6～7 mm，在茁壮枝上的长达1 cm以上，宽1.5 cm以上。叶片纸质，在长枝上互生，在短枝上簇生，圆形或近圆形，直径9～35 cm，掌状5～7浅裂，裂片阔三角状卵形至长圆状卵形，先端渐尖，基部心形，叶面深绿色，叶背淡绿色，边缘有细锯齿。圆锥花序大，长15～25 cm，直径20～30 cm；伞形花序直径1～2.5 cm，有花多数；花白色或淡绿黄色；萼长约1 mm，边缘有5小齿；花瓣5，三角状卵形，长约1.5 mm。果实球形，直径约5 mm，蓝黑色。花期7～10月，果期9～12月。

【生长习性】多生于阳性森林、灌木林中和林缘，水湿丰富、腐殖质较多的密林，向阳山坡，甚至岩质山地也能生长。垂直分布海拔自数十米至2500 m，通常数百米的低丘陵较多。

【芳香成分】根：刘剑等（2010）用顶空固相微萃取法提取的贵州黔南产刺楸新鲜根皮挥发油的主要成分为：α-愈创烯（10.21%）、2-(1-甲基乙基)-5-甲基苯酚（9.44%）、反式-β-金合欢烯（7.34%）、γ-榄香烯（6.07%）、β-甜没药烯（3.88%）、(+)-δ-芹子烯（3.85%）、反式-石竹烯（3.80%）、(-)-石竹烯氧化物（3.80%）、β-花柏烯（3.68%）、(+)-匙叶桉油烯醇（3.27%）、5-甲基-2-(1-甲基乙基)苯酚（2.92%）、δ-杜松烯（2.63%）、β-榄香烯（2.51%）、法呢烯（2.31%）、α-葎草烯（2.04%）、橙花叔醇（1.89%）、1,3-二甲基双环[3.3.0]辛-3-烯-2-酮（1.58%）(+)-β-芹子烯（1.51%）、麝香草酚（1.49%）、大根香叶烯D（1.17%）、香橙烯（1.13%）、葎草烯氧化物（1.07%）等；新鲜根挥发油的主要成分为：2-(1-甲基乙基)-5-甲基苯酚（8.07%）、γ-榄香烯（6.19%）、α-愈创烯（6.09%）、反式-β-金合欢烯（4.57%）、(-)-石竹烯氧化物（3.76%）、反式-石竹烯（3.64%）、β-榄香烯（3.57%）、法呢烯（3.44%）、β-甜没药烯（3.29%）、(+)-δ-芹子烯（3.24%）、大根香叶烯D（2.82%）、δ-杜松烯（2.72%）、β-花柏烯（2.68%）、(+)-匙叶桉油烯醇（2.40%）、E-柠檬醛（2.32%）、α-葎草烯（1.95%）、5-甲基-2-(1-甲基乙基)苯酚（1.94%）、Z-柠檬醛（1.76%）、法呢醇（1.76%）、(+)-β-芹子烯（1.52%）、麝香草酚（1.44%）、十五烷（1.44%）葎草烯氧化物（1.12%）、香橙烯（1.02%）等。

茎：叶冲等（2010）用顶空固相微萃取法提取的新鲜树干挥发油的主要成分为：大根香叶烯D（19.09%）、γ-榄香烯（18.59%）、(E,E)-α-金合欢烯（13.94%）、β-榄香烯（5.48%）、

δ-杜松烯（4.00%）、吉玛烯B（3.88%）、α-佛手柑油烯（2.61%）、α-雪松烯（2.07%）、γ-木罗烯（1.89%）、α-葎草烯（1.87%）、芹子烷-3,7(11)-二烯（1.62%）、香桧烯（1.43%）、α-蒎烯（1.29%）、2-(1-甲基乙基)-5-甲基苯酚（1.25%）、反式-石竹烯（1.23%）、法呢醇（1.09%）等；新鲜树皮挥发油的主要成分为：(E,E)-α-金合欢烯（16.88%）、大根香叶烯D（15.79%）、γ-榄香烯（14.60%）、香桧烯（6.80%）、α-蒎烯（6.68%）、吉玛烯B（4.35%）、δ-杜松烯（3.04%）、β-榄香烯（2.95%）、α-佛手柑油烯（2.05%）、芹子烷-3,7(11)-二烯（1.99%）、α-雪松烯（1.97%）、γ-木罗烯（1.37%）、α-葎草烯（1.14%）、L-柠檬烯（1.11%）等。

【利用】木材供建筑、家具、车辆、乐器、雕刻、箱筐等用材。根皮为民间草药，有清热祛痰、收敛镇痛之功效。嫩叶可食。树皮及叶可提制栲胶。种子可榨油，供工业用。

刺参

Oplopanax elatus Nakai

五加科　刺参属

别名： 东北刺人参、刺人参

分布： 吉林

【形态特征】多刺灌木，高1～3 m；小枝灰色，密生针状直刺，刺长约1 cm。叶片薄纸质，近圆形，直径15～30 cm，掌状5～7浅裂，裂片三角形或阔三角形，叶面无毛或疏生刚毛，叶背沿脉有短柔毛，边缘有锯齿，齿有短刺和刺毛。圆锥花序近顶生，长8～18 cm，主轴密生短刺和刺毛；伞形花序直径9～13 mm，有花6～10朵；总花梗密生刺毛；花梗长3～6 mm，密生刺毛；萼无毛，边缘有5小齿；花瓣5，长圆状三角形；雄蕊5；子房2室；花柱2。基部合生或合生至中部，长约3 mm。果实球形，直径7～12 mm，黄红色；宿存花柱长4～4.5 mm。花期6～7月，果期9月。

【生长习性】生于落叶阔叶林下，海拔1400～1550 m。喜阴、喜湿，耐寒、耐瘠薄。要求有一定的空气湿度。

【精油含量】水蒸气蒸馏法提取根茎的得油率为0.08%～1.50%，根的得油率为0.83%～1.20%，根皮的得油率为1.60%～1.65%，茎的得油率为0.80%～3.10%，阴干叶的得油率为0.10%；超临界萃取干燥根茎的得油率为3.20%。

【芳香成分】根（根茎）：刘昕等（2008）用水蒸气蒸馏法提取的吉林长白山产刺参干燥根精油的主要成分为：橙花叔醇（47.05%）、3-甲基戊醇（5.03%）、1,2,5,8,9,10-六氢-4,7-二甲基-1-异丙基萘（4.20%）、甲基-4-亚甲基-1-异丙基-1,2,3,4,4'，5,6,8-八氢萘（3.80%）、11,14-十八碳二烯酸甲酯（3.80%）、过庚酸（1.52%）、3,7-二甲基-1,3,6-辛三烯（1.50%）、6,6-二甲基-2-亚甲基原蒎烷（1.25%）等。陈萍等（2016）用同法分析的吉林集安产刺参阴干根精油的主要成分为：反式橙花叔醇（17.85%）、τ-杜松醇（13.10%）、β-蒎烯

(8.94%)、α-蒎烯(8.78%)、γ-依兰油烯(5.11%)、桉油烯醇(4.58%)、布藜醇(4.37%)、荜澄茄油烯醇(3.60%)、愈创木醇(3.32%)、反式-β-罗勒烯(2.82%)、β-桉叶油醇(2.24%)、甘香烯(1.24%)、榄香醇(1.20%)、γ-桉叶油醇(1.16%)、乙酸龙脑酯(1.04%)、四甲基环癸二烯异丙醇(1.03%)等。李向高等(1990)用同法分析的吉林长白山产刺参根皮精油的主要成分为:β-甜没药烯(15.02%);全根精油的主要成分为:Z-β-金合欢烯(11.56%)、γ-依兰烯(4.36%)、反式-β-金合欢烯(1.13%)、庚酸(1.12%)等。胡鑫尧等(1989)用同法分析的阴干根皮精油的主要成分为:橙花叔醇(41.51%)、香榧醇(17.91%)、布藜醇(3.76%)、δ-荜澄茄烯(2.31%)、愈创木醇(1.92%)等。宓鹤鸣等(1987)用同法分析的吉林浑江产刺参干燥根茎精油的主要成分为:橙花叔醇(14.93%)、榧醇(10.00%)、3,7,11-三甲基-2,6,10 –十二碳三烯-1-醇(8.64%)、布藜醇(7.79%)、十二醛(7.14%)、δ-杜松烯(5.03%)、柏木烯醇(4.24%)、愈创木醇(4.20%)、β-蒎烯(3.01%)、γ-杜松烯(2.79%)、辛醛(2.07%)、乙酸龙脑酯(2.06%)、长叶烯(1.67%)、罗勒烯(1.62%)、紫苏醛(1.33%)、α-蒎烯(1.30%)、龙脑(1.27%)、十四醛(1.17%)、金合欢醇(1.16%)、2,6-二甲基庚烯(1.07%)等。

茎:张宏桂等(1999)用水蒸气蒸馏法提取的吉林长白山产野生刺参茎精油的主要成分为:辛醛(8.70%)、5-蒈醇(6.40%)、α-蒎烯(6.20%)、6,6-二甲基-2-亚甲基原蒎烷(6.10%)、(Z)-3-十一烯(4.90%)、5-甲基己醛(5.9%)橙花叔醇(4.10%)、3,7,11-三甲基-1,3,6,10-十二碳四烯(3.80%)、表-二环倍半兰烯(3.30%)、7-甲基-4-亚甲基-1-异丙基-1,2,3,4,4a,5,6,8a-八氢萘(3.10%)、1,6-二甲基-4-异丙基-1,2,3,4,4a,7,8,8a-八氢萘酚(3.00%)、甲酸庚酯(2.50%)、2-壬酮(2.50%)、4-甲基-6-庚烯-3-酮(2.40%)、里哪醇(2.40%)、辛醇(2.10%)、8-(1-甲基亚乙基)-二环[5.1.0]辛烷(1.80%)、2-辛烯-4-醇(1.70%)、(E)-3-辛烯-2-酮(1.50%)、钓樟醇(1.50%)、3(10)-蒈烯-4-醇(1.40%)、α-异丙氧基乙酸异丙酯(1.40%)、(Z)-2-甲基-3-辛烯-2-醇(1.30%)、(Z)-2-壬烯醛(1.30%)、对-聚伞花素(1.30%)、柠檬烯(1.20%)、2,7,7-三甲基-3-氧杂三环[4.1.1.0^{2,4}]辛烷(1.10%)、3-甲基丁醛(1.10%)等。张宏等(1993)用同法分析的吉林长白山产野生刺参干燥茎精油的主要成分为:香木兰烯-8-醇(24.10%)、橙花叔醇(23.70%)、E-2-癸烯醛(9.80%)、表-蓝桉醇(7.60%)、金合欢醇(7.50%)等。胡鑫尧等(1989)用同法分析的阴干茎精油的主要成分为:橙花叔醇(41.70%)、香榧醇(25.24%)、辛醛(3.77%)、愈创木醇(2.82%)、辛酸(1.67%)、已醛(1.56%)、布藜醇(1.08%)等。

叶:胡鑫尧等(1989)用水蒸气蒸馏法提取的阴干叶精油的主要成分为:橙花叔醇(23.20%)、蒈烯-3(19.36%)、辛醛(11.50%)、α-金合欢烯(9.72%)、β-蒎烯(4.03%)、壬醛(2.31%)、庚醛(2.28%)、β-罗勒烯(1.74%)、古芸烯(1.69%)、δ-荜澄茄烯(1.56%)、蛇麻烯(1.56%)、愈创木醇(1.36%)、别香橙烯(1.12%)、已醛(1.10%)、2-壬酮(1.09%)等。

【利用】根茎入药,有补气、助阳、兴奋中枢神经等功能,可用于治疗神经衰弱、低血压、阳痿、精神分裂症、糖尿病等症。

楤木

Aralia chinensis Linn.

五加科　楤木属

别名: 刺老包、仙人杖、刺春头、鹊不踏、虎阳刺、海桐皮、鸟不宿、通刺、黄龙苞、刺龙柏、刺树椿、飞天蜈蚣

分布: 除东北、内蒙古、新疆、海南、台湾外,全国各地

【形态特征】灌木或乔木,高2~8 m,胸径达10~15 cm;树皮疏生粗壮直刺;小枝有黄棕色绒毛,疏生细刺。叶为二回或三回羽状复叶,长60~110 cm;叶柄粗长;托叶与叶柄基部合生,纸质,耳廓形;羽片有小叶5~13,基部有小叶1对;小叶片纸质至薄革质,卵形、阔卵形或长卵形,长5~19 cm,宽3~8 cm,先端渐尖或短渐尖,基部圆形,叶面疏生糙毛,叶背有短柔毛,边缘有锯齿。圆锥花序大,长30~60 cm;分枝长20~35 cm,密生短柔毛;伞形花序直径1~1.5 cm,有花多数;苞片锥形,膜质,外面有毛;花白色,芳香;萼长约1.5 mm,边缘有5个三角形小齿;花瓣5,卵状三角形,长1.5~2 mm。果实球形,黑色,直径约3 mm,有5棱。花期7~9月,果期9~12月。

【生长习性】生于森林、灌丛或林缘路边,垂直分布从海滨至海拔2700 m处。

【芳香成分】王忠壮等(1994)用水蒸气蒸馏法提取的浙江西天目山楤木阴干根皮精油的主要成分为:β-榄香烯

（66.02%）、匙叶桉油烯（4.96%）、杜松烯（3.69%）、α-檀香烯（3.16%）、α-荜澄茄烯（2.72%）、十六酸（1.87%）、檀香脑（1.82%）、桉叶醇（1.40%）等。

【利用】根皮为常用中草药，具有祛风除湿、健脾利水、利尿消肿、活血散瘀、镇痛消炎、接骨、健胃之功效，用于治疗急慢性肝炎、脾阳虚衰之水湿停滞、肝硬化腹水、肾炎水肿、淋巴结炎、消渴、胃痛腹泻、跌打损伤、骨折、风湿痛、白带、淋病、雪崩、瘰疬、肿瘤等。茎皮或茎入药，有祛风除湿、利水和中、活血解毒的功效，主治风湿关节痛、腰腿酸痛、肾虚水肿、消渴、胃脘痛、跌打损伤、骨折、吐血、衄血、疟疾、漆疮、骨髓炎、深部脓疡。嫩叶芽为著名的野菜。

东北土当归

Aralia continentalis Kitagawa

五加科　楤木属

别名：长白楤木、香秸颗、土当归、牛尾大活

分布：吉林、辽宁、河北、河南、陕西、四川、西藏

【形态特征】多年生草本，地下有块状粗根茎。高达1 m，上部有灰色细毛。叶为二回或三回羽状复叶；叶柄长11.5～24.5 cm，疏生灰色细毛；托叶和叶柄基部合生，卵形或狭卵形，长2.5～6 mm，上部有不整齐裂齿，外面密生灰色细毛；羽片有小叶3～7，小叶片膜质，先端短渐尖，基部圆形至心形，两面有灰色细硬毛，边缘有不整齐锯齿。圆锥花序长达55 cm，顶生或腋生，主轴及分枝有灰色细毛；伞形花序直径1.5～2 cm，有花多数；苞片卵形，边缘膜质，有纤毛；小苞片披针形；萼长1.5 mm，边缘有5个三角形尖齿；花瓣5，三角状卵形，长2 mm。果实为紫黑色，有5棱，直径约3 mm。花期7～8月，果期8～9月。

【生长习性】生于半阳半阴或阴坡的林缘、河边和山坡草丛中，海拔800～3200 m。喜凉爽湿润气候环境，耐寒、耐旱、耐阴。喜湿润的微酸性土壤，以土层深厚、肥沃、疏松的腐殖土为最佳。

【精油含量】水蒸气蒸馏法提取的根得油率为0.50%～2.00%。

【芳香成分】杜凤国等（2001）用水蒸气蒸馏法提取的吉林省吉林市产东北土当归新鲜根精油的主要成分为：α-蒎烯（41.22%）、β-蒎烯（13.76%）、2.5-二甲基-3-亚甲基-1.5-庚二烯

(5.94%)、胡椒烯(4.98%)、3.7.11-三甲基-1.3.6.10-十二碳四烯(4.59%)、十二炔(4.19%)、1.4.9.9-四甲基-1H-3a.7-亚甲薁(3.82%)、匙叶桉油烯(3.74%)、α-荜澄茄烯(2.69%)、β-石竹烯(1.98%)、2.5-二甲基-1.5-环辛二烯(1.59%)、12.15-十八碳二烯酸甲酯(1.36%)、8-亚异丙基-[5.1.1]双环辛烷(1.25%)、1a,2.3.4.4a,5.6.7b-八氢1.1.4.7四甲基-1H-环丙烷(1.02%)等。

【利用】根入药，有祛风解表、活血化瘀的功效，用于治疗外感风寒、月经不调、血滞经闭、产后瘀滞腹痛、心腹疼痛、症瘕积聚等症。嫩叶可食。

虎刺楤木

Aralia armata (Wall.) Seem.

五加科　楤木属

别名：广东槐木、广东楤木、百鸟不落

分布：云南、贵州、广西、海南、广东、江西

【形态特征】多刺灌木，高达4 m；刺短。叶为三回羽状复叶，长60～100 cm；叶柄长25～50 cm；托叶和叶柄基部合生；叶轴和羽片轴疏生细刺；羽片有小叶5～9，基部有小叶1对；小叶片纸质，长圆状卵形，长4～11 cm，宽2～5 cm，先端渐尖，基部圆形或心形，歪斜，脉上疏生小刺，边缘有锯齿。圆锥花序长达50 cm，疏生钩曲短刺；伞形花序直径2～4 cm，有花多数；总花梗、花梗有刺和毛；苞片卵状披针形，先端长尖，小苞片线形，长1.2～2.5 mm，外面均密生长毛；萼无毛，长约2 mm，边缘有5个三角形小齿；花瓣5，卵状三角形，长约2 mm。果实球形，直径4 mm，有5棱。花期8～10月，果期9～11月。

【生长习性】生于山坡疏林下及溪边、草丛阳光充足的地方，垂直分布海拔可达1400 m。

【精油含量】水蒸气蒸馏法提取阴干根皮的得油率为0.06%。

【芳香成分】王忠壮等（1996）用水蒸气蒸馏法提取的湖南黔阳产虎刺楤木阴干根皮精油的主要成分为：芳樟醇(54.50%)、β-石竹烯(9.94%)、α-松油醇(8.08%)、檀香脑(5.89%)、α-丁香烯(3.27%)、橙花醇(3.19%)、1,3-二甲基-8-异丙基-三环癸-3-烯(1.79%)、3-癸炔(1.39%)、α-荜澄茄醇(1.18%)等。

【利用】根、根皮为民间草药，有活血化瘀、祛风利湿的功效，用于治疗跌打损伤、风湿骨痛、肝炎、前列腺炎、胃痛、泄泻、痢疾、乳痈、疮疖、无名肿毒。

黄毛楤木

Aralia decaisneana Hance

五加科　楤木属

别名：鸟不企

分布：云南、贵州、广西、广东、江西、安徽、福建、台湾

【形态特征】灌木，高1～5 m；茎皮灰色，有纵纹和裂隙；新枝、叶柄、叶面、花序轴、苞片密生黄棕色绒毛。叶为二回羽状复叶，长达1.2 m；叶柄长，疏生细刺；托叶和叶柄基部合生；羽片有小叶7～13，基部有小叶1对；小叶片革质，卵形至长圆状卵形，长7～14 cm，宽4～10 cm，先端渐尖或尾尖，基部圆形，边缘有细尖锯齿。圆锥花序大；分枝长达60 cm，疏生细刺；伞形花序直径约2.5 cm，有花30～50朵；苞片线形，长0.8～1.5 cm；小苞片长3～4 mm；花淡绿白色；萼长约2 mm，边缘有5小齿；花瓣卵状三角形，长约2 mm。果实球形，黑色，有5棱，直径约4 mm。花期10月至次年1月，果期12月至次年2月。

【生长习性】生于阳坡或疏林中，海拔数十米至1000 m。

【芳香成分】刘军民等（2000）用石油醚萃取法提取的广东始兴产黄毛楤木阴干根皮精油的主要成分为：反-石竹烯（14.58%）、9,12-十八二烯酸（12.12%）、十六酸（11.48%）、匙叶桉油烯（7.10%）、苯甲酸丁基酯（6.52%）、β-芹子烯（4.71%）、环癸烯（4.43%）、反式-豆甾烯（3.59%）、十六醇（3.50%）、2,6,10,15,19,23-六甲基-2,6,10,14,18,22-六烯二十四烷（3.39%）、邻盖烯（2.07%）、豆甾烯-5-醇（2.03%）、邻苯二甲酸丁基酯（1.48%）等。

【利用】根皮为民间草药，有祛风除湿、散瘀消肿之功效，可治风湿腰痛、肝炎及肾炎水肿。

棘茎楤木

Aralia echinocaulis Hand.-Mazz.

五加科　楤木属

分布：四川、云南、贵州、广西、广东、福建、江西、湖北、湖南、安徽、浙江

【形态特征】小乔木，高达7 m；小枝密生细长直刺，刺长7～14 mm。叶为二回羽状复叶，长35～50 cm或更长；叶柄长25～40 cm，疏生短刺；托叶和叶柄基部合生，栗色；羽片有小叶5～9，基部有小叶1对；小叶片膜质至薄纸质，长圆状卵形至披针形，长4～11.5 cm，宽2.5～5 cm，先端长渐尖，基部圆形至阔楔形，歪斜，叶背灰白色，边缘疏生细锯齿。圆锥花序大，长30～50 cm，顶生；伞形花序直径约1.5 cm，有花12～30朵；苞片卵状披针形，长10 mm；小苞片披针形，长约4 mm；花白色；萼边缘有5个卵状三角形小齿；花瓣5，卵状三角形，长约2 mm。果实球形，直径2～3 mm，有5棱。花期6～8月，果期9～11月。

【生长习性】生于森林中，分布在海拔400～2700 m。喜温暖湿润环境。

【精油含量】超临界萃取干燥根皮的得油率为4.48%。

【芳香成分】根：陈美航等（2013）用水蒸气蒸馏法提取的贵州梵净山产棘茎楤木新鲜根皮精油的主要成分为：β-石竹烯（39.45%）、α-石竹烯（13.39%）、α-蒎烯（12.80%）、氧化石竹烯（6.37%）、δ-3-蒈烯（6.33%）、β-蒎烯（2.93%）、莰烯（2.31%）、苧烯（2.28%）、葎草烯环氧化物（1.25%）等。

茎：陈美航等（2013）用水蒸气蒸馏法提取的贵州梵净山产棘茎楤木新鲜茎皮精油的主要成分为：α-松油醇（37.01%）、L-芳樟醇（19.33%）、β-石竹烯（4.12%）、(Z)-2-癸烯醛（3.46%）、棕榈酸（3.46%）、松油烯-4-醇（1.78%）、氧化石竹烯（1.41%）、τ-依兰油醇（1.34%）、α-石竹烯（1.31%）、十五醛（1.23%）、(E,E)-2,4-癸二烯醛（1.18%）、β-没药烯（1.05%）等。

叶：陈美航等（2013）用水蒸气蒸馏法提取的贵州梵净山产棘茎楤木叶精油的主要成分为：(E,E)-α-金合欢烯（21.85%）、β-石竹烯（20.71%）、(Z,E)-α-金合欢烯（4.94%）、α-石竹烯（4.17%）、植物醇（3.47%）、反式苦橙油醇（3.23%）、β-榄香烯（3.12%）、氧化石竹烯（2.71%）、大根香叶烯D（2.66%）、桧烯（2.10%）、β-没药烯（1.76%）、α-愈创木烯（1.40%）、正二十九烷（1.35%）、β-倍半水芹烯（1.19%）、δ-榄香烯（1.14%）、芳-姜黄烯（1.09%）、香叶基芳樟酯（1.02%）等。

【利用】根皮和树皮药用，具有补气安神、强精滋肾、祛风活血、除湿止痛之功效，用于治疗神经衰弱、风湿性关节炎、肝炎等。嫩芽可作蔬菜食用。

辽东楤木

Aralia elata (Miq.) Seem.

五加科　楤木属

别名：太白楤木、刺龙芽、刺老鸦、龙牙楤木、五龙头、刺苞头、飞天蜈蚣七

分布：黑龙江、辽宁、吉林

【形态特征】灌木或小乔木，高1.5～6 m；小枝疏生多数细刺。叶为二回或三回羽状复叶，长40～80 cm；叶柄长20～40 cm；托叶和叶柄基部合生；叶轴和羽片轴有短刺；羽片有小叶7～11，基部有小叶1对；小叶片薄纸质或膜质，阔卵形、卵形至椭圆状卵形，长5～15 cm，宽2.5～8 cm，先端渐尖，基部圆形至心形，边缘疏生锯齿。圆锥花序长30～45 cm，伞房状；伞形花序直径1～1.5 cm，有花多数或少数；苞片和小苞片披针形，膜质，边缘有纤毛；花黄白色；萼长1.5 mm，边缘有5个卵状三角形小齿；花瓣5，长1.5 mm，卵状三角形，开花时反曲。果实球形，黑色，直径4 mm，有5棱。花期6～8月，果期9～10月。

【生长习性】生于林下、林缘、林间空地和林间采伐作业道两侧，多生长在阴坡，海拔1000 m上下。喜冷凉、湿润的气候，耐寒，在阳光充足、温暖湿润环境下生长更好。喜土质疏松、肥沃而略偏酸性的土壤，不耐黏重土壤，喜湿怕涝，喜肥耐瘠薄。

【精油含量】水蒸气蒸馏法提取阴干芽的得油率为1.33%。

【芳香成分】根：王忠壮（1993）用水蒸气蒸馏法提取的黑龙江伊春产辽东楤木阴干根皮精油的主要成分为：α-姜黄烯（15.32%）、1a,2,4,5,6,7,7a,7b-八氢-1,1,7,7a-四甲基-1H-环丙萘-4-醇（7.75%）、匙叶桉油烯（5.43%）、胡椒烯（5.38%）、1,2,3,4,4a,7,8,8a-八氢-1,6-二甲基-4-(1-丙基)-1-萘醇（4.52%）、γ-荜澄茄烯（3.79%）、十氢-1,4a-二甲基-7-(1-甲基乙亚基)-1-萘醇（3.62%）、β-石竹烯（3.55%）、金合欢醇乙酯（3.45%）、甜没药烯（3.30%）、橙花叔醇（2.81%）、2,4,5,6,7,8-六氢-1,4,9,9-四甲基-3H-3a,7-亚甲薁（2.54%）、邻辛基茴香醚（2.51%）、1,4,9,9-四甲基-1H-3a,7-亚甲薁（1.95%）、十六酸（1.68%）、十六氢芘（1.63%）、十六醇（1.29%）、间异丙基甲苯（1.09%）等。王忠壮等（1995）用水蒸气蒸馏法提取的甘肃榆中产太白楤木阴干根皮精油的主要成分为：檀香脑（40.19%）、十六酸（12.95%）、9,12-十八二烯酸甲酯（10.74%）、α-荜澄茄烯（8.02%）、橙花叔醇（5.79%）、9,12-十八二烯酸（2.88%）、金合欢醇（2.18%）、3-甲基-2-(1,3-戊二烯基)-2-环戊烯-1-酮（1.29%）等。

芽：齐明明等（2016）用水蒸气蒸馏法提取的黑龙江伊春产辽东楤木新鲜芽精油的主要成分为：棕榈酸（28.66 %）、4,11,11-三甲基-8-亚甲基-二环[7.2.0]4-十一烯（9.52%）、α-荜澄茄醇（8.95%）、(Z)-9-十八碳烯酰胺（5.84%）、(Z,Z)-9,12-十八烷二烯酸（5.43%）、β-桔杷烯（5.31%）、δ-杜松萜烯（4.01%）、2-香柠檬烯（3.55%）、β-石竹烯（2.81%）、β-芹子烯（2.59%）、γ-依兰油烯（2.31%）、(Z,Z,Z)-9,12,15-十八烷三烯酸（2.12%）、氧化石竹烯（1.86%）、α-依兰油烯（1.52%）、1,6-二甲基萘（1.44%）、γ-杜松萜烯（1.35%）、4-epi-cubedol（1.03%）等；河北承德产辽东楤木新鲜芽精油的主要成分为：τ-依兰油烯（29.27%）、棕榈酸（11.68%）、4-epi-cubedol（10.63%）、α-荜澄茄醇（7.60%）、δ-雪松醇（5.79%）、(Z)-9-十八碳烯酰胺（5.78%）、丁香酚（4.92%）、(-)-异长叶烯（3.96%）、α-没药醇（2.40%）、蛇麻烷-1,6-二烯-3-醇（2.15%）、氧化石竹烯（1.82%）、橙花叔醇（1.40%）、γ-雪松烯（1.23%）、碳酸丙烯酯（1.08%）、香榧醇（1.04%）等。王长青等（2011）用水蒸气蒸馏法提取的甘肃天水产太白楤木阴干芽精油的主要成分为：1,2,3,4,4a,5,6,8a-八氢-7-甲基-1-异丙基萘（50.03%）、石竹烯（25.10%）、1-甲基-1-乙烯基-2,4-二(1-甲基乙烯基)环已烷（8.06%）、1S-α-蒎烯（3.02%）、α-石竹烯（3.01%）、γ-榄香烯（2.13%）等。

【利用】嫩叶与芽可鲜食或腌渍，是一种营养保健野菜。嫩叶及芽可药用，有清热利湿的功效，用于治疗湿热泄泻、痢疾、水肿。

食用土当归

Aralia cordata Thunb.

五加科　楤木属

别名： 九眼独活、土当归、食用楤木

分布： 四川、湖北、安徽、广西、江苏、江西、福建、台湾

【形态特征】多年生草本，高0.5～3 m。叶为二回或三回羽状复叶；叶柄长15～30 cm；托叶和叶柄基部合生；羽片有小叶3～5；小叶片膜质或薄纸质，长卵形至长圆状卵形，长4～15 cm，宽3～7 cm，先端突尖，基部圆形至心形，侧生小叶片基部歪斜，边缘有粗锯齿。圆锥花序大，顶生或腋生，长达50 cm，稀疏；着生数个总状排列的伞形花序；伞形花序直径1.5～2.5 cm；苞片线形，长3～5 mm；小苞片长约2 mm；花白色；萼长 1.2～1.5 mm，边缘有5个三角形尖齿；花瓣5，卵状

三角形，长约1.5 mm，开花时反曲。果实球形，紫黑色，直径约3 mm，有5棱。花期7～8月，果期9～10月。

【生长习性】生于林荫下或山坡草丛中，海拔1300～1600 m。

【精油含量】水蒸气蒸馏法提取根及根茎的得油率为0.14%～1.00%。

【芳香成分】蒲兰香等（2010）用水蒸气蒸馏法提取的四川青川产食用土当归根精油的主要成分为：海松醛（18.86%）、斯克拉烯（6.75%）、13β-甲基-13-乙烯基-7-烯-3-酮-罗汉松烷（4.24%）、α-没药醇（4.09%）、松香酸（3.90%）、异松油烯（1.51%）、迈诺醇泪杉醇（1.40%）、匙叶桉油烯醇（1.33%）、沉香螺醇（1.21%）、8,14-羟基-柏木醇（1.19%）、顺,顺-7,10，-十六碳二烯醛（1.08%）等。王忠壮等（1997）用同法分析的安徽黄山产食用土当归干燥根及根茎精油的主要成分为：三环烯（91.35%）、β-蒎烯（3.45%）等。黄蕾蕾等（2001）用水蒸气蒸馏法提取，HP-101柱分离的四川泸定产食用土当归干燥根茎精油的主要成分为：(-)-α-蒎烯（34.28%）、3,7-二甲基-1,3,7-辛三烯（15.95%）、1-甲基-4-(1-甲基乙基)苯（4.43%）、1-甲基-3-(1-甲基乙基)苯（4.43%）、4-蒈烯（4.43%）、1,1-二甲基-2-(3-甲基)环丙烷（4.23%）、3-(1,1-二甲基乙基)苯酚（4.10%）、α-龙脑烯醛（3.54%）、(-)-β-2-蒎烯（3.41%）、1-柠檬烯（3.23%）、反-松香芹醇（2.63%）、反-β-盏烯薄荷-2-烯-1,8-二醇（1.72%）、杜松烯（1.35%）、顺-香芹醛（1.30%）、双环[3.1.1]庚-2-烯-2-醛（1.19%）等。

【利用】嫩叶可作为野菜供食用。根供药用，作为祛风活血药用。

头序楤木

Aralia dasyphylla Miq.

五加科　楤木属

别名：毛叶楤木、雷公种、鸡姆盼、牛尾木

分布：四川、福建、浙江、湖北、湖南、安徽、广西、广东等地

【形态特征】灌木或小乔木，高2～10 m；小枝有刺。叶为二回羽状复叶；托叶和叶柄基部合生；叶轴和羽片轴密生黄棕色绒毛；羽片有小叶7～9；小叶片薄革质，卵形至长圆状卵形，长5.5 -11 cm，先端渐尖，基部圆形至心形，叶面粗糙，叶背密生棕色绒毛，边缘有细锯齿，齿有小尖头。圆锥花序大，长达50 cm；三级分枝；苞片长圆形，先端钝圆，长约3 mm，密生短柔毛；小苞片长圆形，长1～2 mm；花聚生为直径约5 mm的头状花序；萼长约2 mm，边缘有5个三角形小齿；花瓣5，长圆状卵形，长约3 mm，开花时反曲。果实球形，紫黑色，直径约3.5 mm，有5棱。花期8～10月，果期10～12月。

【生长习性】生于林中、林缘和向阳山坡，海拔数十米至1000 m。

【芳香成分】王忠壮等（1994）用水蒸气蒸馏法提取的湖南新宁产头序楤木干燥根皮精油的主要成分为：斯巴醇（18.60%）、11,14-十八碳二烯酸甲酯（13.51%）、十六酸（7.95%）、3-十二碳炔（6.88%）、α-石竹烯（6.64%）、1,2-苯二羧酸-丁基-2-甲基丙酯（4.68%）、2,3,6,7,8,8a-六氢-1,4,9,9-三甲基-1H-3a,7-甲醇薁（4.21%）、1,2-二甲基-3,5-二(1-甲基乙烯基)环己烷（3.45%）、檀香醇（1.61%）等。

【利用】民间用于治疗风湿痹痛、跌打损伤、肝炎、糖尿病、水肿、神经衰弱、胃病等病症。嫩芽可供食用。

短梗大参

Macropanax rosthornii (Harms) C. Y. Wu ex Hoo

五加科　大参属

别名：七叶莲、节梗大参、卢氏梁王茶、七叶风

分布：甘肃、四川、贵州、广西、湖南、湖北、江西、广东、福建

【形态特征】常绿灌木或小乔木，高2～9 m，胸径20 cm；枝暗棕色，小枝淡黄棕色。叶有小叶3～7；小叶片纸质，倒卵状披针形，长6～18 cm，宽1.2～3.5 cm，先端短渐尖或长渐尖，尖头长1～3 cm，基部楔形，叶面深绿色，叶背淡绿白色，边缘疏生钝齿或锯齿，齿有小尖头。圆锥花序顶生，长15～20 cm，主轴和分枝无毛；伞形花序直径约1.5 cm，有花5～10朵；花白色；萼长约1.5 mm，无毛，边缘近全缘；花瓣5，三角状卵形，长1.5 mm；雄蕊5，花丝长2～2.5 mm；子房2室；花盘隆起，半球形；花柱合生成柱状，先端2浅裂。果实卵球形，长约5 mm；宿存花柱长1.5～2 mm。花期7～9月，果期10～12月。

【生长习性】生于森林、灌丛和林缘路旁，海拔500～1300 m。

【精油含量】水蒸气蒸馏法提取全草的得油率为0.50%。

【芳香成分】何涛等（2006）用水蒸气蒸馏法提取的江西宜丰产短梗大参全草精油的主要成分为：吉玛烯-D（15.16%）、异丁香烯（12.24%）、β-榄香烯（12.10%）、γ-榄香烯（9.40%）、斯巴醇（8.32%）、愈创木醇（6.46%）、β-水芹烯（6.26%）、1(10)，4-杜松二烯（2.10%）、β-蒎烯（2.04%）、1(5)，11-愈创木二烯（1.85%）、丁香烯氧化物（1.53%）、对-盖-1-烯-4-醇（1.33%）、α-荜澄茄烯（1.33%）、β-罗勒烯（1.17%）等。

【利用】根、叶为民间草药，有祛风除湿、化瘀生新的功效，用于治风湿痛、骨折。

短序鹅掌柴

Schefflera bodinieri (Levl.) Rehd.

五加科　鹅掌柴属

别名：川黔鸭脚木、七叶莲、七叶烂

分布：四川、湖北、贵州、云南、广西

【形态特征】灌木或小乔木，高1～5 m；小枝棕紫色或红紫色。叶有小叶6～11；小叶片膜质、薄纸质或坚纸质，长圆状椭圆形、披针状椭圆形、披针形至线状披针形，长11～15 cm，宽1～5 cm，先端长渐尖，尖头有时镰刀状，基部阔楔形至钝形，边缘疏生细锯齿或波状钝齿，稀全缘。圆锥花序顶生；伞形花序单个顶生或数个总状排列在分枝上，有花约20朵；小苞片线状长圆形，长约3 mm，外面有毛，宿存；花白色；萼长

2～2.5 mm，有灰白色星状短柔毛，边缘有5齿；花瓣5，长约3 mm，有羽状脉纹。果实球形或近球形，几乎无毛，红色，直径4～5 mm。种子的胚乳稍嚼烂状。花期11月，果期次年4月。

【生长习性】生于密林中，海拔400～1000 m。

【芳香成分】王学军等（2013）用乙醇回流法提取的短序鹅掌柴干燥茎叶精油的主要成分为：亚油酸甲酯（11.86%）、棕榈酸甲酯（10.97%）、棕榈酸（7.71%）、二十二烷（6.91%）、十九烷（6.09%）、二十烷（6.00%）、十八烷（5.75%）、反油酸甲酯（4.49%）、十七烷（4.21%）、醋酸甲酯（3.63%）、二正十六烷（3.28%）、二十一烷（2.34%）、二十三烷（2.33%）、邻苯二甲酸丁酯（2.24%）、氢戊基吡喃（1.67%）、二十烷酸甲酯（1.49%）、十五烷（1.45%）、亚油酸（1.38%）、硬脂酸甲酯（1.35%）、二十三烷酸甲酯（1.27%）、蜂蜜曲菌素（1.01%）等。

【利用】贵州民间常用的镇痛草药，广泛应用于治疗风湿痹痛、跌打肿痛、头痛、牙痛、脘腹疼痛、痛经、产后腹痛、骨折、月家病疼痛及疮肿等多种疼痛病症。

鹅掌藤

Schefflera arboricola Hayata

五加科　鹅掌柴属

别名： 七叶莲、汉桃叶、七加皮、七叶烂、手树、小叶鸭脚木、七叶藤、狗脚蹄、没骨消

分布： 广东、广西、云南、贵州、福建、江西、台湾

【形态特征】藤状灌木，高2～3 m。叶有小叶5～10；托叶和叶柄基部合生成鞘状；小叶片革质，倒卵状长圆形或长圆形，长6～10 cm，宽1.5～3.5 cm，先端急尖或钝形，稀短渐尖，基部渐狭或钝形，叶面深绿色，有光泽，叶背为灰绿色，全缘。圆锥花序顶生，长20 cm以下，主轴和分枝幼时密生星状绒毛，后毛渐脱净；伞形花序十几个至几十个总状排列在分枝上，有花3～10朵；苞片阔卵形，长0.5～1.5 cm，外面密生星状绒毛，早落；花白色，长约3 mm；萼长约1 mm，全缘；花瓣5～6。果实卵形，有5棱，连花盘长4～5 mm，直径4 mm；花盘五角形，长为果实的1/3～1/4。花期7月，果期8月。

【生长习性】生于谷地密林下或溪边较湿润处，常附生于树上，海拔400～900 m。喜温暖至高湿润气候，耐阴、耐寒。对阳光适应范围广，在全日照、半日照、半阴下均可生长良好。对水分的适应性强，既耐旱又耐湿。对土壤要求不严。

【精油含量】水蒸气蒸馏法提取嫩枝及鲜叶的得油率为0.10%。

【芳香成分】章立华等（2014）用水蒸气蒸馏法提取的福建泉州产鹅掌藤新鲜叶精油的主要成分为：4-萜品醇（20.40%）、(-)-斯巴醇（16.01%）、氧化石竹烯（8.90%）、里那醇（5.23%）、桧烯（5.04%）、τ-萜品烯（4.00%）、1-甲基-3-异丙基苯（3.62%）、愈创烯（3.33%）、(-)-2,10-萜三醇（2.63%）、β-蒎烯（2.26%）、α-蒎烯（2.25%）、莔烯（1.89%）、桧醇酮（1.61%）、1,8-萜二烯（1.23%）、3,7-二烯-1,5,5,8-四甲基-12-[9.1.0]含氧酸（1.17%）、枯茗醛（1.12%）等。刘佐仁等（2005）用同法分析的广西来宾产鹅掌藤嫩枝及鲜叶精油的主要成分为：β-榄香烯（24.20%）、β-桉叶烯（24.00%）、α-蛇床烯（12.46%）、7(11)-蛇床烯-4-醇（9.51%）、α-人参萜烯（2.79%）、卡达烯（1.99%）、7-异丙烯基-1,4a-二甲基-4,4a,5,6,7,8-六氢-3H-萘-2-酮（1.75%）、2-[4a,8-二甲基-1,2,3,4,4a,5,6,7-八氢萘]-对-2-烯-1-醇（1.74%）、δ-杜松烯（1.01%）等。

【利用】为民间常用草药，有行气止痛、活血消肿的功效，用于治疗风湿性关节炎、骨痛骨折、扭伤挫伤以及腰腿痛、胃痛和瘫痪等，一般外用，止痛效果良好。是常见的园艺观叶植物，也可以盆栽。

白花鹅掌柴

Schefflera kwangsiensis Merr. ex Li

五加科　鹅掌柴属

别名：汉桃叶、广西鸭脚木、鹅掌藤、七叶莲、七叶藤、七加皮、广西鹅掌柴

分布：广西、广东

【形态特征】灌木，高2 m，有时呈攀缘状；小枝干时有纵皱纹，无毛；节间短，长1～1.5 cm。叶有小叶5～7；小叶片革质，长圆状披针形，稀椭圆状长圆形，长6～9 cm，宽1.5～3 cm，先端渐尖，基部楔形，两面均无毛，边缘全缘，反卷。圆锥花序顶生，长约12 cm；分枝很少，多少呈伞房状，幼时被绒毛，老时变稀至无毛；伞形花序直径约1 cm，总状排列在长约7 cm的分枝上；总花梗长1～1.5 cm，花梗长约5 mm，均疏生星状绒毛；萼长1 mm，被毛或无毛，边缘近全缘；花瓣5，长约2 mm，无毛。果实卵形，有5棱，黄红色，无毛，连隆起的花盘长6～7 mm，直径5 mm；花盘五角形，长为果实的1/3。花期4月，果期5月。

【生长习性】生于林下或石山上。

【精油含量】水蒸气蒸馏法提取干燥茎的得油率为0.04%。

【芳香成分】徐位良等（2005）用水蒸气蒸馏法提取的白花鹅掌柴干燥茎精油的主要成分为：α-姜黄烯（15.48%）、1,4-二甲基-8-异亚丙基三环[5,3,0,0^{4,10}]癸烷（11.03%）、桉叶-7[11]-烯-4-醇（9.23%）、斯巴醇（6.00%）、β-榄香烯（5.15%）、[±]-E-坚果醇（3.53%）、2-甲基-5-[1,2,2-三甲基环戊]苯酚（3.26%）、卡达萘（2.37%）、δ-杜松烯（2.35%）、β-红没药烯（1.87%）、石竹烯氧化物（1.82%）、α-白菖考烯（1.75%）、2,3,4,2,5,6-六氢-1,4a-二甲基-7-[1-甲基乙基]萘（1.43%）等。

【利用】根、茎叶供药用，广西民间称为七叶莲，有温经止痛、活血消肿的功效，用于治疗风湿痛、经前腹痛、神经痛、水肿、骨折等。

樟叶鹅掌柴

Schefflera pes-avis R.Vig.

五加科　鹅掌柴属
别名： 火柴木
分布： 广西

【形态特征】小乔木。叶柄3～10 cm，纤细；小叶3～7，椭圆形，很少倒卵状椭圆形，长4～10 cm，宽1.5～4 cm，革质，两面无毛，次脉5～8 对，正面第三脉弱的凹陷在干燥标本上。花序为一顶生伞形的圆锥花序，无毛；雄花两性花同株；主轴到17 cm，花萼无毛。子房5，具心皮；花柱合生为圆锥形柱状；柱头微小的头状。果近球形至椭圆形，直径为3～5 mm，干燥时5肋；花柱宿存，2～3 mm。花期8～9月，果期10月至翌年1月。

【生长习性】为典型的石灰岩植物，多生于石山悬崖或山顶阳光充足的地方。

【精油含量】水蒸气蒸馏法提取新鲜叶的得油率为0.10%。

【芳香成分】田发聪等（2017）用水蒸气蒸馏法提取的广西河池产樟叶鹅掌柴新鲜叶精油的主要成分为：δ-3-蒈烯（27.22%）、莰烯（17.88%）、β-蒎烯（11.91%）、β-水芹烯（8.38%）、月桂烯（5.08%）、α-水芹烯（3.04%）、α-松油烯（2.76%）、3-脱氢-1,8-桉叶素（2.19%）、D-柠檬烯（2.16%）、反式-β-罗勒烯（1.65%）、γ-松油烯（1.55%）、β-罗勒烯（1.51%）、邻-异丙基苯（1.40%）、异松油烯（1.12%）等。

【利用】壮族民间常用其叶入药，外治跌打肿痛。根及树皮入药，治跌打内伤、风湿骨痛。

异叶梁王茶

Nothopanax davidii (Franch.) Harms ex Diels

五加科　梁王茶属
别名： 梁王茶、大卫梁王茶
分布： 四川、云南、贵州、湖南、湖北、陕西

【形态特征】灌木或乔木，高2～12 m。叶为单叶，稀在同一枝上有3小叶的掌状复叶；叶片薄革质至厚革质，长圆状卵形至长圆状披针形，或三角形至卵状三角形，不分裂、掌状2～3浅裂或深裂，长6～21 cm，宽2.5～7 cm，先端长渐尖，基部阔楔形或圆形，边缘疏生细锯齿，有时为锐尖锯齿；小叶片披针形。圆锥花序顶生，长达20 cm；伞形花序直径约2 cm，有花10余朵；花白色或淡黄色，芳香；萼长约1.5 mm，边缘有5小齿；花瓣5，三角状卵形，长约1.5 mm；花盘稍隆起；花柱2，合生至中部，上部离生，反曲。果实球形，侧扁，直径5～6 mm，黑色；宿存花柱长1.5～2 mm。花期6～8月，果期9～11月。

【生长习性】生于疏林或阳性灌木林中、林缘，路边和岩石山上也有生长，海拔800～3000 m。

【精油含量】水蒸气蒸馏法提取叶的得油率为0.03%～0.13%。

【芳香成分】洪化鹏等（1991）用水蒸气蒸馏法提取的异叶梁王茶叶新鲜叶精油的主要成分为：月桂烯（20.21%）、β-蒎烯（12.35%）、γ-木罗烯（11.69%）、莰烯（11.49%）、柠檬烯（7.48%）、β-石竹烯（2.97%）、辛醛（2.66%）、β-榄香烯（2.63%）、β-芹子烯（2.28%）、α-杜松醇（2.20%）、c-β-罗勒烯（1.87%）、α-杜松烯（1.42%）、橙花叔醇（1.26%）、葎草烯（1.24%）、γ-榄香烯（1.16%）、t-β-罗勒烯（1.07%）、波旁烯（1.07%）等。

【利用】根茎入药，有祛风、除湿、活络之功效，可治跌打损伤、风湿关节痛。根皮、树皮入药，有祛风湿、活血脉、通经止痛、生津止渴的功效，用于治疗风湿痹痛、跌打损伤、劳伤腰痛、月经不调、肩臂痛、暑热喉痛、骨折。

掌叶梁王茶

Nothopanax delavayi (Franch.) Harms ex Diels

五加科　梁王茶属
别名： 梁王茶、梁旺茶、台氏梁王茶
分布： 云南、贵州

【形态特征】灌木，高1～5 m。叶为掌状复叶，稀单叶；叶柄长4～12 cm；小叶片3～5，稀2或7，长圆状披针形至椭圆状披针形，长6～12 cm，宽1～2.5 cm，先端渐尖至长渐尖，基部楔形，叶面绿色，叶背淡绿色，边缘疏生钝齿或近全缘。圆锥花序顶生，长约15 cm；伞形花序直径约2 cm，有花10余朵；苞片卵形，膜质，长约2 mm，早落；小苞片长约1 mm，三角形，早落；花梗有关节，长8～10 mm；花白色；萼无毛，长约1 mm，边缘有5个三角形小齿；花瓣5，三角状卵形，长约1.5 mm；花盘稍隆起。果实球形，侧扁，直径约5 mm；宿存花柱长2.5～3 mm。花期9～10月，果期12月至次年1月。

【生长习性】生于森林或灌木丛中，海拔1600～2500 m。

【精油含量】水蒸气蒸馏法提取新鲜叶及嫩枝的得油率为0.40%～0.60%。

【芳香成分】胡英杰等（1991）用水蒸气蒸馏法提取的云南昆明产掌叶梁王茶新鲜叶及嫩枝精油的主要成分为：β-水芹烯（25.41%）、月桂烯（19.33%）、α-蒎烯（11.34%）、4-甲基-1-甲基乙基-3-己烯-1-醇（2.97%）、β-石竹烯（2.50%）、2-环氧丙烷（2.45%）、(1S)-7-杜松烯-3-醇（1.57%）、δ-杜松烯（1.37%）、罗勒烯（1.36%）、3-甲基环丁烷并(1,2：3,4）双环戊-(1-异丙基-1'-甲撑基)-1-烯（1.14%）等。

【利用】民间草药，茎皮有清热消炎、生津止泻之功效，主治喉炎。全株入药，称'梁旺茶'，有清热解毒、活血舒筋的功效，用于治疗咽喉肿痛、目赤、消化不良、风湿腰腿痛；外用治骨折、跌打损伤。将展未展的嫩梢可作蔬菜食用。

大叶三七

Panax pseudo-ginseng var. *japonicus* (C. A. Mey.) Hoo et Tseng

五加科　人参属

别名： 竹节参、汉中参、竹节三七、扣子七、钮子七、白三七

分布： 陕西、河南、甘肃、安徽、浙江、江西、福建、湖北、宁夏、湖南、广西、四川、重庆、贵州、云南、西藏

【形态特征】假人参变种。多年生草本；根状茎竹鞭状或串珠状，根通常不膨大。地上茎单生，高约40 cm，有纵纹，基部有宿存鳞片。叶为掌状复叶，4枚轮生于茎顶；托叶小，披针形，长5～6 mm；小叶片3～4，薄膜质，透明，倒卵状椭圆形至倒卵状长圆形，中央小叶片椭圆形至倒卵状椭圆形，先端渐尖或长渐尖，基部楔形、圆形或近心形，边缘有锯齿。伞形花序单个顶生，直径约3.5 cm，有花20～50朵；总花梗长约12 cm，有纵纹；花梗纤细，长约1 cm；苞片不明显；花黄绿色；萼杯状（雄花的萼为陀螺形），边缘有5个三角形的齿；花瓣5；雄蕊5。果实未见。

【生长习性】生于森林下或灌丛草坡中，海拔1200～4000 m。喜肥、喜湿，但又怕热、怕涝。喜阴植物，多生于阴坡林下。

【精油含量】水蒸气蒸馏法提取阴干根状茎的得油率为1.30%，新鲜叶的得油率为0.18%，新鲜叶柄的得油率为1.30%。

【芳香成分】根茎：王晓娟等（2016）用水蒸气蒸馏法提取的湖南石门产大叶三七干燥根茎精油的主要成分为：斯巴醇（16.50%）、亚油酸乙酯（9.37%）、α-古芸烯（7.44%）、棕榈酸（7.10%）、棕榈酸乙酯（6.26%）、反式-橙花叔醇（5.84%）、β-芹子烯（5.44%）、罗汉柏烯（4.28%）、γ-榄香烯（3.79%）、反式-α-佛手柑油烯（3.36%）、瓦伦亚烯（2.74%）、α-佛手柑油烯（2.56%）、喇叭茶醇（2.34%）、2-异丙烯基-4a,8-二甲基-1,2,3,4,4a,5,6,8a-八氢萘（1.92%）、β-金合欢烯（1.58%）、β-红没药烯（1.58%）、香橙烯（1.49%）、镰叶芹醇（1.46%）、棕榈酸甲酯（1.16%）、亚油酸甲酯（1.11%）、3,5,6,7,8,8a-六氢-4,8a-二甲基-6-(1-甲基乙烯基)-2(1H)-萘酮（1.09%）、γ-依兰油烯（1.06%）等。

茎：赖普辉等（2008）用石油醚为溶剂-超声法提取的陕西留坝产野生大叶三七茎精油的主要成分为：(-)-斯巴醇（22.07%）、棕榈酸（11.18%）、β-芹子烯（9.20%）、己酸（4.33%）、δ-愈创木烯（4.22%）、石竹烯（3.01%）、2-甲基金刚烷-2-醇（2.86%）、(E)-庚烯-2-醛（2.34%）、5-丙烯基-苯并-间二杂环戊烯（2.24%）、亚油酸（2.05%）、邻苯二甲酸二乙酯

（2.02%）、2,3,4,4a,5,6,7,8-八氢-1H-苯并环庚烯-7-醇（1.84%）、β-愈创木烯（1.83%）、桉叶油二烯（1.83%）、1,2,3-三甲氧基苯（1.60%）、γ-依兰油烯（1.58%）、异榄香烯（1.32%）、α-芹子烯（1.23%）、香草醛（1.22%）、三甲基四氢苯并二氢呋喃酮（1.16%）、(10)，4杜松二烯（1.15%）、2,3-二羟基-1,1,3-三甲基-三苯基二氢茚（1.14%）等。

叶：赖普辉等（2010）用石油醚为溶剂-超声法提取的陕西镇巴产大叶三七新鲜叶精油的主要成分为：β-荜澄茄烯（21.39%）、棕榈酸（17.19%）、植醇（5.50%）、菲（5.05%）、降姥鲛-2-酮（4.22%）、α-亚麻酸（3.35%）、亚油酸（3.02%）、顺-Z-α-环氧化-红没药烯（2.70%）、三甲基-四氢苯并呋喃酮（2.68%）、异榄香烯（1.99%）、荧蒽（1.59%）、芘（1.57%）、十二烷酸（1.50%）、芴（1.49%）、氧芴（1.47%）、杜松二烯（1.38%）、柏木醇（1.36%）、吲哚（1.22%）、异-植（烯）醇（1.15%）、斯巴醇（1.12%）等。田光辉（2011）用同法分析的陕南镇巴产大叶三七新鲜叶柄精油的主要成分为：2,6-二特丁基苯酚（20.99%）、新植二烯（15.06%）、降姥鲛-2-酮（6.60%）、斯巴醇（4.26%）、α-紫罗兰酮（4.02%）、榄香烯（3.84%）、3,5-二甲基苯甲醛（3.48%）、十八烷酸（3.28%）、杜松二烯（3.16%）、植醇（3.08%）、芳樟醇（2.06%）、2,6-二特丁基-1,4-二酮环己二烯（2.01%）、4,4-二甲基苯甲醛（1.91%）、双环大根香叶烯（1.75%）、2,6-二特丁基-4-呋喃酮基-环己二烯酮（1.60%）、十二醛（1.39%）、β-石竹烯（1.35%）、十六烷酸乙酯（1.30%）、α-荜澄茄烯（1.29%）、苯乙醛（1.27%）、亚油酸（1.24%）、3,5-二特丁基-4-羟基-苯丙酸（1.20%）、亚油酸乙酯（1.05%）等。

【利用】根状茎、全草入药，有活血去瘀、消肿镇痛之功效，能清热解毒、顺气健胃、止血滋补等，用于治疗肺结核咯血、产后血瘀腹痛、肿毒恶疮、跌打损伤、风湿关节痛等。叶入药，有清肺、止渴、防暑及滋补强壮作用。根茎可作蔬菜食用。

三七

Panax pseudo-ginseng Wall. var. *notoginseng* (Burkill) Hoo et Tseng

五加科　人参属
别名：田七、山漆
分布：云南、广西、广东、福建、江西、浙江

【形态特征】假人参变种。多年生草本；根状茎短，竹鞭状；肉质根圆柱形，长2～4 cm，直径约1 cm，干时有纵皱纹。地上茎单生，高约40 cm，有纵纹，基部有宿存鳞片。叶为掌状复叶，4枚轮生于茎顶；托叶小，披针形，长5～6 mm；小叶片3～4，薄膜质，透明，小叶片长圆形至倒卵状长圆形，脉上有刚毛，托叶卵形或披针形，中央的长9～10 cm，宽3.5～4 cm，侧生的较小，先端长渐尖，基部渐狭，下延，边缘有重锯齿，齿有刺尖，叶面脉上密生刚毛。伞形花序单个顶生，直径约3.5 cm，有80～100朵或更多的花；苞片不明显；花黄绿色；萼杯状（雄花的萼为陀螺形），边缘有5个三角形的齿；花瓣5。果实未见。

【生长习性】种植于海拔400～1800 m的森林下或山坡上人工荫棚下。

【精油含量】水蒸气蒸馏法提取根的得油率为0.09%，干燥花蕾的得油率为0.11%；同时蒸馏萃取法提取干燥花蕾的得油率为1.06%；超临界萃取干燥根及根茎的得油率为2.71%～3.62%；有机溶剂萃取花蕾的得油率为0.71%～0.73%。

【芳香成分】根：施丽娜等（1989）用水蒸气蒸馏法提取的根精油的主要成分为：2,8-二甲基-5-乙酸基-双环[5.3.0]-1,8-癸二烯（38.50%）、α-愈创烯（14.88%）、β-波旁烯（4.90%）、β-愈创烯（4.36%）、别芳萜烯（1.90%）、羟基二氢波旁烯（1.76%）、2,6-二特丁基-4-甲基苯酚（1.64%）、棕榈酸（1.47%）、γ-依兰油烯（1.26%）、δ-杜松烯（1.10%）、δ-愈创烯（1.00%）等。鲁岐等（1987）用水蒸气蒸馏，SE-30柱分离提取的云南产三七根精油的主要成分为：二十三烷（11.38%）、二十二烷（5.56%）、十六酸甲酯（4.61%）、十八碳二烯酸甲酯（3.23%）、邻苯二甲酸二特丁酯（3.12%）、十八烷（2.97%）、十八碳二烯酸乙酯（2.81%）、α,α-二甲基-苯甲醇（2.04%）、十六酸（1.93%）、十九烷（1.90%）、δ-杜松烯（1.81%）、α-古芸烯（1.78%）、2,6-二特丁基-4-甲基苯酚（1.28%）、邻苯二甲酸二辛酯（1.23%）、苯乙酮（1.10%）、十六酸乙酯（1.01%）等。

叶：陈东等（2007）用同时蒸馏萃取装置提取的云南文山产三七干燥叶精油的主要成分为：棕榈酸（27.26%）、亚油酸（10.68%）、亚麻醇（6.52%）、2,6-二叔丁基对甲基苯酚（4.67%）、1,3-环辛二烯（3.90%）、5-十八炔（2.31%）、植物醇

（1.92%）、亚油酸乙酯（1.45%）、六氢化法呢基丙酮（1.39%）、斯巴醇（1.35%）、N-(3,5-二氯苯基)-1,2-二甲基-1,2-环丙烷二甲酰亚胺（1.30%）等。

花：胥聪等（1992）用同时蒸馏萃取装置提取的云南产三七干燥花蕾精油的主要成分为：2,8-二甲基-5-乙酸基-双环[5.3.0]-1,8-癸二烯（26.19%）、α-愈创木烯（14.39%）、β-愈创木烯（4.74%）、棕榈酸（3.46%）、δ-杜松烯（3.36%）、乙酸乙酯（2.37%）、γ-木罗烯（1.73%）、甲酸丙酯（1.70%）、甲酸乙酯（1.39%）等。吕晴等（2005）用同时蒸馏萃取法提取的云南文山产三七干燥花蕾精油的主要成分为：(+)-匙叶桉油烯醇（12.19%）、α-古芸烯（6.73%）、双环吉玛烯（6.57%）、吉玛烯-D（5.26%）、双环榄香烯（3.55%）、β-榄香烯（2.97%）、蛇床-11-烯-4α-醇（2.91%）、反-石竹烯（2.82%）、(-)-石竹烯氧化物（2.44%）、δ-杜松烯（2.29%）、β-蛇床烯（2.12%）、β-橙椒烯（1.89%）、β-木香醇（1.69%）、α-紫穗槐烯（1.66%）、顺-α-胡椒烯-8-醇（1.62%）、异匙叶桉油烯醇（1.57%）、别香橙烯（1.47%）、喇叭茶醇（1.35%）、d-橙花叔醇（1.34%）、β-愈创烯（1.09%）等。

【利用】根和根茎为著名的中草药，有止血散瘀、定痛消肿的功效，是著名的跌打损伤特效药，用于治疗咯血、吐血、衄血、便血、崩漏、外伤出血、胸腹刺痛、跌打肿痛。叶、果也可药用，用于散瘀止血、消肿定痛。

 人参

Panax ginseng C. A. Mey.

五加科　人参属

别名： 棒槌

分布： 辽宁、吉林、黑龙江

【形态特征】多年生草本；根状茎短。主根肥大，纺锤形或圆柱形。地上茎单生，高30～60 cm，有纵纹，基部有宿存鳞片。叶为掌状复叶，3～6枚轮生茎顶，幼株的叶数较少；小叶片3～5，薄膜质，中央小叶片椭圆形至长圆状椭圆形，长8～12 cm，宽3～5 cm，最外一对侧生小叶片卵形或菱状卵形，长2～4 cm，宽1.5～3 cm，先端长渐尖，基部阔楔形，下延，边缘有锯齿，齿有刺尖，叶面散生少数刚毛。伞形花序单个顶生，直径约1.5 cm，有花30～50朵，稀5～6朵；花淡黄绿色；萼无毛，边缘有5个三角形小齿；花瓣5，卵状三角形。果实扁球形，鲜红色，长4～5 mm，宽6～7 mm。种子肾形，乳白色。

【生长习性】生于海拔数百米的落叶阔叶林或针叶阔叶混交林下。喜阴凉、湿润的气候，多生长在具有1月平均温度-23～5℃，7月平均温度20～26℃的气候条件下，耐寒性强，可耐-40℃低温，生长适宜温度为15～25℃，一般生长在气候条件为年积温2000～3000℃，无霜期125～150天，积雪

20～44 cm，年降水500～1000 mm的地方。喜斜射及漫射光，忌强光和高温。土壤要求为排水良好、疏松、肥沃、腐殖质层深厚的棕色森林土或山地灰化棕色森林土，pH5.5～6.2为宜。

【精油含量】水蒸气蒸馏法提取根的得油率为0.05%～1.14%，干燥花蕾的得油率为0.18%～0.20%；同时蒸馏萃取法提取干燥叶的得油率为0.62%；溶剂萃取后再水蒸气蒸馏法提取根的得油率为0.12%～283%，干燥茎叶的得油率为0.13%，干燥花蕾的得油率为0.39；有机溶剂萃取法提取干燥根的得油率为1.60%～2.64%；超临界萃取干燥根的得油率为0.88%～1.12%。

【芳香成分】根：王健等（2011）用水蒸气蒸馏法提取的吉林长白山500 m海拔产4年生人参根精油的主要成分为：镰叶芹醇（18.30%）、n-十六烷酸（10.07%）、十氢-1,1,7-三甲基-4-亚甲基-1H-环丙[e]薁-7-醇（7.18%）、9,12-十八碳二烯酸乙酯（5.17%）、1a,2,3,4,4a5,6,7b-八氢-1,1,4,7-四甲基-1H-环丙烯并[e]薁（4.24%）、[1R-(1α,3aα,7aα)]-1,2,3,6,7,7a-六氢-2,2,4,7a-四甲基-1,3a-桥亚乙基-3aH-环丙烯（3.95%）、(Z,Z)-9,12-十八碳二烯酸（3.88%）、1a,2,3,5,6,7,7a,7b-八氢-1,1,7,7a-四甲基-1H-环丙烷[a]萘（3.84%）、棕榈酸乙酯（3.21%）、(Z)-7,11-二甲基-3-亚甲基-1,6,10-十二碳三烯（2.71%）、β-人参烯（2.05%）、石竹烯（1.94%）、8-异丙烯基-1,5-二甲基-环癸烷-1,5-二烯（1.62%）、二十五烷（1.48%）、二十四烷（1.42%）、二十三烷（1.32%）、芹子烷-6-烯-4-醇（1.27%）、β-新丁香三环烯（1.10%）、(Z,Z)-9,12-十八碳二烯酸甲酯（1.03%）、十氢-1,1,7-三甲基-4-亚甲基-1H-环丙烯并[e]薁（1.00%）等。刘惠卿等（1991）用同法分析的北京产人参干燥根精油的主要成分为：β-榄香烯（15.84%）、反式-β-金合欢烯（8.07%）、β-芹子烯（8.07%）、反式-丁香烯（5.99%）、β-古芸烯（5.99%）、2,6-二特丁基-4-甲基苯酚（5.93%）、γ-榄香烯（5.93%）、顺式-异丁香烯（2.16%）等。孙允秀等（1987）用同法分析的吉林产人参根精油的主要成分为：顺式-八氢化茚（15.21%）、β-丁香烯（9.29%）、3,3-二甲基己烷（4.20%）、α-榄香烯（3.91%）、β-香木兰烯（3.68%）、正十七烷（3.57%）、正十四碳酸（2.97%）、正十五碳酸（2.84%）、3,8-二甲基十一烷（2.69%）、2,7-二甲基辛烷（2.52%）、β-榄香烯（2.50%）、β-古芸烯（2.41%）、反式-β-金合欢烯（1.90%）等；吉林靖宇产人参（马牙参鲜根，6年生）根精油的主要成分为：(Z)-β-金合欢烯（11.47%）、β-古芸烯（9.16%）、γ-广藿香烯（6.89%）、2,2,4,6,6-五甲基庚烷（4.58%）、β-香木兰烯（4.56%）、2,4-二甲基-3-戊酮（4.44%）、α-古芸烯（4.29%）、1-乙氧基丁烷（3.55%）、α-金合欢烯（3.46%）、β-榄香烯（2.66%）、3-甲基-2-戊酮（2.45%）、2-甲基-1-壬烯-3-酮（2.37%）、2,2-二甲基戊烷（2.13%）、麦由酮（1.86%）、2-甲基-5-丙基壬烷（1.60%）、棕榈酸（1.15%）等。佟鹤芳等（2013）用同法分析的吉林产6年生人参新鲜根精油的主要成分为：镰叶芹醇（8.59%）、斯巴醇（6.36%）、古芸烯（5.71%）、邻苯二甲酸二异丁酯（5.55%）、β-瑟林烯（4.68%）、蛇麻烯（4.48%）、(1S)-2,2,4,7aα-四甲基-1β,4β-乙酰胺茚烷-3aα-醇（4.43%）、α-新丁香（4.08%）、刺柏脑（3.81%）、马兜铃烯（3.39%）、棕榈酸甲酯（3.07%）、花柏烯（2.98%）、亚油酸乙酯（2.85%）、白菖油萜（2.79%）、法呢烯（2.70%）、棕榈酸乙酯（2.64%）、2,6,10,10-四甲基-三环[7.2.0.0^{2,6}]十一烷-5-醇（2.47%）、1-甲基-4-(1-甲基乙烯基)-2-(1-甲基乙烯基)-1-乙烯基环己烷（2.09%）、亚油酸甲酯（2.07%）、蓝桉醇（1.96%）、(+)-喇叭烯（1.85%）、绿花白千层醇（1.49%）、[1aR-(1aα,4aα,7β,7aβ,7bα)]-十氢-1,1,7-三甲基-4-甲基-烯-1H-环丙[e]薁-7-醇（1.48%）、β-新丁香三环烯（1.31%）、4a,5-二甲基-3-(丙烯-2-基)-八氢萘-2(1H)-酮（1.04%）等。刘哲等（2016）用同法分析的吉林抚松产4年生人参根精油的主要成分为：甲酰乙基丁烯基苯（33.89%）、α-石竹烯（8.86%）、斯巴醇（7.80%）、1-甲基-4-亚硝基苯（7.61%）、Z-9,17-十八碳二烯醛（5.92%）、9,12-十八碳二烯酸甲酯（4.37%）、十六烷酸乙酯（3.10%）、邻苯二甲酸二丁酯（2.87%）、[1aR-(1aα,7α,7aα,7bα)]1a,2,3,5,6,7,7a,7b-八氢-1,1,7,7a-四甲基-1H-环丙烷并萘烯（2.00%）、1,2-苯二甲酸二甲酯（1.64%）、[1R-(1α,3aβ,4α,7β)]-1,2,3,3a,4,5,6,7-八氢-1,4-二甲基-7-(1-甲基乙烯基)-甘菊环（1.45%）、γ-榄香烯（1.44%）、十六烷酸甲酯（1.44%）、β-人参烯（1.32%）、3,3,7,11-四甲基-三环-[5.4.00^{4,11}]-十一碳-1-醇（1.22%）、4,11,11-三甲基-8-亚甲基-双环[7.2.0]-十一碳-4-烯（1.14%）等。

茎：孙允秀等（1987）用水蒸气蒸馏法提取的吉林产人参茎精油的主要成分为：β-香木兰烯（5.00%）、β-古芸烯（4.90%）、苯并呋喃（4.90%）、棕榈酸（4.00%）、正十四碳酸（3.80%）、反式-β-金合欢烯（3.70%）、β-丁香烯（1.30%）、α-愈创烯（1.00%）、α-榄香烯（1.00%）等。

叶：孙允秀等（1987）用水蒸气蒸馏法提取的吉林产人参叶精油的主要成分为：棕榈酸（3.70%）、1H-2,4-二甲基吡咯（1.20%）等。李静等（1996）用同时蒸馏萃取法提取的吉林辉南产野生人参干燥叶精油的主要成分为：1,2-二甲基蒽醌（11.39%）、十七烷（4.43%）、二十烷（4.31%）、α-金合欢烯（3.89%）、棕榈酸乙酯（3.52%）、十八烷（3.40%）、2,4,10,14-四甲基-十五烷（3.37%）、反-丁香烯（2.92%）、苯并噻唑（2.82%）、6-甲基-十三酮-2(2.63%)、8-甲基-十七烷（1.99%）、α-丁香酸（1.92%）、十五碳-2-酮（1.83%）、十四碳-3-酮（1.65%）、萘（1.51%）、1,3-二甲基苯（1.39%）、α-愈创木烯（1.37%）、2-碘-2-甲基-丁烷（1.34%）、2,3,6-三甲基萘（1.31%）、2-甲基-十七烷（1.31%）、十二烷（1.16%）、4-甲基菲（1.14%）、三十四烷（1.13%）、2,6,10-三甲基-十二烷（1.11%）、顺-4,11,11-三甲基-8-亚甲基-二环[7.2.0]-十一碳-4-烯（1.02%）等。

花：徐晓浩等（2017）用水蒸气蒸馏法提取的吉林抚松产人参新鲜花精油的主要成分为：棕榈酸（41.70%）、亚油酸（13.67%）、十三酸（7.09%）、(E)-β-金合欢烯（2.84%）、11,14,17-顺-二十碳三烯酸甲酯（2.16%）、g-古芸烯（1.90%）、叶绿醇（1.38%）、β-榄香烯（1.25%）、反式-9-十八碳烯酸（1.24%）、邻苯二甲酸二丁酯（1.12%）、肉豆蔻酸（1.09%）等。

果实：王继彦等（2004）用水蒸气蒸馏法提取的吉林长白山产人参新鲜去籽果实精油的主要成分为：亚油酸乙酯（24.88%）、十六烷酸乙酯（24.17%）、油酸乙酯（7.55%）、十八烷酸乙酯（4.34%）、芹子-6-烯-4-醇（3.18%）、6,10,14-三甲基-2-十五烷酮（2.59%）、十四烷酸乙酯（2.23%）、9-二十炔（2.23%）、十七烷酸乙酯（1.72%）、十五烷酸乙酯（1.40%）、二十烷酸乙酯（1.19%）、十九烷酸乙酯（1.06%）等。

【利用】肉质根为著名的强壮滋补药，有大补元气、固脱生津、补脾益气、安神、益智之功能，用于治疗劳虚损伤、肢冷脉微、自汗暴脱、肺虚咳嗽、惊悸失眠、神经衰弱、食少倦怠、阳痿尿频、妇女崩漏、小儿慢惊及各种气血津液不足等，适用于调整血压、恢复心脏功能，治疗神经衰弱及身体虚弱等症，也有祛痰、健胃、利尿、兴奋等功效。根可制作饮料、滋补药酒、冻干粉、食品等。叶可制成人参茶和人参香烟。花可制作参花晶冲服。

西洋参

Panax quinquefolius Linn.

五加科　人参属

别名：洋参、花旗参、美国人参

分布：黑龙江、辽宁、吉林、河北、北京、陕西有栽培

【形态特征】多年生草木，主根呈圆形或纺锤形，表面浅黄色或黄白色。根肉质，纺锤形，有时呈分歧状。根茎短。茎圆柱形，长约25 cm，有纵条纹，或略具棱。掌状5出复叶，通常3～4枚，轮生于茎端；小叶片膜质，广卵形至倒卵形，长4～9 cm，宽2.5～5 cm，先端突尖，边缘具粗锯齿，基部楔形，最下边两小叶最小。总花梗由茎端叶柄中央抽出，较叶柄稍长或近于等长；伞形花序，花多数，花梗细短，基部有卵形小苞片1枚；萼绿色，钟状，先端5齿裂，裂片钝头，萼筒基部有三角形小苞片1枚；花瓣5，绿白色，矩圆形。浆果扁圆形，成对状，熟时鲜红色，果柄伸长。花期7月。果熟期9月。

【生长习性】生长于海拔1000 m左右的山地，喜散射光和漫射光，忌直射阳光，适应生长在森林砂质壤土中。

【精油含量】水蒸气蒸馏法提取根的得油率为0.04%～0.40%，茎叶的得油率为0.25%；有机溶剂萃取后在水蒸气蒸馏提取新鲜花蕾的得油率为0.04%；乙醚萃取法提取根的得油率为0.08%～0.10%。

【芳香成分】**根**：施丽娜等（1992）用水蒸气蒸馏法提取的云南丽江产西洋参根精油的主要成分为：棕榈酸（13.45%）、c-β-金合欢烯（9.86%）、己酸（8.43%）、β-红没药烯（7.10%）、棕榈酸乙酯（4.22%）、亚油酸（2.85%）、2-乙基环丁醇（2.81%）、芳萜烯（1.82%）、辛酸（1.46%）、白千层醇（1.57%）、辛醛（1.06%）、棕榈酸甲酚（1.02%）等。沈宁等（1991）用同法分析的吉林集安产西洋参干燥根精油的主要成分为：顺式-β-金合欢烯（36.68%）、α-红没药烯（10.30%）、反式-β-金合欢烯（4.56%）、β-红没药烯（4.15%）、反式-石竹烯（2.65%）、β-蛇麻烯（1.68%）、香树烯（1.18%）等。佟鹤芳等（2013）用同法分析的吉林产4年生西洋参新鲜根精油的主要成分为：镰叶芹醇（20.58%）、法呢烯（17.76%）、1-甲基-4-(1-甲基乙烯基)-2-(1-甲基乙烯基)-1-乙烯基环已烷（11.07%）、邻苯二甲酸二异丁酯（6.90%）、没药烯（4.82%）、亚油酸乙酯（3.92%）、棕榈酸乙酯（3.62%）、β-倍半水芹烯（2.31%）、棕榈酸甲酯（2.02%）、δ-杜松萜烯（1.71%）、(1S)-2,2,4,7aα-四甲

基-1β,4β-乙酰胺茚烷-3aα-醇（1.39%）、斯巴醇（1.37%）、沉香螺萜醇（1.33%）、巴伦西亚橘烯（1.07%）等。张建逵等（2013）用同法分析的辽宁宽甸产西洋参新鲜根精油的主要成分为：镰叶芹醇-(Z)-(-)-1,9-七癸二烯-4,6-二炔-3-酚（21.05%）、2-甲基-3,5-十二烷二炔（13.94%）、7,11-二甲基-3-亚甲基-1,6,10-十二碳三烯（9.79%）、1,3-癸二炔（7.99%）、邻苯二甲酸二异辛酯（6.44%）、5-(2,2-二甲基环丙基)-2-甲基-4-亚甲基-1-戊烯（3.61%）、Z,Z-3,3,6,6,9,9-六甲基-四环[6.1.0.0^{2,4}.0^{5,7}]壬烷（2.80%）、环氧化长蒎烯（2.54%）、大牻牛儿烯 D（2.37%）、2-氮-1-癸烯-4-炔（2.22%）、4-亚甲基环丙基丁醛（1.63%）、2-甲基癸烷（1.15%）等；干燥根精油的主要成分为：2-(1-甲基乙氧基)-2-丙醇（71.15%）、4-甲基辛酸（3.00%）、邻苯二甲酸二(2-乙基)己酯（2.44%）、3,3-二甲基-己烷（2.35%）、十二烷基环氧乙烷（2.25%）、2-甲基辛烷（1.79%）、(1-甲基十一基)-苯（1.64%）、2-甲基-辛烷（1.60%）、3-十八碳二炔酸甲酯（1.50%）等。刘哲等（2016）用同法分析的吉林抚松产4年生西洋参根精油的主要成分为：甲酰乙基丁烯基苯（40.57%）、(E)-β-金合欢烯（11.46%）、5-亚甲基-6-(4-甲酯基-1-环己烯基)-己酸甲酯（10.12%）、1-甲基-4-硝基苯（8.78%）、9,12-十八二烯酸甲酯（4.49%）、十八酸甲酯（3.11%）、(S)-1-甲基-4-(5-甲基-1-亚甲基-4-己烯基)-环己烯（2.00%）、[1αR-(1aα,4aα,7β,7aβ,7bα)]-1,1,7-三甲基-4-亚甲基-十氢-1H-环丙甘菊环-7-醇（1.97%）、4-甲酰基-环戊烯基-1-羧酸乙酯（1.86%）、(1S-顺)-4,7-二甲基-1-异丙基-1,2,3,5,6,8a-六氢-萘烯（1.39%）、十六碳酸乙酯（1.23%）、二苯硫（1.17%）、邻苯二甲酸二丁酯（1.07%）、[1aR-(1aα,7α,7aα,7bα)]-1a,2,3,5,6,7,7a,7b-八氢-1,1,7,7a-四甲基-1H-环丙烷并萘烯（1.02%）等。

茎叶：刘惠卿等（1988）用水蒸气蒸馏法提取的北京怀柔农田栽培的西洋参茎叶精油的主要成分为：反式-β-金合欢烯（9.65%）、2,6,10-三甲基代十六烷（4.92%）、十七烷醇-[9]（3.97%）、十九烯-[1]（3.79%）、正十七烷（3.72%）、2,6,11,15-四甲基代十六烷（3.41%）、亚油酸甲酯（2.90%）、2,6-二特丁基-[4]-甲酚（2.71%）、棕榈酸（2.40%）、8-甲基代十七烷（2.27%）、十七烷醇-[9]（1.96%）、5-正丁基己烷（1.89%）、14-酮基代十五酸甲酯（1.89%）、十九烷酮-[2]（1.83%）、十七烷醇-[1]（1.39%）等。

花：孟祥颖等（2001）用乙醚-水蒸气蒸馏法提取的吉林长春产西洋参新鲜花蕾精油的主要成分为：β-金合欢烯（48.67%）、苯甲醛（6.55%）、羟乙基乙烯（4.62%）、正十六烷（4.16%）、二苯基胺（3.79%）、3-蒈烯（1.97%）、2-壬烯醛（1.87%）、3,7,11-三甲基-1,6,10-二十碳三烯-3-醇（1.69%）、十六碳酸乙酯（1.13%）、壬醛（1.10%）、4-(1,5-二甲基-1,4-己二烯基)-1-甲基-环己烯（1.02%）等。

【利用】根入药，有补气养阴、清热生津的功效，用于治疗气虚阴亏、内热、咳喘痰血、虚热烦倦、消渴、口燥喉干。因根有益肺阴、扶正固本、生津止渴、补而不燥的特性，适宜做保健品食用，适用于治疗失眠、烦躁、记忆力衰退及老年痴呆等症状。

白簕

Acanthopanax trifoliatus (Linn.) Merr.

五加科　五加属

别名：鹅掌簕、禾掌簕、三加皮、三叶五加

分布：中部、南部地区及台湾

【形态特征】灌木，高1～7 m；枝软弱铺散，常依持他物上升，老枝灰白色，新枝黄棕色，疏生下向刺；刺基部扁平，先端钩曲。叶有小叶3，稀4～5；小叶片纸质，稀膜质，椭圆状卵形至椭圆状长圆形，稀倒卵形，长4～10 cm，宽3～6.5 cm，先端尖至渐尖，基部楔形，两侧小叶片基部歪斜，叶面脉上疏生刚毛，边缘有细锯齿或钝齿。伞形花序3～10个，稀多至20个组成顶生复伞形花序或圆锥花序，直径1.5～3.5 cm，有花多数，稀少数；花黄绿色；萼长约1.5 mm，边缘有5个三角形小齿；花瓣5，三角状卵形，长约2 mm，开花时反曲。果实扁球形，直径约5 mm，黑色。花期8～11月，果期9～12月。

【生长习性】生于村落、山坡路旁、林缘和灌丛中，垂直分布自海平面以上至3200 m。适宜生长在冬季严寒的大陆兼海洋性气候地区，要求气候温暖，雨量充沛，水热条件变化大。喜欢较为湿润的微酸砂壤土。喜温暖，又能耐轻微荫蔽，也能耐寒。

【精油含量】水蒸气蒸馏法提取阴干叶的得油率为0.45%。

【芳香成分】刘基柱等（2009）用水蒸气蒸馏法提取的干燥叶精油的主要成分为：反-丁香烯（17.46%）、α-蒎烯（7.87%）、α-葎草萜（6.84%）、环己烯（6.09%）、α-玷玘烯（4.20%）、α-荜澄茄油烯（3.77%）、莰烯（3.53%）、水芹烯（3.15%）、1,2,3,4.4a,7-六氢萘（2.98%）、杜松烯（2.66%）、白菖油萜（2.58%）、β-芹子烯（2.35%）、1,2,3,4-四氢萘（1.94%）、5,6,7,8-四氢-1-萘（1.48%）、丁香三环烯（1.06%）等。纳智（2005）用同法分析的云南西双版纳产白簕阴干叶精油的主要成分为：α-蒎烯（21.54%）、β-水芹烯（9.03%）、δ-愈创木烯（8.26%）、D-柠檬烯（7.63%）、(-)-松油烯醇（6.41%）、τ-古芸烯（6.20%）、β-蒎烯（5.77%）、δ-榄香烯（3.10%）、τ-松油烯（3.08%）、β-月桂烯（2.21%）、α-松油烯（2.12%）、异松油烯（1.81%）、反式-β-罗勒烯（1.58%）等。

【利用】根为民间常用草药，有祛风除湿、舒筋活血、消肿解毒之功效，治感冒、咳嗽、风湿、坐骨神经痛等症。嫩梢或嫩叶可作蔬菜食用。

刺五加

Acanthopanax senticosus (Rupr. et Maxim.) Harms

五加科　五加属

别名：坎拐棒子、一百针、老虎潦

分布：黑龙江、吉林、辽宁、河北、山西

【形态特征】灌木，高1～6 m；分枝多，一、二年生的通常密生刺；刺直而细长，针状，下向，脱落后遗留圆形刺痕。叶有小叶5，稀3；叶柄常疏生细刺，长3～10 cm；小叶片纸质，椭圆状倒卵形或长圆形，长5～13 cm，宽3～7 cm，先端渐尖，基部阔楔形，叶面粗糙，深绿色，脉上有粗毛，叶背淡绿色，脉上有短柔毛，边缘有锐利重锯齿。伞形花序单个顶生，或2～6个组成稀疏的圆锥花序，直径2～4 cm，有花多数；花紫黄色；萼无毛，边缘近全缘或有不明显的5小齿；花瓣5，卵形，长1～2 mm。果实球形或卵球形，有5棱，黑色，直径7～8 mm，宿存花柱长1.5～1.8 mm。花期6～7月，果期8～10月。

【生长习性】生于森林或灌丛中，海拔数百米至2000 m。喜温暖湿润气候，耐寒、耐微荫蔽。宜选向阳、腐殖质层深厚、土壤微酸性的砂质壤土。

【精油含量】水蒸气蒸馏法提取根的得油率为0.18%，茎的得油率为0.05%～0.10%，叶的得油率为0.15%，干燥果实的得油率为0.36%；同时蒸馏萃取法提取干燥叶的得油率为1.20%；有机溶剂萃取法提取干燥叶的得油率为0.08%。

【芳香成分】根：邢有权等（1992）用水蒸气蒸馏和乙醚萃取法提取的黑龙江产刺五加根精油的主要成分为：β-石竹烯（15.47%）、3,3,7,9-四甲基三环[5.4.0.0^{2,6}]十一烯-9(14.95%)、(Z)-β-法呢烯（7.57%）、十二醛（7.15%）、乙酸乙酯（7.00%）、7-十六炔（6.69%）、十五烷（5.22%）、十四烷（5.07%）、反式-β-法呢烯（4.06%）、十三烷（3.97%）、十六烷（3.41%）、α-法呢烯（3.36%）、十一醛（2.75%）、3-十四炔（2.67%）、己醛（2.66%）、4-甲基-3-庚酮（2.27%）、反式，反式-2,4-癸二烯醛（1.95%）、2,4-壬二烯醛（1.85%）等。

茎：邢有权等（1992）用水蒸气蒸馏和乙醚萃取法提取的黑龙江产刺五加茎精油的主要成分为：反式，反式-α-法呢烯（11.02%）、[1aR-(1aα,7α,7aα,7bα)]-1a,2,3,4,5,6,7,7a,7b-八氢-1,1,7,7a-四甲基-1H-环丙[a]萘（10.97%）、1,4-对二甲苯（9.69%）、1,3-间二甲苯（6.06%）、正十三烷（5.31%）、反式-β-法呢烯（4.74%）、正十四烷（4.66%）、甲苯（4.12%）、正十五烷（3.78%）、3,7,11-三甲基-1,6,10-十二碳烯-3-醇（3.20%）、乙苯（3.16%）、十六烷（2.81%）、正十二烷（2.26%）、β-石竹烯（2.17%）、δ-榄香烯（2.05%）、榄香烯（2.00%）、甲式环戊烷（1.17%）等。于万滢等（2005）用水蒸气蒸馏法提取的陕西秦岭产刺五加干燥茎精油的主要成分为：氧化石竹烯（16.40%）、异石竹烯（9.97%）、2,4-癸二烯醛（9.41%）、α-蒎烯（7.13%）、β-金合欢烯（5.09%）、氧化蛇麻烯（4.83%）、蛇麻烯（4.50%）、十四碳醛（3.74%）、对甲基异丙基苯（3.52%）、2-正-戊基呋喃（3.09%）、9,17-十八碳二烯醛（2.79%）、正十八烷醇（2.66%）、正庚醛（2.63%）、泪柏醚（2.50%）、芳樟醇（2.09%）、正辛醛（1.38%）、β-蒎烯（1.15%）、3,7,11-三甲基-1,3,6,10-十二碳四烯

（1.11%）、柠檬烯（1.01%）等。

叶：张肖宁等（2011）用水蒸气蒸馏法提取的黑龙江张广才岭产刺五加干燥叶精油的主要成分为：(+)-匙叶桉油烯醇（19.89%）、1-甲基-5-亚甲基-8-[1-甲基乙基]-1,6-环癸二烯（7.02%）、1-甲基-1-乙烯基-2,4-二异丙烯基-环已烷（5.59%）、4-乙烯基-4-甲基-3-异丙烯基-1-异丙基-环己烯（5.28%）、红没药醇（5.24%）、(-)-匙叶桉油烯醇（4.53%）、1,2,3,5,6,7,8,8-胺-1,8a-四甲基-7-(1-异丙烯基)，将(1γ,7γ,8a型)萘（3.59%）、苯甲醇（3.36%）、氧化石竹烯（3.14%）、9,10-脱氢-异长叶烯（3.11%）、3-(2,6,6-三甲基-1-环己烯-1-甲基)2-丙醛（2.64%）、γ-杜松烯（2.25%）、δ-杜松烯（2.19%）、1,6-辛-3-醇-3,7-二甲酯-丙酸（2.15%）、α-石竹烯（1.95%）、异匙叶桉油烯醇（1.90%）、1-α-松油醇（1.71%）、石竹烯（1.49%）、葎草烯（1.11%）等。

果实：邢有权等（1991）用水蒸气蒸馏法提取的黑龙江铁力产刺五加干燥果实精油的主要成分为：β-石竹烯（35.39%）、β-芹子烯（25.92%）、反式-β-法呢烯（12.54%）、2,6-二叔本基-4-甲基苯酚（4.32%）、顺式-β-法呢烯（4.09%）、喇叭烷（4.01%）、γ-杜松烯（3.87%）、香叶烯（2.39%）、1-甲基-3-异丙基苯（1.63%）、正十一烷（1.37%）、1-甲基-5-(1-甲基乙烯基)-环乙烯（1.17%）、3,7,11-三甲基-1,6,10-十二碳烯-3-醇（1.00%）等。

【利用】根皮可代“五加皮”供药用，具有补中益精、坚筋骨、强志意的作用。种子可榨油，制肥皂用。未木质化前的嫩茎叶可作蔬菜食用，也可腌制成咸菜或晒干备用。

短柄五加

Acanthopanax brachypus Harms.

五加科　五加属

分布：陕西、甘肃、宁夏

【形态特征】灌木，高1～2 m；枝无刺，或节上有刺，刺短而尖，下向。叶有小叶3～5；小叶片纸质，倒卵形至倒卵状长圆形，长3～6 cm，宽1～2.5 cm，先端圆形或短尖，基部狭尖，全缘。伞形花序单生或2～4个组成顶生短圆锥花序，直径1～1.5 cm，有花多数；苞片卵形，紫色，长约1 mm，先端丛生锈毛，边缘疏生纤毛；花梗长-1.5 cm，无毛；花淡绿色；萼有短柔毛，边缘有5小齿；花瓣5，卵形，先端尖，长约2 mm，开花时反曲；雄蕊5，花丝长约2 mm；子房5室；花柱全部合生成柱状，长约0.8 mm。果实近球形，有5深棱，长约5 mm，宿存花柱长约2 mm。花期8月。

【生长习性】生于海拔1000～1500 m的灌木林中或向阳山坡上。

【精油含量】水蒸气蒸馏法提取干燥茎的得油率为1.30%，干燥叶的得油率为0.57%。

【芳香成分】茎：胡怀生等（2009）用水蒸气蒸馏法提取的甘肃庆阳产短柄五加干燥茎精油的主要成分为：棕榈酸（7.21%）、庚酸（7.05%）、香草醛（6.09%）、反式-氧化芳樟醇（6.07%）、邻异丙基甲苯（5.83%）、α-非兰烯（5.14%）、β-香叶烯（5.07%）、苯甲醇（4.57%）、异丁基苯（3.49%）、蒈烯醇

(3.44%)、香桧烯(3.11%)、乙醇苯甲酯(3.02%)、甲酸苯甲酯(2.29%)、苯甲酸(2.09%)、2-降姥鲛酮(2.06%)、α-萜品烯醇(2.05%)、6-甲基-庚烯-5-酮(2.04%)、新(二氢)-丁子香烯(1.99%)、正十九烷(1.99%)、亚油酸(1.88%)、正二十三烷(1.84%)、二苯醚(1.66%)、α-松油醇(1.39%)、(E,E)-2,4-癸二烯醛(1.22%)、亚油酸乙酯(1.08%)、龙脑(1.06%)、正二十二烷(1.05%)、δ-杜松烯(1.03%)等。

叶：李建银等(2014)用水蒸气蒸馏法提取的甘肃庆阳产短柄五加干燥叶精油的主要成分为：石竹烯(16.26%)、石竹烯氧化物(13.52%)、α-石竹烯(8.64%)、可巴烯(6.23%)、3,4,4a,5,6,8a-六氢-2,5,5,8a-四甲基-(2α,4aα,8aα)-2H-1-苯并吡喃(6.27%)、(R)-4-甲基-1-(1-甲基乙基)-3-环己烯-1-醇(4.62%)、α-荜澄茄醇(3.91%)、1-(1,5-二甲基-4-己烯)-4-甲基-苯(3.87%)、月桂酸(3.34%)、1,2,4a,5,6,8a-六氢-4,7-二甲基-1-(1-甲基乙基)-萘(3.08%)、棕榈酸(2.89%)、(1S-顺式)-1,2,4a,5,6,8a-六氢-4,7-二甲基-1-(1-甲基乙基)萘(2.67%)、[3aS-(3aα-(2-3bβ,4β,7β,7aS)]-八氢-7-甲基-3-亚甲基-4-(1-甲基乙基)-1H-环戊烷[1,3]环戊烷[1,2]苯(1.92%)、(S)-1-甲基-4-(5-甲基-1-亚甲基-4-己烯基)环己烯(1.65%)、(E)-7,11-二甲基-3-亚甲基-1,6,10-十二碳三烯(1.61%)、1-甲基-4-(1-甲基乙基)-1,4-环己二烯(1.58%)、6,10,14-三甲基-2-十五烷酮(1.54%)、反式-5-甲基-2-(1-甲基乙烯基)-环己酮(1.35%)、1,2,4a,5,6,8a-六氢-4,7-二甲基-1-(1-甲基乙基)萘(1.28%)、1,2,3,4-四氢-1,1,6-三甲基-萘(1.24%)、3,7,7-三甲基-双环[4.1.0]庚-2-烯(1.05%)等。

【利用】茎入药，具有益气健脾、养心安神、解郁和血之功效，常用于治疗妇女更年期体虚乏力、潮热、失眠、抑郁不欢、健忘、心悸、头晕、头痛、关节痛。

红毛五加

Acanthopanax giraldii Harms

五加科　五加属

别名：川加皮、刺加皮、纪氏五加

分布：青海、甘肃、宁夏、四川、陕西、湖北、河南

【形态特征】灌木，高1～3 m；枝灰色；小枝灰棕色，密生直刺，稀无刺；刺下向，细长针状。叶有小叶5，稀3；叶柄长3～7 cm，稀有细刺；小叶片薄纸质，倒卵状长圆形，稀卵形，长2.5～6 cm，宽1.5～2.5 cm，先端尖或短渐尖，基部狭楔形，两面均无毛，边缘有不整齐细重锯齿。伞形花序单个顶生，直径1.5～2 cm，有花多数；总花梗粗短，长5～7 mm，稀长至2 cm，有时几乎无总花梗，无毛；花白色；萼长约2 mm，边缘近全缘，无毛；花瓣5，卵形，长约2 mm；雄蕊5，花丝长约2 mm；子房5室；花柱5，基部合生。果实球形，有5棱，黑色，直径8 mm。花期6～7月，果期8～10月。

【生长习性】生于灌木丛林中，海拔1300～3500 m。

【精油含量】水蒸气蒸馏法提取根皮的得油率为0.10%～1.00%，茎皮的得油率为0.05%～0.10%；石油醚萃取茎皮的得油率为0.15%。

【芳香成分】倪娜等(2007)用水蒸气蒸馏法提取的四川产红毛五加根皮精油的主要成分为：正-十六烷酸(13.82%)、匙叶桉油烯醇(10.68%)、α-杜松醇(10.36%)、9,12-十八烷二烯酸(6.85%)、(Z)-β-金合欢烯(4.83%)、(+/-)-反-橙花叔醇(4.81%)、大根香叶烯D(4.68%)、石竹烯氧化物(4.62%)、γ-榄香烯(3.68%)、3,7,11-三甲基-14-异丙基-1,3,6,10-环十四碳四烯(2.98%)、δ-杜松烯(2.84%)、α-蒎烯(1.86%)、镰叶芹醇(1.74%)、α-石竹烯(1.54%)、石竹烯(1.48%)、β-榄香烯(1.37%)、D-柠檬烯(1.19%)、4(14)，11-桉叶二烯(1.12%)等。

【利用】树皮入药，有祛风湿、强筋骨、通关节的功效，用于治疗痿症、足膝无力、风湿痹痛。

毛梗红毛五加

Acanthopanax giraldii Harms var. *hispidus* Hoo.

五加科　五加属

分布：甘肃、宁夏、陕西、四川、湖北

【形态特征】红毛五加变种。本变种和原变种的区别在于嫩枝贴生绒毛，总花梗密生粗毛或硬毛，花梗密生或疏生长柔毛。

【生长习性】生长于海拔2300～3500 m的灌木林中。

【精油含量】水蒸气蒸馏法提取干燥根皮和茎皮的得油率为0.08%～0.10%，干燥叶的得油率为0.08%，干燥果实的得油率为0.06%。

【芳香成分】根：张莅峡等（1994）用水蒸气蒸馏法提取的四川小金产毛梗红毛五加干燥根皮精油的主要成分为：邻苯二甲酸二丁酯+棕榈酸（5.15%）、石竹烯氧化物（2.69%）、十五烷酸（2.56%）、δ-荜澄茄烯（1.98%）、十四烷酸（1.85%）、亚油酸（1.45%）、葎草烯（1.14%）、十八烷酸（1.13%）等。

茎：张莅峡等（1994,2001）用水蒸气蒸馏法提取的四川小金产毛梗红毛五加风干茎皮精油的主要成分为：9,12-十八烯二烯酸+亚油酸+十八烷酸（19.12%）、棕榈酸（15.82%）、邻苯二甲酸二丁酯（6.50%）、十七烷（3.42%）、醋酸乙酯（3.28%）、2,6,10,14-四甲基-十六烷（3.15%）、十五烷酸（3.12%）、十六烷（2.22%）、十二烷酸+橙花叔醇（1.78%）、十八烷（1.63%）、2-甲基-十八烷（1.45%）、顺式-β-法呢烯+葎草烯（1.31%）、十九烷（1.19%）等；四川阿坝产毛梗红毛五加干燥茎皮精油的主要成分为：α-姜黄烯（5.56%）、β-芹子烯（5.34%）、匙叶桉油烯醇（4.14%）、α-芹子烯（3.49%）、亚油酸（3.43%）、十五烷酸（3.33%）、石竹烯氧化物（2.98%）、十八烷酸（2.86%）、十七烷酸（2.70%）、十六烷酸（2.31%）、十八烷（2.31%）、反式-β-法呢烯（2.17%）、油酸（2.02%）、δ-荜澄茄烯（1.98%）、黄姜味草醇（1.18%）等。

叶：张莅峡等（2001）用水蒸气蒸馏法提取的四川阿坝产毛梗红毛五加干燥叶精油的主要成分为：β-芹子烯（12.09%）、α-姜黄烯（5.91%）、α-芹子烯（4.72%）、葎草烯（3.37%）、匙叶桉油烯醇（2.68%）、植醇（2.30%）、反式-β-法呢烯（1.80%）、δ-荜澄茄烯（1.50%）、石竹烯氧化物（1.19%）、六氢金合欢基乙酰（1.17%）、β-榄香烯（1.03%）、黄姜味草醇（1.00%）等。

果实：张莅峡等（2001）用水蒸气蒸馏法提取的四川阿坝产毛梗红毛五加干燥果实精油的主要成分为：α-姜黄烯（7.13%）、β-芹子烯（5.32%）、匙叶桉油烯醇（4.89%）、石竹烯氧化物（3.95%）、α-芹子烯（3.08%）、植醇（2.71%）、六氢金合欢基乙酰（1.33%）、α-白菖考烯（1.28%）、β-甜没药烯（1.00%）等。

【利用】茎皮为中药红毛五加的来源之一，有祛风除湿、强筋壮骨的功能，主治拘挛疼痛、风寒湿痹、足膝无力。

无梗五加

Acanthopanax sessiliflorus (Rupr. et.Maxim.) Seem.

五加科　五加属

别名：短梗五加、乌鸦子

分布：黑龙江、吉林、辽宁、河北、山西

【形态特征】灌木或小乔木，高2～5 m；树皮暗灰色或灰黑色，有纵裂纹和粒状裂纹；枝灰色，无刺或疏生刺；刺粗壮，直或弯曲。叶有小叶3～5；叶柄长3～12 cm，无刺或有小刺；小叶片纸质，倒卵形或长圆状倒卵形至长圆状披针形，稀椭圆形，长8～18 cm，宽3～7 cm，先端渐尖，基部楔形，边缘有不整齐锯齿。头状花序紧密，球形，直径2～3.5 cm，有花多数，5～6个稀多至10个组成顶生圆锥花序或复伞形花序；萼密生白色绒毛，边缘有5小齿；花瓣5，卵形，浓紫色，长1.5～2 mm，外面有短柔毛，后毛脱落。果实倒卵状椭圆球形，黑色，长1～1.5 cm，稍有棱，宿存花柱长达3 mm。花期8～9月，果期9～10月。

【生长习性】生于海拔200～1000 m的森林或灌丛中。喜温和湿润气候，耐荫蔽、耐寒。宜选向阳较潮湿的山坡、丘陵、沟边，土层深厚肥沃、排水良好、稍带酸性的冲积土或砂质壤土栽培。不宜在砾质土、黏质土或沙土上种植。

【精油含量】水蒸气蒸馏法提取干燥根的得油率为0.39%；同时蒸馏萃取法提取茎的得油率为2.00%，茎皮的得油率为

0.20%；乙醚浸提微波萃取法提取干燥果实的得油率为5.05%，乙醇萃取的得油率为8.20%。

【芳香成分】根：宋洋（2014）用水蒸气蒸馏法提取的辽宁凤城产无梗五加干燥根精油的主要成分为：香橙烯（51.41%）、金合欢醇（9.47%）、反式-橙花叔醇（7.99%）、镰叶芹醇（5.40%）、古芸烯（2.02%）、6,10-二甲基-5,9-十二烯二烯-2-酮（1.73%）、3,7,11,16-四甲基-1-醇-2,6,10,14-四烯-十六烷（1.62%）、二十三烷（1.31%）、γ-新丁香三环烯（1.11%）、金合欢醛（1.10%）等。

茎：何方奕等（2004）用同时蒸馏萃取法提取的茎精油的主要成分为：金合欢醇（19.42%）、己酸（13.93%）、(-)-桉油烯醇（13.10%）、2,6-二叔丁基对甲酚（6.41%）、3,7,11-三甲基-2,6,10-十二碳三烯-1-醇乙酸酯（5.73%）、邻苯二甲酸二丁酯（3.62%）、1,2-苯二甲酸-双(2-甲基丙基)-酯（3.22%）、辛酸（1.66%）、1,5,5-三甲基-6-(2-丁烯基)-环己烯-1-醇（1.63%）、3,7,11-三甲基-1,6,10-十二碳三烯-3-醇（1.59%）、6,10-二甲基-5,9-十二碳二烯-2-酮（1.41%）、辛醛（1.38%）、石竹烯氧化物（1.38%）、水杨酸甲酯（1.34%）、十九烷（1.32%）、3,7,11-三甲基-2,6,10-十二碳三醛（1.10%）等。张崇禧等（2010）用同法分析的吉林临江产无梗五加茎皮精油的主要成分为：3,7,11-三甲基-2,6,10-十二碳三烯-1-醇（50.21%）、(E,E)-3,7,11-三甲基-2,6,10-十二碳三烯-1-醇乙酸酯（10.66%）、(-)-桉油烯醇（5.23%）、(E,E)-3,7,11-三甲基-2,6,10-十二碳三醛（3.33%）、正-十六酸（1.65%）、[S-(Z)]-3,7,11-三甲基-1,6,10-十二碳三烯-3-醇（1.31%）、α-没药醇（1.22%）、2,6-二甲基-2,6-辛二烯（1.12%）、香叶基丙酮（1.07%）等。

果实：吴迪等（2012）用固相微萃取法提取的果实挥发油的主要成分为：石竹烯（12.12%）、γ-松油烯（10.12%）、罗勒烯（9.58%）、2,6-二甲基-2,4,6-辛三烯（8.25%）、己醛（7.14%）、β-月桂烯（6.77%）、α-荜澄茄烯（6.21%）、[S-(E,E)]-5-亚甲基-1-甲基-8 -(1-异丙基)-1,6-环癸二烯（5.49%）、3-甲基丙醛（5.05%）、Z,Z,Z-1,5,9,9-四甲基-1,4,7-环十一烷三烯（4.37%）、乙醛（2.51%）、表-双环倍水芹烯（2.45%）、乙醇（2.42%）、(E)-3-己烯-1-醇（2.26%）、(E)-3,7-二甲基-2,6-辛二烯-1-醇乙酸酯（2.26%）、乙酸乙酯（1.70%）、α-金合欢烯（1.35%）、玷󠄀㶲烯（1.29%）等。

【利用】根皮东北亦称“五加皮”，有驱风化湿、强筋通络、健胃利尿之功效，用于治疗风寒湿痹、腰膝疼痛、筋骨痿软、小儿行迟、体虚羸弱、跌打损伤、骨折、水肿、脚气、阴下湿痒。也可制药酒。嫩茎叶可作蔬菜食用或晒干备用。

吴茱萸五加

Acanthopanax evodiaefolius Franch.

五加科　五加属

别名： 吴茱叶五加、萸叶五加

分布： 分布范围广，西自四川和云南西部，东至安徽黄山、浙江天目山和天台山、江西遂川，北起陕西太白山，南至广西中部象州的广大地区均有分布

【形态特征】灌木或乔木，高2～12 m；枝暗色，新枝红棕色。叶有3小叶，在长枝上互生，在短枝上簇生；小叶片纸质至革质，长6～12 cm，宽3～6 cm，中央小叶片椭圆形至长圆状倒披针形，或卵形，先端短渐尖或长渐尖，基部楔形或狭楔形，两侧小叶片基部歪斜，较小，叶背脉腋有簇毛，边缘全缘或有锯齿，齿有或长或短的刺尖。伞形花序有多数或少数花，通常几个组成顶生复伞形花序，稀单生；萼长1～1.5 mm，全缘；花瓣5，长卵形，长约2 mm，开花时反曲。果实球形或略长，直径5～7 mm，黑色，有4～2浅棱，宿存花柱长约2 mm。花期5～7月，果期8～10月。

【生长习性】生于森林中，海拔1000～3300 m。

【芳香成分】茎：李小军等（2015）用水蒸气蒸馏法提取的湖南永州产吴茱萸五加干燥树皮精油的主要成分为：棕榈酸（43.62%）、(Z,Z)-9,12-十八碳二烯酸（9.22%）、十五烷酸（5.12%）、油酸（4.63%）、十四烷酸（4.14%）、十四烷醛（2.53%）、(Z)-β-金合欢烯（1.97%）、(1S-顺式)-1,2,3,5,6,8a-六氢-4,7-二甲基-1-(1-甲基乙基)-萘（1.75%）、6,10,14-三甲基-2-十五烷酮（1.73%）、(Z)-9,17-十八碳二烯醛（1.70%）、(Z)-6-十八烯酸（1.67%）、2-十一烯醛（1.33%）、2-羟基-环十五酮（1.07%）、月桂酸（1.00%）等。

叶：李小军等（2015）用水蒸气蒸馏法提取的湖南永州产吴茱萸五加干燥叶精油的主要成分为：(Z)-β-金合欢烯（34.01%）、石竹烯氧化物（19.37%）、棕榈酸（10.44%）、6,10,14-三甲基-2-十五烷酮（5.44%）、(1S-顺式)-1,2,3,5,6,8a-六

氢-4,7-二甲基-1-(1-甲基乙基)-萘（5.06%）、2-(1,4,4-三甲基-环己-2-烯基)-乙醇（3.82%）、(E)-3-(4,8-二甲基-壬二烯基)-呋喃（3.74%）、十四烷醛（2.28%）、石竹烯（1.87%）、反式-2-癸烯酸（1.13%）、α-白菖考烯（1.11%）、(Z,Z,Z)-8,11,14-二十碳三烯酸（1.11%）、辛酸（1.08%）、(E)-2-癸烯醇（1.05%）等；

【利用】根皮药用，能祛风湿、解毒消痛、清热泻火，用于治疗风湿痹痛、心气痛、痨咳、吐血、哮喘。苗药用叶治皮肤病。

五加

Acanthopanax gracilistylus W. W. Smith

五加科　五加属

别名： 南五加、细柱五加、白簕树、五叶路刺、白刺尖、五叶木

分布： 湖北、河南、辽宁、安徽

【形态特征】灌木，高2～3 m；枝灰棕色，软弱而下垂，蔓生状，节上通常疏生反曲扁刺。叶有小叶5，稀3～4，在长枝上互生，在短枝上簇生；叶柄长3～8 cm，常有细刺；小叶片膜质至纸质，倒卵形至倒披针形，长3～8 cm，宽1～3.5 cm，先端尖至短渐尖，基部楔形，两面无毛或沿脉疏生刚毛，边缘有细钝齿。伞形花序单个稀2个腋生，或顶生在短枝上，直径约2 cm，有花多数；花黄绿色；萼边缘近全缘或有5小齿；花瓣5，长圆状卵形，先端尖，长2 mm；雄蕊5。果实扁球形，长约6 mm，宽约5 mm，黑色；宿存花柱长2 mm，反曲。花期4～8月，果期6～10月。

【生长习性】生于灌木丛、林缘、村落中，垂直分布自海拔数百米至3000 m。喜温和、湿润的气候。喜阳光，但较耐荫蔽，耐寒。

【芳香成分】罗亚男等（2010）用水蒸气蒸馏法提取的干燥根皮精油的主要成分为：5-羟甲基-糠醛（58.08%）、2,4-二羟基-2,5-二甲基-3(2H)-呋喃-3-酮（4.15%）、左旋葡萄糖酮（3.13%）、4-乙烯基-2-甲氧基-苯酚（2.67%）、2-(羟甲基)-3,7-二氧杂双环[4.1.0]庚烷-4,5-二醇（2.67%）、3-甲基-2,5-呋喃二酮（2.28%）、甲基糠酸酯（2.28%）、2-羟基-4-甲氧基-苯甲醛（2.22%）、5-甲基-2-糠醛（1.57%）、3-甲基-海因法（乙内酰脲）(1.47%）、2,3-二氢-3,5-二羟基-6-甲基-4-氢-吡喃-4-酮（1.31%）等。赵长胜等（2013）用同法分析的干燥根皮精油的主要成分为：柏木脑（41.53%）、软脂酸甲酯（20.31%）、β-雪松烯（10.93%）、亚油酸甲酯（9.17%）、α-雪松烯（4.58%）、异丁基邻苯二甲酸酯（1.80%）、10-十八碳烯酸甲酯（1.43%）、4-甲氧基水杨醛（1.42%）、樟脑（1.31%）、16-十八烯酸甲酯（1.29%）等。许俊洁等（2015）用顶空固相微萃取法提取的干燥根皮挥发油的主要成分为：3-蒈烯（43.35%）、左旋-β-蒎烯（13.13%）、邻异丙基甲苯（8.26%）、2,4-二甲基苯乙烯（2.83%）、α-松油醇（2.17%）、右旋香芹酮（1.57%）、月桂烯（1.55%）、桃金娘烯醇（1.49%）、顺式香芹醇（1.13%）等。

【利用】根皮供药用，中药称“五加皮”，为强壮剂，有祛风寒、壮筋骨、治心痛腹痛的功效，用作祛风化湿药和强壮药。根皮可泡酒。枝叶煮水液，可治棉蚜虫、菜虫等。嫩叶可作蔬菜食用。

鸡蛋果

Passiflora edulis Sims.

西番莲科　西番莲属

别名： 洋石榴、紫果西番莲、黄果西番莲、西番莲、百香果

分布： 福建、台湾、海南、湖南、广东、广西、贵州、云南、浙江、四川等地

【形态特征】草质藤本，长约6 m；茎具细条纹。叶纸质，长6～13 cm，宽8～13 cm，基部楔形或心形，掌状3深裂，中间裂片卵形，两侧裂片卵状长圆形，边缘有内弯腺尖细锯齿，基部有1～2个杯状小腺体。聚伞花序退化仅存1花，与卷须对生；花芳香，直径约4 cm；苞片绿色，宽卵形或菱形，长1～1.2 cm，边缘有不规则的细锯齿；萼片5枚，外面绿色，内面绿白色，长2.5～3 cm，顶端具1角状附属器；花瓣5枚，与萼片等长；外副花冠裂片4～5轮，外2轮裂片丝状，基部淡绿色，中部紫色，顶部白色，内3轮裂片窄三角形，长约2 mm；内副花冠非褶状，顶端全缘或为不规则撕裂状，高1～1.2 mm。浆果卵球形，直径3～4 cm，成熟时为紫色；种子多数，卵形，长5～6 mm。花期6月，果期11月。

【生长习性】逸生于海拔180～1900 m的山谷丛林中。能耐高温干旱，耐湿能力也很强，喜欢充足阳光。最适宜的生长温度为20～30℃，一般在不低于0℃的气温下生长良好，到-2℃时植株会严重受害甚至死亡，年平均气温18℃以上的地区最为适宜种植。对土壤要求不高，以肥沃、疏松、排水良好、pH5.5～6.5的土壤为宜。

【精油含量】水蒸气蒸馏法提取种子的得油率为0.42%；索式法提取的种子的得油率为26.90%。

【芳香成分】果实：黄苇等（2003）用水蒸气蒸馏法提取的广东惠州产‘华杨1号’黄果西番莲果实精油的主要成分为：己酸己酯（40.00%）、丁酸己酯（21.02%）、己酸乙酯（9.95%）、丁酸乙酯（7.13%）、正己醇（4.15%）、乙酸己酯（2.61%）、α-罗勒烯（1.03%）等。王文新等（2010）用同法分析的的云南西双版纳产黄果西番莲果肉精油的主要成分为：二氢-β-紫罗兰醇（53.07%）、1-甲基-4-(1-甲基乙烯基)环己烷（2.20%）、二氢-β-紫罗兰酮（2.09%）、芥酸酰胺（1.55%）、十四烯（1.30%）、十二烯（1.25%）、邻苯二甲酸二丁酯（1.21%）、十八烯（1.00%）等；果皮精油的主要成分为：苯甲醇（17.99%）、十六酸（5.54%）、二氢-β-紫罗兰醇（3.99%）、十四烷（3.35%）、苯乙醇（3.03%）、9-二十烯（2.58%）、十二烷（1.79%）、二十二烯（1.73%）、已酸已酯（1.54%）、二氢-α-紫罗兰醇（1.49%）、二十烷（1.29%）、邻苯二甲酸二丁酯（1.28%）、苯并噻唑（1.14%）、5-二十烯（1.08%）、3,7-二甲基-1,6-辛二烯-3-醇（1.07%）、角鲨烯（1.05%）等。郭艳峰等（2017）用固相微萃取法提取的广东肇庆产鸡蛋果新鲜未成熟果实果肉挥发油的主要成分为：丁酸乙酯（19.00%）、已酸乙酯（14.20%）、β-紫罗兰酮（7.08%）、乙酸乙酯（6.75%）、二氢-β-紫罗兰酮（4.29%）、乙酸苄酯（4.11%）、芳樟醇（3.71%）、已酸已酯（2.81%）、乙酸已酯（2.52%）、丁酸已酯（2.46%）、松油醇（2.23%）、顺-3-已烯基丁酸酯（2.17%）、3-已烯酸乙酯（2.13%）、茶香螺烷（1.74%）、水杨酸甲酯（1.53%）、顺式-4-辛烯酸乙酯（1.44%）、罗勒烯（1.42%）、辛酸乙酯（1.09%）等；新鲜成熟果实果肉挥发油的主要成分为：已酸乙酯（32.30%）、丁酸乙酯（19.90%）、乙酸乙酯（8.85%）、辛酸乙酯（4.85%）、反式-2-已烯酸乙酯（4.56%）、乙酸已酯（4.44%）、2-庚醇乙酸酯（3.42%）、顺式-4-辛烯酸乙酯（2.35%）、顺式-3-已烯醇乙酸酯（2.07%）、2-庚基丁酸酯（1.85%）、甲酸辛酯（1.66%）、已酸已酯（1.56%）、3-已烯酸乙酯（1.46%）、丁酸已酯（1.45%）、β-紫罗兰酮（1.14%）、罗勒烯（1.05%）等。王文新等（2010）用同法分析的云南西双版纳产鸡蛋果果肉挥发油的主要成分为：苯甲醇（17.98%）、苯甲醛（16.81%）、3,7-二甲基-1,6-辛二烯-3-醇（3.83%）、十六酸（3.44%）、芥酸酰胺（2.69%）、松油醇（2.28%）、3,7-二甲基-2,6-辛二烯-1-醇（1.77%）、邻苯二甲酸二丁酯（1.49%）、十七烷（1.49%）、α-羟基苄基腈（1.10%）等；果皮挥发油的主要成分为：苯甲醇（68.50%）、苯甲醛（3.20%）、十六酸（1.30%）等。

种子：何冬梅等（2010）用水蒸气蒸馏法提取的种子精油的主要成分为：亚油酸乙酯（25.64%）、2,4-二甲基庚烷（24.16%）、亚油酸（14.17%）、棕榈酸乙酯（7.04%）、亚油酸甲酯（4.91%）、2,6-二甲基-2-辛醇（3.81%）、反式鲨烯（3.29%）、棕榈酸（2.41%）、硬脂酸乙酯（2.24%）、反式-大茴香脑（1.88%）、棕榈酸甲酯（1.49%）、3-羟基丁酸乙酯（1.34%）、(9Z,12Z)-亚油酸乙酯（1.06%）等。李承敏等（2016）用同法分析的种子精油的主要成分为：二甲基庚烷（24.20%）、二甲基辛醇（3.81%）、反式大茴香脑（1.80%）、氢基丁酸乙醇（1.34%）等。

【利用】为热带水果，果实可生食或作蔬菜、饲料，果瓤可制成饮料。果实入药，具有宁心安神、活血止痛、涩肠止泻之功效，主治心血不足之虚烦不眠、心悸怔忡等症；用于治妇女血脉阻滞之月经不调、经行不畅、小腹胀痛、痛经和脾胃虚弱久泻、久痢、暖痛、腹泻等症。种子榨油，可供食用或制作肥皂、油漆等。可作庭园观赏植物。

西番莲

Passiflora coerulea Linn.

西番莲科　西番莲属

别名：转枝莲、转心莲、西洋鞠、洋酸茄花、时计草

分布：广东、广西、江西、福建、四川、云南、海南

【形态特征】草质藤本；茎圆柱形并微有棱角，略被白粉；叶纸质，长5～7 cm，宽6～8 cm，基部心形，掌状5深裂，中间裂片卵状长圆形，两侧裂片略小，全缘；叶柄中部有2～6细小腺体；托叶较大、肾形，抱茎、长达1.2 cm，边缘波状。聚伞花序退化仅存1花，与卷须对生；花大，淡绿色，直径6～10 cm；苞片宽卵形，长3 cm，全缘；萼片5枚，长3～4.5 cm，外面淡绿色，内面绿白色，顶端具1角状附属器；花瓣5枚，淡绿色；外副花冠裂片3轮，丝状，顶端天蓝色，中部白色，下部紫红色，内轮裂片丝状，顶端具1紫红色头状体，下部淡绿色；内副花冠流苏状，裂片紫红色，下具1密腺环。浆果卵形近圆球形，长约6 cm，熟时橙黄色或黄色；种子多数，倒心形，长约5 mm。花期5～7月。

【生长习性】属热带、亚热带植物，生于海拔1600 m以下。喜光，喜温暖气候环境，平均气温17～23℃，年日照2000～2300h的地区均可种植。适应性强，对土壤要求不严，房前屋后、山地、路边均可种植，以富含有机质、疏松、土层深厚、排水良好、阳光充足的向阳园地生长最佳，忌积水，不耐旱，应保持土壤湿润。

【芳香成分】果实：陈玲等（2001）用溶剂浸提法提取的海南产西番莲果肉精油的主要成分为：丁酸乙酯（13.25%）、菠萝呋喃酮（7.63%）、乙酸乙酯（4.82%）、己酸己酯（4.02%）、4,8-二甲基-1,3,7-壬三烯（3.21%）、己酸乙酯（3.21%）、2,4-二甲基庚烷（3.21%）、4-甲基辛烷（2.41%）、3-羟基己酸乙酯（2.41%）、异丁酸己酯（2.41%）、香草酸（2.01%）、丁酸异戊酯（1.61%）、丁酸叶醇酯（1.61%）、3-羟基丁酸乙酯（1.61%）、己酸叶醇酯（1.61%）、2,3,6-三甲基癸烷（1.21%）、丁酸戊酯（1.21%）、乙酸-2-庚酯（1.21%）、邻苯二甲酸二丁酯（1.21%）、十六酸（1.21%）等；果皮精油的主要成分为：苯甲醛（11.73%）、3,6-二甲基癸烷（7.10%）、2,4-二甲基庚烷（6.48%）、3,8-二甲基十一烷（6.48%）、3-甲基辛烷（4.94%）、叶醇（3.40%）、邻苯二甲酸二丁酯（3.40%）、3,7-二甲基十一烷（3.09%）、2,3,7-三甲基癸烷（3.09%）、5-甲基十二烷（3.09%）、2,3,6-三甲基癸烷（2.78%）、十六酸（2.47%）、己醇（2.16%）、2-己酮（1.54%）、苄醇（1.54%）、对乙氧基苯甲酸乙酯（1.54%）、5-(1-甲基丙基)壬烷（1.24%）等。

种子：欧阳建文等（2007）用超临界CO_2萃取法提取的广东广州产西番莲种子精油的主要成分为：亚油酸（40.09%）、角鲨烯（17.38%）、亚油酸乙酯（15.99%）、棕榈酸（13.02%）、硬脂酸（4.93%）、二十七碳烷（1.92%）、D-柠檬烯（1.52%）、2,4-癸二烯醛（1.18%）、二十五碳烷（1.06%）等。

【利用】果实为热带水果，可生食，果汁可生产天然果汁饮料，同时还可作果冻、糕点、馅饼等食品的添加剂。可作庭园观赏植物。全草入药，具有除风清热、止咳化痰的功效，用于治疗风热头昏、鼻塞流涕、感冒头痛、风湿关节痛、痛经、神经痛、下痢、骨折。种子可榨油，可作食用油。果壳可提取果胶，紫色果壳还可提取天然紫色素。果渣可作饲料原料。叶片、藤蔓可提取镇痛剂。

量天尺

Hylocereus undatus (Haw.) Britt. et Rose

仙人掌科　量天尺属

别名：火龙果、龙骨花、霸王鞭、三角柱、三棱箭

分布：福建、广东、海南、台湾、广西

【形态特征】攀缘肉质灌木，长3～15 m，具气根。枝具3角或棱，长0.2～0.5 m，宽3～12 cm，棱常翅状，边缘波状或圆齿状，深绿色至淡蓝绿色，老枝边缘常胼胀状，淡褐色，骨质；小窠沿棱排列，每小窠具1～3根硬刺，刺锥形。花漏斗状，长25～30 cm，直径15～25 cm；花托及花托筒密被绿色鳞片，鳞片卵状披针形至披针形，长2～5 cm，宽0.7～1 cm；萼状花被片黄绿色，线形至线状披针形，长10～15 cm，宽0.3～0.7 cm，先端渐尖，有短尖头，全缘，通常反曲；瓣状花被片白色，长圆状倒披针形，长12～15 cm，宽4～5.5 cm，先端急尖，具1芒尖，全缘或啮蚀状。浆果红色，长球形，长7～12 cm，直径5～10 cm，果脐小，果肉白色。种子倒卵形，黑色，种脐小。花期7～12月。

【生长习性】热带雨林植物，适宜于高空气湿度、高温及半阴环境，生长适温25～35℃，越冬温度宜在13℃以上。喜腐殖质丰富、排水良好的肥沃壤土。

【精油含量】有机溶剂萃取法提取量天尺干燥花的得油率为5.24%。

【芳香成分】花：郭璇华等（2008）用无水乙醇萃取法提取的量天尺干燥花精油的主要成分为：5-羟甲基糠醛（23.19%）、十六烷酸（7.77%）、亚油酸（7.49%）、α-亚麻酸（3.94%）、2-糠醛二乙醇缩醛（3.59%）、β-谷甾醇（3.08%）、糠醛（2.65%）、26,26-二甲基-5,24(28)-麦角甾二烯-3β-醇（1.91%）、2,3-二氢-3,5-二羟基-6-甲基-4H-吡喃-4-酮（1.88%）、7-己基二十二烷（1.75%）、丁二酸二乙酯（1.55%）、乙酸-麦角甾-5,24-二烯-3β-酯（1.46%）、菜油甾醇（1.37%）、二十五烷（1.25%）、亚油酸乙酯（1.15%）、十八烷酸（1.07%）等。

果实：甘秀海等（2013）用固相微萃取法提取的新鲜果肉香气的主要成分为：十三烷（27.42%）、1-十四醇（16.08%）、十六醇（10.53%）、二十八烷（9.65%）、β-月桂烯（8.53%）、(E)-β-罗勒烯（3.67%）、柠檬烯（2.64%）、蒿甲醚（2.15%）、15-十六内酯（1.44%）、肉豆蔻醛（1.36%）、十二烷（1.10%）、二丁羟基甲苯（1.01%）等。

【利用】果实可食，商品名‘火龙果’。花可作蔬菜食用，商品名‘霸王花’。花药用，可治疗燥热咳嗽、咳血、颈淋巴结核。茎药用，有舒筋活络、解毒的功效，治疝气、痈疮肿毒，对治疗脑动脉硬化、心血管疾病有明显疗效；外用治骨折、腮腺炎、疮肿。茎可食，是极佳的清补汤料。常作嫁接多种仙人球的砧木。适宜庭植、盆栽，或作为篱垣植物。

梨果仙人掌

Opuntia ficus-indica (Linn.) Mill.

仙人掌科　仙人掌属

别名：米邦塔仙人掌、食用仙人掌

分布：全国各地有栽培

【形态特征】多年生常绿植物，株高2～3 m。无明显的主根，属须根系，分布浅，一般为5～15 cm，侧根伸展远；较大龄的根其周皮外层木栓化；根无汁。茎肉质绿色，掌片大，肥厚扁平，呈卵形、椭圆形，长15～40 cm。有节，无刺或少刺，叶刺短而软。花后结果，果实外观整齐，主要有红色、黄色、绿色、白色几种。

【生长习性】喜干燥、喜光、喜热；怕水湿，耐瘠薄。我国南方冬季气温保持在0℃以上可露天种植，北方采用大棚种植。

【芳香成分】季慧等（2007）用顶空固相微萃取法收集的'米邦塔'梨果仙人掌肉质茎挥发油的主要成分为：乙酸（28.01%）、2,3-丁二醇（8.99%）、己醛（7.66%）、己酸（5.39%）、辛烯-2-醇（5.30%）、3-甲基丁酸（4.86%）、3-甲基正丁醛（2.65%）、2-己烯醛（2.22%）、戊酸（2.20%）、二氢猕猴桃(醇酸)内酯（2.08%）、2-丁烯醛（1.96%）、2-庚烯醛（1.80%）、丙酸（1.53%）、苯甲醛（1.24%）、糠醛（1.07%）、3-羟基2-丁酮（1.05%）、顺式-2-戊烯醛（1.00%）等。

【利用】嫩茎可作为蔬菜食用，可加工成腌（盐）渍菜，也是制作罐头、色拉的原料。

仙人掌

Opuntia stricta (Haw.) Haw. var. *dillenii* (Ker-Gawl.) Benson

仙人掌科　仙人掌属

别名：仙巴掌、霸王树、火焰、火掌、玉芙蓉、牛舌头、观音掌

分布：全国各地

【形态特征】丛生肉质灌木，高1～3 m。上部分枝宽倒卵形或近圆形，长10～40 cm，宽7.5～25 cm，厚达1.2～2 cm，先端圆形，边缘波状，基部楔形或渐狭，绿色至蓝绿色；小窠疏生，直径0.2～0.9 cm，每小窠具1～20根刺，密生短绵毛和倒刺刚毛。叶钻形，长4～6 mm。花辐状，直径5～6.5 cm；花托倒卵形，长3.3～3.5 cm，直径1.7～2.2 cm，绿色，疏生突出的小窠，小窠具短绵毛、倒刺刚毛和钻形刺；萼状花被片宽倒卵形至狭倒卵形，长10～25 mm，宽6～12 mm，黄色；瓣状花被片倒卵形或匙状倒卵形，长25～30 mm，宽12～23 mm。浆果倒卵球形，长4～6 cm，直径2.5～4 cm，紫红色，每侧具5～10个突起的小窠。种子多数，扁圆形，长4～6 mm，宽4～4.5 mm，厚约2 mm，淡黄褐色。花期6～12月。

【生长习性】喜强烈光照，耐炎热、干旱、瘠薄。生命力顽强，生长适温为20～30℃，生长期要有昼夜温差，最好白天30～40℃，夜间15～25℃。

【芳香成分】金华等（2010）用水蒸气蒸馏法提取的干燥根及茎精油的主要成分为：植醇（36.57%）、雪松烯（10.89%）、匙叶桉油烯醇（8.35%）、香树烯（7.24%）、石竹烯（5.90%）、棕榈酸（5.45%）、愈创木烯（3.05%）、苯乙醛（2.74%）、己醛（2.36%）、榄香烯（1.94%）、α-荜澄茄烯（1.81%）、杜松烯（1.42%）等。汪凯莎等（2009）用同法分析的超微粉碎后的仙人掌干燥根及茎精油的主要成分为：异丁基邻苯二甲酸酯（27.49%）、棕榈酸（16.72%）、丁基邻苯二甲酸酯（11.26%）、薄荷脑（6.72%）、亚油酸（6.00%）、壬醛（4.55%）、己醛（3.61%）、十二酸（3.24%）、十五烷酸（1.91%）、癸醛（1.84%）、6,10,14-三甲基-2-十五烷酮（1.16%）、反-2-壬烯醛（1.15%）、樟脑（1.06%）等。

【利用】嫩茎供食用，也可腌制。全株入药，有行气活血、清热解毒的功效，治心胃气痛、痞块、痢疾、痔血、咳嗽、喉痛、肺痈、乳痈、疔疮、烫火伤、蛇伤。果实可食。室内盆栽观赏或栽作围篱。

牛膝

Achyranthes bidentata Blume.

苋科　牛膝属

别名：红牛膝、白牛膝、怀牛膝、牛踝膝、牛磕膝、山苑菜、对节草

分布：除东北地区以外，全国各地

【形态特征】多年生草本，高70～120 cm；茎有棱角或四方形，绿色或带紫色，分枝对生。叶片椭圆形或椭圆披针形，少数倒披针形，长4.5～12 cm，宽2～7.5 cm，顶端尾尖，尖长5～10 mm，基部楔形或宽楔形，两面有柔毛。穗状花序顶生及腋生，长3～5 cm，花期后反折；花多数，密生，长5 mm；苞片宽卵形，长2～3 mm，顶端长渐尖；小苞片刺状，长2.5～3 mm，顶端弯曲，基部两侧各有1卵形膜质小裂片，长约1 mm；花被片披针形，长3～5 mm，光亮，顶端急尖，有1中脉。胞果矩圆形，长2～2.5 mm，黄褐色，光滑。种子矩圆形，长1 mm，黄褐色。花期7～9月，果期9～10月。

【生长习性】生于山坡林下，海拔200～1750 m。喜温和干燥的气候，耐热，不耐荫蔽，地下部分较耐寒。

【精油含量】水蒸气蒸馏法提取干燥根的得油率为0.003%。

【芳香成分】巢志茂等（1999）用水蒸气蒸馏法提取的河南武陟产牛膝干燥根精油的主要成分为：十六酸（8.06%）、邻苯二甲酸二丁酯（3.88%）、乙酸乙酯（3.64%）、乙醛（3.59%）、己醛（3.28%）、糠醛（3.22%）、3-壬烯-2-酮（2.93%）、甲酸乙酯（2.81%）、2-甲氧基-3-异丁基吡嗪（1.44%）、乙醇（1.31%）、2-甲氧基-3-异丙基吡嗪（1.29%）、己酸（1.25%）、二十四烷（1.17%）、二十一烷（1.12%）、1-己醇（1.05%）等。孟佳敏等（2017）用固相微萃取法提取的牛膝干燥根挥发油的主要成分为：1-石竹烯（16.80%）、4-甲基-1-(1-甲基乙基)-二环[3.1.0]己-2-烯（15.21%）、萜品烯（10.20%）、左旋-α-蒎烯（9.05%）、间异丙基甲苯（7.15%）、(E)-5-十一烯-3-炔（5.43%）、崖柏酮（4.08%）、4-甲基-1-(1-甲基乙基)-二环[3.1.0]己烷（2.52%）、反式桧烯水合物（2.39%）、(-)-4-萜品醇（2.33%）、异松油烯（2.23%）、3-亚甲基-6-(1-甲基乙基)环己烯（1.83%）、冰片（1.48%）、α-水芹烯（1.30%）、樟脑（1.24%）、α-石竹烯

（1.07%）等。

【利用】根入药，有补肝肾、强筋骨、逐瘀通经、引血下行之功效，生用，活血通经，治产后腹痛、月经不调、闭经、鼻衄、虚火牙痛、脚气水肿；熟用，补肝肾、强腰膝，治腰膝酸痛、肝肾亏虚、跌打瘀痛。兽医用作治牛软脚症、跌伤断骨等。嫩茎叶可作蔬菜食用。主根可作汤料。

千日红

Gomphrena globosa Linn.

苋科　千日红属

别名：百日红、火球花、圆仔花、千年红

分布：全国各地

【形态特征】一年生直立草本，高20～60 cm；枝略成四棱形，有灰色糙毛。叶纸质，长椭圆形或矩圆状倒卵形，长3.5～13 cm，宽1.5～5 cm，顶端急尖或圆钝，凸尖，基部渐狭，边缘波状，两面有小斑点、白色长柔毛及缘毛。花多数，密生，成顶生球形或矩圆形头状花序，单一或2～3个，直径2～2.5 cm，常紫红色，有时淡紫色或白色；总苞为2绿色对生叶状苞片而成，卵形或心形，长1～1.5 cm，两面有灰色长柔毛；苞片卵形，白色，顶端紫红色；小苞片三角状披针形，紫红色，背棱有细锯齿缘；花被片披针形，长5～6 mm，外面密生白色绵毛。胞果近球形，直径2～2.5 mm。种子肾形，棕色，光亮。花果期6～9月。

【生长习性】喜阳光、耐干热、耐旱、不耐寒、怕积水。对环境要求不严，喜疏松肥沃土壤。生长适温为20～25℃，在35～40℃范围内生长良好，冬季温度低于10℃以下植株生长不良或受冻害。性强健，耐修剪。

【精油含量】超临界萃取法提取干燥花的得油率为1.72%；微波萃取法提取干燥花蕾的得油率为1.34%。

【芳香成分】黄良勤等（2014）用微波萃取法提取的干燥花蕾精油的主要成分为：棕榈酸（16.39%）、14-甲基三十二烷（5.85%）、二十七烷（5.82%）、溴代三十烷（5.76%）、三十一烷（5.67%）、二十一烷（5.19%）、二十四烷（5.07%）、二十五烷（4.87%）、二十六烷（4.72%）、二十八烷（4.66%）、1-碘代十八烷（4.33%）、三十烷（4.24%）、三十二烷（3.87%）、碘代十六烷（2.94%）、6,10,14-三甲基-2-十五烷酮（2.56%）、十八烷（2.07%）、亚麻酸（1.94%）、亚油酸甲酯（1.64%）、二十三烷（1.54%）、二十二烷（1.39%）、油酸（1.06%）、二十烷（1.03%）等。

【利用】供观赏，用作花坛及盆景，还可作花圈、花篮等装饰品。花序入药，有止咳定喘、平肝明目的功效，主治支气管哮喘，急、慢性支气管炎，百日咳，肺结核咯血等症。

八角莲

Dysosma versipellis (Hance) M. Cheng ex Ying

小檗科　八角莲属

别名：鬼臼

分布：湖南、湖北、浙江、江西、安徽、广东、广西、云南、贵州、四川、河南、陕西

【形态特征】多年生草本，植株高40～150 cm。根状茎粗壮，横生，多须根；茎直立，淡绿色。茎生叶2枚，薄纸质，互生，盾状，近圆形，直径达30 cm，4～9掌状浅裂，裂片阔三角形，卵形或卵状长圆形，长2.5～4 cm，基部宽5～7 cm，先端锐尖，不分裂，背面被柔毛，叶脉明显隆起，边缘具细齿。花梗纤细、下弯、被柔毛；花深红色，5～8朵簇生于离叶基部不远处，下垂；萼片6，长圆状椭圆形，长0.6～1.8 cm，宽6～8 mm，先端急尖，外面被短柔毛，内面无毛；花瓣6，勺状倒卵形，长约2.5 cm，宽约8 mm。浆果椭圆形，长约4 cm，直径约3.5 cm。种子多数。花期3～6月，果期5～9月。

【生长习性】生于山坡林下、灌丛中、溪旁阴湿处、竹林下或石灰山常绿林下。海拔300～2400 m。喜阴凉湿润，忌强光、干旱，适宜选择富含腐殖质、肥沃的砂质壤土栽种。

【精油含量】水蒸气蒸馏法提取干燥地上部分的得油率为0.28%。

【芳香成分】叶：李锦辉（2015）用顶空固相微萃取法提取的贵州尧人山八角莲阴干叶精油的主要成分为：桉油烯醇（22.34%）、β-葑品烯（20.59%）、柠檬烯（10.47%）、(1S)-α-蒎烯（6.56%）、(+)-喇叭烯（4.52%）、γ-依兰油烯（4.11%）、石竹烯（3.22%）、(-)-β-榄香烯（2.67%）、α-榄香醇（2.52%）、大根香叶烯D（1.61%）、p-1(7)，8(10)-萜二烯-9-醇（1.34%）、7R,8R-8-羟基-4-异亚丙基-7-甲基二环[5.3.1]-1-十二烯（1.20%）、(Z)-丁酸-3-己烯酯（1.14%）、γ-吡喃酮烯（1.03%）等；贵州茂兰产八角莲阴干叶精油的主要成分为：十二醛

（15.58%）、桉油烯醇（13.63%）、p-伞花烃（6.95%）、γ-依兰油烯（4.89%）、癸醛（4.67%）、十一醛（4.14%）、d-杜松烯（3.97%）、α-荜澄茄油烯（3.91%）、β-桉叶油醇（3.40%）、γ-榄香烯（3.24%）、香橙烯（2.97%）、二十三烷（2.67%）、二十一烷（2.11%）、二十二烷（2.05%）、壬醛（1.90%）、二十烷（1.78%）、α-蒎烯（1.70%）、α-依兰油烯（1.62 %）、二十四烷（1.62%）、二十五烷（1.57%）、α-紫罗酮（1.40%）、二十六烷（1.04%）等。

全草：倪士峰等（2004）用水蒸气蒸馏-乙醚萃取法提取的湖南桑植产八角莲干燥地上部分精油的主要成分为：3,7-二甲基-1,6-辛二烯-3-醇（17.78%）、三十二（碳）烷（15.76%）、(R)-5,6,7,7a-四氢-4,4,7a-三甲基-2(4H)-苯并呋喃酮（9.38%）、2-(4-甲基-3-环己烯-1-基)丙-2-醇（6.70%）、(E)-3,7-二甲基-2,6-辛二烯-1-醇（5.13%）、(Z)-2-(9-十八烯碳基氧代）乙醇（4.61%）、丙基柏木醚（3.94%）、4-(2,6,6-三甲基-2-环己烯-1-基)-3-丁烯-2-酮（3.08%）、3,7,11-三甲基-1-十二烷醇（1.53%）、5,5,6-三甲基-5-(3～2氧代-1-丁烯基)-1-氧螺[2,5]辛-4-酮（1.50%）、13,14-环氧-Z-11-十四烯-1-醇乙酸酯（1.17%）等。

【利用】根状茎供药用，有化痰散结、祛瘀止痛、清热解毒的功效，用于治疗咳嗽、咽喉肿痛、瘰疬、瘿瘤、痈肿、疔疮、毒蛇咬伤、跌打损伤、痹症、半身不遂、关节酸痛等。孕妇禁服。可以用作园林中的人工湿地、人造自然环境中的配景用。

红毛七

Caulophyllum robustum Maxim.

小檗科　红毛七属

别名：类叶牡丹、葳严仙、海椒七、鸡骨升麻、黑汉腿、灯笼草、红毛细辛、红毛漆、搜山猫、火焰叉、金丝七、通天窍

分布：黑龙江、吉林、辽宁、山西、陕西、甘肃、河北、河南、湖南、湖北、安徽、浙江、四川、云南、贵州、西藏

【形态特征】多年生草本，植株高达80 cm。根状茎粗短。茎生2叶，互生，2～3回三出复叶，下部叶具长柄；小叶卵形，长圆形或阔披针形，长4～8 cm，宽1.5～5 cm，先端渐尖，基部宽楔形，全缘，有时2～3裂，叶面绿色，叶背淡绿色或带灰白色。圆锥花序顶生；花淡黄色，直径7～8 mm；苞片3～6；萼片6，倒卵形，花瓣状，长5～6 mm，宽2.5～3 mm，先端圆形；花瓣6，远较萼片小，蜜腺状，扇形，基部缢缩呈爪状；雄蕊6。果熟时柄增粗，长7～8 mm。种子浆果状，直径6～8 mm、微被白粉，成熟后为蓝黑色，外被肉质假种皮。花期5～6月，果期7～9月。

【生长习性】生于林下、山沟阴湿处或竹林下，亦生于银杉林下，海拔950～3500 m。

【精油含量】超临界萃取法提取干燥根及根茎的得油率为3.13%。

【芳香成分】米盈盈等（2015）用水蒸气蒸馏法提取的黑龙江绥棱产红毛七干燥根及根茎精油的主要成分为：棕榈酸（29.69%）、2-正戊基呋喃（6.89%）、正己醇（5.34%）、反，顺-7,11-十六碳二烯基乙酸酯（5.15%）、肉豆蔻酸（3.98%）、正己醛（3.96%）、大马士酮（3.90%）、反式-2-壬烯醛（3.47%）、邻苯二甲酸二丁酯（2.85%）、4-羟基-3,5-二(2-甲基-2-丙基)-2,4-环己二-1-酮（2.30%）、反，反-2,4-癸二烯醛（1.90%）、甲基[4-(2-甲基-2-丙基)苯氧基]乙酸酯（1.58%）、2-羟基环十五烷酮（1.46%）、苯乙醛（1.36%）、反-2-辛烯醛（1.34%）、3,5-二叔丁基邻苯二酚（1.32%）、邻苯二甲酸二庚酯（1.55%）、2,2'-亚甲基双-(4-甲基-6-叔丁基苯酚)（1.19%）、4-乙烯基-2-

甲氧基（1.05%）、2-丁基环己酮（1.04%）、5-甲基-2-丙基苯酚（1.03%）等。

【利用】根及根茎入药，有活血散瘀、祛风止痛、清热解毒、降压止血的功能，主治月经不调、产后瘀血、腹痛、跌打损伤、关节炎、扁桃腺炎、高血压、胃痛、外痔等症。

南天竹

Nandina domestica Thunb.

小檗科　南天竹属

别名：天竹、天竺、栏竹、南竹叶、木兰竺、蓝天竹、南天竺、红杷子、天烛子、红枸子、钻石黄、兰竹

分布：福建、浙江、山东、江苏、江西、安徽、湖南、湖北、广东、广西、四川、云南、贵州、陕西、河南

【形态特征】常绿小灌木。茎常丛生而少分枝，高1～3 m，幼枝常为红色，老后呈灰色。叶互生，集生于茎的上部，三回羽状复叶，长30～50 cm；二至三回羽片对生；小叶薄革质，椭圆形或椭圆状披针形，长2～10 cm，宽0.5～2 cm，顶端渐尖，基部楔形，全缘，叶面深绿色，冬季变红色。圆锥花序直立，长20～35 cm；花小，白色，具芳香，直径6～7 mm；萼片多轮，外轮萼片卵状三角形，长1～2 mm，向内各轮渐大，最内轮萼片卵状长圆形，长2～4 mm；花瓣长圆形，长约4.2 mm，宽约2.5 mm，先端圆钝；雄蕊6。浆果球形，直径5～8 mm，熟时鲜红色，稀橙红色。种子扁圆形。花期3～6月，果期5～11月。

【生长习性】生于山地林下、沟旁、路边或灌丛中，海拔1200 m以下。喜温暖及湿润的环境，比较耐阴，也耐寒。比较喜肥，要求肥沃、排水良好的砂质壤土。对水分要求不甚严格，既能耐湿也能耐旱。

【精油含量】水蒸气蒸馏法提取干燥花的得油率为0.21%。

【芳香成分】叶：赵琳等（2010）用顶空固相微萃取法提取的河南开封产南天竹叶精油的主要成分为：顺-3,3,5-三甲基乙酸环己酯（14.21%）、6-甲基-5-庚烯-2-酮（13.66%）、2-己醛（6.53%）、己醛（5.94%）、(E)-6,10-二甲基-5,9-十一碳二烯-2-酮（5.94%）、N-氰基-3-甲基-丁-2-烯胺（4.83%）、(R)-4,4,7a-三甲基-5,6,7,7a-四氢化-2(4H)-苯并呋喃酮（4.58%）、1-癸烯-3-酮（4.00%）、(E)-2-庚烯醛（3.57%）、2,6,6-三甲基-1,3-环己二烯-1-甲醛（3.21%）、2,6,6-三甲基-1-环已烯-1-甲醛（3.07%）、十五烷（2.82%）、十六烷（2.78%）、正癸醛（2.32%）、(E,E)-2,4-庚二烯醛（1.98%）、(E)-2-辛烯醛（1.88%）、1-乙酰环己烯（1.83%）等。

全草：张素英（2009）用水蒸气蒸馏法提取的贵州遵义产野生南天竹全草精油的主要成分为：4-氧代-5-甲氧基-2-戊烯-5-内酯（9.10%）、戊二酸酐（5.50%）、糠醇（4.79%）、2,4-二叔戊基苯酚（2.93%）、棕榈酸（2.42%）、芥酸酰胺（1.19%）等。

花：章甫等（2014）用水蒸气蒸馏法提取的安徽黄山产南天竹干燥花精油的主要成分为：棕榈酸（20.62%）、棕榈醛（12.02%）、十八烷醛（6.51%）、3,7-二甲基-1,5,7-辛三烯-3-醇（4.05%）、1-十六烯（3.98%）、E-2-十四碳烯-1-醇（3.40%）、肉桂酸甲酯（3.37%）、糠醛（2.80%）、芳樟醇（1.97%）、丙基苯（1.60%）、4-乙烯基-2-甲氧基苯酚（1.27%）、E-15-十七碳烯醛（1.19%）、棕榈酸乙酯（1.17%）等。

【利用】根、茎入药，有清热除湿、通经活络的功效，用于治疗感冒发热、眼结膜炎、肺热咳嗽、湿热黄疸、急性胃肠炎、尿路感染、跌打损伤。果实药用，有小毒，有止咳平喘的功效，用于治疗咳嗽、哮喘、百日咳。园林观赏或盆栽观赏。

长柱十大功劳

Mahonia duclouxiana Gagnep.

小檗科　十大功劳属

分布：云南、四川、广西

【形态特征】灌木，高1.5～4 m。叶长圆形至长圆状椭圆形，长20～70 cm，宽10～22 cm，薄纸质至薄革质，具4～9

对小叶，叶面暗绿色，叶背黄绿色；小叶狭卵形至椭圆状披针形，从基部向顶端叶长渐增，叶宽渐减；基部圆形，偏斜，每边具2～12刺锯齿，先端渐尖或急尖。总状花序4～15个簇生，长8～30 cm；芽鳞阔披针形至卵形；苞片阔披针形至卵形；花黄色；外萼片卵形至三角状卵形，长1.1～3 mm，宽1.1～5 mm，中萼片卵形至椭圆形，内萼片长圆形至椭圆形；花瓣长圆形至椭圆形，长3～7.2 mm，宽1.6～3.5 mm，基部具2枚腺体。浆果球形或近球形，直径5～8 mm，深紫色。花期11月至翌年4月，果期3～6月。

【生长习性】生于林中、灌丛中、路边、河边或山坡，海拔1800～2700 m。

【芳香成分】刘偲翔等（2010）用水蒸气蒸馏法提取的广西百色产长柱十大功劳干燥茎叶精油的主要成分为：4-松油醇（43.74%）、α-松油醇（5.23%）、叶醇（4.78%）、芳樟醇（4.04%）、邻异丙基甲苯（3.89%）、正十六烷酸（2.42%）、(-)-蓝桉醇（2.17%）、香橙烯（2.08%）、(+)-δ-杜松萜烯（1.54%）、苯乙醛（1.25%）、(E)-2-己烯-1-醇（1.24%）、(5E,9E)-6,10,14-三甲基十五烷-5,9,13-三烯-2-酮（1.16%）等。

【利用】根、茎、叶、花均可入药，有清热燥湿、泻火解毒、滋阴益肺、兼补肝肾等的功效，是分布地的传统药或民间药。根、茎具有清热解毒、止咳化痰之功效，主治细菌性痢疾、胃肠炎、传染性肝炎、支气管炎、咽喉肿痛、结膜炎、烧伤、烫伤等症。

阔叶十大功劳

Mahonia bealei (Fort.) Carr.

小檗科　十大功劳属

别名： 土黄柏、土黄连、八角刺、刺黄柏、黄天竹、鸟不宿

分布： 陕西、湖北、湖南、安徽、浙江、江西、福建、河南、广东、广西、四川

【形态特征】灌木或小乔木，高0.5～8 m。叶狭倒卵形至长圆形，长27～51 cm，宽10～20 cm，具4～10对小叶，叶面暗灰绿色，叶背被白霜，有时淡黄绿色或苍白色；小叶厚革质，硬直，自下部往上小叶渐次变长而狭，具1～2粗锯齿，基部阔楔形或圆形，偏斜，有时心形，每边具2～6粗锯齿，先端具硬尖，顶生小叶较大。总状花序直立，通常3～9个簇生；芽鳞卵形至卵状披针形；苞片阔卵形或卵状披针形，先端钝；花黄色；外萼片卵形，中萼片椭圆形，内萼片长圆状椭圆形；花瓣倒卵状椭圆形，基部腺体明显，先端微缺。浆果卵形，长约1.5 cm，直径为1～1.2 cm，深蓝色，被白粉。花期9月至翌年1月，果期3～5月。

【生长习性】生于林下、林缘、草坡、溪边、路旁或灌丛中，海拔500～2000 m。喜温暖湿润气候，耐半阴，不耐严寒。可在酸性土、中性土至弱碱性土壤中生长，以排水良好的砂质土壤为宜。

【精油含量】水蒸气蒸馏法提取茎的得油率为0.03%，干燥叶的得油率为0.07%；超声萃取法提取干燥叶的得油率为2.45%。

【芳香成分】茎：董雷等（2006）用水蒸气蒸馏法提取的茎精油的主要成分为：1-(2-呋喃基)已酮（39.66%）、(顺式)-香叶基丙酮（15.46%）、6,10,14-三甲基-2-十五烷酮（13.74%）、(E,E)-2,4-癸二烯醛（3.39%）、戊二酸(1-甲基)丙酯（2.08%）、(E,E)-2,4-十二碳二烯酮（1.32%）、(Z,Z)-9,12-十八碳二烯酸（1.15%）、正十六烷酸（1.07%）等。

叶：董雷等（2008）用水蒸气蒸馏法提取的干燥叶精油的主要成分为：1-(2-呋喃基)已酮（12.00%）、6,10,14-三甲基-2-十五烷酮（9.00%）、沉香醇（3.81%）、(反)-香叶基丙酮（3.75%）、13-甲基十五烷酸甲酯（2.63%）、4-(2,6,6-三甲基-1-环已烯-1-基)-3-丁烯-2-酮（2.08%）、4-(2,6,6-三甲基-2-环已烯-1-基)-丁烯-2-酮（1.72%）、萜烯醇（1.56%）、石竹烯氧化物（1.54%）、顺式-13-十八烯酮（1.51%）、1-[(2,6,6-三甲基-1,3-环己二烯-1-基)-2-丁烯-1-酮（1.40%）、2-十一酮（1.35%）、十六烷酸乙酯（1.10%）等。

【利用】根、茎、叶均供药用，根和茎有清热解毒、止咳化痰、消肿止痛之功效，主治细菌性痢疾、胃肠炎、传染性肝炎、支气管炎、咽喉肿痛、结膜炎、烧伤、烫伤等症。叶片为清凉的滋补强壮药，服后不会上火，能治疗肺结核和感冒；外用治眼结膜炎、痈疱肿痛、烧烫伤。茎皮可以提取黄连素。可供园林绿化和室内盆栽观赏。

小果十大功劳

Mahonia bodinieri Gagnep.

小檗科　十大功劳属

分布：贵州、四川、湖南、广东、广西、浙江

【形态特征】灌木或小乔木，高0.5～4 m。叶倒卵状长圆形，长20～50 cm，宽10～25 cm，具小叶8～13对，叶面深绿色，叶背黄绿色；基部偏斜、平截至楔形，叶缘每边具3～10粗大刺锯齿。花序为5～11个总状花序簇生，长10～25 cm；芽鳞披针形，长2～3 cm，宽0.5～0.7 cm；苞片狭卵形，长1.5～4.5 mm，宽0.7～2.5 mm；花黄色；外萼片卵形，长约3 mm，宽约2 mm，中萼片椭圆形，长4.5～5 mm，宽约

2.5 mm，内萼片狭椭圆形，长约5.5 mm，宽约3 mm；花瓣长圆形，长4.5～5 mm，宽2～2.4 mm，基部腺体不明显，先端缺裂或微凹。浆果球形，有时梨形，直径4～6 mm，紫黑色，被白霜。花期6～9月，果期8～12月。

【生长习性】生于林下、灌丛中、林缘或溪旁，海拔100～1800 m。喜温暖不耐寒，喜肥沃、排水良好的地块。喜阳亦耐半阴。

【芳香成分】刘偲翔等（2010）用水蒸气蒸馏法提取的广西百色产小果十大功劳枝叶精油的主要成分为：棕榈酸（54.49%）、亚油酸（5.98%）、α-金合欢烯（5.51%）、亚麻酸甲酯（3.45%）、棕榈酸甲酯（3.36%）、α-紫罗兰酮（1.82%）、亚油酸甲酯（1.68%）、油酸酰胺（1.68%）、顺式橙花叔醇（1.53%）、甲基（2E,6E)-法呢烯酸酯（1.42%）、反式橙花叔醇（1.34%）、1,2-二氢-1,1,6-三甲基-萘（1.05%）、亚麻酸乙酯（1.06%）等。

【利用】适宜丛植于庭院、草坪、花坛中，与乔木搭配成景。

桃儿七

Sinopodophyllum hexandrum (Royle) Ying

小檗科　桃儿七属

别名： 鬼臼

分布： 云南、四川、西藏、甘肃、青海、陕西

【形态特征】多年生草本，植株高20～50 cm。根状茎粗短，节状，多须根；茎直立，单生，具纵棱，无毛，基部被褐色大鳞片。叶2枚，薄纸质，非盾状，基部心形，3～5深裂几乎达中部，裂片不裂或有时2～3小裂，裂片先端急尖或渐尖，背面被柔毛，边缘具粗锯齿；叶柄长10～25 cm，具纵棱。花大，单生，先叶开放，两性，整齐，粉红色；萼片6，早萎；花瓣6，倒卵形或倒卵状长圆形，长2.5～3.5 cm，宽1.5～1.8 cm，先端略呈波状。浆果卵圆形，长4～7 cm，直径2.5～4 cm，熟时橘红色；种子卵状三角形，红褐色，无肉质假种皮。花期5～6月，果期7～9月。

【生长习性】生于林下、林缘湿地、灌丛中或草丛中，海拔2200～4300 m。

【芳香成分】刘世巍等（2012）用超声-索氏抽提组合法提取的宁夏固原产桃儿七干燥根及根状茎精油的主要成分为：[5R-(5α,5aα,8aα)]-5,8,8a,9-四氢-5-(3,4,5-三甲氧基苯基)-呋喃[3',4':6,7]萘并[2,3-d]-1,3-二氧杂环戊烯-6(5aH)-酮（28.44%）、十一（碳）烷（11.46%）、5-羟甲基-2-呋喃甲醛（7.04%）、顺式-谷甾醇（5.81%）、(25R)-5α-呋甾-20(22)-烯-26-醇（4.37%）、3-脱氧-3,16-二羟基-12-脱氧佛波醇，3,13,16,20-四乙酸酯（3.17%）、硬脂酸，顺式-(2-苯基-1,3-二氧戊环-4-基)甲基酯（3.07%）、胆甾烷-22(26)-环氧-3,16-二酮（2.26%）、17-十八碳炔酸（1.81%）、棕榈酸（1.43%）、反式-13-十八碳烯酸（1.39%）、2-[4-甲基-6-(2,6,6-三甲基环己-1-烯基)己-1,3,5-三烯基]环己-1-烯-1-甲醛（1.38%）、6,7-环氧孕-4-烯-9,11,18-三醇-3,20-二酮，11,18-双乙酸酯（1.33%）、9(11)-去氢睾酮（1.20%）等。

【利用】根茎、须根、果实均可入药。根及根茎有祛风除

湿、活血止痛、祛痰止咳之功效，用于治疗风湿痹痛、跌打损伤、月经不调、痛经、脘腹疼痛、咳嗽。果实能生津益胃、健脾理气、止咳化痰，对治麻木、月经不调等症均有疗效。

朝鲜淫羊藿

Epimedium koreanum Nakai

小檗科　淫羊藿属

别名：淫羊藿

分布：吉林、辽宁、浙江、安徽

【形态特征】多年生草本，植株高15～40 cm。根状茎横走，质硬。花茎基部被有鳞片。二回三出复叶基生和茎生，通常小叶9枚；小叶纸质，卵形，长3～13 cm，宽2～8 cm，先端急尖或渐尖，基部深心形，基部裂片圆形，叶面暗绿色，叶背苍白色，叶缘具细刺齿。总状花序顶生，具4～16朵花，长10～15 cm。花直径2～4.5 cm，白色、淡黄色、深红色或紫蓝色；萼片2轮，外萼片长圆形，长4～5 mm，带红色，内萼片狭卵形至披针形，急尖，扁平，长8～18 mm；花瓣向先端渐细呈钻状距，长1～2 cm，基部具花瓣状瓣片。蒴果狭纺锤形，长约6 mm，宿存花柱长约2 mm。种子6～8枚。花期4～5月，果期5月。

【生长习性】生于林下或灌丛中。海拔400～1500 m。

【精油含量】水蒸气蒸馏法提取干燥地上部分的得油率为0.14%；加速溶剂萃取法提取干燥叶的得油率为4.00%。

【芳香成分】叶：陆钊等（2011）用加速溶剂萃取法提取的吉林长白山产朝鲜淫羊藿干燥叶精油的主要成分为：4,4a,5,6,7,8-2(3H)-萘酮（5.66%）、1,2-苯二羧酸（5.29%）、十氢-4a-甲基-1-萘（5.12%）、N,N'-二(1-甲基)-1,4-苯二胺（4.39%）、丁基-1,2-苯基双环二羧酸（3.83%）、硼酸乙基二癸酯（2.83%）、十六烷（2.72%）、5-羟基的-3,4'-二甲基-1,1'-联苯（1.97%）、n-癸酸（1.95%）、八癸烯（1.89%）、1,2,3,4,4a,5,6,8a-八氢萘（1.77%）、4-(2,6,6-三甲基)-3-丁烯-2-酮（1.71%）、顺式-1,4-二甲基金刚烷（1.69%）、十四（碳）烷（1.52%）、2-癸烯醛（1.51%）、十氢化-4a-甲基-1-萘（1.32%）、2,6,10,14-四甲基十五癸烷（1.32%）、N，N-二甲基-苯并唑（1.24%）、丁基化羟基苯甲醚（1.22%）、3-苯基-1-三甲硅烷基-1-丁烯（1.13%）、3,7,11-三甲基-反-1,6,10-十二三亚乙基四胺-3-醇（1.10%）、十九烷（1.06%）、2,6,10,14-四甲基十六烷（1.04%）、4a,5,6,7,8,8a-2(1H)-萘酮（1.03%）等。

全草：施启红等（2011）用水蒸气蒸馏法提取的东北产朝鲜淫羊藿干燥地上部分精油的主要成分为：正十六酸（22.03%）、十四酸（19.31%）、7-十八碳烯酸甲酯（5.09%）、十四烷酸甲酯（4.04%）、棕榈酸甲酯（4.04%）、2,4-双(1,1-二甲基乙基)-苯酚（2.97%）、癸酸（2.94%）、4-甲基-十四烷（2.82%）、十二烷酸（2.61%）、十六烷（2.17%）、8-异丙烯基-1,3,3,7-四甲基-二环[5.1.0]-辛-5-烯-2-酮（1.90%）、苎烯-6-醇，新戊酸酯（1.87%）、2,6,10-三甲基-十五烷（1.84%）、6,10,14-三甲基-2-十五烷酮（1.69%）、二十碳烷（1.61%）、2,6,10,15-四甲基-十七烷（1.57%）、十二烷（1.51%）、2,7,10-三甲基-十二烷（1.49%）、11-十六碳烯酸甲酯（1.38%）、1-十九醇（1.03%）等。

【利用】全草供药用，有温肾壮阳、强筋骨、祛风寒的功效，用于治疗阳痿遗精、早泄、小便失禁、关节冷痛、月经不调等症。

柔毛淫羊藿

Epimedium pubescens Maxim.

小檗科　淫羊藿属

分布： 陕西、甘肃、湖北、四川、河南、贵州、安徽

【形态特征】多年生草本，植株高20～70 cm。根状茎被褐色鳞片。一回三出复叶基生或茎生；茎生叶2枚对生，小叶3枚；小叶片革质，卵形、狭卵形或披针形，长3～15 cm，宽2～8 cm，先端渐尖或短渐尖，基部深心形，有时浅心形，叶面深绿色，叶背密被绒毛，短柔毛和灰色柔毛，边缘具细密刺齿；花茎具2枚对生叶。圆锥花序具30～100朵花，长10～20 cm；花直径约1 cm；萼片2轮，外萼片阔卵形，长2～3 mm，带紫色，内萼片披针形或狭披针形，急尖或渐尖，白色，长5～7 mm，宽1.5～3.5 mm；花瓣长约2 mm，囊状，淡黄色。蒴果长圆形，宿存花柱长喙状。花期4～5月，果期5～7月。

【生长习性】生于林下、灌丛中、山坡地边或山沟阴湿处，海拔300～2000 m。

【精油含量】水蒸气蒸馏法提取干燥地上部分的得油率为0.13%。

【芳香成分】施启红等（2011）用水蒸气蒸馏法提取的湖北产柔毛淫羊藿干燥地上部分精油的主要成分为：植醇（16.92%）、正十六酸（16.40%）、6,10,14-三甲基-2-十五烷酮（13.96%）、3,7,11,15-四甲基-1-十六-3-醇（3.25%）、1,5,5,8-四甲基-12-氧杂二环[9.1.0]十二碳-3,7-二烯（2.70%）、Z-8-甲基-9-十四碳烯酸（2.40%）、2,4-双(1,1-二甲基乙基)-苯酚（2.29%）、十八醛（2.13%）、4,8,12,16-四甲基-十七碳-4-内酯（1.76%）、1,2-苯二羧酸-双(2-甲基丙基)酯（1.72%）、石竹烯氧化物（1.66%）、棕榈酸甲酯（1.54%）、异香树烯环氧化物（1.34%）、十六醛（1.30%）、(-)-斯巴醇（1.12%）、表蓝桉醇（1.08%）、6,10,14-三甲基-(E,E)-5,9,13-十五碳三烯-2-酮（1.06%）、喇叭烯氧化物（1.04%）、3,5,11,15-四甲基-1-十六-3-醇（1.00%）、醋酸十五酯（1.00%）等。

【利用】四川民间以地上部分药用，能补肾壮阳、祛风除湿。

三枝九叶草

Epimedium sagittatum (Sieb. et Zuccv.) Maxim.

小檗科　淫羊藿属

别名： 箭叶淫羊藿

分布： 浙江、安徽、福建、江西、湖北、湖南、广东、广西、甘肃、山西、陕西、四川等地

【形态特征】多年生草本，植株高30～50 cm。根状茎粗短，节结状，质硬。一回三出复叶基生和茎生，小叶3枚；小叶革质，卵形至卵状披针形，长5～19 cm，宽3～8 cm，先端急尖或渐尖，基部心形，叶缘具刺齿；花茎具2枚对生叶。圆锥花序长10～30 cm，宽2～4 cm，具200朵花；花较小，直径约8 mm，

白色；萼片2轮，外萼片4枚，先端钝圆，具紫色斑点，1对狭卵形，长约3.5 mm，宽1.5 mm，1对长圆状卵形，长约4.5 mm，宽约2 mm，内萼片卵状三角形，先端急尖，白色；花瓣囊状，淡棕黄色，先端钝圆，长1.5～2 mm。蒴果长约1 cm，宿存花柱长约6 mm。花期4～5月，果期5～7月。

【生长习性】生于山坡草丛中、林下、灌丛中、水沟边或岩石边石缝中，海拔200～1750 m。

【精油含量】超临界萃取干燥茎叶的得油率为2.70%。

【芳香成分】回瑞华等（2005）用超临界CO_2萃取法提取的辽宁抚顺产三枝九叶草干燥茎叶精油的主要成分为：薄荷醇（21.13%）、1,2-二甲氧基-4-(2-丙烯基)-苯（20.31%）、5-(1-丙烯基)-1,3-苯并间二氧杂戊烯（11.98%）、3,5-二甲氧基-甲苯（11.07%）、冰片（9.50%）、十五（碳）烷（7.16%）、1,2,3-三甲氧基-5-甲苯（5.54%）、外-葑醇（1.86%）、2,6,6-三甲基-2,4-环庚二烯-1-酮（1.67%）、2-莰酮（1.47%）等。

【利用】全草供药用，有补精强壮、祛风湿的功效，治阳痿、关节风湿痛、白带等症；也可作兽药，有强壮牛马性神经及补精的功效，主治牛马阳痿及神经衰弱、歇斯底里等症。

巫山淫羊藿

Epimedium wushanense T. S. Ying

小檗科　淫羊藿属

分布：四川、贵州、湖北、广西

【形态特征】多年生常绿草本，植株高50～80 cm。根状茎结节状，表面被褐色鳞片。一回三出复叶基生和茎生，小叶3枚；叶片革质，披针形至狭披针形，长9～23 cm，宽1.8～4.5 cm，先端渐尖或长渐尖，边缘具刺齿，基部心形，叶缘具刺锯齿；花茎具2枚对生叶。圆锥花序顶生，长15～30 cm，偶达50 cm，具多数花朵；花淡黄色，直径达3.5 cm；萼片2轮，外萼片近圆形，长2～5 mm，宽1.5～3 mm，内萼片阔椭圆形，长3～15 mm，宽1.5～8 mm，先端钝；花瓣呈角状距，淡黄色，向内弯曲，基部浅杯状，有时基部带紫色，长0.6～2 cm。蒴果长约1.5 cm，宿存花柱喙状。花期4～5月，果期5～6月。

【生长习性】生于林下、灌丛中、草丛中或石缝中，海拔300～1700 m。

【精油含量】水蒸气蒸馏法提取叶的得油率为0.10%。

【芳香成分】王丹红等（2007）用水蒸气蒸馏法提取的贵州雷山产巫山淫羊藿叶精油的主要成分为：棕榈酸（30.45%）、6,10,14-三甲基-2-十五烷酮（14.57%）、植醇（3.89%）、3,5,11,15-四甲基-1-十六碳烯-3-醇（3.62%）、二十六烷（2.75%）、二十七烷（2.75%）、二十二烷（2.65%）、二十一烷（2.50%）、6,10,14-三甲基-5,9,13-十五碳三烯-2-酮（2.47%）、二十九烷（2.37%）、6,10-二甲基-5,9-十一碳二烯-2-酮（2.25%）、十四烷酸（1.84%）、紫罗兰酮（1.61%）、十九烷（1.57%）、芳樟醇（1.27%）、6,10,14-三甲基-十五烷-2-醇（1.27%）、二十烷（1.25%）、3-二十烷炔（1.20%）、二十八烷（1.19%）、十二烷酸（1.07%）等。

【利用】叶药用，有补肾阳、强筋骨、祛风湿的功效。

淫羊藿

Epimedium brevicornu Maxim.

小檗科　淫羊藿属

别名：刚前、仙灵脾、仙灵毗、放杖草、弃杖草、千两金、干鸡筋、黄连祖、三枝九叶草、牛角花、铜丝草、铁打杵、三叉骨、肺经草、铁菱角、心叶淫羊藿、短角淫羊藿

分布：陕西、甘肃、山西、河南、青海、湖北、四川

【形态特征】多年生草本，植株高20～60 cm。根状茎粗短。二回三出复叶基生和茎生，具9枚小叶；基生叶1～3枚丛生，茎生叶2枚，对生；小叶纸质或厚纸质，卵形或阔卵形，长3～7 cm，宽2.5～6 cm，先端急尖或短渐尖，基部深心形，背面苍白色，叶缘具刺齿。花茎具2枚对生叶，圆锥花序长10～35 cm，具20～50朵花；花白色或淡黄色；萼片2轮，外萼片卵状三角形，暗绿色，长1～3 mm，内萼片披针形，白色或淡黄色，长约10 mm，宽约4 mm；花瓣远较内萼片短，距呈圆锥状，长仅2～3 mm，瓣片很小。蒴果长约1 cm，宿存花柱喙状，长2～3 mm。花期5～6月，果期6～8月。

【生长习性】生于林下、沟边灌丛中或山坡阴湿处，海拔650～3500 m。忌阳光直射，喜湿润土壤环境。

【芳香成分】徐凯建等（1997）用水蒸气蒸馏法提取的辽宁丹东产淫羊藿叶精油的主要成分为：棕榈酸（18.19%）、2-癸烯醛（12.72%）、十四烷酸（8.85%）、N-苯胺-2-萘胺（8.49%）、壬醛（7.54%）、2-十一烯醛（7.01%）、十六烷（4.09%）、十七烷（3.21%）、十五烷（2.83%）、油酸（2.46%）、8-甲基十七烷

（2.08%）、月桂酸（2.02%）、辛醛（1.43%）、二十烷（1.41%）、(E)-2-壬烯醛（1.17%）、龙脑（1.13%）、薄荷醇（1.02%）等。

【利用】全草供药用，有补肾壮阳、祛风除湿的功效，主治阳痿早泄、小便淋沥、腰酸腿痛、风湿痹痛、四肢麻木、半身不遂、神经衰弱、健忘、耳鸣、目眩等症。

地黄

Rehmannia glutinosa (Gaert.) Libosch. ex Fisch. et Mey.

玄参科　地黄属

别名： 酒壶花、山烟、山白菜、生地、怀庆地黄

分布： 辽宁、河北、河南、山东、山西、陕西、甘肃、内蒙古、江苏、湖北等地

【形态特征】高10～30 cm，密被灰白色长柔毛和腺毛。根茎肉质，茎紫红色。叶在茎基部集成莲座状，向上渐小在茎上互生；叶片卵形至长椭圆形，叶面绿色，叶背略带紫色或紫红色，长2～13 cm，宽1～6 cm，边缘具齿；基部渐狭成柄。花在茎顶成总状花序，或几乎全部单生叶腋；萼长1～1.5 cm，密被长柔毛和白色长毛；萼齿5枚，矩圆状披针形或卵状披针形抑或多少三角形，长0.5～0.6 cm，宽0.2～0.3 cm；花冠长3～4.5 cm；花冠筒多少弓曲，外面紫红色，被长柔毛；花冠裂片5枚，内面黄紫色，外面紫红色，两面均被长柔毛，长5～7 mm，宽4～10 mm。蒴果卵形至长卵形，长1～1.5 cm。花果期4～7月。

【生长习性】生于海拔50～1100 m的砂质壤土、荒山坡、山脚、墙边、路旁等处。喜温暖气候，较耐寒，以阳光充足、土层深厚、疏松、肥沃、中性或微碱性的砂质壤土为宜。忌连作，喜不干不湿的土壤。

【芳香成分】根茎：袁文杰等（1999）用水蒸气蒸馏法提取的根茎精油的主要成分为：2-甲基亚丁基戊烷（46.90%）、邻苯二甲酸二丁酯（9.56%）、2,5-二甲基环己醇（7.86%）、3-乙基苯酚（4.79%）、十六烷酸（4.71%）、癸酸（3.58%）、十五烷酸（2.98%）、2-特丁基苯酚（2.48%）、3,5-二特丁基苯酚（2.26%）、5-羟基异喹啉（1.93%）、十四烷酸（1.63%）、3-氨基苯酚（1.32%）、十二烷酸（1.18%）等。

叶：翟彦峰等（2010）用水蒸气蒸馏法提取的河南温县产地黄干燥叶精油的主要成分为：叶绿醇（24.60%）、3,711,15-四甲基-2-十六烯醇（9.43%）、二十七烷（7.81%）、十六碳酸（5.89%）、六氢法呢基丙酮（5.88%）、十八碳三烯酸甲酯（5.17%）、十六碳酸甲酯（4.87%）、二十九烷（3.67%）、二十五烷（2.75%）、十氢荧蒽（2.58%）、二十八烷（2.28%）、异叶绿醇（1.94%）、二十六烷（1.45%）、十二硫醇（1.14%）、二十三烷（1.11%）等。

【利用】根茎药用，具有强壮、降压、壮肾、护脏、清热凉血、养阴生津等作用，用于治疗热病舌绛烦渴、阴虚内热、骨蒸痨热、内热消渴、吐血、衄血、发斑发疹。块根可炖食。嫩苗或嫩叶去苦味后可做馅食用。

斑唇马先蒿

Pedicularis longiflora Rudolph subsp. *tubiformis* (Klotzsch) Pennell

玄参科　马先蒿属

分布：西藏、青海、云南、四川

【形态特征】长花马先蒿亚种。沼泽生草本。高5～20 cm。叶基出与茎出，常成密丛，披针形至狭披针形，羽状深裂至全裂，背面常有疏散的白色肤屑状物，裂片5～9对，有重锯齿，齿常有胼胝而反卷。花腋生，较小，萼管状，花冠黄色，具长6 mm的喙，在下唇近喉处有棕红色的斑点两个，管外面有毛，盔直立部分稍向后仰，长约4～5 mm，宽达3 mm，下唇有长缘毛，宽过于长，宽达20 mm，长仅11～12 mm，中裂较小，近于倒心脏形，约向前凸出一半，侧裂为斜宽卵形，凹头，外侧明显耳形，约为中裂的两倍。蒴果披针形，长达22 mm，宽达6 mm；种子狭卵圆形，有明显的黑色种阜，具纵条纹，长约2 mm。花期5～10月。

【生长习性】喜冷湿，喜光。多分布于海拔2700～5200 m的高山草甸、沼泽、林缘湿地。

【精油含量】超临界萃取法提取干燥花冠的得油率为2.17%。

【芳香成分】王劼等（2017）用超临界CO_2萃取法提取的青海祁连产斑唇马先蒿干燥花冠精油的主要成分为：亚麻酸（18.50%）、正十六烷酸（15.70%）、亚油酸（7.29%）、正十四烷酸（6.48%）、正十八烷酸（5.85%）、亚麻酸甲酯（3.34%）、正二十七烷（2.94%）、正二十五烷（2.77%）、新植二烯（2.72%）、亚麻酸乙酯（2.71%）、正二十九烷（2.06%）、正十六烷酸甲酯（1.45%）、亚油酸甲酯（1.41%）、正十六烷酸乙酯（1.39%）、正十二烷酸（1.39%）、反异构-三十烷（1.15%）、亚油酸乙酯（1.10%）、反异构-十七烷酸（1.03%）等。

【利用】花药用，有清热解毒、强筋利水、固精的功效，用于治疗风热症、肉食中毒、高烧神昏谵语、水肿、遗精等症。

毛蕊花

Verbascum thapsus Linn.

玄参科　毛蕊花属

别名：一柱香、大毛叶、龟与箭、楼台香、牛耳草、虎尾鞭、霸王鞭、海绵薄、毒鱼草

分布：新疆、西藏、云南、四川、浙江、江苏

【形态特征】二年生草本，高达1.5 m，全株被密而厚的浅灰黄色星状毛。基生叶和下部的茎生叶倒披针状矩圆形，基部渐狭成短柄状，长达15 cm，宽达6 cm，边缘具浅圆齿，上部茎生叶逐渐缩小而渐变为矩圆形至卵状矩圆形，基部下延成狭翅。穗状花序圆柱状，长达30 cm，直径达2 cm，结果时还可伸长和变粗，花密集，数朵簇生在一起，花梗很短；花萼长约7 mm，裂片披针形；花冠黄色，直径1～2 cm；雄蕊5，后方3枚的花丝有毛，前方二枚的花丝无毛，花药基部多少下延而成“个”字形。蒴果卵形，约与宿存的花萼等长。花期6～8月，果期7～10月。

【生长习性】生于山坡草地、河岸草地，海拔1400～3200 m。喜酸性，耐干旱及石灰质土壤，稍耐阴，较耐寒，喜向阳。

【精油含量】水蒸气蒸馏法提取干燥全草的得油率为0.60%。

【芳香成分】刘冰等（2013）用水蒸气蒸馏法提取的云南产毛蕊花全草精油的主要成分为：柠檬烯（26.57%）、茴香酮（24.81%）、1,8-桉叶素（7.24%）、(-)-石竹烯氧化物（5.91%）、α-蒎烯（4.72%）、α-葎草烯（4.41%）、蛇麻烯氧化物（3.77%）、石竹烯（3.47%）、(S)-α-松油醇（1.37%）、小茴香醇（1.32%）、β-芹子烯（1.16%）、3-甲基-6-(1-甲基亚乙基)-2-环己烯-1-酮（1.08%）等。

【利用】全草为传统中草药，具有清热解毒、止血散瘀之功效，主治肺炎、慢性阑尾炎、疮毒、跌打损伤、创伤出血。在园林景观中作为背景材料种植。

毛麝香

Adenosma glutinosum (Linn.) Druce

玄参科　毛麝香属

别名： 五凉草、辣蓟、饼草、麝香草、凉草、酒子草、毛老虎、香草

分布： 云南、广西、广东、江西、福建

【形态特征】直立草本，密被长柔毛和腺毛，高30～100 cm。叶对生，上部的多少互生；叶片披针状卵形至宽卵形，长2～10 cm，宽1～5 cm，形状、大小多变异，先端锐尖，基部楔形至截形或亚心形，边缘具齿，两面被长柔毛，背面有稠密的黄色腺点。花单生叶腋或在茎、枝顶端成总状花序；苞片叶状而较小；小苞片条形，长5～9 mm；萼5深裂，长7～13 mm；与花梗、小苞片同被长柔毛及腺毛，有腺点；花冠紫红色或蓝紫色，长9～28 mm，上唇卵圆形，下唇3裂，偶有4裂。蒴果卵形，先端具喙，有2纵沟，长5～9.5 mm，宽3～6 mm；种子矩圆形，褐色至棕色，长约0.7 mm，宽0.4 mm，有网纹。花果期7～10月。

【生长习性】生于海拔300～2000 m的荒山坡、疏林下湿润处。

【精油含量】水蒸气蒸馏法提取全草的得油率为0.16%～0.40%。

【芳香成分】汪存存等（2008）用水蒸气蒸馏法提取的毛麝香干燥地上部分精油的主要成分为：桉叶素（33.04%）、β-(甜)没药烯（20.31%）、柠檬烯（13.59%）、γ-松油烯（6.77%）、α-蒎烯（4.80%）、1-甲基-2-(1-甲基乙基)-苯（3.96%）、丁香烯（2.44%）、α-金合欢烯（2.43%）、1,5,9,9-四甲基-1,4,7-环十一碳三烯（1.07%）等。朱亮锋等（1993）用同法分析的广东产毛麝

香全草精油的主要成分为：γ-松油烯（40.32%）、1,8-桉叶油素（18.28%）、α-蒎烯（10.01%）、β-石竹烯（5.89%）、间伞花烃（4.44%）、α-芹子烯（3.14%）、α-芹子醇（2.73%）、β-甜没药烯（2.46%）、α-石竹烯（2.14%）等。

【利用】全草药用，具有祛风除湿、消肿毒、行气散瘀、止痛之效，治感冒咳嗽、头痛发热、风湿骨痛、气滞腹痛、疮疖肿毒、皮肤湿疹、跌打损伤。

球花毛麝香

Adenosma indianum (Lour.) Merr.

玄参科　毛麝香属

别名： 地松茶、黑头草、石辣、大头陈、千锤草、乌头风、土夏枯草

分布： 广东、广西、云南等地

【形态特征】一年生草本，高19～100 cm，密被白色长毛。叶片卵形至长椭圆形，长15～45 mm，宽5～12 mm，钝头，边缘具锯齿；叶面被长柔毛，干时多少黑色；叶背仅脉上被长柔毛，干时褐色，密被腺点。花排列成紧密的穗状花序；球形或圆柱形，长7～20 mm，宽7～11 mm；苞片长卵形，在花序基部的集成总苞状；小苞片条形，长3～4 mm；萼长4～5 mm；萼齿长卵形至矩圆状披针形，先端渐尖；花冠淡蓝紫色至深蓝色，长约6 mm，喉部有柔毛；上唇先端微凹或浅二裂；下唇3裂片几乎相等，近圆形，长1 mm，宽1～1.2 mm。蒴果长卵珠形，长约3 mm，有2条纵沟。种子多数，黄色，有网纹。花果期9～11月。

【生长习性】生于海拔200～600 m的瘠地、干燥山坡、溪旁、荒地等处。

【精油含量】水蒸气蒸馏法提取全草的得油率为0.22%～0.50%。

【芳香成分】黄燕等（2011）用水蒸气蒸馏法提取的球花毛麝香干燥带花全草精油的主要成分为：雪松醇（26.02%）、柠檬烯（13.46%）、1,3,3-三甲基二环[2.2.1]-2-庚酮（11.70%）、石竹烯（9.53%）、顺式，顺式，顺式-1,1,4,8-四甲基-4,7,10-环十一烷三烯（8.20%）、(S)-1-甲基-4-(5-甲基-1-亚甲基-4-己烯基)-环己烯（4.56%）、[3R-(3α,3aβ,7β,8aα)]-2,3,4,7,8,8a-六氢-3,6,8,8-四甲基-1H-3a,7-亚甲基薁（1.47%）、1,3,3-三甲基二环[2.2.1]-2-庚醇（1.40%）、石竹烯氧化物（1.37%）、[4aR-(4aα,7α,8aβ)]-十氢-4a-甲基-1-亚甲基-7-(1-甲基乙烯基)-萘（1.36%）、3-甲基-6-(1-亚异丙基)-2-环己烯-1-酮（1.28%）、[1R-(1R,3E,7E,11R)]-1,5,5,8-四甲基-12-氧杂二环[9.1.0]-3,7-十二碳二烯（1.22%）、(4aR-反式)-十氢-4a-甲基-1-亚甲基-7-(1-亚异丙基)-萘（1.06%）等。牙启康等（2011）用同法分析的广西南宁产球花毛麝香阴干全草精油的主要成分为：异松油烯（27.84%）、柠檬烯（24.72%）、1,8-桉叶素（ 8.22%）、α-蒎烯（6.04%）、α-石竹烯（6.23%）、β-石竹烯（ 5.93%）、石竹烯氧化物（2.05%）、葎草烯氧化物（1.97%）、小茴香醇（1.85%）、胡椒烯酮氧化物（1.74%）、α-松油醇（1.20%）、α-小茴香烯（1.09%）等。纪晓多等（1985）用同法分析的广西钦州产球花毛麝香全草精油的主要成分为：小茴香酮（13.90%）、对-伞花烃+1,8-桉叶油素（12.79%）、柠檬烯（12.36%）、芳樟醇（7.29%）、α-蒎烯（5.52）、邻甲基茴香醚（5.27%）、δ-愈创木烯+香树烯（5.27%）等。

【利用】全草药用，有清热解表、祛风除湿、止咳、镇痛等功效，可治感冒、咽喉肿痛、支气管炎、胃痛；外用可治跌打损伤、蛇咬伤、疮疖。云南少数民族作食物腌渍之佐料和调味料。

白花泡桐

Paulownia fortunei (Seem.) Hemsl.

玄参科　泡桐属

别名： 大果泡桐、泡桐、毛桐、白花桐、华桐、火筒木、沙桐彭、笛螺木、饭桐子、通心条

分布： 安徽、浙江、福建、台湾，江西、湖北、湖南、四川、云南、贵州、广东、广西、山东、河南、陕西

【形态特征】乔木，高达30 m，胸径可达2 m；幼枝、叶、花序各部和幼果均被黄褐色星状绒毛，但叶柄、叶面和花梗渐变无毛。叶片长卵状心脏形，有时为卵状心脏形，长达20 cm，顶端长渐尖或锐尖头，其凸尖长达2 cm，新枝上的叶有时2裂，叶背有星毛及腺。花序狭长几乎成圆柱形，长约25 cm，小聚伞花序有花3～8朵；萼倒圆锥形，长2～2.5 cm，萼齿卵圆形至三角状卵圆形；花冠管状漏斗形，白色仅背面稍带紫色或浅紫色，长8～12 cm，内部密布紫色细斑块。蒴果长圆形或长圆状椭圆形，长6～10 cm，顶端之喙长达6 mm，宿萼开展或漏斗状；种子连翅长6～10 mm。花期3～4月，果期7～8月。

【生长习性】生于低海拔的山坡、林中、山谷及荒地，海拔2000 m以下。喜光，喜温暖气候，稍耐庇荫，耐寒性稍差，尤其幼苗期很容易受冻害。深根性，适于疏松、深厚、排水良好的壤土和黏壤土，对土壤酸碱度适应范围较广，但以pH6～7.5为好。

【精油含量】石油醚萃取法提取新鲜花瓣的得油率为0.81%，花瓣+花萼的得油率为0.35%。

【芳香成分】宋永芳等（1990）用水蒸气蒸馏法提取的江苏南京产白花泡桐新鲜花精油的主要成分为：6-甲基-3-庚酮（17.24%）、乙酸乙酯（8.59%）、1-乙氧基戊烷（6.71%）、苯甲醇苯甲酸酯（5.50%）、正壬醛（3.95%）、6,10-二甲基-5,9-十一碳-2-烯酮（3.94%）、3-辛醇（3.85%）、2-羟基苯甲醇苯甲酸酯（3.42%）、1-烯丙基-4-甲氧基苯（3.16%）、2,3,4-三甲基己烷（2.17%）、2-羟基-5-甲氧基2,2,4-三甲基苯甲醇（2.07%）、1,4-二甲氧基苯（1.51%）、1-甲基-4-(5-甲基-1-亚甲基-4-己烯酰）环己烯（1.18%）等。

【利用】湖北根皮药用，研细拌甜酒敷治肿毒，泡酒喝治气痛。适用于庭园、公园、广场、街道作庭荫树或行道树，能吸附尘烟，抗有毒气体，能净化空气。

兰考泡桐

Paulownia elongata S. Y. Hu

玄参科　泡桐属

分布： 河北、河南、山西、陕西、山东、四川、湖北、安徽、江苏

【形态特征】乔木，高达10 m以上，全体具星状绒毛；小枝褐色，有凸起的皮孔。叶片通常卵状心脏形，有时具不规则

的角，长达34 cm，顶端渐狭长而锐头，基部心脏形或近圆形，叶背密被树枝状毛。花序金字塔形或狭圆锥形，长约30 cm，有花3～5朵，稀有单花；萼倒圆锥形，长16～20 mm，基部渐狭，分裂至1/3左右成5枚卵状三角形的齿；花冠漏斗状钟形，紫色至粉白色，长7～9.5 cm，管在基部以上稍弓曲，外面有腺毛和星状毛，内面有紫色细小斑点，檐部略作2唇形，直径4～5 cm。蒴果卵形，长3.5～5 cm，宿萼碟状，顶端具长4～5 mm的喙；种子连翅长为4～5 mm。花期4～5月，果期秋季。

【生长习性】发叶晚，根系深，生长快。

【精油含量】石油醚萃取法提取新鲜花瓣的得油率为0.96%～1.12%。

【芳香成分】宋永芳等（1990）用水蒸气蒸馏法提取的江苏南京产兰考泡桐新鲜花精油的主要成分为：6-甲基-3-庚酮（17.08%）、1,4-二甲氧基苯（13.34%）、6,10-二甲基-5,9-十一碳-2-烯醇（11.88%）、4-甲氧基苯酸甲基酯（10.15%）、1-烯丙基-4-甲氧基苯（9.96%）、正壬醛（8.81%）、1-乙氧基戊烷（4.69%）、2-羟基-5-甲氧基2,2,4-三甲基苯甲醇（3.51%）、3-辛醇（3.51%）、2,2,4-三甲基戊烷（2.16%）、乙酸乙酯（2.12%）、甲基水杨酸酯（1.95%）、1-甲基-4-(5-甲基-1-亚甲基-4-己烯酰）环己烯（1.83%）、苯甲醇苯甲酸酯（1.59%）等。张玉玉等（2010）用同时蒸馏萃取法提取的北京产兰考泡桐花精油的主要成分为：二十三烷（11.72%）、橙花叔醇（11.36%）、1-辛烯-3-醇（11.21%）、二十五烷（6.45%）、1,4-二甲氧基苯（4.51%）、苯甲酸苄酯（4.29%）、4-甲氧基苯甲酸甲酯（3.95%）、二十七烷（2.96%）、壬醛（2.64%）、二十四烷（1.83%）、2,6,10,15-四甲基十七烷（1.69%）、1-辛烯-3-酮（1.57%）、十九烷（1.53%）、亚油酸乙酯（1.46%）、乙酸乙酯（1.31%）、6,10,14-三甲基-2-十五烷酮（1.18%）、7-己基二十烷（1.16%）、(E)-2-甲基-3,7-二甲基-2,6-辛二烯丙酸酯（1.12%）、(Z)-9-十八碳烯酰胺（1.12%）、8-己基十五烷（1.04%）、7,11-二甲基-2,6,10-三烯-1-十二醇（1.02%）、丁子香酚（1.00%）等。

【利用】木质是制作古筝、琵琶等乐器音板的最佳材料；也可制成家具、板材。

毛泡桐

Paulownia tomentosa (Thunb.) Steud.

玄参科　泡桐属

别名：紫花桐、紫花毛泡桐、冈桐、日本泡桐

分布：甘肃、陕西、辽宁、河北、河南、山西、山东、江苏、安徽、湖北、江西等地

【形态特征】乔木，高达20 m。叶片心脏形，长达40 cm，顶端锐尖头，全缘或波状浅裂，叶面毛稀疏，叶背毛密或较疏，老叶叶背的灰褐色树枝状毛常具柄和3～12条细长丝状分枝，新枝上的叶较大，其毛常不分枝，有时具黏质腺毛；叶柄常有黏质短腺毛。花序为金字塔形或狭圆锥形，长一般在50 cm以下，具花3～5朵；萼浅钟形，长约1.5 cm，分裂至中部或裂过中部，萼齿卵状长圆形；花冠紫色，漏斗状钟形，长5～7.5 cm，在离管基部约5 mm处弓曲，向上突然膨大，外面有腺毛，檐部2唇形，直径小于5 cm。蒴果卵圆形，幼时密生黏质腺毛，长3～4.5 cm；种子连翅长为2.5～4 mm。花期4～5月，果期8～9月。

【生长习性】生于海拔1900 m以下的山坡下部和沟谷灌木丛中或疏林中。较耐干旱与瘠薄，在北方较寒冷和干旱地区尤为适宜。耐寒、耐旱，耐盐碱，耐风沙，抗性很强，对气候的适应范围很大，高温38℃以上生长受到影响，绝对最低温度在-25℃时受冻害。

【精油含量】水蒸气蒸馏法提取的花得油率为0.20%～1.60%；石油醚萃取新鲜全花的得油率为0.45%～0.50%。

【芳香成分】王晓等（2005）用水蒸气蒸馏法提取的山东

济南产毛泡桐花精油的主要成分为：苯甲醇（13.28%）、1,2,4-三甲氧基苯（8.34%）、2-甲氧基-3-(2-丙烯基)-苯酚（6.14%）、3,4-二甲氧基苯酚（3.99%）、二十三（碳）烷（3.68%）、邻苯二甲酸二乙酯（3.38%）、二十五（碳）烷（3.24%）、二十七碳烷（2.57%）、苯乙醛（2.26%）、已酸（2.10%）、3,5-二甲氧基-苯酚（2.01%）、壬酸（1.94%）、1-(3-甲氧基苯基)乙酮（1.90%）、苯乙醇（1.86%）、二十九（碳）烷（1.71%）、糠醛（1.50%）、3,7-二甲基-1,6-辛二烯-3-醇（1.48%）、2,3-二羟基苯甲酸甲基酯（1.48%）、正二十六碳烷（1.44%）、二十八烷（1.37%）、二十四（碳）烷（1.31%）、壬醛（1.25%）、1-(2,6,6-三甲基)-1,3-环已烯-1-基)-2-丁烯-1-酮（1.22%）、2-呋喃甲醇（1.19%）、3-呋喃甲醛（1.17%）等。宋永芳等（1990）用同法分析的江苏南京产毛泡桐新鲜花精油的主要成分为：1,4-二甲氧基苯（12.68%）、苯甲酸甲酯（12.42%）、4-甲氧基苯酸甲基酯（12.11%）、6,10-二甲基-5,9-十一碳-2-烯醇（7.95%）、6-甲基-3-庚酮（5.37%）、1-乙氧基戊烷（5.20%）、乙酸乙酯（4.43%）、1-甲基-4-(5-甲基-1-亚甲基-4-己烯酰）环己烯（4.02%）、甲基水杨酸酯（3.69%）、苯甲醇苯甲酸酯（2.85%）、3,7,11-三甲基-2,8,10-十二三烯醇（2.64%）、5,5-二甲基戊内酯（2.52%）、1-烯丙基-4-甲氧基苯（2.14%）等。

【利用】木材可供建筑、家具、人造板和乐器等用材，是造纸工业的原料。叶、花、果和树皮可入药，治跌打伤。能吸附大量烟尘及有毒气体，是城镇绿化及营造防护林的优良树种。

疏花婆婆纳

Veronica laxa Benth.

玄参科　婆婆纳属

分布：云南、四川、贵州、湖北、湖南、陕西、甘肃

【形态特征】植株高15～80 cm，全体被白色多细胞柔毛。茎直立或上升，不分枝。叶无柄或具极短的叶柄，叶片卵形或卵状三角形，长2～5 cm，宽1～3 cm，边缘具深刻的粗锯齿，多为重锯齿。总状花序单支或成对，侧生于茎中上部叶腋，长而花疏离，果期时长达20 cm；苞片宽条形或倒披针形，长约5 mm；花梗比苞片短得多；花萼裂片条状长椭圆形，花期时长4 mm，果期时长5～6 mm；花冠辐状，紫色或蓝色，直径6～10 mm，裂片圆形至菱状卵形；雄蕊与花冠近等长。蒴果倒心形，长4～5 mm，宽5～6 mm，基部楔状浑圆，有多细胞睫毛，花柱长3～4 mm。种子南瓜子形，长约1 mm。花期6月。

【生长习性】生于海拔1500～2500 m的沟谷阴处或山坡林下。

【芳香成分】张仁波等（2010）用水蒸气蒸馏法提取的贵州遵义产疏花婆婆纳带根全株精油的主要成分为：二十七烷（9.26%）、十六烷酸（8.24%）、二十九烷（7.78%）、二十八烷（7.68%）、二十六烷（7.44%）、二十五烷（7.01%）、二十九烷（5.71%）、三十一烷（5.48%）、邻苯二甲酸二丁酯（4.87%）、二十四烷（4.79%）、三十二烷（3.36%）、三十三烷（3.20%）、二十三烷（3.10%）、亚麻酸甲酯（2.42%）、三十四烷（1.68%）、二十二烷（1.36%）、肉豆蔻酸（1.07%）等。

细叶婆婆纳

Veronica linariifolia Pall. ex Link

玄参科　婆婆纳属

别名：水蔓菁、追风草、追风七、五气朝阳草、救荒本草、蜈蚣草、斩龙剑、一支香

分布：东北及内蒙古

【形态特征】亚种。根状茎短。茎直立，单生，少有2支丛生，常不分枝，高30～80 cm，通常有白色而多卷曲的柔毛。叶全部互生或下部的对生，条形至条状长椭圆形，长2～6 cm，宽0.2～1 cm，下端全缘而中上端边缘有三角状锯齿，极少整片叶全缘的，两面无毛或被白色柔毛。总状花序单支或数支复出，长穗状；花梗长2～4 mm，被柔毛；花冠为蓝色或紫色，

少有白色，长5～6 mm，筒部长约2 mm，后方裂片卵圆形，其余3枚卵形；花丝无毛，伸出花冠。蒴果长2～3.5 mm，宽2～3.5 mm。花期6～9月。

【生长习性】生于草甸、草地、灌丛及疏林下。发芽温度为18～24℃，土壤pH以5.8～7.5为宜，种子萌芽需光照。长日照植物。

【芳香成分】李峰（2002）用水蒸气蒸馏法提取的细叶婆婆纳新鲜全草精油的主要成分为：4-亚甲基-1-(1-甲基乙基)-环己烯（25.83%）、β-蒎烯（11.61%）、1S-α-蒎烯（10.65%）、β-水芹烯（10.49%）、β-月桂烯（10.42%）、大根香叶烯D（4.99%）、3,7-二甲基-1,3,7-辛三烯（3.28%）、莰烯（3.25%）、石竹烯（1.94%）、1,9二甲基-7-(1-甲基乙基)-八氢化萘（1.82%）、7-甲基-4-亚甲基-1-(1-甲基乙基)-八氢化萘（1.14%）、α-石竹烯（1.10%）等。

【利用】全草入药，有清热解毒、利尿、止咳化痰的功能，用于治疗支气管炎、肺脓疡、急性肾炎、尿路感染、疖肿；外用治痔疮、皮肤湿疹、风疹瘙痒。嫩茎叶可作蔬菜食用。

小婆婆纳

Veronica serpyllifolia Linn.

玄参科　婆婆纳属

分布： 东北、西北、西南及湖南、湖北

【形态特征】茎多支丛生，下部匍匐生根，中上部直立，高10～30 cm，被多细胞柔毛，上部常被多细胞腺毛。叶无柄，有时下部的叶有极短的叶柄，卵圆形至卵状矩圆形，长8～25 mm，宽7～15 mm，边缘具浅齿缺，极少全缘，3～5出脉或为羽状叶脉。总状花序多花，单生或复出，果期时长达20 cm，花序各部分密或疏地被多细胞腺毛；花冠为蓝色、紫色或紫红色，长4 mm。蒴果肾形或肾状倒心形，长2.5～3 mm，宽4～5 mm，基部圆或几乎平截，边缘有一圈多细胞腺毛，花柱长约2.5 mm。花期4～6月。

【生长习性】生于中山至高山湿草甸。喜温暖，耐高温。全日照及半日照均可生长良好。

【芳香成分】窦全丽等（2010）用水蒸气蒸馏法提取的贵州绥阳产小婆婆纳新鲜带根全株精油的主要成分为：十六烷酸（19.62%）、4-乙烯基-2-甲氧基-苯酚（9.20%）、邻苯二甲酸二丁酯（7.63%）、亚油酸（7.39%）、穿贝海绵甾醇（4.95%）、三十烷（4.32%）、三十一烷（3.60%）、二十九烷（3.31%）、月桂酸（3.19%）、十八酸（2.75%）、二十七烷（2.26%）、三十二烷（2.11%）、三十三烷（2.09%）、芥酸酰胺（2.06%）、肉豆蔻酸（1.59%）、2-硝基间苯二酚（1.43%）、11-丁基-二十二烷（1.31%）、二十五烷（1.27%）、二十三烷（1.04%）等。

【利用】全草入药，有活血散瘀、止血、解毒的功效，主治月经不调、跌打内伤；外用治外伤出血、烧烫伤、蛇咬伤。

大叶石龙尾

Limnophila rugosa (Roth) Merr.

玄参科　石龙尾属

别名：水薄荷、水茴香、水荆芥、水八角、草八角、水波香、邹叶石龙尾、田香草、糙叶田香草、水蛤、水胡椒、假毛叔草

分布：广西、广东、云南、四川、福建、湖南、台湾等地

【形态特征】多年生草本，高10～50 cm。茎自根茎发出，1条或数条略成丛，常不分枝，略成四方形。叶对生，具长1～2 cm带狭翅的柄；叶片卵形、菱状卵形或椭圆形，长3～9 cm，宽1～5 cm，边缘具圆齿；叶面遍布灰白色泡沫状凸起；叶背脉上被短硬毛。花常聚集成头状，亦有单生叶腋的；苞片近于匙状矩圆形，全缘或前端略具波状齿，与萼同被缘毛及扁平而膜质的腺点，萼长6～8 mm，果实成熟时不具凸起的条纹或仅具5条凸起的纵脉；花冠紫红色或蓝色，长可达16 mm；花柱纤细，顶端圆柱状而被短柔毛，稍下两侧具较厚而非膜质的耳。蒴果卵珠形，多少两侧扁，长约5 mm，浅褐色。花果期8～11月。

【生长习性】常生于海拔500～900 m的山野沟边阴湿地。喜肥沃、疏松、排水良好的壤土。喜温暖、荫蔽的环境，为半阴性植物。喜湿，多生于潮湿的草丛中或浅水中。年平均温度16～21℃最适合生长发育。

【精油含量】水蒸气蒸馏法提取新鲜茎叶的得油率为0.20%～0.43%，干燥茎叶的得油率为1.79%～2.25%；超临界萃取干燥全草的得油率为1.31%。

【芳香成分】叶：黄晓冬等（2011）用水蒸气蒸馏法提取的福建南安产大叶石龙尾阴干叶精油的主要成分为：胡椒酚甲醚（17.76%）、[1S-(1α,7α,8aβ)]-1,2,3,5,6,7,8,8a-八氢-1,4-二甲基-7-(1-甲基乙烯基)-甘菊环（13.24%）、石竹烯（11.29%）、Z,Z,Z-1,5,9,9-四甲基-1,4,7-环十一碳三烯（10.92%）、桉油素（6.79%）、石竹烯氧化物（4.42%）、4-萜品醇（4.03%）、愈创醇（3.56%）、匙叶桉油烯醇（3.27%）、E-橙花叔醇（2.66%）、3,4-二甲基-3-环己烯-1-甲醛（1.81%）、(1α,3aα,7α,8aβ)-2,3,6,7,8,8a-六氢-1,4,9,9-四甲基-1H-3a,7-亚甲基薁（1.73%）、(+)-香树烯（1.36%）、反-肉桂醛（1.32%）、水杨醛（1.30%）、(1α,2β,5α)-2,6,6-三甲基二环[3.1.1]庚烷（1.22%）、环氧异香橙烯（1.18%）等。

全草：喻学俭等（1986）用水蒸气蒸馏法提取的云南景洪产大叶石龙尾新鲜茎叶精油的主要成分为：反式-大茴香醚（76.39%）、爱草脑（21.94%）等。

【利用】全草精油可用作食品加香剂，可用于牙膏、香皂、化妆品等日用化工产品的原料。全草药用，有清热解毒、祛风除湿、止咳止痛、健脾利湿、理气化痰的功效，用于治疗感冒、咽喉肿痛、肺热咳嗽、支气管炎、小儿奶癖、胃寒疼痛；外用将叶捣烂外敷，可治疗疮痈及毒蛇、蜈蚣咬伤等。嫩叶炸熟、可用油盐调料调食。

短筒兔耳草

Lagotis brevituba Maxim.

玄参科　兔耳草属

别名：短管兔耳草、洪连

分布：甘肃、青海、西藏

【形态特征】多年生矮小草本，高5～15 cm。根状茎肉质，多节；根颈外常有残留的鳞鞘状老叶柄。茎1～3条。基生叶4～7片，具有窄翅长柄；叶片卵形至卵状矩圆形，质地较厚，长1.6～6 cm，顶端钝或圆形，基部宽楔形至亚心形，边缘有圆齿，少近于全缘；茎生叶多数，与基生叶同形而较小。穗状花序头状至矩圆形，长2～3 cm，花稠密；苞片近圆形；花萼佛焰苞状，后方开裂1/4～1/3，萼裂片卵圆形，被缘毛；花冠浅蓝色或白色带紫色，长8～13 mm，花冠筒伸直，上唇倒卵状矩圆形，全缘或浅凹，下唇较上唇稍长，2裂，裂片条状披针形。核果长卵圆形，长约5 mm，黑褐色。花果期6～8月。

【生长习性】生于海拔3000～4420 m的高山草地及多砂砾的坡地上。

【芳香成分】史高峰等（2003）用渗漉法乙醇提取浸膏后再水蒸气蒸馏法提取的干燥全草精油的主要成分为：二苯胺（16.47%）、邻苯二甲酸丁基-8-甲基壬基酯（6.42%）、二十六碳烷（4.76%）、十六烷酸（3.66%）、二十四碳烷（3.40%）、邻苯二甲酸二丁酯（3.38%）、二十二碳烷（3.30%）、二十碳烷（3.26%）、十六烷酸乙酯（2.77%）、十八碳烷（2.76%）、戊酸（2.48%）、3-乙基环辛烯（2.05%）、十六碳烷（1.89%）、(E,E)-2,4-癸二烯醛（1.74%）、壬酸（1.71%）、5,6,7,7a-四氢-4,4,7a-三甲基-2(4H)-苯并呋喃酮（1.31%）、苯乙醛（1.24%）等。

【利用】藏药全草入药，有清热解毒、凉血、行血调经的功效，用于治疗全身发热、肾炎、肺病、高血压、动脉粥样硬化、月经不调、综合毒物中毒及“心热”症。

革叶兔耳草

Lagotis alutacea W. W. Smith

玄参科　兔耳草属

分布：云南、四川、青海、西藏、甘肃

【形态特征】多年生矮小草本，高6～15 cm。根状茎肉质。茎1～4条，平卧、铺散状或斜升。基生叶3～6片，柄有翅，基部扩大成鞘状；叶片近圆形、宽卵形至宽卵状矩圆形，质地较厚，长2～6 cm，顶端圆或钝或稍有凸尖，基部近圆形、宽楔形或微心形，边近全缘或有钝锯齿至浅圆齿，干时近革质；茎生叶少数，与基生叶同形而较小。穗状花序卵圆状至矩圆形，长2.5～7 cm，花稠密；苞片倒卵形至卵状披针形，草质；花萼佛焰苞状，长4～8 mm，薄膜质，后方浅裂，有缘毛；花冠淡蓝紫色或白色，微带褐黄色，长9～12 mm；花冠筒伸直；上唇披针形至矩圆形，下唇2裂，很少3裂，裂片狭披针形。花期5～9月。

【生长习性】生于海拔3600～4800 m的高山草地及砂砾坡地。

【芳香成分】刘娜等（2014）用水蒸气蒸馏法提取的云南香格里拉产革叶兔耳草干燥全草精油的主要成分为：棕榈酸乙酯

（20.83%）、亚油酸乙酯（9.21%）、9-氧代壬酸乙酯（8.69%）、二苯胺（5.21%）、油酸（4.54%）、植酮（4.50%）、油酸乙酯（4.00%）、正己烷（3.73%）、4,4,6-三甲基-2-环己烯-1-醇（3.64%）、藜芦醛（3.17%）、肉豆蔻酸乙酯（2.64%）、香草乙酮（2.27%）、壬酸乙酯（1.77%）、乙酸香茅酯（1.74%）、十九碳烷（1.70%）、十五酸乙酯（1.62%）、硬脂酸乙酯（1.49%）、2,4-癸二烯醛（1.46%）、十八碳醛（1.18%）、2,6,10-三甲基-十四碳烷（1.12%）、愈伤酸（1.02%）、3,4-二甲基肉桂酸乙酯（1.00%）等。

【利用】全草入药，具有退热、降血压、调经、解毒之功效，用于治疗肝胆病、高热、烦渴、肠痧、炭疽、疮毒、伤筋等症。

野甘草

Scoparia dulcis Linn.

玄参科　野甘草属

别名：冰糖草、假甘草、假枸杞、通花草、米碎草

分布：广东、广西、云南、福建、台湾

【形态特征】直立草本或为半灌木状，高可达100 cm，茎多分枝，枝有棱角及狭翅。叶对生或轮生，菱状卵形至菱状披针形，长达35 mm，宽达15 mm，枝上部叶较小而多，顶端钝，基部长渐狭，全缘而成短柄，前半部有齿，齿有时颇深多少缺刻状而重出，有时近全缘。花单朵或更多成对生于叶腋；萼分生，齿4，卵状矩圆形，长约2 mm，顶端有钝头，具睫毛，花冠小，白色，直径约4 mm，有极短的管，喉部生有密毛，瓣片4，上方1枚稍稍较大，钝头，而缘有啮痕状细齿，长2～3 mm。蒴果卵圆形至球形，直径2～3 mm，室间室背均开裂，中轴胎座宿存。

【生长习性】多生长于荒地、山坡、路旁，喜生于湿润环境，海岸沙地也能生长。

【精油含量】水蒸气蒸馏法提取新鲜全株的得油率为0.47%。

【芳香成分】姚亮等（2012）用水蒸气蒸馏法提取的广西北海产野甘草新鲜全株精油的主要成分为：植酮（19.75%）、石竹烯（15.33%）、α-石竹烯（10.14%）、1S-(1,3a,3b,6a,6b)-十氢-3a-甲基-6-亚甲基-1-异丙基-环丁烷-[1,2,3,4]并二环戊烯（6.53%）、氧化石竹烯（4.90%）、表双环倍半水芹烯（4.69%）、芳姜黄酮（4.57%）、十七烷（4.13%）、肉豆蔻醛（2.33%）、邻苯二甲酸异丁基十一烷酯（2.11%）、环十二烷（2.03%）、匙桉醇（1.76%）、[1R-(1R*,4Z,9S*)]-4,11,11-三甲基-8-亚甲基-二环[7.2.0]-4-十一烯（1.41%）、(6E)-3,7,11-三甲基十二碳-1,6,10-三烯-3-醇（1.40%）、2-异丙基-5-甲基-9-甲烯基-双环[4.4.0]癸-1-烯（1.32%）、十五烷（1.32%）、4,7-二甲基-1-(1-甲乙基)-1,2,3,5,6,8a-六氢-(1S-顺式)-萘（1.31%）、γ-橄香烯（1.23%）、1,2-环氧十八烷（1.22%）、丁基异丁基邻苯二甲酸酯（1.16%）、十六醛（1.10%）等。

【利用】全株用药，能疏风止咳、清热利湿，主治肺热咳嗽、暑热吐泻、脚气浮肿、咽喉肿痛、湿疹、热痱等。

阴行草

Siphonostegia chinensis Benth.

玄参科　阴行草属

别名：刘寄奴、土茵陈、金钟茵陈、黄花茵陈、铃茵陈、芝麻蒿、鬼麻油、阴阳连

分布：我国东北、华北、华中、华南、西南

【形态特征】一年生草本，高30～80 cm，密被锈色短毛。茎基部常有膜质鳞片；枝稍具棱角，密被短毛。叶对生，全部为茎出；叶片厚纸质，广卵形，长8～55 mm，宽4～60 mm，两面皆密被短毛，缘作疏远的二回羽状全裂，裂片仅约3对。花对生构成稀疏的总状花序；苞片叶状，羽状深裂或全裂，密被短毛；有一对小苞片，线形；花萼管长10～15 mm，厚膜质，密被短毛，齿5枚；花冠上唇红紫色，下唇黄色，长22～25 mm，外面密被长纤毛。蒴果被包于宿存的萼内，披针状长圆形，长约15 mm，直径约2.5 mm，顶端稍偏斜，有短尖头，黑褐色；种子多数，黑色，长卵圆形，长约0.8 mm。花期6～8月。

【生长习性】生于海拔800～3400 m的干山坡与草地中。

【精油含量】水蒸气蒸馏法提取全草的得油率为0.08%～0.10%，带果穗干燥全草的得油率为1.01%。

【芳香成分】康传红等（2002）用水蒸气蒸馏法提取的黑龙江肇东产阴行草带果穗干燥全草精油的主要成分为：香树烯（21.01%）、4-特丁基-2-甲基苯酚（9.15%）、对异丙基苯甲酸（7.54%）、t-β-甜没药烯（6.07%）、(+)-δ-荜澄茄烯（杜松烯）(6.07%）、十八烷（5.47%）、2,6,10,15-四甲基十七烷（4.53%）、橙花椒醇（3.94%）、十九烷（3.79%）、2,6,10,14-四甲基十七烷（3.06%）、17-三十五烯（3.01%）、二十烷（2.94%）、1,2,3,4,4a,5,6,8a-7-甲基-4-亚甲基-1-丙基-八氢化萘（2.82%）、十七烷（2.74%）、1-碘代十三烷（2.03%）、广藿香烯（1.91%）、波旁烯（1.54%）、2,4,6-三甲基辛烷（1.33%）等。薛敦渊等（1986）用同法分析的全草精油的主要成分为：薄荷酮（16.50%）、芳樟醇（7.48%）、6,10-二甲基-2-十一酮（7.40%）、1-薄荷醇（7.12%）、桉叶油醇（6.77%）、愈创醇（6.72%）、己酸（5.12%）、辛烯-1-醇-3(3.56%）、胡薄荷酮（3.13%）、牻牛儿醇（3.06%）、苯甲醇（3.02%）、2,3-二氢苯并呋喃（2.54%）、4-(1,1-二甲基乙基)-1,2-苯二酚（2.42%）、1-苯氧基-2,3-丙二醇（1.99%）、苯乙醇（1.61%）、α-松油醇（1.50%）等。

【利用】全草入药，有清热利湿、凉血止血、祛瘀止痛的功效，主治黄疸型肝炎、胆囊炎、蚕豆病、泌尿系结石、小便不利、尿血、便血、产后淤血腹痛；外用治创伤出血、烧伤、烫伤。嫩茎叶烫熟浸洗后可凉拌。

番薯

Ipomoea batatas (Linn.) Lam.

旋花科　番薯属

别名：甘薯、红薯、红苕、甘蓣、甘储、朱薯、金薯、番茹、红山药、唐薯、玉枕薯、山芋、地瓜、山药、甜薯、白薯

分布：全国各地

【形态特征】一年生草本，地下具圆形、椭圆形或纺锤形的块根。茎平卧或上升，偶有缠绕，多分枝。叶片形状、颜色常因品种不同而异，通常为宽卵形，长4～13 cm，宽3～13 cm，全缘或3～7裂，裂片宽卵形、三角状卵形或线状披针形，叶片基部心形或近于平截，顶端渐尖。聚伞花序腋生，有1～7朵花聚集成伞形；苞片小，披针形，长2～4 mm，顶端芒尖或骤尖；萼片长圆形或椭圆形，不等长，外萼片长7～10 mm，内萼片长8～11 mm，顶端骤然成芒尖状；花冠粉红色、白色、淡紫色或紫色，钟状或漏斗状，长3～4 cm。蒴果卵形或扁圆形。种子1～4粒。异花授粉。

【生长习性】适应性广，抗逆性强，喜温、怕冷、不耐寒，适宜的生长温度为22～30℃，温度低于15℃时停止生长。喜光，是短日照作物。耐旱耐瘠，对土壤环境适应性强。

【精油含量】水蒸气蒸馏法提取新鲜叶的得油率为0.10%；同时蒸馏萃取法提取阴干成熟老藤的得油率为0.31%，幼藤的得油率为0.29%。

【芳香成分】茎：李铁纯等（2004）用同时蒸馏萃取法提取的辽宁鞍山产番薯阴干幼藤精油的主要成分为：石竹烯（27.28%）、大根香叶烯（19.64%）、1-乙烯基-1-甲基-2,4-二(1-甲基乙烯基)环己烷（8.53%）、α-石竹烯（4.51%）、γ-榄香烯（2.48%）、2,6-二甲基-6-(4-甲基苯酚-3-戊烯基)二环[3.1.1]

庚-2-烯（2.19%）、5-(1,5-二甲基-4-己烯基)-2-甲基-1,3-环己二烯（1.80%）、7,11-二甲基-3-亚甲基-1,6,10-十二碳三烯（1.75%）、1-甲基-4-(5-甲基-4-己烯基)环已烯（1.50%）、十七烷（1.29%）、玷𤰈烯（1.21%）等；阴干成熟老藤精油的主要成分为：3,7-二甲基-1,6-十八二烯-3-醇（16.04%）、石竹烯（14.90%）、石竹烯氧化物（12.63%）、1,5-二甲基-3-(1-甲基乙烯基)-1,5-环己二烯（7.49%）、4-甲基-1-(2,3,4,5-四氢化-5-甲基[2,3-双呋喃]-5-基)-2-戊酮（4.09%）、大根香叶烯（3.50%）、糠醛（2.90%）、α-石竹烯（2.23%）、4-甲基-1-(1-甲基乙基)-3-环己烯-1-醇（1.85%）、α,α,4-三甲基-3-环己烯-1-甲醇（1.84%）、1,5,5,8-四甲基-12-氧化双环[9.1.0]十二-3,7-二烯（1.83%）、(-)-匙叶桉油烯醇（1.75%）、6,10,14-三甲基-2-十五酮（1.47%）、1-甲基-4-(1-甲基乙基)-1,4-环己二烯（1.05%）、四甲基吡嗪（1.01%）、5-乙烯基四氢化-α,α,5-三甲基-2-呋喃甲醇（1.00%）等。

叶：韩英等（1992）用水蒸气蒸馏法提取的江苏徐州产番薯新鲜叶精油的主要成分为：棕榈酸（47.62%）、亚麻油酸（16.62%）、12,15-十八碳二烯酸（7.86%）、6,6-二甲基-1,3-亚甲基-二环[3.1.1]庚烷（3.85%）、甲基-16-乙酞过棕榈酸盐（3.00%）、3,7,11,15-四甲基-2-十六烯-1-醇（2.99%）、硬脂酸（2.40%）、1-氟甲基-3-硝基萘（2.06%）、十五烷酸（1.40%）、十四烷酸（1.19%）、月桂酸（1.09%）、(+)-反式-异苧烯（1.05%）等。

【利用】块根除作主粮外，也是食品加工、淀粉和酒精制造工业的重要原料，既能制作酱油、蜜饯、饴糖、葡萄糖酸钙，又能酿造白酒，提取酒精；提取淀粉后的薯渣，能生产柠檬酸钙。其淀粉是生产增塑剂、高级吸收性树脂的重要原料。块根可药用，具有补虚乏、益气力、健脾胃、强肾阳之功效，能治痢疾、酒积热泻、湿热、小儿疳积等多种疾病；生薯块中的乳白色浆液，是通便、活血、抑制肌肉痉挛的良药，对治疗湿疹、蜈蚣咬伤、带状疱疹等疾病有特效。根、茎、叶是优良的饲料。新鲜嫩叶可作蔬菜食用。

五爪金龙

Ipomoea cairica (Linn.) Sweet

旋花科　番薯属

别名： 五爪龙、上竹龙、牵牛藤、黑牵牛、假土爪藤

分布： 台湾、福建、广东、广西、云南

【形态特征】多年生缠绕草本。茎细长，有细棱，有时有小疣状突起。叶掌状5深裂或全裂，裂片卵状披针形、卵形或椭圆形，中裂片较大，长4～5 cm，宽2～2.5 cm，两侧裂片稍小，顶端渐尖或稍钝，具小短尖头，基部楔形渐狭，全缘或微波状，基部1对裂片通常再2裂；叶柄基部具小的掌状5裂的假托叶。聚伞花序腋生，具1～3花，或偶有3朵以上；苞片及小苞片均小，鳞片状；萼片外方2片较短，卵形，长5～6 mm，外面有时有小疣状突起，内萼片稍宽，长7～9 mm，边缘干膜质；花冠为紫红色、紫色或淡红色，偶有白色，漏斗状，长5～7 cm。蒴果近球形，高约1 cm，2室，4瓣裂。种子为黑色，长约5 mm，边缘被褐色柔毛。

【生长习性】生于海拔90～610 m的平地或山地路边灌丛，生长于向阳处。喜阳光充足、温暖湿润气候，疏松肥沃土壤。

【精油含量】水蒸气蒸馏法提取新鲜叶的得油率为0.04%。

【芳香成分】杨柳等（2009）用水蒸气蒸馏法提取的广东潮州产五爪金龙新鲜叶精油的主要成分为：石竹烯（29.52%）、大根香叶烯D（22.32%）、α-石竹烯（19.52%）、β-榄香烯（13.32%）、大根香叶烯B（2.83%）、α-金合欢烯（1.82%）、(3-甲基-2-环氧乙烷基)-甲醇（1.63%）、氧化石竹烯（1.03%）等。

【利用】通常作观赏植物栽培。块根供药用，外敷治热毒疮，有清热解毒之效。广西用叶治痈疮，果治跌打损伤。

马蹄金

Dichondra repens Forst.

旋花科　马蹄金属

别名：黄胆草、金钱草、小金钱草、玉馄饨、螺丕草、小马蹄草、荷包草、肉馄饨草、金锁匙、小马蹄金、九连环、小碗碗草、小元宝草、铜钱草、落地金钱、小半边钱、小铜钱草、小金钱、小灯盏、金马蹄草、小迎风草、月亮草

分布：中国南方各地分布较广，陕西、山西等地已有引种栽培

【形态特征】多年生匍匐小草本，茎细长，被灰色短柔毛，节上生根。叶肾形至圆形，直径4～25 mm，先端宽圆形或微缺，基部阔心形，叶面微被毛，叶背被贴生短柔毛，全缘；具长的叶柄，叶柄长1.5～6 cm。花单生叶腋，花柄短于叶柄，丝状；萼片倒卵状长圆形至匙形，钝，长2～3 mm，叶背及边缘被毛；花冠钟状，较短至稍长于萼，黄色，深5裂，裂片长圆状披针形，无毛；雄蕊5，着生于花冠2裂片间弯缺处，花丝短，等长；子房被疏柔毛，2室，具4枚胚珠，花柱2，柱头头状。蒴果近球形，小，短于花萼，直径约1.5 mm，膜质。种子1～2粒，黄色至褐色，无毛。

【生长习性】生于海拔1300～1980 m的山坡草地、路旁或沟边。既喜光照又耐荫蔽，耐湿，稍耐旱，适应性强。喜温暖、湿润气候，适应性强，竞争力和侵占性强。对土壤要求不严格，只要排水条件适中，在沙壤和黏土上均可种植。

【芳香成分】梁光义等（2002）用水蒸气蒸馏法提取的贵州贵阳产马蹄金全草精油的主要成分为：反式-丁香烯（15.52%）、异社香烯（14.97%）、5-表-马兜铃酸（4.74%）、伽罗木醇（3.88%）、α-白菖考烯（3.66%）、桧烯（3.66%）、β-恰米烯（3.66%）、氧化丁香烯（3.41%）、δ-杜松烯（2.80%）、胡椒烯（2.32%）、β-榄烯（1.48%）、十七烷（1.35%）、正-十六碳烯酸（1.30%）等。

【利用】全草药用，有清热利尿、祛风止痛、止血生肌、消炎解毒、杀虫之功效，可治急慢性肝炎、黄疸性肝炎、胆囊炎、肾炎、泌尿系感染、扁桃腺炎、口腔炎及痈疔疔毒、毒蛇咬伤、乳痈、痢疾、疟疾、肺出血等。嫩茎叶可作蔬菜食用。是一种优良的草坪草及地被绿化材料，适用于公园、机关、庭院绿地等栽培观赏，也可用于沟坡、堤坡、路边等固土材料。

牵牛

Pharbitis nil (Linn.) Choisy

旋花科　牵牛属

别名：裂叶牵牛、牵牛花、喇叭花、筋角拉子、大牵牛花、勤娘子

分布：我国除东北、西北以外的大部分地区

【形态特征】一年生缠绕草本，茎上被倒向的短柔毛及杂有倒向或开展的长硬毛。叶宽卵形或近圆形，深或浅的3裂，偶5裂，长4～15 cm，宽4.5～14 cm，基部圆，心形，中裂片长圆形或卵圆形，渐尖或骤尖，侧裂片较短，三角形，裂口锐或圆，叶面被微硬的柔毛。花腋生，单一或通常2朵着生于花序梗顶；苞片线形或叶状，被微硬毛；小苞片线形；萼片近等长，长2～2.5 cm，披针状线形，内面2片稍狭，外面被开展的刚毛，有时也杂有短柔毛；花冠漏斗状，长5～10 cm，蓝紫色或紫红色，花冠管色淡。蒴果近球形，直径0.8～1.3 cm，3瓣裂。种子卵状三棱形，长约6 mm，黑褐色或米黄色，被褐色短绒毛。

【生长习性】生于海拔100～1600 m的山坡灌丛、干燥河谷

路边、园边宅旁、山地路边。顺应性较强，喜阳光充足，亦可耐半遮阴。喜暖和凉爽，亦可耐暑热高温，但不耐寒，怕霜冻。喜肥美疏松土堆，能耐水湿和干旱，较耐盐碱。种子发芽适宜温度为18～23℃，幼苗在10℃以上气温即可生长。

【精油含量】超临界萃取干燥地上部分的得油率为1.55%。

【芳香成分】全草：梁娜等（2013）用超临界CO_2萃取法提取的贵州兴义产牵牛干燥地上部分精油的主要成分为：1-碘十八烷（29.71%）、二十九烷（17.02%）、亚麻酸（9.91%）、丁基邻苯二甲酸二异丁酯（7.36%）、β-谷甾醇（5.74%）、叶绿醇（5.35%）、二十七烷（4.51%）、(6E,10E,14E,18E)-2,6,10,15,19,23-六甲基二十四碳-2,6,10,14,18,22-六烯（1.92%）、二十六烷醇（1.85%）、二十五烷（1.39%）、三十烷（1.29%）、(Z)-12-二十五烯（1.09%）等。

种子：杨广成等（2011）用水蒸气蒸馏法提取的贵州产牵牛干燥成熟种子精油的主要成分为：庚醛（14.37%）、反，反-2,4-癸二烯醛（6.89%）、2-戊基呋喃（5.33%）、2-羟基-4-甲氧基苯甲醛（5.31%）、萜品烯-4-醇（3.77%）、苯乙醛（3.46%）、十六烷酸乙酯（2.06%）、(E)-2-壬烯醛（1.86%）、反-1-甲基-4-(1-甲基乙基)-2-环已烯-1-醇（1.65%）、苯甲醛（1.61%）、壬醛（1.58%）、l-α-松油醇（1.57%）、十氢-1,6-二甲基萘（1.46%）、苯乙烯（1.39%）、1-(2-呋喃甲基)-1H-吡咯（1.39%）、十七烷（1.30%）、十六烷酸甲酯（1.26%）、香叶醇（1.26%）、亚油酸乙酯（1.24%）、2-[(甲硫基)甲基]呋喃（1.23%）、β-水芹烯（1.12%）、γ-松油烯（1.06%）等。

【利用】栽培供观赏。种子入药，有泻水利尿、逐痰、杀虫的功效，用于治疗水肿胀满、二便不通、痰饮积聚、气逆喘咳、虫积腹痛、蛔虫病、绦虫病。

金灯藤

Cuscuta japonica Choisy

旋花科　菟丝子属

别名：日本菟丝子、大菟丝子、菟丝子、无娘藤、金灯笼、无根藤、飞来藤、无根草、山老虎、金丝藤、无头藤、红无根藤、雾水藤、红雾水藤、大粒菟丝子、金丝草、黄丝藤、飞来花、天蓬草、无量藤

分布：全国各地

【形态特征】一年生寄生缠绕草本，茎较粗壮，肉质，黄色，常带紫红色瘤状斑点，多分枝，无叶。花成穗状花序，长达3 cm，基部常多分枝；苞片及小苞片鳞片状，卵圆形，长约2 mm，顶端尖，全缘，沿背部增厚；花萼碗状，肉质，长约2 mm，5裂几乎达基部，裂片卵圆形或近圆形，顶端尖，背面常有紫红色瘤状突起；花冠钟状，淡红色或绿白色，长3～5 mm，顶端5浅裂，裂片卵状三角形，钝，直立或稍反折，短于花冠筒2～2.5倍。蒴果卵圆形，长约5 mm，近基部周裂。种子1～2粒，光滑，长2～2.5 mm，褐色。花期8月，果期9月。

【生长习性】生于田边、荒地、灌丛中，寄生于草本或灌木上。喜高温湿润气候，对土壤要求不严，适应性较强。是恶性寄生杂草。

【芳香成分】侯冬岩等（2003）用水蒸气蒸馏法提取的华北

产金灯藤种子精油的主要成分为：3-己烯-2-酮（9.09%）、十二烷（6.81%）、十一烷（3.80%）、E-2-己烯-1-醇（3.43%）、十三烷（2.57%）、2-庚酮（2.52%）、2,3,3-三甲基-1-丁烯（1.96%）、2-戊基呋喃（1.51%）等。

【利用】种子药用，具有滋补肝肾、固精缩尿、安胎、明目、止泻之功效，临床主要应用于治疗肾虚腰痛、阳痿遗精、尿频、宫冷不孕、目暗便溏之肾阴阳虚症。

菟丝子

Cuscuta chinensis Lam.

旋花科　菟丝子属

别名： 黄丝、豆寄生、龙须子、豆阎王、山麻子、无根草、金丝藤、鸡血藤、黄丝藤、无叶藤、无根藤、无娘藤、雷真子、禅真

分布： 黑龙江、吉林、辽宁、河北、山西、陕西、宁夏、甘肃、内蒙古、新疆、山东、江苏、安徽、河南、浙江、福建、四川、云南等地

【形态特征】一年生寄生草本。茎缠绕，黄色，纤细，直径约1 mm，无叶。花序侧生，少花或多花簇生成小伞形或小团伞花序，近于无总花序梗；苞片及小苞片小，鳞片状；花梗稍粗壮，长仅1 mm；花萼杯状，中部以下连合，裂片三角状，长约1.5 mm，顶端钝；花冠白色，壶形，长约3 mm，裂片三角状卵形，顶端锐尖或钝，向外反折，宿存；雄蕊着生花冠裂片弯缺微下处；鳞片长圆形，边缘长流苏状；子房近球形，花柱2，等长或不等长，柱头球形。蒴果球形，直径约3 mm，几乎全为宿存的花冠所包围，成熟时整齐的周裂。种子2～49粒，淡褐色，卵形，长约1 mm，表面粗糙。

【生长习性】生于海拔200～3000 m的田边、山坡阳处、路边灌丛或海边沙丘，通常寄生于豆科、菊科、蒺藜科等多种植物上。喜高温湿润气候，对土壤要求不严，适应性较强。

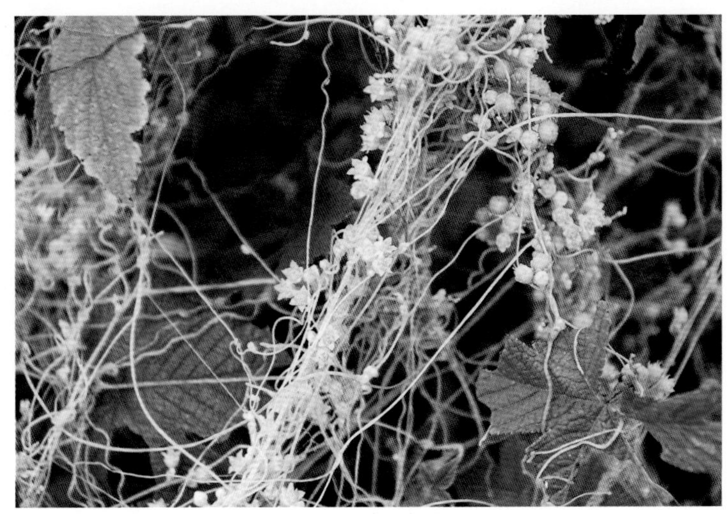

【芳香成分】侯冬岩等（2003）用水蒸气蒸馏法提取的辽宁千山产菟丝子种子精油的主要成分为：2-呋喃甲醇（7.17%）、3,7-二甲基-1,6-辛二烯-3-醇（2.90%）、石竹烯（2.79%）、庚醛（2.12%）、糠醛（2.05%）等。

裴学军等（2016）用顶空固相微萃取法提取的四川产菟丝子干燥成熟种子精油的主要成分为：麦芽醇（27.05%）、1-辛烯-3-醇（23.28%）、酞酸二乙酯（5.12%）、3-辛醇（2.09%）、甲苯（1.94%）、苯甲醛（1.83%）、苯酚（1.81%）、3-乙基-2-己烯（1.78%）、2-甲基丁醛（1.07%）、十四烷（1.07%）、异长叶烯（1.01%）等。

【利用】为有害杂草。种子药用，有补肝肾、益精壮阳、安胎明目，止泻的功能，临床主要应用于治疗肾虚腰痛、阳痿遗精、尿频、宫冷不孕、目暗便溏之肾阴阳虚症。

金钟藤

Merremia boisiana (Gagn.) v. Ooststr.

旋花科　鱼黄草属

别名： 多花山猪菜

分布： 广东、海南、广西、云南

【形态特征】大型缠绕草本或亚灌木。茎圆柱形，干后灰褐色或黑褐色，具有不明显的细棱。叶近于圆形，长9.5～15.5 cm，宽7～14 cm，顶端渐尖或骤尖，基部心形，全缘。花序腋生，为多花的伞房状聚伞花序，有时为复伞房状聚伞花序；苞片小，长1.5～2 mm，狭三角形，外面密被锈黄色短柔毛，早落；外萼片宽卵形，长6～7 mm，外面被锈黄色短柔毛，内萼片近圆形，长7 mm，顶端钝；花冠黄色，宽漏斗状或钟状，长1.4～2 cm，中部以上于瓣中带密被锈黄色绢毛，冠檐浅圆裂。蒴果圆锥状球形，长1～1.2 cm，4瓣裂，外面褐色，无毛，内面银白色。种子三棱状宽卵形，长约5 mm，沿棱密被褐色糠秕状毛。

【生长习性】生于海拔120～680 m的疏林润湿处或次生杂木林中。具有广幅生态适应性，虽属阳性植物，但对光的适应幅度亦广；虽多生长于土壤潮湿的地方，但亦耐一定的干旱；对温度变化也具有较强的适应力。

【精油含量】水蒸气蒸馏法提取新鲜叶的得油率为0.13%。

【芳香成分】李晓霞等（2014）用水蒸气蒸馏法提取的海南白沙产金钟藤新鲜叶精油的主要成分为：β-榄香烯（24.64%）、β-丁香烯（21.61%）、(Z)-β-香柠檬烯（6.11%）、α-葎草烯（6.00%）、双环大牻牛儿烯（5.36%）、二十七烷（3.69%）、植醇（3.24%）、大根香叶烯D（2.57%）、蓝桉醇（2.43%）、雅榄蓝烯（2.39%）、σ-榄香烯（2.10%）、氧化石竹烯（2.09%）、δ-杜松烯（1.94%）、法呢醇（1.00%）等。

【利用】具有一定的观赏性，适合公路、坡地作地补植物，也可用于立体绿化。叶可作猪或者其他家畜的饲料。

丁香茄

Calonyction muricatum (Linn.) G. Don

旋花科　月光花属

别名： 天茄子、天茄、跌打豆

分布： 河南、湖北、湖南有栽培，云南有野生

【形态特征】一年生粗壮缠绕草本，茎圆柱形，具侧扁的小瘤突。叶心形，具长的锐尖头或长的尾状尖，叶面草绿色，叶背稍苍白色，具密集的露状小点，脉极突出；具长的叶柄。花美丽，紫色，腋生，单一或成腋生少花的卷曲的花序；花梗结果时具有丰富的乳汁，果熟时极增粗；萼片卵形，肉质，背面龙骨状突起，边缘苍白色膜质透明，外面3片具有肉质的直立伸长的芒，长5～8 mm，内面2片较小，芒较短；花冠较小，紫色或淡紫色，瓣中带薄，多脉，管长圆柱形，长2～3 cm，上部宽展，冠檐漏斗状，花冠裂片三角形，顶端渐尖。蒴果球状卵形，具锐尖头。种子4粒，大而平滑，三棱形，背拱，侧面平，黑色。

【生长习性】生于海拔580～1200 m的灌丛中或河漫滩干坝。

【精油含量】水蒸气蒸馏法提取干燥全草的得油率为2.60%；超临界萃取法提取干燥种子的得油率为2.70%。

【芳香成分】全草：盛文兵等（2015）用水蒸气蒸馏法提取的湖南永州产丁香茄干燥全草精油的主要成分为：亚油酸（62.80%）、角鲨烯Ⅱ（3.83%）、12-羟基硬脂酸十八酯（3.20%）、香叶基芳樟醇（2.88%）、肉豆蔻酸（2.66%）、1,3,12-十八碳三烯（2.45%）、豆固烷醇（2.23%）、二十五碳五烯酸（2.20%）、棕榈酸乙酯（1.85%）、正十七碳醇（1.84%）、Z-9-十八碳烯醛（1.68%）、亚麻醇（1.45%）、角鲨烯Ⅰ（1.37%）、棕榈酸（1.26%）等。

种子：朱小勇等（2012）用超临界CO_2萃取法提取的广西南宁产丁香茄干燥种子精油的主要成分为：亚油酸（45.53%）、棕榈酸（20.04%）、硬脂酸（6.75%）、早熟素Ⅱ（4.96%）、角鲨烯（2.93%）、香豆素（2.12%）、叶绿醇（1.18%）、早熟素Ⅰ（1.13%）等。

【利用】幼果可作蜜饯。叶可作蔬菜。种子在菲律宾作蛇药，并作泻药；用于治疗跌打损伤、小儿疳积、小儿肺炎。

大苞水竹叶

Murdannia bracteata (C. B. Clarke) J. K. Morton ex Hong

鸭跖草科　水竹叶属

别名： 痰火草、围夹草、癌草

分布： 广东、海南、广西、云南

【形态特征】多年生草本。主茎极短，可育茎通常2支，长而匍匐，长20～60 cm，全面被细柔毛或仅一侧被毛，节间长达10 cm。叶在主茎上的密集成莲座状，剑形，长20～30 cm，宽1.2～1.8 cm，下部边缘有细长睫毛；可育茎上的叶卵状披针形至披针形，长3～12 cm，宽1～1.5 cm，叶鞘全面被细长柔毛或仅沿口部一侧有刚毛。蝎尾状聚伞花序通常2～3个，少单个；总苞片叶状，但较小；聚伞花序因花极为密集而呈头状；苞片圆形，长5～7 mm；萼片草质，卵状椭圆形，浅舟状，长约4 mm；花瓣蓝色。蒴果宽椭圆状三棱形，长4 mm。种子黄棕色，具由胚盖发出的辐射条纹，并有白色细网纹。花果期5～11月。

【生长习性】生于山谷水边或溪边沙地上，海拔530～850 m。

【精油含量】水蒸气蒸馏法提取干燥全草的得油率为0.42%。

【芳香成分】陈新颖等（2017）用水蒸气蒸馏法提取的广东广州产大苞水竹叶干燥全草精油的主要成分为：正十六烷酸（17.57%）、荜澄茄油烯醇（10.62%）、2-十五烷酮（8.50%）、1,1,10-三甲基-2-羟基-6,9-环二氧萘烷（6.57%）、9-十六碳烯醛（6.18%）、正十五烷酸（4.61%）、叶绿醇（3.66%）、3,15-十八碳二烯-1-醇乙酸酯（3.60%）、2-丁氧基羰基氧基-1,1,10-三甲基-6,9-环二氧萘烷（3.42%）、β-榄香烯（2.09%）、十二烯基丁二酸酐（1.57%）、2,6,10-三甲基-十四烷（1.22%）、环己基甲醇（1.05%）、10,11-环丙-十一烷酸（1.02%）等。

【利用】全草药用，有化痰散结的功效，治肺痨咳嗽、痔疮、瘰疬、痈肿等症；民间以偏方用于治疗肺结核、肺癌、淋巴结结核等病症。广泛用作园林景观。

紫万年青

Rhoeo discolor (L'Her.) Hance

鸭跖草科　紫万年青属

别名： 蚌兰花、蚌花、荷包兰、蚌兰衣、菱角花

分布： 我国南方各地均有栽培

【形态特征】多年生草本。茎粗壮，多少肉质，高不及50 cm，不分枝。叶互生而紧贴，披针形，长15～30 cm，宽2.5～6 cm，先端渐尖，基部鞘状，叶面绿色，叶背紫色。花白色，腋生，具短柄，多数，聚生，包藏于苞片内；苞片2，蚌壳状，大而压扁，长3～4 cm，淡紫色；萼片3，长圆状披针形，分离，花瓣状；花瓣3，分离；雄蕊6，花丝有毛；子房无柄，3室。蒴果开裂。花期夏季。

【生长习性】喜半阴、湿润的环境。有较好的耐阴性，也有较强的适应干燥气候的能力。喜肥沃、疏松的砂壤土，较耐旱。怕暴晒，畏寒冷，10℃即停止生长，故越冬以10℃以上为好。

【精油含量】水蒸气蒸馏法提取紫万年青带苞片花序的得油率为0.05%。

【芳香成分】黄丽莎等（2009）用水蒸气蒸馏法提取的广东佛山产紫万年青带苞片花序精油的主要成分为：天竺葵醛（25.72%）、棕榈酸（22.79%）、壬酸（18.94%）、月桂

酸（7.72%）、异香兰醛（2.84%）、葡萄花酸（2.20%）、羊脂酸（1.89%）、亚油酸（1.71%）、4,5-二甲基-2-十五基-1,3-二氧戊烷（1.31%）、十一醛（1.09%）、十一酸（1.06%）、十三烷酸（1.05%）等。

【利用】花药用，有清肺化痰、凉血止血、解毒止痢的功效，主治肺热咳喘、百日咳、咯血、鼻衄、血痢、便血、瘀病。是室内观叶佳品。

亚麻

Linum usitatissimum Linn.

亚麻科　亚麻属
别名： 鸭麻、壁虱胡麻、山西胡麻
分布： 全国各地

【形态特征】一年生草本。茎直立，高30～120 cm。叶互生；叶片线形，线状披针形或披针形，长2～4 cm，宽1～5 mm，先端锐尖，基部渐狭，内卷。花单生于枝顶或枝的上部叶腋，组成疏散的聚伞花序；花直径15～20 mm；萼片5，卵形或卵状披针形，长5～8 mm，先端凸尖或长尖，边缘膜质，全缘，有时上部有锯齿；花瓣5，倒卵形，长8～12 mm，蓝色或紫蓝色，稀白色或红色，先端啮蚀状。蒴果球形，干后为棕黄色，直径6～9 mm，顶端微尖，室间开裂成5瓣；种子10粒，长圆形，扁平，长3.5～4 mm，棕褐色。花期6～8月，果期7～10月。

【生长习性】喜凉爽湿润气候。耐寒，怕高温。种子发芽最适宜温度20～25℃；营养生长适宜温度11～18℃。土壤含水量达到田间最大持水量的70%～80%。以土层深厚、疏松肥沃、排水良好的微酸性或中性土壤栽培为宜，含盐量在0.2%以下的碱性土壤亦能栽培。

【精油含量】同时蒸馏萃取法提取种子的得油率为1.80%。

【芳香成分】李高阳等（2006）用同时蒸馏萃取法提取的宁夏产亚麻种子精油的主要成分为：2-丁酮（23.17%）、甲基肼（13.75%）、乙烯基苯（7.78%）、乙酸乙酯（6.33%）、1,2-二甲基苯（3.86%）、正十四烷（3.05%）、正己醛（2.77%）、异丙基乙醇（2.61%）、烯丙基异硫氰酸酯（2.49%）、丙酮（2.17%）、3-甲基-2-戊酮（1.90%）、乙基苯（1.82%）、正己醇（1.80%）、1,4-二甲基苯（1.76%）、糠醛（1.12%）、2-丁醇（1.11%）、1,4-苯二醇（1.08%）、吡咯（1.08%）等。

【利用】为重要的纤维植物，韧皮部纤维为最优良纺织原料。全草及种子可入药。为重要的油料作物，种子榨亚麻仁油，用作印刷墨、油漆、染料、润滑剂和药用，在山西、云南等处被广泛食用。亚麻籽榨油后的饼粕是良好的家畜饲料。以亚麻为原料开发的生态地膜，可供水田、旱地和温室使用。

东北岩高兰

Empetrum nigrum Linn. var. *japonicum* K. Koch

岩高兰科　岩高兰属
别名： 岩高兰
分布： 东北大兴安岭

【形态特征】岩高兰变种。常绿匍匐状小灌木，高20～50 cm，稀达1 m；多分枝，小枝红褐色．幼枝多少被微柔毛。叶轮生或交互对生，下倾或水平伸展，线形，长4～5 mm，宽

1～1.5 mm，先端钝边缘略反卷，叶面具皱纹，有光泽，幼叶边缘具稀疏腺状缘毛。花单性异株，1～3朵生于上部叶腋；苞片3～4，鳞片状，卵形，长约1 mm，边缘具细睫毛，萼片6，外层卵圆形，长约1.5 mm，里层披针形，与外层等长，暗红色，花瓣状，先端内卷，无花瓣；雄蕊3，花丝线形，长约4 mm，花药较小；子房近陀螺形，长约0.6 mm，上部径0.8 mm，花柱极短，柱头辐射状6～9裂。果径约5 mm，成熟时紫红色至黑色。

【生长习性】生于海拔775～1460 m的石山或林中。

【精油含量】水蒸气蒸馏法提取茎叶的得油率为0.47%；溶剂萃取-水蒸气蒸馏法提取茎叶的得油率为0.35%；有机溶剂萃取法提取茎的得膏率为4.78%，叶的得膏率为6.10%。

【芳香成分】茎：孔凡丽等（2015）用有机溶剂萃取法提取的茎精油的主要成分为：三十四烷（30.89%）、二十九烷（29.70%）、1,30-三十烷二醇（12.14%）、四十四烷（4.64%）、邻苯二甲酸二丁酯（3.28%）、角鲨烯（2.82%）、β-谷甾醇乙酸酯（2.23%）、十八醛（2.09%）、十八醛（1.61%）、α-香树精（1.37%）、二十七烷（1.36%）、醋酸豆甾醇（1.29%）、齐墩果-13(18)-烯（1.26%）、二十八烷（1.24%）等。

叶：孔凡丽等（2015）用有机溶剂萃取法提取的叶精油的主要成分为：三十四烷（39.85%）、二十九烷（20.98%）、三十六烷（19.68%）、1,30-三十烷二醇（2.72%）、十八醛（1.96%）、三十二烷（1.89%）、二十七烷（1.50%）、角鲨烯（1.37%）等。

全草：孔凡丽等（2015）用水蒸气蒸馏法提取的内蒙古大兴安岭产东北岩高兰茎叶精油的主要成分为：水杨酸苄酯（35.49%）、γ-杜松烯（8.18%）、芳樟醇（4.79%）、α-依兰油烯（3.68%）、丁香酚（3.58%）、α,4-二甲基-3-环己烯-1-乙醛（3.55%）、α-蒎烯（2.91%）、α-荜澄茄醇（2.85%）、苯甲酸叶醇酯（2.56%）、顺-α,α-5-三甲基-5-乙烯基四氢化呋喃-2-甲醇（2.48%）、苯甲酸苄酯（2.12%）、β-紫罗兰酮（1.96%）、3,4,4a,5,6,7-六氢-1,1,4a-三甲基-2(1H)-萘（1.91%）、植酮（1.88%）、杜松醇（1.34%）、γ-荜澄茄烯（1.32%）、β-波旁烯（1.24%）、苄基丙酮（1.23%）、喇叭烯氧化物（Ⅱ）(1.04%)、泪杉醇（1.00%）等。

【利用】果甜，可食用或入药。

垂柳

Salix babylonica Linn.

杨柳科　柳属

别名：水柳、垂丝柳、清明柳

分布：产于长江流域与黄河流域，其他各地均有栽培

【形态特征】乔木，高达12～18 m。树皮灰黑色，不规则开裂；枝细，下垂，淡褐黄色、淡褐色或带紫色。芽线形，先端急尖。叶狭披针形或线状披针形，长9～16 cm，宽0.5～1.5 cm，先端长渐尖，基部楔形，叶面绿色，叶背色较淡，锯齿缘；托叶仅生在萌发枝上，斜披针形或卵圆形，边缘有齿牙。雄花序长1.5～3 cm，轴有毛；雄蕊2，花丝与苞片近等长或较长，基部多少有长毛，花药红黄色；苞片披针形，外面有毛；腺体2；雌花序长达2～5 cm，基部有3～4小叶，轴有毛；子房椭圆形，花柱短，柱头2～4深裂；苞片披针形，长1.8～2.5 mm，外面有毛；腺体1。蒴果长3～4 mm，带绿黄褐色。花期3～4月，果期4～5月。

【生长习性】常植于道旁、水边等。耐水湿，也能生于干旱处。喜光，也耐阴。喜温暖湿润气候和肥沃、深厚的酸性及中性土壤。耐碱、耐寒、耐水湿。适应能力强，能抗-30℃的低温。对有毒气体有一定的抗性，并能吸收二氧化硫。

【精油含量】超临界萃取法提取干燥茎的得油率为0.52%～0.76%，干燥叶的得油率为0.88%～1.01%。

【芳香成分】茎：卫强等（2016）用超临界CO_2萃取法提取的安徽合肥产垂柳干燥茎精油的主要成分为：苯甲醛（14.26%）、2-羟基苯甲醛（9.00%）、二十八烷（8.86%）、1,2-环己二酮（8.62%）、(S)-松油醇（7.36 %）、3,7-二甲基-2,6-辛二烯醛（4.62%）、3,7-二甲基-1,6-辛二烯-3-醇（3.92%）、香叶醇（3.18%）、3-烯丙基-6-甲氧基-苯酚（2.66%）、邻苯二甲酸二丁酯（2.56%）、间二甲苯（2.40%）、α-甲基-α-[4-甲基-3-戊烯基]环氧乙烷甲醇（2.12%）、二十一烷（1.80%）、2-苯乙醇己酸酯（1.52%）、(E,Z)-3,6-壬二烯醇（1.46%）、伞柳酮（1.36%）、二十四烷（1.30%）、茉莉酮（1.30%）、邻苯二甲酸二异辛酯（1.26%）、乙苯（1.20%）、乙酸苄酯（1.16%）、邻苯二甲酸二异

丁酯（1.06%）等。

叶：韩伟等（2018）用水蒸气蒸馏法提取的黑龙江哈尔滨产垂柳干燥叶精油的主要成分为：棕榈酸（34.18%）、正二十四烷（9.43%）、叶绿醇（8.12%）、正庚烷（6.75%）、7-亚甲基十三烷（5.69%）、邻苯二甲酸二辛酯（3.72%）、2,2'-亚甲基双-(4-甲基-6-叔丁基苯酚)(2.38%)、鲸蜡烷（2.36%）、苯甲酸正己酯（2.32%）、甲基环己烷（2.08%）、邻苯二甲酸-1-丁酯-2-异丁酯（2.06%）、丁香酚（1.82%）、肉豆蔻醛（1.35%）、正二十烷（1.25%）、硬脂烷醛（1.22%）、亚麻酸（1.04%）等。卫强等（2016）用超临界CO_2萃取法提取的安徽合肥产垂柳干燥叶精油的主要成分为：苯甲醛（38.62%）、二十八烷（4.06%）、二十五烷（3.90%）、甲基环己烷（3.21%）、二十一烷（2.73 %）、香叶醇（2.67%）、十四醛（1.26%）、1,3-二羟基-5-戊基苯（1.20%）、丁香酚（1.03%）、叶绿醇（1.02%）等。

【**利用**】为优美的绿化树种。木材可供制家具；枝条可编筐；枝皮纤维可造纸。树皮可提制栲胶。叶可作羊饲料。全株可药用，根能祛风利湿、消肿止痛，可治疗乳痈、牙痛、中耳炎、黄疸等疾病；叶有清热解毒、利湿消肿之功能，可治疗上呼吸道感染、支气管炎、肺炎、膀胱炎、腮腺炎、咽喉炎；捣烂外敷，可治疗足跟疼痛；枝是接骨妙药，可治疗冠心病、慢性支气管炎、尿路感染、烧烫伤等；水煎熏洗，对治风湿性、类风湿性关节炎有明显疗效；皮能除痰明目、清热祛风、水煎熏洗尚可治疗疥癣顽疾；花、果药用，能治恶疮等症；柳絮研细，可治疗黄疸、咯血、吐血、便血及女子闭经等，外用可治牙痛。柳絮可作枕芯。

旱柳

Salix matsudana Koidz.

杨柳科　柳属

别名：柳枝、柳树、青皮柳、立柳

分布：东北、华北、西北以及甘肃、青海、浙江、江苏等地

【**形态特征**】乔木，高达18 m，胸径达80 cm。树皮暗灰黑色，有裂沟；枝细长，直立或斜展，浅褐黄色或带绿色，后变褐色。芽微有短柔毛。叶披针形，长5～10 cm，宽1～1.5 cm，先端长渐尖，基部窄圆形或楔形，叶面绿色，有光泽，叶背苍白色或带白色，有细腺锯齿缘；托叶披针形或缺，边缘有细腺锯齿。雄花序圆柱形，长1.5～3 cm，粗6～8 mm，轴有长毛；雄蕊2，花药卵形，黄色；苞片卵形，黄绿色，先端钝，基部有短柔毛；腺体2；雌花序较雄花序短，长达2 cm，粗4 mm，有3～5小叶生于短花序梗上，轴有长毛；子房长椭圆形，柱头卵形，近圆裂；苞片同雄花；腺体2。果序长达2～2.5 cm。花期4月，果期4～5月。

【**生长习性**】垂直分布于海拔1500 m以下。抗风力强，不怕沙压。喜光，不耐庇荫；耐寒性强；喜水湿，亦耐干旱。对土壤要求不严，以肥沃、疏松、潮湿土最为适宜，在固结、黏重土壤及重盐碱地上生长不良。

【**精油含量**】水蒸气蒸馏法提取阴干叶的得油率为1.98%。

【**芳香成分**】郑尚珍等（2000）用水蒸气蒸馏法提取的甘肃天水产旱柳阴干叶精油的主要成分为：苯甲醇（29.32%）、1,2-环己二酮（10.20%）、百里香酚（6.54%）、邻苯二酚

(6.38%)、4-甲基-8-喹啉醇(5.54%)、苯乙醇(5.09%)、苯甲醛(4.58%)、邻苯二甲酸二丁酯(4.32%)、6-甲基-2-苯基喹啉(3.62%)、丁子香酚(3.26%)、水杨醇(1.50%)、2,3-二氢苯并呋喃(1.36%)、1,6-二异丙基苯酚(1.05%)等。

【利用】木材供建筑器具、造纸、人造棉、火药等用。细枝可编筐。为早春蜜源树。为园林及城乡固沙保土四旁绿化树种。叶为羊饲料。根、枝、皮、叶均可入药，具有清心明目、退热祛毒的功效。嫩梢或嫩叶可作蔬菜食用。

大青杨

Populus ussuriensis Kom.

杨柳科　杨属

分布：黑龙江、吉林、辽宁

【形态特征】乔木，高达30 m，胸径1～2 m；树冠圆形。树皮幼时灰绿色，较光滑，老时暗灰色，纵沟裂。嫩枝灰绿色，稀红褐色，有短柔毛，其断面近方形。芽色暗，有黏质，圆锥形，长渐尖。叶椭圆形、广椭圆形至近圆形，长5～12 cm，宽3～10 cm，先端突短尖，扭曲，基部近心形或圆形，边缘具圆齿，密生缘毛，叶面暗绿色，叶背微白色，两面沿脉密生或疏生柔毛；叶柄长1～4 cm，密生与叶脉相同的毛。花序长12～18 cm，花序轴密生短毛，基部更为明显。蒴果无毛，近无柄，长约7 mm，3～4瓣裂。花期4月上旬至5月上旬，果期5月中下旬至6月中下旬。

【生长习性】适生于山地、江河岸边、沟谷坡地，垂直分布常在海拔300～1400 m。耐寒、喜光，中生偏湿，适于微酸性棕色森林土或山地棕壤土。

【芳香成分】程立超等(2007)用水蒸气蒸馏法提取的树皮精油的主要成分为：间邻羟基苯甲醛(34.69%)、(E,E)-2,4-癸二烯醛(10.60%)、亚油酸(9.23%)、十八醛(5.05%)、己二酸二异丁酯(4.40%)、糠醛(3.72%)、戊二酸二丁酯(3.32%)、己醛(3.22%)、二十二烷(2.96%)、2,4-癸二烯醛(2.92%)、丁二酸二异丁酯(2.38%)、11,14,17-二十碳三烯酸甲基酯(2.36%)、辛酸(1.87%)、邻苯二甲酸二丁酯(1.35%)、2-壬烯醛(1.32%)等。

【利用】木材可供建筑、舟船、造纸、火柴杆等用，为东北东部山地森林更新主要树种之一。

黑杨

Populus nigra Linn.

杨柳科　杨属
别名： 欧亚黑杨、卡拉铁列克
分布： 新疆以及东北、华北、西北各地

【形态特征】乔木，高30 m；树冠阔椭圆形。树皮暗灰色，老时沟裂。小枝圆形，淡黄色。芽长卵形，富黏质，赤褐色，花芽先端向外弯曲。叶在长短枝上同形，薄革质，菱形、菱状卵圆形或三角形，长5～10 cm，宽4～8 cm，先端长渐尖，基部楔形或阔楔形，稀截形，边缘具圆锯齿，有半透明边，叶面绿色，叶背淡绿色；叶柄略等于或长于叶片，侧扁，无毛。雄花序长5～6 cm，花序轴无毛，苞片膜质，淡褐色，长3～4 mm，顶端有线条状的尖锐裂片；雄蕊15～30，花药紫红色；子房卵圆形，有柄，柱头2枚。果序长5～10 cm，果序轴无毛，蒴果卵圆形，有柄，长5～7 mm，宽3～4 mm，2瓣裂。花期4～5月，果期6月。

【生长习性】天然生长在河岸、河湾，很少在沿岸沙丘。抗寒，喜光，不耐盐碱，不耐干旱，喜湿润而排水良好的冲积土，对水涝和瘠薄土地均有一定耐性，能适应暖热气候。对二氧化硫抗性强，并有吸附能力。

【芳香成分】郭线茹等（2005）用水蒸气蒸馏法提取的河南郑州产黑杨成熟叶精油的主要成分为：顺-3-己烯醇（28.71%）、邻羟基苯甲醛（10.35%）、反-2-己烯醛（9.67%）、1,2-环己二酮（9.38%）、反-2-己烯醇（9.07%）、3-甲基-丁二酸酐（5.53%）、1-己醇（5.43%）、植醇（4.36%）、丁香酚（2.27%）、己酸（2.00%）、十六烷醇（2.00%）、1-戊烯-3-醇（1.43%）、苯甲醛（1.32%）、己醛（1.28%）、苯乙醇（1.28%）、苯甲醇（1.09%）等。

【利用】用于城镇绿化。木材供家具和建筑用。树皮可提制栲胶及黄色染料。芽药用。可作为杨树育种优良亲本。

加杨

Populus canadensis Moench

杨柳科　杨属
别名： 加拿大杨、加拿大白杨、欧美杨、美国大叶白杨
分布： 除广东、云南、西藏外的各地

【形态特征】大乔木，高30多m。干直，树皮粗厚，深沟裂，下部暗灰色，上部褐灰色，树冠卵形；萌枝及苗茎棱角明显，小枝圆柱形，稍有棱角。芽大，先端反曲，初为绿色，后变为褐绿色，富黏质。叶三角形或三角状卵形，长7～10 cm，长枝和萌枝叶较大，长10～20 cm，先端渐尖，基部截形或宽楔形，无或有1～2腺体，边缘半透明，有圆锯齿，具短缘毛，叶面暗绿色，叶背淡绿色；叶柄侧扁而长，带红色。雄花序长7～15 cm，每花有雄蕊15～40；苞片淡绿褐色，丝状深裂，花盘淡黄绿色，全缘，花丝细长，白色；雌花序有花45～50朵。

果序长达27 cm；蒴果卵圆形，长约8 mm，先端锐尖，2～3瓣裂。花期4月，果期5～6月。

【生长习性】喜温暖湿润气候，耐瘠薄及微碱性土壤。

【精油含量】水蒸气蒸馏法提取干燥雄性花序的得油率为0.27%，新鲜雄花序的得油率为0.10%。

【芳香成分】茎：张玉凤等（1997）用水蒸气蒸馏法提取的内蒙古呼和浩特产加杨树皮精油的主要成分为：乙酸酐（13.34%）等。

花：程传格等（2005）用水蒸气蒸馏法提取的山东济南产加杨新鲜雄花序精油的主要成分为：愈创木醇（8.84%）、[3S-(3α,3aβ,5α)]-1,2,3,3a,4,5,6,7-八氢化-α,α,3,8-四甲基-5-薁（7.13%）、(2R-顺)-1,2,3,4,4a,5,6,7-八氢化-α,α,4a,8-四甲基-2-萘甲醇（5.72%）、二十七烷（5.41%）、二十五烷（3.69%）、二十三烷（3.67%）、戊二酸二丁酯（3.41%）、2-甲氧基-4-乙烯基苯酚（3.19%）、二十九烷（2.52%）、2,6,10,14-四甲基-十六烷（2.40%）、己二酸二丁酯（2.25%）、二十六烷（2.19%）、α-乙烯基-苯甲醇（2.11%）、二十八烷（2.00%）、苯酚（1.96%）、β-桉叶油醇（1.83%）、甲基-丁二酸二(1-甲基丙基)酯（1.73%）、苯乙醇（1.50%）、二十四烷（1.48%）、2,6,10,14-四甲基-十五烷（1.36%）、三十烷（1.31%）、己二酸二(2-甲基丙基)酯（1.30%）、丁二酸二丁酯（1.23%）等。何方奕等（2000）用同时蒸馏萃取法提取的干燥雄性花序精油的主要成分为：1-乙氧基丙烷（14.44%）、乙酸乙酯（12.94%）、1,1-二乙氧基乙烷（11.63%）、2-乙氧基丙烷（5.85%）、苯甲醇（5.75%）、2-甲氧基-4-乙烯基苯酚（5.59%）、1,1,1-三氯乙烷（3.83%）、2-甲基-3-羟基丁酸酯（3.65%）、愈创醇（2.36%）、正-十六烷酸（2.32%）、1-亚甲基-1-氢茚（2.03%）、十氢化-2-萘甲醇（1.93%）、3,5,5-三甲基-2-(5H)-呋喃酮（1.68%）、3-甲基-2-丁烯-1-醇（1.57%）、氯苯（1.54%）、1,2,3,4,4a,5,6,7-八氢化-2-萘甲醇（1.41%）、十九烷（1.37%）、苯乙醇（1.32%）、十八烷（1.15%）、2-甲基-2-戊烯（1.10%）、十七烷（1.03%）等。

【利用】木材供箱板、家具、火柴杆、牙签和造纸等用。树皮可提制栲胶，也可作黄色染料。为良好的绿化树种，适宜作行道树、庭荫树、公路树及防护林等。花入药。

毛白杨

Populus tomentosa Carr.

杨柳科　杨属

别名： 大叶杨、响杨

分布： 辽宁、河北、山东、山西、陕西、甘肃、河南、安徽、江苏、浙江等地

【形态特征】乔木，高达30 m。树皮壮时灰绿色，老时黑灰色，纵裂，粗糙，皮孔菱形散生，或2～4连生；树冠圆锥形至圆形。芽卵形，花芽卵圆形或近球形，微被毡毛。长枝叶阔卵形或三角状卵形，长10～15 cm，宽8～13 cm，先端短渐尖，基部心形或截形，边缘深齿牙缘或波状齿牙缘，叶面暗绿色，叶背密生毡毛，后渐脱落；短枝叶通常较小，卵形或三角状卵形，先端渐尖，叶面暗绿色有金属光泽，叶背光滑，具深波状齿牙缘；雄花序长10～20 cm，雄花苞片约具10个尖头，密生长毛；雌花序长4～7 cm，苞片褐色，尖裂，沿边缘有长毛。果序长达14 cm；蒴果圆锥形或长卵形，2瓣裂。花期3月，果期4～5月。

【生长习性】喜生于海拔1500 m以下的温和平原地区。耐旱力较强，黏土、壤土、砂壤土或低湿轻度盐碱土均能生长。

【芳香成分】李建光等（2002）用动态顶空吸附法收集的毛白杨植株挥发性主要成分为：壬醛（15.61%）、癸醛（13.82%）、苯甲醛（8.29%）、己醛（6.24%）、壬酸（5.96%）、顺-3-己烯醇乙酸酯（4.67%）、2-癸烯-1-醇（4.38%）、辛醛（4.31%）、己酸（3.90%）、癸醇（2.99%）、2-癸烯醛（2.91%）、反-2-己烯醛（2.55%）、庚醛（2.19%）、丁氧基乙氧基乙醇（1.93%）、壬

醇（1.93%）、辛醇（1.92%）、苯并噻唑（1.88%）、反式牻牛儿基乙基酮（1.66%）、6-甲基-5-庚烯-2-酮（1.53%）、顺-3-己烯醛（1.50%）、庚酸（1.46%）、顺-3-己烯醇（1.41%）等。

【利用】木材可做建筑、家具、箱板及火柴杆、造纸等用材，是人造纤维的原料。树皮可提制栲胶。北京居民用雄花序喂猪。花序入药叫作“闹羊花”。为优良的庭园绿化或行道树、速生用材造林树种。

青杨

Populus cathayana Rehd.

杨柳科　杨属

分布：华北、西北以及辽宁、四川等地

【形态特征】乔木，高达30 m。树冠阔卵形；树皮初光滑，灰绿色，老时暗灰色，沟裂。枝圆柱形，有时具角棱，幼时橄榄绿色，后变为橙黄色至灰黄色。芽长圆锥形，紫褐色或黄褐色，多黏质。短枝叶卵形、椭圆状卵形、椭圆形或狭卵形，长5～10 cm，宽3.5～7 cm，先端渐尖或突渐尖，基部圆形，边缘具腺圆锯齿，叶面亮绿色，叶背绿白色；长枝或萌枝叶较大，卵状长圆形，长10～20 cm，基部常微心形；叶柄圆柱形，长1～3 cm。雄花序长5～6 cm，雄蕊30～35，苞片条裂；雌花序长4～5 cm，柱头2～4裂；果序长10～20 cm。蒴果卵圆形，长6～9 mm，3～4瓣裂，稀2瓣裂。花期3～5月，果期5～7月。

【生长习性】生于海拔800～3000 m的沟谷、河岸和阴坡山麓。喜光，亦稍耐阴；喜温凉气候，较耐寒，在暖地生长不良。对土壤要求不严，但适生于土层深厚肥沃、湿润、排水良好的土壤。能耐干旱，但不耐水淹。

【芳香成分】魏小宁等（2002）用水蒸气蒸馏法提取的西藏林芝产青杨干燥树皮精油的主要成分为：(2R-顺式)-1,2,3,4,4α,5,6,7-八氢-α,α,4α,8-四甲基-2-萘甲醇（17.03%）、[2R-(2α,4aα,8αβ)]-十氢-α,α,4α-三甲基-8-亚甲基-2-萘甲醇（17.00%）、[2R-(2α,4aα,8αβ)]-1,2,3,4,4α,5,6,8α-八氢-α,α,4α,8-四甲基-2-萘甲醇（13.77%）、(1α,4aα,8aα)-1,2,4α,5,6,8α-六氢-4,7-二甲基-1-(1-甲基乙基)萘（8.98%）、1,2-二氢-1,1,6-三甲基-萘（2.89%）、α,α,6,8-四甲基-三环[4.4.0.0^{2,7}]癸-8-烯-3-甲醇立体异构体（2.83%）、苯乙基醇（2.77%）、苍术醇（1.97%）、(1S-顺式)-1,2,3,4-四氢-1,6-二甲基-4-(1-甲基乙基)-萘（1.72%）、(+)-α-松油醇（1.70%）、愈创醇（1.64%）、4,5,6,7-四甲基-二氢-异吲哚（1.57%）、4(直立)-n-丙酯-反式-3-氧杂二环[4,4,0]癸烷（1.52%）、[3S-(3α,3aβ,5α)]-1,2,3,3α,4,5,6,7-八氢-α,α,3,8-四

甲基-5-甘菊环甲醇（1.52%）、(1α,4aβ,8aα)-1,2,3,4,4α,5,6,8α-八氢-7-甲基-4-亚甲基-1-(1-甲基乙基)-萘（1.20%）、(R)-4-甲基-1-(1-甲基乙基)-3-环己-1-醇（1.17%）、α-红没药醇（1.01%）等。

【利用】木材可作家具、箱板及建筑用材。为四旁绿化及防护风林树种。

小黑杨

Populus×xiaohei T. S. Hwang et Liang

杨柳科　杨属

分布： 北起黑龙江，南至黄河流域各地

【形态特征】乔木，高20 m。树干通直；侧枝较多，斜上；树冠长卵形；树皮光滑，灰绿色，皮孔条状，稀疏，叶痕下方有3条棱线；老树干基部有浅裂，暗灰褐色；萌枝叶痕下方有3条明显棱线。叶芽圆锥形，微红褐色，先端长渐尖；花芽牛角状，先端向外弯曲，多3～4个集生，均有黏质。长枝叶常为广卵形或菱状三角形，先端短渐尖或突尖，基部微心形或广楔形；短枝叶菱状椭圆形或菱状卵形，长5～8 cm，宽4～4.5 cm，先端长尾状或长渐尖，基部楔形或阔楔形，边缘圆锯齿，近基部全缘，具极狭半透明边。雄花序长4.5～5.5 cm，有花50余朵，花盘扇形，黄色，苞片纺锤形，黄色；雌花序长5～17 cm。蒴果卵状椭圆形，具柄，2瓣裂；种子5～10粒，倒卵形，较大，红褐色。花期4月，果期5月。

【生长习性】喜光，喜冷湿气候，喜生于土壤肥沃、排水良好的砂质壤土上，生长快，适应能力很强，具有较强的抗寒、抗旱、耐瘠薄、耐盐碱的特性。

【芳香成分】程立超等（2007）用水蒸气蒸馏法提取的小黑杨树皮精油的主要成分为：邻羟基苯甲醛（49.97%）、邻甲氧基苯甲醛（7.01%）、亚油酸（6.99%）、(E,E)-2,4-癸二烯醛（6.31%）、十八醛（5.03%）、己醛（4.68%）、2,4-癸二烯醛（3.06%）、11,14,17-二十碳三烯酸甲基酯（2.91%）、己二酸二异丁酯（2.00%）、糠醛（1.81%）、2-甲基丁二酸双(1-甲基乙基)酯（1.74%）、丁二酸二丁酯（1.13%）等。

【利用】木材供造纸、纤维、火柴杆和民用建筑等用。是东北、华北及西北平原地区绿化树种。

小青杨

Populus pseudo-simonii Kitag.

杨柳科　杨属

分布： 黑龙江、吉林、辽宁、河北、山西、陕西、内蒙古、甘肃、青海、四川等地

【形态特征】乔木，高达20 m。树冠广卵形；树皮灰白色，老时浅沟裂；幼枝绿色或淡褐绿色，有棱，萌枝棱更显著，小枝圆柱形，淡灰色或黄褐色。芽圆锥形，较长，黄红色，有黏性。叶菱状椭圆形、菱状卵圆形、卵圆形或卵状披针形，长4～9 cm，宽2～5 cm，先端渐尖或短渐尖，基部楔形、广楔形或少近圆形，边缘具细密交错起伏的锯齿，有缘毛，叶面深绿色，叶背淡粉绿色；萌枝叶较大，长椭圆形，基部近圆形，边缘呈波状皱曲。雄花序长5～8 cm；雌花序长5.5～11 cm，子房圆形或圆锥形，无毛，柱头2 裂。蒴果近无柄，长圆形，长约8 mm，先端渐尖，2～3瓣裂。花期3～4月，果期4～6月。

【生长习性】生于海拔2300 m以下的山坡、山沟和河流两岸。较耐干旱、耐寒和抗病虫害。

【芳香成分】程立超等（2007）用水蒸气蒸馏法提取的小青杨树皮精油的主要成分为：邻羟基苯甲醛（74.15%）、糠醛（8.81%）、邻甲氧基苯甲醛（3.67%）、己二酸二异丁酯（2.59%）、己醛（2.36%）、戊二酸二丁酯（2.26%）、(E,E)-2,4-癸二烯醛（2.20%）、丁二酸二异丁酯（1.66%）、亚油酸（1.30%）、十八醛（1.00%）等；小青黑（以小青杨为母本、欧

洲黑杨为父本杂交的雌性无性系品种）树皮精油的主要成分为：邻羟基苯甲醛（51.35%）、(E,E)-2,4-癸二烯醛（6.39%）、十六醛（6.06%）、亚油酸（5.04%）、糠醛（2.77%）、己醛（2.73%）、己二酸二异丁酯（2.65%）、2,4-癸二烯醛（2.41%）、11,14,17-二十碳三烯酸甲基酯（2.39%）、2-甲基丁二酸双(1-甲基乙基)酯（1.87%）、丁二酸二异丁酯（1.24%）等。赵晓红等（2002）用同法分析的黑龙江林甸产小青 × 黑杨树皮精油的主要成分为：乙基苯（48.20%）、1-亚甲基-1H-茚（23.04%）、对乙基苯甲醛（15.71%）、对二乙基苯（4.80%）、十二烷（1.97%）等。

【利用】木材可作一般建筑用材。树皮入药，有解毒功效，用于治疗顽癣疮毒。

小叶杨

Populus simonii Carr.

杨柳科　杨属
别名：青杨、明杨、山白杨、南京白杨
分布：东北、华北、西北、华中及西南各地

【形态特征】乔木，高达20 m，胸径50 cm以上。树皮幼时灰绿色，老时暗灰色，沟裂；树冠近圆形。幼树小枝及萌枝有明显棱脊，常为红褐色，后变黄褐色，老树小枝圆形，细长而密。芽细长，先端长渐尖，褐色，有黏质。叶菱状卵形、菱状椭圆形或菱状倒卵形，长3～12 cm，宽2～8 cm，先端突急尖或渐尖，基部楔形、宽楔形或窄圆形，边缘平整，细锯齿，叶面淡绿色，叶背灰绿色或微白色；叶柄圆筒形，长0.5～4 cm，黄绿色或带红色。雄花序长2～7 cm，花序轴无毛，苞片细条裂，雄蕊8～25；雌花序长2.5～6 cm；苞片淡绿色，裂片褐色，柱头2裂。果序长达15 cm；蒴果小，2～3瓣裂。花期3～5月，果期4～6月。

【生长习性】垂直分布，一般多生在海拔2000 m以下，沿溪沟可见。喜光树种，不耐庇荫，适应性强，对气候和土壤要求不严，耐旱，抗寒，亦能耐热，耐瘠薄或弱碱性土壤，在砂、荒和黄土沟谷也能生长，但在湿润、肥沃土壤的河岸、山沟和平原上生长最好；栗钙土上生长不好。

【精油含量】超临界萃取法提取成年树新鲜树皮的得油率为3.65%。

【芳香成分】茎：程立超等（2007）用水蒸气蒸馏法提取的树皮精油的主要成分为：邻羟基苯甲醛（90.15%）、邻甲氧基苯甲醛（2.19%）、糠醛（1.42%）、(E,E)-2,4-癸二烯醛（1.38%）、己醛（1.24%）、苯甲醛（1.04%）等。

叶：陈秀琳等（2009）用水蒸气蒸馏法提取的新疆石河子产小叶杨萎蔫叶片精油的主要成分为：环庚酮（33.93%）,、1,2-环己二酮（31.55%）、2-羟基-苯甲醛（10.81%）、甲苯（10.81%）、丁香酚（4.59%）、苯甲醇（3.31%）、苯酚（2.29%）等。张爱平等（2008）用同法分析的新疆石河子产小叶杨萎蔫叶片精油的主要成分为：苯甲醇（35.23%）、丁香酚（21.97%）、己醛（13.01%）、1-己醇（9.90%）、1,2-环己二酮（6.54%）、(E)-2-(十八氧-9-烯)基乙醇（5.16%）、十六烷醇（2.99%）、苯乙醇（2.37%）、植醇（1.88%）等。

【利用】木材供建筑、家具、火柴杆、造纸等用。为防风固沙、护堤固土、绿化观赏的树种，也是东北和西北防护林和用材林主要树种之一。嫩叶或芽用沸水焯后漂洗凉拌或者汤用。树皮可提制栲胶。树皮入药，有祛风活血、清热利湿的功效，用于治疗风湿痹疹、跌打足痛、肺热咳嗽、小便淋沥、口疮、牙痛、痢疾、脚气、蛔虫病。

小钻杨

Populus × *xiaozhuanica* W. Y. Heu et Liang

杨柳科　杨属

别名： 白城二号杨、赤峰杨、白城杨、大关杨、合作杨、小意杨

分布： 辽宁、吉林、内蒙古、河南、山东、江苏等地

【形态特征】 乔木，高达30 m，树冠圆锥形或塔形。树干通直；幼树皮灰绿色或灰白色；老树主干基部浅裂，褐灰色，皮孔密集，菱状，幼枝微有棱，灰黄色，有毛。芽长椭圆状圆锥形，先端钝尖，长8～14 mm，赤褐色，有黏质，腋芽较顶芽细小。萌枝或长枝叶较大，菱状三角形，先端突尖，基部广楔形至圆形，短枝叶形多变化，菱状三角形至广菱状卵圆形，长3～8 cm，宽2～5 cm，先端渐尖，基部楔形至广楔形，边缘有腺锯齿，近基部全缘，有的有半透明的边。雄花序长5～6 cm，有花75～80朵；雌花序长4～6 cm，有花50～100朵。果序长10～16 cm；蒴果较大，卵圆形。种子倒卵形，红褐色。花期4月，果期5月。

【生长习性】 生长于海拔100～1700 m的路边、沙地、山谷溪边、山脚路边、山坡路边。耐干旱、耐寒冷、耐盐碱，抗病虫害能力强，适应性强。分布于干旱地区、沙地、轻碱地或沿河两岸。喜光。对气候和土壤要求不严，耐瘠薄或弱碱性土壤，但在湿润、肥沃土壤的河岸、山沟和平地上生长最好。

【芳香成分】茎： 程立超等（2007）用水蒸气蒸馏法提取的小钻杨树皮精油的主要成分为：邻羟基苯甲醛（41.75%）、(E,E)-2,4-癸二烯醛（9.98%）、亚油酸（8.93%）、己醛（6.67%）、十八醛（5.50%）、糠醛（5.20%）、2,4-癸二烯醛（3.99%）、11,14,17-二十碳三烯酸甲基酯（3.53%）、己二酸二异丁酯（2.47%）、2,4,5-三甲基-2-(2,2-二甲基丙基)-1,3-二氧戊烷（1.96%）、丁二酸二异丁酯（1.57%）、l-戊烷基戊内酯（1.13%）等。

全株： 李建光等（2002）用动态顶空吸附法收集的小钻杨植株挥发性主要成分为：苯并噻唑（22.74%）、乙酸丁酯（10.85%）、苯甲醛（9.75%）、莰烯（8.70%）、壬醛（6.60%）、6-甲基-5-庚烯-2-酮（5.26%）、己酸（4.41%）、己醛（2.67%）、壬酸（2.65%）、α-蒎烯（2.48%）、辛醛（2.42%）、环己基异硫氰酸（2.12%）、2-乙基-己酸（2.05%）、反式牻牛儿基乙基酮（1.67%）、顺-3-己烯醇乙酸酯（1.51%）、丁醇（1.44%）、2,6-二甲基-2,6-辛二烯（1.29%）、柠檬烯（1.14%）、戊醛（1.03%）等。

【利用】 适于营造用材林或农田防护林，也是四旁绿化的优良树种。木材供建筑、家具、火柴杆、造纸等用。

银中杨

Populus alba Linn. × P. *berolinensis* Dipp.

杨柳科　杨属

分布： 东北各地

【形态特征】 以熊岳的银白杨为母本，以中东杨为父本人工杂交种。为雄性无性系。树干通直，皮灰绿色，披白粉；树冠呈圆锥形。树姿优美，叶大型，叶片两色，叶面深绿色，叶背银白色，密生绒毛。生长期短。

【生长习性】 耐寒，抗旱，耐盐碱，抗病虫。遇-39.5℃低温未发生冻害。

【芳香成分】 程立超等（2007）用水蒸气蒸馏法提取的银中杨树皮精油的主要成分为：邻羟基苯甲醛（67.66%）、苯酚（8.66%）、亚油酸（4.49%）、十八醛（3.46%）、己二酸二异丁酯（2.01%）、11,14,17-二十碳三烯酸甲基酯（1.60%）、3-苯基丙烯醛（1.53%）、2-甲基丁二酸双(1-甲基乙基)酯（1.36%）、(E,E)-2,4-癸二烯醛（1.22%）、糠醛（1.07%）、己醛（1.02%）等。

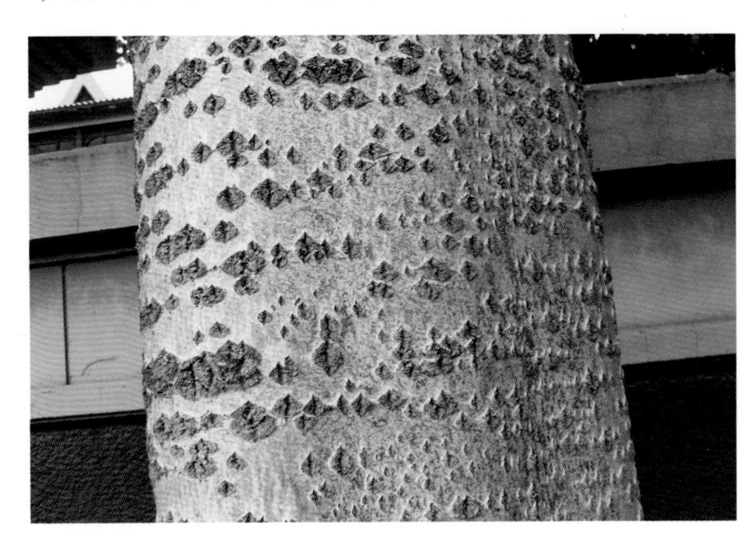

【利用】 常被作为绿化树木和观赏植物，适宜城乡绿化。

中东杨

Populus × *berolinensis* Dipp.

杨柳科　杨属

分布：东北

【形态特征】乔木，高达25 m。枝斜上；树冠广圆锥形；树皮灰绿色，老皮有沟裂，色暗；小枝粗壮，有棱，黄灰色。芽长卵形，先端长渐尖，无毛，带绿色，有黏性；花芽特大，多着生于树冠上部。叶卵形或菱状卵形，长7～10 cm，宽约5 cm，先端长渐尖，基部宽楔形或圆形，边缘圆锯齿，具极狭半透明边缘，无缘毛，叶面深绿色，叶背绿色或淡白色；叶柄圆形，有稀疏的短柔毛。花序长4～7 cm，无毛。果序长达18 cm；蒴果无毛，2瓣裂，果柄显著。

【生长习性】适应性强，耐干旱寒冷，生长快，但易染病虫害。

【芳香成分】程立超等（2007）用水蒸气蒸馏法提取的中东杨树皮精油的主要成分为：邻羟基苯甲醛（43.86%）、顺-5-乙烯基四氢-α,α,5-三甲基-2-呋喃甲醇（13.06%）、邻甲氧基苯甲醛（8.26%）、对-乙烯基-邻-甲氧基苯酚（4.40%）、糠醛（4.31%）、已二酸二异丁酯（2.39%）、樟脑（2.28%）、(E,E)-2,4-癸二烯醛（1.68%）、戊二酸二丁酯（1.65%）、松油烯-4-醇（1.64%）、十六醛（1.34%）、丁二酸二异丁酯（1.24%）、苯甲醛（1.19%）、亚油酸（1.10%）、已醛（1.03%）等。

【利用】为干寒地带造林的较好树种，木材供建筑、造纸等用。也可作庭园观赏和绿化树种。

毛杨梅

Myrica esculenta Buch.-Ham.

杨梅科　杨梅属

别名：大树杨梅

分布：四川、贵州、广东、广西、云南

【形态特征】常绿乔木或小乔木，高4～10 m，胸径40余cm。小枝及芽密被毡毛，密生皮孔。叶革质，长椭圆状倒卵形至楔状倒卵形，长5～18 cm，宽1.5～4 cm，顶端钝圆至急尖，全缘或有齿，基部楔形，叶背有极稀腺体。雌雄异株。雄花序由许多小穗状花序复合成圆锥状花序，生于叶腋，长6～8 cm；苞片背面有腺体及短柔毛，边缘具长缘毛；苞片覆瓦状排列，具长缘毛，腋内具1雄花。雌花序单生于叶腋，亦为复合的圆锥状花序，有1～4花，长2～3.5 cm；每苞片腋内生1雌花；具2小苞片。核果通常椭圆状，成熟时为红色，外表面具乳头状凸起，长1～2 cm，外果皮肉质，多汁液及树脂；核与果实同形，长8～15 mm，具厚而硬的木质内果皮。9～10月开花，次年3～4月果实成熟。

【生长习性】常生长在海拔280～2500 m的稀疏杂木林内或干燥的山坡上。

【芳香成分】马惠芬等（2011）用同时蒸馏萃取法提取的云南昆明产毛杨梅新鲜叶精油的主要成分为：橙花叔醇（13.46%）、α-蒎烯（13.46%）、α-芹子烯（12.28%）、β-石竹烯（11.66%）、β-芹子烯（9.71%）、α-石竹烯（8.94%）、α-杜松醇（5.32%）、芳樟醇（4.06%）、γ-芹子烯（3.14%）、δ-杜松烯（2.72%）、γ-杜松烯（1.24%）、香树烯（1.21%）等。

【利用】具有一定的观赏价值。果实可食，在云南为珍稀水果，具有除湿消暑、止泻利尿的药用功能。枝叶和根皮常用作收敛剂、解毒剂和肠胃止泻剂等传统中药材料。

杨梅

Myrica rubra (Lour.) Sieb. et Zucc.

杨梅科　杨梅属

别名： 朱红、山杨梅、珠蓉、树梅、荸荠杨梅

分布： 江苏、浙江、台湾、福建、江西、湖南、贵州、四川、云南、广西、广东

【形态特征】 常绿乔木，高可达15 m以上。叶革质；萌发条上叶长椭圆状或楔状披针形，长达16 cm以上；生于孕性枝上的叶楔状倒卵形或长椭圆状倒卵形，长5～14 cm，宽1～4 cm。花雌雄异株。雄花序单独或数条丛生于叶腋，圆柱状，长1～3 cm，孕性苞片近圆形，有腺体，每苞片腋内生1雄花。雄花具2～4枚卵形小苞片。雌花序常单生于叶腋，长5～15 mm，苞片覆瓦状排列，每苞片腋内生1雌花。雌花通常具4枚卵形小苞片。每一雌花序仅上端1雌花能发育成果实。核果球状，外表面具乳头状凸起，径1～3 cm，外果皮肉质，多汁液及树脂，成熟时为深红色或紫红色；核常为阔椭圆形或圆卵形，长1～1.5 cm，宽1～1.2 cm，内果皮极硬，木质。4月开花，6～7月果实成熟。

【生长习性】 生长在海拔125～1500 m的山坡或山谷林中，喜酸性土壤。中等喜光，不耐强烈的日照，幼苗喜阴，产地以山地半阴坡最适宜。喜温暖湿润气候，不耐寒，喜空气湿度大。喜排水良好的酸性砂壤土，微碱性土亦可适应。喜土壤肥力中等，稍耐瘠薄。对二氧化碳和氯气抗性较强。

【精油含量】 水蒸气蒸馏法提取叶的得油率为0.03%～0.13%，风干果肉的得油率为0.12%～0.15%；同时蒸馏萃取法提取杨梅叶的得油率为0.13%。

【芳香成分】 **根：** 钟瑞敏等（2006）用水蒸气蒸馏法提取的广东韶关产杨梅根精油的主要成分为：5-羟基菖蒲烯（74.66%）、油酸（7.74%）、7-羟基卡达烯（2.16%）、4,4,5,6,8-五甲基异香豆素（1.11%）等。

茎： 钟瑞敏等（2006）用水蒸气蒸馏法提取的广东韶关产杨梅树皮精油的主要成分为：5-羟基菖蒲烯（60.32%）、油酸（11.39%）、α-金合欢烯（2.88%）、(E)-橙花叔醇（2.42%）、α-依兰油烯（2.26%）、石竹烯（2.17%）、异石竹烯（1.85%）、α-杜松萜醇（1.65%）、反式-杜松萜-1(2)，4-二烯（1.26%）、大根香叶烯A（1.26%）等。

叶： 朱丽云等（2018）用水蒸气蒸馏法提取了不同产地、不同品种杨梅新鲜叶的精油成分，浙江温州产‘丁岱’的主要成分为：β-石竹烯（23.87%）、α-葎草烯（20.60%）、橙花叔醇（14.23%）、氧化石竹烯（4.32%）、香橙烯氧化物（3.82%）、3,7,11-三甲基-1,3,6,10-十二碳-四烯（3.68%）、10,10-二甲基-2,6-二亚甲基双环[7.2.0]十一烷-5-醇（3.67%）、3,4-二甲基-3-环已烯-1-甲醛（3.63%）、莰烯（3.16%）、异戊二烯环氧化物（3.05%）、喇叭烯氧化物-(Ⅱ)（1.97%）、β-葎草烯（1.82%）、β-芹子烯（1.50%）、α-芹子烯（1.44%）、1,2,3,6-四甲基双环[2.2.2]辛-2-烯（1.16%）等；浙江仙居产‘东魁’的主要成分为：β-石竹烯（21.55%）、α-葎草烯（20.59%）、α-芹子烯（7.09%）、β-芹子烯（6.04%）、氧化石竹烯（5.26%）、d-杜松烯（5.20%）、香橙烯氧化物（4.47%）、2-异丙基-5-甲基-9-亚甲基[4.4.0]癸-1-烯（3.88%）、(+)-香橙烯（1.84%）、α-荜澄茄醇（1.65%）、檀紫三烯（1.50%）、3,4-二甲基-3-环已烯-1-甲醛（1.43%）、橙花叔醇（1.15%）、4-异丙-1,6-二甲萘（1.12%）等；浙江舟山产‘晚稻’油的主要成分为：α-葎草烯（19.27%）、β-石竹烯（12.85%）、橙花叔醇（12.21%）、α-芹子烯（7.11%）、佛术烯（6.39%）、d-杜松烯（4.43%）、2-异丙基-5-甲基-9-亚甲基[4.4.0]癸-1-烯（4.14%）、香橙烯氧化物（4.11%）、氧化石竹烯（2.93%）、β-人参烯（2.88%）、3,7,11-三甲基-1,3,6,10-十二碳-四烯（2.61%）、3,4-二甲基-3-环已烯-1-甲醛（2.60%）、β-广藿香烯（2.58%）、α-杜松烯（2.52%）、(+)-香橙烯（1.60%）等；浙江余姚产‘荸荠’的主要成分为：α-葎草烯（24.25%）、橙花叔醇（23.47%）、β-石竹烯（10.19%）、香橙烯氧化物

（7.51%）、3,4-二甲基-3-环己烯-1-甲醛（7.48%）、檀紫三烯（3.84%）、氧化石竹烯（3.02%）、d-杜松烯（2.67%）、α-荜澄茄油烯（2.42%）、1-异丙基-7-甲基-4-亚甲基-1,2,3,4,4a,5,6,8a-八氢萘（1.57%）、β-芹子烯（1.13%）、α-杜松烯（1.04%）等。刁银军等（2009）用同法分析了浙江兰溪产不同品种杨梅叶的精油成分，'木叶'的主要成分为：α-丁香烯（24.35%）、3,7,11-三甲基-1,6,10-十二碳三烯-3-醇（23.68%）、石竹烯（11.59%）、[1R-(1R*,3E,7E,11R*)]-1,5,5,8-四甲基-12-氧杂双环[9.1.0]十二碳-3,7-二烯（3.96%）、辛烷（3.64%）、反-1,3-二甲基环己烷（1.72%）、石竹烯氧化物（1.34%）等；'黑炭'的主要成分为：3,7,11-三甲基-1,6,10-十二碳三烯-3-醇（19.43%）、Z,Z,Z-1,5,9,9-四甲基-1,4,7-环十一碳三烯（17.93%）、石竹烯（9.31%）、[1R-(1R*,3E,7E,11R*)]-1,5,5,8-四甲基-12-氧杂双环[9.1.0]十二碳-3,7-二烯（4.54%）、反-1-乙基-3-甲基环戊烷（3.93%）、顺-1-乙基-3-甲基环戊烷（3.83%）、辛烷（3.21%）、反-1,3-二甲基环己烷（2.95%）、石竹烯氧化物（1.56%）、植醇（1.02%）等；'东魁'的主要成分为：Z,Z,Z-1,5,9,9-四甲基-1,4,7-环十一碳三烯（21.90%）、3,7,11-三甲基-1,6,10-十二碳三烯-3-醇（19.84%）、石竹烯（18.19%）、α-丁香烯（2.34%）、石竹烯氧化物（1.88%）、反-1-乙基-3-甲基环戊烷（1.80%）、顺-1-乙基-3-甲基环戊烷（1.76%）、辛烷（1.48%）、植醇（1.43%）、反-1,3-二甲基环己烷（1.37%）等。杨君等（2014）用同法分析的浙江仙居产'东魁'杨梅干燥叶精油的主要成分为：葎草烯（26.03%）、石竹烯（19.74%）、氧化喇叭茶烯-(II)(16.37%）、γ-雪松烯（7.70%）、4,4-二甲基-3-(3-甲基丁基-3-亚乙基)-2-亚甲基双环[4.1.0]庚烷（6.85%）、γ-杜松烯（4.72%）、芹子烯（3.68%）、β-愈创木烯（2.31%）、γ-依兰油烯（1.65%）、氧化石竹烯（1.64%）、6,10,14-三甲基-2-十五烷酮（1.44%）、辛伐他汀（1.07%）等。杨君等（2014）用同法分析的浙江杭州产'碳梅'杨梅干燥叶精油的主要成分为：1-石竹烯（44.01%）、葎草烯（34.40%）、氧化喇叭茶烯（4.81%）、4,4-二甲基-3-(3-甲基丁基-3-亚丙烯基)-2-亚甲基双环[4.1.0]庚烷（3.49%）、α-顺式-雪松烯（2.83%）、花柏醛（1.48%）、雅榄蓝烯（1.16%）等。闫争亮等（2012）用同时蒸馏萃取法提取的云南永仁产杨梅新鲜叶精油的主要成分为：α-蒎烯（13.46%）、橙花叔醇（13.46%）、α-芹子烯（12.28%）、β-石竹烯（11.66%）、β-芹子烯（9.71%）、α-石竹烯（8.94%）、芳樟醇（4.06%）、α-杜松醇（3.86%）、γ-芹子烯（3.14%）、δ-杜松烯（2.72%）、T-杜松醇（1.46%）、γ-杜松烯（1.24%）、芳萜烯（1.21%）等。

果实：许玲玲等（2009）用水蒸气蒸馏法提取的浙江兰溪产'东魁'杨梅新鲜果实精油的主要成分为：石竹烯（38.24%）、10,10-二甲基-2,6-二亚甲基二环[7.2.0]十一烷-5β-醇（4.89%）、α-石竹烯（4.39%）、反-1-乙基-3-甲基环戊烷（4.12%）、顺-1-乙基-3-甲基环戊烷（4.06%）、辛烷（3.27%）、4,11,11-三甲基-8-亚甲基双环[7,2,0]十一碳-4-烯（3.04%）、反-1,3-二甲基环己烷（2.80%）、α-金合欢烯（1.56%）、1-乙烯基-1-甲基-2,4-双(1-甲基乙烯基)环己烷（1.42%）、氢-4,8,8-三甲基-9-亚甲基-1,4-亚甲基薁（1.01%）等。杨晓东等（2008）用同法分析的浙江兰溪产'木叶'杨梅新鲜果实精油的主要成分为：萜品烯醇-4(18.29%）、反-1-乙基-3-甲基环戊烷（5.64%）、顺-1-乙基-3-甲基环戊烷（5.52%）、α,α,4-三甲基-3-环己烯-1-甲醇（4.59%）、辛烷（4.49%）、反-1,4-二甲基环己烷（4.12%）、二十九碳烷（3.50%）、1-氯二十七碳烷（3.50%）、二十三碳烷（3.41%）、二十四碳烷（3.21%）、二十五碳烷（3.07%）、三十碳烷（3.02%）、壬醛（2.97%）、β-异甲基紫罗兰酮（2.80%）、二十七碳烷（2.61%）、二十八碳烷（2.57%）、二十六碳烷（2.49%）、二十二碳烷（2.25%）、28-去甲基-17-β-(H)何伯烷（1.49%）、豆甾烷（1.12%）、二十一碳烷（1.11%）等。麻佳蕾等（2009）用同法分析的浙江兰溪产'黑炭'杨梅新鲜果实精油的主要成分为：石竹烯（9.79%）、4-甲基-1-(1,5二甲基-4-己烯基)-苯酚（9.65%）、反-1-乙基-3-甲基环戊烷（2.98%）、顺-1-乙基-3-甲基环戊烷（2.92%）、辛烷（2.47%）、反-1,3-二甲基环己烷（2.25%）、二十九烷（2.21%）、三十烷（2.03%）、(1S-1α,7α,8aα)-1,2,3,5,6,7,8,8a-八氢-1,8a-二甲基-7-(1-甲基乙烯基)-萘（1.98%）、十七烷（1.93%）、1a,2,3,5,6,7,7a,7b-八氢-1,1,4,7-四甲基-1H-环丙薁（1.75%）、1-氯二十七烷（1.15%）、等。刘涛等（2014）用同法分析的贵州荔波产'东方明珠'杨梅新鲜果肉精油的主要成分为：棕榈酸（13.99%）、石竹烯（11.82%）、角鲨烯（6.17%）、β-谷甾醇（5.39%）、2,2'-亚甲基双-(4-甲基-6-叔丁基苯酚)(4.76%）、2,4-二叔丁基-5-甲基苯酚（4.28%）、二十七烷（4.15%）、二十九烷（4.11%）、三十四烷（3.47%）、二十五烷（3.30%）、邻苯二甲酸二异辛酯（2.86%）、油酸-3-十八基氧丙酯（2.75%）、邻苯二甲酸庚烷-4-醇异丁醇酯（2.62%）、3-乙基-5-(2-乙基丁基)-十八烷（2.04%）、正十四烷（1.92%）、17-三十五碳烯（1.91%）、α-红没药醇（1.89%）、2,6,10-三甲基十四烷（1.84%）、(1,4-二噁烷-2,6-二羟基)二甲醇（1.62%）、(1,4-二噁烷-2,5-二羟基)二甲醇（1.29%）、邻苯二甲酸二丁酯（1.21%）、(S)-(-)-3,4-二羟基丁基乙酸酯（1.17%）、9,12-十八烷二烯酸-[2,3-二（三甲基硅氧基)]醇酯（1.14%）、2,6-二丁基对苯二酚（1.07%）、糠醛（1.03%）等。徐元芬等（2016）用同法分析的湖北恩施产'荸荠'杨梅干燥果肉（含种子）精油的主要成分为：α-石竹烯（36.90%）、糠醛（26.10%）、石竹烯醇（12.20%）、2-异丙烯基-4α,8-二甲基-1,2,3,4,4α,5,6,7-八氢萘（3.10%）、蓝桉醇（2.80%）、对甲氧基肉桂酸乙酯（2.50%）、5-甲基糠醛（1.70%）、香树烯（1.60%）、白菖油萜环氧化物（1.50%）、2-甲氧基-1,3-二氧戊环（1.40%）、3-甲基-4-乙基-2,5-呋喃二酮（1.10%）、邻苯二甲酸-8-甲基壬叔壬酯（1.02%）、表蓝按醇（1.01%）等。

【利用】杨梅是我国江南著名的水果，除鲜食外，还可加工成罐头、果酱、蜜饯、果汁、果干、果酒等食品或饮品。树皮可用作赤褐色染料及医药上的收敛剂。果实可入药，具有生津解渴、和胃消食的功效，治心胃气痛、烦渴、吐泻、痢疾、腹痛；涤肠胃、可解酒。根皮药用，有散瘀止血功效。树皮能止血治痢，外用治刀伤出血、跌打伤、筋骨痛。根有理气、止血、化瘀的功效，治胃痛、膈食呕吐、疝气、吐血、血崩、痔血、外伤出血、跌打损伤、牙痛、汤火伤、恶疮、疥癞。种仁富含油脂。是良好的观赏树和水土保持用树。

云南杨梅

Myrica nana Cheval.

杨梅科　杨梅属

别名： 矮杨梅

分布： 云南、贵州、四川、西藏

【形态特征】常绿灌木，高0.5～2 m。叶革质或薄革质，叶片长椭圆状倒卵形至短楔状倒卵形，长2.5～8 cm，宽1～3 cm，顶端急尖或钝圆，基部楔形，中部以上常有少数粗锯齿，成长后叶面腺体脱落留下凹点，叶背腺体常不脱落。雌雄异株。雄花序单生于叶腋，直立或向上倾斜，长1～1.5 cm；分枝极缩短而呈单一穗状，每分枝具1～3雄花。雄花无小苞片，有1～3枚雄蕊。雌花序基部具极短而不显著的分枝，单生于叶腋，长约1.5 cm，每分枝通常具2～4不孕性苞片及2雌花。雌花具2小苞片，子房无毛。核果红色，球状，直径为1～1.5 cm。2～3月开花，6～7月果实成熟。

【生长习性】生长在海拔1500～3500 m的山坡、林缘及灌木丛中。

【精油含量】水蒸气蒸馏法提取营养期野生鲜叶的得油率为0.12%；花期干燥叶的得油率为0.28%～0.32%。

【芳香成分】刘宁等（1996）用水蒸气蒸馏法提取的贵州六盘水产野生云南杨梅营养期鲜叶精油的主要成分为：β-石竹烯（14.58%）、大根香叶酮（12.55%）、α-蒎烯（8.61%）、侧柏烷（7.36%）、甲酸异丙酯（6.74%）、α-姜黄烯（5.65%）、2-丁烯酸香叶酯（4.55%）、α-古芸烯（3.78%）、α-杜松烯（2.66%）、马兜铃-1,9-二烯（1.67%）、γ-榄香烯（1.42%）、β-佛手柑烯（1.40%）、柏木醇（1.28%）、β-杜松烯（1.03%）、5,10-十五碳二烯-1-醇（1.02%）等。

【利用】果实可生食或作蜜饯。全株可提制拷胶，或作染料。根可药用，有收敛、止血、通经和止泻等作用。

附生美丁花

Medinilla arboricola F. C. How

野牡丹科　酸脚杆属

分布： 海南特有

【形态特征】攀缘灌木，附生于树上；茎灰黄色，四棱形，老时具皱纹及皮孔。叶3～5枚轮生，叶片坚纸质或近革质，椭圆形或卵状椭圆形，顶端广急尖，基部广楔形，长6～8 cm，宽3～4.5 cm，全缘。花4～5数，聚伞花序，生于已落叶的叶腋，有花3～5朵，长2～3 cm；花萼管状，长8～12 mm，顶端平截，裂片不明显，从基部至中部有明显的小瘤体；花瓣白色，长椭圆形，顶端圆形，偏斜，基部渐狭，长约2 cm，宽8～10 mm。浆果近球状壶形，为宿存萼所包；宿存萼长约14 mm，具小瘤体，萼檐长约4 mm。花期6～7月，果期8～9月。

【生长习性】常见于低海拔至中海拔地区林中，荫处、水旁岩石上或攀缘于树上。

【芳香成分】张静等（2010）用固相微萃取法提取的海南三亚产附生美丁花干燥花精油的主要成分为：D-苎烯（9.47%）、[3R-(3à,3aá,7á,8aà)]-八氢-3,8,8-三甲基-6-亚甲基-1H-3a,7-亚甲基薁（9.10%）、己醛（6.80%）、3,4,5,6,7,8-六氢-4a,8a-二甲基-1H-萘-2-酮（6.15%）、[3R-(3à,3aá,7á,8aà)]-2,3,4,7,8,8a-六氢-3,6,8,8-四甲基-1H-3a,7-亚甲基薁（5.30%）、(S)-1-甲基-4-(5-甲基-1-亚甲基-4-己烯基)-环己烯（5.19%）、丙酮（5.08%）、乙酸（4.97%）、(E,Z)-5,6-双(2,2-二甲基亚丙基)-癸烷（3.31%）、[1S-(1à,3aá,4à,7á,7aà)]-八氢-4-甲基-8-亚甲基-7-异丙基-1,4-亚甲基-1H-茚（2.83%）、[1S-(1à,3aá,4à,7à,7aá)]-八氢-4-甲基-8-亚甲基-7-(1-异丙基)-1,4-亚甲基-1H-茚（2.75%）、1-氯-十四烷（2.39%）、苯甲醛（2.30%）、[1S-(1à,2á,4á)]-1-甲基-1-乙烯基-2,4-双(1-甲基乙烯基)-环己烷（1.98%）、2,4,4-三乙基-1-己烯（1.83%）、乙酸乙酯（1.78%）、1-丁醇（1.72%）、

正-十四烷（1.60%）、1-甲基-4-(1-异丙基)-苯（1.37%）、庚醛（1.31%）、壬醛（1.31%）、二丁基羟基甲苯（1.29%）、2,6,10-三甲基-十二烷（1.26%）、à,á-二甲基-苯乙醇（1.18%）、辛醛（1.10%）、1-苄氧基乙胺（1.07%）、柏木醇（1.06%）等。

【利用】全株入药，主治感冒、发热。

地菍

Melastoma dodecandrum Lour.

野牡丹科　野牡丹属

别名： 铺地锦、地稔、山地菍、紫茄子、山辣茄、库卢子、土茄子、地蒲根、地脚菍、地樱子、地枇杷

分布： 贵州、湖南、广西、广东、江西、浙江、福建

【形态特征】小灌木，长10～30 cm；茎匍匐上升。叶片坚纸质，卵形或椭圆形，顶端急尖，基部广楔形，长1～4 cm，宽0.8～3 cm，全缘或具密浅细锯齿，叶面边缘被糙伏毛。聚伞花序，顶生，有花1～3朵，基部有叶状总苞2，较小；具苞片2；苞片卵形，具缘毛，叶背被糙伏毛；花萼管长约5 mm，被糙伏毛，裂片披针形，被疏糙伏毛，边缘具刺毛状缘毛，裂片间具1小裂片；花瓣淡紫红色至紫红色，菱状倒卵形，上部略偏斜，长1.2～2 cm，宽1～1.5 cm，顶端有1束刺毛，被疏缘毛。果坛状至球状，平截，近顶端略缢缩，肉质，长7～9 mm，直径约7 mm；宿存萼被疏糙伏毛。花期5～7月，果期7～9月。

【生长习性】生于海拔1250 m以下的山坡矮草丛中。喜生长在酸性土壤上，生活力极强，具有耐寒、耐旱、耐瘠、生长迅速等特点，甚至在石缝中亦能很好地生长开花。

【芳香成分】黄仕清等（2013）用水蒸气蒸馏法提取的贵州麻江产地菍阴干全草精油的主要成分为：1-辛烯-3-醇（34.58%）、3-辛醇（7.03%）、苯甲醛（6.76%）、乙醛（4.54%）、(E)-2-己烯醛（2.51%）、香叶基丙酮（2.46%）、油酸（2.24%）、脱氢芳樟醇（2.10%）、壬醛（2.06%）、甲基庚烯酮（1.94%）、2-正戊基呋喃（1.45%）、(E)-2-壬烯醛（1.31%）、角鲨烯（1.31%）、1-(6,6-二甲基-2-亚甲基-3-环己烯基)-丁烯-3-酮（1.26%）、β-紫罗兰酮（1.21%）、(E,E)-2,4-癸二烯醛（1.18%）、丁香酚（1.10%）、异丁基邻苯二甲酸酯（1.10%）、二十一烷（1.06%）等。

【利用】果实可生食，亦可酿酒。全株供药用，具有涩肠止痢、舒筋活血、补血安胎、清热燥湿等作用，临床用于治疗高热、咽喉肿痛、牙痛、赤白血痢疾、黄疸、水肿、痛经、崩漏、带下、产后腹痛、痈肿、疔疮、痔疮、毒蛇咬伤等病症；捣碎外敷可治疮、痈、疽、疖。根可解木薯中毒。果肉呈红色，是良好的天然红色素原料。供园林观赏，是良好的地被植物。

阴地蕨

Botrychium ternatum (Thunb) SW.

阴地蕨科　阴地蕨属

别名： 一朵云、背蛇生、散血叶、破天云、小春花、蛇不见、郎萁细辛、独脚金鸡、独立金鸡、独脚蒿、冬草、黄连七、鸡爪莲

分布： 分布于湖北、重庆、云南、贵州、甘肃、四川等地

【形态特征】根状茎短而直立，有一簇粗健肉质的根。营养叶片阔三角形，长通常8～10 cm，宽10～12 cm，短尖头，三回羽状分裂；侧生羽片3～4对，羽片长宽各约5 cm，阔三角形，短尖头，二回羽状；一回小羽片3～4对，几乎对生，基部下方一片较大，一回羽状；末回小羽片为长卵形至卵形，边缘有不整齐的细而尖的锯齿密生。第二对起的羽片渐小，长圆状卵形，长约4 cm，宽2.5 cm，下先出，短尖头。叶干后为绿色，厚草质，遍体无毛，表面皱凸不平。孢子叶有长柄，长12～25 cm，少有更长者，远远超出营养叶之上，孢子囊穗为圆锥状，长4～10 cm，宽2～3 cm，2～3回羽状，小穗疏松，略张开。

【生长习性】生于丘陵地灌丛阴处，海拔400～1000 m。喜阴湿凉爽的环境，酸性或微酸性土壤。

【芳香成分】杨小洪（2009）用水蒸气蒸馏-乙醚萃取法提取的湖北恩施产阴地蕨带根全草精油的主要成分为：邻-羟基苯甲酸（15.74%）、正十六酸（13.96%）、(9Z,12Z)-9,12-共轭二烯十六酸（11.85%）、17-十八烯-14-炔-1-醇（9.16%）、甲基-1-(6-羟基-2-异丙基)-苯并呋喃基酮（6.40%）、甜没药萜醇（2.70%）、α-桉叶油醇（2.41%）、糠醛（2.08%）、雪松醇（1.71%）、2-羟基-3-甲基苯甲醛（1.65%）、菲（1.54%）、十氢-1-1H-环丙[e]薁-7-醇（1.46%）、á-细辛脑（1.37%）、十二酸（1.03%）等。

【利用】全草药用，具有清热解毒、平肝熄风、止咳、止血、明目去翳之功效，常用于治疗小儿高热惊搐、肺热咳嗽、咳血、百日咳、癫狂、痫疾、疮疡肿毒、瘰疬、毒蛇咬伤、目赤火眼、目生翳障。有毒。

银杏

Ginkgo biloba Linn.

银杏科　银杏属

别名： 白果、公孙树、鸭脚子、鸭掌树、佛指甲

分布： 我国特有。辽宁至广东各地均有栽培

【形态特征】乔木，高达40 m，胸径可达4 m；树皮深纵裂，粗糙；冬芽黄褐色，常为卵圆形，先端钝尖。叶扇形，淡绿色，顶端宽5～8 cm，在短枝上常具波状缺刻，在长枝上常2裂，基部宽楔形，幼树及萌生枝上的叶常深裂，长13 cm，宽达15 cm，有时裂片再分裂，叶在一年生长枝上螺旋状散生，在短枝上3～8叶簇生，秋季落叶前变为黄色。球花雌雄异株，单性，生于短枝顶端的鳞片状叶的腋内，簇生；雄球花葇荑花序状；雌球花具长梗。种子具长梗，下垂，常为椭圆形、长倒卵形、卵圆形或近圆球形，长2.5～3.5 cm，径为2 cm，外种皮肉质，成熟时黄色或橙黄色，外被白粉。花期3～4月，种子9～10月成熟。

【生长习性】为中生代孑遗的稀有树种，生于海拔500～1000 m的天然林中。喜光，耐干旱，不耐水涝。对气候、土壤的适应性较强，能在高温多雨及雨量稀少、冬季寒冷的地区生长，能生于酸性土壤（pH4.5）、石灰性土壤（pH8）及中性土壤上，但不耐盐碱土。对大气污染有一定的抗性。

【精油含量】水蒸气蒸馏法提取叶的得油率为0.11%～0.15%；同时蒸馏萃取法提取叶的得油率为0.73%；超临界萃取叶的得油率为5.92%。

【芳香成分】叶：王成章等（2000）用水蒸气蒸馏法提取的江苏邳州产3～5年生银杏阴干叶精油的主要成分为：六氢法呢酮（11.15%）、橙花基酮（8.68%）、正己烷（5.94%）、β-紫罗兰酮（5.24%）、2,3-二甲基己烷（5.20%）、正庚烷（5.18%）、3-乙基己烷（4.42%）、2,3-二甲基辛烷（4.06%）、法呢酮（3.73%）、3,4,4a,5,6,7-六氢-1,1,4a-三甲基-2(H)-萘酮（3.58%）、2-异丙基-2,5-二甲基-环己酮（3.09%）、棕榈酸（3.00%）、α-鸢尾酮（2.82%）、5,6,7,7a-四氢-4,4,7a-三甲基-2(4H)-苯呋喃酮（2.73%）、硬脂酸（2.41%）、甲基环戊烷（2.16%）、3-(2-戊烯基)-2,4-环戊三酮（1.52%）、桉叶醇（1.48%）、橙花醛（1.42%）、正辛烷（1.39%）、2,4,6,8-四甲基-1-十一烯（1.32%）、4-羟基-β-紫罗兰酮（1.12%）、优黄蒿萜酮（1.06%）、6-甲基-3,5-庚二烯-2-酮（1.12%）等。张永洪等（1998）用同法分析的湖北武汉产银杏新鲜叶精油的主要成分为：十六酸（23.48%）、雪松脑（15.19%）、6,10,14-三甲基-2-十五酮（10.89%）、邻苯二甲酸丁醇异丁醇二酯（9.99%）、十四酸（3.91%）、α-雪松烯（2.69%）、橙花叔醇（1.95%）、lS-lα-α-乙烯基十氢-α,5,5,8a-四甲基-2-亚甲基-l-萘丙醇（1.51%）、β-桉叶醇（1.29%）、2,2,6-三甲基辛烷（1.13%）、(4ar-反)-十氢-4a-甲基-1-亚甲基-7-(1-甲基亚乙基)-萘（1.06%）、十八酸（1.02%）等。

果实：韩帅等（2012）用同时蒸馏萃取法提取的北京产银杏新鲜外种皮（肉质果肉）精油的主要成分为：己酸（65.88%）、丁酸（21.46%）、棕榈酸（4.53%）、辛酸（1.15%）等。

种子：王蓉等（2013）用固相微萃取法提取的银杏新鲜种仁精油的主要成分为：肉豆蔻醛（29.40%）、(7Z,10Z)-十六二烯醛（24.55%）、(13Z)-十八烯醛（6.98%）、2,3-丁二醇（5.98%）、3-羟基-2-丁酮（4.95%）、(9Z)-十六烯醛（4.80%）、1-庚烯-3-醇（2.18%）、(6Z,9Z)-十五二烯醇（1.83%）、十三醛（1.78%）、14-甲基-(8Z)-十六烯醇（1.64%）、2-己基-1-辛醇（1.44%）、(11Z)-十六烯醇（1.34%）、辛醇（1.30%）、十四烷基环氧乙烷（1.23%）、(7Z)-十六烯醛（1.15%）等。

【利用】木材供建筑、乐器、家具、室内装饰、雕刻、绘图版等用，也是制作棋盘、棋子、体育器材、印章及小工艺品的上等木料。种子供食用（多食易中毒），主要用于炒食、烤食、煮食、配菜、糕点、蜜饯、罐头、饮料和酒类。种仁入药，有止咳、化痰、补肺、通经、利尿之功效。叶可作药用和制杀虫剂，亦可作肥料。外种皮可提取栲胶。可作庭园树及行道树、制作盆景。

白屈菜

Chelidonium majus Linn.

罂粟科　白屈菜属

别名：土黄连、水黄连、地黄连、山黄连、胡黄连、小黄连、假黄连、水黄草、断肠草、小人血七、小野人血草、雄黄草、见肿消、观音草、黄连、八步紧、牛金花、八步紧、山西瓜、黄汤子

分布：我国大部分地区均有栽培

【形态特征】多年生草本，高30～100 cm。基生叶少，早凋落，叶片倒卵状长圆形或宽倒卵形，长8～20 cm，羽状全裂，全裂片2～4对，倒卵状长圆形，具有不规则的深裂或浅裂，裂片边缘圆齿状，叶面绿色，叶背具白粉，疏被短柔毛；叶柄基部扩大成鞘；茎生叶叶片长2～8 cm，宽1～5 cm。伞形花序多花；苞片小，卵形，长1～2 mm。花芽卵圆形，直径5～8 mm；萼片卵圆形，舟状，长5～8 mm；花瓣倒卵形，长约1 cm，全缘，黄色。蒴果狭圆柱形，长2～5 cm，粗2～3 mm，通常具有比果短的柄。种子卵形，长约1 mm或更小，暗褐色，具光泽及蜂窝状小格。花果期4～9月。

【生长习性】生于海拔500～2200 m的山谷湿润地、水沟边、绿林草地或草丛中、住宅附近。喜阳光充足，喜温暖湿润气候，耐寒、耐热。不择土壤，耐干旱。

【芳香成分】赵岩等（2015）用乙醚浸提后再用水蒸气蒸馏法提取的吉林长春产白屈菜干燥种子精油的主要成分为：亚油酸（64.48%）、顺-13-十八烯酸（21.10%）、棕榈酸（6.74%）、亚油酸乙酯（3.24%）、十八烷酸（2.30%）等。

【利用】全草入药，有毒，有止咳、利尿、解毒等功效，主治胃痛、腹痛、肠炎、痢疾、慢性支气管炎、百日咳、咳嗽、黄疸、水肿、腹水、疥癣疮肿、蛇虫咬伤；外用治消肿。亦可作农药。

博落回

Macleaya cordata (Willd.) R. Br.

罂粟科　博落回属

别名： 勃逻回、勃勒回、落回、菠萝筒、喇叭筒、喇叭竹、山火筒、空洞草、号筒杆、号筒管、号筒树、号筒草、大叶莲、野麻秆、黄杨杆、三钱三、黄薄荷

分布： 长江以南、南岭以北的大部分地区，南至广东，西至贵州，西北达甘肃

【形态特征】直立草本，具有乳黄色浆汁。茎高1～4 m，绿色，多白粉。叶片宽卵形或近圆形，长5～27 cm，宽5～25 cm，先端急尖、渐尖、钝或圆形，通常7或9深裂或浅裂，裂片半圆形、方形、兰角形或其他，边缘波状、缺刻状、粗齿或多细齿，叶面绿色，叶背多白粉。大型圆锥花序多花，长15～40 cm，顶生和腋生；苞片狭披针形。花芽棒状，近白色，长约1 cm；萼片倒卵状长圆形，长约1 cm，舟状，黄白色；花瓣无。蒴果狭倒卵形或倒披针形，长1.3～3 cm．粗5～7 mm，先端圆或钝，基部渐狭。种子4～8枚，卵珠形，长1.5～2 mm，种皮具排成行的整齐的蜂窝状孔穴，有狭的种阜。花果期6～11月。

【生长习性】生于海拔150～830 m的丘陵或低山林中、灌丛中或草丛间。喜温暖、湿润的环境，喜肥、怕涝，有较强的耐旱力和抗寒力，对土壤要求不严，但以肥沃的土壤长势健壮。适宜的生长温度为22～28℃。

【芳香成分】陈利军等（2009）用水蒸气蒸馏法提取的河南信阳产博落回干燥全草精油的主要成分为：2-甲氧基-4-乙烯基苯酚（11.27%）、4-亚硝基苯甲酸乙酯（11.18%）、(E)-2-己烯醛（10.42%）、雪松醇（7.37%）、6,10-二甲基-2-十一酮（6.93%）、邻苯二甲酸异丁基辛酯（5.70%）、2-苯丙烯醛（4.51%）、p-二甲苯（3.04%）、n-癸酸（2.92%）、苯乙醛（2.67%）、植醇（2.52%）、糠醛（2.16%）、2,3-二氢-苯并呋

喃（2.05%）、5,6,7,7a-四氢-4,4,7a-三甲基-2(4H)-苯并呋喃酮（2.03%）、十四烷酸（1.56%）、5-甲基-4-己烯-3-酮（1.29%）、2H-1-苯并吡喃（1.12%）、十三烷酸（1.06%）等。李春梅等（2014）用同法分析的贵州铜川产博落回风干全草精油的主要成分为：十九烷（13.44%）、邻苯二甲酸丁酯（10.00%）、正十五碳醛（9.99%）、异丁基邻苯二甲酸酯（8.20%）、邻苯二甲酸二异辛酯（7.50%）、棕榈酸（5.27%）、植酮（3.97%）、亚油酸甲酯（3.69%）、二十八烷（3.69%）、2-雪松醇（2.48%）、亚油酸（2.20%）、角鲨烷（1.82%）、法呢基丙酮（1.68%）、二十五（碳）烷（1.47%）、二十三（碳）烷（1.45%）、十七烷（1.08%）、8-十七烷烯（1.02%）、二十九烷（1.02%）等。

【利用】带根全草有大毒，不可内服，有散瘀、祛风、解毒、止痛、杀虫的功效，入药外用治痈疮疔肿、臁疮、痔疮、湿疹、蛇虫咬伤、跌打肿痛、风湿关节痛、龋齿痛、顽癣、滴虫性阴道炎及酒糟鼻。全草作农药可防治稻椿象、稻苞虫、钉螺等。

多刺绿绒蒿

Meconopsis horridula Hook. F. et Thoms.

罂粟科　绿绒蒿属

分布：甘肃、青海、四川、西藏

【形态特征】一年生草本，全体被黄褐色或淡黄色、坚硬而平展的刺，刺长0.5～1 cm。叶全部基生，披针形，长5～12 cm，宽约1 cm，先端钝或急尖，基部渐狭而入叶柄，边缘全缘或波状。花葶5～12或更多，长10～20 cm，坚硬，绿色或蓝灰色，有时花莛基部合生。花单生于花莛上，半下垂，直径2.5～4 cm；花芽近球形，直径约1 cm或更大；萼片外面被刺；花瓣5～8，有时4，宽倒卵形，长1.2～2 cm，宽约1 cm，蓝紫色。蒴果倒卵形或椭圆状长圆形，长1.2～2.5 cm，通常3～5瓣自顶端开裂至全长的1/3～1/4。种子肾形，种皮具窗格状网纹。花果期6～9月。

【生长习性】生于海拔3600～5100 m的草坡、石砾缝中。

【芳香成分】吴海峰等（2006）用水蒸气蒸馏法提取的青海循化产多刺绿绒蒿阴干全草精油的主要成分为：棕榈酸乙酯（29.13%）、十八碳-9,12-二烯酸，9E,12E-乙基酯（15.54%）、十八-9,12,15-三烯酸，9E,12E,15E-乙基酯（15.34%）、十八碳-10,13-二烯酸，10E,13E-甲基酯（3.53%）、棕榈酸（3.00%）、二十八烷（1.71%）、十六碳-11-烯酸，E-乙基酯（1.52%）、2-苯基乙酸乙酯（1.40%）、月桂酸乙酯（1.21%）等。

【利用】全草入药，具有活血化瘀、清热止痛之功效，常用于治疗跌打损伤、骨折、胸背疼痛、风热头痛、关节肿痛。

红花绿绒蒿

Meconopsis punicea Maxim.

罂粟科　绿绒蒿属

分布：甘肃、青海、四川、西藏等地

【形态特征】多年生草本，高30～75 cm，基部盖以宿存的叶基。全株被淡黄色或棕褐色、具多短分枝的刚毛。叶全部基生，莲座状，叶片倒披针形或狭倒卵形，长3～18 cm，宽1～4 cm，先端急尖，基部渐狭，下延入叶柄，边缘全缘；叶柄长6～34 cm，基部略扩大成鞘。花莛1～6，从莲座叶丛中生出，通常具肋。花单生于基生花莛上，下垂；花芽卵形；萼片卵形，长1.5～4 cm；花瓣4，有时6，椭圆形，长3～10 cm，宽1.5～5 cm，先端急尖或圆，深红色。蒴果椭圆状长圆形，长1.8～2.5 cm，粗1～1.3 cm，4～6瓣自顶端微裂。种子密具乳突。花果期6～9月。

【生长习性】生于海拔2800～4300 m的山坡草地。耐寒，适宜冬季干燥、夏季湿润凉爽的气候，喜富含有机质和排水良好的土壤。不耐移植，适宜选通风良好而较为荫蔽处。要防止夏季强光照射。

【芳香成分】潘宣（1998）用乙醇萃取法提取的红花绿绒蒿干燥全草精油的主要成分为：亚油酸乙酯（11.85%）、十六碳酸甲酯（9.41%）、Z-9-十八碳酸甲酯（8.67%）、亚麻酸甲酯（6.10%）、油酸乙酯（5.27%）、十八碳酸甲酯（3.60%）、8-醛基辛酸甲酯（3.06%）、亚油酸甲酯（1.82%）、1-十六醇（1.81%）、6-十二醇（1.77%）、十八碳酸乙酯（1.41%）、癸酸乙酯（1.30%）、8,9-十八碳酸烯酸甲酯（1.22%）、十四碳酸乙酯（1.10%）、花生酸甲酯（1.07%）、顺-2-丁基-4-乙烯基环丙烯（1.03%）、庚酸甲酯（1.01%）等。

【利用】花茎及果入药，有镇痛止咳、固涩、抗菌的功效，治遗精、白带、肝硬化、肺结核、肺炎、肝炎、痛经、湿热水肿、头痛、高血压。是十分美丽的观赏植物。

全缘叶绿绒蒿

Meconopsis integrifolia (Maxim.) Franch.

罂粟科　绿绒蒿属

别名： 全缘绿绒蒿、鹿耳菜、慕琼单圆、黄芙蓉、鸦片花

分布： 云南、西藏

【形态特征】一年生至多年生草本，全体被锈色和金黄色长柔毛。高达150 cm，基部盖以宿存的叶基。基生叶莲座状，常混生鳞片状叶，叶片倒披针形、倒卵形或近匙形，连叶柄长8～32 cm，宽1～5 cm，先端圆或锐尖，基部渐狭成翅，全缘；下部茎生叶同基生叶，上部狭椭圆形、披针形、倒披针形或条形，较小，最上部茎生叶常成假轮生状，狭披针形或条形。花通常4～5朵，生茎生叶腋内。花芽宽卵形；萼片舟状，长约3 cm，外面被毛；花瓣6～8，近圆形至倒卵形，长3～7 cm，宽3～5 cm，黄色或稀白色，干时具褐色纵条纹。蒴果宽椭圆状长圆形至椭圆形，长2～3 cm，粗1～1.2 cm。种子近肾形。花果期5～11月。

【生长习性】生于海拔2700～5100 m的高山灌丛下或林下、草坡、山坡、草甸。

【精油含量】水蒸气蒸馏法提取干燥全草的得油率为0.09%。

【芳香成分】全草：吴海峰等（2006）用水蒸气蒸馏法提取的青海大通产全缘叶绿绒蒿阴干全草精油的主要成分为：9,12,15-十八碳三烯酸，9E,12E,15E-乙基酯（27.94%）、十八碳-9,12-二烯酸，9E,12E-乙基酯（24.21%）、2-苯基乙酸甲酯（4.56%）、己酸甲酯（2.01%）、十二酸甲酯（1.76%）、十六碳-9-烯酸，E-甲基酯（1.47%）、棕榈酸乙酯（1.47%）、4,6,6-三甲基二环[3,1,1]庚-3-烯-2-醇（1.24%）、油酸酰胺（1.24%）等。陈行烈等（1989）用同法分析的干燥全草精油的主要成分为：二十一烷（31.72%）、二十三烷（20.62%）、二十五烷（7.44%）、二十三烯（5.84%）、二十二烷（3.08%）、二十五烯（2.22%）、软脂酸（2.14%）、二十二烯（1.32%）等。

花：官艳丽等（2007）用水蒸气蒸馏法提取的西藏产全缘绿绒蒿花精油的主要成分为：蚕醛（25.99%）、2-十七烷酮（11.64%）、亚油酸甲酯（11.29%）、金合欢醇（6.88%）、2-十七烷醇（4.26%）、正十七烷（3.95%）、正二十三烷（3.70%）、棕榈酸甲酯（2.84%）、二十五烷（2.18%）、亚麻酸甲酯（2.02%）、棕榈酸（1.75%）、β-倍半水芹烯醇（1.46%）、月桂酸（1.29%）、肉豆蔻酸（1.22%）、十五烷（1.06%）等。

【利用】全草或根入药，有小毒，有清热止咳功效，治胃中反酸，止咳。花可退热催吐、消炎，治跌打骨折。

五脉绿绒蒿

Meconopsis quintuplinervia Regel

罂粟科　绿绒蒿属
别名：毛叶兔儿风、毛果七、野毛金莲
分布：湖北、四川、西藏、青海、甘肃、陕西

【形态特征】多年生草本，高30～50 cm，基部盖以宿存的叶基，其上密被硬毛。叶全部基生，莲座状，叶片倒卵形至披针形，长2～9 cm，宽1～3 cm，先端急尖或钝，基部渐狭，全缘，两面密被硬毛。花莛1～3，被硬毛。花单生于基生花莛上，下垂。花芽宽卵形；萼片长约2 cm，宽约1.5 cm，外面密被硬毛；花瓣4～6，倒卵形或近圆形，长3～4 cm，宽2.5～3.7 cm，淡蓝色或紫色。蒴果椭圆形或长圆状椭圆形，长1.5～2.5 cm，密被紧贴的刚毛，3～6瓣自顶端微裂。种子狭卵形，长约3 mm，黑褐色，种皮具网纹和皱褶。花果期6～9月。

【生长习性】生于海拔2300～4600 m的阴坡灌丛中或高山草地。

【精油含量】水蒸气蒸馏法提取干燥全草的得油率为0.18%；超临界萃取全草的得油率为1.15%～1.25%；超声波萃取法提取干燥全草的得油率为1.43%。

【芳香成分】吴海峰等（2006）用水蒸气蒸馏法提取的青海循化产五脉绿绒蒿阴干全草精油的主要成分为：9,12-十八碳二烯酸，9E,12E-乙基酯（26.61%）、棕榈酸甲酯（22.75%）、(E)-3,7,11,15-四甲基-十六碳-2-烯-1-醇（3.96%）、硬脂酸甲酯（2.50%）、十二酸甲酯（1.66%）、12-甲基十四酸甲酯（1.49%）、6,10,14-三甲基-十五烷-2-酮（1.43%）、丁酸异丁酯（1.03%）等。徐达宇等（2016）用同法分析的青海互助产五脉绿绒蒿阴干全草精油的主要成分为：十六烷酸甲酯（28.80%）、亚油酸甲酯（16.78%）、十六烷酸乙酯（11.69%）、亚麻酸甲酯

（11.22%）、亚油酸乙酯（6.04%）、亚麻酸乙酯（4.68%）、十六烷酸（1.94%）、十四烷酸甲酯（1.47%）等。

【利用】花入药，具有清热之功效，主治肝炎、胆囊炎、肺炎、肺结核、胃溃疡。

柱果绿绒蒿

Meconopsis oliverana Franch et Prain.

罂粟科　绿绒蒿属

别名： 黄鸦片草

分布： 河南、湖北、陕西、四川

【形态特征】多年生草本，高50～100 cm，具液汁。根茎被宿存叶基和刚毛。茎具沟槽，近基部疏被刚毛。基生叶卵形或长卵形，长5～10 cm，宽3～5 cm，近基部羽状全裂，近顶部羽状浅裂，裂片3～5，羽状分裂，小裂片卵形至倒卵形，叶面深绿色，叶面具白粉，两面疏被黄棕色长硬毛；茎生叶下部者与基生叶同形，上部者较小，略抱茎。花1～2朵生于茎和分枝最上部的叶腋内，组成聚伞状圆锥花序。萼片2，椭圆形，长7～10 mm；花瓣4，宽卵形至圆形，长1～2 cm，宽0.8～2 cm，黄色。蒴果狭长圆形或近圆柱形，长3～4 cm，粗3～4 mm。种子多数，椭圆状卵形，长约1 mm，棕褐色。花果期5～9月。

【生长习性】生于海拔1500～2400 m的山坡林下或灌丛中。

【精油含量】水蒸气蒸馏法提取干燥全草的得油率为0.06%。

【芳香成分】高昂等（2013）用水蒸气蒸馏法提取的陕西太白山产柱果绿绒蒿阴干全草精油的主要成分为：正十六烷酸（27.65%）、6,10,14-三甲基-2-十五烷酮（16.33%）、叶绿醇（6.81%）、(Z,Z)-9,12-二烯十八烷酸（5.59%）、α,α,4α-三甲基-8-亚甲基十氢-2-萘甲醇（5.13%）、贝壳杉-16-醇（3.45%）、9,12,15-三烯十八烷-1-醇（2.75%）、十四烷酸（2.11%）、9-十六碳烯酸（1.94%）、1,2,3,4,4α,5,6,7-八氢-α,α,4α,8-四甲基-2-萘甲醇（1.68%）、柏木脑（1.58%）、异植醇（1.29%）、1α,2,3,5,6,7,7α,7b-八氢-1,1,7,7α-四甲基-1H-环丙烷[a]萘（1.18%）等。

【利用】全草入药，具有清热解毒、镇静、定喘的功效。

秃疮花

Dicranostigma leptopodum (Maxim.) Fedde

罂粟科　秃疮花属

别名： 秃子花、勒马回、红茂草

分布： 云南、四川、西藏、青海、甘肃、陕西、山西、河北、河南

【形态特征】多年生草本，高25～80 cm，全体含淡黄色液汁，被短柔毛，稀无毛。茎多，绿色，具粉。基生叶丛生，叶片狭倒披针形，长10～15 cm，宽2～4 cm，羽状深裂，裂片4～6对，再次羽状深裂或浅裂，顶端小裂片3浅裂，叶面绿色，叶背灰绿色；茎生叶少数，长1～7 cm，羽状深裂、浅裂或二回羽状深裂，裂片具疏齿。花1～5朵于茎和分枝先端排列成聚伞花序；具苞片。萼片卵形，长0.6～1 cm，先端渐尖成距，距末明显扩大成匙形；花瓣倒卵形至回形，长1～1.6 cm，宽1～1.3 cm，黄色。蒴果线形，长4～7.5 cm，粗约2 mm，绿色。种子卵珠形，长约0.5 mm，红棕色，具网纹。花期3～5月，果期6～7月。

【生长习性】生于海拔400～3700 m的草坡或路旁，田埂、墙头、屋顶也常见。

【精油含量】超临界萃取法提取干燥全草的得油率为0.63%。

【芳香成分】赵强等（2016）用超临界CO_2萃取法提取的甘肃天水产秃疮花干燥全草精油的主要成分为：(E,E)-8,11-十八碳二烯酸甲酯（37.98%）、甘菊蓝（7.37%）、L-抗坏血酸-2,6-二棕榈酸酯（5.73%）、E-乙酰基-10-十八碳烯（4.99%）、四十四烷（3.20%）、1,2,3-三甲基苯（2.41%）、对二甲苯

(2.16%)、2,4-二甲基苯乙烯(1.80%)、1,2,4-三甲基苯(1.70%)、硬脂酸(1.52%)、1-亚乙基-苯并环丙烯(1.48%)、3,5-二乙基甲苯(1.39%)、熊去氧胆酸(1.37%)、间异丙基甲苯(1.10%)、(R,R)-1-甲基-1-硝基-苯丙醇(1.03%)、9-十二烷基十四碳氢菲(1.02%)、6-乙基辛-3-含氧基-2-乙基己基邻苯二甲酸(1.01%)等。

【利用】根及全草药用，有清热解毒、消肿镇痛、杀虫等功效，治风火牙痛、咽喉痛、扁桃体炎、淋巴结核；外用治头癣、体癣。

罂粟

Papaver somniferum Linn.

罂粟科　罂粟属

别名：鸦片花、罂子粟、阿芙蓉、鸦片、大烟、米壳花、御米、象谷、米囊、囊子、阿芙蓉

分布：我国西北、西南等地定点栽培

【形态特征】一年生草本，高30～100 cm，栽培高可达1.5 m。茎直立，不分枝，具白粉。叶互生，叶片卵形或长卵形，长7～25 cm，先端渐尖至钝，基部心形，边缘为不规则的波状锯齿，具白粉；下部叶具短柄，上部叶无柄、抱茎。花单生。花蕾卵圆状长圆形或宽卵形，长1.5～3.5 cm，宽1～3 cm；萼片2，宽卵形，绿色，边缘膜质；花瓣4，近圆形或近扇形，长4～7 cm，宽3～11 cm，边缘浅波状或各式分裂，白色、粉红色、红色、紫色或杂色。蒴果球形或长圆状椭圆形，长4～7 cm，直径4～5 cm，成熟时褐色。种子多数，黑色或深灰色，表面呈蜂窝状。花果期3～11月。

【生长习性】喜阳光充足、土质湿润透气的酸性土壤。不喜欢多雨水，但喜欢湿润的地方。宜选择日照充足、营养丰富、海拔900～1300 m的地方种植。

【精油含量】水蒸气蒸馏法提取种子的得油率为0.03%～0.45%。

【芳香成分】肖红利等（2007）用水蒸气蒸馏法提取的种子精油的主要成分为：9,12-十八二烯酸（17.83%）、十六酸（13.96%）、9-十八烯酸（8.76%）、正十七烷（5.55%）、正十六烷（3.70%）、菲（2.88%）、正十八烷（2.70%）、异十八烷（2.09%）、异十七烷（2.01%）、正十八(9)烯酰胺（2.01%）、十四酸（1.91%）、氧芴（1.60%）、正十九烷（1.29%）、2,4-癸二烯醛（1.16%）等。陈永宽等（2003）用同法分析的罂粟种子精油的主要成分为：2,4-壬二烯醛（27.84%）、2,4-癸烯醛（13.16%）、己醛（4.46%）、(Z,Z)-9,12-十八二烯酸（3.28%）、(Z)-2-庚烯醛（3.06%）、n-十六酸（2.44%）、(Z,Z)-9,17-十八二烯酸（2.36%）、(E)-2-辛烯醛（2.14%）、5-庚基-二氢-2(3H)呋喃酮（1.54%）、1-辛烯-3-醇（1.53%）、2-戊基呋喃（1.22%）、2-羟基-4-甲基苯甲醛（1.16%）、二十二烷（1.16%）、环十五烷（1.13%）等。李兆琳等（1990）用同法分析的甘肃河西产罂粟种子精油的主要成分为：2-环戊烯-1-十一酸乙酯（21.34%）、己醛（9.89%）、2-戊基呋喃（7.35%）、α-异亚丙基-2-呋喃乙醛（3.66%）、2,6,6-三甲基-2-环己烯-1-醇（2.56%）、十九烷（1.98%）、十八烷（1.87%）、环癸酮（1.60%）、薁（1.40%）、2,2,5,5-四甲基-3-己烯（1.36%）、十七烷（1.25%）、2-甲基-7-乙基-4-十一醇（1.10%）等。

【利用】花大、色艳、重瓣的栽培品种，为庭园观赏植物。果实和果壳加工入药，有敛肺、涩肠、止咳、止痛和催眠等功效，治久咳、久泻、久痢、脱肛、心腹筋骨诸痛。成熟种子用作香辛料。种子榨油可供食用。未成熟果实含乳白色浆液，制干后即为鸦片，为世界上毒品的重要根源。

斑花黄堇

Corydalis conspersa Maxim.

罂粟科　紫堇属
别名：密花黄堇、丁冬欧蓍
分布：青海、甘肃、四川、西藏

【形态特征】丛生草本，高5～30 cm。基生叶多数；叶柄基部鞘状宽展；叶片长圆形，二回羽状全裂；一回羽片2～8对，二回羽片常仅3枚，三深裂，裂片椭圆形或卵圆形，较密集，常呈覆瓦状叠压。茎生叶多数，与基生叶同形，较小。总状花序头状，长2～4 cm，宽2～2.5 cm，多花、密集。苞片菱形或匙形，边缘紫色，全缘或顶端具啮蚀状齿。萼片菱形，棕褐色，具流苏状齿。花淡黄色或黄色，具棕色斑点。上花瓣长1.5～2 cm，具浅鸡冠状突起；距圆筒形，钩状弯曲；蜜腺体约贯穿距长的1/2。下花瓣与上花瓣相似，爪较长。内花瓣具鸡冠状突起；爪细长。蒴果长圆形至倒卵圆形，约长1 cm，宽4 mm。

【生长习性】生于海拔3800～5700 m的多石河岸和高山砾石地。

【精油含量】超临界萃取法提取干燥全草的得油率为1.70%。

【芳香成分】确生等（2017）用超临界CO_2萃取法提取的青海互助产斑花黄堇干燥全草精油的主要成分为：亚麻油酸（18.01%）、棕榈酸（7.96%）、次亚麻油酸（6.22%）、γ-谷甾醇（3.15%）、桉油醇（3.10%）、(Z)6，(Z)9-十五碳二烯-1-醇（2.43%）、(R)-氧化柠檬烯（2.41%）、(E)-9-二十碳烯（2.13%）、β-香树精（2.04%）、角鲨烯（1.56%）、二十五碳烷（1.39%）、1,3,5-三环已基戊烯（1.09%）等。

【利用】藏药全草药用，用于治疗瘟病时疫、火烧伤、赤巴病之热症、热性传染性病、胃炎、胃溃疡，感冒发热；外治疮疡。

草黄堇

Corydalis straminea Maxim.

罂粟科　紫堇属
分布：青海、甘肃、四川

【形态特征】多年生丛生草本，高30～60 cm。主根顶部具紫褐色鳞片和叶柄残基。茎具棱，中空。基生叶约长达茎的1/2，叶片卵圆形或卵状长圆形，上面绿色，下面苍白色，二回羽状全裂；一回羽片约4对；二回羽片约3枚，三深裂，有时裂片再2～3裂，末回裂片披针形。茎生叶与基生叶同形。总状花序多花、密集，长3～10 cm。下部苞片叶状或三裂，其余的披针形全缘。萼片宽卵形，具尾状短尖，边缘具啮蚀状齿或近全缘，长2～5 mm。花草黄色。上花瓣长1.8～2.5 cm；距圆筒形；蜜腺体约贯穿距长的1/2。下花瓣舟状，后部近具囊，基部缢缩。内花瓣具鸡冠状突起。蒴果线形，具1列种子。种子圆形，黑亮。

【生长习性】生于海拔2600～3800 m的针叶林下或林缘。

【精油含量】水蒸气蒸馏法提取新鲜全草的得油率为1.81%。

【芳香成分】白贞芳等（2004）用水蒸气蒸馏法提取的甘肃甘南产草黄堇新鲜全草精油的主要成分为：二十烷（13.62%）、十九烷（7.92%）、十八烷（7.57%）、正十七烷（5.08%）、2,15-十六酮（3.37%）、3,7-二甲基-1,6-辛二烯-3醇（2.92%）、β-月桂烯（2.78%）、3,7-二甲基壬烷（2.37%）、2-甲基二十三烷（2.37%）、三十六烷（2.33%）、三十二烷（2.15%）、1-氯十九烷（1.92%）、叶绿醇（1.83%）、1-氯十五烷（1.80%）、1,2-二溴十二烷（1.79%）、2,6,10,14-四甲基十七烷（1.64%）、三十二烷（1.61%）、3,5,24-三甲基四十烷（1.52%）、二苯胺（1.40%）、3,7-二甲基-2,6-辛二烯-1-醇（1.28%）、十六烷烷（1.19%）、1-溴十九烷（1.19%）、α-杜松醇（1.11%）、十三烷（1.08%）、1,2-苯酸双(2-甲基)丙酯（1.06%）、N-苯基-1-萘（1.06%）、甲基(1S*，2S*，5R*)-1,5-二乙基-2-乙烯基环已烷（1.05%）、4-甲基-3-环已烷基-乙醇（1.04%）、二十三烷（1.03%）等。

【利用】全草作为藏药入药，用于治疗热性病、肝热、脉热、血热、肝炎、高血压、瘫痪、感冒、跌打损伤、痈疖等症。

地丁草

Corydalis bungeana Turcz.

罂粟科　紫堇属

别名： 紫堇、彭氏紫堇、布氏地丁、苦地丁、苦丁、紫花地丁

分布： 吉林、辽宁、河北、山东、河南、山西、陕西、甘肃、宁夏、内蒙古、湖南、江苏

【形态特征】二年生草本，高10～50 cm。茎铺散分枝，灰绿色，具棱。基生叶多数，长4～8 cm，具鞘，边缘膜质；叶面绿色，叶背苍白色，二至三回羽状全裂，一回羽片3～5对，二回羽片2～3对。茎生叶与基生叶同形。总状花序长1～6 cm，多花。苞片叶状。萼片宽卵圆形至三角形，长0.7～1.5 mm，具齿。花粉红色至淡紫色。外花瓣顶端多少下凹，具浅鸡冠状突起，边缘具浅圆齿。上花瓣长1.1～1.4 cm；距末端多少囊状膨大；蜜腺体约占距长的2/3。下花瓣爪向后渐狭。内花瓣顶端深紫色。蒴果椭圆形，长1.5～2 cm，宽4～5 mm，具2列种子。种子直径2～2.5 mm，边缘具4～5列小凹点；种阜鳞片状。

【生长习性】生于近海平面至1500 m的多石坡地或河水泛滥地段。喜温暖湿润环境，适宜在水源充足、肥沃的砂质壤土中种植，怕干旱。

【芳香成分】龚敏等（2017）用顶空固相微萃取法提取的地丁草干燥全草精油的主要成分为：1-石竹烯（46.06%）、α-荜澄茄油烯（13.33%）、右旋萜二烯（12.80%）、β-侧柏酮（9.93%）、1,5,9,9-四甲基-1,4,7-环十一碳三烯（3.80%）、桧烯（2.31%）、茴香脑（1.52%）、癸酸乙酯（1.40%）、α-蒎烯（1.26%）、β-蒎烯（1.19%）等。

【利用】全草供药用，有清热解毒的功效，主治痈肿、疔疮、风热感冒、支气管炎、肝炎、肠炎等症。

黄堇

Corydalis pallida (Thunb.) Pers.

罂粟科　紫堇属
别名： 山黄堇、珠果黄堇、黄花地丁、鸡粪草
分布： 黑龙江、吉林、辽宁、河北、内蒙古、山西、山东、河南、陕西、湖北、江西、江苏、安徽、浙江、福建、台湾

【形态特征】灰绿色丛生草本，高20～60 cm。茎1至多条，具棱。基生叶多数，莲座状。茎生叶叶面绿色，叶背苍白色，二回羽状全裂，一回羽片为4～6对，卵圆形至长圆形，裂片边缘具圆齿状裂片，侧生的较小，常具4～5圆齿。总状花顶生和腋生，长约5 cm，疏具多花。苞片披针形至长圆形，具短尖。花黄色至淡黄色。萼片近圆形，边缘具齿。外花瓣顶端勺状，具短尖。上花瓣长1.7～2.3 cm；距约占花瓣的1/3；蜜腺体约占距长的2/3，末端钩状弯曲。下花瓣长约1.4 cm。内花瓣长约1.3 cm，具鸡冠状突起。蒴果线形，念珠状，长2～4 cm，宽约2 mm，具1列种子。种子黑亮，直径约2 mm，密具圆锥状突起。

【生长习性】生长于林间空地、墙角、石缝、火烧迹地、林缘、河岸或多石坡地。半耐阴，不耐高温强光、干旱。

【芳香成分】徐攀等（2009）用水蒸气蒸馏法提取的浙江杭州产黄堇新鲜全草精油的主要成分为：2-(1-甲基乙氧基)-乙醇（18.32%）、3-甲基-6-(1-甲基乙基)-环己烯（12.83%）、3-己烯-1-醇（10.67%）、3,7-二甲基-1,6-辛二烯-3-醇（8.17%）、4,4-二甲基-3-己醇（4.36%）、2-丙烯基己酸酯（3.79%）、2,6,6-三甲基-1-环己烯-1-羧醛（3.59%）、1-(2,6,6-三甲基-1,3-环己二烯-1-基)-2-丁醇-1-酮（3.01%）、1-己烯-3-醇（2.87%）、2,4-己二炔（2.78%）、4-(2,6,6-三甲基-1-环己烯-1-基)-3-丁烯-2-醇（2.35%）、2-丁酰基-1-辛醇（2.03%）、3,4-二甲基甲烷（1.77%）、α,α,4-三甲基-3-环己烯-1-甲醇（1.69%）、8-乙酰基-8-N[3.2.1]正辛烷（1.61%）、4-(2,6,6-三甲基-1-环己烯-1-基)-3-丁烯-1-酮（1.59%）、5,5-二甲基-4-(3-丁氧基)[2.5]辛烷（1.46%）、2-甲氧基-4-乙烯苯酚（1.39%）、1-(1-甲基乙基)-3-乙基-环氧乙烷（1.36%）、5-戊氧基-2-戊烯（1.23%）、十二烯（1.23%）、1-甲基-3-环己烯-1-甲醛（1.13%）等。

【利用】全草有清热解毒、利尿、杀虫的功能，治疥癣、疮毒肿痛、目赤、流火、暑热泻痢、肺病咳血、小儿惊风。有毒，一般不作内服。

灰绿黄堇

Corydalis adunca Maxim.

罂粟科　紫堇属
别名： 旱生紫堇
分布： 内蒙古、宁夏、甘肃、陕西、青海、四川、西藏

【形态特征】多年生灰绿色丛生草本，高20～60 cm，具白粉。基生叶达茎的1/2～2/3，叶片狭卵圆形，二回羽状全裂，一回羽片4～5对，二回羽片1～2对，三深裂，有时裂片2～3浅裂，末回裂片顶端圆钝，具短尖。茎生叶与基生叶同形，近一回羽状全裂。总状花序长3～15 cm，多花。苞片狭披针形，顶端渐狭成丝状。花黄色。萼片卵圆形，长约3 mm，渐尖，基部多少具齿。外花瓣顶端浅褐色，兜状，具短尖。上花瓣长约1.5 cm；距占花瓣的1/4～1/3；蜜腺体约占距长的1/2。下花瓣长约1 cm，舟状内凹。内花瓣具鸡冠状突起。蒴果长圆形，长约1.8 cm，宽2.5 mm。种子黑亮，直径约2 mm，种阜大。

【生长习性】生于海拔1000～3900 m的干旱山地、河滩地或石缝中。

【精油含量】水蒸气蒸馏法提取干燥全草的得油率为0.65%。

【芳香成分】张继等（2003）用水蒸气蒸馏法提取的甘肃南部产灰绿黄堇干燥全草精油的主要成分为：3,7-二甲基-1,6-辛二烯-3-醇（46.80%）、2-氨基苯甲酸-3,7-二甲基-1,6-辛二烯-3-酯（11.90%）、4-甲基-1-(1-甲基乙基)-3-环己烯-1-醇（10.66%）、α-松油醇（8.31%）、2-十一酮（6.49%）、β-d-甘露呋喃糖苷香叶醇（4.28%）、3.7-二甲基-2.6-辛二烯-1-醇（2.43%）、1.5-二甲基-1.5-环辛二烯（2.02%）、桉油醇（2.00%）、β-月桂烯（1.91%）、3.7-二甲基-1.3.6-辛三烯（1.20%）、十九烷（1.06%）等。

【利用】藏药全草药用，有清肺止咳、清肝利胆、止痛之功效，用于治疗肺热咳嗽、发热胸痛、肝胆湿热、胁痛、发热、厌食油腻、黄疸、湿热泄泻。

小花黄堇

Corydalis racemosa (Thunb.) Pers.

罂粟科　紫堇属

别名： 黄花地锦苗、断肠草、白断肠草、黄堇、黄荷包牡丹、鱼子草、黄花鱼灯草

分布： 甘肃、陕西、河南、四川、贵州、湖南、湖北、江西、安徽、江苏、浙江、福建、广东、香港、广西、云南、西藏、台湾

【形态特征】灰绿色丛生草本，高30～50 cm。基生叶常早枯萎。茎生叶三角形，叶面绿色，叶背灰白色，二回羽状全裂，一回羽片为3～4对，二回羽片1～2对，卵圆形至宽卵圆形，约长2 cm，宽1.5 cm，通常二回三深裂，末回裂片圆钝，近具短尖。总状花序长3～10 cm，具多花。苞片披针形至钻形，渐尖至具短尖。花黄色至淡黄色。萼片小，卵圆形。外花瓣顶端通常近圆形，具宽短尖。上花瓣长6～7 mm；距短囊状，占花瓣的1/5～1/6；蜜腺体约占距长的1/2。蒴果线形，具1列种子。种子黑亮，近肾形，具短刺状突起，种阜三角形。

【生长习性】生于海拔400～2070 m的林缘阴湿地或多石溪边。

【精油含量】水蒸气蒸馏法提取全草的得油率为0.11%。

【芳香成分】吴建国等（2015）用水蒸气蒸馏法提取的福建永春产小花黄堇全草精油的主要成分为：棕榈酸（29.53%）、叶绿醇（7.71%）、亚麻酸甲酯（6.55%）、六氢法呢基丙酮（6.14%）、β-紫罗兰酮（3.05%）、十七烷（2.72%）、亚油酸（2.62%）、棕榈酸甲酯（1.93%）、二十烷（1.75%）、石竹烯氧化物（1.56%）、E-β-突厥烯酮（1.46%）、二十二烷（1.40%）、β-石竹烯（1.37%）、十四酸（1.30%）、癸醛（1.27%）、二十一烷（1.26%）、4-乙烯基-2-甲氧基苯酚（1.24%）、壬醛（1.22%）、二甲基四硫化物（1.10%）等。

【利用】全草入药，有杀虫解毒的功效，外敷治疮疥和蛇咬伤。

延胡索

Corydalis yanhusuo W. T. Wang ex Z. Y. Su et C. Y. Wu

罂粟科　紫堇属

别名： 玄胡、元胡

分布： 安徽、浙江、湖北、河南、山东、江苏、陕西、甘肃、四川、云南、北京

【形态特征】多年生草本，高10～30 cm。块茎圆球形，直径0.5～2.5 cm。茎直立，常分枝，基部以上具1～2鳞片，通常具3～4枚茎生叶，鳞片和下部茎生叶常具腋生块茎。叶二回三出或近三回三出，小叶三裂或三深裂，具全缘的披针形裂片，裂片长2～2.5 cm，宽5～8 mm；下部茎生叶常具长柄；叶柄基部具鞘。总状花序疏生5～15花。苞片披针形或狭卵圆形，全缘，长约8 mm。花紫红色。萼片小。外花瓣具齿，顶端微凹，具短尖。上花瓣长1.5～2.2 cm；距圆筒形，长1.1～1.3 cm；蜜腺体约贯穿距长的1/2。下花瓣具短爪，向前渐增大成宽展的瓣片。内花瓣长8～9 mm，爪长于瓣片。蒴果线形，长2～2.8 cm，具1列种子。

【生长习性】生长于丘陵草地。喜温暖湿润的气候，适宜排水良好、肥沃疏松、富有腐殖质的砂质壤土。

【精油含量】水蒸气蒸馏法提取块茎的得油率为0.22%～0.24%；索氏提取法提取干燥块茎的得油率为0.42%；加热回流法提取干燥块茎的得油率为0.45%；超声法提取干燥块茎的得油率为0.20%。

【芳香成分】苏莉等（2011）用水蒸气蒸馏法提取的陕西产延胡索块茎精油的主要成分为：丹皮酚（24.52%）、2-β-甲氧基-5-α-胆甾烷酸（7.37%）、3,4-二甲基戊醇（7.10%）、N-苯基苯胺（6.22%）、1-甲氧基-4-丙烯基苯（3.55%）、棕榈酸（5.34%）、糠醛（1.78%）、α-没药醇（1.45%）、反亚油酸甲酯（1.36%）、γ-松油烯（1.22%）、二十七烷（1.21%）、(S)-2,3-二羟基丙醛（1.20%）、松香酸（1.00%）等。王媚等（2017）用索氏法提取的浙江产延胡索干燥块茎精油的主要成分为：2,6-十六烷基-1(+)-抗坏血酸（19.54%）、2-羟基-4-甲氧基苯乙酮（24.52%）、正二十烷（11.00%）、二十一烷（6.70%）、八氢化-2,5-甲-氢-茚-7,8-二醇（4.20%）、L-香芹醇（3.94%）、亚麻醇（3.68%）、姜黄烯（1.21%）等。

【利用】块茎为著名的常用中药，有活血、散瘀、理气、止痛的功效，用于治疗心腹腰膝诸痛、月经不调、症瘕、崩中、产后血晕、恶露不尽、跌打损伤。

大叶榉树

Zelkova schneideriana Hand.-Mazz.

榆科　榉属

别名：血榉、榉树、鸡油树、黄栀榆、大叶榆

分布：陕西、甘肃、江苏、安徽、浙江、江西、福建、河南、湖北、湖南、广东、广西、四川、贵州、云南、西藏

【形态特征】乔木，高达35 m，胸径达80 cm；树皮灰褐色至深灰色，呈不规则的片状剥落；当年生枝灰绿色或褐灰色，密生伸展的灰色柔毛；冬芽常2个并生，球形或卵状球形。叶厚纸质，大小形状变异很大，卵形至椭圆状披针形，长3～10 cm，宽1.5～4 cm，先端渐尖、尾状渐尖或锐尖，基部稍偏斜，圆形、宽楔形、稀浅心形，叶面绿色，干后深绿色至暗褐色，被糙毛，叶背浅绿色，干后变淡绿色至紫红色，密被柔毛，边缘具圆齿状锯齿，侧脉8～15对；叶柄粗短，长3～7 mm，被柔毛。雄花1～3朵簇生于叶腋，雌花或两性花常单生于小枝上部叶腋。核果与榉树相似。花期4月，果期9～11月。

【生长习性】常生于溪间水旁或山坡土层较厚的疏林中，海拔200～1100 m，在云南和西藏可达1800～2800 m。

【精油含量】水蒸气蒸馏法提取阴干叶的得油率为0.08%。

【芳香成分】孙崇鲁等（2015）用水蒸气蒸馏法提取的浙江宁波产大叶榉树阴干叶精油的主要成分为：邻苯二甲酸二丁酯（10.82%）、乙酸丁酯（8.28%）、对乙基甲苯（6.18%）、植物醇（5.72%）、癸酸（3.63%）、丙酸乙酯（3.61%）、均三甲苯（3.34%）、连三甲苯（2.17%）、法呢基丙酮（1.89%）、邻苯二甲酸二异丁酯（1.83%）、2-已烯醛（1.66%）、丙苯（1.46%）、6-甲基-3,5-戊二烯-2-酮（1.43%）、香叶基丙酮（1.43%）、棕榈醛（1.25%）、β-紫罗酮（1.12%）、芳樟醇（1.09%）、肉豆蔻酸（1.07%）等。

【利用】木材供造船、桥梁、车辆、家具、器械等用。树皮可供制人造棉、绳索和造纸原料。侗药全草治小儿遗尿症。树皮有清热、利水的功效，用于治疗时行头痛、热毒下痢、水肿。叶入药，用于治疗火烂疮、疔疮。

榆树

Ulmus pumila Linn.

榆科　榆属

别名：榆、白榆、家榆、钻天榆、钱榆、长叶家榆、黄药家榆

分布：东北、华北、西北及西南各地

【形态特征】落叶乔木，高达25 m，胸径1 m；树皮深纵裂，粗糙；冬芽近球形或卵圆形，内层芽鳞的边缘具白色长柔毛。叶椭圆状卵形、长卵形、椭圆状披针形或卵状披针形，长2～8 cm，宽1.2～3.5 cm，先端渐尖或长渐尖，基部偏斜或近对称，一侧楔形至圆形，另一侧圆形至半心脏形，边缘具重锯齿或单锯齿。花先叶开放，在去年生枝的叶腋成簇生状。翅果近圆形，稀倒卵状圆形，长1.2～2 cm，果核部分位于翅果的中部，上端不接近或接近缺口，成熟前后其色与果翅相同，初淡绿色，后为白黄色，4浅裂，裂片边缘有毛，果梗较花被为短，长1～2 mm，被（或稀无）短柔毛。花果期3～6月。

【生长习性】生于海拔1000～2500 m的山坡、山谷、川地、丘陵及沙岗等处。阳性树种，喜光、耐旱、耐寒、耐瘠薄，不择土壤，适应性很强。能耐干冷气候及中度盐碱，但不耐水湿。具有抗污染性，叶面滞尘能力强。在土壤深厚、肥沃、排水良好的冲积土及黄土高原生长良好。

【芳香成分】范丽华等（2013）用水蒸气蒸馏法提取的宁夏盐池产榆树新鲜韧皮部精油的主要成分为：十九烷（21.20%）、

十八烷（14.80%）、十七烷（13.20%）、十六烷（8.35%）、二十三烷（7.90%）、9-甲基-十九烷（7.12%）、二十二烷（5.60%）、1,3,12-十九碳三烯-5,14-二醇（5.40%）、二十一烷（4.32%）、7-甲基-十七烷（4.10%）、1-二十七醇（3.83%）、十五烷（2.28%）等。

【利用】木材供家具、车辆、农具、器具、桥梁、建筑等用。树皮磨成粉称榆皮面，掺合面粉中可食用，并为作醋原料。枝皮可代麻制绳索、麻袋或作人造棉与造纸原料。幼嫩翅果与面粉混拌可蒸食。老果可供医药和轻工、化工业用。叶可作饲料。果实（榆钱）、树皮、叶、根均可入药，果实有安神健脾的功效，用于治疗神经衰弱、失眠、食欲不振、白带；皮、叶有安神，利小便的功效，用于治疗神经衰弱、失眠、体虚浮肿；内皮外用治骨折、外伤出血。是城市绿化、行道树、庭荫树、工厂绿化、营造防护林的重要树种。

番红花

Crocus sativus Linn.

鸢尾科　番红花属

别名：西红花、藏红花

分布：浙江、江苏、山东、上海、北京等地均有栽培

【形态特征】多年生草本。球茎扁圆球形，直径约3 cm，外有黄褐色的膜质包被。叶基生，9～15枚，条形，灰绿色，长15～20 cm，宽2～3 mm，边缘反卷；叶丛基部包有4～5片膜质的鞘状叶。花茎甚短，不伸出地面；花1～2朵，淡蓝色、红紫色或白色，有香味，直径2.5～3 cm；花被裂片6,2轮排列，内、外轮花被裂片皆为倒卵形，顶端钝，长4～5 cm；雄蕊直立，长2.5 cm，花药黄色，顶端尖，略弯曲；花柱橙红色，长约4 cm，上部3分枝，分枝弯曲而下垂，柱头略扁，顶端楔形，有浅齿，较雄蕊长，子房狭纺锤形。蒴果椭圆形，长约3 cm。

【生长习性】喜冷凉湿润和半阴环境，较耐寒，适宜排水良好、腐殖质丰富的砂壤土。pH5.5～6.5。

【精油含量】水蒸气蒸馏法提取干燥花柱的得油率为0.60%～0.90%，阴干花瓣的得油率为0.40%，阴干雄蕊的得油率为0.60%；同时蒸馏-萃取法提取花的得油率为4.30%。

【芳香成分】回瑞华等（2009）用同时蒸馏萃取法提取的花精油的主要成分为：4-甲基苯基-2-丙烯（20.80%）、二乙烯苯（12.37%）、十六酸（8.48%）、十九烷（8.46%）、十二酸（8.03%）、6,10,14-三甲基-2-十五酮（4.50%）、十四烷酸（3.26%）、10,10-二甲基-2,6-二亚甲基双环[7.2.0]十一-5-β-醇（3.16%）、石竹烯氧化物（3.00%）、异香橙烯环氧化物（2.74%）、3-甲基丁酸（2.40%）、2-甲基丁酸（2.38%）、己酸（1.71%）、二十二烷（1.45%）、丁香烯（1.21%）、十氢-4a-甲基-1-亚甲基-7-(1-甲乙烯基)萘（1.03%）等。徐嵬等（2008）用水蒸气蒸馏法提取的番红花干燥花柱头精油的主要成分为：正十六碳酸（35.88%）、亚油酸（15.17%）、反式-β-紫罗兰醇（3.90%）、亚麻酸甲酯（3.51%）、正十二碳酸（2.28%）、佛尔酮（2.14%）、十四碳酸（1.87%）、9,12-十八碳二烯酸甲酯（1.50%）、十六碳酸甲酯（1.34%）、9-氧代壬酸（1.20%）、芥酸酰胺（1.09%）、庚酸烯丙酯（1.04%）、(E)-9-十八碳烯酸（1.02%）等。周素娣等（1997）用同法分析的江苏南京产番红花干燥花柱精油的主要成分为：番红花醛（85.05%）、3,5,5-三甲基-2-环己烯-1-酮（3.80%）、2,2,6β,7β-四甲基-4,3-二环[4.3.0]-壬-9(1)-烯-7α-醇（2.85%）、6,6-二甲基-2,4-环辛二烯-1-酮（2.30%）、双(2-甲酸-丁基-2-苯。二甲酯)(2.23%）等。刘绍华等（2010）用同时蒸馏萃取法提取的干燥花柱头精油的主要成分为：藏红花醛（34.82%）、2,4,4-三甲基-3-甲醛-5-羟基-2,5-环己二烯-1-酮（14.64%）、2-羟基-3,5,5-三甲基-2-环己烯-1,4-二酮（8.70%）、2,2,6-三甲基-1,4-环已二酮（4.04%）、

二氢-β-紫罗兰酮（2.92%）、异佛尔酮（2.64%）、4-氧化二氢异佛尔酮（2.33%）、亚油酸（1.92%）、亚麻酸（1.86%）、棕榈酸（1.69%）、1,2-苯二甲酸单(2-乙基己基)酯（1.67%）、2,4,6-三甲基苯甲醛（1.30%）、二羟基异佛尔酮（1.00%）等。王晓萌等（2012）用水蒸气蒸馏法提取的浙江安吉产番红花阴干花瓣精油的主要成分为：正二十六烷（11.60%）、正十五烷（11.31%）、棕榈酸甲酯（10.82%）、油酸甲酯（10.35 %）、2,4-二叔丁基苯酚（9.63%）、亚油酸甲酯（7.18%）、藏红花醛（5.66%）、棕榈酸乙酯（4.40%）、11-丁基二十二烷（4.20%）、11-癸基二十四烷（3.03%）、正二十四烷（2.67%）、2-甲基-5-丙基壬烷（2.27%）、正二十五烷（2.18%）、柏木脑（1.91%）、丁羟甲苯（1.75%）等；阴干雄蕊精油的主要成分为：油酸甲酯（30.83%）、亚油酸甲酯（24.12%）、环己醇（16.80%）、硬脂酸甲酯（12.88%）、棕榈酸甲酯（8.97%）、花生酸甲酯（1.18%）、苯并噻唑（1.01%）等。

【利用】花柱及柱头入药，有活血化瘀、凉血解毒、解郁安神的功效，用于治疗忧思郁结、胸膈痞闷、吐血、伤寒发狂、惊怖恍惚、妇女经闭、血滞月经不调、产后恶露不尽、瘀血作痛、麻疹、跌打损伤等。花作为珍贵的调味剂，天然色素、香料及染料使用。点缀花坛和布置岩石园的材料，也可盆栽或供室内观赏。花精油可用于软饮料、冰淇淋、糖果及焙烤面食等。花可用于膳食。

射干

Belamcanda chinensis (Linn.) DC.

鸢尾科　射干属

别名：扁竹、山蒲扇、蝴蝶花、交剪草、野萱花

分布：吉林、辽宁、河北、山西、山东、湖北、河南、江苏、安徽、浙江、福建、台湾、湖南、江西、广东、广西、陕西、甘肃、四川、贵州、云南、西藏

【形态特征】多年生草本。根状茎块状，黄色或黄褐色。茎高1～1.5 m。叶互生，嵌迭状排列，剑形，长20～60 cm，宽2～4 cm，基部鞘状抱茎，顶端渐尖。花序顶生，叉状分枝，每分枝的顶端聚生有数朵花；花梗及花序的分枝处均包有膜质的苞片，苞片披针形或卵圆形；花橙红色，散生紫褐色的斑点，直径4～5 cm；花被裂片6,2轮排列，外轮倒卵形或长椭圆形，长约2.5 cm，宽约1 cm，顶端钝圆或微凹，基部楔形，内轮较外轮略短而狭。蒴果倒卵形或长椭圆形，长2.5～3 cm，直径1.5～2.5 cm，成熟时室背开裂，果瓣外翻；种子圆球形，黑紫色，有光泽，直径约5 mm，着生在果轴上。花期6～8月，果期7～9月。

【生长习性】生于林缘或山坡草地，大部分生于海拔较低的地方，但在西南山区，海拔2000～2200 m处也可生长。喜温暖向阳、耐干旱、耐寒，怕积水。适应性强，对环境要求不严。土壤pH5.6～7.4适宜，忌低洼地和盐碱地。

【精油含量】水蒸气蒸馏法提取干燥根茎的得油率为1.53%；超临界萃取干燥根茎的得油率为1.90%～3.98%。

【芳香成分】秦民坚等（1997）用水蒸气蒸馏法提取的江苏南京产射干干燥根茎精油的主要成分为：十四酸（40.98%）、5-庚基-二氢呋喃酮（26.89%）、5,8-二乙基十二烷（11.95%）、十六烷酸（7.47%）、桉叶醇（1.49%）、十四酸甲酯（1.39%）等。陈艳（2014）用同法分析的广东产射干干燥根茎精油的主要成分为：月桂酸（15.05%）、癸酸（11.07%）、雪松醇（6.99%）、桃醛（5.36%）、正辛酸（5.18%）、肉豆蔻酸甲酯（3.78%）、1-乙基己酸酐（3.20%）、假紫罗兰酮（2.93%）、邻苯二甲酸二异丁酯（2.53%）、壬酸（2.31%）、异龙脑（2.14%）、2,4-十二碳二烯醛（2.02%）、9-十四碳烯醛（1.56%）、顺式-紫罗兰酮（1.42 %）、十三烷酸（1.42%）、棕榈酸甲酯（1.41%）、十一烯酸（1.37%）、2,2,4-三甲基戊二醇异丁酯（1.36%）、香叶基丙酮（1.32%）、榄香素（1.29%）、十四酸乙酯（1.26%）、金合欢基丙酮（1.11%）、紫罗兰酮（1.07%）、丁位十四内酯（1.03%）等。

【利用】根状茎药用，能清热解毒、散结消炎、消肿止痛、止咳化痰，用于治疗扁桃腺炎及腰痛等症。用于做园林花径。

香雪兰

Freesia refracta Klatt

鸢尾科　香雪兰属

别名： 小苍兰、菖蒲兰、洋晚香玉、小菖兰、小葛兰、小蕾兰、素香兰

分布： 我国各地

【形态特征】多年生草本。球茎狭卵形或卵圆形，外包有薄膜质的包被，包被上有网纹及暗红色的斑点。叶剑形或条形，略弯曲，长15～40 cm，宽0.5～1.4 cm，黄绿色。花茎上部有2～3个弯曲的分枝，下部有数枚叶；每朵花基部有2枚膜质苞片，苞片宽卵形或卵圆形，顶端略凹或2尖头，长0.6～1 cm，宽约8 mm；花淡黄色或黄绿色，有香味，直径2～3 cm；花被管喇叭形，长约4 cm，直径约1 cm，基部变细，花被裂片6,2轮排列，外轮卵圆形或椭圆形，长1.8～2 cm，宽约6 mm，内轮较外轮略短而狭。蒴果近卵圆形，室背开裂。花期4～5月，果期6～9月。

【生长习性】喜温暖湿润、阳光充足的环境，适生温度15～25℃。适宜于在疏松、肥沃的砂壤土中生长。耐寒性较差，越冬最低温度为3～5℃。

【芳香成分】杨胆等（2010）用水蒸气蒸馏法提取的吉林长春温室栽培的红花香雪兰新鲜花精油的主要成分为：沉香醇（30.51%）、二甲基亚砜（24.19%）、α-松油醇（18.70%）、4-(2,6,6-三甲基-1-环己烯)-2-丁酮（5.37%）、β-紫罗兰酮（4.40%）、香叶醇（3.16%）、β-柠檬醇（1.24%）、1,2苯二甲酸，双(2-甲基丙基)酯（1.21%）、藏红花醛（1.09%）等；有机溶剂萃取法提取的香雪兰花精油的主要成分为：二十九烷（32.39%）、二十八烷（21.23%）、9-辛基二十六烷（12.09%）、沉香醇（4.17%）、二甲基亚砜（4.02%）、α-松油醇（2.17%）、邻苯二甲酸异丁基十八(烷)基酯（1.31%）、β-紫罗兰酮（1.09%）、3-甲基二十三烷（1.09%）等。

【利用】供观赏，为春季室内观赏花卉。球茎入药，具有清热解毒、活血功效，用于治蛇伤疮痛。花可提取精油，精油有镇定神经、消除疲劳、促进睡眠的作用，是生产香水、香皂、美颈贴膜等化妆用品的原料之一。

蝴蝶花

Iris japonica Thunb.

鸢尾科　鸢尾属

别名： 扁竹根、土知母、鸭儿参、日本鸢尾、开喉箭、兰花草、扁竹、剑刀草、豆豉草、扁担叶、铁豆柴

分布： 江苏、安徽、浙江、福建、湖北、湖南、广东、广西、陕西、甘肃、四川、贵州、云南

【形态特征】多年生草本。叶基生，暗绿色，近地面处带红紫色，剑形，长25～60 cm，宽1.5～3 cm，顶端渐尖。顶生稀疏总状聚伞花序，分枝5～12个；苞片叶状，3～5枚，宽披针形或卵圆形，长0.8～1.5 cm，顶端钝，含有2～4朵花，花淡蓝色或蓝紫色，直径4.5～5 cm；花被管明显，长1.1～1.5 cm，外花被裂片倒卵形或椭圆形，长2.5～3 cm，宽1.4～2 cm，边缘波状，有细齿裂，有黄色鸡冠状附属物，内花被裂片椭圆形或狭倒卵形，长2.8～3 cm，宽1.5～2.1 cm，爪部楔形，顶端微凹，边缘有细齿裂。蒴果椭圆状柱形，长2.5～3 cm，直径1.2～1.5 cm，成熟时自顶端开裂至中部；种子黑褐色，为不规则的多面体。花期3～4月，果期5～6月。

【生长习性】生于山坡较荫蔽而湿润的草地、疏林下或林缘草地，云贵高原一带常生于海拔3000～3300 m处。喜湿润且排水良好、富含腐殖质的砂壤土或轻黏土，有一定的耐盐碱能力，在pH为8.7、含盐量0.2%的轻度盐碱土中能正常生长。喜

光，也较耐阴，在半阴环境下也可正常生长。喜温凉气候，耐寒性强。

【精油含量】水蒸气蒸馏法提取根茎的得油率为0.41%。

【芳香成分】秦军等（2003）用同时蒸馏萃取法提取的贵州产蝴蝶花根茎精油的主要成分为：肉豆蔻酸（70.93%）、辛酸（10.25%）、癸酸（6.18%）、月桂酸（4.08%）、棕榈酸（3.07%）、十六碳烯酸（1.74%）等。

【利用】根状茎及全草为民间草药，全草有清热解毒、消肿止痛的功效，用于治疗肝炎、肝肿大、肝区痛、胃痛、食积胀满、咽喉肿痛、跌打损伤；根状茎用于治疗泻下通便；种子用于治疗小便淋痛不利。具有很高的观赏价值。

马蔺

Iris lactea Pall. var. *chinensis* (Fisch.) Koidz

鸢尾科　鸢尾属

别名：蠡实、紫蓝草、兰花草、箭秆风、马帚子、马莲

分布：黑龙江、吉林、辽宁、内蒙古、河北、山西、山东、河南、安徽、江苏、浙江、湖北、湖南、陕西、甘肃、宁夏、青海、新疆、四川、西藏

【形态特征】白花马蔺变种。多年生密丛草本。叶基生，灰绿色，条形或狭剑形，长约50 cm，宽4～6 mm，顶端渐尖，基部鞘状，带红紫色。花茎高3～10 cm；苞片3～5枚，草质，绿色，边缘白色，披针形，长4.5～10 cm，宽0.8～1.6 cm，有2～4朵花；花浅蓝色、蓝色或蓝紫色，花被上有较深色的条纹，直径5～6 cm；花被管甚短，长约3 mm，外花被裂片倒披针形，长4.5～6.5 cm，宽0.8～1.2 cm，顶端钝或急尖，爪部楔形，内花被裂片狭倒披针形，长4.2～4.5 cm，宽5～7 mm，爪部狭楔形。蒴果长椭圆状柱形，长4～6 cm，直径1～1.4 cm，有6条明显的肋，有短喙；种子为不规则的多面体，棕褐色。花期5～6月，果期6～9月。

【生长习性】生长于海拔50～3900 m 的温带和寒温地带的荒地、路旁、山坡草地，尤以过度放牧的盐碱化草场上生长较多。耐盐碱、耐践踏。在高温干旱、水涝等不良环境中能正常生存。具有极强的抗病虫害能力。

【精油含量】水蒸气蒸馏法提取新鲜叶的得油率为0.12%。

【芳香成分】刁全平等（2013）用水蒸气蒸馏法提取的辽宁鞍山产马蔺新鲜叶精油的主要成分为：苯乙醇（20.96%）、苯甲醇（13.61%）、2-甲硫基乙醇（10.14%）、2-叔丁基-4-羟基茴香醚（6.73%）、十二烷酸（3.34%）、双环[4.2.0]八碳-1,3,5-三烯（3.10%）、苯甲酸-2-苯基乙醇酯（3.01%）、2,5-二异丁基噻吩（2.80%）、3-己烯醇（2.61%）、4-乙基苯酚（2.52%）、对二甲苯（2.37%）、2,3-二氢苯并呋喃（2.29%）、苯并噻唑（1.65%）、安息香酸苯甲酯（1.64%）、4-乙基-2-甲氧基苯酚（1.48%）、2-甲氧基-4乙烯基苯酚（1.39%）、3-苯基-2-丙烯酸乙酯（2.31%）、正癸酸（1.31%）、3,4,7-三甲基-2,3-二氢-1-茚酮（1.25%）、乙苯（1.09%）、2-羟基苯酚（1.04%）等。

【利用】花、种子、根、叶均可入药，花有清热解毒、止血利尿的功效，主治喉痹、吐血、衄血、小便不通、淋病、疝气、痈疽等症；种子有清热解毒、止血的功效，主治黄疸、泻痢、白带、痈肿、喉痹、疖肿、风寒湿痹、吐血、衄血、血崩等症；根有清热解毒的功效，治喉痹、痈疽、风湿痹痛；叶治喉痹、痈疽、淋病。叶在冬季可作牛、羊、骆驼的饲料，并可供造纸及编织用。根可制刷子。可用于水土保持、盐碱地绿化和改良盐碱土，是优良的观赏地被植物。

喜盐鸢尾

Iris halophila Pall.

鸢尾科　鸢尾属
别名： 厚叶马蔺
分布： 新疆、甘肃、内蒙古、宁夏

【形态特征】多年生草本。根状茎紫褐色，直径1.5～3 cm，表面残存有老叶叶鞘。叶剑形，灰绿色，长20～60 cm，宽1～2 cm，略弯曲。花茎高20～40 cm，有3枚苞片，草质，绿色，长5.5～9 cm，宽约2 cm，边缘膜质，白色，含有2朵花；花黄色，直径5～6 cm；花被管长约1 cm，外花被裂片提琴形，长约4 cm，宽约1 cm，内花被裂片倒披针形，长约3.5 cm，宽6～8 mm。蒴果椭圆状柱形，长6～9 cm，直径2～2.5 cm，绿褐色或紫褐色，具6条翅状的棱，每2个棱成对靠近，顶端有长喙，成熟时室背开裂；种子近梨形，直径5～6 mm，黄棕色，种皮膜质，薄纸状，皱缩，有光泽。花期5～6月，果期7～8月。

【生长习性】生于草甸草原、山坡荒地、砾质坡地及潮湿的盐碱地上。喜湿润且排水良好、富含腐殖质的砂壤土或轻黏土，有一定的耐盐碱能力，在pH为8.7、含盐量0.2%的轻度盐碱土中能正常生长。喜光，也较耐阴，在半阴环境下也可正常生长。喜温凉气候，耐寒性强。

【芳香成分】杨博（2008）用水蒸气蒸馏法提取的新疆吐鲁番产喜盐鸢尾干燥根精油的主要成分为：3-甲氧基-1,2-丙二醇（29.54%）、月桂酸（12.04%）、癸酸（4.52%）、9,12-十八碳二烯酸甲酯（4.15%）、棕榈酸（3.91%）、月桂酸乙酯（3.87%）、庚烷（3.74%）、肉豆蔻酸（3.69%）、棕榈酸乙酯（2.42%）、棕榈酸甲酯（2.34%）、肉豆蔻酸乙酯（1.90%）、癸酸乙酯（1.73%）、油酸（1.72%）、亚油酸乙酯（1.35%）、十七碳烯-(8)-碳酸-(1)（1.32%）、9-十八碳烯酸甲酯（1.28%）、4-(6,6-二甲基-1环己烯-1基)-3-丁烯-2-酮（1.19%）、环戊烷（1.02%）、鸢尾酮（1.01%）等。

【利用】可用于园林观赏。根状茎、花及种子均可药用，有清热解毒、利尿、止血的功效。种子用于治疗咽喉痛、吐血、月经过多；花用于治疗痈肿疮疖；根状茎用于治疗痔疮。维药根茎用于治疗喉炎音哑、化脓性疮疖、湿疹；泡酒或油治肠梗阻；蒙药种子用于治疗疮脓肿痛、烧烫伤、胃肠湿热、小便短赤；叶烧炭油治皮肤瘙痒。

蓝花喜盐鸢尾

Iris halophila Pall. var.*sogdiana* (Bunge) Grubov

鸢尾科　鸢尾属
别名： 厚叶马蔺
分布： 甘肃、新疆

【形态特征】喜盐鸢尾变种。营养体形态与原变种相似，只是花的颜色为蓝紫色，或内、外花被裂片的上部为蓝紫色，爪部为黄色与原变种有别。

【生长习性】生于草甸草原、山坡荒地、砾质坡地及潮湿的盐碱地上。

【芳香成分】杨宏伟等（2011）用有机溶剂萃取法提取的根精油的主要成分为：十四烷酸甲酯（30.70%）、14-甲基-十五烷酸甲酯（26.83%）、十八烷酸甲酯（23.57%）、(E,E,E,E,E,E)-2,6,10,14,18,22-六烯-2,6,10,15,19,23-甲基二十四烃（5.70%）、(Z)-9-十八烯酸甲酯（4.58%）、(E,E)-9,12-十八二烯酸甲酯（3.36%）、正十六烷（1.04%）、正二十烷（1.03%）等。

【利用】根状茎药用，有清热解毒、利尿、止血的功效，治急性咽炎、月经过多、吐血、急性黄疸型传染性肝炎、小便不通、痈肿疮疖、痔疮、子宫癌等。

香根鸢尾

Iris pallida Lamarck

鸢尾科　鸢尾属

别名：德国鸢尾

分布：全国各地有栽培

【形态特征】多年生草本。根状茎扁圆形，直径可达2.5 cm。叶灰绿色，外被有白粉，剑形，长40～80 cm，宽3～5 cm，顶端短渐尖，基部鞘状。花茎高50～100 cm；苞片3枚，膜质，银白色，卵圆形或宽卵圆形，长3～3.5 cm，宽2.5～3 cm，有1～2朵花；花大，蓝紫色、淡紫色或紫红色，直径可达12 cm；花被管喇叭形，长约2 cm，外花被裂片椭圆形或倒卵形，长6～7.5 cm，宽4～4.5 cm，爪部狭楔形，中脉上密生黄色的须毛状附属物，内花被裂片圆形或倒卵形，长、宽各约5 cm，爪部狭楔形。蒴果卵圆状圆柱形，长4.5～4.7 cm，直径2.5～3.5 cm，顶端钝，成熟时开裂为三瓣；种子梨形，棕褐色。花期5月，果期6～9月。

【生长习性】生长于灌木林缘、阳坡地、林缘及水边湿地。喜温暖、稍湿润、阳光充足的环境，耐寒、耐干旱和半阴，怕积水。发芽适宜温度17～22℃。有一定的耐盐碱能力。

【精油含量】水蒸气蒸馏法提取新鲜根茎的得油率为

0.15%，自然陈化3年的根茎得油率为0.23%；石油醚萃取根茎浸膏的得油率为0.50%～0.80%。

【芳香成分】邓国宾等（2008）用同时蒸馏萃取法提取的云南寻甸产香根鸢尾新鲜根茎精油的主要成分为：十四酸（31.77%）、己酸（15.33%）、3-甲基丁酸（12.20%）、戊酸（9.29%）、庚酸（7.91%）、3-甲基戊酸（7.25%）、辛酸（2.44%）、2′，4′-二羟基-3′-甲基苯乙酮（1.04%）等。

【利用】根状茎可提取精油，精油为我国允许使用的食用香料，浸膏较常用于高档食品；根茎精油和浸膏可用于化妆品、香皂、香水，也可作为药品的矫味剂和日用化工品的调香、定香剂。供观赏。

鸢尾

Iris tectorum Maxim.

鸢尾科　鸢尾属

别名： 蓝蝴蝶、紫蝴蝶、屋顶鸢尾、土知母、铁扁担、扁竹花、蛤蟆七、扇把草

分布： 山西、安徽、江苏、浙江、福建、湖北、湖南、江西、广西、陕西、甘肃、四川、贵州、云南、西藏

【形态特征】多年生草本，基部围有老叶残留的膜质叶鞘及纤维。叶基生，黄绿色，宽剑形，长15～50 cm，宽1.5～3.5 cm，顶端渐尖，基部鞘状。花茎高20～40 cm；苞片2～3枚，绿色，草质，边缘膜质，披针形或长卵圆形，长5～7.5 cm，宽2～2.5 cm，顶端渐尖，有1～2朵花；花蓝紫色，直径约10 cm；花被管长约3 cm，上端膨大成喇叭形，外花被裂片圆形或宽卵形，长5～6 cm，宽约 4 cm，爪部狭楔形，有鸡冠状附属物，成縫状裂，内花被裂片椭圆形，长4.5～5 cm，宽约3 cm，爪部变细。蒴果长椭圆形，长4.5～6 cm，直径2～2.5 cm，有6条明显的肋，成熟时3瓣裂；种子黑褐色，梨形。花期4～5月，果期6～8月。

【生长习性】生于向阳坡地、林缘及水边湿地。喜微酸性土壤，喜阳，亦耐半阴，大部分品种喜水湿环境。耐寒性较强。喜肥沃、排水良好的土壤，耐旱性强。

【精油含量】水蒸气蒸馏法提取干燥根茎的得油率为

1.25%；索氏法提取根的得油率为5.33%；微波萃取法提取根茎的得油率为14.00%；超临界萃取法提取根茎的得油率为2.55%。

【芳香成分】秦民坚等（1997）用水蒸气蒸馏法提取的江苏南京产鸢尾干燥根茎精油的主要成分为：十四酸（39.38%）、5-庚基-二氢呋喃酮（9.26%）、3-羟基-苯甲醛肟（7.72%）、十四酸甲酯（6.90%）、6-庚基-四氢吡喃-2-酮（2.57%）、二十一烷（1.29%）等。

【利用】根精油、浸膏是名贵的天然香料。根状茎入药，用于治疗咽喉肿痛、关节炎、跌打损伤、食积、肝炎、虫积腹痛、狂犬咬伤、肿毒等症。对氟化物敏感，可用以监测环境污染。庭园观赏，也是盆花、切花和花坛用花。

蝉翼藤

Securidaca inappendiculata Hassk.

远志科　蝉翼藤属
别名： 丢了棒、刁了棒、五味藤、象皮藤、一摩消、当低相悲
分布： 广东、海南、广西、云南

【形态特征】攀缘灌木，长6 m。单叶互生，叶片纸质或近革质，椭圆形或倒卵状长圆形，长7～12 cm，宽3～6 cm，先端急尖，基部钝至近圆形，全缘，叶面深绿色，叶背淡绿色，被短伏毛。圆锥花序顶生或腋生，长13～15 cm，被短伏毛；苞片微小；花小，萼片5，具缘毛，外面3枚长圆状卵形，长约2 mm，里面2枚花瓣状，长约7 mm，宽约5 mm，基部具爪；花瓣3，淡紫红色，侧瓣倒三角形，长约5 mm，宽约2.5 mm，龙骨瓣近圆形，长约8 mm，顶端具1兜状附属物。核果球形，径7～15 mm，具脉纹，顶端具革质翅，翅长圆形，长6～8 cm，宽1.5～2 cm；种子1粒，卵圆形，径约7 mm，淡黄褐色。花期5～8月，果期10～12月。

【生长习性】生于沟谷密林中，海拔500～1100 m。

【精油含量】水蒸气蒸馏法提取干燥根的得油率为0.62%；超临界萃取法提取干燥根的得油率为2.88%。

【芳香成分】周民坚等（2013）用水蒸气蒸馏法提取的干燥根精油的主要成分为：苯甲醛（14.82%）、α-亚甲基-γ-丁内酯（11.04%）、3-氟苯乙腈（8.01%）、苯乙醛（5.73%）、(Z)-3,7-二甲基-1,3,6-十八烷三烯（4.65%）、异植醇（3.77%）、1-(2-甲基-1-环戊烯)-乙酮（2.26%）、1-苄基-1H-1,2,4-三唑（2.15%）、左旋樟脑（2.11%）、苯甲酸（2.01%）、顺-3a,4,9,9a-四氢-2,2-二甲基-萘并[2,3-d]-1,3-二氧杂环戊烯-5-醇（1.58%）、1-戊烯（1.34%）、(1S-顺)-1,2,3,5,6,8-六氢-4,7-二甲基-1-(1-甲基乙基)-萘（1.05%）等。

【利用】茎皮可作麻类的代用品、人造棉和造纸原料。根及根皮入药，有活血散瘀、消肿止痛、清热利尿的功能，用于治疗跌打损伤、风湿病、骨折、胃痛、产后恶露不净。

远志

Polygala tenuifolia Willd.

远志科　远志属
别名： 细叶远志、小草、山茶叶、线茶、草远志
分布： 山西、陕西、河北、河南、山东、内蒙古、安徽、湖北、吉林、辽宁

【形态特征】多处生草本，高15～50 cm。茎多数丛生，具纵棱槽，被短柔毛。单叶互生，叶片纸质，线形至线状披针形，长1～3 cm，宽0.5～3 mm，先端渐尖，基部楔形，全缘，反卷。总状花序呈扁侧状生于小枝顶端，长5～7 cm，少花；苞片3，披针形，长约1 mm；萼片5，外面3枚线状披针形，长约2.5 mm，里面2枚花瓣状，倒卵形或长圆形，长约5 mm，宽约2.5 mm，先端圆形，具短尖头，沿中脉绿色，周围膜质，带紫堇色，基部具爪；花瓣3，紫色，侧瓣斜长圆形，长约4 mm，龙骨瓣较长，具流苏状附属物。蒴果圆形，径约4 mm，顶端微凹，具狭翅；种子卵形，径约2 mm，黑色，密被柔毛，具种阜。花果期5～9月。

【生长习性】生于草原、山坡草地、灌丛中以及杂木林下，海拔200～2300 m。耐旱、耐寒，生长于干燥向阳的沙质土壤的田野、路旁或山坡。

【精油含量】水蒸气蒸馏法提取干燥根的得油率为0.02%～0.10%；超临界萃取法提取的干燥根得油率为0.30%～8.69%。

【芳香成分】房敏峰等（2010）用水蒸气蒸馏法提取的干燥根精油的主要成分为：2-乙酰基-4-甲基苯酚（23.11%）、油酸（19.15%）、亚油酸（11.67%）、棕榈酸（9.68%）、2-十一碳烯醛（7.03%）、2-癸烯醛（6.91%）、糠醛（6.48%）、2,4-癸二烯醛（5.08%）、正癸醛（4.61%）、5-甲基-2-呋喃甲醛（3.93%）、

壬醛（3.15%）、1-环丙基戊烷（2.80%）、己酸庚酯（2.70%）、1,1,3a,7-四甲基-1a,2,3,3a,4,5,6,7b-八氢-1H-环丙烷萘（1.60%）、2-辛基环己酮（2.51%）、7-甲基-3-烯-2-羰基壬烷（1.50%）、1,4-杜松二烯（1.48%）、4-丙烯基苯酚（1.42%）、2-丁基-2-辛烯醛（1.30%）等。李萍等（2003）用同法分析的干燥根精油的主要成分为：己酸（21.52%）、苯乙酸（6.19%）、n-十二烷基二乙醇胺（5.20%）、n-十六烷酸（4.00%）、硬脂酸（3.09%）、2,5-二甲基苯甲醛（2.47%）、甲氧基-4-乙烯基苯酚（1.94%）、2,8,9-三氧杂-5-氮杂-1-乙基-1-硅杂二环[3,3,3]十一烷（1.74%）、十六烷酸-1,1-二甲羟基甲酯（1.40%）、2,4-二叔丁基-苯酚（1.21%）等。武子敬（2010）用同时蒸馏萃取法提取的干燥根精油的主要成分为：油酸（52.81%）、棕榈酸（28.26%）、硬脂酸（12.78%）、亚油酸（1.89%）等。

【利用】根皮入药，有益智安神、散郁化痰的功能，主治神经衰弱、心悸、健忘、失眠、梦遗、咳嗽多痰、支气管炎、腹泻、膀胱炎、痈疽疮肿。

白鲜

Dictamnus dasycarpus Turcz.

芸香科　白鲜属

别名：北鲜皮、八股牛、山牡丹、白膻、白羊鲜、白藓皮、羊蹄草、地羊鲜、好汉拨、金雀儿椒、千斤拨、臭烘烘、大茴香、臭骨头

分布：黑龙江、吉林、辽宁、内蒙古、河北、山东、河南、山西、宁夏、甘肃、安徽、江苏、江西、四川、贵州、陕西、新疆

【形态特征】茎基部木质化的多年生宿根草本，高40～100 cm。茎直立，幼嫩部分密被长毛及水泡状凸起的油点。叶有小叶9～13片，小叶对生，椭圆至长圆形，长3～12 cm，宽1～5 cm，生于叶轴上部的较大，叶缘有细锯齿；叶轴有甚狭窄的冀叶。总状花序长可达30 cm；苞片狭披针形；萼片长6～8 mm，宽2～3 mm；花瓣白色带淡紫红色或粉红带深紫红色脉纹，倒披针形，长2～2.5 cm，宽5～8 mm；萼片及花瓣均密生透明油点。成熟的蓇葖果开裂为5个分果瓣，瓣的顶角短尖，内果皮蜡黄色，有光泽，每分果瓣有种子2～3粒；种子阔卵形或近圆球形，长3～4 mm，厚约3 mm，光滑。花期5月，果期8～9月。

【生长习性】多生于向阳的丘陵土坡或平地灌木丛中，或草地或疏林下，石灰岩山地亦常见。适应性较强，喜温暖湿润环境，喜光照、耐严寒、耐干旱，但不耐水涝。

【精油含量】水蒸气蒸馏法提取根皮的得油率为0.09%～0.23%。

【芳香成分】李翔等（2006）用水蒸气蒸馏法提取的干燥根皮精油的主要成分为：楞酮（12.75%）、榄香醇（10.58%）、棕榈酸（7.80%）、β-桉叶醇（7.72%）、十四烷酸（6.95%）、月桂酸（5.75%）、亚油酸（4.94%）、β-榄香烯（4.41%）、(1R,β)-1,4aβ-二甲基-7α-(1-甲基乙烯基)-十氢萘-1-α-醇（4.14%）、螺环[4.4]-1,6-壬二烯（2.22%）、β-甜没药烯（1.81%）、十三烷酸（1.76%）、5,6-乙烯基-1-甲基-环己烯（1.73%）、γ-桉叶醇（1.68%）、δ-榄香烯（1.61%）、癸酸（1.31%）、α-愈创木烯（1.21%）等。

【利用】根皮入药，有祛风除湿、清热解毒、杀虫止痒的功效，用于治风湿性关节炎、湿热疮疹、多脓或黄水淋漓、肌肤湿烂、皮肤瘙痒、风疹疥癣、外伤出血、荨麻疹等。可用于庭园观赏、绿化、配植花境和作切花。

臭常山

Orixa japonica Thunb.

芸香科　臭常山属
别名： 日本常山、臭山羊、栀子黄、大山羊、和常山、胡椒树
分布： 河南、安徽、江苏、浙江、江西、湖北、湖南、贵州、四川等地

【形态特征】高1～3 m的灌木或小乔木；枝、叶有腥臭气味。叶薄纸质，全缘或上半段有细钝裂齿，下半段全缘，大小差异较大，同一枝条上有长达15 cm，宽6 cm，也有长约4 cm，宽2 cm，倒卵形或椭圆形，中部或中部以上最宽，两端急尖或基部渐狭尖。雄花序长2～5 cm；有苞片1片，苞片阔卵形，两端急尖，内拱，膜质，散生油点，长2～3 mm；萼片甚细小；花瓣比苞片小，狭长圆形，上部较宽；雌花的萼片及花瓣形状与大小均与雄花近似。成熟分果瓣阔椭圆形，干后暗褐色，径6～8 mm，每分果瓣由顶端起沿腹及背缝线开裂，内有近圆形的种子1粒。花期4～5月，果期9～11月。

【生长习性】常见于海拔500～1300 m山地密林或疏林向阳坡地。

【芳香成分】**根：** 赵超等（2009）用固相微萃取法提取的贵州贵阳产臭常山新鲜根精油的主要成分为：α-蒎烯（32.09%）、4-甲基-4-乙烯基-3-异丙烯基环己烯（16.39%）、α-依兰油烯（6.24%）、β-石竹烯（5.68%）、2-(甲氨基)-安息香酸甲酯（3.33%）、吉玛烯D（2.71%）、3,4-二乙烯基-3-甲基-环己烯（2.15%）、L-柠檬烯（1.94%）、月桂烯（1.77%）、α-胡椒烯（1.68%）、α-紫穗槐烯（1.53%）、环萨替文（1.42%）、(E,Z)-α-法呢烯（1.31%）、β-荜澄茄烯（1.28%）、α-愈创木烯（1.12%）、β-榄香烯（1.04%）等。何前松等（2010）用同法分析的贵州道真产臭常山新鲜根精油的主要成分为：1-甲基-5,6-二乙烯基-1-环己烯（80.70%）、1-甲基-5,6-二乙烯基-1-环己烯（11.40%）、3-甲基-3,4-二乙烯基-1-环己烯（7.59%）、α-蒎烯（2.40%）、β-月桂烯（1.21%）、α-紫穗槐烯（1.19%）等。

茎： 何前松等（2010）用固相微萃取法提取的贵州道真产臭常山新鲜茎精油的主要成分为：α-蒎烯（36.12%）、苄基异腈（14.46%）、苯乙基异氰（12.57%）、甲基辛基酮（4.59%）、3-甲基-3,4-二乙烯基-1-环己烯（4.48%）、棕榈酸（3.19%）、(Z)-3,7-二甲基-1,3,6-十八烷三烯（2.58%）、安息香醛（2.35%）、桧烯（2.12%）、β-月桂烯（2.02%）、叶绿醇（2.02%）、十碳醛（1.60%）、白鲜碱（1.58%）、醋酸-3-庚烯基酯（1.55%）、2-甲基戊醛（1.39%）、α-荜澄茄油烯（1.27%）、2-丙基呋喃（1.19%）、可巴烯（1.06%）、(Z,Z)-α-金合欢烯（1.01%）等。

叶： 何前松等（2010）用固相微萃取法提取的贵州道真产臭常山新鲜叶精油的主要成分为：2-己烯醛（21.11%）、白鲜碱（19.00%）、桧烯（10.79%）、氧化石竹烯（6.25%）、2-乙基呋喃（4.70%）、4,4-二甲基-四环[6.3.2.0^{2,5}.0^{1,8}]十三烷-9-醇（4.62%）、4,11,11-三甲基-8-亚甲基-二环[7.2.0]-4-十一烯（4.41%）、2,4-己二烯醛（2.63%）、长叶松节烷（2.58%）、(E)-3,7-二甲基-2,6-亚辛基-1-醇醋酸酯（2.50%）、香橙烯（2.36%）、棕榈酸（2.02%）、1-甲基-5,6-二乙烯基-环己烯（1.91%）、(Z,Z)-α-金合欢烯（1.74%）、细辛醚（1.71%）、已烯醛（1.66%）、3-己烯-1-醇（1.40%）、安息香醛（1.21%）、巴豆醛（1.06%）等。

【利用】根、茎、叶入药，有清热利湿、截疟、止痛、安神的功效，主治风热感冒、风湿关节肿痛、胃痛、疟疾、跌打损伤、神经衰弱；外用治痈肿疮毒。

飞龙掌血

Toddalia asiatica (Linn.) Lam.

芸香科　飞龙掌血属
别名： 见血飞、大救驾、黄肉树、三百棒、三文藤、牛麻簕、鸡爪簕、黄大金根、簕钩、入山虎、小金藤、爬山虎、抽皮簕、油婆簕、画眉跳、散血飞、散血丹、烧酒钩、猫爪簕、八大王、黄椒根、溪椒、刺米通
分布： 广东、广西、海南、湖南、湖北、陕西、福建、台湾、江西、浙江、四川、云南、贵州等地

【形态特征】老茎干有较厚的木栓层及黄灰色凸起的皮孔，三、四年生枝上的皮孔圆形而细小，茎枝及叶轴有较多锐刺，当年生嫩枝的顶部有褐色或红锈色短细毛，或密被灰白色短

毛。小叶有香气，卵形、倒卵形、椭圆形或倒卵状椭圆形。长5～9 cm，宽2～4 cm，顶部尾状长尖或急尖而钝头，有时微凹缺，叶缘有细裂齿。有极小的鳞片状苞片，花淡黄白色；萼片长不及1 mm，边缘被短毛；花瓣长2～3.5 mm；雄花序为伞房状圆锥花序；雌花序呈聚伞圆锥花序。果橙红色或朱红色，径8～10 mm或稍较大，有4～8条纵向浅沟纹；种子长5～6 mm，厚约4 mm，种皮褐黑色，有极细小的窝点。花期几乎全年。果期多在秋冬季。

【生长习性】生于海拔2000 m以下的山地，石灰岩山地也常见。

【精油含量】水蒸气蒸馏法提取干燥根及根皮的得油率为0.12%，干燥叶的得油率为0.40%，枝叶的得油率为0.32%。

【芳香成分】根：刘志刚等（2011）用水蒸气蒸馏法提取的贵州贵阳产飞龙掌血干燥根及根皮精油的主要成分为：α-杜松醇（17.08%）、斯巴醇（12.06%）、α-紫穗槐烯（9.18%）、δ-荜澄茄烯（9.03%）、大香叶烯D-4-醇（8.22%）、β-甜没药烯（6.08%）、反式橙花叔醇（5.67%）、大根香叶烯B（5.02%）、卡达三烯（4.19%）、异喇叭烯（3.04%）、δ-杜松醇（2.19%）、1H-环戊二烯并[1.3]环丙基[1.2]苯-八氢-7-甲基-3-亚甲基-4-(1-甲基乙基)（2.12%）、δ-榄香烯（2.03%）、6,10-二甲基-5,9-十一双烯-1-炔（1.77%）、(-)-蓝桉醇（1.73%）、雪松烯醇（1.30%）、β-榄香烯（1.28%）、玷㓇烯（1.05%）等。

叶：刘志刚等（2011）用水蒸气蒸馏法提取的贵州贵阳产飞龙掌血干燥叶精油的主要成分为：石竹烯（23.21%）、反式橙花叔醇（18.83%）、β-榄香烯（13.43%）、斯巴醇（12.91%）、δ-榄香烯（6.88%）、蛇床烯（5.67%）、氧化石竹烯（4.75%）、δ-荜澄茄烯（1.15%）等。

枝叶：朱亮锋等（1993）用水蒸气蒸馏法提取的广东鼎湖山产飞龙掌血枝叶精油的主要成分为：β-松油烯（43.38%）、松油醇-4(9.60%）、α-石竹烯（7.28%）、α-蒎烯（4.51%）、柠檬烯（3.80%）、β-荜澄茄烯（3.48%）、β-石竹烯（3.44%）、对伞花烃（2.24%）、γ-松油烯（1.55%）、β-月桂烯（1.17%）等。

【利用】全株用作草药，多用其根，有小毒，具有活血散瘀、祛风除湿、消肿止痛的功效，治感冒风寒、胃痛、肋间神经痛、风湿骨痛、跌打损伤、咯血等。根皮的煎煮液制成针剂肌注，或疼痛部位穴位注射，对慢性腰腿痛有良好疗效。桂林一带用其茎枝制烟斗。成熟的果可食，但果皮含麻辣成分。

巴柑檬

Citrus×bergamia Risso et Poit.

芸香科　柑橘属

别名：香柠檬

分布：四川、云南、湖南、浙江等地

【形态特征】常绿小乔木，树势中等，树冠圆头状，较张开，枝粗，脆易折断，刺稀少而短。通常一年抽梢3次。叶片长10.5～12 cm，宽2～4.5 cm，卵状长椭圆形或长椭圆性。花单生或丛生，多着生于树冠内部或下部的弱枝上，花大，白花，花径3.4 cm，花瓣5，芳香。果实倒卵圆形或亚球形，横径6.5～8.0 cm，纵径6.0～7.9 cm。果顶微乳状突起，果基钝圆或狭圆；果面柠檬黄色，油胞大部分凹入：囊瓣14左右，中心柱充实；果肉黄色，汁胞披针形，排列紧密。种子较多，但饱满的较少，平均8～10粒，退化种子多达20粒以上。花期4月下旬，果熟期12月到次年2月。

【生长习性】对土壤要求不严，适应性比较强，以pH5.5～6.5、土层深厚、质地疏松、肥沃、保水保肥力强、通气性好的砂壤土最好。

【精油含量】水蒸气蒸馏法提取叶的得油率为0.23%～0.74%，嫩枝的得油率为0.11%～0.23%，果皮的得油率为0.41%。

【芳香成分】叶：林正奎等（1994）用水蒸气蒸馏法提取的四川产巴柑檬新鲜叶精油的主要成分为：芳樟醇（44.77%）、香叶醇（13.40%）、α-松油醇（10.85%）、乙酸芳樟（5.72%）、乙酸香叶酯（5.21%）、乙酸橙花酯（3.93%）、d-柠檬烯（3.07%）、橙花醇（2.64%）、月桂烯（2.46%）、反-罗勒烯（2.15%）、β-石竹烯（1.19%）等。

果皮：黄远征等（1986）用水蒸气蒸馏法提取的果皮精油的主要成分为：d-柠檬烯（42.51%）、芳樟醇（17.89%）、乙酸芳樟酯（11.37%）、香叶醇（5.67%）、β-蒎烯（4.82%）、α-松油醇（2.54%）、蒈烯-3(2.04%）、对伞花烃（1.56%）、月桂烯（1.43%）、γ-松油烯（1.35%）、乙酸香叶酯（1.31%）等。

【利用】叶和果皮精油为名贵精油，为我国允许使用的食用香精，用于调配多种食品香精；果皮精油是配制高级化妆品的重要调配原料；除萜精油用于配制香精。果皮可提取果胶。果

汁可制浓缩柠檬饮料和果酒；瓤瓣和果渣可生产柠檬果酱和蜜饯等；果实可做酸味剂。种子的脂肪油脱苦处理后可供食用和工业用。是绿化环境、美化、香化和果化的优良树种之一。

柑橘

Citrus reticulata Blanco

芸香科　柑橘属

别名：橘、宽皮橘、蜜橘、早橘、红橘、福橘

分布：长江以南各地

【形态特征】小乔木。单身复叶，翼叶通常狭窄，或仅有痕迹，叶片披针形、椭圆形或阔卵形，大小变异较大，顶端常有凹口，叶缘至少上半段通常有钝或圆裂齿。花单生或2～3朵簇生；花萼不规则5～3浅裂；花瓣通常长1.5 cm以内。果形种种，通常扁圆形至近圆球形，淡黄色、朱红色或深红色，较易或稍易剥离，橘络呈网状，易分离，中心柱大而常空，稀充实，瓢囊7～14瓣，稀较多，果肉酸或甜，或有苦味，或另有特异气味；种子或多或少数，稀无籽，通常卵形，顶部狭尖，基部浑圆。花期4～5月，果期10～12月。品种品系甚多且亲系来源繁杂，有来自自然杂交的，有属于自身变异（芽变、突变等）的。

【生长习性】喜温暖湿润气候，耐寒性较强。生长发育要求12.5～37℃的温度。对土壤的适应范围较广，紫色土、红黄壤土、沙滩和海涂，pH4.5～8均可生长，以pH5.5～6.5为最适宜。以疏松、排水良好的土壤最适宜。

【精油含量】水蒸气蒸馏法提取叶的得油率为0.06%～1.25%，幼果的得油率为0.20%～0.26%，干燥果实的得油率为3.78%，成熟果皮的得油率为0.08%～12.50%，未成熟果皮的得油率为0.08%～2.13%，新鲜内果皮（橘白）的得油率为0.10%，果皮与内果皮之间的筋络（橘络）的得油率为0.15%；同时蒸馏萃取法提取新鲜花的得油率为0.32%，新鲜果皮的得油率为1.87%；酶解法辅助水蒸气蒸馏法提取果皮的得油率为3.14%；微波萃取法提取干燥果皮的得油率为1.21%，新鲜果皮的得油率为1.89%～2.17%；超声辅助水蒸气蒸馏法提取果皮的得油率为0.87%；有机溶剂萃取法提取叶的得油率为1.73%，果皮的得油率为0.10%；超临界萃取法提取阴干叶的得油率为2.12%～3.57%，干燥成熟外果皮的得油率为0.67%～10.16%，未成熟干燥果皮的得油率为1.32%；冷榨法提取果皮的得油率为0.58%～1.60%。

【芳香成分】叶：林正奎等（1990）用水蒸气蒸馏法提取分析了重庆产不同品种柑橘叶的精油成分，'椪柑'的主要成分为：芳樟醇（29.95%）、β-蒎烯（23.95%）、桧烯（16.51%）、γ-松油烯（5.55%）、β-松油醇（5.41%）、香叶烯（2.66%）、松油烯-4-醇（2.17%）、(Z)-芳樟醇氧化物（1.88%）、d-柠檬烯（1.71%）、α-蒎烯（1.55%）等；'福橘'的主要成分为：芳樟醇（35.86%）、(Z)-芳樟醇氧化物（12.20%）、β-松油醇（7.52%）、γ-松油烯（6.55%）、香茅醇（6.24%）、α-罗勒烯（5.33%）、百里香酚（4.88%）、桧烯（4.13%）、异松油烯（3.40%）、d-柠檬烯（2.32%）、α-蒎烯（2.20%）、α-木罗烯（1.70%）等；'宫川'的主要成分为：(Z)-芳樟醇氧化物（26.62%）、α-罗勒烯（19.71%）、桧烯（14.33%）、(E)-芳樟醇氧化物（13.31%）、芳樟醇（6.07%）、异松油烯（4.14%）、α-蒎烯（3.86%）、d-柠檬烯（2.85%）、γ-松油烯（2.83%）、α-苧烯（1.78%）、β-蒎烯（1.16%）等；'兴津'的主要成分为：(Z)-芳樟醇氧化物（26.58%）、α-罗勒烯（19.77%）、(E)-芳樟醇氧化物（13.29%）、桧烯（12.95%）、芳樟醇（7.63%）、异松油烯（4.11%）、α-蒎烯（3.45%）、d-柠檬烯（2.65%）、γ-松油烯（2.53%）、α-苧烯（1.49%）、β-蒎烯（1.15%）等。王桂红等（2011）用同法分析的干燥叶精油的主要成分为：β-榄香烯（19.96%）、石竹烯（10.27%）、石竹烯氧化物（8.78%）、[1R-(1a,3aβ,4a,7β)]-1,2,3,3a,4,5,6,7-八氢-1,4-二甲基-7-(1-甲基乙烯基)-薁（6.97%）、邻伞花烃（6.27%）、α-石竹烯（3.59%）、6-异丙基-4,8a-二甲基-1,2,3,5,6,7,8,8a-八氢-萘-2-醇（2.86%）、[4aR-(4aα,7a,8aβ)]-十氢-4a-甲基-1-次甲基-7-(1-甲基乙烯基)-萘（2.60%）、(4aR-反)-十氢-4a-甲基-1-次甲基-7-(1-甲基亚乙基)-萘（2.52%）、7-甲氧基-3-羧酸香豆素（2.43%）、6,10,14-三甲基-2-十五烷酮（1.80%）、γ-松油烯（1.66%）、棕榈酸（1.47%）、β-蒎烯（1.23%）、薄荷醇（1.09%）、(1S-顺)-1,2,3,5,6,8a-六氢-4,7-二甲基-1-异丙基萘（1.09%）、α-金合欢烯（1.01%）等。冯自立等（2014）用同法分析的陕西城固产'朱橘'阴干叶精油的主要成分为：γ-榄香烯（30.69%）、β-石竹烯（18.90%）、水芹烯（10.81%）、2-异丙基-甲苯（7.98%）、α-石竹烯（5.26%）、α-法呢烯（4.81%）、桉叶油二烯内酯

(2.78%)、桉叶油二烯(2.15%)、异-榄香烯(1.53%)、2-甲氧基-4-乙烯基苯酚(1.50%)、D-苧烯(1.35%)、异-球朊醇(1.26%)、α-蒎烯(1.03%)等。夏文斌等(2011)用同法分析的叶精油的主要成分为:D-柠檬烯(15.48%)、α-法呢烯(7.61%)、植物醇(7.56%)、γ-松油烯(3.69%)、二十烷酸(2.27%)、β-月桂烯(1.20%)等。

花: 丁忠源等(1989)用已烷浸提法收集的江西南丰产柑橘落下的新鲜花精油的主要成分为:芳樟醇(29.68%)、香茅醛(26.57%)、百里香酚(9.70%)、橙花醇(8.80%)、1,8-桉叶油素(3.20%)、乙酸香叶酯(3.20%)、γ-松油烯(3.20%)、β-蒎烯(3.00%)、顺-茉莉酮(2.90%)、苄基氰(1.70%)、香茅醇(1.50%)等。

果实: 赵晨等(2007)用水蒸气蒸馏法提取的陕西旬阳产'狮头柑'干燥果实精油的主要成分为:柠檬烯(75.50%)、γ-萜品烯(7.62%)、α-萜品醇(5.31%)、α-萜品醇(4.31%)、月桂烯(3.18%)、α-蒎烯(1.40%)等。许有瑞等(2010)用同法分析的直径0.4~1.0 cm的'椪柑'幼果精油的主要成分为:芳樟醇(26.99%)、香芹酚(21.66%)、柠檬烯(14.25%)、4-甲基-1-异丙基-3-环己烯-1醇(13.54%)、斯巴醇(6.17%)、α-松油醇(4.37%)、1-甲氧基-4-甲基-2异丙基-苯(3.14%)、α-松油烯(2.07%)、β-桉叶醇(1.75%)、1-甲基-4-异丙基-2-环己烯-1醇(1.06%)等。盛丽等(2017)用同时蒸馏萃取法提取的浙江黄岩产'黄岩蜜橘'新鲜果实精油的主要成分为:柠檬烯(15.38%)、芳樟醇(11.18%)、松油醇(8.35%)、4-松油醇(5.55%)、癸醛(3.56%)、α-金合欢烯(3.25%)、柠檬醛(3.20%)、β-红没药烯(3.06%)、壬醛(2.61%)、糠醛(2.54%)、β-香茅醇(2.39%)、别罗勒烯(2.22%)、叶醇(2.05%)、β-松油醇(1.90%)、β-蒎烯(1.70%)、6-芹子烯-4-醇(1.64%)、水芹烯(1.58%)、辛醇(1.54%)、δ-榄香烯(1.18%)、辛醛(1.07%)、香芹醇(1.03%)、香叶醇(1.00%)等。杨小凤等(2007)用石油醚萃取法提取的'瓯柑'新鲜果肉精油的主要成分为:(Z,Z)-9,12-十八碳二烯酸(37.46%)、γ-谷甾醇(22.91%)、正-十六碳酸(7.77%)、1-甲基-4-异丙基-1,4-环己二烯(6.25%)、菜油甾醇(5.43%)、5,6,7,3′,4′-五甲氧基黄酮(4.80%)、D-柠檬烯(4.31%)、1-十九烯(3.97%)、豆甾醇(3.20%)、Z-11-十六碳烯酸(1.74%)等。杨延峰等(2017)用顶空固相微萃取法提取的江西南丰产'南丰蜜橘'新鲜果肉挥发油的主要成分为:D-柠檬烯(72.47%)、萜品烯(9.19%)、β-蒎烯(2.70%)、芳樟醇(2.68%)、(Z)-石竹烯(1.08%)等。

果皮: 尚雪波等(2010)用水蒸气蒸馏法提取分析了湖南产不同品种柑橘果皮的精油成分,'玫瑰香柑'的主要成分为:D-柠檬烯(78.99%)、芳樟醇(3.84%)、β-月桂烯(3.62%)、α-萜品醇(1.73%)、辛醇(1.26%)、α-蒎烯(1.08%)、癸醛(1.03%)等;'JoJo'的主要成分为:D-柠檬烯(68.50%)、1-甲基-4-(1-甲基乙基)-1,4-环已二烯(10.55%)、β-月桂烯(3.44%)、α-萜品醇(2.27%)、α-蒎烯(1.96%)、芳樟醇(1.64%)、[S-(E,E)]- 1-甲基-5-亚甲基-8-(1-甲基乙基)-1,6-环癸二烯(1.31%)等;'象山红'的主要成分为:D-柠檬烯(77.95%)、β-月桂烯(3.21%)、α-萜品醇(2.43%)、瓦伦西亚橘烯(1.86%)、芳樟醇(1.54%)、萜烯醇(1.32%)等。刘文粢等(1991)用同法分析了广东产不同品种柑橘果皮的精油成分,'行柑'的主要成分为:柠檬烯(96.60%)、β-月桂烯(1.40%)等;'八月橘'的主要成分为:柠檬烯(91.37%)、γ-松油烯(3.05%)、β-月桂烯(1.24%)等;'十月橘'的主要成分为:柠檬烯(97.09%)、β-月桂烯(1.37%)等;'榕林甜橘'的主要成分为:柠檬烯(85.20%)、γ-松油烯(10.12%)、α-蒎烯(1.21%)、对-伞花烃(1.11%)等;'甜柑'的主要成分为:柠檬烯(97.59%)等;'蕉柑'的主要成分为:柠檬烯(97.23%)、芳樟醇(1.24%)、β-月桂烯(1.03%)等;'年橘'的主要成分为:柠檬烯(86.30%)、γ-松油烯(7.58%)、β-月桂烯(1.21%)等。朱亮锋等(1993)用同法分析的广东产'蕉柑'果皮精油的主要成分为:芳樟醇(50.25%)、柠檬烯(36.52%)、紫苏醛(2.74%)、α-松油醇(2.58%)、甲酸香叶酯(1.02%)等。陈丽等(1997)用同法分析的福建永春产'芦柑'干燥成熟果皮精油的主要成分为:d-柠檬烯(90.84%)、异松油烯(5.11%)、β-蒎烯(1.31%)等。陈有根等(1998)用同法分析了不同产地、不同品种柑橘干燥果皮的精油成分,重庆产'大红袍'的主要成分为:柠檬烯(78.53%)、γ-松油烯(6.74%)、芳樟醇(4.41%)、反-芳樟醇氧化物(2.53%)、α-松油醇(1.24%)等;浙江黄岩产'温州蜜柑'的主要成分为:柠檬烯(81.32%)、γ-松油烯(6.00%)、β-月桂烯(1.48%)、棕榈酸(1.17%)、芳樟醇(1.11%)等;广东新会产'茶枝柑'的主要成分为:柠檬烯(66.77%)、γ-松油烯(14.96%)、β-月桂烯(3.49%)、α-蒎烯(2.47%)、β-蒎烯(1.91%)、异松油烯(1.14%)、α-松油醇(1.07%)等;福建闽候产'福橘'的主要成分为:柠檬烯(76.89%)、芳樟醇(7.13%)、γ-松油烯(5.69%)、β-月桂烯(2.85%)、α-蒎烯(1.38%)等;江西新干产'朱橘'的主要成分为:柠檬烯(79.10%)、γ-松油烯(4.21%)、β-月桂烯(3.46%)、α-蒎烯(1.44%)、芳樟醇(1.04%)等;江西樟树产'樟头红'的主要成分为:柠檬烯(82.68%)、γ-松油烯(4.25%)、β-月桂烯(3.71%)、芳樟醇(1.41%)、α-蒎烯(1.20%)等;江西南丰产'南丰蜜橘'的主要成分为:柠檬烯(81.54%)、γ-松油烯(6.46%)、芳樟醇(1.55%)、α-金合欢烯(1.15%)、β-月桂烯(1.05%)等。贾雷等(2013)用同法分析的湖南湘潭产'椪柑'干燥果皮精油的主要成分为:柠檬烯(55.73%)、γ-松油烯(10.45%)、β-月桂烯(7.50%)、α-蒎烯(6.05%)、β-芳樟醇(3.48%)、辛醛(2.48%)、β-蒎烯(2.30%)、癸醛(1.50%)、异松油烯(1.40%)、α-侧柏烯(1.11%)、2-蒈烯(1.09%)、β-水芹烯

（1.05%）、α-松油醇（1.00%）等。杨彦松（2013）用同法分析的'砂糖橘'新鲜果皮精油的主要成分为：柠檬烯（77.99%）、β-月桂烯（3.74%）、β-水芹烯（2.78%）、罗勒烯（2.64%）、β-芳樟醇（2.35%）、α-蒎烯（1.60%）、正辛醇（1.54%）、癸醛（1.24%）、4-松油醇（1.10%）、4-十一烯（1.04%）等。欧小群等（2015）用同法分析的四川彭山产'寿柑'新鲜果皮精油的主要成分为：柠檬烯（88.35%）、芳樟醇（2.74%）、2-侧柏烯（1.33%）、正辛醛（1.18%）等；广东德庆产'贡柑'新鲜果皮精油的主要成分为：柠檬烯（88.11%）、芳樟醇（3.80%）、2-侧柏烯（1.33%）等；四川金堂产'红橘'新鲜果皮精油的主要成分为：柠檬烯（86.74%）、萜品烯（4.62%）、芳樟醇（3.96%）、月桂烯（1.19%）等。冯璐璐等（2018）用同法分析的重庆产'新生系3号椪柑'新鲜果皮精油的主要成分为：D-柠檬烯（72.54%）、γ-萜品烯（14.22%）、β-月桂烯（3.01%）、1R-α-蒎烯（2.32%）、β-蒎烯（1.47%）等；'莽山野柑'新鲜果皮精油的主要成分为：D-柠檬烯（70.04%）、β-月桂烯（24.77%）等。朱凤妮等（2017）用同法分析的江西南丰产'南丰蜜橘大果系'新鲜果皮精油的主要成分为：萜品烯（38.26%）、月桂烯（11.66%）、β-蒎烯（10.16 %）、α-蒎烯（9.19%）、α-法呢烯（7.60%）、芳樟醇（5.39%）、癸醛（2.52%）、萜品油烯（2.39%）、β-侧柏烯（2.34%）、桧烯（2.21%）、正辛醛（1.72%）、α-松油醇（1.10%）、百里香酚（1.08%）等；江西南丰产'南丰蜜橘小果系'新鲜果皮精油的主要成分为：D-柠檬烯（80.87%）、萜品烯（8.40%）、月桂烯（2.66%）、α-蒎烯（1.90%）、β-蒎烯（1.52%）等；江西南丰产'南丰蜜橘早熟系'新鲜果皮精油的主要成分为：D-柠檬烯（82.30%）、萜品烯（8.70%）、月桂烯（2.64%）、α-蒎烯（1.97%）、β-蒎烯（1.93%）等；江西新余产'新余蜜橘'新鲜果皮精油的主要成分为：D-柠檬烯（80.75%）、萜品烯（7.48%）、月桂烯（3.26%）、α-蒎烯（1.85%）、(Z)-3,7-二甲基-1,3,6-十八烷三烯（1.55%）等；江西新干产'三湖红橘'新鲜果皮精油的主要成分为：D-柠檬烯（85.19%）、萜品烯（7.27%）、月桂烯（2.49%）、α-蒎烯（1.77%）等；江西新干产'樟头红'新鲜果皮精油的主要成分为：D-柠檬烯（87.52%）、萜品烯（4.78%）、月桂烯（3.07%）、α-蒎烯（1.73%）等。黄远征等（1998）用冷压法提取分析了重庆产不同品种柑橘果皮的精油成分，'本地早橘'的主要成分为：柠檬烯（86.72%）。p-伞花烃（4.68%）、月桂烯（1.95%）等；'克里迈丁'的主要成分为：柠檬烯（92.85%）、月桂烯（2.00%）等；'红橘广柑'的主要成分为：柠檬烯（86.53%）、p-伞花烃（4.09%）、月桂烯（1.99%）、异松油烯（1.10%）、香桧烯（1.06%）等；'乳橘'的主要成分为：柠檬烯（81.45%）、p-伞花烃（6.92%）、月桂烯（1.85%）、α-金合欢烯（1.49%）、β-蒎烯（1.23%）、α-蒎烯（1.19%）等；'温州蜜橘'的主要成分为：柠檬烯（86.63%）、p-伞花烃（4.50%）、月桂烯（1.83%）等。夏文斌等（2011）用水蒸气蒸馏法提取的白色中果皮（橘白）精油的主要成分为：D-柠檬烯（18.31%）、β-蒎烯（17.42%）、γ-松油烯（11.48%）、萜烯醇（9.62%）、4α-三甲基-3-环己烯甲醇（2.95%）、二十烷酸（2.76%）等；内果皮（橘络）精油的主要成分为：D-柠檬烯（29.61%）、β-蒎烯（11.99%）、γ-松油烯（8.91%）、萜烯醇（8.21%）、二十烷酸（7.46%）、β-月桂烯（5.22%）、α-芹子烯（3.63%）、4α-三甲基-3-环己烯甲醇（2.90%）等。

【利用】果实为常用著名水果，除生食外还可加工成果汁、罐头等产品。果皮精油为我国允许使用的食用香料，用于调配食用、日用工业香精；精油主要成分柠檬烯具有显著的镇咳、祛痰和抗菌作用，是很好的胆石溶解剂；对蚊子有显著的触杀和熏杀作用。果肉、皮、核、络均可入药，幼嫩果实治胸腹胀闷、胁肋疼痛、乳腺炎、疝痛；外果皮晒干后叫"陈皮"，用于胃腹胀满、呕吐呃逆、咳嗽痰多；橘瓢上面的白色网状丝络，叫"橘络"，有通络、化痰、理气、消滞等功效，治咳嗽痰多、胸胁作痛；橘核（种子）有理气止痛的作用，可以用来治疗疝气、腰痛等症；根、叶具有舒肝、健脾、和胃等功能。是一种很好的庭园观赏植物。果皮可提取果胶，在制药、纺织行业有广泛的用途。提取果汁后剩下的果渣可提取色素、果胶或制成动物饲料。

红河橙

Citrus hongheensis Ye et al.

芸香科　柑橘属

别名：阿蕾

分布：云南

【形态特征】树高约10 m，胸围达1.6 m。嫩枝被疏毛，徒长枝和隐芽枝有刺。叶身卵状披针形，长3～5.5 cm，宽1.5～2 cm，顶部短狭尖，翼叶狭长圆形，长6～16 cm，宽2.5～4 cm，顶端圆，基部沿叶柄下延，叶缘有细浅钝裂齿。总状花序有花5～9朵，很少同时有单花腋生；花蕾阔椭圆形，淡紫红色，长1.5 cm；花白色，花径3～3.5 cm；花瓣5或4片。果椭圆形、圆球形或扁圆形，纵径8～10 cm，横径10～12 cm，两端圆，顶部微凹，有浅放射沟，淡黄色或黄绿色，油胞大，凸起，果心实，瓢囊10～13瓣。味甚酸，微带苦；种子长12 mm，宽10～12 mm，厚6～8 mm，种皮平滑，单胚。花期3～4月，果期10～11月。

【生长习性】生于海拔800～2000 m山坡杂木林中。

【精油含量】水蒸气蒸馏法提取叶的得油率为0.65%，干燥幼果的得油率为1.73 ml/g。

【芳香成分】叶：林正奎等（1991）用水蒸气蒸馏法提取的重庆产红河橙叶精油的主要成分为：α-柠檬醛（31.16%）、香茅醛（29.08%）、乙酸香叶酯（12.62%）、月桂烯（6.73%）、香叶醇（3.94%）、香茅醇（3.32%）、香叶醛（3.19%）、橙花醛（2.86%）、乙酸香茅酯（1.54%）、反-β-罗勒烯（1.19%）、芳樟醇（1.06%）等。黄远征等（1989）用同法分析的重庆产红河橙新鲜叶精油的主要成分为：香茅醛（33.28%）、柠檬烯（23.48%）、乙酸香叶酯（14.33%）、香叶醇（4.10%）、香茅醇（3.56%）、月桂烯（3.29%）、乙酸香茅酯（3.21%）、香叶醛（2.85%）、橙花醛（1.78%）、乙酸橙花酯（1.16%）等。

果实：蔡逸平等（1998）用水蒸气蒸馏法提取的红河橙干燥幼果精油的主要成分为：顺-芳樟醇氧化物（45.41%）、反-芳樟醇氧化物（18.49%）、柠檬烯（5.71%）、β-月桂烯（3.30%）、大牻牛儿烯D（2.81%）、9,12-十八碳二烯酸（2.42%）、匙叶桉油醇（1.65%）、玷𬞋烯（1.56%）等。

【利用】根入药，用于治疗流感、普通感冒、疮疖。叶片用作辛香调料。

箭叶橙

Citrus hystrix DC.

芸香科　柑橘属

别名：马蜂橙、马蜂柑、石碌柑、箭叶金橘、毛里求斯大翼橙、毛里求斯苦橙

分布：广东、海南、云南、广西

【形态特征】小乔木，高4～6 m。枝具长硬刺，幼枝扁而具棱。单身复叶，油点多，厚纸质，叶身及翼叶边缘有细钝裂齿，叶身卵形，长3～5 cm，宽1.5～3 cm，顶部短狭尖或短尖，基部阔楔尖或近于圆；翼叶顶端中央稍凹或截平，倒卵状菱形，基部狭楔尖；油点小而多。单花或3数花簇生于叶腋。果萼5裂，厚纸质，三角形，长约2 mm。果近圆球形，长约4 cm，宽3.5 cm，果顶端短乳头状突尖，瓢囊6～7瓣；种子甚大，6～8粒，不育种子1～2粒，三角状卵形，两侧平坦且平滑，背部弧形外拱，有明显的蜂窝状网纹，腹面脊肋状，长15～18 mm，宽10～14 mm，厚8～12 mm，种皮淡黄色，合点不明显。

【生长习性】生于海拔600～1900 m山谷密林下水溪旁。

【精油含量】水蒸气蒸馏法提取新鲜叶片的得油率为0.85%，果皮的得油率为0.85%。

【芳香成分】**叶：**林正奎等（1993）用水蒸气蒸馏法提取的重庆产箭叶橙新鲜叶片精油的主要成分为：香茅醛（77.93%）、芳樟醇（3.59%）、乙酸香茅酯（2.20%）、桧烯（1.62%）等。

果实：林正奎等（1992）用水蒸气蒸馏法提取的重庆产箭叶橙果皮精油的主要成分为：月桂烯（27.72%）、β-蒎烯（27.46%）、d-柠檬烯（24.10%）、香茅醛（8.40%）、α-蒎烯（3.45%）、松油-4-醇（1.87%）等。

【利用】果实可调制清凉饮料并可调味用。叶精油具有抗沮丧、除臭、镇定神经系统的功能，是单离香茅醛的理想原料。

来檬

Citrus aurantifolia (Christm.) Swingle

芸香科　柑橘属

别名：塔西提来檬、绿檬、白柠檬、酸橙

分布：云南、四川、广东、广西有栽培

【形态特征】小乔木。分枝多不规则，刺粗而短。叶稍硬，有短小但明显的翼叶；叶片阔卵形或椭圆形，长5～8 cm，宽2～4 cm，顶端钝或甚短尖，基部圆，叶缘有细钝裂齿。总状花序，有花多达7朵，稀单花腋生；花萼浅杯状，5～4浅裂；花瓣5、稀4片，质地略厚，长1～1.2 cm，白色；雄蕊20～25枚；花柱甚短，约与柱头等长，子房圆球形，柱头大。果柄粗而短，果圆球形、椭圆形或倒卵形，径通常4～5 cm，果顶有乳头状短突尖，果皮薄，平滑，淡绿黄色，油胞凸起，瓢囊9～12瓣，果肉味甚酸；种子小且少，卵形，种皮平滑，子叶乳白色。花期3～5月，果期9～10月。

【生长习性】生于低海拔路旁。

【精油含量】水蒸气蒸馏法提取叶的得油率为0.37%～0.46%，果皮的得油率为0.38%～0.49%。

【芳香成分】**叶：**林正奎等（1992）用水蒸气蒸馏法提取的重庆产来檬叶精油的主要成分为：d-柠檬烯（45.34%）、香叶醛（15.63%）、橙花醛（15.49%）、乙酸橙花酯（7.33%）、乙酸香叶酯（3.02%）、二氢香芹酮（1.74%）、6-甲基-5-庚烯-2-酮（1.70%）、芳樟醇（1.47%）、香叶醇（1.24%）、香茅醛（1.05%）等。

果实：姚祖钰（1997）用水蒸气蒸馏法提取的新鲜果皮精油的主要成分为：反-β-罗勒烯（44.87%）、1，8-桉叶油素（11.57%）、α-柠檬烯（11.04%）、月桂烯（7.30%）、正癸醛（4.85%）、β-红没药烯（2.38%）、反-β-香柠檬烯（1.96%）、莰烯（1.72%）、乙酸橙花酯（1.46%）、反-氢化芳樟醇（1.28%）、香叶醛（1.02%）等。林正奎等（1992）用同法分析的重庆产来檬果皮精油的主要成分为：d-柠檬烯（53.53%）、反-β-罗勒烯（18.03%）、月桂烯（14.90%）、γ-松油烯（4.44%）、α-蒎烯（2.12%）、乙酸橙花酯（1.14%）等。黄远征等（1998）用冷压法提取的重庆产‘塔西提’来檬果皮精油的主要成分为：柠檬烯（50.17%）、γ-松油烯（15.64%）、β-蒎烯（12.49%）、香叶醛（2.77%）、α-蒎烯（2.09%）、香桧烯（1.87%）、β-红没药烯（1.86%）、橙花醛（1.72%）、α-香柠檬烯（1.25%）、月桂烯（1.22%）等。

【利用】果实可食，西方国家多用作混合饮料，亦用作冷冻食品的调味料及果酱原料。果皮可泡茶喝。

黎檬

Citrus limonia Osbesk

芸香科　柑橘属

别名：广东黎檬、广东柠檬、黎檬子、野柠檬、柠檬、宜檬子、红柠檬、宜母子、里木子、宜母、药果、野香橼

分布：广东、云南、广西、福建、台湾、贵州、湖南、四川等地

【形态特征】小乔木。嫩叶及花蕾常呈暗紫红色，多锐刺。单身复叶，翼叶线状或仅有痕迹，夏梢上的叶有较明显的翼叶，叶片阔椭圆形或卵状椭圆形，顶端圆或钝，边缘有钝齿，干后叶背带亮黄色。少花簇生或单花腋生，有时3～5组成总状花序；花瓣略斜展，背面淡紫色，长1～1.5 cm；雄蕊25～30枚；子房卵状，花柱比子房长约3倍。果扁圆至圆球形，果皮甚薄，光滑，淡黄色（白黎檬）或橙红（红黎檬）色，稍难剥

离，瓢囊9～11瓣，中心柱绵质或近于中空，果肉淡黄色或橙红色，味颇酸，略有柠檬香味，瓢囊壁颇厚而韧；种子或多或少，长卵形，顶端尖或稍钝头，细小，平滑无棱。花期4～5月，果期9～10月。

【生长习性】多见于较干燥的坡地或河谷两岸坡地。

【精油含量】水蒸气蒸馏法提取根的得油率为0.05%，叶的得油率为0.14%～0.59%，果皮的得油率为0.19%～0.36%。

【芳香成分】**根：**芮雯等（2007）用水蒸气蒸馏法提取的广东连南产黎檬根精油的主要成分为：榄香醇（42.61%）、β-桉叶醇（10.37%）、1,7-二甲基-7-(4-甲基-3-戊烯基)三环[2.2.1.0^{2,6}]庚烷（4.55%）、β-马啊里烯（3.83%）、脱氢香树烯（3.36%）、α-法呢烯（3.07%）、丙烯基-1-甲基-1-乙烯基-环己烷（1.94%）、对檀香醇（1.83%）、邪蒿内酯（1.62%）、9,17-十八碳二烯醛（1.58%）、十六烷酸（1.46%）、软木花椒素（1.40%）、沉香螺萜醇（1.39%）、3-甲基-1,3,5-正三烯（1.34%）、匙叶桉油烯醇（1.23%）、四甲基环癸二烯异丙醇（1.22%）、十四烷酸（1.14%）等。

叶：林正奎等（1992）用水蒸气蒸馏法提取的重庆产黎檬叶精油的主要成分为：d-柠檬烯（35.28%）、β-蒎烯（19.13%）、桧烯（13.33%）、香茅醛（12.66%）、反-β-罗勒烯（2.99%）、橙花醇（2.40%）、α-蒎烯（1.74%）、芳樟醇（1.71%）、橙花醛（1.65%）、乙酸橙花酯（1.44%）、香叶醛（1.29%）、β-石竹烯（1.09%）等。楚建勤等（1985）用同法分析的野生黎檬新鲜叶精油的主要成分为：莰烯+3,6,6-三甲基-双环[3.1.1]-2-环己烯+罗勒烯（40.11%）、乙酸橙花酯（19.34%）、乙酸香茅酯（14.09%）、α-柠檬醛（12.76%）、香茅醛（3.19%）、芳樟醇（1.45%）、β-蒎烯（1.34%）、反式-大茴香脑（1.03%）等。

果实：黄远征等（1998）用冷压法提取的重庆产黎檬果皮精油的主要成分为：柠檬烯（67.47%）、γ-松油烯（11.42%）、β-蒎烯（7.33%）、α-蒎烯（1.86%）、月桂烯（1.69%）、香桧烯（1.43%）等。

【利用】果实用盐泡浸，称为咸柠檬；用盐或糖渍，加甘草作调料，称为甘草柠檬，可食。果实有下气、和胃、消食的功效，妇女怀孕初期胃闷作呕吐时，食之可解。果皮和叶可提取精油，精油可用于食品、饮料、糖果，以及香皂和洗涤剂等香精中。

马蜂橙

Citrus macroptera Montrous. var. *kerrii* Swing.

芸香科　柑橘属

别名：马蜂柑、大翼厚皮橙、石碌柑

分布：云南、海南

【形态特征】变种。小乔木，高3～6 m。小枝有锐刺，嫩叶暗紫红色。叶革质，叶身长5～8 cm，宽2.5～4.5 cm，卵形或阔椭圆形，顶部狭而钝头或圆，叶缘上半部有钝齿；翼叶长3～6.5 cm，宽2～3.5 cm，顶端平坦或圆。总状花序腋生及顶生，有花3～5朵，或兼有单花腋生；花萼裂片5或4片，阔三角形，长约4 mm，宽约6 mm；花瓣白色，背面淡紫红色，长7～10 mm。果阔椭圆形或近圆球形，长5～7 cm，宽3～5 cm，两端圆，柠檬黄色，皮厚，油点多，突出，瓢囊11～13瓣，果肉甚酸且带苦味；种子较多，卵状椭圆形，顶部狭而稍钝头，长15～18 mm，厚10～12 mm，有数条纵肋纹。花期3～5月，果期11～12月。

【生长习性】生于海拔500～1300 m的山地常绿阔叶林中。

【精油含量】水蒸气蒸馏法提取果皮的得油率为2.10%。

【芳香成分】陈进等（1993）用水蒸气蒸馏法提取的果皮精油的主要成分为：柠檬烯（93.66%）、柠檬醛（3.12%）等。

柠檬

Citrus limon (Linn.) Burm. f.

芸香科　柑橘属

别名：洋柠檬、西柠檬

分布：长江以南各地

【形态特征】小乔木。枝少刺或近于无刺，嫩叶及花芽暗紫红色，翼叶宽或狭，或仅具痕迹，叶片厚纸质，卵形或椭圆形，长8～14 cm，宽4～6 cm，顶部通常短尖，边缘有明显钝裂齿。单花腋生或少花簇生；花萼杯状，4～5浅齿裂；花瓣长1.5～2 cm，外面淡紫红色，内面白色；常有单性花，即雄蕊发育，雌蕊退化；雄蕊20～25枚或更多；子房近筒状或桶状，顶部略狭，柱头头状。果椭圆形或卵形，两端狭，顶部通常较狭长并有乳头状突尖，果皮厚，通常粗糙，柠檬黄色，难剥离，

富含柠檬香气的油点，瓢囊8～11瓣，汁胞淡黄色，果汁酸至特酸，种子小，卵形，端尖；种皮平滑。花期4～5月，果期9～11月。

【生长习性】喜温暖，耐阴，不耐寒，也怕热，适宜在冬暖夏凉的亚热带地区栽培。适宜的年平均气温17～19℃，年有效积温（≥10℃）在5500℃以上，1月平均气温6～8℃，极端最低温高于-3℃；年降雨量1000 mm以上，年日照时数1000h以上。对土壤的适应性强，以疏松肥沃、富含腐殖质、排水良好的砂质壤土或壤土为宜，适宜土壤pH为5.5～7.0。

【精油含量】水蒸气蒸馏法提取叶的得油率为0.11%～0.34%，果皮的得油率为0.13%～2.15%；同时蒸馏萃取法提取新鲜叶的得油率为0.58%～0.60%；冷榨法提取果皮的得油率为2.54%；超临界萃取干燥叶的得油率为5.80%；溶剂浸提法提取新鲜果皮的得油率为2.11%；微波辅助水蒸气蒸馏法提取新鲜果皮的得油率为0.33%；超声波辅助溶剂法提取干燥果皮的得油率为2.43%。

【芳香成分】叶：林正奎等（1990）用水蒸气蒸馏法提取的重庆产‘尤力克’柠檬叶精油的主要成分为：6-甲基-5-庚烯-2-酮（24.35%）、d-柠檬烯（21.77%）、香叶醛（15.27%）、香芹酮（9.64%）、橙花醛（9.45%）、乙酸芳樟酯（5.71%）、γ-松油烯（2.13%）、芳樟醇（1.85%）、α-蒎烯（1.25%）、乙酸橙花酯（1.12%）等。吴恒等（2015）用同时蒸馏萃取法提取的云南德宏产‘尤力克’柠檬新鲜嫩叶精油的主要成分为：D-柠檬烯（22.80%）、(E)-柠檬醛（22.39%）、(Z)-柠檬醛（20.86%）、左旋-β-蒎烯（5.04 %）、乙酸香叶酯（2.87%）、蒎烯（2.43%）、桧烯（2.34%）、乙酸橙花酯（1.89%）、异胡薄荷醇（1.85 %）、(S)-顺式-马鞭草烯醇（1.83%）、桉树醇（1.49%）、芳樟醇（1.48%）、马鞭草烯醇（1.44%）、月桂烯（1.43%）、香茅醛（1.25%）、α-松油醇（1.11%）等。温鸣章等（1989）用同法分析的四川木里产‘木里’柠檬叶精油的主要成分为：香叶醛（21.31%）、芳樟醇（17.26%）、橙花醛（13.96%）、d-柠檬烯（9.84%）、β-水芹烯（9.33）、橙花醇（4.47%）、乙酸橙花酯（2.82%）、香茅醛（2.63%）、乙酸芳樟酯（2.22%）、α-水芹烯（2.04%）、香芹酮（2.02%）、6-甲基-5-庚烯-2-酮（1.73%）、乙酸香叶酯（1.66%）等。

果实：黄聪（2000）用水蒸气蒸馏法提取的果实精油的主要成分为：柠檬烯（55.00%）、6,6-二甲基-2 -甲烯基（IS）-双环[3,1,1]庚烷（10.40%）、3-蒈烯（8.70%）、3,7-二甲基-2,6-辛二烯醛（3.50%）、(Z)-3,7-二甲基-2,6-辛二烯醛（2.70%）、红没药烯（2.60%）、α-蒎烯（2.30%）、3,7-二甲基-2,6-辛二烯-1-醇醋酸酯（2.30%）、醋酸牻牛儿酯（2.20%）、2,6-二甲基-6-(4-甲基)-双环[3,1,1]庚-2-烯（2.10%）、β-蒎烯（2.00%）、α,α,4-三甲基-3-环己烯-1-甲醇（1.90%）等。梁庆优等（2014）用顶空固相微萃取法提取的果肉香气的主要成分为：D-柠檬烯（51.25%）、1-甲基-4-异丙基-1,4-环已二烯（10.82%）、4-甲基-1-异丙基-3-环己烯-1-醇（9.54%）、α,α,4-三甲基-3-环己烯-1-甲醇（4.79%）、β-蒎烯（3.86%）、(Z)-3,7-二甲基-2,6-辛二烯-1-醇乙酸酯（2.61%）、(E)-3,7-二甲基-2,6-辛二烯-1-醇乙酸酯（2.18%）、β-月桂烯（1.88%）、二甘醇双丁醚（1.66%）、(E)-3,7-二甲基-2,6-辛二烯-1-醇（1.50%）、1-甲基-4-(1-甲基亚乙基)环已烯（1.40%）、(Z)-3,7-二甲基-2,6-辛二烯-1-醇（1.30%）等。

果皮：涂勋良等（2016）用水蒸气蒸馏法提取分析了四川安岳产不同品种柠檬新鲜成熟果皮的精油成分，‘阿伦’的主要成分为：D-柠檬烯（45.01 %）、α-松油醇（12.40 %）、γ-松油烯（9.86%）、松油烯-4-醇（5.14%）、β-蒎烯（4.45%）、柠檬

醛（2.88%）、橙花醛（1.44%）、异松油烯（1.36%）等；'尤力克'的主要成分为：D-柠檬烯（52.32%）、α-松油醇（11.93%）、γ-松油烯（8.80%）、松油烯-4-醇（5.38%）、β-蒎烯（4.08%）、异松油烯（1.35%）、芳樟醇（1.10%）等；'费米耐劳'的主要成分为：D-柠檬烯（53.28%）、α-松油醇（9.62%）、γ-松油烯（8.62%）、β-蒎烯（4.42%）、松油烯-4-醇（4.41%）、芳樟醇（1.21%）、橙花醇（1.18%）、香叶醇（1.12%）、异松油烯（1.03%）等；'斐诺'的主要成分为：D-柠檬烯（44.78%）、α-松油醇（13.03%）、γ-松油烯（9.00 %）、松油烯-4-醇（6.43%）、β-蒎烯（4.80 %）、异松油烯（1.62%）、柠檬醛（1.40%）、芳樟醇（1.29%）等；'库托迪肯'的主要成分为：D-柠檬烯（46.79%）、α-松油醇（11.56%）、γ-松油烯（8.55%）、松油烯-4-醇（4.76%）、β-蒎烯（4.18%）、柠檬醛（2.79%）、异松油烯（1.29%）、橙花醛（1.24%）等；'蒙纳盖洛'的主要成分为：D-柠檬烯（45.55%）、α-松油醇（16.51%）、γ-松油烯（7.34%）、松油烯-4-醇（4.54%）、柠檬醛（2.86%）、β-蒎烯（1.80%）、异松油烯（1.27%）、橙花醛（1.21%）等；'维尔纳'的主要成分为：D-柠檬烯（46.29%）、α-松油醇（16.24%）、γ-松油烯（9.76%）、松油烯-4-醇（3.88%）、β-蒎烯（3.10%）、柠檬醛（2.01%）、甲基庚烯酮（1.54%）、异松油烯（1.11%）、巴伦西亚橘烯（1.11%）等；'维拉弗兰卡'的主要成分为：D-柠檬烯（53.81%）、γ-松油烯（9.69%）、α-松油醇（8.32%）、β-蒎烯（6.20%）、松油烯-4-醇（3.77%）、异松油烯（1.30%）、α-蒎烯（1.24%）、β-月桂烯（1.09%）等。温鸣章等（1989）用同法分析的四川木里产'木里柠檬'果皮精油的主要成分为：d-柠檬烯（70.96%）、γ-萜品烯（8.15%）、β-水芹烯（6.74%）、芳樟醇（2.77%）、香叶烯（1.60%）、α-水芹烯（1.53%）、香叶醛（1.44%）、α-蒎烯（1.36%）等。朱亮锋等（1993）用同法分析的广东广州产柠檬果皮精油的主要成分为：α-柠檬醛（35.49%）、β-柠檬醛（25.95%）、柠檬烯（11.23%）、α-松油醇（4.65%）、松油烯（3.11%）、松油醇-4(2.42%）、对伞花烃（1.97%）、香叶醇（1.88%）、芳樟醇（1.58%）等。

【利用】果实是常用果品之一，果汁可制浓缩柠檬汁、果酒等饮料；果肉可以做柠檬酱、蜜饯等。果皮和叶均可提取精油，果皮油、叶油均为我国允许使用的食用香料，广泛应用于食品香精、日用化妆品香精中。根、叶、果实均可入药，根有止痛祛瘀的功效；叶有化痰止咳、理气、开胃的功效；果实有生津、止咳、祛暑、安胎的功效；果皮有行气、祛痰、健胃的功效。果皮可生产果胶、橙皮苷。果渣可作饲料或肥料。种子可榨取高级食用油或者入药。

葡萄柚

Citrus paradisi Macf.

芸香科　柑橘属

别名： 西柚、圆柚

分布： 四川、广东、浙江、台湾等地有栽培

【形态特征】小乔木。枝略披垂，无毛。叶形与质地与柚叶类似，但一般较小，翼叶也较狭且短，嫩叶的翼叶中脉被短细毛。总状花序，稀少或单花腋生；花萼无毛；花瓣比柚花的稍小。果扁圆至圆球形，比柚小，果皮也较薄，果顶有或无环圈，瓢囊12～15瓣，果心充实，绵质，果肉淡黄白色或粉红色，柔嫩、多汁、爽口，略有香气，味偏酸，个别品种兼有苦及麻舌味；种子少或无，多胚。果期10～11月。

【生长习性】对温度的要求较严格，要求年均气温18℃以上，在高于10℃的年积温4000℃以上的地方能够栽种，耐极端最低温度-10℃左右。对土壤要求不严，以土质疏松、深厚、肥沃、中性到微酸性土壤最为适宜。雨量需求不多，年降雨量1000 mm以上，无论天气湿润或干燥的地方都可以栽种；强光与多阳的天气都能够较好地生长结果。

【精油含量】水蒸气蒸馏法提取叶片的得油率为0.07%，新鲜果皮的得油率为0.56%。

【芳香成分】叶：林正奎等（1992）用水蒸气蒸馏法提取的重庆产'马叙葡萄柚'叶片精油的主要成分为：桧烯（59.02%）、反-β-罗勒烯（8.38%）、芳樟醇（7.67%）、α-柠檬烯（4.08%）、β-蒎烯（3.85%）、月桂烯（2.71%）、松油-4-醇（2.09%）、α-蒎烯（1.91%）、γ-松油烯（1.52%）、香茅醛（1.11%）等。

果实： 陈丽艳等（2010）用水蒸气蒸馏法提取的新鲜果皮精油的主要成分为：D-柠檬烯（90.59%）、月桂烯（1.60%）等。黄远征等（1998）用冷压法提取的重庆产'马叙葡萄柚'果皮精油的主要成分为：柠檬烯（93.11%）、月桂烯（1.87%）等。

【利用】果实可鲜食，西方国家多用作早餐果品或制作果汁及罐头。果皮可提取精油，果皮油为我国允许使用的食用香料；少量用于化妆品香精中。

酸橙

Citrus aurantium Linn.

芸香科　柑橘属

别名：回青橙、狗头橙、玳玳橘、玳玳、回春橙、代代花

分布：秦岭以南各地均有栽培

【**形态特征**】小乔木，枝叶密茂，刺多，徒长枝的刺长达8 cm。叶色浓绿，质地颇厚，翼叶倒卵形，基部狭尖，长1～3 cm，宽0.6～1.5 cm，个别品种几乎无翼叶。总状花序有花少数，有时兼有腋生单花，有单性花倾向，即雄蕊发育，雌蕊退化；花蕾椭圆形或近圆球形；花萼5或4浅裂，有时花后增厚，无毛或个别品种被毛；花大小不等，花径2～3.5 cm；雄蕊20～25枚，通常基部合生成多束。果圆球形或扁圆形，果皮稍厚至甚厚，难剥离，橙黄色至朱红色，油胞大小不均匀，凹凸不平，果心实或半充实，瓢囊10～13瓣，果肉味酸，有时有苦味或兼有特异气味；种子多且大，常有肋状棱。花期4～5月，果期9～12月。

【**生长习性**】喜温暖湿润、雨量充沛、阳光充足的气候条件，一般在年平均温度 15℃以上生长良好，生长适温为20～25℃。耐旱、耐寒、抗病力强。对土壤的适应性较广，红、黄壤土均能栽培，以中性砂壤土最为理想，过于黏重的土壤不宜栽培。

【**精油含量**】水蒸气蒸馏法提取叶的得油率为0.23%～0.35%，花或花蕾的得油率为0.16%～1.10%，幼果或未成熟果实的得油率为0.19%～2.58%，果皮的得油率为0.20%～1.80%，果瓤的得油率为0.06%；有机溶剂萃取法提取的干燥花蕾的得油率为2.18%；超声波萃取法提取干燥花蕾的得油率为2.34%；超临界萃取干燥花蕾的得油率为1.90%。

【**芳香成分**】**叶：**黄远征等（1990）用水蒸气蒸馏法提取分析了重庆产不同品种酸橙叶的精油成分，'蚌柑酸橙' 的主要成分为：芳樟醇（35.71%）、乙酸芳樟酯（30.24%）、α-松油醇（8.58%）、香叶醇（5.04%）、乙酸香叶酯（4.68%）、反式-罗勒烯（2.52%）、乙酸橙花酯（2.52%）、月桂烯（2.23%）、β-蒎烯（1.96%）、橙花醇（1.52%）等；'意大利酸橙' 的主要成分为：芳樟醇（36.75%）、乙酸芳樟酯（24.18%）、α-松油醇（10.39%）、香叶醇（6.09%）、乙酸香叶酯（5.64%）、乙酸橙花酯（3.10%）、月桂烯（2.65%）、反式-罗勒烯（2.54%）、橙花醇（1.86%）、β-蒎烯（1.79%）等；'摩洛哥酸橙' 的主要成分为：芳樟醇（33.91%）、乙酸芳樟酯（27.46%）、α-松油醇（10.27%）、香叶醇（5.95%）、乙酸香叶酯（5.18%）、乙酸橙花酯（2.86%）、月桂烯（2.52%）、反式-罗勒烯（2.41%）、β-蒎烯（1.88%）、橙花醇（1.82%）、α-蒎烯（1.08%）等；'玳玳酸橙' 的主要成分为：芳樟醇（39.75%）、乙酸芳樟酯（24.75%）、α-松油醇（9.91%）、香叶醇（5.46%）、乙酸香叶酯（5.12%）、乙酸橙花酯（2.81%）、月桂烯（2.52%）、反式-罗勒烯（2.28%）、橙花醇（1.75%）、β-蒎烯（1.26%）等；'兴山酸橙' 叶的主要成分为：芳樟醇（34.52%）、乙酸芳樟酯（26.48%）、α-松油醇（10.03%）、香叶醇（5.81%）、乙酸香叶酯（5.19%）、乙酸橙花酯（2.91%）、反式-罗勒烯（2.52%）、月桂烯（2.49%）、橙花醇（1.80%）、桧烯（1.70%）等；'枸头酸橙' 叶的主要成分为：β-蒎烯（25.99%）、芳樟醇（10.70%）、柠檬烯（6.90%）、γ-松油烯（5.57%）、桧烯（5.25%）、对-伞花烃（5.24%）、反式-罗勒烯（4.67%）、香茅醛（4.15%）、Δ3-蒈烯（3.12%）、叶醛（3.00%）、乙酸香叶酯（2.64%）、橙花醛（2.37%）、α-蒎烯（2.14%）、月桂烯（1.18%）、1,8-桉叶脑（1.13%）等。林正奎等（1990）用同法分析的重庆产 '枸头酸橙' 叶精油的主要成分为：香叶烯（42.64%）、芳樟醇（13.08%）、(Z)-芳樟醇氧化物（11.80%）、d-柠檬烯（6.73%）、γ-松油烯（6.46%）、1，4-桉叶油素（3.37%）、α-蒎烯（2.75%）、香叶醛（2.18%）、橙花醛（1.69%）、香茅醛（1.61%）、异松油烯（1.18%）等。林正奎等（1986）用同法分析的重庆产 '玳玳' 酸橙叶精油的主要成分为：乙酸芳樟酯（44.08%）、芳樟醇（11.72%）、反式-氧化芳樟醇（呋喃型）(7.13%）、顺式-氧化芳樟醇（呋喃型）(5.40%）、邻氨基苯甲酸甲酯（3.49%）、乙酸香叶酯（1.73%）、α-蛇麻烯（1.35%）、α-松油醇（1.26%）、乙酸松油酯（1.11%）、香叶烯（1.02%）等。陈丹等（2008）用同法分析的福建产 '玳玳' 酸橙叶精油的主要成分为：苯乙酸芳樟酯（41.69%）、香叶醇丁酸（22.45%）、乙酸松油酯（6.07%）、α-柠檬烯（5.79%）、α-葑烯（3.75%）、顺式罗勒烯（2.96%）、(+)-莰烯（2.17%）、β-松油烯（1.98%）、石竹烯（1.93%）、β-蒎烯（1.51%）、5,5-二甲基-1,3-二氧基-2-酮（1.18%）、橙花醇（1.06%）、3-蒈烯（1.04%）等。

花：朱亮锋等（1993）用水蒸气蒸馏法提取的浙江杭州产 '玳玳酸橙' 鲜花精油的主要成分为：芳樟醇（44.29%）、2-氨基苯甲酸芳樟酯（16.38%）、柠檬烯（9.34%）、α-松油醇（6.50%）、乙酸香叶酯异构体（3.80%）、β-蒎烯（3.10%）、乙酸香叶酯（2.73%）、顺式-氧化芳樟醇（呋喃型）(1.47%）、反式-氧化芳樟醇（呋喃型）(1.27%）等。陈丹等（2008）用同法分析的福建产 '玳玳酸橙' 花精油的主要成分为：香叶醇丁酸（42.22%）、α-柠檬烯（9.23%）、反式罗勒烯（9.23%）、乙酸松油酯（7.97%）、苯乙酸芳樟酯（5.29%）、β-松油烯（5.14%）、顺式罗勒烯（4.47%）、α-葑烯（3.92%）、(-)-顺式-桃金娘醇（2.84%）、(+)-莰烯（2.12%）、β-蒎烯（1.93%）、γ-榄香烯（1.53%）、5,5-二甲基-1,3-二氧基-2-酮（1.46%）、橙花醇（1.46%）、α-金合欢醇（1.26%）等。姜明华等（2010）用同法分析的江苏产 '玳玳酸橙' 干燥花蕾精油的主要成分为：萜品醇（20.98%）、柠檬烯（11.67%）、萜品烯（9.24%）、异松油烯（4.25%）、反式-金合欢醇（3.80%）、1-异丙基-4-亚甲基-双环[3.1.0]己烷（3.72%）、石竹烯氧化物（2.61%）、5-甲基-2-

(1-甲基乙基)苯酯-2-甲基-丙酸（2.48%）、萜品油烯（2.36%）、正十八烷（2.33%）、反式-橙花叔醇（2.24%）、β-石竹烯（2.00%）、β-榄香烯（1.95%）、正二十烷（1.92%）、(1S)-(+)-3-蒈烯（1.69%）、4-异丙基甲苯（1.44%）、4-甲基-1-(1-甲基乙基)-双环[3.1.0]己烷（1.31%）、4-甲烯基-1-异丙基-环[3.1.0]己烷（1.23%）、(1R)-(+)-α-蒎烯（1.09%）、β-瑟林烯（1.00%）等。

果实：蔡逸平等（1998）用水蒸气蒸馏法提取的江西清江产'臭橙'干燥幼果精油的主要成分为：柠檬烯（63.97%）、芳樟醇（4.70%）、γ-松油烯（4.06%）、(Z)-牻牛儿醇（2.21%）、十六酸（1.79%）、丙酸芳樟醇酯（1.78%）、松油醇-4(1.55%)、反式-香芹醇（1.49%）、β-月桂烯（1.40%）、顺-芳樟醇氧化物（1.37%）、百里香酚（1.29%）、藏茴香酮（1.17%）、反-芳樟醇氧化物（1.11%）等；'香橙'干燥幼果精油的主要成分为：柠檬烯（66.01%）、芳樟醇（13.38%）、β-月桂烯（3.70%）、丙酸芳樟醇酯（2.89%）、松油醇-4(1.86%)、顺-芳樟醇氧化物（1.39%）、反式-香芹醇（1.19%）等；酸橙干燥幼果精油的主要成分为：柠檬烯（50.31%）、芳樟醇（8.49%）、丙酸芳樟醇酯（7.29%）、β-月桂烯（4.75%）、松油醇-4(3.14%)、大牻牛儿烯D(2.28%)、(Z)-牻牛儿醇（1.86%）、9,12-十八碳二烯酸（1.70%）、反式-香芹醇（1.47%）、顺-芳樟醇氧化物（1.01%）等。谌瑞林等（2004）用同法分析的江西樟树产酸橙果瓤精油的主要成分为：十八酸（22.08%）、(Z)-9,17-十八烯醛（12.40%）、柠檬烯（7.60%）、γ-荜澄茄烯（5.67%）、芳樟醇（5.00%）、α-松油醇（3.76%）、柏木醇（3.23%）、顺-氧化芳樟醇（3.12%）、二十七烷（2.39%）、橙花叔醇（1.75%）、榄香醇（1.62%）、顺-β-香柠檬烯（1.52%）、植醇（1.47%）、β-榄香烯（1.45%）、α-玷㺃烯（1.43%）、反-氧化芳樟醇（1.35%）、β-蒎烯（1.15%）、三十六烷（1.13%）、γ-石竹烯（1.05%）、十四酸（1.01%）等。

果皮：施学骄等（2012）用水蒸气蒸馏法提取的湖南沅江产酸橙干燥未成熟果皮（枳壳）精油的主要成分为：芳樟醇（10.77 %）、柠檬烯（9.44%）、α-松油醇（3.72%）、棕榈酸（3.21%）、反-α,α,5-三甲基-5-乙烯基四氢化-2-呋喃甲醇（1.70%）、1-甲基-4-(1-甲基乙基)-1,4-环己二烯（1.38%）、蛇床子素（1.36%）、亚油酸甲酯（1.21%）、萜烯醇（1.15%）、(E,E)-3,7,11-三甲基-1,3,6,10-十二烷四烯（1.14%）、萜品油烯（1.13%）等。付复华等（2010）用同法分析的湖南元江产酸橙果皮精油的主要成分为：D-柠檬烯（60.84%）、3-蒈烯（7.26%）、芳樟醇（6.65%）、β-月桂烯（5.14%）、1R-α-蒎烯（2.28%）、β-蒎烯（1.55%）、[S-(E,E)]-1-甲基-5-甲基-8-(1-甲基乙基)-1,6-环癸二烯（1.28%）、α-萜品醇（1.06%）等。陈丹等（2008）用同法分析的福建产'玳玳酸橙'果皮精油的主要成分为：杜鹃酮（38.58%）、α-柠檬烯（19.40%）、反式罗勒烯（19.29%）、苯乙酸芳樟酯（6.38%）、乙酸松油酯（2.94%）、3-蒈烯（2.54%）、β-蒎烯（2.55%）等。黄远征等（1998）用冷压法提取的重庆产'摩洛哥酸橙'果皮精油的主要成分为：柠檬烯（92.96%）、月桂烯（1.93%）等；'蚌柑酸橙'果皮精油的主要成分为：柠檬烯（92.53%）、月桂烯（1.90%）等；'玳玳酸橙'果皮精油的主要成分为：柠檬烯（94.29%）、月桂烯（1.89%）等。赵雪梅等（2003）用水蒸气蒸馏法提取的浙江常山产'常山胡柚'果皮精油的主要成分为：苧烯（35.29%）、4,4a,5,6,7,8-六氢-4,4a-二-2(3H)-萘酮（19.91%）、吉玛烯D(8.54%)、β-新丁子香烯（5.94%）、1,2,3,5,6,7,8,8a-八氢-1,8a-二甲基-萘（5.41%）、1-甲基-4-(1-甲基乙基)-1,4-环己二烯（3.76%）、石竹烯（1.13%）、1-甲基-4-(5-甲基-1-亚甲基)-4-六-环己烯（1.09%）、邻苯二甲酸二乙酯（1.08%）、β-月桂烯（1.06%）、4-乙烯基-4-甲基-3-(1-甲基乙烯基)-环己烯（1.06%）等。

【**利用**】果实为柑橘类水果，也可通过深加工浓缩汁，作为化工、食品、制药、纺织工业中的原料；可生产配制饮料、罐头、蜜饯，也可制成果酱。果皮、花、叶均可提取精油，用于食用、日化、化妆品香精中；果实精油可药用，有镇咳、平喘、抗菌作用。果皮还可提炼果胶、果冻。未成熟果实是常用中药材，具有理气宽中、行滞消胀的功效，用于治疗胸胁气滞、胀满疼痛、食积不化、痰饮内停，以及胃下垂、脱肛、子宫脱垂等症。栽培供观赏，亦作甜橙类砧木。花可以薰茶。

甜橙

Citrus sinensis (Linn.) Osbeck

芸香科　柑橘属

别名：广柑、黄果、橙、广橘有锦橙、脐橙、哈姆林甜橙、血橙、夏橙

分布：四川、广东、台湾、广西、福建、湖南、江西、湖北、云南、贵州、等地

【形态特征】乔木，枝少刺或近于无刺。叶通常比柚叶略小，翼叶狭长，明显或仅具痕迹，叶片卵形或卵状椭圆形，很少披针形，长6～10 cm，宽3～5 cm，或有较大的。花白色，很少背面带淡紫红色，总状花序有花少数，或兼有腋生单花；花萼5～3浅裂，花瓣长1.2～1.5 cm；雄蕊20～25枚；花柱粗壮，柱头增大。果圆球形，扁圆形或椭圆形，橙黄色至橙红色，果皮难或稍易剥离，瓢囊9～12瓣，果心实或半充实，果肉淡黄色、橙红色或紫红色，味甜或稍偏酸；种子少或无，种皮略有肋纹，子叶乳白色，多胚。花期3～5月，果期10～12月，迟熟品种至次年2～4月。品种品系较多。

【生长习性】喜温暖湿润气候及肥沃的微酸性或中性砂质壤土。不耐寒，要求年平均气温在17℃以上。喜光（年日照1200～1400h），爱氧（空气湿度65%～80%）。

【精油含量】水蒸气蒸馏法提取叶得油率为0.16%～0.35%，花的得油率为0.04%～0.35%，果皮的得油率为0.18%～9.77%，内果皮的得油率为1.62%，干燥幼果的得油率为0.50%；冷榨法提取果皮的得油率为0.70%～0.90%；冷磨法提取果皮的得油率为1.92%；超临界萃取果皮的得油率为3.78%～8.79%；微波萃取法提取果皮的得油率为0.53%～1.05%；超声波萃取法提取新鲜果皮的得油率为2.40%。

【芳香成分】叶：黄远征等（1998）用水蒸气蒸馏法提取分析了重庆产不同品种甜橙新鲜叶的精油成分，'桃叶橙'的主要成分为：桧烯（30.19%）、δ-3-蒈烯（10.27%）、(E)-β-罗勒烯（10.16%）、芳樟醇（9.64%）、柠檬烯（5.13%）、香叶醛（4.54%）、月桂烯（3.81%）、橙花醛（3.54%）、香茅醛（1.89%）、α-异松油烯（1.78%）、α-蒎烯（1.40%）、β-蒎烯（1.40%）、β-榄香烯（1.32%）、β-甜橙醛（1.10%）、松油醇-4（1.01%）等；'黄白皮甜橙'的主要成分为：桧烯（33.65%）、δ-3-蒈烯（7.99%）、芳樟醇（7.17%）、(E)-β-罗勒烯（6.07%）、柠檬烯（5.67%）、香叶醛（5.11%）、橙花醛（3.98%）、月桂烯（3.59%）、香茅醛（3.51%）、乙酸香叶酯（2.06%）、乙酸橙花酯（1.87%）、β-蒎烯（1.51%）、α-蒎烯（1.46%）、β-榄香烯（1.42%）、α-异松油烯（1.20%）、乙酸香茅酯（1.07%）、β-甜橙醛（1.07%）等；'改良橙'的主要成分为：桧烯（42.05%）、(E)-β-罗勒烯（7.00%）、δ-3-蒈烯（6.23%）、芳樟醇（5.67%）、柠檬烯（4.51%）、月桂烯（3.84%）、香叶醛（3.56%）、香茅醛（3.05%）、橙花醛（2.73%）、β-蒎烯（1.98%）、α-蒎烯（1.77%）、乙酸橙花酯（1.36%）、β-榄香烯（1.34%）、松油醇-4（1.32%）、β-甜橙醛（1.19%）等；'锦橙'的主要成分为：桧烯（34.49%）、芳樟醇（12.27%）、δ-3-蒈烯（7.29%）、香叶醛（6.03%）、(E)-β-罗勒烯（4.99%）、橙花醛（4.54%）、月桂烯（3.77%）、柠檬烯（3.42%）、松油醇-4(2.03%）、β-蒎烯（1.72%）、香茅醛（1.69%）、乙酸香叶酯（1.49%）、α-蒎烯（1.35%）、橙花醇（1.15%）等；'哈姆林甜橙'的主要成分为：桧烯（39.37%）、(E)-β-罗勒烯（7.64%）、δ-3-蒈烯（7.44%）、柠檬烯（7.15%）、芳樟醇（6.23%）、月桂烯（4.23%）、香叶醛（3.21%）、橙花醛（2.48%）、β-蒎烯（1.87%）、α-蒎烯（1.74%）、香茅醛（1.56%）、α-异松油烯（1.49%）、β-甜橙醛（1.38%）、β-榄香烯（1.30%）等；'华盛顿脐橙'的主要成分为：桧烯（34.92%）、芳樟醇（8.34%）、(E)-β-罗勒烯（7.30%）、δ-3-蒈烯（7.25%）、香叶醛（6.20%）、橙花醛（4.82%）、月桂烯（3.59%）、柠檬烯（3.39%）、香茅醛（3.30%）、β-榄香烯（1.79%）、β-蒎烯（1.63%）、β-甜橙醛（1.40%）、α-蒎烯（1.39%）、α-异松油烯（1.22%）等；'路比雪橙'的主要成分为：桧烯（35.26%）、柠檬烯（9.48%）、δ-3-蒈烯（7.79%）、芳樟醇（7.19%）、(E)-β-罗勒烯（6.86%）、月桂烯（3.61%）、香叶醛（3.25%）、香茅醛（2.71%）、橙花醛（2.51%）、β-甜橙醛（1.75%）、β-蒎烯（1.71%）、α-蒎烯（1.58%）、β-榄香烯（1.33%）、松油醇-4(1.29%）、橙花醇（1.26%）、α-异松油烯（1.02%）等；'伏令夏橙'的主要成分为：桧烯（35.66%）、δ-3-蒈烯（8.24%）、芳樟醇（8.09%）、(E)-β-罗勒烯（7.99%）、柠檬烯（4.16%）、月桂烯（3.83%）、香茅醛（3.69%）、香叶醛（3.61%）、橙花醛（2.80%）、β-蒎烯（1.63%）、α-蒎烯（1.55%）、乙酸橙花酯（1.30%）、α-异松油烯（1.29%）、松油醇-4(1.26%）、β-榄香烯（1.09%）等；'柳橙'的主要成分为：桧烯（49.38%）、(E)-β-罗勒烯（6.48%）、δ-3-蒈烯（5.65%）、芳樟醇（5.03%）、月桂烯（4.07%）、柠檬烯（3.42%）、香茅醛（2.47%）、β-蒎烯（2.25%）、α-蒎烯（1.85%）、松油醇-4(1.63%）、香叶醛（1.58%）、β-甜橙醛（1.39%）、橙花醛（1.22%）、α-异松油烯（1.07%）、γ-松油烯（1.05%）等；'雪柑'的主要成分为：桧烯（52.11%）、芳樟醇（10.24%）、(E)-β-罗勒烯（6.42%）、月桂烯（3.65%）、δ-3-蒈烯（2.87%）、柠檬烯（2.62%）、β-蒎烯（2.40%）、松油醇-4(2.17%）、α-蒎烯（1.92%）、β-甜橙醛（1.70%）、香茅醛（1.34%）、γ-松油

烯（1.19%）、香叶醛（1.14%）等；'新会橙'的主要成分为：桧烯（45.33%）、芳樟醇（7.23%）、(E)-β-罗勒烯（5.74%）、δ-3-蒈烯（5.50%）、香茅醛（3.81%）、月桂烯（3.76%）、柠檬烯（3.69%）、香叶醛（2.55%）、β-蒎烯（2.11%）、松油醇-4(2.03%）、橙花醛（1.95%）、α-蒎烯（1.67%）、β-甜橙醛（1.39%）、γ-松油烯（1.11%）等；'苏红'的主要成分为：桧烯（27.41%）、芳樟醇（27.35%）、(E)-β-罗勒烯（7.31%）、δ-3-蒈烯（6.33%）、香茅醛（3.85%）、月桂烯（2.97%）、香叶醛（2.43%）、香茅醇（2.36%）、柠檬烯（1.96%）、橙花醛（1.80%）、β-蒎烯（1.31%）、β-甜橙醛（1.29%）、α-异松油烯（1.22%）、α-蒎烯（1.17%）、橙花醇（1.10%）、松油醇-4（1.00%）等；'武夷橙'的主要成分为：桧烯（33.53%）、芳樟醇（9.87%）、(E)-β-罗勒烯（8.29%）、δ-3-蒈烯（7.83%）、柠檬烯（5.88%）、香叶醛（4.68%）、月桂烯（3.70%）、橙花醛（3.60%）、香茅醛（3.20%）、β-蒎烯（1.58%）、α-蒎烯（1.51%）、α-异松油烯（1.32%）、β-榄香烯（1.24%）、松油醇-4（1.13%）、β-甜橙醛（1.00%）等；'江苏柑'的主要成分为：月桂烯（22.97%）、β-蒎烯（15.69%）、香茅醛（14.43%）、乙酸香叶酯（8.13%）、芳樟醇（7.29%）、(E)-β-罗勒烯（6.86%）、乙酸橙花酯（4.00%）、桧烯（2.73%）、香叶醛（1.46%）、香茅醇（1.35%）、柠檬烯（1.24%）、橙花醛（1.09%）等；'红橘广柑'的主要成分为：桧烯（48.95%）、芳樟醇（19.93%）、(E)-β-罗勒烯（5.02%）、月桂烯（3.19%）、柠檬烯（2.72%）、β-蒎烯（2.58%）、γ-松油烯（2.17%）、β-甜橙醛（2.10%）、松油醇-4(1.96%）、α-蒎烯（1.93%）、甲基麝香草酚（1.55%）等。林正奎等（1993）用同法分析的重庆产'红玉雪橙'新鲜叶精油的主要成分为：桧烯（40.53%）、芳樟醇（10.80%）、1,4-桉叶油素（6.06%）、反-罗勒烯（5.92%）、d-柠檬烯（4.56%）、月桂烯（3.67%）、松油烯-4-醇（3.11%）、香叶醛（2.50%）、β-蒎烯（2.09%）、橙花醛（2.00%）、香茅醛（1.88%）、α-蒎烯（1.72%）、γ-松油烯（1.54%）、β-甜橙醛（1.40%）、异松油烯（1.37%）、香茅醇（1.29%）、β-榄香烯（1.21%）等。

花：袁果等（1996）用水蒸气蒸馏法提取的贵州晴隆产'华盛顿脐橙'鲜花精油的主要成分为：香桧烯（43.46%）、柠檬烯（12.93%）、榄香醇（7.33%）、t-β-罗勒烯（6.53%）、月桂烯（6.28%）、芳樟醇（5.58%）、t-t-金合欢醇（2.31%）、β-蒎烯（2.25%）、蒈烯-4(2.15%）、α-蒎烯（1.58%）、蒈烯-3(1.41%）等。林燕等（2006）用同法分析的江西赣南产脐橙新鲜花精油的主要成分为：3,7-二甲基-1,6-己二烯-3-醇（20.16%）、3,7,11-三甲基-1,6,10-十二碳-三烯-3-醇（12.75%）、3,7,11-三甲基-2,6,10-十二碳三烯-1-醇（9.63%）、吲哚（5.34%）、2-氨基苯甲酸甲酯（3.81%）、二十三烷（3.58%）、4-亚甲基-1-(1-甲基乙基)-双环[3,1,0]己烷（3.49%）、(R)-4-甲基-1-[1-甲基乙基]-3-环己烯-1-醇（3.49%）、1-乙烯基-1-甲基-2,4-二(1-甲基乙烯基)环己烷（3.13%）、二十一烷（2.90%）、8-十七碳烯（2.78%）、反式-β-合金欢烯（2.30%）、苄腈（2.03%）、4,11,11-三甲基-8-亚甲基双环[7,2,0]十一碳-4-烯（1.71%）、2,6,10-三甲基-2,6,9,11-十二碳四烯醛（1.69%）、(+)-α-萜品醇（1.52%）、二十烷（1.42%）、3,7-二甲基-1,3,7-庚三烯（1.36%）、2-甲氧基-4-乙烯基苯酚（1.28%）、D-柠檬烯（1.17%）、苯乙醛（1.03%）等。

果实：刘元艳等（2011）用水蒸气蒸馏法提取的重庆产甜橙干燥幼果精油的主要成分为：柠檬烯（52.15%）、β-芳樟醇（20.08%）、4-松油醇（8.43%）、(+)-香桧烯（5.47%）、β-香叶烯（2.86%）、γ-松油二醇（1.52%）、(-)-α-松油醇（1.27%）等。马培恰等（2008）用同法分析的广东广州产'红江橙'甜橙果肉精油的主要成分为：1-甲基-4-(1-甲基乙烯基)-环己烯（40.91%）、丙酸（9.09%）、乙基苯（8.99%）、已二酸二甲酯（7.61%）、丁酸（6.77%）、2,2-二甲基-3-羟基丙醛（6.66%）、1,4-二甲苯（4.97%）、2,3-二溴丙醇（4.86%）、十八甲基环壬硅氧烷（4.33%）、戊二酸二甲酯（3.28%）、1,1,3,3,5,5,7,7,11,11,13,13,15,15-十六甲基辛硅氧烷（2.54%）等；'雪柑'甜橙果肉精油的主要成分为：已二酸二甲酯（18.75%）、丙酸（17.01%）、乙基苯（15.23%）、2,2-二甲基-3-羟基丙醛（12.76%）、戊二酸二甲酯（10.93%）、1,4-二甲苯（9.46%）、丁酸（9.26%）、2,3-二溴丙醇（3.14%）、2-甲基已二睛（1.88%）、2-甲基-4,6-辛二炔-3-酮（1.57%）等。林正奎等（1988）用蒸馏-萃取联用装置提取的四川产甜橙新鲜果肉精油的主要成分为：d-柠檬烯（41.54%）、乙醛（31.99%）、芳樟醇（1.98%）等。

果皮：欧小群等（2015）用水蒸气蒸馏法提取分析了不同产地、不同品种甜橙新鲜果皮的精油成分，重庆奉节产'奉节脐橙'的主要成分为：柠檬烯（88.47 %）、芳樟醇（1.90%）、

2-侧柏烯（1.57%）等；江西信丰产'明娜脐橙'的主要成分为：柠檬烯（87.99%）、2-侧柏烯（1.83%）、芳樟醇（1.70 %）、桧烯（1.42%）、正辛醛（1.30%）等；四川雷波产'纽荷尔脐橙'的主要成分为：柠檬烯（91.64%）、2-侧柏烯（1.55%）、芳樟醇（1.34%）等；湖南庆阳产'冰糖橙'的主要成分为：柠檬烯（91.61%）、2-侧柏烯（1.86%）、芳樟醇（1.06%）、正辛醛（1.05%）等。吴月仙等（2010）用同法分析的海南产'琼中绿橙'甜橙新鲜果皮精油的主要成分为：柠檬烯（87.80%）、芳樟醇（2.79%）、β-月桂烯（1.22%）等。邹坤等（2002）用同法分析的湖北秭归产'锦橙'新鲜果皮精油的主要成分为：d-柠檬烯（92.60%）。李小凤等（1999）用同法分析的广东湛江产'红江橙'干燥果皮精油的主要成分为：柠檬烯（55.42%）、罗勒烯（8.12%）、γ-松油烯（6.51%）、β-月桂烯（5.80%）、2-甲基-5-(1-甲基乙烯基)-2-环己烯-1-酮（1.81%）、3-蒈烯（1.48%）、顺-香叶醇（1.26%）等。辛文芬等（1997）用同法分析的'红橙'新鲜果皮精油的主要成分为：柠檬烯（89.26%）、芳樟醇（1.87%）、3-甲基-4H-呋喃（1.79%）、3,4-二甲基-1-己烯（1.02%）等。王强等（2018）用同法分析的江西于都产'朋娜'甜橙新鲜果皮精油的主要成分为：D-柠檬烯（92.33%）、β-月桂烯（2.70%）、3-亚甲基-6-(1-甲基乙基)环己烯（1.02%）等；'奈维林娜'甜橙新鲜果皮精油的主要成分为：月桂烯（47.04%）、2-蒎烯（15.31%）、3-亚甲基-6-(1-甲基乙基)环己烯（11.59%）、癸醛（7.00%）、正辛醛（6.06%）、3-蒈烯（4.70%）、巴伦西亚橘烯（2.34%）、α-松油醇（1.78%）、柠檬醛（1.69%）、萜品油烯（1.25%）、(Z)-3,7-二甲基-2,6-辛二烯醛（1.24%）等。黄远征等（1998）用冷压法提取分析了重庆产不同品种甜橙果皮的精油成分，'哈姆林甜橙'的主要成分为：柠檬烯（94.64%）、月桂烯（1.99%）等；'锦橙'的主要成分为：柠檬烯（94.51%）、月桂烯（1.98%）等；'桃叶甜橙'的主要成分为：柠檬烯（94.63%）、月桂烯（2.02%）等；'改良甜橙'的主要成分为：柠檬烯（92.91%）、月桂烯（2.00%）、香桧烯（1.15%）等；'华盛顿脐橙'的主要成分为：柠檬烯（94.36%）、月桂烯（1.99%）等。周明等（2018）用顶空固相微萃取法提取的江西修水产'修水化红'甜橙干燥果皮挥发油的主要成分为：D-柠檬烯（86.62%）、芳樟醇（4.31%）、松油醇（1.87%）、月桂烯（1.45%）、癸醛（1.43%）、正辛醛（1.35%）等。

【利用】果实为重要水果。叶、花、果皮均可提取精油，为我国允许使用的食用香料，主要用于配制食品香精、日用化学品香精中。果皮入药，用于治疗咳嗽多痰和胸闷。果肉入药，具有清热生津、行气化痰的功效，用于治疗热病伤津、身热汗出、口干舌燥、肝气不舒、心情抑郁，亦可治疗妇女乳汁不通、局部红肿结块等。

香橙

Citrus junos Tanaka

芸香科　柑橘属

别名：柚子、橙子、蟹橙

分布：甘肃、陕西、湖北、江苏、贵州、云南、广东、四川、湖南、福建、广西、江西、台湾

【形态特征】小乔木。枝常有粗长刺。叶厚纸质，翼叶倒卵状椭圆形，长1～2.5 cm，宽0.4～1.5 cm，顶部圆或钝，向基部渐狭楔尖，叶片卵形或披针形，长2.5～8 cm，宽1～4 cm，顶部渐狭尖或短尖，常钝头且有凹口，基部圆或钝，叶缘有细裂齿，稀近于全缘。花单生于叶腋；花萼杯状，4～5裂，裂片阔卵形，端尖；花瓣白色，有时背面淡紫红色，长1～1.3 cm。果扁圆或近似梨形，大小不一，径4～8 cm，果顶有环状突起及浅放射沟，蒂部有时也有放射沟，果皮祖糙，凹点均匀，油胞大，皮淡黄色，较易剥离，瓢囊9～11瓣，味微酸，常有苦味或异味；种子多达40粒，阔卵形，平滑。花期4～5月，果期10～11月。

【生长习性】适宜温暖气候，柑橘类中较耐寒，较耐阴，要求土质肥沃、透水、透气性好，需年平均温度15℃以上的地区种植。耐旱。

【精油含量】水蒸气蒸馏法提取果皮的得油率为0.20%；超临界萃取干燥果皮的得油率为5.50%。

【芳香成分】叶：黄远征等（1993）用水蒸气蒸馏法提取的重庆产香橙栽培种'罗汉橙'新鲜叶精油的主要成分为：N-甲基邻氨基苯甲酸甲酯（58.50%）、柠檬烯（15.14%）、γ-松油烯（13.62%）、反式-β-罗勒烯（3.42%）等。林正奎等（1995）用同法分析的'蟹橙'叶精油的主要成分为：N-甲基邻氨基苯甲

酸甲酯（45.69%）、d-柠檬烯（14.69%）、β-榄香烯（14.12%）、γ-松油烯（11.87%）等。

果皮：林正奎等（1992）用水蒸气蒸馏法提取的重庆产‘弥陀’香橙果皮精油的主要成分为：反-β-罗勒烯（45.92%）、d-柠檬烯（32.59%）、γ-松油烯（11.14%）、桧烯（2.46%）、月桂烯（2.23%）、α-蒎烯（1.00%）等。

【利用】果实可食。果皮可药用，是枳实或枳壳的替代品，有理气、化痰、健脾等功效，用于治疗胸闷及脘腹胀痛、肠鸣腹泻、痰多咳嗽、食欲不振等症。叶、核也可入药。果皮可提取精油，用于调配各种食用香精。常用作柑橘类的砧木。

香圆

Citrus grandis × junos

芸香科　柑橘属

分布：长江两岸及以南各地

【形态特征】为宜昌橙与柚的杂种，也有作为种看待的。常绿乔木，小枝绿色，有短刺；叶卵圆至长椭圆形，长6～12 cm，宽2.5～7 cm，基部宽楔形或钝圆，缘成波状；翼叶侧心形，上部宽1～3.5 cm；花大，内白色外紫色，有芳香，单生或簇生；果长圆形或球形；直径8～10 cm，比玳玳果稍大，橙黄色，具芳香，表面粗糙，皮厚8 mm以上，不易剥离，能挂果1～2年。

【生长习性】越冬温度不低于0℃。

【精油含量】水蒸气蒸馏法提取干燥幼果的得油率为1.23 ml/g，幼果果皮（枳壳）的得油率为0.33%，果实（枳实）的得油率为0.71%。

【芳香成分】叶：林正奎等（1995）用水蒸气蒸馏法提取的叶精油的主要成分为：γ-松油烯（35.79%）、β-蒎烯（14.02%）、反-罗勒烯（9.11%）、乙酸橙花酯（8.56%）、d-柠檬烯（8.50%）、ρ-伞花烃（4.22%）、α-蒎烯（3.64%）、芳樟醇（2.20%）、桧烯（1.96%）、橙花醇（1.93%）、香茅醇（1.59%）、α-侧柏烯（1.42%）、乙酸香茅酯（1.42%）、异松油烯（1.33%）、香叶醛（1.22%）、月桂烯（1.16%）、香茅醛（1.08%）、橙花醛（1.04%）等。

果实：杨辉等（2010）用水蒸气蒸馏法提取的陕西产香圆幼果精油的主要成分为：D-苧烯（58.09%）、γ-萜品烯（23.76%）、β-荜澄茄烯（2.83%）、1R-α-蒎烯（2.00%）、β-蒎烯（1.87%）、β-月桂烯（1.87%）、3,7-二甲基-辛三烯（1.75%）、蒈二烯（1.24%）、β-水芹烯（1.00%）等；幼果果皮精油的主要成分为：D-苧烯（65.32%）、γ-萜品烯（17.36%）、1-甲基-5-甲撑基-8-异丙基-环辛二烯（1.80%）、β-月桂烯（1.44%）、α-松油醇（1.43%）、蒈二烯（1.06%）等。

【利用】果实可生食，也可制作果汁、饮料及果酱、蜜饯等，同时也是较好的酸味剂。果实和果皮均可作香辛调味品。果实入药，有理气宽胸、疏肝解郁、化痰止咳等功效，主治胸闷、气逆呕吐、胃腹胀满、咳嗽气喘、消化不良等症。果实、花、枝叶精油可用于食品和日用化学工业。

香橼

Citrus medica Linn.

芸香科　柑橘属

别名：枸橼、枸橼子

分布：台湾、江苏、浙江、福建、广东、广西、四川、云南

【形态特征】不规则分枝的灌木或小乔木。新生嫩枝、芽及花蕾均为暗紫红色，茎枝多刺，刺长达4 cm。单叶，稀兼有单身复叶，则有关节，但无翼叶；叶片椭圆形或卵状椭圆形，长6～12 cm，宽3～6 cm，或更大，顶部圆或钝，稀短尖，叶缘有浅钝裂齿。总状花序有花达12朵，有时兼有腋生单花；花两性，有单性花趋向，则雌蕊退化；花瓣5片，长1.5～2 cm。果椭圆形、近圆形或两端狭的纺锤形，果皮淡黄色，粗糙，难剥离，内皮白色或略淡黄色，棉质，松软，瓢囊10～15瓣，果肉无色，近于透明或淡乳黄色，爽脆，味酸或略甜，有香气；种子小，平滑。花期4～5月，果期10～11月。

【生长习性】喜温暖湿润气候，怕严霜，不耐严寒。对土壤要求不严，以土层深厚、疏松肥沃、富含腐殖质、排水良好的砂质壤土栽培为宜，以pH5.5～6.5为宜。

【精油含量】水蒸气蒸馏法提取叶的得油率为0.21%～2.40%，新鲜果皮的得油率为0.03%～0.36%，干燥成熟果实的得油率为1.10%。

【芳香成分】叶：余珍等（1996）用水蒸气蒸馏法提取的云南德宏野生香橼叶精油的主要成分为：柠檬醛（25.64%）、柠檬烯（23.38%）、橙花醛（17.28%）、香茅醛（10.39%）、癸酸（4.06%）、橙花醇（2.12%）、香叶醇（1.70%）、3-蒈烯（1.52%）、6-甲基-5-庚烯-2-酮（1.21%）、芳樟醇（1.08%）、乙酸橙花醇酯（1.07%）、天竺葵醛（1.06%）等。孙汉董等（1984）用同法分析的云南盈江产野生香橼叶精油的主要成分为：柠檬烯（56.63%）、香叶醛（13.52%）、橙花醛（8.18%）、对伞花烃（3.92%）、甲基庚烯酮+月桂烯（3.26%）、乙酸香叶酯（2.34%）、香茅醛（1.92%）、α-水芹烯（1.83%）等。伍岳宗（1990）用水蒸气蒸馏法提取的'木里香橼'叶精油的主要成分为：柠檬烯（31.73%）、香茅醛（23.38%）、α-柠檬醛（16.54%）、橙花醇（11.78%）、乙酸香叶酯（4.71%）、乙酸橙花酯（2.26%）、芳樟醇（1.55%）、乙酸香茅酯（1.43%）、香茅醇（1.19%）等。

果实：余珍等（1996）用水蒸气蒸馏法提取的云南德宏产野生香橼果实精油的主要成分为：柠檬烯（44.24%）、4-蒈烯（20.42%）、柠檬醛（9.08%）、橙花醛（5.68%）、α-蒎烯（2.49%）、6-甲基-5-庚烯-2-酮（2.34%）、月桂烯（2.29%）、t-β-罗勒烯（1.68%）、异松油烯（1.47%）、3-蒈烯（1.08%）、α-崖柏烯（1.07%）等。

果皮：王钊等（1989）用水蒸气蒸馏法提取的云南德宏产野生香橼成熟果实新鲜果皮精油的主要成分为：1-甲基-2-异丙基苯（60.67%）、1-甲基-2-丙基苯（28.93%）、4,8-二甲基-1,7-壬二烯（1.30%）等。牛丽影等（2013）用同法分析的江苏靖江产香橼干燥果皮精油的主要成分为：D-柠檬烯（50.53%）、对-伞花烃（16.40%）、γ-萜品烯（8.70%）、罗勒烯（5.03%）、β-蒎烯（3.35%）、α-蒎烯（2.66%）、β-月桂烯（2.30%）、丙酸松油酯（1.15%）等。温鸣章等（1986）用水蒸气蒸馏法提取的'木里香橼'果皮精油的主要成分为：d-柠檬烯（68.00%）、香叶醛（9.50%）、橙花醛（5.37%）、橙花醇（2.72%）、β-罗勒烯（2.47%）、葛缕酮（2.41%）、γ-松油烯（1.53%）、β-蒎烯（1.17%）、芳樟醇（1.15%）等。

【利用】果实可鲜食。果皮精油可用于调味和日化香精，为食品工业中的矫味剂和赋香剂；叶精油在多种食用香精和化妆品香精配方中可代替或部分代替进口橙叶油。果皮可制作果胶、蜜饯；果瓤可制作果汁、果酒，或柠檬酸等。种子可以榨油供食用或工业用。果实入药，有理气宽中、消胀降痰的功效，治疗胃腹胀痛、消化不良、气逆呕吐、痰饮咳嗽。可作嫁接佛手的砧木。可作庭院绿化树种。

佛手

Citrus medica Linn. var. *sarcodactylis* Swingle

芸香科　柑橘属

别名：佛手香橼、佛手柑、佛拳、蜜筩柑、蜜罗柑、福寿橘、五指香橼、五指柑、十指柑、蜜柑、福寿柑

分布：长江以南各地

【形态特征】香橼变种。不规则分枝的灌木或小乔木。新生嫩枝、芽及花蕾均暗紫红色，茎枝多刺，刺长达4 cm。单叶，稀兼有单身复叶，则有关节，但无翼叶；叶柄短，叶片椭圆形或卵状椭圆形，长6～12 cm，宽3～6 cm，或有更大，顶部圆或钝，稀短尖，叶缘有浅钝裂齿。总状花序有花达12朵，有时兼有腋生单花；花两性，有单性花趋向，则雌蕊退化；花瓣5片，长1.5～2 cm；雄蕊30～50枚；子房圆筒状，花柱粗长，柱头头状，子房在花柱脱落后即行分裂，在果的发育过程中成为手指状肉条，果皮较厚，通常无种子。花期4～5月，果期10～11月。

【生长习性】喜温暖湿润、阳光充足的环境，不耐严寒，怕冰霜及干旱，耐阴、耐瘠、耐涝。以雨量充足，冬季无冰冻的地区栽培为宜。最适宜生长温度22～24℃，越冬温度5℃以上，年降水量以1000～1200 mm最适宜，年日照时数1200～1800h为宜。适合在土层深厚、疏松肥沃、富含腐殖质、排水良好的酸性壤土、砂壤土或黏壤土中生长。

【精油含量】水蒸气蒸馏法提取新鲜叶的得油率为0.34%～0.58%，新鲜枝的得油率为0.19%，新鲜果实的得油率为0.50%～1.62%，干燥果实的得油率为0.10%～1.60%，果皮的得油率为1.09%～1.80%；同时蒸馏萃取法提取新鲜果皮的得油率为1.19%；冷榨法提取新鲜果皮的得油率为0.30%；有机溶剂萃

取法提取新鲜果皮的得油率为0.85%；超临界萃取果实的得油率为1.85%～1.89%。

【芳香成分】叶：赵静芳等（2013）用水蒸气蒸馏法提取的浙江金华产佛手新鲜叶精油的主要成分为：柠檬烯（29.18%）、α-柠檬醛（26.74%）、β-柠檬醛（21.12%）、反式-香叶醇（5.63%）、橙花醇（4.76%）、香茅醛（2.83%）、橙花乙酸酯（1.35%）、香茅醇（1.15%）等。

果实：丘振文等（2010）用水蒸气蒸馏法提取的浙江金华产佛手果实精油的主要成分为：柠檬烯（57.10）、γ-松油烯（25.75%）、β-蒎烯（1.97%）、α-蒎烯（1.83%）、邻-伞花烃（1.75%）、β-月桂烯（1.45%）、α-松油醇（1.37%）、顺-水合桧烯（1.29%）、γ-萜品油烯（1.08%）等。黄海波等（2002）用同法分析的四川洪雅产佛手干燥果实精油的主要成分为：柠檬酸（31.58%）、3-蒈烯（19.40%）、甲基异丙苯（6.83%）、橙花醇乙酸酯（5.03%）、β-红没药烯（4.70%）、醋酸香叶酯（4.67%）、α-松油醇（3.39%）、α-佛手柑油烯（2.58%）、4-甲基-1-异丙基-3-环己烯醇（2.50%）、3,7-二甲基-1,6-辛二烯-3-醇（2.20%）、石竹烯（1.65%）、大牻牛儿烯（1.15%）、β-蒎烯（1.14%）、α-蒎烯（1.08%）、4-蒈烯（1.05%）等；广东德庆产佛手干燥果实精油的主要成分为：十六酸（19.60%）、亚油酸（9.43%）、γ-松油烯（6.79%）、β-红没药烯（6.59%）、柠檬酸（6.45%）、α-佛手柑油烯（3.90%）、反式-石竹烯（3.64%）、松油烯-4-醇（3.45%）、大牻牛儿烯（3.43%）、α-松油醇（3.37%）、十二酸（2.79%）、α-柠檬醛（2.72%）、十四酸（2.65%）、甲基异丙苯（2.58%）、广藿香醇（2.21%）、β-柠檬醛（1.79%）、α-甜没药萜醇（1.76%）、反式-α-红没药烯（1.64%）、匙叶桉油烯醇（1.57%）、δ-杜松烯（1.28%）、α-荜澄茄醇（1.20%）、9,12一十二烷二烯酸甲酯（1.04%）等。陈家华等（1989）用吸附法提取的佛手果实头香的主要成分为：柠檬烯（68.01%）、Δ3-蒈烯（13.92%）、β-蒎烯（1.46%）、桧烯（1.20%）、香叶烯（1.01%）等。

果皮：赵兴杰等（2007）用水蒸气蒸馏法提取的浙江金华产佛手果皮精油的主要成分为：柠檬烯（58.28%）、γ-松油烯（25.89%）、α-蒎烯（2.68%）、(Z)-3,7-二甲基-1,3,6-辛三烯（1.96%）、α-月桂烯（1.70%）、(E)-3,7-二甲基-1,3,6-辛三烯（1.36%）、2-甲基-5-(1-甲乙基)-二环[3.1.0]己-2-烯（1.10%）、异松油烯（1.09%）等。朱亮锋等（1993）用同法分析的广东德庆产佛手果皮精油的主要成分为：α-柠檬醛（21.97%）、β-柠檬醛（19.30%）、柠檬烯（11.19%）、香叶醇（9.30%）、γ-松油烯（7.61%）、α-松油醇（7.60%）、橙花醇（6.41%）、松油醇-4(3.90%)、间伞花烃（1.69%）、芳樟醇（1.41%）等。黄晓钰等（1998）用同步蒸馏-萃取法提取的广东德庆产佛手新鲜肉质内果皮精油的主要成分为：二乙氧乙烷（42.23%）、苧烯（10.28%）、γ-萜品烯（6.55%）、月桂酯（5.98%）、顺式-牻牛儿醇（1.27%）等。

【利用】根、茎、叶、花、果均可入药，叶有醒脾开胃、快膈化滞、顺气宽胸、疏肝解郁、治呕和胃等功能；根可治男人下消、四肢酸软；花泡茶有消气作用；果实可治胃病、呕吐、噎嗝、高血压、气管炎、哮喘等病症。果实和叶均可提取精油，果实精油常用于各类化妆品及食品中，具有止痛、抗菌、促进伤口愈合、除臭、化痰、退烧、杀菌、利胃功能；叶油可代替果油用于化妆品、香水的调配中。供观赏。

宜昌橙

Citrus ichangensis Swingle

芸香科　柑橘属

别名： 宜昌柑、罗汉柑、野柑子、酸柑子

分布： 陕西、甘肃、湖北、湖南、广西、四川、云南、贵州

【形态特征】小乔木或灌木，高2～4 m。枝干多锐刺，刺长1～2.5 cm。叶身卵状披针形，大小差异很大，长2～8 cm，宽0.7～4.5 cm，顶部渐狭尖，全缘或叶缘有细小钝裂齿。花常单生于叶腋；萼5浅裂；花瓣淡紫红色或白色，花瓣长1～1.8 cm，宽0.5～0.8 cm。果扁圆形、圆球形或梨形，顶部短乳头状突起或圆浑，通常纵径3～10 cm，横径4～8 cm，淡黄色，油胞大，瓢囊7～10瓣，果肉淡黄白色，较酸，兼有苦及麻舌味；种子30粒以上，近圆形而稍长，或不规则的四面体，2～3面近于平坦，一面浑圆，长、宽均达15 mm，厚约12 mm，种皮乳黄白色，合点大，几乎占种皮面积的一半，深茶褐色。花期5～6月，果期10～11月。

【生长习性】生于高山陡崖、岩石旁、山脊或沿河谷坡地，自然分布的最高限约2500 m。适应性较强，很耐寒。耐土壤瘦瘠，耐阴，抗病力强。

【精油含量】水蒸气蒸馏法提取鲜叶的得油率为0.04%。

【芳香成分】叶：林正奎等（1994）用水蒸气蒸馏法提取的重庆产宜昌橙鲜叶精油的主要成分为：反式-罗勒烯（37.84%）、α-柠檬烯（15.67%）、芳樟醇（7.46%）、乙酸芳樟酯（6.18%）、α-松油醇（2.33%）、β-石竹烯（2.13%）、β-红没药烯（1.92%）、香叶醇（1.63%）、葎草烯环氧化物Ⅰ（1.58%）、乙酸香叶酯（1.58%）、β-橙花叔醇（1.45%）、α-杜松醇（1.23%）、β-杜松烯（1.18%）、顺式-异榄香素（1.06%）等。

果皮：严赞开等（2014）用同时蒸馏萃取法提取的广东潮州产宜昌橙新鲜果皮精油的主要成分为：d-柠烯（67.84%）、芳樟醇（9.48%）、γ-松油烯（8.64%）、月桂烯（2.37%）、3，7-二甲基-1,6-辛二烯-3-醇丙酸酯（2.31%）、百里香酚（1.61%）、2-蒎烯（1.20%）等。

【利用】宜昌橙是嫁接柑橘属植物的优良砧木之一。叶入药，有消炎止痛、防腐生肌的功效，用于治疗伤口溃烂、湿疹、疮疖、肿痛。幼果入药，有行气宽中之功效，主治胸腹满闷胀痛、食积不化、痰饮、胃下垂、子宫脱垂诸症。

柚

Citrus maxima (Burm.) Merr.

芸香科　柑橘属

别名：柚子、文旦、朱栾、香栾、胡柑、沙田柚、文旦柚、坪山柚、蜜柚、抛

分布：长江流域以南各地

【形态特征】乔木。嫩枝、叶背、花梗、花萼及子房均被柔毛，嫩叶常暗紫红色，嫩枝扁且有棱。叶质颇厚，阔卵形或椭圆形，连冀长9～16 cm，宽4～8 cm，或更大，顶端钝或圆，有时短尖，基部圆，翼叶长2～4 cm，宽0.5～3 cm，个别品种的翼叶甚狭窄。总状花序，有时兼有腋生单花；花萼5～3浅裂；花瓣长1.5～2 cm。果圆球形、扁圆形、梨形或阔圆锥状，横径常10 cm以上，淡黄或黄绿色，有朱红色的，果皮海绵质，油胞大，瓢囊10～19瓣；种子多达200余粒，亦有无子的，通常近似长方形，上部质薄且常截平，有明显纵肋棱。花期4～5月，果期9～12月。品种品系多。

【生长习性】栽培于丘陵地带。喜暖热湿润气候及深厚、肥沃而排水良好的中性或微酸性砂质壤土或黏质壤土，适宜pH为6～6.5。对温度适应性强，年平均气温16.6～21.3℃，≥10℃年积温5300～7500℃，绝对低温在-11.1℃以上的地区都有分布。较耐阴，但需要较好的光照条件，忌强光照射。

【精油含量】水蒸气蒸馏法提取叶的得油率为0.02%～0.30%，干燥花的得油率为0.91%，干燥幼果的得油率为0.17%～1.80%，未成熟果实果皮的得油率为0.30%～0.40%，成熟果实的果皮得油率为0.20%～5.90%，内果皮的得油率为0.50%～1.10%；同时蒸馏萃取法提取果皮的得油率为1.27%～2.05%，果肉的得油率为0.67%；超临界萃取叶的得油率为0.93%～7.83%，花的得油率为2.70%～8.76%，果皮的得油率为0.25%～10.28%，干燥种子的得油率为33.90%；亚临界萃取新鲜果皮的得油率为2.36%；微波萃取法提取干燥叶的得油率为1.05%，果皮的得油率为1.04%～2.09%；冷榨法提取果皮的得油率为0.13%～3.30%；有机溶剂萃取法提取的叶的得油率为3.05%，果皮的得油率为0.46%～2.09%，种子的得油率为0.98%～1.54%；无溶剂微波萃取法提取新鲜嫩叶的得油率为

1.46%，老叶的得油率为2.10%。

【芳香成分】叶：黄兰珍等（2008）用水蒸气蒸馏法提取的广东化州产‘化州柚’干燥叶精油的主要成分为：植醇（13.38%）、石竹烯（11.84%）、棕榈酸（9.60%）、芳樟醇（8.65%）、香叶醇（8.04%）、9,12-十八碳二烯酸（6.63%）、橙花叔醇（6.13%）、榄香烯（5.42%）、异香橙烯环氧化物（3.86%）、橙花醇乙酸酯（1.90%）、石竹烯氧化物（1.85%）、3,7-二甲基辛二醇（1.34%）等。韩寒冰等（2015）用同法分析的广东化州产‘化州柚’干燥嫩叶精油的主要成分为：石竹烯（20.46%）、β-蒎烯（19.44%）、γ-萜品烯（19.30%）、D-柠檬烯（10.49%）、β-月桂烯（6.95%）、β-罗勒烯（1.59%）、γ-荜澄茄烯（1.56%）、β-荜澄茄油烯（1.53%）、α-萜品醇（1.48%）、γ-依兰油烯（1.43%）、甜没药烯（1.37%）、2,6-二叔丁基对甲酚（1.25%）、甘香烯（1.07%）等。程荷凤等（1996）用同法分析的广东广州产‘化州柚’夏季果实未成熟时叶精油的主要成分为：β-香茅醛（38.20%）、4-甲基-2-己酮（18.61%）、β-香茅醇（8.11%）、4-蒈烯（7.84%）乙酸芳樟酯（3.10%）、丁酸-(3,7-二甲基)-6-辛烯酯（2.60%）、S-(Z)-3,7,11-三甲基-1,6,10-十二碳三烯-3-醇（2.29%）、罗勒烯（1.83%）、β-月桂烯（1.45%）、D-柠檬烯（1.12%）、二-(二氯甲基)醚（1.03%）等。林正奎等（1990）用同法分析的重庆产‘四季抛’柚叶精油的主要成分为：香叶醛（23.04%）、橙花醛（13.62%）、香芹酮（11.51%）、γ-松油烯（10.74%）、β-蒎烯（7.64%）、乙酸芳樟酯（6.57%）、γ-榄香烯（2.96%）、乙酸香叶酯（2.33%）、芳樟醇（2.25%）、β-石竹烯（1.97%）、香叶烯（1.62%）、香茅醛（1.36%）等。韩寒冰等（2018）用无水乙醇超声辅助萃取法提取的广东化州产‘化州柚’新鲜叶精油的主要成分为：β-月桂烯（10.31%）、γ-萜品烯（8.76%）、β-蒎烯（8.27%）、角鲨烯（8.14%）、补骨脂素（6.75%）、D-柠檬烯（6.43%）、亚油酸（5.18%）、甘香烯（2.60%）、棕榈酸乙酯（2.56%）、α-萜品醇（2.35%）、β-榄香烯（2.12%）、橙皮油内酯（2.06%）、α-蒎烯（2.02%）、甜没药烯（1.93%）、β-罗勒烯（1.90%）、佛手柑内酯（1.72%）、α-法呢烯（1.69%）、α-萜品烯（1.68%）、γ-荜澄茄烯（1.54%）、橙花叔醇乙酯（1.38%）、3-侧柏烯（1.28%）、石竹烯（1.22%）、β-萜品醇（1.12%）、(9Z)-9,17-十八碳二烯醛（1.12%）、大根香叶烯D（1.05%）、顺-4-侧柏醇（1.02%）、β-芳樟醇（1.01%）等。

花：王晓霞等（2013）用同时蒸馏萃取法提取的云南西双版纳产柚新鲜花精油的主要成分为：香叶基香叶醇（24.24%）、橙花叔醇（19.09%）、L-芳樟醇（13.03%）、3,7-二甲基-1,3,6-辛三烯（4.87%）、吲哚嗪（3.66%）、金合欢醇异构体B（2.56%）、香叶醇（2.21%）、反式芳樟醇氧化物（1.66%）、反式香叶醇（1.48%）、芳樟醇氧化物（1.24%）、9,17-十八碳二烯醛（1.19%）、E-柠檬醛（1.05%）等；干燥花精油的主要成分为：DL-柠檬烯（16.06%）、β-罗勒烯（13.55%）、香叶基香叶醇（11.42%）、L-芳樟醇（11.25%）、橙花叔醇（9.63%）、邻胺基苯甲酸甲酯（4.48%）、橙花醇（3.26%）、吲哚嗪（2.64%）、2-β-蒎烯（1.67%）、芳樟醇氧化物（1.67%）、菖蒲二烯（1.61%）、反式-β-石竹烯（1.37%）、金合欢醇异构体B（1.04%）等。叶鹏等（2007）用乙醚浸提、水蒸气蒸馏和溶剂萃取法提取的福建平和产‘琯溪蜜柚’鲜花精油的主要成分为：邻苯二甲酸二丁酯（38.18%）、橙花叔醇（18.11%）、沉香醇（15.54%）、金合欢醇（12.41%）、香茅醛（4.49%）、δ-3-蒈烯（2.00%）、柠檬烯（1.43%）、α-蒎烯（1.05%）、β-月桂烯（1.05%）等。韩寒冰等（2018）无水乙醇超声辅助萃取法提取的广东化州产‘化州柚’新鲜花精油的主要成分为：橙花叔醇（19.57%）、β-月桂烯（14.46%）、法呢醇（13.99%）、γ-萜品烯（7.52%）、β-蒎烯（6.27%）、亚油酸（3.43%）、角鲨烯（3.12%）、橙花叔醇乙酯（2.83%）、棕榈酸乙酯（2.65%）、β-芳樟醇（2.56%）、8-羟基芳樟醇（2.01%）、石竹烯（2.00%）、肉豆蔻醛（1.64%）、D-柠檬烯（1.53%）、大根香叶烯D（1.46%）、(9Z)-9,17-十八碳二烯醛（1.23%）、α-萜品醇（1.09%）等。程菊英等（1987）用憎水性树脂XAD-4吸附的广西南宁产柚鲜花头香的主要成分为：芳樟醇（71.65%）、β-蒎烯（6.81%）、β-水芹烯（6.47%）、玫瑰呋喃（5.34%）、α-罗勒烯（3.23%）、柠檬烯（2.37%）橙花叔醇（1.68%）等。张远志（2017）用乙醇浸提法提取的福建平和产柚新鲜花浸膏的主要成分为：(Z,Z)-9,12-十八烷二烯酸乙酯（14.68%）、十六碳三烯酸甲酯（10.19%）、(2-z,6-E)-法呢醇（9.32%）、棕榈酸乙酯（8.44%）、咖啡因（7.96%）、5-十二炔（4.31%）、N，N-二甲基乙醇胺（4.20%）、橙花叔醇（4.09%）、金合欢醇（4.09%）、叶绿醇（3.60%）、氧化石竹烯（3.06%）、亚油酸（2.13%）、棕榈酸（1.96%）、罗勒烯（1.93%）、4-甲基嘧啶（1.88%）、3-蒈烯（1.67%）、4-乙烯基-2-甲氧基苯酚（1.13%）等；树脂吸附法提取的福建平和产柚新鲜花头香的主要成分为：金合欢醇（14.51%）、橙花叔醇（12.81%）、金合欢醇（8.80%）、咖啡因（7.81%）、邻苯二甲酸二(2-乙基己)酯（4.71%）、氨茴酸甲酯（3.81%）、柠檬烯（3.64%）、油酸酰胺（3.41%）、棕榈酸（2.14%）、吲哚（1.97%）、乙酸（1.50%）、(2-z，6-E)-法呢醇（1.35%）、橙皮油素（1.35%）、当归内酯（1.28%）、己二酸二(2-乙基己)酯（1.26%）、N，N-二甲基-4-羟基色胺（1.17%）、丁酸-1-乙烯基-1,5-二甲基-4-己烯基酯（1.17%）、4-甲基嘧啶（1.12%）、丙烯酰胺（1.10%）、亚油酸（1.07%）等。

果实：张立坚等（2006）用水蒸气蒸馏法提取的广东化州产‘化州柚’未成熟幼小果实精油的主要成分为：柠檬烯（26.86%）、β-月桂烯（16.18%）、α-萜品烯（15.63%）、大根香叶烯D（14.73%）、α-丁子香烯（4.10%）、对伞花烃（2.68%）、大根香叶烯B（2.48%）、石竹烯（2.15%）、α-蒎烯（1.31%）、β-

蒎烯（1.24%）、α-依兰油烯（1.03%）、萜品油烯（1.17%）等。苏薇薇等（2005）用同法分析的‘沙田柚’干燥幼果精油的主要成分为：香芹酚（29.79%）、D-柠檬烯（29.02%）、β-石竹烯（19.27%）、α-佛手柑烯（7.69%）、β-月桂烯（4.61%）、α-石竹烯（2.31%）、奴卡酮（1.91%）等。林家逊等（2008）用同法分析的‘沙田柚’幼果精油的主要成分为：柠檬烯（46.83%）、β-环氧石竹烯（20.17%）、反式-氧化芳樟醇（4.26%）、β-芳樟醇（3.06%）、α-松油醇（2.99%）、反式-1-甲基-4-异丙烯基-2-环已烯（2.60%）、环氧草烯（2.28%）、顺式-香芹醇（2.01%）、香芹酮（1.83%）、β-蒎烯（1.76%）、松油烯-4-醇（1.69%）、顺式-氧化芳樟醇（1.35%）、1-甲基-4-异丙烯基-2-环丙烯-1（1.13%）、(-)-斯巴醇（1.01%）、4,4-二甲基-四环[6.3.2.0^{2,5}.0^{1,8}]十三烷-9-醇（1.01%）等。韩寒冰等（2018）用无水乙醇超声辅助萃取法提取的广东化州产‘化州柚’50d龄新鲜幼果精油的主要成分为：γ-萜品烯（20.70%）、β-月桂烯（20.35%）、大根香叶烯D（18.46%）、D-柠檬烯（4.89%）、石竹烯（3.46%）、α-萜品醇（2.63%）、β-蒎烯（2.44%）、亚油酸（2.20%）、橙花叔醇乙酯（2.04%）、大根香叶烯B（1.77%）、十六碳三烯酸甲酯（1.65%）、α-蒎烯（1.64%）、顺-4-侧柏醇（1.49%）、δ-荜澄茄烯（1.37%）、前胡内酯（1.34%）、桧烯（1.29%）、3-侧柏烯（1.05%）等。张捷莉等（2008）用同时蒸馏萃取法提取的浙江玉环产‘玉环柚’果肉精油的主要成分为：柠檬烯（17.69%）、正十五（碳）烷（16.07%）、冰片（9.66%）、4,4a-二甲基-6-(1-甲基乙烯基)-4,4a,5,6,7,8-六氢化萘酮（7.10%）、顺式-氧化里哪醇（5.42%）、异冰片（5.20%）、5-四氢化乙烯基-α,α,5-三甲基-顺-2-呋喃甲醇（3.00%）、1-十八烯（1.53%）、(Z)-7-十六烷（1.23%）、β-蒎烯（1.07%）、1,8a-二甲基-7-(1-甲基乙烯基)-1,2,3,5,6,7,8,8a-八氢化萘（1.00%）等。

果皮：郭畅（2018）用水蒸气蒸馏法提取分析了广东梅州产不同品种柚新鲜果皮的精油成分，‘金柚’的主要成分为：D-柠檬烯（91.80%）、β-月桂烯（3.86%）、蒎烯（1.06%）等；‘沙田柚’的主要成分为：D-柠檬烯（90.35%）、β-月桂烯（3.75%）、圆柚酮（1.54%）等；‘奥兰柚’的主要成分为：D-柠檬烯（73.73%）、β-月桂烯（4.47%）、罗勒烯（2.77%）、辛醛（2.15%）、β-蒎烯（2.11%）、癸醛（1.57%）、乙酸香叶酯（1.04%）等；‘蜜柚’的主要成分为：D-柠檬烯（55.46%）、β-月桂烯（23.67%）、2-甲基-1-戊烯-3-酮（2.47%）、石竹烯（1.77%）、柠檬烯氧化物（1.57%）、β-水芹烯（1.54%）、异蒲勒醇（1.51%）、3-蒈烯（1.17%）、(E)-2,6,11,15-四甲基-十六碳-2,6,8,10,14-五烯（1.08%）、(R)-3,7-二甲基-2,6-辛二烯醛（1.05%）等。张捷莉等（2008）用同法分析的浙江玉环产‘玉环柚’果皮精油的主要成分为：D-柠檬烯（32.84%）、β-月桂烯（21.88%）、顺式-氧化芳樟醇（8.17%）、4,4a-二甲基-6-(1-甲基乙烯基)-4,4a,5,6,7,8-六氢化萘酮（8.03%）、β-蒎烯（3.67%）、1,8a-二甲基-7-(1-甲基乙烯基)-1,2,3,5,6,7,8,8，a-八氢化萘（2.24%）、3,7-二甲基-1,3,7-辛三烯（1.92%）、金合欢醇异构体a（1.37%）等。朱岳麟等（2008）用同法分析的广东梅州产‘红肉蜜柚’果皮精油的主要成分为：柠檬烯（68.47%）、β-月桂烯（21.22%）、β-蒎烯（1.03%）等。谭斌等（2008）用同法分析的湖南江永‘江永香柚’新鲜外果皮精油的主要成分为：柠檬烯（76.04%）、诺卡酮（3.21%）、(Z)-3,7-二甲基-1,3,6-辛三烯（1.67%）、β-月桂烯（1.16%）、光敏柠檬腈（1.15%）、1-甲基-4-(1-甲基乙基)-苯（1.10%）、苯甲酸-2-羟基-1-甲基乙基酯（1.01%）等。方健等（2011）用同法分析的浙江台州产‘玉环文旦’柚果皮精油的主要成分为：D-柠檬烯（46.22%）、β-月桂烯（23.79%）、努特卡酮（8.38%）、(Z,E)-金合欢醇（3.89%）、β-蒎烯（2.96%）、旱麦草烯（1.72%）、β-人参萜烯（1.71%）等；福建漳州产‘琯溪蜜柚’果皮精油的主要成分为：D-柠檬烯（45.72%）、β-月桂烯（13.69%）、努特卡酮（12.57%）、β-人参萜烯（4.42%）、(Z,E)-金合欢醇（3.99%）、旱麦草烯（2.58%）、辛酸丁酯（2.35%）、吉玛烯D（1.11%）等。朱岳麟等（2009）用同法分析的广东梅州产‘早熟金柚’新鲜果皮精油的主要成分为：柠檬烯（65.82%）、β-月桂烯（25.52%）、4-侧柏烯（1.78%）等。黄兰珍等（2008）用同法分析的广东化州产‘化州柚’干燥果皮精油的主要成分为：柠檬烯（39.87%）、月桂烯（12.76%）、棕榈酸（8.26%）、对聚伞花素（5.11%）、松油烯（3.94%）、榄香烯（2.24%）、蒎烯（2.04%）、亚油酸（1.91%）、松油醇（1.68%）、芳樟醇（1.57%）、橙花叔醇（1.34%）、荜澄茄油萜（1.18%）等。杨晓红等（2001）用同法分析的福建产‘金田蜜柚’新鲜果皮精油的主要成分为：奴卡酮（12.74%）、1-乙烯基-1-甲基-2-(1-甲基乙烯基)-4-异丙叉环已烷（5.00%）、乙苯（4.73%）、[2R-(2-(α,4aα,8aβ)]-1,2,3,4,4a,5,6,8a-八氢化-4a,8-二甲基-2-(1-甲基乙烯基)萘（4.48%）、柠檬烯（4.06%）、α-萜品醇（3.98%）、萜品烯-4-醇（3.11%）、香芹醇（2.93%）、2,3,5,6-四甲基苯酚（2.61%）、α-荜澄茄油烯（2.09%）、γ-榄香烯（2.00%）、反式-芳樟醇氧化物（1.92%）、异香草醛（1.85%）、(Z)-乙酸橙花酯（1.72%）、2,6-二叔丁基-1,4-苯醌（1.68%）、(E)-乙酸橙花酯（1.64%）、2-糠醛（1.63%）、棕榈酸（1.39%）、芳樟醇（1.26%）、2,6-二叔丁基4甲基苯酚（1.24%）、4,4a,5,6,7,8-六氢化-4a,5-二甲基3异丙叉-2-萘酮（1.15%）、2,5-二甲氧基苯乙酮（1.09%）、邻苯二甲酸二丁酯（1.04%）等。王华等（1999）用同法分析的四川产‘达川柚’果皮精油的主要成分为：苧烯（92.12%）、月桂烯（3.40%）等；福建产‘四季柚’果皮精油的主要成分为：苧烯（55.65%）、月桂烯（33.34%）、β-蒎烯（2.88%）、大根香叶烷（1.42%）、β-罗勒烯-2(1.24%）等。黄远征等（1998）用冷压法提取的重庆产‘梁平柚’果皮精油的主要成分为：柠檬烯（92.83%）、月桂烯（1.80%）、圆柚酮（1.34%）等；'玷玶柚'果皮精油的主要成分为：柠檬烯（92.12%）、月桂烯（1.82%）等。程荷凤等（1996）用水蒸气蒸馏法提取的广东化州产'化州柚'未成熟果实新鲜果皮（化橘红）精油的主要成分为：柠檬烯（28.39%）、4-甲基-2-己酮（17.14%）、1-甲基-4-(1-甲基-亚乙基)环己烯（15.04%）、β-月桂烯（13.88%）、α-萜品醇（2.01%）、顺式，反式-柠檬醛（1.88%）、(±)-芳樟醇（1.66%）、顺式-香叶醇（1.60%）、对伞花烃（1.51%）、β-蒎烯（1.50%）、萜品烯-4-醇（1.39%）、α-蒎烯（1.19%）、2-蒈烯（1.01%）等。谭斌等（2008）用水蒸气蒸馏法提取的湖南江永产'江永香柚'内果皮精油的主要成分为：(Z,Z)-9,12-十八碳二烯酸（32.28%）、十六酸（23.05%）、七聚环氧乙烷（14.35%）、三乙基膦（5.18%）、1,2-二丁基肼（3.99%）、5-(羟甲基)-呋喃甲醛（2.65%）、1,1-二甲基肼（2.14%）、1,4,7,10,13,16-六氧杂环十八碳烷（1.97%）、2-丙烯酸甲酯（1.71%）、呋喃-2-甲醛（1.50%）、氧化芳樟醇（1.31%）、乙酸（1.24%）、2,4,5-三甲氧基-1-丙烯基苯（1.06%）等。陈卫东等（2005）用同法分析的广东梅县产'金柚'内果皮精油的主要成分为：(Z,Z)-十八碳二烯酸（35.28%）、棕榈酸（25.05%）、七聚氧化乙烯（13.95%）、三乙基膦（5.18%）、1,2-二丁基-肼（3.99%）、5-羟甲基-2-呋喃卡波克斯醛（2.65%）、1,1-二甲基-肼（2.14%）、2-丙烯酸甲酯（2.11%）、1,4,7,10,13,16-六氧杂环十八烷（1.97%）、2-呋喃卡波克斯醛（1.41%）、乙酸（1.34%）、氧化芳樟醇（1.11%）、2,4,5-三甲氧基-1-苯丙烯（1.06%）等。

【利用】果实可鲜食，果皮可作蜜饯。花浸膏为名贵天然香料，可配制各种花香型化妆品和食品香精，果皮精油大量用于食品、饮料及化妆品工业中。根、茎、叶、未成熟或近成熟果皮均可入药，有散寒、燥湿、利气、消痰之功效，用于治疗风寒咳嗽、喉痒痰多、食积伤酒、哎恶痞闷。种子榨油供制皂、润滑剂、食用。木材为优良的家具用材。

川陕花椒

Zanthoxylum piasezkii Maxim.

芸香科　花椒属
别名：大金花椒、川陕椒、山椒、山花椒
分布：甘肃、陕西、四川

【形态特征】高1～3 m的灌木或小乔木，刺多，基部扁，褐红色。叶有小叶7～17片，稀较少；小叶圆形，宽椭圆形，倒卵状菱形，长0.3～2.5 cm。宽0.3～0.8 cm，中央一片最长，卵状披针形，厚纸质，干后淡褐色至黑褐色，两侧对称，或一侧的基部稍偏斜，叶缘近顶部有疏少细圆裂齿，齿缝有明显的一油点，叶轴常有狭窄的叶质边缘，故腹面呈小沟状。花序顶生；花被片6～8片，宽三角形，长约1.5 mm或稍长；雄花有雄蕊5～6枚，药隔顶端的油点干后为褐黑色；退化雌蕊垫状凸起；雌花的花被片较狭长。果紫红色，有少数凸起的油点，单个分果瓣径4～5 mm；种子径3～4 mm。花期5月，果期6～7月。

【生长习性】常见于海拔500～2500 m的山坡或河谷两岸。耐干旱瘠薄，特别适宜于梯田地、边隙地、荒地、果园四周等栽植。

【精油含量】水蒸气蒸馏法提取新鲜叶的得油率为0.05%，阴干叶的得油率为0.35%，果实的得油率为0.20%～1.00%。

【芳香成分】叶：樊经建（1992）用水蒸气蒸馏法提取的陕西韩城产川陕花椒新鲜叶精油的主要成分为：香叶烯（17.60%）、α-葑烯（12.70%）、6-甲叉螺[4,5]烷（11.30%）、β-罗勒烯（10.60%）、里哪醇（9.70%）、对羟基苯乙酮（5.80%）、β-萜品烯（4.90%）、环十烷酮（4.30%）、冰片烯（2.50%）等。

果实：朱亮锋等（1993）用水蒸气蒸馏法提取的四川成都产川陕花椒果实的精油主要成分为：芳樟醇（17.90%）、柠檬烯（16.28%）、1,8-桉叶油素（15.18%）、α-松油醇（3.65%）、乙酸-α-松油酯（3.23%）、β-月桂烯（2.60%）、松油醇-4(2.40%)、β-荜澄茄烯（2.20%）、β-罗勒烯（1.62%）等。樊经建（1992）用同法分析的陕西韩城产川陕花椒果实精油的主要成分为：β-蒎烯（35.40%）、1-对-盖烯醇-9(21.90%)、萜品醇-4（16.40%）、β-萜品烯（10.90%）、β-罗勒烯（5.50%）、α-萜品油烯（3.30%）、间羟基苯乙酮（2.30%）、胡椒酮（2.00%）、1-甲基-6-异丙叉-二环己酮（1.50%）等。

【利用】根皮及树皮均入药，有祛风湿、通经络、活血、散瘀的功效，治风湿骨痛、跌打肿痛；台湾居民用以治中暑、感冒。果皮精油可用于化妆品及皂类香精。种子可榨油。可作花椒的砧木。

椿叶花椒

Zanthoxylum ailanthoides Sieb. et Zucc.

芸香科　花椒属
别名：食茱萸、艾油、越椒、樘子、艾子、木满天星、樗叶花椒、刺椒、满天星
分布：除江苏、安徽外，长江以南各地

【形态特征】落叶乔木，高稀达15 m，胸径30 cm；茎干有鼓钉状，基部宽达3 cm，长2～5 mm的锐刺，花序轴及小枝顶部常散生短直刺。叶有小叶11～27片或稍多；小叶整齐对生，狭长披针形或位于叶轴基部的近卵形，长7～18 cm，宽2～6 cm，顶部渐狭长尖，基部圆，对称或一侧稍偏斜，叶缘有明显裂齿，油点多，叶背灰绿色或有灰白色粉霜。花序顶生，多花；萼片及花瓣均5片；花瓣淡黄白色，长约2.5 mm；雄花雄蕊5枚；退化雌蕊极短，2～3浅裂；雌花有心皮3个，稀4个。

分果瓣淡红褐色，干后淡灰色或棕灰色，径约4.5 mm，油点多，干后凹陷；种子径约4 mm，花期8～9月，果期10～12月。

【生长习性】常见于海拔500～1500 m的林下或路旁湿处，常见于向阳坡地、山麓、山寨附近。喜光，稍耐阴，喜温暖湿润气候，能耐极端低温-10℃。喜生于密林中或湿润立地，在酸性、中性、钙质土中均生长良好，在肥沃、排水良好的土壤中生长旺盛。

【精油含量】水蒸气蒸馏法提取叶的得油率为0.33%，果实的得油率为0.23%～1.20%，果皮的得油率为3.83%。

【芳香成分】叶：吴刚等（2011）用水蒸气蒸馏法提取的安徽芜湖产椿叶花椒干燥叶精油的主要成分为：2-壬酮（42.87%）、芳樟醇（19.12%）、β-水芹烯（14.40%）、α-法呢烯（5.42%）、罗勒烯（4.20%）、α-蒎烯（3.21%）、(-)-4-萜品醇（2.23%）、2-十一酮（1.83%）等。周江菊等（2014）用同法分析的贵州剑河产椿叶花椒阴干叶精油的主要成分为：α-水芹烯（21.87%）、桉叶醇（13.12%）、(-)-松油烯-4-醇（9.55%）、γ-萜品烯（8.25%）、α-萜品烯（6.50%）、(-)-α-松油醇（6.31%）、萜品油烯（3.78%）、α-蒎烯（3.63%）、β-蒎烯（3.04%）、2-侧柏烯（2.89%）、顺式-β-萜品醇（2.29%）、β-水芹烯（1.76%）、顺式-α-萜品醇（1.72%）、α-芳樟醇（1.44%）、大根香叶烯D（1.41%）、石竹烯（1.06%）、顺式-对蓋-2-烯-1-醇（1.01%）等。

果实：张云等（2009）用水蒸气蒸馏法提取的湖南长沙产椿叶花椒新鲜成熟果实精油的主要成分为：2-十一酮（89.86%）、2-壬酮（1.48%）、桧烯（1.12%）等。

【利用】木材可供家具、胶合板、造纸等用。果、叶、根均可提取芳香油及脂肪油，具有较高的经济价值。是庭园绿化和观赏树种。根皮及树皮均入药，有祛风湿、通经络、活血、散瘀的功效，治风湿骨痛、跌打肿痛；台湾居民用以治中暑、感冒。

刺异叶花椒

Zanthoxylum ovalifolium Wight var. *spinifolium* (Rehd. et. Wils) Huan

芸香科　花椒属

别名： 刺叶花椒同、散血飞、青皮椒

分布： 河南、陕西、湖北、甘肃、湖南、贵州、四川等地

【形态特征】异叶花椒变种。高达10 m的落叶乔木；枝灰黑色，嫩枝及芽常有红锈色短柔毛。单小叶，指状3小叶，2～5小叶或7～11小叶；小叶卵形、椭圆形，有时倒卵形，通常长4～9 cm，宽2～3.5 cm，大的长达20 cm，宽7 cm，小的长约2 cm，宽1 cm，顶部钝、圆或短尖至渐尖，常有浅凹缺，两侧对称，小叶的叶缘有针状锐刺，油点多。花序顶生；花被片6～8、稀5片，大小不相等，形状略不相同，上宽下窄，顶端圆，大的长2～3 mm。分果瓣紫红色，幼嫩时常被疏短毛，径6～8 mm；基部有较短的狭柄，油点稀少，顶侧有短芒尖；种子径5～7 mm。花期4～6月，果期9～11月。

【生长习性】见于山坡疏林或灌木丛阴湿处，有时见于空旷地。

【精油含量】水蒸气蒸馏法提取根的得油率为0.08%，叶的得油率为1.40%～2.30%，阴干果皮的得油率为4.60%，阴干种子的得油率为0.80%；微波辅助水蒸气蒸馏法提取的果实得油率为8.90%。

【芳香成分】根：侯穴等（2005）用水蒸气蒸馏法提取的甘肃成县产刺异叶花椒根精油的主要成分为：3,7-二甲基-1,6-辛二烯-3-醇（19.17%）、黄樟素（15.20%）、罗勒烯（10.56%）、柠檬烯（9.05%）、桉叶油素（8.41%）、羟乙基-乙烯（4.06%）、(R)-4-甲基-1-(1-亚甲基)-3-环己烯-1-醇（3.76%）、3-蒈烯（3.60%）、1,2,3,3a,4,5,6,7-八氢天蓝烃（3.58%）、月桂烯

(3.39%)、4-甲氧基-6-(2-丙烯基)-1,3-苯并二噁茂(3.31%)、2-氨基苯甲酸-3,7-二甲基-1,6-辛二烯-3-醇(2.38%)、α,α,4a-三甲基-8-乙烯基-2-萘甲醇(1.73%)、乙醚(1.66%)、正-十六烷酸(1.03%)等。

叶：周向军等(2009)用水蒸气蒸馏法提取的甘肃成县产刺异叶花椒叶精油的主要成分为：肉豆蔻醚(23.95%)、黄樟素(19.37%)、异丁香甲醚(16.52%)、罗勒烯(5.36%)、大根香叶烯(1.84%)等。马志刚等(2004)用同法分析的甘肃文县产刺异叶花椒叶精油的主要成分为：4-甲氧基-6-(2-丙烯基)-1,3-苯并间二氧杂环戊烯(24.85%)、5-(2-丙烯基)-1，3-苯并间二氧杂环戊烯(20.47%)、1,2-二甲氧基-(2-丙烯基)-苯(19.76%)、5-(1-丙烯基)-1，3-苯并间二氧杂环戊烯(9.61%)、罗勒烯(5.84%)、1,2-亚甲二氧基-丙烯基苯(5.53%)、4,11,11-三甲基-8-亚甲基-二环[7.2.2]十一烯(2.69%)、大根香叶烯B(1.90%)等。李焱等(2006)用同时蒸馏萃取法提取的贵州贵阳产刺异叶花椒鲜叶精油的主要成分为：柠檬烯(19.31%)，里哪醇(15.26%)，桧烯(13.60%)、肉桂酸乙酯(7.24%)、α-侧柏酮(4.40%)、罗勒烯(3.76%)、β-月桂烯(3.43%)、α-松油醇(2.89%)、β-侧柏酮(2.70%)、里哪醇乙酸酯(2.49%)、对-盖-1,5,8-三烯(2.46%)、牻牛儿醇醋酸酯(2.34%)、香芹醇(1.97%)、对伞花烯(1.85%)、2-十三烷酮(1.77%)、桃金娘醇乙酸酯(1.63%)、桃金娘醇(1.48%)、2-十一烷酮(1.41%)、对-盖-1,5-二烯-8-醇(1.36%)、β-石竹烯(1.21%)、反式-罗勒烯(1.15%)、松油烯-4-醇(1.01%)等。

果实：李焱等(2005)用微波-同时蒸馏萃取法提取的贵州贵阳产刺异叶花椒果实精油的主要成分为：δ-3-蒈烯(18.54%)、柠檬烯(11.99%)、α-侧柏烯(5.98%)、β-侧柏酮(4.98%)、α-依兰油烯(4.37%)、γ-萜品烯(3.95%)、α-侧柏酮(3.74%)、萜品油烯(3.57%)、萜品-4-醇(3.51%)、反式-β-罗勒烯(3.45%)、2-β-蒎烯(2.97%)、α-蛇麻烯(2.80%)、β-榄香烯(2.65%)、(-)-桃金娘醛(2.37%)、反式-石竹烯(1.83%)、α-萜品油烯(1.81%)、α-蒎烯(1.65%)等。姚健等(2004)用水蒸气蒸馏法提取的甘肃成县产刺异叶花椒果皮精油的主要成分为：黄樟素(62.02%)、4-甲氧基-6-(2-丙烯基)-1,3-苯并间二噁茂(19.42%)、3,7-二甲基-1,3,7-辛三烯(6.16%)、羟乙基-乙烯(5.49%)、乙醚(4.16%)、1,2-二甲氧基-4-(2-丙烯基)-苯(1.53%)等。马志刚等(2004)用同法分析的甘肃文县产刺异叶花椒果皮精油的主要成分为：5-(2-丙烯基)-1，3-苯并间二氧杂环戊烯(68.64%)、4-甲氧基-6-(2-丙烯基)-1,3-苯并间二氧杂环戊烯(21.49%)、3,7-二甲基-1,3,7-辛三烯(6.82%)、1,2-二甲氧基-(2-丙烯基)-苯(1.69%)等。

种子：姚健等(2004)用水蒸气蒸馏法提取的甘肃成县产刺异叶花椒种子精油的主要成分为：羟乙基-乙烯(34.10%)、异黄樟素(29.73%)、1,4-二甲氧基-2,3,5,6-四甲基-苯(12.33%)、乙醚(10.26%)、(E)-9-十八碳烯酸(9.22%)、n-十六烷酸(2.97%)、4-甲氧基-6-(2-丙烯基)-1,3-苯并间二噁茂(1.39%)等。马志刚等(2004)用同法分析的甘肃文县产刺异叶花椒种子精油的主要成分为：5-(1-丙烯基)-1，3-苯并间二氧杂环戊烯(53.42%)、1,4-二甲氧基-2,3,5,6-四甲基苯(22.16%)、(E)-9-十八碳烯酸(16.57%)、n-十六烷酸(5.34%)、4-甲氧基-6-(2-丙烯基)-1,3-苯并间二氧杂环戊烯(2.50%)等。

【利用】果皮常作为调味香料和防腐剂。根入药，有助阳、散寒燥湿、行气止痛、驱虫止痒的功效。

大叶臭花椒

Zanthoxylum myriacanthum Wall. ex Hook. f.

芸香科　花椒属

别名：大叶臭椒、驱风通、雷公木、刺椿木

分布：福建、广东、广西、海南、贵州、云南

【形态特征】落叶乔木，高稀达15 m，胸径约25 cm；茎干有鼓钉状锐刺，花序轴及小枝顶部有较多劲直锐刺。叶有小叶7～17片；小叶对生，宽卵形，卵状椭圆形，或长圆形，位于叶轴基部的有时近圆形，长10～20 cm，宽4～10 cm，基部圆或宽楔形，两侧对称或一侧稍短且楔尖，油点多且大，干后微凸起，变成红色或黑褐色，叶缘有浅而明显的圆裂齿，齿缝有一大油点。花序顶生，长达35 cm，宽30 cm，多花，花枝被短柔毛；萼片及花瓣均5片；花瓣白色，长约2.5 mm；雄花萼片宽卵形；雌花的花瓣长约3 mm。分果瓣红褐色，径约4.5 mm，油点多；种子径约4 mm。花期6～8月，果期9～11月。

【生长习性】常见于海拔200～1500 m的坡地疏林或密林中。耐干旱瘠薄，特别适宜于梯田地、边隙地、荒地、果园四周等栽植。

【精油含量】水蒸气蒸馏法提取新鲜叶的得油率为1.50%～1.89%，干燥叶的得油率为2.50%，新鲜枝的得油率为0.21%，果实的得油率为0.32%～6.00%。

【芳香成分】**枝：**朱海燕等(2007)用水蒸气蒸馏法提取的贵州黔东南产大叶臭花椒新鲜枝精油的主要成分为：萜品-4-醇(37.77%)、桧烯(10.58%)、γ-萜品烯(9.37%)、苧烯(8.88%)、1,8-桉树脑(7.46%)、α-萜品烯(5.10%)、邻异丙基苯甲烷(2.91%)、α-萜品油烯(2.68%)、L-芳樟醇(2.45%)、α-萜品醇(2.13%)、间-薄荷-2-烯-1-醇(1.34%)、β-月桂烯(1.26%)、α-苧烯(1.12%)等。

叶：张媛燕等(2016)用水蒸气蒸馏法提取的福建永泰产大叶臭花椒新鲜叶精油的主要成分为：β-水芹烯(27.17%)、芳樟醇(17.30%)、α-蒎烯(16.61%)、异松油烯(15.25%)、1,3,8-对-薄荷三烯(6.67%)、石竹烯(2.86%)、(+)-4-蒈烯(1.89%)、橙花叔醇(1.87%)、桉叶油醇(1.63%)、3,7-二甲基-1,3,7-辛三烯(1.04%)、顺-3-甲基-6-(1-亚甲基)-2-环己烯-1-醇(1.03%)等。朱海燕等(2007)用同法分析的贵州黔东南产大叶臭花椒新鲜叶精油的主要成分为：1,8-桉树脑(43.79%)、桧

烯（26.89%）、α-萜品醇（11.13%）、α-蒎烯（3.37%）、萜品-4-醇（3.25%）、γ-萜品烯（1.64%）、β-蒎烯（1.36%）、L-芳樟醇（1.18%）等。

果实：朱亮锋等（1993）用水蒸气蒸馏法提取的广东鼎湖山产大叶臭花椒果实精油的主要成分为：1,8-桉叶油素（29.59%）、松油醇-4（26.23%）、α-松油醇（5.24%）、柠檬烯（3.60%）、桧烯（2.18%）、α-侧柏酮（1.75%）等。张媛燕等（2016）用同法分析的福建永泰产大叶臭花椒新鲜果实精油的主要成分为：D-柠檬烯（45.97%）、(+)-4-蒈烯（21.67%）、β-水芹烯（8.54%）、反式-罗勒烯（6.92%）、α-松油醇（2.90%）、4-甲基-1-异丙基-双环[3.1.0]己烯（2.84%）、3,7-二甲基-1，6-辛二烯-3-醇（2.39%）、α-蒎烯（1.72%）、癸醛（1.26%）等。朱海燕等（2007）用同法分析的贵州黔东南产大叶臭花椒新鲜果实精油的主要成分为：桧烯（32.43%）、苧烯（28.91%）、1,8-桉树脑（13.55%）、萜品-4-醇（5.38%）、α-萜品醇（4.35%）、γ-萜品烯（2.61%）、β-月桂烯（1.70%）、α-萜品烯（1.61%）、α-蒎烯（1.37%）、β-蒎烯（1.35%）、α-萜品油烯（1.32%）等。

【利用】果皮可提取精油，用于调配化妆品或食用香精。根皮、树皮及嫩叶均可入药，有祛风除湿、活血散瘀、消肿止痛的功效，治多类痛症。

毛大叶臭花椒

Zanthoxylum myriacanthum Wall. ex Hook. f. var. *pubescens* Huang

芸香科　花椒属
别名：炸辣、玛啃、麻欠
分布：云南

【形态特征】大叶臭花椒变种。叶轴、小叶柄、小叶两面及花序轴均被长柔毛，成长叶叶面的毛较稀疏。

【生长习性】见于海拔1400 m疏或密林中。

【精油含量】水蒸气蒸馏法提取干燥果实的得油率为1.25%～2.17%。

【芳香成分】董丽华等（2017）用水蒸气蒸馏法提取的云南勐旺产毛大叶臭花椒干燥果实精油的主要成分为：D-柠檬烯（36.36%）、邻伞花烃（13.94%）、隐酮（5.21%）、α-蒎烯（4.86%）、芳樟醇（3.64%）、乙酸香叶酯（1.34%）、α-松油醇（1.22%）、月桂烯（1.11%）等。

【利用】叶与果皮有浓烈的柠檬香气，当地群众用作食品调味料。傣族果实入药，用于通气除寒、解毒、消肿止痛。

朵花椒

Zanthoxylum molle Rehd.

芸香科　花椒属
别名：朵椒、鼓钉皮、刺风树
分布：安徽、浙江、江西、湖南、贵州

【形态特征】高达10 m的落叶乔木；树皮褐黑色，嫩枝暗紫红色，茎干有鼓钉状锐刺，花序轴及枝顶部散生较多的短直刺，叶轴常被短毛。叶有小叶13～19片，生于顶部小枝上的通常5～11片；小叶对生，厚纸质，阔卵形或椭圆形，稀近圆形，长8～15 cm，宽4～9 cm，顶部急尖，基部圆或略呈心脏形，两侧对称，稀一侧偏斜，全缘或有细裂齿，叶背密被白灰色或黄灰色毡状绒毛。花序顶生，多花；总花梗常有锐刺；花梗淡紫红色，密被短毛；萼片及花瓣均5片；花瓣白色，长2～3 mm。果柄及分果瓣淡紫红色，干后淡黄灰色至灰棕色，径4～5 mm，油点多，干后凹陷；种子径3.5～4 mm。花期6～8月，果期10～11月。

【生长习性】常见于海拔100～700 m丘陵地较干燥的疏林或灌木丛中。

【精油含量】水蒸气蒸馏法提取干燥果皮的得油率为1.26%。

【芳香成分】熊泉波等（1992）用水蒸气蒸馏法提取的浙江天目山产朵花椒干燥成熟果皮精油的主要成分为：柠檬烯（22.64%）、β-萜品烯（13.79%）、δ-3-蒈烯（9.57%）、α-松油醇（8.32%）、α-蒎烯（3.87%）、月桂烯（3.04%）等。

【利用】根皮及树皮均可入药，有祛风湿、通经络、活血、散瘀的功效，治风湿骨痛、跌打肿痛；台湾居民用以治中暑、感冒。

胡椒木

Zanthoxylum piperitum (Linn.) DC.

芸香科　花椒属
别名：台湾胡椒木、日本花椒
分布：长江以南地区

【形态特征】奇数羽状复叶，叶基有短刺2枚，叶轴有狭翼，小叶对生，倒卵形，革质，叶面浓绿富光泽，全叶密生腺体；雌雄异株，雄花黄色，雌花橙红色，果实椭圆形，红褐色。

【生长习性】耐热、耐寒、耐旱、耐风、耐修剪。阳性植物，需强光。生育适温20～32℃。不耐水涝。栽培土质以肥沃的砂质壤土为佳。

【精油含量】水蒸气蒸馏法提取干燥叶的得油率为0.51%；溶剂萃取法提取新鲜叶的得油率为0.41%。

【芳香成分】叶：牛先前等（2016）用水蒸气蒸馏法提取的福建福州产胡椒木干燥叶精油的主要成分为：肉桂酸甲酯（87.83%）、邻苯二甲酸丁基环己酯（8.78%）等。

果实：杨序成等（2017）用顶空固相微萃取法提取的贵州贵阳产胡椒木果实精油的主要成分为：右旋柠檬烯（46.00%）、乙酸香叶酯（13.76%）、香茅醛（9.31%）、1-石竹烯（6.76%）、á-月桂烯（4.18%）、芳樟醇（2.49%）、3,7-二甲基-6-辛烯乙酸酯（2.08%）、吉玛烯D（1.95%）、乙酸芳樟酯（1.71%）、(+)-3-蒈烯（1.52%）、葎草烯（1.17%）、α-乙酸松油酯（1.08%）等。

【利用】适于花槽、低篱、地被、修剪造型或盆栽。果实药用，有温中散寒、健胃除湿、止痛杀虫、解毒理气、止痒祛腥的功效，可用于治疗积食、停饮、呃逆、呕吐、风寒湿邪所致的关节肌肉疼痛、脘腹冷痛、泄泻、痢疾、蛔虫、阴痒等病症。果实作调料食用。

花椒

Zanthoxylum bungeanum Maxim.

芸香科　花椒属

别名：椒、大椒、秦椒、蜀椒、角椒、点椒、川椒、巴椒、红花椒

分布：北自东北南部，南至五岭，东起江苏、浙江，西至西藏

【形态特征】高3～7 m的落叶小乔木；茎干上的刺常早落，枝有短刺，小枝上的刺基部宽而扁且劲直的长三角形，当年生枝被短柔毛。叶有小叶5～13片，叶轴常有较狭窄的叶翼；小叶对生，卵形，椭圆形，稀披针形，位于叶轴顶部的较大，近基部的有时圆形，长2～7 cm，宽1～3.5 cm，叶缘有细裂齿，齿缝有油点。叶背干后常有红褐色斑纹。花序顶生或生于侧枝之顶；花被片6～8片，黄绿色，形状及大小大致相同。果紫红色，单个分果瓣径4～5 mm，散生微凸起的油点，顶端有较短的芒尖或无；种子长3.5～4.5 mm。花期4～5月，果期8～9月或10月。

【生长习性】见于平原至海拔较高的山地，海拔2500 m以下的路旁、山坡的灌木丛中。耐寒、耐旱，喜阳光。适宜温

暖湿润及土层深厚肥沃壤土、砂壤土。不耐涝，短期积水可致死亡。

【精油含量】水蒸气蒸馏法提取叶的得油率为0.05%～0.50%，花椒果实的得油率为0.20%～10.83%，果皮的得油率为0.75%～7.60%；同时蒸馏萃取法提取叶的得油率为1.47%，果实的得油率为2.70%～12.50%，果皮的得油率为3.75%～12.58%；超临界萃取果实的得油率为4.00%～14.20%，果皮的得油率为4.24%～13.39%，种子的得油率为12.28%～13.20%；亚临界萃取干燥果实的得油率为5.42%；有机溶剂萃取果实的得油率为4.80%～14.43%，果皮的得油率为2.00%～11.84%；微波萃取法提取叶的得油率为2.29%，果实的得油率为0.91%～2.88%；超声波萃取法提取果实的得油率为10.40%，果皮的得油率为6.74%，种子的得油率为7.80%。

【芳香成分】叶：樊经建（1992）用水蒸气蒸馏法提取的陕西韩城产‘大红袍’花椒叶精油的主要成分为：香叶烯（17.60%）、、α-葑烯（12.70%）、6-甲叉螺[4,5]烷（11.30%）、β-罗勒烯（10.60%）、里哪醇（9.70%）、对羟基苯乙酮（5.80%）、β-萜品烯（4.90%）、环十烷酮（4.30%）、冰片烯（2.50%）等。田卫环等（2017）用顶空固相微萃取法提取的山西运城产花椒干燥叶挥发油的主要成分为：芳樟醇（18.49%）、戊酸芳樟醇酯（16.57%）、乙酸松油酯（14.10%）、石竹烯（6.81%）、松油醇（5.69%）、3-崖柏烯（2.11%）、β-榄香烯（2.01%）、萜品烯（1.94%）、β-崖柏烯（1.92%）、大根香叶烯D（1.75%）、乙酸香叶酯（1.69%）、2-异丙基-5-甲基-3-环己烯-1-酮（1.60%）、(-)-4-萜品醇（1.36%）、顺式-卡拉羊-反-4-醇（1.34%）、Z,Z,Z-1,5,9,9-四甲基-1,4,7-环十一碳三烯（1.26%）、1,3,3-三甲基-2-氧杂二环[2.2.2]辛-6-醇-乙酸（1.20%）、乙酸橙花酯（1.18%）、D-2-蒈烯（1.16%）、β-蒎烯（1.13%）、黄樟素（1.01%）等。

果实：祝瑞雪等（2011）用水蒸气蒸馏法提取的四川汉源产‘大红袍’花椒干燥果实精油的主要成分为：D-柠檬烯（26.55%）、芳樟醇（22.11%）、乙酸芳樟酯（14.71%）、β-蒎烯（7.39%）、α-萜品醇（3.04%）、乙酸香叶酯（2.77%）、3,7-二甲基-1,3,6-辛三烯（1.68%）、乙酸橙花酯（1.43%）、2-乙烯基-6-甲基-5-庚烯-1-醇（1.39%）、D-大根香叶烯（1.33%）、乙酸松油酯（1.17%）等。李宇等（2010）用同法分析的四川汉源产‘大红袍’花椒果实精油的主要成分为：芳樟丁酸酯（30.21%）、(1α,3α,4β,6α)-4,7,7-三甲基-双环[4.1.0]庚烷-3-醇（10.94%）、柠檬烯（5.78%）、3,7-二甲基-1,6-辛二烯-3-醇（5.74%）、(Z,Z)-9,12-十八碳二烯酸（2.95%）、(+)-4-蒈烯（1.83%）、β-月桂烯（1.17%）、4-亚甲基-1-(1-甲基乙基)-双环[3.1.0]环己烷（1.11%）等。袁娟丽等（2009）用同法分析的陕西产‘大红袍’花椒果实精油的主要成分为：桉树脑（15.64%）、4-萜品醇（15.60%）、D-柠檬烯（13.72%）、β-月桂烯（10.20%）、α-蒎烯（4.03%）、α-萜品醇乙酸酯（3.78%）、里哪醇（3.77%）、O-甲基-异丙基苯（3.20%）、β-水芹烯（3.16%）、萜品醇（2.56%）、薄荷酮（2.32%）、γ-萜品烯（2.05%）、α-萜品烯（1.58%）、隐酮（1.36%）、水芹醛（1.13%）、反式-β-罗勒烯（1.07%）等。宁洪良等（2008）用同法分析的四川产‘大红袍’果实精油的主要成分为：芳樟醇（22.60%）、花椒油素（9.57%）、柠檬烯（8.62%）、枯茗醇（5.70%）、4-松油烯醇（5.59%）、α-松油醇（5.18%）、桉树脑（4.02%）、丙酸芳樟酯（3.71%）、棕榈酸（2.80%）、α-水芹烯（2.05%）、顺-2-甲基-5-异丙烯基-2-环己烯-1-醇（1.67%）、丁香酚（1.40%）、(E)-3,7-二甲基-2,6-辛二烯-1-醇乙酸酯（1.12%）等。郭志安等（2001）用同法分析的陕西富平产‘大红袍’花椒果实精油的主要成分为：4-甲基-1-(1-甲乙基)-3-环己烯-1-醇（33.58%）、桉叶油素（15.66%）、1-甲氧基-4-(1-丙烯基)苯（8.33%）、3,7-二甲基-1,6-辛二烯-3-醇（7.79%）、α,α,4-三甲基-3-环己烯-1-甲醇（6.64%）、2-异丙基-3-环己烯-1-酮（6.20%）、1,7,7-三甲基二环[2.2.1]庚-2-烯（3.63%）、11-甲基-4-(1-甲乙基)-1,4-环己二烯（3.05%）、反式-1-甲基-4-(1-甲乙基)2-环己烯-1-醇（2.29%）、D-柠檬烯（2.24%）、1,7,7-三甲基三环[2.2.1.0^{2,6}]庚烷（2.10%）、4-(1-甲乙基)-2-环己烯-1-酮（1.99%）、2-甲氧基-3-(2-丙烯基)苯酚（1.93%）、顺式-1-甲基-4-(1-甲乙基)2-环己烯-1-醇（1.41%）、4-(1-甲乙基)苯甲醇（1.10%）、(+)-4-蒈烯（1.08%）等。樊经建（1992）用同法分析的陕西韩城产‘大红袍’花椒新鲜果实精油的主要成分为：蒎烯（35.40%）、1-对蓋烯醇-9(21.90%）、4-萜品醇（16.40%）、β-萜品烯（10.90%）、β-罗勒烯（5.50%）、α-萜品油烯（3.30%）、间羟基苯乙酮（2.30%）、胡椒酮（2.00%）、1-甲基6-异丙叉-二环己酮（1.50%）等。邱琴等（2002）用同法分析的河南衡水产花椒果实精油的主要成分为：β-水芹烯（15.87%）、桉树脑（11.85%）、5-甲基-2-异丙基-3-环己烯-1-酮（9.48%）、4-甲基-1-(1-甲基乙基)-3-环己烯-1-醇（8.92%）、3,7-二甲基-1,6-辛二烯-3-醇（6.55%）、1-(4-羟基-3,5-二甲氧苯基)-乙酮（5.13%）、1-甲基-4-(1-甲基乙基)苯（4.95%）、α-蒎烯（4.78%）、β-月桂烯（3.70%）、α,α,4-三甲基-3-环己烯-1-甲醇（1.87%）、1-甲基-4-(1-甲基乙基)-2-环己烯-1-醇（1.16%）等。朱亮锋等（1993）用同法分析的四川成都产花椒果实精油的主要成分为：辣薄荷酮（57.01%）、棕榈酸（4.93%）、芳樟醇（4.37%）、1,8-桉叶油素（2.59%）、柠檬烯（1.78%）、α-松油醇（1.51%）等。熊泉波等（1992）用同法分析的新疆伊犁产花椒果实精油的主要成分为：花椒油素（24.68%）、柠檬烯（13.29%）、松油-4-醇（8.86%）、1,8-桉树脑（7.42%）、8-甲基-6-异丙基-2-环己烯-1-酮（6.35%）、桧烯（6.31%）、β-萜品烯（3.50%）、月桂烯（2.30%）、β-蒎烯（2.22%）、十六烷酸（1.76%）、β-松油醇（1.55%）、1-甲基-6-异亚丙基-双环[3.1.0]己烷（1.22%）、α-蒎烯（1.10%）等。赵兴红等（1992）

用甘肃产花椒果实精油的主要成分为：2-甲基-5-异丙基-双环[3.1.0]己烷-2-醇（18.40%）、1,3,3-三甲基-2-氧杂双环[2.2.2]辛烷（12.40%）、叔丁基苯（10.70%）、2-甲基-5-异丙基-2-环己烯-1-酮（9.21%）、7-甲基-3-亚甲基-1-辛二烯（7.97%）、3,7-二甲基-1,6-辛乙烯-3-醇（4.27%）、1-甲基-4-异丙基-1,3-环己二烯（3.88%）、2-甲基-6-亚甲基-7-辛烯-2-醇（1.24%）、α-羟基-乙醚藜芦酮（1.02%）等。孟佳敏等（2018）用同时蒸馏萃取法提取的四川茂县产花椒干燥果实精油的主要成分为：丙酸芳樟酯（20.03%）、柠檬烯（19.53%）、芳樟醇（18.74%）、(-)-4-松油烯醇（8.90%）、α-松油醇（5.42%）、β-蒎烯（4.43%）、β-侧柏烯（3.88%）、γ-萜品烯（3.28%）、α-萜品烯（1.93%）、乙酸松油酯（1.70%）、乙酸香叶酯（1.56%）、β-反式-罗勒烯（1.28%）、β-罗勒烯（1.25%）、乙酸橙花酯（1.23%）、异松油烯（1.16%）等。

果皮：李惠勇等（2009）用水蒸气蒸馏法提取的四川汉源产‘汉源花椒’干燥成熟果皮精油的主要成分为：芳樟醇（23.47%）、柠檬烯（20.33%）、β-月桂烯（12.52%）、1,8-桉叶素（11.43%）、α-松油醇（3.68%）、3,7-二甲基-1,3,7-辛三烯（2.77%）、邻氨基苯甲酸芳樟酯（2.48%）、4-甲基-1-异丙基-3-环己烯-1-醇乙酸酯（2.07%）、3,7-二甲基-1,3,6-辛三烯（1.87%）等。赵志峰等（2004）用同法分析的四川汉源产‘汉源花椒’果皮精油的主要成分为：柠檬烯（38.61%）、芳樟醇（17.50%）、乙酸芳樟酯（15.70%）、β-月桂烯（13.26%）、反-β-罗勒烯（2.84%）、大根香叶烯D（2.65%）、β-罗勒烯（2.61%）、丙酸芳樟酯（1.42%）、δ-杜松烯（1.04%）等。崔炳权等（2006）用同法分析的陕西凤县产‘大红袍’花椒干燥成熟果皮精油的主要成分为：β-水芹烯（42.29%）、β-月桂烯（10.27%）、3-甲基-6-(1-甲基乙基)-2-环己烯-1-醇（6.83%）、α-蒎烯（5.62%）、α-松油醇（5.03%）、对-薄荷醇-1,8-二烯-9-醇乙酸酯（4.78%）、α-水芹烯（3.70%）、香桧烯（2.51%）、芳樟醇（2.50%）、4-松油醇（1.98%）、α-萜品油烯（1.92%）、乙酸香叶酯（1.43%）、α-松油烯（1.40%）、顺式-p-z-薄荷-1-醇（1.03%）、β-罗勒烯（1.02%）等。张庆勇等（1996）用同法分析的山西榆次产‘大红袍’花椒干燥果皮精油的主要成分为：α-蒎烯（44.29%）、枞油烯（29.95%）、胡椒酮（4.86%）、乙酸松油酯（4.63%）、月桂烯（2.84%）、柠檬烯（2.37%）、β-荜澄茄烯（2.22%）、芳樟醇（1.99%）、乙酸香叶醇酯（1.96%）、松油烯-4-醇（1.30%）、β-松油烯（1.08%）等。王立中等（1987）用同法分析的江苏蒙阴产花椒果皮精油的主要成分为：松油烯-4-醇（13.46%）、胡椒酮（10.64%）、桧烯（9.70%）、芳樟醇（9.10%）、柠檬烯（7.30%）、邻-伞花烃（7.00%）、4,5,5-三甲基-2-环己烯-1-酮（3.84%）、α-蒎烯（3.70%）、月桂烯（3.00%）、α-松油醇（2.82%）、3-甲基己烷（2.08%）、α-松油乙酸酯（1.90%）、α,α,4-三甲基苯乙醇（1.28%）、己烷（1.02%）、橙花醇乙酸酯（1.02%）等。孟永海等（2015）用同法分析的干燥成熟果皮精油的主要成分为：乙酰丁香酮（12.71%）、(-)-4-萜品醇（11.91%）、4-甲基-1-(1-甲基乙基)-二环[3.1.0]己-2-烯（8.87%）、萜品烯（5.92%）、芳樟醇（5.78%）、桉叶油醇（4.48%）、4,7,7-三甲基二环[4.1.0]庚-4-烯（4.31%）、β-水芹烯（3.75%）、柠檬烯（3.43%）、α-松油醇（3.35%）、邻-异丙基苯（3.15%）、异松油烯（1.97%）、1R-α-蒎烯（1.93%）、1-甲基-4-(1-甲基乙基)-E-2-环己烯-1-醇（1.92%）、1-甲基-4-(1-甲基)-2-环己烯-1-醇（1.52%）、乙酸松油酯（1.34%）、β-松油醇（1.19%）、4-(1-甲基乙基)-2-环己烯-1-酮（1.13%）、2-甲基-5-(1-甲基乙基)-二环-[3.1.0]己-2-烯（1.06%）、α-蒎烯（1.06%）等。梅国荣等（2016）用同法分析的四川茂汶产花椒干燥成熟果皮精油的主要成分为：乙酸芳樟酯（18.76%）、芳樟醇（17.45%）、(+)-柠檬烯（13.47%）、胡椒酮（7.96%）、β-水芹烯（7.20%）、γ-松油烯（5.99 %）、α-侧柏烯（4.82%）、α-松油烯（4.24%）、桉叶油醇（3.66%）、月桂烯（2.38%）、松油烯（1.64 %）、顺-4-侧柏醇（1.42%）、L-4-松油醇（1.25 %）、乙酸松油酯（1.17%）、爱草脑（1.00%）等。田卫环等（2017）用顶空固相微萃取法提取的山西运城产花椒干燥果皮精油的主要成分为：丙酸松油酯（8.31%）、左旋-α-蒎烯（6.23%）、胡椒酮（5.80%）、α-松油醇（5.77%）、乙酸橙花酯（5.42%）、大根香叶烯D（5.40%）、萜品烯（4.64%）、芳樟醇（4.53%）、3,7-二甲基-1,6-辛二烯-3-基-2-氨基苯甲酸酯（3.79%）、1-乙烯基-1-甲基-2,4-双(1-甲基乙烯基)环己烷（3.03%）、石竹烯（2.98%）、3-崖柏烯（2.81%）、D-杜松萜烯（2.39%）、(-)-4-萜品醇（2.19%）、β-蒎烯（2.17%）、双环牻牛儿烯（1.67%）、D-2-蒈烯（1.57%）、罗勒烯（1.39%）、α-水芹烯（1.35%）、异松油烯（1.29%）、顺-β-松油醇（1.26%）、1,2,4a,5,6,8a-六氢-4,7-二甲基-1-(1-甲基乙基)萘（1.14%）等。

种子：王娅娅等（2007）用水蒸气蒸馏法提取的陕西韩城产‘大红袍’花椒种子精油的主要成分为：4-松油醇（17.28%）、1,8-桉叶油素（14.16%）、薄荷醇（11.22%）、醋酸萜品烯酯（8.29%）、β-松油醇（7.86%）、β-里哪醇（6.20%）、4-(1-甲基)-环己烯酮（6.06%）、薄荷烯酮（3.61%）、十六烷（3.25%）、丁子香氧化物（2.86%）、4-异丙基-1-甲基-2-环己醇（2.67%）、香芹酮D（2.07%）、十三烷（1.74%）、香芹醇（1.63%）、对伞花醇（1.50%）、柠檬烯（1.32%）、5-异丙基-2-甲基-环己醇（1.13%）、枯茗醛（1.11%）、醋酸羟基桉树脑（1.05%）、2,3,3-三甲基-辛烷（1.03%）等。

【利用】木材有美术工艺价值。果实为我国传统调味香料及油料作物。果实入药，有温中行气、逐寒、止痛、杀虫等功效，治胃腹冷痛、呕吐、泄泻、血吸虫、蛔虫等症；又作表皮麻醉剂。果皮精油可作食用调料或工业用油；可作食品防霉剂。种子用于治疗水肿胀满、痰饮喘逆；叶用于治疗寒积、霍乱转筋、脚气、疥疮；根也可药用。嫩梢或嫩叶可作蔬菜或咸菜食用。种子油饼可用作肥料或饲料。叶可代果做调料、食用或制作椒茶。也是干旱半干旱山区重要的水土保持树种。

簕榄花椒

Zanthoxylum avicennae (Lam.) DC.

芸香科　花椒属

别名： 簕榄、鸟不宿、鹰不泊、花椒簕、鸡咀簕、画眉簕、雀笼踏、搜山虎

分布： 台湾、福建、海南、广东、广西、云南等地

【形态特征】 落叶乔木，高稀达15 m；树干有鸡爪状刺，刺基部扁圆而增厚，形似鼓钉，并有环纹，幼树的枝叶密生刺。有小叶11～21片，稀较少；小叶通常对生，斜卵形，斜长方形或呈镰刀状，有时倒卵形，长2.5～7 cm，宽1～3 cm，顶部短尖或钝，两侧不对称，全缘，或中部以上有疏裂齿，有油点，叶轴腹面有狭窄、绿色的叶质边缘，常呈狭翼状。花序顶生，花多；雄花萼片及花瓣均5片；萼片宽卵形，绿色；花瓣黄白色，雌花的花瓣比雄花的稍长。分果瓣淡紫红色，单个分果瓣径4～5 mm，油点大且多，微凸起；种子径3.5～4.5 mm。花期6～8月，也有10月开花的，果期10～12月。

【生长习性】 常见于北纬约25° 以南地区，生于低海拔平地、坡地或谷地，多见于次生林中。耐干旱瘠薄，特别适宜于梯田地、边隙地、荒地、果园四周等栽植。

【精油含量】 水蒸气蒸馏法提取新鲜叶的得油率为0.58%，叶、果的得油率为0.08%，成熟果皮的得油率为0.50%，新鲜果实的得油率为1.02%，干燥果实的得油率为2.24%。

【芳香成分】 **叶：** 张大帅等（2012）用水蒸气蒸馏法提取的海南产簕榄花椒新鲜叶精油的主要成分为：芳樟醇（24.36%）、β-榄香烯（12.03%）、(E)-2-己烯-1-醇（11.73%）、石竹烯氧化物（10.84%）、已二酸二(2-乙基已基)酯（4.41%）、(E)-2-己烯醛（2.30%）、Z,Z,Z-1,5,9,9-四甲基-1,4,7-三烯环十一烷（1.93%）、3-已烯-1-醇（1.45%）、顺-α,α,5-三甲基-5-乙烯基四氢化呋喃-2-甲醇（1.13%）、苯甲酸（1.09%）、Z-3-十六烯-7-炔（1.09%）、α,α,4-三甲基-3-环已烯-1-甲醇（1.03%）等。

果实： 余汉谋等（2016）用水蒸气蒸馏法提取的广东深圳产簕榄花椒新鲜果实精油的主要成分为：β-水芹烯（41.41%）、柠檬烯（13.81%）、芳樟醇（7.58%）、α-蒎烯（7.03%）、乙酸辛酯（5.09%）、癸醛（2.85%）、β-月桂烯（2.29%）、桧烯（1.84%）、罗勒烯酮（1.60%）、L-水芹烯（1.33%）、反式-石竹烯（1.13%）、α-葎草烯（1.05%）、2,6-二甲基-1,3,5,7-辛四烯（1.03%）等。程世法等（1990）用同法分析的广东惠东产簕榄花椒成熟果皮精油的主要成分为：枞油烯（50.00%）、α-蒎烯（16.00%）、辛醛（8.70%）、α-侧柏烯（3.20%）、罗勒烯（3.20%）、β-水芹烯（3.00%）、β-侧柏烯（2.70%）、月桂烯（2.60%）、乙酸辛酯（2.30%）、芳樟醇（1.86%）、依兰油烯（1.64%）、β-榄香烯（1.54%）、蛇麻烯（1.51%）等。

【利用】 鲜叶、根皮、果皮民间药用，有祛风去湿、行气化痰、止痛等功效，治多种痛症，又作驱蛔虫剂。根入药，治咽喉肿痛、肝炎、水肿、疟疾及风湿骨痛、跌打损伤等。果实精油可直接用于调配香精。

两面针

Zanthoxylum nitidum (Roxb.) DC.

芸香科　花椒属

别名： 钉板刺、入山虎、麻药藤、入地金牛、叶下穿针、红倒钩簕、大叶猫爪簕

分布： 台湾、福建、广东、海南、广西、贵州、云南

【形态特征】 攀缘木质藤本。茎枝及叶轴均有弯钩锐刺，茎干上部的皮刺基部呈长椭圆形枕状凸起，中央的针刺短且具纤细。有小叶3～11片，萌生枝或苗期的小叶长可达16～27 cm，宽5～9 cm；小叶对生，成长叶硬革质，阔卵形或狭长椭圆形，长3～12 cm，宽1.5～6 cm，顶部长或短尾状，顶端有明显凹口，凹口处有油点，边缘有疏浅裂齿，齿缝处有油点，有时全缘。花序腋生。花4基数；萼片上部紫绿色，宽约1 mm；花瓣淡黄绿色，卵状椭圆形或长圆形，长约3 mm；雌花的花瓣较宽。果皮红褐色，单个分果瓣径5.5～7 mm，顶端有短芒尖；种子圆珠状，腹面稍平坦，横径5～6 mm。花期3～5月，果期9～11月。

【生长习性】 常见于海拔800 m以下的温热地方，山地、丘陵、平地的疏林、灌丛中、荒山草坡的有刺灌丛中较常见。

【精油含量】 超临界萃取法提取干燥根的得油率为0.15%，干燥茎的得油率为0.31%。

【芳香成分】根：周劲帆等（2012）用超临界CO_2萃取法提取的广西邕宁产两面针干燥根精油的主要成分为：荜澄茄烯醇（49.96%）、亚麻油酸（14.34%）、油酸（10.16%）、棕榈酸甲酯（6.77%）、β-石竹烯（2.77%）、柠檬烯（1.69%）等。何紫凝等（2014）用同法分析广西大新产两面针干燥根精油的主要成分为：斯巴醇（18.49%）、棕榈酸（14.24%）、油酸（8.39%）、芳姜黄酮（6.95%）、1-(4-甲氧基-苯基)-2,5-二甲基-1H-吡咯-3-甲醛（5.56%）、己酸（4.39%）、乙酸（2.77%）、1-萘氨基苯（2.25%）、姜黄新酮（2.15%）、β-没药醇（2.06%）、氧化石竹烯（2.02%）、硬脂酸（1.53%）、姜黄烯（1.32%）、β-倍半水芹烯（1.15%）、β-榄烯酮（1.13%）、姜黄酮（1.04%）等。

茎：何紫凝等（2014）用超临界CO_2萃取法提取的广西大新产两面针干燥茎精油的主要成分为：斯巴醇（26.18%）、棕榈酸（12.79%）、芳姜黄酮（8.88%）、己酸（7.78%）、油酸（5.71%）、亚油酸（5.21%）乙酸（3.22%）、姜黄新酮（2.86%）、邻苯二甲酸二丁酯（2.20%）、氧化石竹烯（1.93%）、姜黄烯（1.68%）、β-没药醇（1.52%）、2-十一烷酮（1.36%）、β-倍半水芹烯（1.23%）、亚油酸乙酯（1.11%）、β-榄烯酮（1.04%）等。

叶：阿优等（2013）用水蒸气蒸馏法提取的广西南宁产9月份采收的两面针干燥叶精油的主要成分为：α-杜松醇（16.59%）、橙花叔醇（13.57%）、棕榈酸（8.75%）、石竹烯（5.89%）、环氧石竹烷（4.90%）、叶绿醇（4.88%）、植酮（4.26%）、亚麻酸（3.70%）、斯杷土烯醇（3.49 %）、(-)-蓝桉醇（3.43%）、(1S)-1,2,3,4,4aβ,7,8,8aβ-八氢-1,6-二甲基-4β-异丙基-1-萘酚（2.86%）、金合欢醇丙酮（1.92%）、α-石竹烯（1.63%）、油酸（1.47%）、十五烷酸（1.42%）、桉叶-7(11)-烯-4-醇（1.21%）、β-杜松烯（1.05%）、β-侧柏烯（1.03%）等。

【利用】根、茎、叶、果皮均用作草药，有活血、散瘀、镇痛、消肿等功效，民间用于治疗跌打扭伤、风湿痹痛、胃痛、牙痛、毒蛇咬伤；亦作驱蛔虫药；外用治烧烫伤；根的提取液用作针剂注射，对坐骨神经痛也有明显疗效。有小毒。叶和果皮可提取精油。种子油供制肥皂用。

岭南花椒

Zanthoxylum austrosinense Huang

芸香科　花椒属

别名： 搜山虎、皮子药、山胡椒、总管皮、满山香

分布： 江西、湖南、福建、广东、广西

【形态特征】小乔木或灌木，高稀达3 m；枝褐黑色，少或多刺。小叶5～11片；整齐对生，披针形，叶轴基部的通常卵形，长6～11 cm，宽3～5 cm，顶部渐尖，基部圆或近心脏形，或一侧圆而另一侧斜向上展，油点清晰，干后暗红褐色至褐黑色，叶缘有裂齿。花序顶生，通常生于侧枝之顶，有花稀超过30朵；花单性，有时两性；花被片7～9片，近似两轮排列，各片的大小稍有差异，披针形，有时倒披针形，长约1.5 mm，上半部暗紫红色，下半部淡黄绿色。分果瓣暗紫红色，径约5 mm，有少数微凸起的油点，芒尖极短；种子长约4 mm，厚3～4 mm，顶端略尖。花期3～4月，果期8～9月。

【生长习性】见于海拔300～900 m的坡地疏林或灌木丛中，常见于石灰岩山地。

【精油含量】水蒸气蒸馏法提取的根得油率为0.20%，干燥果实的得油率为1.13%。

【芳香成分】彭映辉等（2010）用水蒸气蒸馏法提取的广西桂林产岭南花椒干燥果实精油的主要成分为：D-柠檬烯（22.58%）、邻-异丙基苯（22.42%）、1R-α-蒎烯（12.11%）、4-(1-甲基乙基)-1-环己烯基-1-甲醛（7.63%）、3-甲基-4-异丙基苯酚（3.16%）、4-(1-甲基乙基)-2环己烯-1酮（2.53%）、1,2,3,4,4a,8a-六氢-萘（2.20%）、4-萜烯醇（1.67%）、4-(1-甲基乙基)环己醇（1.51%）、1-甲基-4-(1-甲基乙烯基)苯（1.43%）、4-异丙基苯甲醛（1.41%）、3,4-二甲基-2-环戊烯-1-酮（1.32%）、(Z)-3,7-二甲基-1,3,6-十八烷三烯（1.28%）、1,2-二甲基-环己烯（1.28%）、

顺-2-甲基-5-(1-甲基乙烯基)-2-环己烯-1-醇（1.24%）、1-十一醇（1.21%）、石竹素（1.21%）、4-异丙基苯甲醇（1.19%）等。

【利用】根及茎皮药用，根有小毒，具有祛风解表、散瘀消肿、行气止痛之功效，用于治疗风湿筋骨痛、跌打损伤、牙痛、毒蛇咬伤。用量适当不致中毒。

青花椒

Zanthoxylum schinifolium Sieb. et Zucc.

芸香科　花椒属

别名：香椒子、青椒、岩椒、崖椒、藤椒、竹叶椒、山椒、野椒、秦椒、狗椒、香椒、青川椒、山花椒、小花椒、王椒、山甲、隔山消、天椒

分布：五岭以北、辽宁以南大部分地区

【形态特征】通常高1～2 m的灌木；茎枝有短刺，刺基部两侧压扁状，嫩枝暗紫红色。小叶7～19片；纸质，对生，叶轴基部的常互生，宽卵形至披针形，或阔卵状菱形，长5～10 mm，宽4～6 mm，稀长达70 mm，宽25 mm，顶部短至渐尖，基部圆或宽楔形，两侧对称，有时一侧偏斜，油点多或不明显，叶缘有细裂齿或近于全缘，中脉至少中段以下凹陷。花序顶生，花或多或少；萼片及花瓣均5片；花瓣淡黄白色，长约2 mm；雄花的退化雌蕊较短。2～3浅裂；雌花有心皮3个，很少4或5个。分果瓣红褐色，干后变为暗苍绿色或褐黑色，径4～5 mm，顶端几乎无芒尖，油点小；种子径3～4 mm。花期7～9月，果期9～12月。

【生长习性】见于平原至海拔800 m的山地疏林或灌木丛中，或岩石旁等多类生境。适宜温暖湿润及土层深厚肥沃壤土、砂壤土。耐寒、耐旱，不耐涝，短期积水即可致死亡。

【精油含量】水蒸气蒸馏法提取果实的得油率为0.60%～8.53%，果皮的得油率为1.65%～11.07%；同时蒸馏萃取法提取干燥果实的得油率为4.98%～11.60%，果皮的得油率为8.50%；超临界萃取果实的得油率为12.63%；有机溶剂萃取法提取干燥果实的得油率为8.37%。

【芳香成分】梁波等（2011）用水蒸气蒸馏法提取的辽宁大黑山产青花椒果实精油的主要成分为：1-甲氧基-4-(1-丙烯基)苯（43.22%）、[1aR-(1aα,4aα,7β,7aβ,7bα)]-十氢-1,1,7-三甲基-4-亚甲基-1H-环丙[e]薁-7-醇（11.02%）、1,2,3,4,5,6,7,8-八氢-1,4-二甲基-7-(1-甲基亚乙基)薁（4.26%）、反式长叶松香芹醇（4.14%）、2-(4a,8-二甲基-1,2,3,4,4a,5,6,7-八氢-萘-2-基)-丙-2-烯-1-醇（4.12%）、大根香叶烯D（3.80%）、α-石竹烯（3.54%）、顺式-(-)-2,4a,5,6,9a-六氢-3,5,5,9-四甲基-(1H)苯并环庚烯（3.19%）、石竹烯（2.47%）、8-异丙烯基-1,5-二甲基-环癸-1,5-二烯（2.06%）、大根香叶烯B（1.58%）、(-)-斯巴醇（1.46%）、(1S,3aS,3bR,6aS,6bR)-十氢-3a-甲基-6-亚甲基-1-(1-甲基乙基)-环丁[1,2,4]二环戊烯（1.36%）、1,4-二甲基-3-(2-甲基-1-丙烯-1-基)-4-乙烯基环庚烯（1.10%）、2-亚甲基-6,8,8-三甲基-三环[5.2.2.0^{1,6}]十一烷-3-醇（1.04%）等。石雪萍等（2010）用同法分析的四川凉山产青花椒果皮精油的主要成分为：芳樟醇（63.33%）、D-柠檬烯（5.75%）、4-甲基-1-异丙基-3-环己烯-1-醇（3.82%）、2-甲基丙酸乙酯（3.74%）、2-甲基丁酸乙酯（2.28%）、2-氨基苯甲酸-3,7-二甲基-1,6-辛二烯-3-醇酯（1.89%）、顺-12-甲基-2-乙烯基-5-(α-羟基异丙基)-2-四氢呋喃（1.63%）、β-水芹烯（1.48%）、1-甲基-2-异丙基苯（1.13%）、丁酸乙酯（1.00%）等。李惠勇等（2009）用同法分析的四川金阳产青花椒干燥成熟果皮精油的主要成分为：爱草脑（82.66%）、1-甲基-4-(1-甲基乙基)-环己烯（5.50%）、桧烯（3.67%）、4-甲基-1-(1-甲基乙基)-3-环己烯-1-醇（1.77%）、β-月桂烯（1.14%）等。林佳彬等（2012）用同法分析的干燥成熟果皮精油的主要成分为：3,7,7-三甲基-(1S)-双环[4.1.0]庚-3-烯（45.73%）、1-甲氧基-4-(1-丙烯基)-苯（8.61%）、D-柠檬烯（8.49%）、4-甲基-1-(1-甲基乙基)-(R)-3-环己烯-1-醇（4.97%）、侧柏酮（4.46%）、4-甲基-1-(1-甲基乙基)-环己烯（2.50%）、1-甲基-4-(1-甲基乙基)-1,4-环己二烯（2.01%）、橙花叔醇酸

(1.39%)、a,a-4-甲基-3-环己烯-1-甲醇(1.37%)、1-甲基-4-(1-甲基亚乙基)-环己烯(1.33%)、1-甲基-4-(1-甲基乙基)-1,3-环己二烯(1.30%)等。麻琳等(2016)用同法分析的重庆产青花椒干燥成熟果皮精油的主要成分为:枞松油烯(36.51%)、芳樟醇(21.60%)、β-月桂烯(16.81%)、乙酸芳樟酯(10.67%)、(顺)-β-罗勒烯(3.38%)、(反)-β-罗勒烯(2.77%)、桉树脑(2.29%)、4(10)-侧柏烯(1.38%)等。

【利用】果实可作花椒代用品,作调味香料,也可制成粉、油等用作调味。根、叶及果均入药,有发汗、散寒、止咳、除胀、消食功效。果皮可提取精油,作食用调料。种子可食,又可加工制作肥皂。园林可孤植作防护刺篱。

野花椒

Zanthoxylum simulans Hance

芸香科 花椒属

别名: 花椒、刺椒、黄椒、大花椒、天角椒、黄总管、香椒、竹叶椒、土花椒、岩椒

分布: 青海、甘肃、山东、河南、安徽、江苏、浙江、湖北、江西、台湾、福建、湖南、贵州

【形态特征】灌木或小乔木;枝干散生基部宽而扁的锐刺。小叶5~15片;叶轴有狭窄的叶质边缘,腹面呈沟状凹陷;小叶对生,卵形,卵状椭圆形或披针形,长2.5~7 cm. 宽1.5~4 cm,两侧略不对称,顶部急尖或短尖,常有凹口,油点多,干后半透明且常微凸起,间有窝状凹陷,叶面常有刚毛状细刺,叶缘有疏离而浅的钝裂齿。花序顶生,长1~5 cm;花被片5~8片,狭披针形、宽卵形或近于三角形,长约2 mm,淡黄绿色;雌花的花被片为狭长披针形。果红褐色,分果瓣基部变狭窄且略延长1~2 mm,呈柄状,油点多,微凸起,单个分果瓣径约5 mm;种子长4~4.5 mm。花期3~5月,果期7~9月。

【生长习性】常见于平地、低丘陵或略高的山地疏林或密林下,喜阳光,耐寒、耐干旱。适宜温暖湿润及土层深厚、肥沃壤土、砂壤土。不耐涝,短期积水可致死亡。

【精油含量】水蒸气蒸馏法提取阴干叶的得油率为0.05%,果皮的得油率为0.60%~1.03%;微波萃取法提取干燥果皮的得油率为4.62%。

【芳香成分】郑良等(2009)用水蒸气蒸馏法提取的山东淄博产野花椒果皮精油的主要成分为:4-甲基-1-(1-甲基乙基)-3-环己烯-1-醇(11.93%)、β-水芹烯(9.99%)、柠檬烯(9.84%)、1-(2,3-二羟基-4-甲氧基-6-甲基苯)乙酮(9.34%)、胡椒酮(6.68%)、β-月桂烯(5.67%)、间氯三氟甲苯(5.33%)、芳樟醇(4.43%)、(+)-2-蒈烯(4.03%)、反式罗勒烯(3.60%)、桧烯(3.47%)、丙酸芳樟酯(2.61%)、α-萜品烯(1.94%)、α-蒎烯(1.84%)、α-萜品油烯(1.44%)、对伞花烯(1.40%)、δ-杜松烯(1.27%)、乙酸香叶酯(1.02%)、α-水芹烯(1.02%)等。朱红枚等(2007)用同法分析的果皮精油的主要成分为:1,8-桉叶油素(17.91%)、柠檬烯(12.66%)、β-榄香烯(9.81%)、(-)-α-萜品醇(7.61%)、β-芹子烯(4.81%)、α-芹子烯(3.79%)、β-石竹烯(3.71%)、α-蒎烯(1.59%)、γ-古芸烯(1.58%)、桃金娘烯醇(1.50%)、隐品酮(1.42%)、金合欢醇(1.35%)、杜鹃烯D(1.31%)、d-香芹酮(1.31%)、香芹醇(1.27%)、4-萜品醇(1.27%)、芳樟醇(1.21%)、α-广藿香烯(1.11%)等。刘展元等(2011)用同法分析的干燥果皮精油的主要成分为:1-(2-溴苯氧基)-3,7-二甲基-2,6-辛二烯(12.61%)、法呢半胱氨酸(12.38%)、9,12-二烯十八酸(11.52%)、芳樟醇(7.22%)、正十六碳酸(6.61%)、9-十八炔腈(6.52%)、十八碳-9,17-二烯醛(5.60%)、十五烯基-1-醇(3.85%)、α-甲基-α-(4-甲基-3-戊烯基)环氧丙醇(3.77%)、甲基(2E,6E)法呢烯酸酯(3.01%)、氧化石竹烯(2.31%)、(E)-香叶醇(2.11%)、玷㶲烯(1.97%)、α-依兰油烯(1.66%)、柏木脑(1.61%)、1-甲氧基-4-丙烯基苯(1.49%)、3-甲基-2-环氧基甲醇(1.29%)、2-乙氧基-2-氯丁烷(1.27%)、长叶薄荷酮(1.19%)、水杨酸甲酯(1.17%)等。

【利用】果实作草药，有止痛、健胃、抗菌、驱蛔虫之功效，内服用于治疗胃痛、腹痛、蛔虫病；外用治湿浊、皮肤瘙痒、龋齿疼痛。根有祛风、止痛的功效，用于治疗胃寒腹痛、牙痛及风湿痹痛；台湾及江西民间有用根治胃病。种子有利尿消肿的功效，用于治疗水肿、腹水。叶有祛风散寒、健胃驱虫、除湿止泻、活血通经的功效，用于治疗跌打损伤、风湿痛、瘀血作痛、经闭、咯血、吐血。

竹叶花椒

Zanthoxylum armatum DC.

芸香科　花椒属

别名： 竹叶椒、狗花椒、山胡椒、万花针、白总管、竹叶总管、山花椒、狗椒、野花椒、崖椒、秦椒、蜀椒、胡椒簕、单面针

分布： 山东以南各地以及台湾、西藏

【形态特征】 高3～5 m的落叶小乔木；茎枝多锐刺，刺基部宽而扁，红褐色，小叶背面中脉上常有小刺，叶背基部中脉两侧有丛状柔毛。小叶3～11，翼叶明显；小叶对生，披针形，长3～12 cm，宽1～3 cm，两端尖，有时基部宽楔形，干后叶缘略向背卷，叶面稍粗皱；或为椭圆形，长4～9 cm，宽2～4.5 cm，顶端中央一片最大，基部一对最小；有时为卵形，叶缘有较小裂齿，或近于全缘，齿缝处沿小叶边缘有油点。花序近腋生或同时生于侧枝之顶，长2～5 cm，有花在30朵以内；花被片6～8片，形状与大小几乎相同，长约1.5 mm。果紫红色，有少数油点，单个分果瓣径4～5 mm；种子径3～4 mm，褐黑色。花期4～5月，果期8～10月。

【生长习性】 见于低丘陵坡地至海拔2200 m山地的多类生境，石灰岩山地亦常见。

【精油含量】 水蒸气蒸馏法提取茎皮的得油率为1.30%，叶的得油率为0.01%～0.60%，果实的得油率为0.40%～8.06%，果皮的得油率为3.60%～6.40%，种子的得油率为0.10%。

【芳香成分】 **茎：** 张剑寒等（2010）用水蒸气蒸馏法提取的浙江温州产竹叶花椒茎皮精油的主要成分为：甲基壬基甲酮（31.58%）、2-十三烷酮（9.93%）、乙烯基癸酸（8.56%）、α-红没药醇（6.73%）、法呢醇（6.54%）、月桂酸乙烯酯（5.95%）、4,8,12-三甲基-3,7,11-十三碳三烯腈（5.91%）、橙花叔醇（5.82%）、顺,顺-9,12-十八碳二烯醇（3.47%）、植物醇（3.43%）、1-(3,5-二硝基苯氧基)-3,7,11-三甲基-十二碳-2,6,10-三烯（3.27%）、(Z)-9,17-十八碳二烯醛（2.92%）、十六碳三烯醛（2.81%）、棕榈酸（1.62%）、4,5,6,6a-四氢-2(1H)-戊烯酮（1.46%）等。

枝： 林聪丽等（2011）用水蒸气蒸馏法提取的浙江温州产竹叶花椒新鲜枝皮精油的主要成分为：甲壬酮（34.78%）、十三酮（10.94%）、乙烯基癸酸（9.43%）、α-红没药醇（7.41%）、反，反-乙酸法呢酯（7.20%）、月桂酸乙烯酯（6.55%）、橙花叔醇（6.40%）、亚麻醇（3.81%）、叶绿醇（3.78%）、(Z)-9,17-十八碳二烯醛（3.21%）、7,10,13-十六碳三烯醛（3.10%）、棕榈酸（1.79%）、4,5,6,6a-四氢-2(1H)-并环戊烯酮（1.61%）等。

叶： 黄爱芳等（2011）用水蒸气蒸馏法提取的浙江温州产竹叶花椒叶精油的主要成分为：桉树脑（38.52%）、α-萜品醇（19.44%）、4-萜品醇（5.24%）、β-侧柏烯（5.22%）、甲壬酮（4.13%）、α-红没药醇（2.47%）、叶绿醇（2.42%）、(Z,Z)2,6-二甲基-3,5,7-辛三烯-2-醇（1.98%）、桃金娘油（1.89%）、大牻牛儿烯D（1.49%）、罗勒烯异构体混合物（1.20%）、β-月桂烯（1.11%）等。熊艳等（2003）用同法分析的湖南岳麓山产竹叶花椒新鲜叶精油的主要成分为：1-甲氧基-4-(2-丙烯基)-苯（93.91%）、(8S-顺式)-2,4,6,7,8,8a-六氢-3,8-二甲基-4-(1-甲基亚乙基)-(1H)-薁酮（1.62%）等。朱亮锋等（1993）用同法分析的广东阳山产竹叶花椒叶精油的主要成分为：桂酸甲酯（40.79%）、1,8-桉叶油素（11.00%）、3-己烯醇（9.66%）、己醇（5.64%）、2-己烯醛（1.69%）等。

果实： 刘发光等（2013）用水蒸气蒸馏法提取的广东南雄产竹叶花椒新鲜成熟果实精油的主要成分为：桉树脑（39.31%）、柠檬烯（26.93%）、月桂烯（7.25%）、桧烯（6.37%）、2-异丙基-5-甲基-3-环己烯-1-酮（5.98%）、4-(1-甲基乙基)-2-环己烯-1-酮（2.07%）、石竹烯（1.39%）、α-蒎烯（1.15%）等。张云等（2010）用同法分析的湖南长沙产竹叶花椒新鲜成熟果实精油的主要成分为：柠檬烯（36.764%）、α-蒎烯（18.548%）、桉树脑（17.235%）、β-水芹烯（6.473%）、对伞花烃（4.58%）、4-(1-甲基乙基)-2-环己烯-1-酮（3.95%）、月桂烯（2.09%）、[1S-(1α,2β,4β)]-1-乙烯基-1-甲基-2,4-二(1-甲基乙烯基)-环己烯（1.95%）、α,α-4-三甲基-3-环己烯-1-甲醇

（1.20%）、萜烯醇（1.15%）等。樊丹青等（2014）用同法分析的四川米易产竹叶花椒干燥成熟果皮精油的主要成分为：芳樟醇（71.74%）、柠檬烯（6.95%）、β-水芹烯（4.61%）、(-)-4-萜品醇（3.07%）、大根香叶烯D（1.38%）β-月桂烯（1.31%）、α-松油醇（1.24%）、γ-松油烯（1.15%）等。陈训等（2009）用水蒸气蒸馏法提取的贵州关岭产‘顶坛花椒’果实精油的主要成分为：芳樟醇（83.25%）、柠檬烯（3.52%）、桧烯（3.51%）、萜品烯-4-醇（1.31%）、棕榈酸（1.06%）等。张国琳等（2014）用水蒸气蒸馏法提取的重庆产‘九叶青’果实精油的主要成分为：芳樟醇（54.00%）、D-柠檬烯（18.55%）、β-水芹烯（10.89%）、S-(Z)-3,7,11-三甲基-1,6,10-十二烷三烯-3-醇（2.93%）、4-萜烯醇（2.44%）、γ-萜品烯（1.03%）等。

种子：刘晔玮等（2005）用水蒸气蒸馏法提取的甘肃产竹叶花椒种子精油的主要成分为：5-烯丙基-1，3-苯并二噁茂（12.90%）、3,7-二甲基-1,6-辛二烯-3-醇（12.60%）、4-甲氧基-6-烯丙基-1,3-苯并二噁茂（10.50%）、1-十二烷基环己醇（6.70%）、1,2-二甲氧基-4-烯丙基苯（5.60%）、9-十六碳烯酸乙酯（4.20%）、十六酸乙酯（4.10%）、十九烷（3.40%）、油酸乙酯（3.30%）、二十九烷（3.20%）、二十八烷（3.00%）、4a-甲基-8-亚甲基-2-(1-羟基异丙基)十氢化萘（2.50%）、十八烷（2.20%）、1,2,3,4,4a,5,6,8a-八氢化-7-甲基-4-亚甲基-1-异丙基萘（2.20%）、邻苯二甲酸二丁酯（2.10%）、愈创醇（1.90%）、1-(4-甲基-3-环己烯基)丙醇（1.50%）、11-十六碳烯酸（1.40%）、3,7,11-三甲基-1,6,10-十二碳三烯-3-醇（1.40%）、二苯胺（1.20%）、1,1-二乙氧基乙烷（1.10%）、石竹烯（1.10%）、4-甲基-1-异丙基-3-环己烯醇（1.10%）等。

【利用】果实用作食物的调味料及防腐剂，作花椒代用品。根、茎、叶、果及种子均用作草药，有祛风散寒、行气止痛的功效，治风湿性关节炎、牙痛、跌打肿痛；又用作驱虫及醉鱼剂。果实用于治疗脘腹冷痛、呕吐、腹泻、蛔厥腹痛、湿疹瘙痒等症。

川黄檗

Phellodendron chinense Schneid.

芸香科　黄檗属
别名：黄皮树、川黄柏、檗木、小黄连树、灰皮树、黄柏皮
分布：陕西、甘肃、湖北、湖南、贵州、四川、云南、广东

【形态特征】树高达15 m。成年树有厚、纵裂的木栓层，内皮黄色，小枝暗紫红色。叶轴及叶柄粗壮，通常密被褐锈色或棕色柔毛，有小叶7～15片，小叶纸质，长圆状披针形或卵状椭圆形，长8～15 cm，宽3.5～6 cm，顶部短尖至渐尖，基部阔楔形至圆形。两侧通常略不对称，边全缘或浅波浪状，叶背密被长柔毛或至少在叶脉上被毛。花序顶生，花通常密集，花序轴粗壮，密被短柔毛。果多数密集成团，果的顶部略狭窄的椭圆形或近圆球形，径约1 cm或大的达1.5 cm，蓝黑色，有分核5～10个；种子5～10粒，长6～7 mm，厚5～4 mm，一端微尖，有细网纹。花期5～6月，果期9～11月。

【生长习性】生于海拔900 m以上杂木林中。较耐阴、耐寒。宜在山坡河谷较湿润地方种植。

【精油含量】水蒸气蒸馏法提取干燥成熟果实的得油率为0.85%～0.95%；超临界萃取干燥树皮的得油率为4.65%。

【芳香成分】茎：雷华平等（2009）用超临界CO_2萃取法提取的湖南桑植产川黄檗干燥树皮精油的主要成分为：油酸（20.98%）、棕榈酸（16.58%）、2,4,6-三甲基辛烷（13.32%）、2-十二烯醛（10.41%）、2,4-二甲基-3-庚醇（6.01%）、2-己内酯，5-(1,1-二甲基乙基)(5.26%)、8-甲基十一碳烯（3.87%）、硬脂酸（3.54%）、顺-9-十六烯醛（3.20%）、1,4-环已二酮，环1,2-乙二基缩酮（2.16%）、5-十二烷基-2(3H)-呋喃酮（1.93%）、2-十一烯醛（1.51%）等。

果实：晏晨等（2015）用水蒸气蒸馏法提取的广东连南产川黄檗干燥成熟果实精油的主要成分为：柠檬烯（71.81%）、右旋大根香叶烯（10.06%）、β-榄香烯（7.43%）、β-月桂烯（1.46%）、(E)-β-罗勒烯（1.29%）、α-蛇床烯（1.25%）、β-石竹烯（1.15%）、δ-榄香烯（1.02%）等。

【利用】树皮供药用，内服治疗祛风行气、散寒、消滞、健胃止痛；外用消风散气；主治心胃气痛、伤风感冒、流感、预防流感、食滞胃病、疝气等。种子可榨油。

秃叶黄檗

Phellodendron chinense Schneid. var. *glabriusculum* Schneid.

芸香科　黄檗属
别名：黄皮、黄柏、黄檗皮、台湾黄檗、峨眉黄皮树、云南黄皮树、镰刀叶黄皮树、辛氏黄檗
分布：陕西、甘肃、湖北、湖南、江苏、浙江、台湾、广东、广西、贵州、四川、云南

【形态特征】川黄檗变种。本变种与川黄檗极相似，其区别点仅在于毛被，本变种之叶轴、叶柄及小叶柄无毛或被疏毛，小叶叶面仅中脉有短毛，有时嫩叶叶面有疏短毛，叶背沿中脉两侧被疏少柔毛，有时几乎为无毛，但有棕色细小的鳞片状体。小叶卵形、卵状披针形至卵状长圆形，纸质至厚纸质，长5～17 cm，宽3～8 cm，顶部短尖至长渐尖，两侧常稍不对称至明显不对称。果序上的果通常较疏散。花期5～6月，果期9～11月。

【生长习性】多生于海拔800～1500 m的山地疏林或密林中，也有生于2000～3000 m的高山地区。对气候适应性强，苗期稍能耐阴，成年树喜阳光。喜深厚肥沃土壤，喜潮湿，喜肥，怕涝，耐寒。幼苗忌高温、干旱。

【芳香成分】蒋太白等（2015）用顶空固相微萃取法提取的贵州贵阳产秃叶黄檗新鲜果实精油的主要成分为：β-月桂烯（66.89%）、β-榄香烯（14.49%）、大根香叶烯D（6.80%）、σ-榄香烯（1.66%）、β-水芹烯（1.57%）等。

【利用】树皮供药用，广东、广西等地的药用黄檗多属此变种，具有泻火解毒、清热燥湿之功效，用于治疗痢疾泄泻、黄疸、带下、小便不利、潮热骨蒸、盗汗和遗精等。亦可用作黄色染料。种子可榨油。木材可供制造枪托和飞机用材。

黄檗

Phellodendron amurense Rupr.

芸香科　黄檗属

别名：黄波罗、黄柏、檗木、黄檗木、黄波椤树、黄伯栗、元柏、关黄柏

分布：东北、华北各地及河南、安徽、宁夏、内蒙古

【形态特征】树高10～30 m，胸径1 m。树皮有厚木栓层，浅灰或灰褐色，深沟状或不规则网状开裂，味苦，黏质，小枝暗紫红色。有小叶5～13片，小叶薄纸质或纸质，卵状披针形或卵形，长6～12 cm，宽2.5～4.5 cm，顶部长渐尖，基部阔楔形，一侧斜尖，或为圆形，叶缘有细钝齿和缘毛，叶面无毛或中脉有疏短毛，叶背仅基部中脉两侧密被长柔毛，秋季落叶前叶由绿色转黄色而明亮，毛被大多脱落。花序顶生；萼片细小，阔卵形，长约1 mm；花瓣紫绿色，长3～4 mm；雄花的雄蕊比花瓣长，退化雌蕊短小。果圆球形，径约1 cm，蓝黑色，通常有5～10浅纵沟，干后较明显；种子通常5粒。花期5～6月，果期9～10月。

【生长习性】多生于山地杂木林中或山区河谷沿岸。适宜于平原或低丘陵坡地、路旁、住宅旁及溪河附近水土较好的地方种植。适应性强，喜阳光，不耐阴。耐严寒，抗风力强。适宜湿润型季风气候，冬夏温差大，冬季长而寒冷，极端最低温约-40℃，夏季较热，年降水量400～800 mm。对土壤适应性较强，适生于土层深厚、湿润、通气良好、含腐殖质丰富的中性或微酸性壤质土。

【精油含量】水蒸气蒸馏法提取果实的得油率为0.70%～2.43%；同时蒸馏法萃取法提取树皮的得油率为0.45%。

【芳香成分】茎：回瑞华等（2001）用同时蒸馏萃取装置提取的辽宁西丰产黄檗树皮精油的主要成分为：2-甲氧基-4-乙烯基酚（11.62%）、2-甲氧基酚（11.03%）、4-乙基-2-甲氧基酚（10.01%）、糠醛（9.51%）、2,2'-氧双-乙醇（7.17%）、2-甲氧基-4-甲基酚（4.57%）、2-甲基-2-环戊烯酮（4.21%）、5-甲基-2-呋喃甲醛（2.92%）、2-甲基酚（2.58%）、3,4,4-三甲基-2-环戊烯酮（2.55%）、2,4-二甲基酚（2.18%）、丁子香酚（1.99%）、1-(2-呋喃基)-乙烷酮（1.92%）、2-环戊烯酮（1.91%）、糠酸甲酯（1.56%）、酚（1.50%）、2-甲氧基-4-丙基酚（1.39%）、辛酸（1.33%）、1-(2-羟基-4-甲氧苯基)-乙烷酮（1.29%）、2-呋喃甲醇（1.10%）、4-乙基酚（1.06%）、二氢-5-戊基-2(3H)-呋喃酮（1.05%）等。

果实：侯冬岩等（2001）用同时蒸馏萃取装置提取的果实精油的主要成分为：月桂烯（36.32%）、β-香茅醇（25.30%）、α-蒎烯（14.05%）、4-蒈烯（1.96%）、2-甲基-6-亚甲基-7-辛二烯-3-醇（1.85%）、α-檀香萜烯（1.72%）、乙酸牻牛儿酯（1.57%）、三环烯（1.56%）、α-杜松醇（1.43%）、白菖烯（1.21%）等。陈小强等（2016）用水蒸气蒸馏法提取的黑龙江哈尔滨产黄檗干燥果实精油的主要成分为：β-蒎烯（51.92%）、β-氧化石竹烯（6.47%）、3-亚甲基-4-异丙烯基环己醇（3.69%）、西松烯（3.17%）、α-蒎烯（3.00%）、p-薄荷-1-烯-9-醇（2.84%）、β-侧柏烯（2.31%）、α-玷𤫩烯（2.07%）、β-石竹烯（2.11%）、吉玛烯D1.18(%)、4,4,11,11-四甲基-7-四环$[6.2.1.0^{3,8}0^{3,9}]$十一醇（1.02%）等。

【利用】树皮木栓层是制造软木塞、浮标、救生圈或用于隔音、隔热、防震等的材料；内皮可做染料。木材是枪托、家具、装饰的优良材料，亦为胶合板材。叶可提取芳香油。花是很好的蜜源，果实可作驱虫剂及染料。种子可制肥皂和润滑油。树皮内层经炮制后入药，有清热解毒、泻火燥湿的功效，主治急性细菌性痢疾、急性肠炎、急性黄疸型肝炎、泌尿系统感染等炎症；外用治火烫伤、中耳炎、急性结膜炎等。

齿叶黄皮

Clausena dunniana Levl.

芸香科　黄皮属

别名：邓氏黄皮

分布：湖南、广东、广西、贵州、四川、云南

【形态特征】冬季落叶小乔木，高2～5 m。小枝、叶轴、小叶背面中脉及花序轴均有凸起的油点。叶有小叶5～15片；小叶卵形至披针形，长4～10 cm，宽2～5 cm，稀更大，顶部急尖

或渐尖，常钝头，有时微凹，基部两侧不对称，叶边缘有圆或钝裂齿，稀波浪状。花序顶生兼有生于小枝的近顶部叶腋间；花蕾圆球形；花萼裂片及花瓣均4数，稀兼有5数；萼裂片宽卵形，长不超过1 mm；花瓣长圆形，长3～4 mm。果近圆球形，径10～15 mm，初时暗黄色，后变为红色，透熟时为蓝黑色，有种子1～2粒，稀更多。花期6～7月，果期10～11月。

【生长习性】见于海拔300～1500 m的山地杂木林中，土山和石灰岩山地均有。喜温暖、湿润、阳光充足的环境。对土壤要求不严。以疏松、肥沃的壤土种植为佳。

【精油含量】水蒸气蒸馏法提取新鲜枝叶的得油率为0.70%，鲜叶的得油率为0.84%。

【芳香成分】叶：纳智（2006）用水蒸气蒸馏法提取的云南西双版纳产齿叶黄皮鲜叶精油的主要成分为：异大茴香脑（57.39%）、γ-松油烯（16.01%）、大茴香脑（10.08%）、顺-α-檀香醇（7.96%）、柠檬烯（1.76%）、异松油烯（1.46%）、β-顺-罗勒烯（1.32%）、β-反-罗勒烯（1.10%）等。

枝叶：朱亮锋等（1987）用水蒸气蒸馏法提取的广东连县产齿叶黄皮枝叶精油的主要成分为：1-甲基-2,3-二亚乙基-6-环己烯（32.76%）、月桂烯（23.40%）、1-甲基-2,3-二亚乙基-4-环己烯（7.67%）、蒈烯-3(5.87%）、β-水芹烯（5.16%）等。

【利用】果实可作水果食用。根和叶可药用，有疏风散寒、行气止痛、除湿消肿的功能，用于治疗感冒发热、胃痛、风湿性关节炎等。叶可提取精油，精油可抑制霉菌生长，并对仓库害虫有很好的防治作用。

光滑黄皮

Clausena lenis Drake.

芸香科　黄皮属

分布： 海南、广西、云南

【形态特征】树高2～3 m。嫩枝及叶轴密被纤细卷曲短毛及干后稍凸起的油点。叶有小叶9～15片，小叶斜卵形、斜卵状披针形，或近于斜的平行四边形，位于叶轴基部的最小，长2～5 cm，宽1.5～3.5 cm，位于中部或有时中部稍上的最大，长达18 cm，宽11 cm，两侧不对称，叶缘有明显的圆或钝裂齿，干后暗红色或暗黄绿色，薄纸质，侧脉纤细，支脉不明显，油点干后通常为暗褐色至褐黑色。花序顶生；花蕾卵形，萼裂片及花瓣均5片，很少兼有4片，萼裂片卵形，长约1 mm；花瓣白色，基部淡红色或暗黄色，长4～5 mm。果圆球形，稀阔卵形，径约1 cm，成熟时为蓝黑色，有种子1～3粒。花期4～6月，果期9～10月。

【生长习性】常见于海拔500～1300 m的山地疏林或密林中。喜温暖、湿润、阳光充足的环境。对土壤要求不严。以疏松、肥沃的壤土种植为佳。

【精油含量】水蒸气蒸馏法提取鲜叶的得油率为0.28%。

【芳香成分】纳智（2006）用水蒸气蒸馏法提取的云南西双版纳产光滑黄皮鲜叶精油的主要成分为：石竹烯（18.43%）、α-石竹烯（17.49%）、亚麻酸（11.59%）、橙花叔醇（10.51%）、亚油酸（10.39%）、绿叶烯（6.78%）、匙叶桉油烯醇（5.69%）、α-古芸烯（2.57%）、(-)-匙叶桉油烯醇（2.13%）、石竹烯氧化物（1.97%）、马兜铃烯环氧化物（1.88%）、β-雪松烯-9-α-醇

(1.38%)等。

【利用】果实可作水果食用，具有开胃、消食、解油腻、松弛肌肉紧张、缓解咳嗽、化痰平喘、预防感冒等保健功能。

黄皮

Clausena lansium (Lour.) Skeels

芸香科　黄皮属

别名： 黄皮果、黄皮子、黄弹

分布： 台湾、福建、广东、海南、广西、贵州、云南、四川

【形态特征】小乔木，高达12 m。小枝、叶轴、花序轴、尤以未张开的小叶背脉上散生较多明显凸起的细油点且密被短直毛。小叶5～11片，小叶卵形或卵状椭圆形，常一侧偏斜，长6～14 cm，宽3～6 cm，基部近圆形或宽楔形，两侧不对称，边缘波浪状或具浅的圆裂齿。圆锥花序顶生；花蕾圆球形，有5条稍凸起的纵脊棱；花萼裂片阔卵形，长约1 mm，外面被短柔毛，花瓣长圆形，长约5 mm，两面被短毛或内面无毛。果圆形、椭圆形或阔卵形，长1.5～3 cm，宽1～2 cm，淡黄色至暗黄色，被细毛，果肉乳白色，半透明，有种子1～4粒。花期4～5月，果期7～8月。海南的花果期均提早1～2个月。有多个品种。

【生长习性】喜温暖、湿润、阳光充足的环境。对土壤要求不严。以疏松、肥沃的壤土种植为佳。

【精油含量】水蒸气蒸馏法提取新鲜叶的得油率为0.36%，干燥叶的得油率为0.08%～0.30%，果实的得油率为0.39%～0.40%，干燥果皮的得油率为0.51%，种子的得油率为0.80%；同时蒸馏萃取法提取枝叶的得油率为0.10%，果皮的得油率为0.48%，种子的得油率为0.75%；超临界萃取果实的得油率为0.10%，果皮的得油率为3.70%。

【芳香成分】**叶：** 唐冰等（2011）用水蒸气蒸馏法提取的广西北海产黄皮干燥叶精油的主要成分为：2,6-二甲基-6-(4-甲基-3-戊烯基)-二环[3.1.1]庚-2-烯（22.25%）、石竹烯（14.29%）、(S)-1-甲基-4-(5-甲基-1-亚甲基-4-己烯基)-环己烯（12.35%）、β-水芹烯（9.56%）、(E)-3,7,11-三甲基-1,6,10-十二烷三烯-3-醇（4.79%）、(-)-1,7-二甲基-7-(4-甲基-3-戊烯基)-三环[2,2,1,$0^{2,6}$]庚烷（4.16%）、α-金合欢烯（3.40%）、1-乙基-1-甲基-2-(1-甲基乙烯基)-4-(1-甲基亚乙基)-环己烷（3.06%）、α-红没药醇（2.08%）、α-石竹烯（1.13%）、(E)-7,11-二甲基-3-亚甲基-1,6,10-十二碳三烯（1.06%）、α-水芹烯（1.01%）等。纳智（2006）用同法分析的云南西双版纳产黄皮鲜叶精油的主要成分为：石竹烯（16.17%）、檀香醇（12.73%）、石竹烯氧化物（7.56%）、α-雪松烯（6.57%）、β-红没药醇（5.05%）、橙花叔醇（3.84%）、α-石竹烯（3.59%）、异大茴香脑（3.06%）、β-雪松烯（2.76%）、表蓝桉醇（2.68%）、α-红没药醇（2.56%）、β-松油烯（1.96%）、α-檀香醇（1.82%）、α-绿叶烯（1.65%）、β-倍半水芹烯（1.53%）、匙叶桉油烯醇（1.22%）、γ-榄香

烯（1.18%）、植醇（1.15%）等。罗辉等（1998）用同法分析的广东湛江产黄皮干燥叶精油的主要成分为：顺-3,7,11-三甲基-1,6,10-十二碳三烯-3-醇（16.86%）、β-石竹烯（11.78%）、α-法呢烯（8.50%）、顺-β-法呢烯（8.47%）、3-蒈烯（7.33%）、β-红没药烯（6.31%）、反-3-(4,8-二甲基-3,7-壬二烯基)呋喃（5.51%）、斯巴醇（4.07%）、β-芹子烯（3.41%）、α-桉叶醇（3.20%）、α-红没药醇（3.13%）、六氢法呢基丙酮（2.45%）、氧化石竹烯（2.31%）、2-甲基-5-异丙烯基环已醇乙酸酯（2.29%）、反-3,7,11-三甲基-1,6,10-十二碳三烯-3-醇（2.20%）、榄香醇（2.12%）、十六烷酸（1.98%）、α-石竹烯（1.72%）、γ-桉叶醇（1.65%）、α-檀香醇（1.31%）、反-4-十六碳烯-6-炔（1.26%）、α-蒎烯（1.25%）、γ-荜澄茄烯（1.15%）等。王勇等（2012）用同法分析的海南海口产黄皮干燥叶精油的主要成分为：β-石竹烯（44.72%）、石竹烯（23.24%）、α-葎草烯（6.05%）、石竹烯氧化物（5.51%）、橙花叔醇（3.64%）、红没药烯环氧化物（2.50%）、顺式-β-金合欢烯（2.16%）、斯巴醇（1.43%）等。

枝叶：殷艳华等（2012）用同时蒸馏萃取法提取的新鲜枝叶精油的主要成分为：β-匙叶桉油烯醇（11.81%）、γ-依兰油烯（10.89%）、α-酮醇（10.23%）、红没药醇（7.82%）、桧烯（5.86%）、β-石竹烯（5.85%）、1-乙烯基-1-甲基-2-(1-甲基乙烯基)-4-(1-甲基亚乙基)环已烷（5.11%）、姜烯（4.12%）、2,6,10-三甲基-2,6,9,11-四烯酮（3.26%）、4-萜烯醇（3.25%）、石竹素（2.45%）、雪松烯（1.90%）、α-葎草烯（1.76%）、芳樟醇（1.69%）、香柠烯醇（1.64%）、β-红没药烯（1.52%）、苯乙醛（1.20%）、橙花叔醇（1.20%）等。

果实：李瑞珍等（2007）用水蒸气蒸馏法提取的广东广州产黄皮果实精油的主要成分为：4-甲基-1-(1-甲乙基)-3-环己烯-1-醇（21.06%）、γ-松油烯（12.90%）、3,7,7-三甲基-二环[4.1.0]己-2-烯（9.32%）、β-水芹烯（4.57%）、α-异松油烯（4.55%）、水芹烯（2.00%）、1R-α-蒎烯（1.77%）、β-月桂烯（1.53%）等。唐闻宁等（2002）用同法分析的海南海口产黄皮果实精油的主要成分为：萜品烯-4-醇（28.55%）、松萜（14.59%）、对-伞花烃（5.74%）、γ-松油烯（4.87%）、β-水芹烯（2.56%）、α-松油烯（2.20%）、α-萜品醇（2.16%）、苯乙醛（2.08%）、隐酮（1.97%）、α-水芹烯（1.57%）、α-异松油烯（1.54%）、水芹醛（1.45%）、对-盖-2-烯-1-醇立体异构体（1.37%）、α-蒎烯（1.33%）、1-萜品醇（1.19%）、斯巴醇（1.18%）等。梁桥辉等（2015）用同法分析的广东肇庆产黄皮新鲜果实精油的主要成分为：β-水芹烯（36.97%）、4-萜烯醇（17.58%）、桧烯（13.76%）、萜品烯（5.19%）、α-蒎烯（4.76%）、α-水芹烯（4.26%）、(+)-4-蒈烯（3.01%）、对-伞花烃（2.56%）、β-月桂烯（2.48%）、β-红没药烯（1.50%）、2-蒈烯（1.22%）、β-石竹烯（1.22%）、α-香柠檬烯（1.21%）等。廖华卫等（2006）用同法分析的新鲜果皮精油的主要成分为：反式异柠檬烯（37.03%）、γ-萜品烯（10.74%）、α-蒎烯（9.96%）、2-蒈烯（5.85%）、4-萜烯醇（5.30%）、α-松油醇（3.95%）、月桂烯（2.80%）、1-松油醇（2.33%）、2,6,10-三甲基-2,6,9,11-四烯酮（1.78%）、反式-P-盖烯醇（1.61%）、香柠烯醇（1.19%）、萜品油烯（1.10%）、p-盖烯醛（1.08%）、反式-红没药烯（1.07%）、芳樟醇（1.02%）等；广东从化产黄皮干燥果皮精油的主要成分为：β-水芹烯（35.59%）、1R-α-蒎烯（9.01%）、α-水芹烯（8.00%）、β-月桂烯（4.16%）、α-红没药烯（2.84%）、6-(对-甲苯基)-2-甲基-2-环己烯醇（2.31%）、石竹烯（1.92%）、(+)-4-蒈烯（1.64%）、薁（1.64%）、6-乙烯基-6-甲基-l-(1-甲乙基)-3-(1-甲乙烯基)-(S)-环己烯（1.54%）、1,2,3,4-四甲基苯（1.18%）、1-甲基-4-(1-甲乙基)-反-2-环己烯-1-醇（1.18%）、3-(1,5-二甲基-4-环己烯基)-6-亚甲基-[S-(R*,S*)]-环己烯（1.17%）、(-)-斯巴醇（1.08%）等。

种子：殷艳华等（2012）用水蒸气蒸馏法提取的新鲜果核精油的主要成分为：月桂烯（12.74%）、反式异柠檬烯（11.86%）、2,7-二甲基-3-辛烯-5-炔（10.62%）、4,4-二甲基-6-亚甲基-2-环己烯-1-酮（11.60%）、4-萜烯醇（10.52%）、β-蒎烯（10.44%）、α-顺-雪松烯（5.13%）、α-水芹烯（4.70%）、萜品油烯（4.11%）、双戊烯（2.44%）、γ-萜品烯（1.96%）、芳樟醇（1.48%）、α-松油醇（1.44%）、β-石竹烯（1.38%）、反式水化香桧烯（1.16%）、1-松油醇（1.16%）等。张建和等（1997）用同法分析的广东湛江产黄皮成熟果实种子精油的主要成分为：β-蒎烯（60.36%）、柠檬烯（22.42%）、3,7-二甲基-1,6-辛二烯-3-醇（3.79%）、α-水芹烯（2.58%）、3-蒈烯（2.11%）、α-松油烯（1.39%）、γ-松油烯（1.11%）等。段佳等（2005）用同法分析的上海产黄皮新鲜种子精油的主要成分为：水芹烯（54.80%）、D-柠檬烯（23.60%）、对-薄荷-1-烯-8-醇（7.50%）等。

【利用】黄皮是我国南方果品之一，果实除鲜食外尚可盐渍、糖渍成凉果或加工制成果酱、蜜饯、饮料和糖果。根、叶、果实均药用，果实有行气、消食、化痰的功效，用于治疗食积胀满、脘腹疼痛、疝痛、痰饮咳喘；果核有行气止痛、解毒散结的功效，用于治疗食滞胃痛、气滞脘腹疼痛、疝痛、睾丸肿痛、痛经、小儿头疮、蜈蚣咬伤；叶有解表散热、行气化痰、利尿、解毒的功效，用于治疗温病发热、流脑、疟疾、咳嗽痰喘、脘腹疼痛、风湿痹痛、黄肿、小便不利、热毒疥癣、蛇虫咬伤；根有行气止痛的功效，用于治疗气滞胃痛、腹痛、疝痛、风湿骨痛、痛经。种子可榨油，为优良的润滑剂。

假黄皮

Clausena excavata Burm. f.

芸香科　黄皮属

别名：番仔香草、山黄皮、小叶臭黄皮、凹叶黄皮、假樟仔、过山香、鸡母黄、大棵、臭皮树、野黄皮

分布：云南、海南、广东、广西、福建、台湾

【形态特征】高1～2 m的灌木。小枝及叶轴均密被向上弯的短柔毛，且散生微凸起的油点。小叶21～27片，幼株多达41片，花序邻近的有时仅15片，小叶不对称，斜卵形，斜披针形或斜四边形，长2～9 cm，宽1～3 cm，边缘波浪状，两面被毛或仅叶脉有毛；花序顶生；花蕾圆球形；苞片对生，细小；花瓣白色或淡黄白色，卵形或倒卵形，长2～3 mm，宽1～2 mm。果椭圆形，长12～18 mm，宽8～15 mm，初时被毛，成熟时由暗黄色转为淡红色至朱红色，毛尽脱落，有种子1～2粒。花期4～5及7～8月，稀至10月仍开花（海南）。盛果期8～10月。

【生长习性】常见于平地至海拔1000 m山坡灌丛或疏林中。喜温暖、湿润、阳光充足的环境。对土壤要求不严。以疏松、肥沃的壤土种植为佳。

【精油含量】水蒸气蒸馏法提取叶的得油率为0.53%。

【芳香成分】纳智（2006）用水蒸气蒸馏法提取的云南西双版纳产假黄皮新鲜叶精油的主要成分为：α-芹子烯（15.76%）、石竹烯（15.05%）、β-芹子烯（9.54%）、α-蒎烯（6.43%）、α-石竹烯（5.39%）、桉叶烷-7(11)-烯-4-醇（4.21%）、β-榄香烯（4.09%）、γ-依兰油烯（2.73%）、芹子-6-烯-4-醇（2.72%）、β-蒎烯（2.51%）、柠檬烯（2.46%）、匙叶桉油烯醇（2.27%）、杜松烯（1.83%）、β-荜澄茄油烯（1.32%）、植醇（1.29%）、石竹烯氧化物（1.18%）、蓝桉醇（1.02%）等。

【利用】果可鲜食，但不宜多吃；果实经过腌制加工，可成为调味上品；晒干亦可做饼馅。全株药用，有接骨、散瘀、祛风湿的功效，用于治疗胃脘冷痛、关节痛。叶有疏风解表、散寒、截疟的功效，用于治疗风寒感冒、腹痛、疟疾、扭伤、毒蛇咬伤。

细叶黄皮

Clausena anisum-olens (Blanco) Merr.

芸香科　黄皮属

别名： 鸡皮果、山黄皮

分布： 台湾、广西、云南、广东

【形态特征】小乔木，高3～6 m。当年生枝、叶柄及叶轴均被纤细而弯钩的短柔毛，各部密生半透明油点。小叶5～11片，小叶镰刀状披针形或斜卵形，长5～12 cm，宽2～4 cm，顶部渐狭尖，略钝头，有时微凹，两侧明显不对称，叶缘波浪状或上半段有浅钝裂齿。花序顶生，花白色，略芳香；花蕾圆球形；萼裂片卵形，长约1 mm；花瓣长圆形，长约3 mm。果圆球形，偶有阔卵形，径1～2 cm，淡黄色，偶有淡朱红色，半透明，果皮有多数肉眼可见的半透明油点，果肉味甜或偏酸，有种子1～2粒，稀更多；种皮膜质，基部褐色。花期4～5月，果期7～8月。

【生长习性】喜温暖、湿润、阳光充足的环境。对土壤要求不严。以疏松、肥沃的壤土种植为佳。

【精油含量】水蒸气蒸馏法提取新鲜根的得油率为0.13%，新鲜茎的得油率为0.08%，新鲜叶的得油率为0.23%～0.68%，新鲜花的得油率为0.80%，果实的得油率为0.34%，果皮的得油率为0.82%，种子的得油率为0.94%。

【芳香成分】**根：** 苏秀芳等（2010）用水蒸气蒸馏法提取的广西龙州产细叶黄皮新鲜根精油的主要成分为：4-甲氧基-6-(2-丙烯基)-1,3-苯并二噁茂（38.09%）、8,8-二甲基-2H，8H-苯并二吡喃-2-酮（8.72%）、1-(苯并噻唑-2-基)-3,4-二甲基-吡喃酮(2,3-c)吡唑-6(1H)-酮（8.69%）、1,2,3-三甲氧基-5-(2-丙烯基)苯（7.76%）、十六烷酸（7.20%）、三十六烷（5.25%）、二十二烷（4.48%）、二十六烷（4.07%）、四十三烷（3.19%）、二叔丁对甲酚（3.15%）、2,6-二甲氧基-4-(2-丙烯基)-酚（2.96%）、三十四烷（2.88%）、1-溴二十二烷（1.89%）、异榄香素（1.67%）等。

茎： 苏秀芳等（2010）用水蒸气蒸馏法提取的广西龙州产细叶黄皮新鲜茎精油的主要成分为：4-甲氧基-6-(2-丙烯基)-1,3-苯并二噁茂（32.89%）、1-乙烯基-1-甲基-2-(1-甲基乙烯基)-4-(1-甲基亚乙基)环已烷（10.74%）、十六烷酸（8.63%）、1-乙亚基八氢-7a-甲基-(1Z,3aα,7aβ)-1H-茚（8.59%）、2-甲基酸酐（7.01%）、4-乙烯基-α,α,4-三甲基-3-(1-甲基乙烯基)-[1R-(1,2,3α,4β)]环已甲醇（6.48%）、三十四烷（4.82%）、三十六烷（3.79%）、1,2,3,4,4a,5,6,7-八氢化-a，a,4a,8-四甲基-(2R-顺)-2-萘甲醇（3.28%）、1-氯二十七烷（3.26%）、(-)-斯巴醇（3.06%）、1,2,3-三甲氧基-5-(2-丙烯基)苯（2.81%）、1-亚甲基-3-(1-甲基乙烯基)环戊烷（2.67%）、6-[(1E)-1,3-丁间二烯基]-1,4-环庚二烯（1.98%）等。

叶： 余萘等（2009）用水蒸气蒸馏法提取的广西龙州产细叶黄皮新鲜叶精油的主要成分为：萜品油烯（53.89%）、肉豆蔻醚（15.32%）、3-蒈烯（9.76%）、β-月桂烯（5.03%）、(+)-4-蒈烯（4.55%）、苧烯（4.33%）、α-水芹烯（1.86%）、β-红没药烯（1.17%）、α-蒎烯（1.12%）等。苏秀芳（2008）用同法分析的广西龙州产细叶黄皮叶精油的主要成分为：4-甲氧基-6-(2-丙烯基)-1,3-苯并二噁唑（28.97%）、(+)-4-蒈烯（24.84%）、大根香叶烯B（11.41%）、十六烷酸（4.82%）、1,2,3-三甲氧基-5-(2-丙烯基)-苯（3.84%）、斯巴醇（3.19%）、1-二十二碳烯（2.82%）、石竹烯（2.79%）、1-甲基咪唑-5-甲醛（2.75%）、十三烷酸（2.61%）、5-异丙烯基-2-甲基-7-氧杂二环[4.1.0]庚烷-2-醇（1.98%）、2-十五烷醇（1.83%）、3-蒈烯（1.37%）、(Z)-2-(2-丁烯)-3-甲基-2-环戊烯-1-酮（1.36%）、十五烷酸（1.18%）、4-甲基-1-(1-次甲基)-双环[3.1.0]己烷（1.07%）等。

果实：苏秀芳等（2010）用水蒸气蒸馏法提取的广西龙州产细叶黄皮果实精油的主要成分为：4-甲氧基-6-(2-丙烯基)-1,3-苯并二噁茂（58.40%）、二十三烷（6.96%）、1,2,3-三甲氧基-5-(2-丙烯基)苯（6.39%）、9-丁基二十二烷（4.10%）、二十七烷（3.00%）、二十九烷（2.93%）、三十四烷（2.42%）、8-己基十五烷（2.39%）、三十一烷（2.08%）、1,2-二甲氧基-(2-丙烯基)苯（1.82%）、β-香叶烯（1.31%）、二丁基邻苯二甲酸酯（1.14%）、十七烷（1.12%）等。梁立娟等（2011）用同法分析的广西南宁产细叶黄皮成熟期新鲜全果精油的主要成分为：(+)-4-蒈烯（43.14%）、肉豆蔻醚（34.43%）、异松油烯（8.29%）、(+)-柠檬烯（4.16%）、β-甜没药烯（1.51%）、3-蒈烯（1.45%）、香叶基芳樟醇（1.45%）等。周红等（2008）用同法分析的广西西南部产细叶黄皮果皮精油的主要成分为：β-月桂烯（51.50%）、肉豆蔻醚（24.83%）、异松油烯（12.82%）、3-蒈烯（1.94%）、D-柠檬烯（1.15%）、(+)-2-蒈烯（1.12%）等。梁立娟等（2011）用同法分析的广西南宁产细叶黄皮成熟期新鲜含果肉的果皮精油的主要成分为：(+)-4-蒈烯（62.60%）、肉豆蔻醚（20.28%）、异松油烯（8.74%）、(+)-柠檬烯（1.55%）、3-蒈烯（1.14%）、香叶基芳樟醇（1.02%）等。覃振师等（2017）用同法分析的广西龙州产细叶黄皮‘桂研15号’新鲜果肉精油的主要成分为：β-蒎烯（50.22%）、肉豆蔻醚（10.10%）、萜品油烯（8.79%）、l-b-红没药烯（2.30%）、3-蒈烯（1.39%）等。

种子：梁立娟等（2011）用水蒸气蒸馏法提取的广西南宁产细叶黄皮成熟期新鲜种子精油的主要成分为：肉豆蔻醚（64.85%）、(+)-柠檬烯（12.25%）、异松油烯（8.18%）、(+)-4-蒈烯（4.59%）、榄香素（2.23%）、β-甜没药烯（1.99%）、甲基丁香酚（1.19%）、3-蒈烯（1.00%）等。

【利用】鲜果可食，民间将熟果晒干，用酒浸泡，有化痰止咳功效。枝、叶作草药，有祛风除湿的功效。

小黄皮

Clausena emarginata Huang

芸香科　黄皮属

别名：十里香、山鸡皮、白花千里眼

分布：云南、广西

【形态特征】乔木，高4～15 m。小枝灰黑色，当年生新枝、叶轴均被短而纤细并向上弯钩的柔毛，且有小瘤状凸起的油点。小叶5～11片，小叶几乎无柄，斜卵状披针形或卵形，长2～6 cm，宽1～3 cm，顶端钝且明显凹缺，基部两侧不对称，叶缘有明显的圆或钝裂齿，仅叶面中脉被短柔毛，叶片干后为暗褐黑色。花序顶生或有时兼有腋生，长3～7 cm；花序轴及分枝均被短柔毛；苞片钻状，甚小；萼裂片阔卵形，长很少达1 mm；花瓣开花时长约4 mm且略反折。果圆球形或略长，径8～10 mm，淡黄色或乳黄色，半透明，有种子1～2粒；种皮膜质。花期3～4月，果期6～7月。

【生长习性】生于海拔300～800 m的山谷密林中，常见于石灰岩山地。喜温暖、湿润、阳光充足的环境。对土壤要求不严。以疏松、肥沃的壤土种植为佳。

【精油含量】水蒸气蒸馏法提取鲜叶的得油率为0.84%。

【芳香成分】纳智（2007）用水蒸气蒸馏法提取的云南西双版纳产小黄皮鲜叶精油的主要成分为：γ-松油烯（21.12%）、β-反-罗勒烯（10.42%）、柠檬烯（10.08%）、α-蒎烯（6.77%）、异松油烯（6.76%）、β-顺-罗勒烯（6.40%）、β-蒎烯（6.40%）、α-石竹烯（4.78%）、γ-榄香烯（4.20%）、石竹烯（4.17%）、β-月桂烯（3.87%）、α-苧烯（3.10%）、α-松油烯（2.90%）、邻-伞花烃（1.56%）、β-水芹烯（1.56%）、α-金合欢烯（1.24%）等。

【利用】果实可鲜食。根及叶作草药，有宣肺止咳、行气止痛的功效，治感冒发热、风寒咳嗽、心胃气痛。

金橘

Fortunella margarita (Lour.) Swingle

芸香科　金橘属

别名：牛奶橘、牛奶柑、洋奶橘、金枣、罗浮、金弹、金柑、山橘、夏橘、寿星柑、长寿金柑、公孙橘、美华金柑、宁波金柑、长安金橘、融安金橘

分布：浙江、江苏、江西、湖南、福建、广东、广西、台湾等地

【形态特征】树高3 m以内；枝有刺。叶质厚，浓绿色，卵状披针形或长椭圆形，长5～11 cm，宽2～4 cm，顶端略尖或钝，基部宽楔形或近于圆；叶柄长达1.2 cm，翼叶较窄。单花或2～3花簇生；花梗长3～5 mm；花萼4～5裂；花瓣5片，长6～8 mm；雄蕊20～25枚；子房椭圆形，花柱细长，通常为子房长的1.5倍，柱头稍增大。果椭圆形或卵状椭圆形，长2～3.5 cm，橙黄色至橙红色，果皮味甜，厚约2 mm，油胞常稍凸起，瓢囊5或4瓣，果肉味酸，有种子2～5粒；种子卵形，端尖，子叶及胚均为绿色，单胚或偶有多胚。花期3～5月，果期10～12月。盆栽的多次开花，农家保留其7～8月的花期，至春节前夕果成熟。

【生长习性】喜温暖湿润，怕涝。喜光，但怕强光。稍耐寒，不耐旱。我国南北各地均有栽种。要求富含腐殖质、疏松肥沃和排水良好的中性土。

【精油含量】水蒸气蒸馏法提取叶的得油率为0.35%～0.37%，果实的得油率为0.90%，果皮的得油率为0.77%～4.35%；微波辅助水蒸气蒸馏法提取干燥果皮的得油率为4.30%；超临界萃取干燥叶的得油率为5.40%，干燥果皮的得油率为5.08%。

【芳香成分】叶：刘顺珍等（2011）用水蒸气蒸馏法提取的广西兴安产金橘阴干叶精油的主要成分为：芳樟醇（26.55%）、N-甲基邻氨基苯甲酸甲酯（11.09%）、萜烯醇（9.30%）、百里香酚甲醚（4.79%）、香茅醛（4.62%）、β-榄香烯（4.40%）、γ-榄香烯（4.07%）、β-石竹烯（3.21%）、α-蒎烯（3.16%）、植物醇（2.76%）、α-松油醇（2.70%）、蒈烯（1.93%）、香茅醇（1.91%）、柠檬醛（1.90%）、4-异丙基-3-甲酚（1.19%）、α-杜松醇（1.16%）、α-石竹烯（1.08%）等。周葆华等（2008）用同法分析的安徽安庆产金橘和宽皮柑橘的杂交种‘四季橘’叶精油的主要成分为：榄香醇（23.67%）、马兜铃烯（15.51%）、α-桉叶油醇（11.43%）、γ-桉叶油醇（5.85%）、环氧异香橙烯（5.11%）、杜松脑（5.08%）、沉香螺醇（4.76%）、匙叶桉油烯醇（3.99%）、2,4-二(1,1-二甲基丙基)-苯酚（3.40%）、β-桉叶油醇（3.09%）、2,3,4,4a,5,6,7-七氢化-1,4a-二甲基-7-(2-羟基-1-甲基乙基)-2-萘醇（2.93%）、(7R,8R)-7-甲基-4-异亚丙基-8-羟基-二环[5,3,1]-1-十八碳烯（2.57%）、β-毕拔烯（2.27%）、反式橙花叔醇（2.15%）、2-亚甲基-6,8,8-三甲基三环[5.2.2.0^{1,6}]十一烷-3-醇（1.83%）、白千层醇（1.45%）等。

果实：杨燕军（1998）用水蒸气蒸馏法提取的果实精油的主要成分为：DL-柠檬烯（78.30%）、丙酸里哪酯（7.00%）、β-月桂烯（5.00%）、β-萜品醇（1.50%）等。欧小群等（2015）用同法分析的广西阳朔产金橘新鲜果皮精油的主要成分为：柠檬烯（94.62%）、2-侧柏烯（1.74%）等。黄丽峰等（2007）用同法分析的福建尤溪产‘金弹’金橘新鲜果皮精油的主要成分为：正十六烷酸（12.75%）、大根香叶烯D（12.30%）、乙酸-3,7-二甲基-2,6-辛二烯-1-醇酯（6.46%）、戊基环丙烷（5.10%）、δ-榄香烯（4.52%）、γ-榄香烯（3.77%）、α-金合欢烯（3.60%）、3-甲基-4-亚甲基二环[3.2.1]辛-2-烯（3.53%）、广藿香烯（2.89%）、β-榄香烯（1.86%）、乙酸-4-(1-甲基乙烯基)-1-环己烯-1-甲酯（1.85%）、反-香芹醇（1.82%）、苯乙酸橙花酯（1.58%）、(-)-4-松油醇（1.53%）、β-橄榄烯（1.51%）、α-古芸烯（1.46%）、(±)-反-橙花叔醇（1.41%）、(+)-δ-杜松烯（1.40%）、α-榄香烯（1.33%）、(+)-表-β-檀香萜（1.28%）、3-甲基-2-丁烯醛（1.24%）、γ-芹子烯（1.16%）、(+)-香芹酮（1.10%）等。

【利用】果实生食或制作蜜饯、金橘饼、果酱、橘皮酒、金橘汁等，也可泡茶饮用；果皮可制成凉果。果皮可提取芳香油。果实入药，有理气止咳、补胃健脾、清热祛寒等功效。是极好的观果花卉，适宜作盆栽观赏及盆景。

山橘

Fortunella hindsii (Champ. ex Benth.) Swingle

芸香科　金橘属

别名： 山金橘、山金豆、香港金橘

分布： 安徽南部、江西、福建、湖南、广东、广西

【形态特征】 树高3 m以内，多枝，刺短小。单小叶或有时兼有少数单叶，叶翼线状或明显，小叶片椭圆形或倒卵状椭圆形，长4～6 cm，宽1.5～3 cm，顶端圆，稀短尖或钝，基部圆或宽楔形，近顶部的叶缘有细裂齿，稀全缘，质地稍厚。花单生及少数簇生于叶腋，花梗甚短；花萼5或4浅裂；花瓣5片，长不超过5 mm；雄蕊约20枚，花丝合生成4或5束，比花瓣短，花柱与子房等长，子房3～4室。果圆球形或稍呈扁圆形，横径稀超过1 cm，果皮橙黄色或朱红色，平滑，有麻辣感且微有苦味，果肉味酸，种子3～4粒，阔卵形，饱满，顶端短尖，平滑无脊棱，子叶绿色，多胚。花期4～5月，果期10～12月。

【生长习性】 常见于低海拔疏林中。

【精油含量】 水蒸气蒸馏法提取新鲜叶的得油率为0.46%，干燥叶的得油率为0.63%，新鲜果皮的得油率为0.75%～1.75%，干燥果皮的得油率为0.83%。

【芳香成分】叶： 陈伟鸿等（2016）用水蒸气蒸馏法提取的福建连江产山橘新鲜叶精油的主要成分为：α-荜澄茄油烯（19.79%）、γ-榄香烯（13.17%）、(+)-4-蒈烯（12.10 %）、β-桉叶醇（4.11%）、β-倍半水芹烯（3.56 %）、α-石竹烯（2.51%）、白菖烯（2.41%）、异喇叭烯（2.13%）、(-)-g-杜松烯（1.52%）、β-波旁烯（1.36%）、橙花叔醇（1.05 %）等。

果实： 陈伟鸿等（2016）用水蒸气蒸馏法提取的福建连江产山橘新鲜果皮精油的主要成分为：β-月桂烯（44.24 %）、萜品烯（21.56 %）、δ-榄香烯（4.15%）、α-荜澄茄油烯（3.85%）、柠檬烯（3.27%）、β-金合欢烯（2.84%）、α-蒎烯（2.42%）、1,5,5-三甲基-6-亚甲基-1-环己烯（1.95%）、β-蒎烯（1.71%）、(+)-4-蒈烯（1.43%）、4-萜烯醇（1.26%）、石竹烯（1.17 %）等。

【利用】 根用作草药，有行气、宽中、化痰、下气的功效，治风寒咳嗽、胃气痛等症。叶药用，有辛温解表、祛风散寒和活血化瘀等作用。果实药用，具有宽中化痰下气之功效，主治风寒咳嗽、胃气痛、食积胀满和疝气。果皮可提取芳香油，可食用及作调香原料。可供观赏。

豆叶九里香
Murraya euchrestifolia Hayata

芸香科　九里香属
别名： 山黄皮
分布： 台湾、广东、海南、广西、云南、贵州

【形态特征】高达7 m的小乔木。各部通常无毛。但嫩叶叶轴腹面、花序轴及花梗被纤细微柔毛。小叶5～9片，小叶卵形，稀兼有披针形，长5～8 cm，宽2～4 cm，顶部短尖至渐尖，叶面深绿色，有光泽，干后通常蜡质光亮且暗黄绿色或带褐色，近革质，全缘，两侧稍不对称。近于平顶的伞房状聚伞花序；萼片及花瓣均4片，很少兼有5片；萼片淡黄绿色，卵形，长约1.5 mm；花瓣倒卵状椭圆形，长4～5 mm，散生油点。果圆球形，径10～15 mm，鲜红色或暗红色，有1～2粒种子；种皮无毛。花期4～5月或6～7月，果期11～12月。

【生长习性】生于平地至海拔约1400 m丘陵山地灌木或阔叶林中，多见于谷地湿润地方。石灰岩及石灰岩山地均有生长。

【精油含量】水蒸气蒸馏法提取枝叶的得油率为0.40%。

【芳香成分】纪晓多等（1983）用水蒸气蒸馏法提取的广西玉林产豆叶九里香枝叶精油的主要成分为：柠檬烯（56.10%）、紫苏醛（34.10%）、胡薄荷酮（4.70%）、醋酸双氢香芋酯（1.63%）、β-蒎烯（1.21%）等。

【利用】枝叶药用，有祛风解表、行气止痛、活血散瘀的功效，用于治疗感冒发热、支气管炎、哮喘、风湿麻木、筋骨疼痛、跌打肿痛、湿疹、皮肤瘙痒、胃痛、水肿、疟疾、毒蛇咬伤等症。

广西九里香
Murraya kwangsiensis (Huang) Huang

芸香科　九里香属
别名： 广西黄皮、山柠檬、假黄皮、土前胡、假鸡皮
分布： 广西、云南

【形态特征】树高1～2 m。嫩枝、叶轴、小叶柄及小叶背面密被短柔毛。叶有小叶3～11片，有时为偶数复叶，小叶互生，生于叶轴上部的较大，卵状长圆形或斜四边形，长7～10 cm，宽3～6.5 cm，顶端钝或圆，有时短尖，有时凹头，生于叶轴下部的较小，长3～5 cm，革质，干后有油质光泽，油点较多，干后变为黑褐色，叶缘有细钝裂齿，齿缝处有较大的油点；小叶柄长2～3 mm，背面被毛。花蕾椭圆形；萼片及花瓣均5片；萼片阔卵形，长约1 mm；边缘被短毛；花瓣长约4 mm，有油点；雄蕊10枚，长短相间，花丝宽而扁，顶端钻尖。果圆球形，径约1 cm，透熟时由红色转为暗紫黑色。花期5月，果期10月。

【生长习性】见于海拔200～800 m的石灰岩谷地灌木丛或疏林中。较耐干旱，生长期间浇水不宜过多，保持土壤稍湿润即可。适宜选用含腐殖质丰富、疏松、肥沃的砂质土壤。

【精油含量】水蒸气蒸馏法提取新鲜叶片的得油率0.27%，新鲜枝叶的得油率为0.25%。

【芳香成分】**叶：** 李钳等（1988）用同步蒸馏萃取装置提取的广东广州产栽培广西九里香新鲜叶片精油的主要成分为：乙酸香叶酯（26.37%）、香叶醛（21.79%）、橙花醛（20.77%）、乙酸橙花酯（8.20%）、香叶醇（5.30%）、γ-松油烯（2.39%）、橙花醇（2.11%）、芳樟醇（1.78%）、柠檬烯（1.15%）、邻-伞花烃（1.07%）等。

枝叶： 刘偲翔等（2010）用水蒸气蒸馏法提取的广西武鸣产广西九里香新鲜枝叶精油的主要成分为：香叶醛（19.33%）、橙花醛（17.26%）、乙酸香叶酯（11.27%）、香茅醛（11.12%）、γ-松油烯（8.63%）、香叶醇（3.85%）、柠檬烯（3.42%）、乙酸橙花酯（3.25%）、香茅醇（3.19%）、乙酸香茅酯（2.75%）、伞花烃（1.74%）、石竹烯（1.53%）、胡薄荷酮（1.40%）等。

【利用】枝叶药用，有疏风解表、活血消肿的功效，用于治疗感冒、麻疹、角膜炎、跌打损伤、骨折。根用于治疗咳嗽、胃脘痛。果实有止痛、通经的功能。

大叶九里香
Murraya kwangsiensis Huang var. *macrophylla* Huang

芸香科　九里香属
分布： 广西

【形态特征】广西九里香变种。与广西九里香相似，树高1～1.5 m。小叶较大，长10～18 cm，宽6～10 cm，生于叶下部的长7～8 cm，宽4～5 cm，两面无毛；果红色。果期10月。

【生长习性】生于山谷疏林下。

【精油含量】水蒸气蒸馏法提取干燥的叶得油率为0.25%。

【芳香成分】邹联新等（1999）用水蒸气蒸馏法提取的广西龙州产大叶九里香干燥叶精油的主要成分为：表水菖蒲醇（87.65%）、十氢-1，1,7-三甲基-4-甲烯基-1H-环丙[e]薁（2.31%）、八氢-1，9,9-三甲基-4-甲烯基-1H-3a,7-甲薁（2.29%）、十氢-1，4a-二甲基-7-(1-甲乙基)萘（1.34%）、β-甜没药烯（1.32%）等。

九里香

Murraya exotica Linn.

芸香科　九里香属

别名：千里香、满江香、七里香、石辣椒、石桂树、九秋香、九树香、万里香、过山香、黄金桂、山黄皮、千只眼

分布：台湾、福建、海南、广西、广东、江西等地

【形态特征】小乔木，高可达8 m。小叶3～7片，小叶倒卵形或倒卵状椭圆形，两侧常不对称，长1～6 cm，宽0.5～3 cm，顶端圆或钝，有时微凹，基部短尖，一侧略偏斜，边全缘。花序通常顶生，或顶生兼腋生，花多朵聚成伞状，为短缩的圆锥状聚伞花序；花白色，芳香；萼片卵形，长约1.5 mm；花瓣5片，长椭圆形，长10～15 mm，盛花时反折；雄蕊10枚，长短不等，花丝白色，柱头黄色，粗大。果橙黄色至朱红色，阔卵形或椭圆形，顶部短尖，略歪斜，有时圆球形，长8～12 mm，横径6～10 mm，果肉有黏胶质液，种子有短的棉质毛。花期4～8月，也有秋后开花的，果期9～12月。

【生长习性】常见于离海岸不远的平地、缓坡、小丘的灌木丛中。喜生于砂质土、向阳地方。喜温暖，最适宜生长的温度为20～32℃，不耐寒，低于0℃就可能冻死。阳性树种，宜置于阳光充足、空气流通的地方。对土壤要求不严，宜选用含腐殖质丰富、疏松、肥沃的砂质土壤。

【精油含量】水蒸气蒸馏法提取枝叶的得油率为0.37%～1.60%。

【芳香成分】叶：王兆玉等（2016）用水蒸气蒸馏法提取的广东广州产九里香新鲜叶精油的主要成分为：α-姜烯（25.84%）、β-石竹烯（14.75%）、香柠檬烯（7.96%）、β-甜没药烯（5.63%）、反式-β-法呢烯（5.21%）、β-倍半水芹烯（4.65%）、α-蛇麻烯（4.14%）、双环吉玛烯（3.32%）、斯巴醇（3.14%）、橙花叔醇（2.83%）、α-姜黄烯（2.81%）、棕榈酸（1.68%）、α-柑油烯（1.30%）、(1S,5S,6S)-6-甲基-2-亚甲基-6-(4-甲基-3-戊烯基)二环[3.1.1]庚烷（1.01%）等。

枝叶：姜平川等（2009）用水蒸气蒸馏法提取的广西南宁产九里香干燥枝叶精油的主要成分为：双环大香叶烯（26.00%）、β-石竹烯（20.80%）、α-石竹烯（5.80%）、δ-杜松烯（4.70%）、匙叶桉油烯醇（4.30%）、反-α-香柠檬烯（4.10%）、大香叶烯D（3.70%）、β-红没药烯（3.00%）、芳香-姜黄烯（2.50%）、橙花叔醇（1.40%）、石竹烯氧化物（1.30%）、反-α-香柠檬醇（1.20%）、δ-榄香烯（1.10%）、别芳萜烯（1.00%）等。朱亮锋等（1993）用同法分析的枝叶精油的主要成分为：反式-石竹烯（50.01%）、蛇麻烯（7.10%）、γ-柏木烯（5.09%）、α-姜黄烯（4.19%）、α-杜松烯（2.07%）、反式-β-金合欢烯（1.20%）、δ-杜松烯（1.20%）等。

花：王兆玉等（2016）用水蒸气蒸馏法提取的广东广州产九里香新鲜花精油的主要成分为：桧烯（24.81%）、α-姜烯（11.77 %）、L-芳樟醇（7.17 %）、反式-β-罗勒烯（6.56%）、β-石竹烯（4.67 %）、月桂烯（3.61%）、4-乙烯基-2-甲氧基-苯酚（2.23%）、柠檬烯（2.03%）、棕榈酸（1.98 %）、β-榄香烯（1.92%）、香柠檬烯（1.83%）、β-甜没药烯（1.58%）、α-蛇麻烯（1.53%）、β-倍半水芹烯（1.43%）、反式-β-法呢烯（1.38 %）、橙花叔醇（1.21%）、γ-松油烯（1.15%）、右旋大根香叶烯D(1.12%)、苯甲酸苄酯（1.06%）等。

果实：王兆玉等（2016）用水蒸气蒸馏法提取的广东广州产九里香新鲜果实精油的主要成分为：α-姜烯（37.80%）、香柠

檬烯（9.07%）、反式-β-法呢烯（6.68%）、β-石竹烯（6.42%）、β-倍半水芹烯（6.14%）、β-甜没药烯（5.90%）、反式-α-甜没药烯（2.76%）、双环吉玛烯（2.41%）、α-姜黄烯（2.08%）、橙花叔醇（2.02%）、斯巴醇（1.89%）、α-柑油烯（1.50%）、(1S,5S,6S)-6-甲基-2-亚甲基-6-(4-甲基-3-戊烯基)二环[3.1.1]庚烷（1.02%）等。

【利用】枝叶入药，有行气活血、散瘀止痛、解毒消肿的功效，主治跌打肿痛、风湿骨痛、胃痛、牙痛、破伤风、流行性乙型脑炎、虫蛇咬伤，局部麻醉；外治牙痛、跌扑肿痛、虫蛇咬伤。花、叶、果可提取精油，可用于化妆品香精、食品香精。叶可作调味香料。南部地区多用作围篱材料，或作花圃及宾馆的点缀品，是优良的盆景材料。木材可制精细工艺品。

千里香

Murraya paniculata (Linn.) Jack.

芸香科　九里香属

别名： 九里香、七里香、万里香、九秋香、九树香、木万年青、过山香、黄金桂、四季青、青木香、月橘、十里香

分布： 台湾、福建、广东、海南、湖南、广西、贵州、云南

【形态特征】小乔木，高达12 m。树干及小枝白灰色或淡黄灰色。幼苗期的叶为单叶，其后为单小叶及二小叶，成长叶有小叶3～7片；小叶卵形或卵状披针形，长3～9 cm，宽1.5～4 cm，顶部狭长渐尖，稀短尖，基部短尖，两侧对称或一侧偏斜，边全缘，波浪状起伏。花序腋生及顶生，通常有花10朵以内，稀多达50余朵；萼片卵形，长达2 mm，边缘有疏毛；花瓣倒披针形或狭长椭圆形，长达2 cm，盛花时稍反折，散生淡黄色半透明油点。果橙黄色至朱红色，狭长椭圆形，稀卵形，顶部渐狭，长1～2 cm，宽5～14 mm，有较多油点，种子1～2粒；种皮有棉质毛。花期4～9月，也有秋、冬季开花的，果期9～12月。

【生长习性】生长于低丘陵或海拔高的山地疏林或密林中，石灰岩地区较常见，花岗岩地区也有。喜温暖、湿润气候，要求阳光充足，土层深厚、肥沃及排水良好的土壤，耐旱，不耐寒。最适宜年平均温度15～18℃，最高月平均温度27～29℃，最低月平均温度1～2℃，能耐极端最低温度-7℃，年降雨量1000～1600 mm为宜。

【精油含量】水蒸气蒸馏法提取枝叶的得油率为0.10%～0.30%；超临界萃取法提取干燥枝叶的得油率为5.01%。

【芳香成分】叶：刘江琴等（1997）用水蒸气蒸馏法提取的广东湛江人工栽培的千里香新鲜叶精油的主要成分为：异石竹烯（12.53%）、吉玛烯B（11.91%）、2-甲基-5-(1,5-二甲基-4-乙烯基)-1,3-环己二烯（11.16%）、2,6-二甲基-6-(4-甲基-3-戊基烯)-二环[3.1.1]庚-2-烯（6.17%）、α-荜澄茄油烯（5.80%）、胡椒烯（5.53%）、石竹烯（4.06%）、1-甲基-4-(5-甲基-1-亚甲基-4-己烯)环己烯（3.95%）、4-甲基-1-(1,5-二甲基-4-乙烯基)苯（3.88%）、(+)-2-蒈烯（3.79%）、(-)-香木兰烯醇（3.57%）、(反)-7,11-二甲基-3-亚甲基-1,6,10-十二烷三烯（2.80%）、α-石竹烯（2.73%）、3,7,11-三甲基-1,6,10-十二碳三烯-3-醇（2.61%）、吉玛烯D（1.70%）、柠檬醛（1.59%）、β-里哪醇（1.43%）、玷���烯（1.25%）、α-法呢烯（1.20%）等。弓宝等（2016）用同法分析的海南万宁产千里香新鲜叶精油的主要成分为：石竹烯（21.50%）、香橙烯（13.60%）、三环[3.2.2.0]壬烷-2-羧酸（6.61%）、蛇麻烯（4.62%）、萘（3.93%）、2,6-二甲基-6-(4-甲基-3-戊烯基)双环[3.1.1]庚-2-烯（3.82%）、十五醛（2.49%）、β-甜没药烯（2.30%）、可巴烯（2.25%）、环己烯（1.97%）、9,10-二氢化异长叶烯（1.83%）、α-法呢烯（1.78%）、β-金合欢烯（1.62%）、(-)-罗汉柏烯（1.53%）等。

枝叶：朱亮锋等（1993）用水蒸气蒸馏法提取的枝叶精油的主要成分为：γ-榄香烯（31.72%）、橙花叔醇（12.21%）、反式-石竹烯（11.55%）等。刘布鸣等（2015）用同法分析的广西南丹产野生千里香新鲜枝叶精油的主要成分为：橙花叔醇（27.05 %）、γ-榄香烯（10.60%）、大根香叶烯D（7.59%）、β-石竹烯（5.32%）、β-榄香烯（4.62%）、β-桉叶油醇（4.40%）、榄香醇（4.21%）、6-蛇床烯-4-醇（4.00 %）、(-)-匙叶桉油烯醇（2.91%）、δ-杜松烯（2.80%）、4-乙烯基-4-甲基-1-(丙-2-基)-3-(1-丙烯-2-基)环己烯（2.65%）、姜烯（2.09%）、蛇麻烯（1.57%）、α-桉叶油醇（1.35%）、α-杜松醇（1.34 %）、甘香烯（1.15%）等；广西马山栽培千里香新鲜枝叶精油的主要成分为：β-石竹烯（21.97%）、γ-榄香烯（12.31%）、6-蛇床烯-4-醇（10.51%）、β-桉叶油醇（6.05%）、大根香叶烯 D（5.42%）、蛇麻烯（4.26%）、δ-杜松烯（4.01%）、(-)-匙叶桉油烯醇（3.55%）、β-榄香烯（2.84%）、氧化石竹烯（2.29%）、橙花叔醇（1.99%）、4-乙烯基-4-甲基-1-(丙-2-基)-3-(1-丙烯-2-基)环己烯（1.98%）、α-桉叶油醇（1.74%）、甘香烯（1.23%）、榄香醇（1.17%）、α-杜松醇（1.10%）等。

花：刘江琴等（1997）用水蒸气蒸馏法提取的广东湛江产千里香新鲜花精油的主要成分为：异石竹烯（13.92%）、吉玛烯B（11.89%）、2-甲基-5-(1,5-二甲基-4-乙烯基)-1,3-环已二烯（11.83%）、α-法呢烯（5.92%）、α-荜澄茄油烯（5.64%）、石竹烯（4.38%）、1-甲基-4-(5-甲基-1-亚甲基-4-己烯)环已烯（4.14%）、4-甲基-1-(1,5-二甲基-4-乙烯基)苯（4.04%）、(+)-2-蒈烯（3.71%）、(-)-香木兰烯醇（3.59%）、(反)-7,11-二甲基-3-亚甲基-1,6,10-十二烷三烯（3.01%）、α-石竹烯（2.78%）、3,7,11-三甲基-1,6,10-十二碳三烯-3-醇（2.53%）、柠檬醛（1.68%）、3,6-十八碳二烯酸甲酯（1.58%）、依兰烯（1.34%）、1,5,5-三甲基-6-乙酰氧基二环[2.2.1]庚烷-2,3-二酮（1.18%）等。

【利用】以干燥叶和带叶嫩枝入药，有行气活血、散瘀止痛、解毒消肿的功效，治感冒、头痛、胃痛、牙痛、风湿骨痛、跌打肿痛。枝叶作调味料。南方暖地可作绿篱栽植．或植于建筑物周围，也可作为盆栽供室内观赏。枝叶和花可提取芳香油，精油和浸膏为我国允许使用的食用香料，可用于调配食用和化妆品香精，也用于各种复合调味料，如酱油、辣酱等。

四数九里香

Murraya tetramera Huang

芸香科　九里香属

别名：千只眼、穿花针、满山香、满天香、臭漆、透光草

分布：广西、云南

【形态特征】小乔木，高3～7 m。当年生枝、新叶的叶轴及花梗被稀疏微柔毛，后变无毛。叶有小叶5～11片，小叶狭长披针形，长2～5 cm，宽8～20 mm，顶部长渐尖，两侧稍不对称或对称，干后为暗褐黑色，油点微凸起。伞房状聚伞花序，多花，花白色；萼片及花瓣均4片；萼片基部合生，卵形，长不及lmm；花瓣白色，长椭圆形，长4～5 mm，有油点；雄蕊8枚，长短相间，花丝长约4 mm，纤细；子房椭圆形，长约1 mm，花柱长约2 mm，柱头不增大。果圆球形，径10～12 mm，淡红色，油点甚多，干后变为褐色，有种子1～3粒；种皮膜质，平滑，子叶深绿色。花期3～4月，果期7～8月。

【生长习性】常见于石灰岩山地的山顶部，光照充足的地方。

【精油含量】水蒸气蒸馏法提取新鲜枝叶的得油率为1.25%～1.95%，干燥枝叶的得油率为3.00%～5.00%；超临界萃取干燥茎叶的得油率为5.11%。

【芳香成分】陈家源等（2009）用水蒸气蒸馏法提取的广西德保产四数九里香干燥枝叶精油的主要成分为：薄荷酮（53.20%）、异薄荷酮（14.45%）、柠檬烯（13.21%）、胡椒酮（7.96%）、月桂烯（3.34%）、芳樟醇（1.74%）、α-蒎烯（1.07%）等。戴云华等（1986）用同法分析的云南易门产四数九里香新鲜枝叶精油的主要成分为：柠檬烯（39.49%）、紫苏醛（30.08%）、胡椒酮（23.73%）、薄荷酮（2.17%）、月桂烯（1.21%）等。

【利用】枝叶在广西龙州用作治风湿病的主药，在德保地区，群众用叶作冬季饮用茶叶，据称有防寒功效。枝叶和花可提取精油，可作日用化学工业原料或药用。

调料九里香

Murraya koenigii (Linn.) Spreng.

芸香科　九里香属
别名： 麻绞叶、金氏九里香
分布： 海南、云南

【形态特征】灌木或小乔木，高达4 m。嫩枝有短柔毛。小叶17～31片，小叶斜卵形或斜卵状披针形，生于叶轴最下部的通常阔卵形且较细小，长2～5 cm，宽5～20 mm，基部钝或圆，一侧偏斜，两侧不对称，叶轴及小叶两面中脉均被短柔毛，全缘或叶缘有细钝裂齿，油点干后变黑色。近于平顶的伞房状聚伞花序，通常顶生，花较多；花蕾椭圆形；花序轴及花梗均被短柔毛；萼裂片卵形，长不及1 mm；花瓣5片，倒披针形或长圆形，白色，长5～7 mm，有油点。嫩果长卵形，长约为宽的1倍，成熟时长椭圆形，或间有圆球形，长1～1.5 cm，蓝黑色，有种子1～2粒；种皮薄膜质。花期3～4月，果期7～8月。

【生长习性】较常见于海拔500～1600 m较湿润的阔叶林中，河谷沿岸也有生长。

【精油含量】水蒸气蒸馏法提取枝叶的得油率为0.15%，叶的得油率为1.21%。

【芳香成分】邹联新等（1998）用水蒸气蒸馏法提取的云南元江产调料九里香叶精油的主要成分为：α-蒎烯（36.50%）、3-蒈烯（17.02%）、十氢-1,1,7-三甲基-4-甲烯基-1H-环丙[e]薁（13.41%）、十氢-4α-甲基-1-甲烯基-7-(1-甲乙烯基)萘（7.60%）、β-松油烯（4.12%）、绿叶烯（3.35%）、4,11,11-三甲基-8-甲烯基双环[7.2.0]十一-4-烯（3.15%）、1,1-二甲基-2-(3-甲基-1,3-丁烯基)环丙烷（3.13%）、邻伞花烃（2.31%）、石竹烯（2.12%）、α-长叶松烯（1.74%）、罗勒烯（1.67%）、雪松醇（1.44%）等。

【利用】叶作咖喱调料。枝叶可提取精油，精油可用于调配化妆品和皂用香精。

小叶九里香

Murraya microphylla (Merr. et Chun) Swingle

芸香科　九里香属
别名： 满江香、七里香
分布： 海南、广东、广西、福建、云南

【形态特征】本种与调料九里香很近似，只是小叶较小，生于叶轴基部的常为阔卵形至长圆形，长和宽3～6 mm，其余最长的不超过25 mm，宽不过10 mm，顶端钝或圆，有时稍凹缺，基部狭而钝，两侧稍不对称，边缘有明显的钝裂齿，两面无毛，很少在中脉近基部有在放大镜下可见的稀短细毛，小叶柄极短；花序有花一般10～30朵；花、果的形态和大小也与调料九里香相同。花期一年两次，一次在4～5月，另一次7～10月，果期9～12月。

【生长习性】生于砂质土的灌木丛中。

【精油含量】水蒸气蒸馏法提取叶的得油率为0.36%～0.38%。

【芳香成分】邹联新等（1998）用水蒸气蒸馏法提取的海南三亚产小叶九里香阴干叶精油的主要成分为：十氢1,1,7三甲基-4-甲烯基-1H-环丙[e]薁（24.57%）、β-松油烯（16.58%）、1,2,3,4,4a,5,6,8a-八氢-7-甲基-4-甲烯基-1-(1-甲基)萘（11.43%）、β-松油醇（11.28%）、3-蒈烯（10.13%）、1,1-二甲基-2-(3-甲基-1,3丁二烯基)-环丙烷（5.58%）、α-石竹烯（4.51%）、2-甲基-5-(1-甲乙基)-双环[3.1.0]己-2-烯（2.07%）、5-蒈烷醇（2.01%）、八氢-1,9,9=三甲基-4-甲烯基-1H-3a,7-甲薁（1.90%）、1a,2,6,7,7a,7b-六氢-1,1,7,7a-四甲基-1H-环丙[a]萘（1.55%）、表水菖蒲醇（1.32%）、1-乙烯基-1-甲基-2-(1-甲乙烯基)-4-(1-甲乙烯基)环己烷（1.22%）等。朱亮锋等（1993）用同法分析的叶精油的主要成分为：β-水芹烯（73.93%）、α-

松油烯（3.04%）、石竹烯（2.52%）、松油醇-4(2.15%)、α-蒎烯（2.11%）、乙酸芳樟酯（1.56%）、榄香烯（1.38%）、菖烯-3（1.10%）等。弓宝等（2016）用同法分析的海南万宁产小叶九里香新鲜叶精油的主要成分为：石竹烯（19.30%）、环己烯（10.10%）、莰烯（9.27%）、(+)-(1S,3S)-间薄荷-4,8-二烯（4.81%）、蛇麻烯（4.07%）、萘（3.29%）、可巴烯（2.28%）、双环[4.4.0]十二-1-烯（2.16%）、1,6-环揆二烯（1.57%）、(1R)-2,6,6-三甲基[3.1.1]庚-2-烯（1.08%）等。

【利用】叶可作调味香料。枝叶药用，有小毒，有行气止痛、活血散瘀之功效，可治胃痛、风湿痹痛，外用有局部麻醉作用，可治牙痛、跌扑肿痛、虫蛇咬伤等。枝叶精油可用于化妆品香精，食品香精。

翼叶九里香

Murraya alata Drake

芸香科　九里香属

分布：广东、海南、广西

【形态特征】灌木，高1～2 m。枝黄灰或灰白色。叶轴有宽0.5～3 mm的叶翼，小叶5～9片，小叶倒卵形或倒卵状椭圆形，长1～3 cm，宽6～15 mm，顶端圆，很少钝，叶缘有不规则的细钝裂齿或全缘，略向背卷。聚伞花序腋生，有花三数朵；花萼裂片长1.5～2 mm；花瓣5片，白色长10～15 mm，宽3～5 mm，有纵脉多条；雄蕊10枚，长的5枚与花瓣等长或较长，短的5枚与柱头等高或略较高；花柱比子房长约2倍，柱头头状，子房2室，每室有1胚珠。果卵形，顶端有偏向一侧的短凸尖体，或为圆球形，径约1 cm，朱红色，有种子2～4粒；种皮有甚短的棉质毛。花期5～7月，果期10～12月。

【生长习性】常见于离海岸不远的砂地灌木丛中。

【精油含量】水蒸气蒸馏法提取枝叶的得油率为0.08%，叶的得油率为0.95%。

【芳香成分】叶：邹联新等（1999）用水蒸气蒸馏法提取的海南三亚产翼叶九里香叶精油的主要成分为：3,4-二乙烯基-3-甲基环己烷（33.23%）、十氢-1,1,7-三甲基-4-甲烯基-1H-环丙[e]薁（18.41%）、石竹烯（6.71%）、十氢-4α-甲基-1-甲烯基-7-(1-甲乙烯基)萘（3.70%）、1,5-二乙烯基-3-甲基-2-甲乙烯基环己烷（3.55%）、1α,2,3,5,6,7,7α,7β-八氢-1,1,7,7α四甲基-1H-环丙[a]萘（3.38%）、β-榄香烯（3.20%）、十氢-1,6二甲烯基-1-甲乙基萘（3.18%）、1,1α,2,4,6,7,7α,7β-十氢-1H-环丙烷[a]萘-5-酮（2.94%）、螺[2,9]十二-4,8-二烯（2.63%）、1,2,3,4,4α,5,6,8α-八氢-7-甲基-4-甲烯基-1-(1-甲基)萘（2.60%）、3,4-二乙烯基-3-甲基环己烷（2.46%）、玷𤧛烯（2.09%）、八氢-1,7α-二甲基-5-(1-甲乙烯基)-1,2,4-萻-1H-茚（1.89%）、1,1-二甲基-2-(3-甲基-1,3-丁烯基)环丙烷（1.64%）、八氢-1,9,9-三甲基-4-甲烯基-1H-3a,7-甲薁（1.55%）、反式-5-菖烷醇（1.38%）、1,8-二甲基-4-(1-甲乙烯基)螺[4,5]十二-7-烯（1.26%）、十氢-1,1,7-三甲基-4-甲烯基-1H-环丙[e]薁（1.26%）、2,3,3α,4-四氢-3,3α,6-三四基-1-(甲乙基)-11H-茚（1.26%）、1-乙烯基-1-甲基-2-(1-甲乙烯基)-4-(1-甲乙烯基)环己烷（1.12%）、1,2,4α,5,6,7,8,8α-十氢-4α-甲基萘胺（1.10%）等。

枝叶：朱亮锋等（1993）用水蒸气蒸馏法提取的枝叶精油的主要成分为：α-古芸烯（29.56%）、愈创木醇（7.69%）、反式-石竹烯（7.64%）、β-桉叶醇（6.21%）、β-芹子烯（4.40%）、胡萝卜醇（3.82%）、β-榄香烯（3.53%）、γ-榄香烯（3.12%）、花柏酮（3.10%）、β-荜澄茄烯（3.01%）、β-愈创木烯（2.40%）、香榧醇（2.34%）、δ-榄香烯（1.79%）、马兜铃烯（1.38%）、异愈创木醇（1.23%）等。

酒饼簕

Atalantia buxifolia (Poir.) Oliv.

芸香科　酒饼簕属

别名：东风橘、狗橘、山柑仔、乌柑、蠔壳刺、儿针簕、山橘簕、牛屎橘、狗骨簕、梅橘、雷公簕、铜将军

分布：海南、台湾、福建、广东、广西

【形态特征】高达2.5 m的灌木。分枝多，下部枝条披垂，刺多，长达4 cm，顶端红褐色。叶硬革质，有柑橘叶香气，叶面暗绿色，叶背浅绿色，卵形、倒卵形、椭圆形或近圆形，长2～6 cm，很少达10 cm，宽1～5 cm，顶端圆或钝，微凹入或明显凹入，油点多。花多朵簇生，稀单朵腋生；萼片及花瓣均5片；花瓣白色，长3～4 mm有油点。果圆球形，略扁圆形或近椭圆形，径8～12 mm，果皮有稍凸起油点，透熟时为蓝黑色，汁胞扁圆、多棱、半透明、紧贴室壁，含黏胶质液，有种子2或1粒；种皮薄膜质，子叶厚，肉质，绿色，多油点。花期5～12月，果期9～12月，常在同一植株上花、果并茂。

【生长习性】通常见于离海岸不远的平地、缓坡及低丘陵的

灌木丛中。在内陆生于酸性土，在滨海地区，生于盐分颇高的砂土上，是一种耐盐植物，有积聚土壤中硼的功能，有抗线虫及抗旱特性。

【精油含量】水蒸气蒸馏法提取干燥根茎的得油率为0.12%。

【芳香成分】蒋东旭等（2011）用水蒸气蒸馏法提取的干燥根茎精油的主要成分为：异环柠檬醛（41.60%）、愈创木醇（15.23%）、β-桉叶醇（10.79%）、1,7,7-三甲基-二环[2,2,1]-2-庚烯（5.84%）、檀香醇（3.70%）、铁锈醇（2.66%）、罗汉柏烯（2.58%）、长叶烯（2.10%）、1-乙烯基-1-甲基-2-(1-甲乙烯基)-4-(1-甲乙烯基)环已烷（1.91%）、(1α,4aα,8aα)-7-甲基-4-甲烯基-1-异丙基-1,2,3,4,4a,5,6,8a-八氢萘（1.38%）、(R)-2,4a,5,6,7,8-六羟基-3,5,5,9-四甲基-1-氢-苯并环庚烯（1.23%）、邻苯二甲酸二丁酯（1.22%）、9,10-二氢异长叶烯（1.17%）等。

【利用】成熟的果实可食。根、叶用作草药，有祛风散寒、行气止痛的功效，与其他草药配用治支气管炎、风寒咳嗽、感冒发热、风湿关节炎、慢性胃炎、胃溃疡及跌打肿痛等。木材为细工雕刻材料。园艺上用作盆景材料。

裸芸香

Psilopeganum sinense Hemsl.

芸香科　裸芸香属

别名：山麻黄、蛇皮草、臭草、千垂鸟、虱子草

分布：湖北、安徽、四川、贵州、重庆、广西

【形态特征】植株高30～80 cm。叶有柑橘叶香气；小叶椭圆形或倒卵状椭圆形，中间1片最大，长很少达3 cm，宽不到1 cm，两侧2片甚小，长4～10 mm，宽2～6 mm，顶端钝或圆，微凹缺，下部狭至楔尖，边缘有不规则亦不明显的钝裂齿，背面灰绿色。萼片卵形，长约1 mm，绿色；花瓣盛花时平展，卵状椭圆形，长4～6 mm，宽约2 mm；雄蕊略短于花瓣，花丝黄色，花药甚小；雄蕊心脏形而略长，顶部中央凹陷，花柱淡黄绿色，自雌蕊群的中央凹陷处长出，长不超过2 mm。蓇葖果，顶部呈口状凹陷并开裂，2室；种子长约1.5 mm，厚约1 mm。花果期5～8月。

【生长习性】常见于海拔约800 m的山坡，生于较温暖、湿润的地方。

【精油含量】水蒸气蒸馏法提取枝叶的得油率为0.40%。

【芳香成分】袁萍等（1999）用水蒸气蒸馏法提取的湖北巴东产裸芸香枝叶精油的主要成分为：香芹酮（29.15%）、香芹蓋酮（9.78%）、α-金合欢烯（8.05%）、顺式-β-罗勒烯（6.44%）、

香芹蓋烯醇（5.91%）、1,2-二甲基-4-(1-甲基乙烯基)-顺式-环己烷（3.46%）、1,3-二甲基苯（2.47%）、菖蒲二烯（2.04%）、2-甲氧基-1,3,4-三甲基苯（1.77%）、反式-香芹蓋酮（1.62%）、1,2-二甲基苯（1.55%）、β-水芹烯（1.28%）、2,3,5-三甲基-1,4-邻苯二酚（1.13%）、反式-β-罗勒烯（1.02%）等。

【利用】枝叶作香料原料。果实用作草药，有利水、消肿、驱蛔虫的功效，贵州民间用以治气管炎。

木橘

Aegle marmelos (Linn.) Correa

芸香科　木橘属
别名： 孟加拉苹果
分布： 云南

【形态特征】树高10 m以内，树皮灰色，刺多，粗而硬，生于叶腋间，长的长达3 cm。幼苗期的叶为单叶，对生或近于对生，稍后期抽出的叶为单小叶，生于茎干上部的叶为指状3出叶，有时为2小叶，小叶阔卵形或长椭圆形，长4～12 cm，宽2～5 cm，中央的一片较大，叶缘有浅钝裂齿。单花或数花腋生，花芳香，有花梗；萼裂片5或4，有短细毛；花瓣白色，5或4片，略呈肉质，有透明油点，长约1 cm。果纵径10～12 cm，横径6～8 cm。果皮淡绿黄色，平滑，干后硬木质，厚3～4 mm，10～15室，种子较多，扁卵形，端尖，并有透明的黏胶质液，种皮有棉质毛。果期10月。

【生长习性】生于海拔600～1000 m略干燥的坡地林中。属热带植物，但冬季落叶。可耐-8℃低温。

【精油含量】水蒸气蒸馏法提取干燥未成熟果实的得油率为0.83%。

【芳香成分】武尉杰等（2013）用水蒸气蒸馏法提取的云南西双版纳产木橘干燥未成熟果实精油的主要成分为：棕榈酸（40.04%）、β-石竹烯（10.04%）、油酸（7.83%）、香叶烯B（5.33%）、α-葎草烯（3.53%）、γ-姜黄烯（2.61%）、α-桉叶烯（2.30%）、β-桉叶油醇（1.77%）、β-榄香烯（1.67%）、反式茴香脑（1.35%）、δ-杜松烯（1.31%）、十五酸（1.30%）、别香橙烯（1.24%）、香叶烯D（1.23%）、十四酸（1.19%）、γ-榄香烯（1.17%）等。

【利用】根、树皮、叶、花均可用作清热剂。果肉用作清肠胃药，作缓泻剂用，未成熟果实用于治疗慢性腹泻、痢疾、肠炎。在缅甸用嫩叶捣烂治创伤、疮疥及肿痛、脚及口腔疾病，叶捣烂后留汁液治疗眼病，食嫩叶可避孕或引致流产。

小花山小橘

Glycosmis parviflora (Sims) Kurz

芸香科　山小橘属
别名： 山小橘、山橘、山橘仔、山油柑、山柑子
分布： 台湾、福建、广东、广西、贵州、云南、海南

【形态特征】灌木或小乔木，高1～3 m。叶有小叶2～4片，稀5片或兼有单小叶；小叶片椭圆形，长圆形或披针形，长5～19 cm，宽2.5～8 cm，顶部短尖至渐尖，有时钝，基部楔尖，全缘，干后不规则浅波浪状起伏。圆锥花序腋生及顶生，通常3～5 cm，顶生的长可达14 cm；萼裂片卵形，端钝，宽约1 mm；花瓣白色，长约4 mm，长椭圆形，干后变淡褐色，边缘为淡黄色。果圆球形或椭圆形，径10～15 mm，淡黄白色转淡红色或暗朱红色，半透明油点明显，有种子2～3粒、稀1粒。花期3～5月，果期7～9月。通常除冬、春初季节外常在同一树上有成熟果也同时开花。

【生长习性】生于低海拔缓坡或山地杂木林，路旁树下的灌木丛中亦常见，很少见于海拔达1000 m的山地。

【精油含量】水蒸气蒸馏法提取新鲜茎的得油率为0.07%，叶的得油率为0.08%～0.23%，果实的得油率为0.17%。

【芳香成分】茎：马雯芳等（2013）用水蒸气蒸馏法提取的广西南宁产小花山小橘新鲜茎精油的主要成分为：石竹烯（33.15%）、(Z)-β-金合欢烯（9.56%）、双环大根香叶烯（6.37%）、n-石竹烯（4.18%）、(S)-1-甲基-1-次乙基-2,4-(1-甲基乙烯基)-环己烷（3.50%）、3,7-二甲基-1,3,6-辛三烯（3.31%）、没药烯（2.39%）、三十四烷（2.37%）、双戊烯（1.88%）、二十二烷（1.57%）、10,10-二甲基-2,6-二亚甲基二环[7.2.0]-5-十一烯醇（1.34%）、大根香叶酮D（1.25%）、叶绿醇（1.04%）、芳樟醇（1.00%）等。

叶：席萍等（2000）用水蒸气蒸馏法提取的广东怀集产小花山小橘新鲜叶精油的主要成分为：反-石竹烯（29.26%）、大牻牛儿烯B（11.84%）、7,11-二甲基-3-亚甲基-1,6,10-十二碳三烯（5.70%）、β-榄香烯（5.14%）、β-甜没药烯（5.01%）、α-蛇麻烯（4.37%）、香橙烯（1.90%）、2-甲基-5-(1-甲乙基)酚（1.45%）等。周波等（2004）用同法分析的广东广州产小花山小橘叶精油的主要成分为：石竹烯（45.44%）、植醇（13.00%）、[(1S)-(1α,2β,4β)]-1-乙烯基-1-甲基-2,4-二(1-甲基乙烯基)-环己烷（5.92%）、α-石竹烯（5.47%）、氧化石竹烯（3.90%）、2,5,5-三甲基-1,3,6-庚三烯（2.75%）、10,10-二甲基-2,6-亚甲基二环[7.2.0]-5β-十一碳醇（2.55%）、(-)-匙叶桉油烯醇（2.13%）、大根香叶烯（1.58%）、十氢-3a-甲基-6-亚甲基-1-异丙基-环丁[1,2：3,4]二环戊烯（1.47%）、莰烯（1.39%）、4,4-二甲基四环[$6.3.2.0^{2,5}.0^{1,8}$]-9-十三醇（1.10%）等。

果实：周波等（2004）用水蒸气蒸馏法提取的广东广州产小花山小橘果实精油的主要成分为：石竹烯（70.71%）、α-石竹烯（7.91%）、5,9,9-三甲基-螺[3.5]-5-壬烯-1-酮（7.79%）、[(1S)-(1α,2β,4β)]-1-乙烯基-1-甲基-2,4-二(1-甲基乙烯基)环己烷（4.25%）、[3aS-3aα,3bβ,4β,7α,7aS*]-八氢-7-甲基-3-亚甲基-4-(1-甲基乙基)-1H-环戊[1,3]环丙[1,2]苯（1.41%）等。

【利用】果实可生食，轻度麻舌。根及叶作草药，根具有行气消积、化痰止咳的功效；叶有散瘀消肿功效。

贡甲

Acronychia oligophlebia Merr.

芸香科　山油柑属

别名：白山柑

分布：海南

【形态特征】乔木，高达14 m。叶倒卵状长圆形或长椭圆形，长7～18 cm，宽3.5～7 cm，纸质，全缘；叶柄长1～2 cm，基部略增大呈枕状。花蕾近圆球形，花瓣阔卵形或三角状卵形，质地薄，内面无毛，很少被稀疏短伏毛；花通常单性，雄花的不育雌蕊近扁圆形，无毛，花柱较短，柱头不增粗；雌花的退化雄蕊8枚，有箭头状的花药但无花粉，花丝较短，发育子房圆球形，无毛，花柱伸长，柱头略增大。成熟果与山油柑的无异。花果期与山油柑也大致相同。

【生长习性】为低丘陵坡地次生林常见树种。

【精油含量】水蒸气蒸馏法提取根的得油率为0.10%，叶的得油率为0.80%～1.00%。

【芳香成分】朱亮锋等（1993）用水蒸气蒸馏法提取的叶精油的主要成分为：α-蒎烯（52.26%）、β-蒎烯（4.38%）、顺式-石竹烯（3.98%）、橙花叔醇（3.98%）、枞油烯（3.19%）、月桂烯（2.86%）、芳樟醇（2.42%）、香树烯（1.68%）、蛇麻烯（1.68%）等。

【利用】叶精油可作中低档香精原料，如除去精油中的萜类成分，可用作较高档香精原料。

山油柑

Acronychia pedunculata (Linn.) Miq.

芸香科　山油柑属

别名：降真香、紫藤香、降真、降香、降香檀、花梨母、石苓舅、山柑、砂糖木

分布：台湾、福建、广东、广西、海南、云南

【形态特征】树高5～15 m。树皮灰白色至灰黄色，平滑，开时有柑橘叶香气。叶有时呈略不整齐对生，单小叶。叶片椭圆形至长圆形，或倒卵形至倒卵状椭圆形，长7～18 cm，宽3.5～7 cm，或有较小的叶，全缘；叶柄长1～2 cm，基部略增大呈叶枕状。花两性，黄白色，径1.2～1.6 cm；花瓣狭长椭圆形，花开放初期，花瓣的两侧边缘及顶端略向内卷，盛花时则向背面反卷且略下垂，内面被毛。果序下垂，果淡黄色，半透明，近圆球形而略有棱角，径1～1.5 cm，顶部平坦，中央微凹陷，有4条浅沟纹，有小核4个，每核有1粒种子；种子倒卵形，长4～5 mm，厚2～3 mm，种皮褐黑色、骨质。花期4～8月，果期8～12月。

【生长习性】生于较低丘陵坡地杂木林中，为次生林常见树种之一，有时成小片纯林，在海南，可分布至海拔900 m山地茂密的常绿阔叶林中。

【精油含量】水蒸气蒸馏法提取根的得油率为0.07%，茎的得油率为0.05%，茎皮的得油率为0.16%，木质部的得油率为0.05%，叶的得油率为0.18%～0.90%，果实的得油率为0.34%。

【芳香成分】茎：曾春晖等（2012）用水蒸气蒸馏法提取的晾干茎精油的主要成分为：反式-α-蒎烯（55.91%）、顺式-α-蒎烯（7.42%）、R-(+)-柠檬烯（2.50%）、月桂烯（2.03%）、檀香烯（2.03%）、石竹烯（1.47%）、顺式-β-蒎烯（1.41%）等；王军等（2015）用同法分析的海南尖峰岭产山油柑木质部精油的主要成分为：棕榈酸（18.84%）、α-玷㶲烯（7.94%）、δ-杜松烯（3.71%）、(E,Z)-2,4-癸二烯醛（3.45%）、香树烯（3.30%）、乙酸香叶酯（2.28%）、癸醛（1.26%）、蓝桉醇（1.26%）、长叶醛（1.18%）、τ-依兰油醇（1.17%）、2-十一烯醛（1.03%）等；茎皮精油的主要成分为：α-蒎烯（46.70%）、α-玷㶲烯（19.81%）、δ-杜松烯（5.80%）、香树烯（4.46%）、柠檬烯（3.53%）、β-蒎烯（1.71%）等。

叶：朱亮锋等（1993）用水蒸气蒸馏法提取的叶精油的主要成分为：β-侧柏烯（73.09%）、柠檬烯（4.99%）、乙酸松油酯（3.05%）、对伞花烃（2.88%）、β-松油醇（2.40%）、α-蒎烯（2.10%）、芳樟烯1.88(%)、水合莰烯（1.68%）等。曾春晖等（2012）用同法分析的广西南宁产山油柑晾干叶精油的主要成分为：L-别香木兰烯（16.75%）、反式-α-蒎烯（43.74%）、4(14),7(11)-桉叶二烯（4.60%）、R-(+)-柠檬烯（2.95%）、π-桉叶烯（2.82%）、氧化石竹烯（2.53%）、10H-1,1,7-三甲基-4-亚甲基-1H-环丙烯并[e]薁（2.49%）、反式罗勒烯（1.90%）、α-石竹烯（1.60%）、(-)-蓝桉醇（1.26%）、顺-β-罗勒烯（1.20%）等。

果实：曾春晖等（2012）用水蒸气蒸馏法提取的果实精油的主要成分为：反式-α-蒎烯（59.45%）、反式罗勒烯（7.75%）、顺-β-罗勒烯（5.37%）、R-(+)-柠檬烯（5.19%）、萜品醇（2.45%）、月桂烯（1.90%）、石竹烯（1.68%）、(-)-蓝桉醇（1.36%）、顺式-β-蒎烯（1.29%）等。

【利用】木材可材用，在海南列为五类材。根、叶、果用作中草药，有化气、活血、去瘀、消肿、止痛的功效，治支气管炎、感冒、咳嗽、心气痛、疝气痛、跌打肿痛、消化不良。树皮可提栲胶。枝叶可提取精油，用于化妆品香料。

臭节草

Boenninghausenia albiflora (Hook.) Reichb. ex Meisn.

芸香科　石椒草属

别名：松风草、生风草、小黄药、白虎草、石胡椒、松气草、老蛇骚、野椒、蛇皮草、蛇根草、蛇盘草、臭虫草、断根草、烫伤草、岩椒草

分布：安徽、江苏、浙江、江苏、湖南、广东、广西、四川、云南、西藏、台湾

【形态特征】常绿草本，分枝甚多，枝、叶灰绿色，稀紫红色，嫩枝的髓部大而空心，小枝多。叶薄纸质，小裂片倒卵形、菱形或椭圆形，长1～2.5 cm，宽0.5～2 cm，叶背灰绿色，老叶常变为褐红色。花序有花较多，花枝纤细，基部有小叶；萼片长约1 mm；花瓣白色，有时顶部桃红色，长圆形或倒卵状长圆形，长6～9 mm，有透明油点；8枚雄蕊长短相间，花丝白色，花药红褐色；子房绿色，基部有细柄。分果瓣长约5 mm，子房柄在结果时长4～8 mm，每分果瓣有种子4粒，稀3或5粒；

种子肾形，长约1 mm，褐黑色，表面有细瘤状凸体。花果期7～11月。

【生长习性】常生于海拔700～1000 m的山地，四川、云南和西藏的多生于海拔1500～2800 m的山地草丛中或疏林下。灌丛、路边、山谷、山坡草甸、湿地、石地、石灰岩、溪边均可见。

【精油含量】水蒸气蒸馏法提取茎叶的得油率为0.08%，新鲜全株的得油率为0.09%。

【芳香成分】叶晓雯等（1999）用水蒸气蒸馏法提取的云南泸西产臭节草新鲜全株精油的主要成分为：乙酸癸酯（28.20%）、1,3-丁二醇（21.90%）、乙酸乙酯（10.00%）、3-羟基-2-丁酮（4.90%）、乙酸（4.40%）、乙酸十二酯（3.14%）、乙酸辛酯（2.12%）、α-石竹烯（2.00%）、β-澄椒烯（2.00%）、乙酸金合欢酯（1.77%）、癸醛（1.37%）、t-β-罗勒烯（1.27%）、β-蒎烯（1.11%）、环十二烷（1.01%）等。张素英等（2010）用同法分析的贵州绥阳产臭节草干燥全草精油的主要成分为：辛基油（9.48%）、花椒毒素（8.41%）、棕榈酸（8.38%）、吉玛烯D（4.84%）、植醇（4.64%）、亚油酸（4.50%）、4-异戊烯氧肉桂酸甲酯（3.57%）、三十烷（3.00%）、二十七烷（2.88%）、二十八烷（2.57%）、二十五烷（2.52%）、二十九烷（2.46%）、二十六烷（2.44%）、酞酸二丁酯（2.42%）、三十一烷（2.41%）、三十二烷（2.36%）、喇叭烯氧化物（1.95%）、肉豆蔻酸（1.73%）、二十四烷（1.71%）、α-杜松醇（1.68%）、三十三烷（1.56%）、异虎耳草素（1.43%）、5,7-二甲氧基香豆素（1.40%）、α-蛇麻烯（1.39%）、双环吉玛烯（1.29%）、十五烷酸（1.29%）、二十三烷（1.26%）、月桂酸（1.13%）、榄香醇（1.08%）、乙酸橙花酯（1.04%）、吉玛烯B（1.03%）等。朱亮锋等（1993）用同法分析的全草精油的主要成分为：松油醇-4（30.62%）、氧化石竹烯（7.40%）、桃金娘醛+α-松油醇（5.69%）、β-水芹烯（4.05%）、桧烯（3.44%）、β-蒎烯（3.11%）、1,8-桉叶油素（1.46%）、乙酸癸酯（1.44%）、γ-杜松烯（1.18%）、癸醛（1.09%）等。

【利用】全草作草药，有解表截疟、活血散瘀、解毒的功效，用于治疗疟疾、感冒发热、支气管炎、跌打损伤；外用治外伤出血、痈疖疮疡。

石椒草

Boenninghausenia *sessilicarpa* Lévl.

芸香科　石椒草属

别名：石胡椒、蛇皮草、苦黄草、羊不食草、石交、岩椒草、九牛二虎草、铁帚把、千里马、羊膻草、铜脚地枝蒿、小狼毒、臭草

分布：云南、四川

【形态特征】多年生宿根草本，高0.5～1 m，全株有强烈的气味。主根木质，外皮黄色，有多数侧根。茎直立，下部木质，上部草质，多分枝。二回羽状复叶互生，小叶纸质，倒卵形或椭圆形，长0.8～2 cm，宽0.5～1 cm，先端圆形，微凹，基部楔形，全缘，叶面绿色，叶背淡绿带红色，有透明油腺点。夏季开白色小花，圆锥花序顶生；花两性；花瓣4片，卵圆形；子房具长柄。蒴果长约5 mm，成熟时由顶端沿缝线开裂。种子黑褐色。

与臭节草的区别在于小叶较小，长3～8 mm，宽2～6 mm；子房无柄。花果期7～11月。

【生长习性】常见于海拔较高的山地，生于山坡上及灌木丛中。喜温暖气候。

【精油含量】水蒸气蒸馏法提取全草的得油率为0.18%。

【芳香成分】赵树年等（1986）用水蒸气蒸馏法提取的云南玉溪产石椒草全草精油的主要成分为：松油烯-4-醇（30.62%）、对-聚伞花素（9.94%）、氧化丁香烯（7.40%）、桃金娘醛+α-松油醇（5.69%）、β-水芹烯（4.05%）、香桧烯（3.44%）、β-蒎烯（3.11%）、1,8-桉叶油素（1.46%）、乙酸癸酯（1.44%）、γ-杜松烯（1.18%）、癸醛（1.09%）等。

【利用】全草药用，有小毒，具有疏风解表、清热解毒、行气活血的功效，用于治疗感冒、扁桃体炎、支气管炎、肺炎、肾盂肾炎、胃痛腹胀、血栓闭塞性脉管炎、腰痛、跌打损伤。

异叶石南香

Boronia heterophylla F. Muell.

芸香科　石南香属
别名： 红波罗尼、香蜜儿
分布： 云南有栽培

【形态特征】多年生小型灌木，叶片呈针形，四季常青；花紫红色，花朵繁多，花钟形并下垂；花、叶带有特别的香气。

【生长习性】喜温暖湿润环境。

【精油含量】水蒸气蒸馏法提取新鲜叶的得油率为2.56%。

【芳香成分】柳建军等（2006）用水蒸气蒸馏-乙醚萃取法提取的云南昆明产异叶石南香新鲜叶精油的主要成分为：柠檬烯（33.89%）、(-)-α-蒎烯（24.52%）、3-蒈烯（6.45%）、α-异松油烯（5.72%）、月桂烯（3.98%）、1,7-二甲基-1,3,7-环癸三烯（3.90%）、4-甲基-4-乙烯基-3-异丙烯基环己烯（3.33%）、莰烯（2.97%）、3,5-二甲基-1-叔丁基苯（2.95%）、1,2-二异丙基苯（2.95%）、石竹烯（2.78%）、4-甲基-1-异丙基-4,5-环氧-1-环己烯（1.84%）等。

【利用】异叶石南香是新西兰和澳大利亚的著名木本观赏花卉植物，可作为盆花，也可供鲜切花和花坛用。

臭辣吴萸

Evodia fargesii Dode

芸香科　吴茱萸属
别名： 臭辣树、臭吴萸、野吴萸、臭桐子树、野茶辣
分布： 安徽、浙江、湖北、湖南、江西、福建、广东、广西、贵州、四川、云南

【形态特征】高达17 m的乔木，胸径达40 cm。树皮暗灰色，嫩枝紫褐色，散生小皮孔。叶有小叶5～9片，很少11片，小叶斜卵形至斜披针形，长8～16 cm，宽3～7 cm，叶轴基部的较小，小叶基部通常一侧圆，另一侧楔尖，两侧不对称，叶背灰绿色，干后带苍灰色，沿中脉两侧有灰白色卷曲长毛，或在脉腋上有卷曲丛毛，油点不明显或细小且稀少，叶缘波纹状或有细钝齿。花序顶生，花较多；5基数；萼片卵形，长不及1 mm，边缘被短毛；花瓣长约3 mm，腹面被短柔毛。成熟心皮4～5、稀3个，紫红色，干后色较暗淡，每分果瓣有1粒种子；种子长约3 mm，宽约2.5 mm，褐黑色。花期6～8月，果期8～10月。

【生长习性】生长于海拔600～1500 m的山地、山谷较湿润地方。

【精油含量】水蒸气蒸馏法提取叶、小茎的得油率为0.06%，果实的得油率为0.27%～0.58%。

【芳香成分】张军平等（1999）用水蒸气蒸馏法提取的干燥成熟果实精油的主要成分为：愈创木醇（16.80%）、柏木脑（10.70%）、α-古芸烯（10.13%）、喇叭茶醇（8.90%）、β-丁香烯（8.60%）、β-芹子烯（7.79%）、α-金合欢烯（5.96%）、十一烷酮（4.66%）、α-愈创木烯（3.38%）、檀香烯（2.89%）、β-金合欢烯（2.70%）、乙酰丁香酚（2.10%）、2-(邻环己基苯氧基)乙醇（1.93%）、软脂酸（1.38%）等。

【利用】木材适宜作一般家具材料。鲜叶和树皮民间有用作吴茱萸的替代品。

棱子吴萸

Evodia subtrigonosperma Huang

芸香科　吴茱萸属
分布： 云南、西藏

【形态特征】乔木，高10～15 m。小枝粗壮，散生皮孔，裸芽密被绒毛。叶连叶柄长40～50 cm，有小叶5～13片，小叶长椭圆形或卵状椭圆形，长10～20 cm，宽5～8 cm，顶部渐尖，基部圆或宽楔形，两侧对称或一侧基部偏斜，边缘有较浅的圆裂齿，齿缝处有一较大油点，叶背灰绿色，干后苍灰色，沿中脉及侧脉被长柔毛。散房状圆锥果序近顶生；果有分果瓣4个，成熟时各分果瓣分裂约至中部，径15 mm或稍大，外果皮紫红色，干后暗褐色，有少数油点，每分果瓣有2粒种子；种子卵形，背部浑圆，腹面略平坦，顶部短尖，上下叠生于增大的种脐上，暗褐色，长4～4.5 mm，厚3～3.5 mm。果期9～10月。

【生长习性】生于海拔1200～2300 m的山坡杂木林中。

【精油含量】水蒸气蒸馏法提取新鲜果实的得油率为0.17%。

【芳香成分】周露等（2009）用水蒸气蒸馏法提取的云南陇川产棱子吴萸新鲜果实精油的主要成分为：苧烯（78.08%）、α-蒎烯（5.47%）、大根香叶烯D（4.07%）、榄香醇（1.37%）、δ-杜松烯（1.35%）、月桂烯（1.16%）、β-石竹烯（1.03%）等。

【利用】棱子吴萸是怒族的神树，用于祭祀天神。果实精油可作为高档香料用于食品及化妆品的加香。

蜜楝吴萸

Evodia lenticellata Huang

芸香科　吴茱萸属
别名： 小花吴茱萸
分布： 陕西、四川

【形态特征】灌木，高1～3 m。嫩枝通常暗紫红色，密被淡黄色及紫褐色柔毛。叶有小叶5～13片，小叶薄纸质，长椭圆状披针形，长4～9 cm，宽1～3 cm，基部的叶多为卵形，长1.5～3 cm，宽1～2 cm，顶部短尖，通常钝头，基部楔尖，全缘，叶轴、小叶柄及叶面均被疏柔毛，叶背脉上的毛较长且密，散生透明油点。花序顶生，近于平顶的伞房状聚伞花序，花较多；萼片4片，通常合生成浅杯状，裂片阔三角形，端尖，被毛；花瓣4片，淡黄白色，长3～4 mm。果梗密被柔毛；果淡紫红色，径5～6 mm，每分果瓣有1粒种子；种子近圆形，种脐略具纵凸肋，褐黑色，径4～5 mm或稍大。花期4～5月，果

期8～9月。

【生长习性】见于海拔550～2000 m山地疏林或灌木丛中。

【芳香成分】叶：付娟等（2010）用水蒸气蒸馏法提取的陕西汉中产蜜楝吴萸叶精油的主要成分为：β-氧化石竹烯（15.59%）、α-库贝醇（10.20%）、乙酸法呢烯酯（9.94%）、橙花叔醇（9.42%）、香树烯（6.00%）、摩勒醇（5.40%）、法呢烯醇（4.74%）、γ-榄香烯（3.88%）、杜松二烯（3.26%）、喇叭醇（2.57%）、β-柏木烯-9-醇（2.16%）、卡拉烯（1.97%）、长叶松醛（1.58%）、反式-罗勒烯（1.56%）、桉叶油二烯（1.53%）、大镰刀孢菌素（1.44%）、α-氧化石竹烯（1.36%）、芳樟醇（1.34%）、桉叶油烯醇（1.28%）、斯巴醇（1.27%）、法呢烯醛（1.26%）等。

果实：宫海明等（2008）用水蒸气蒸馏法提取的果实精油的主要成分为：反式-罗勒烯（40.21%）、顺式-罗勒烯（8.99%）、β-香叶烯（6.74%）、β-石竹烯（5.98%）、氧化石竹烯（5.98%）、γ-榄香烯（2.78%）、芳樟醇（2.71%）、β-萜品烯（2.36%）、三甲基-十氢-环丙薁-7-醇（2.22%）、α-杜松烯醇（1.37%）、杜松二烯（1.19%）、八氢化亚甲基薁（1.13%）、桉叶油二烯（1.04%）等。

三椏苦

Evodia lepta (Spreng.) Merr.

芸香科　吴茱萸属

别名：三叉苦、三丫苦、三支枪、白芸香、三叉虎、斑鸠花、消黄散、三脚鳖、石蛤骨、三岔叶

分布：台湾、福建、江西、广东、湖南、广西、云南、贵州

【形态特征】乔木，树皮灰白色或灰绿色，纵向浅裂，枝叶无毛。3小叶，有时偶有2小叶或单小叶同时存在，叶柄基部稍增粗，小叶长椭圆形，两端尖，有时倒卵状椭圆形，长6～20 cm，宽2～8 cm，全缘，油点多。花序腋生，很少同时有顶生，长4～12 cm，花较多；萼片及花瓣均4片；萼片细小，长约0.5 mm；花瓣淡黄色或白色，长1.5～2 mm，常有透明油点，干后油点变暗褐至褐黑色。分果瓣淡黄或茶褐色，散生肉眼可见的透明油点，每分果瓣有1粒种子；种子长3～4 mm，厚2～3 mm，蓝黑色，有光泽。花期4～6月，果期7～10月。

【生长习性】生于平地至海拔2000 m的山地，常见于较荫蔽的山谷湿润地方，阳坡灌木丛中偶有生长。

【精油含量】水蒸气蒸馏法提取叶的得油率为0.08%～0.35%。

【芳香成分】刁远明等（2008）用水蒸气蒸馏法提取的广东从化产三椏苦风干叶精油的主要成分为：十六酸（30.74%）、邻苯二甲酸二丁酯（15.87%）、叶绿醇（13.46%）、邻苯二甲酸二丁辛酯（7.58%）、6,10-二甲基-2-十一烷酮（6.37%）、双十一基邻苯二甲酸酯（3.85%）、油酸（2.36%）、6,10-二甲基-5,9-十一烯-2-十一烷酮（1.84%）、橙花叔醇（1.32%）、十四酸（1.31%）、亚油酸（2.01%）等。纳智（2005）用同法分析的云南西双版纳产三椏苦新鲜叶精油的主要成分为：马鞭草烯酮（30.05%）、(-)-马鞭草烯酮（16.52%）、(±)-反-橙花叔醇（16.03%）、β-金合欢烯（8.72%）、α-金合欢烯（8.20%）、(+)-对蓋烷-1,8-二烯-3-酮（2.36%）、植醇（2.02%）、顺，反-α-金合欢烯（1.44%）、芳樟醇（1.36%）等。毕和平等（2005）用同法分析的海南澄迈产三椏苦干燥叶精油的主要成分为：1-(5,7,8-

三甲氧基-2,2-二甲基-2H-1-苯并吡喃基-6）-乙酮（12.93%）、1,2,4,5-四异(1-甲乙基)-苯（11.45%）、氧化丁香烯（7.73%）、4,11,11-三甲基-8-亚甲基-二环[7.2.0]十一-4-烯（5.38%）、4,6-二(1,1-二甲乙基)-2-甲基-苯酚（4.57%）、α-丁香烯（4.25%）、2',4',6'-三异丙基乙酰苯（3.66%）、3,7,11-三甲基-1,6,10-十二三烯-3-醇（3.22%）、1,5,5,8-四甲基-12-氧二环[9.1.0]十二-7-二烯（2.80%）、2,4,6-三(1,1-二甲乙基)-苯酚（2.65%）、6,10,14-三甲基-2-十五酮（2.38%）、1,2,3,5,6,8a-八氢-4,7-二甲基-1-(1-甲乙基)-萘（2.34%）、1S,4R,7R,11R-1,3,4,7-四甲基三环[5.3.1.0^{4,11}]十一-2-烯-8-酮（2.14%）、1-(7-羟基-5-甲氧基-2,2-二甲基-2H-1-苯并吡喃-6）-乙酮（2.05%）、2-亚甲基-4,8,8-三甲基-4-乙烯基-二环[5.2.0]壬烷（2.01%）、4,6,6-三甲基-二环[3.1.1]庚-3-烯-2-酮（1.91%）、1,2-二氢-1,1,6-三甲基-萘（1.47%）、胡椒烯（1.44%）、3,5-二(1,1-二甲乙基)-4-羟基-苯酸（1.40%）、2-(3-甲氧基-5-甲基烯)-7-甲基茚-1-酮（1.34%）、4a,4,5,7a-四氢-4-羟基-3a,7a-二甲基-(3aα,4β,7aα)-1(3H)-异苯基呋喃酮（1.31%）、10,10-二甲基-2,6-二甲基二环[7.2.0]十一烷-5β-醇（1.28%）、二环[4.0]庚-2-烯（1.15%）、4-丁基-4-丙氧基苯基-过氧化环己酸酯（1.10%）、n-棕榈酸（1.07%）、(1α,4aα,8aα)-1,2,3,4,4a,5,6,8a-八氢-7-甲基-4-亚甲基-1-(1-甲乙基)萘（1.01%）等。朱亮锋等（1993）用同法分析的广东鼎湖山产三椏苦叶精油的主要成分为：柠檬烯（27.22%）、α-蒎烯（10.34%）、芳樟醇（9.18%）、玷玴烯（5.18%）、柏木脑（2.19%）、(E)-β-罗勒烯（1.59%）、γ-依兰油烯（1.44%）、α-松油醇（1.36%）、顺式-氧化芳樟醇（吡喃型）（1.28%）、6-甲基-5-庚烯-2-酮（1.24%）、γ-杜松烯（1.11%）、δ-杜松醇（1.01%）等。陈彩和等（2012）用同时蒸馏萃取法提取的云南德宏产三椏苦晾干叶精油的主要成分为：丁基化羟基甲苯（38.78%）、六乙苯（17.95%）、2,4,6-三特丁基-苯酚（5.53%）、2,6-二甲喹啉（2.49%）、2,4,6-三异丙基苯乙酮（2.16%）、3,4,4α,5,6,8α-6H-2,5,5,8a-四甲基-2H-1-苯并吡喃（1.33%）等。

【利用】木材适宜作小型家具、文具或箱板。叶、茎、枝和树皮均可入药，能清热解毒、祛风除湿、消炎止痛，用于治疗感冒发热、乙型脑炎、扁桃体炎、咽喉炎、跌打肿痛、风湿痹痛、皮肤瘙痒。广东“凉茶”中多用其根、茎枝作消暑清热剂。

吴茱萸

Evodia rutaecarpa (Juss.) Benth.

芸香科　吴茱萸属

别名： 吴萸、纯幽子、辣子、臭辣子、气辣子、曲辣子等

分布： 广东、广西、贵州、云南、四川、陕西、湖南、湖北、福建、浙江、江西

【形态特征】小乔木或灌木，高3～5 m，嫩枝暗紫红色，与嫩芽同被灰黄色或红锈色绒毛或疏短毛。叶有小叶5～11片，小叶薄至厚纸质，卵形，椭圆形或披针形，长6～18 cm，宽3～7 cm，下部的叶较小，两侧对称或一侧的基部稍偏斜，边全缘或浅波浪状，小叶两面及叶轴被长柔毛，毛密如毡状，油点大且多。花序顶生；萼片及花瓣均5片，偶有4片，镊合排列；雄花花瓣长3～4 mm，腹面被疏长毛；雌花花瓣长4～5 mm，腹面被毛。果序宽3～12 cm，果暗紫红色，有大油点，每分果瓣有1粒种子；种子近圆球形，一端钝尖，腹面略平坦，长4～5 mm，褐黑色。花期4～6月，果期8～11月。

【生长习性】生于平地至海拔1500 m的山地疏林或灌木丛中，多见于温暖、向阳坡地。对土壤要求不严，一般山坡地、平原、房前屋后、路旁均可种植，中性、微碱性或微酸性的土壤都能生长，苗床以土层深厚、较肥沃、排水良好的壤土或砂壤土为佳。低洼积水地不宜种植。

【精油含量】水蒸气蒸馏法提取新鲜叶的得油率为0.24%，果实的得油率为0.12%～1.40%；同时蒸馏萃取法提取未成熟果实的得油率为2.40%；超临界萃取果实的得油率为1.52%～3.43%。

【芳香成分】叶：江宁等（2010）用水蒸气蒸馏法提取的湖南长沙产吴茱萸新鲜叶精油的主要成分为：反式橙花叔醇（18.91%）、γ-桉醇（15.79%）、β-丁香烯（11.07%）、β-桉醇（10.12%）、反式金合欢醇（5.32%）、丁子香烯（3.81%）、δ-荜澄茄烯（3.23%）、α-芹子烯（3.12%）、γ-依兰油烯（2.45%）、γ-芹子烯（2.40%）、沉香螺萜醇（1.80%）、α-依兰油烯（1.55%）、β-月桂烯（1.31%）、崖柏烯（1.26%）、醋酸金合欢醇酯（1.20%）、α-蛇麻烯（1.08%）等。付娟等（2010）用同法

分析的陕西汉中产吴茱萸叶精油的主要成分为：β-氧化石竹烯（14.70%）、Z-11-十五烯醛（13.61%）、球朊醇（7.20%）、十五烷-2-酮（3.99%）、反式-罗勒烯（3.66%）、γ-榄香烯（2.83%）、顺式-Z-α-环氧化红没药烯（2.70%）、芳樟醇（2.62%）、2,3-二氢-5,8-二甲基萘醌-1,4(2.55%)、环氧化-白菖油烯（1.97%）、反式-长叶香芹醇（1.93%）、顺式，顺式-7,10-十七碳二烯醛（1.92%）、桉叶油二烯（1.64%）、十三烷-2-酮（1.59%）、α-氧化石竹烯（1.57%）、β-香叶烯（1.53%）、苯乙醇（1.53%）、二十二烯(9)-酰胺（1.52%）、正二十五烷（1.35%）、β-石竹烯（1.28%）、α-杜松醇（1.18%）、氧化-β-蒎烯（1.16%）、间-特丁基苯酚（1.12%）、脱氢甲瓦龙酸内酯（1.08%）、正二十四烷（1.02%）等。

果实： 藤杰等（2009）用水蒸气蒸馏法提取分析了不同产地吴茱萸干燥成熟果实的精油成分，湖南湘潭产的主要成分为：3,7-二甲基-1,6-辛二烯-3-醇（7.99%）、氧化石竹烯（6.52%）、[1S-(1α,2β,4β)]-1-乙烯基-1-甲基-2,4-二(1-甲基乙烯基)-环已烷（6.24%）、(-)-地匙菌烯醇（5.19%）、β-月桂烯（4.92%）、D-柠檬烯（4.20%）、4-(1-甲基乙基)-2-环已烯-1-酮（3.27%）、环十五烷酮（2.90%）、α-杜松烯醇（2.35%）、1α,4aα,8aα-1,2,3,4,4a,5,6,8a-八氢化-7-甲基-4-亚甲基-1-(1-甲基乙基)-萘（2.28%）、桉叶烷-4(14)，11-二烯（2.06%）、4-(1-甲基乙基)-1-环已烯-1-羧醛（1.65%）、2-十五烷酮（1.61%）、α,α,4-三甲基-(M)3-环已烯-1-甲醇（1.54%）、2-亚甲基-6,8,8-三甲基-三环[5.2.2.0^1,6^]十一烷-3-醇（1.20%）、(1α,4aβ,8aα)-1,2,3,4,4a,5,6,8a-八氢化-7-甲基-4-亚甲基-1-(1-甲基乙基)-萘（1.13%）、τ-依兰油醇（1.08%）等；湖北咸宁产的主要成分为：D-柠檬烯（10.24%）、[1S-(1α,2β,4β)]-1-乙烯基-1-甲基-2,4-二(1-甲基乙烯基)-环已烷（4.87%）、3,7-二甲基-1,6-辛二烯-3-醇（4.42%）、石竹烯（3.16%）、(-)-地匙菌烯醇（3.03%）、氧化石竹烯异构体（2.56%）、环十五烷酮（2.52%）、罗勒烯（2.36%）、α-杜松烯醇（2.32%）、[2R-(2α,4aα,8aβ)]-1,2,3,4,4a,5,6,8a-八氢化-4a,8-二甲基-2-(1-甲基乙烯基)-萘（2.27%）、1α,4aα,8aα-1,2,3,4,4a,5,6,8a-八氢化-7-甲基-4-亚甲基-1-(1-甲基乙基)-萘（1.76%）、[1S-(1α,4aβ,8aα)]-1,2,4a,5,6,8a-六氢-4,7-二甲基-1-(1-甲基乙基)-萘（1.65%）、2-亚甲基-6,8,8-三甲基-三环[5.2.2.0^1,6^]十一烷-3-醇（1.65%）、4-(1-甲基乙基)-2-环已烯-1-酮（1.40%）、2-十五烷酮（1.31%）、桉叶烷-4(14)，11-二烯（1.23%）、τ-依兰油醇（1.19%）、4-(1-甲基乙基)-1-环已烯-1-羧醛（1.05%）等；湖北襄樊产的主要成分为：氧化石竹烯异构体（20.63%）、香橙烯环氧化物（2.54%）、桉叶烷-4(14)，11-二烯（2.04%）、2-亚甲基-6,8,8-三甲基-三环[5.2.2.0^1,6^]十一烷-3-醇（2.02%）、3,7-二甲基-1,6-辛二烯-3-醇（1.92%）、4-(1-甲基乙基)-2-环已烯-1-酮（1.86%）、τ-依兰油醇（1.79%）、α-杜松烯醇（1.79%）、2-十五烷酮（1.70%）、氧化石竹烯（1.55%）、D-柠檬烯（1.21%）、Z-α-红没药烯环氧化合物（1.17%）等；陕西汉中产的主要成分为：(-)-地匙菌烯醇（11.60%）、Z-α-红没药烯环氧化合物（8.37%）、氧化石竹烯异构体（5.66%）、2-亚甲基-6,8,8-三甲基-三环[5.2.2.0^1,6^]十一烷-3-醇（4.15%）、2-十五烷酮（3.47%）、3,7-二甲基-1,6-辛二烯-3-醇（2.51%）、(1α,4aβ,8aα)-1,2,3,4,4a,5,6,8a-八氢化-7-甲基-4-亚甲基-1-(1-甲基乙基)-萘（2.34%）、香橙烯环氧化物（1.71%）、α-杜松烯醇（1.56%）、(E)-3,7,11-三甲基-1,6,10-十二烷三烯-3-醇（1.55%）等。张晓凤等（2011）用同法分析的江西产吴茱萸干燥近成熟果实精油的主要成分为：月桂烯（30.26%）、β-水芹烯（26.75%）、顺式-β-罗勒烯（14.47%）、反式-β-罗勒烯（5.06%）、(S,1Z,5E)-1,5-二甲基-8-异丙烯基-1,5-环癸二烯（3.71%）、芳樟醇（2.83%）、β-榄香烯（2.54%）、β-石竹烯（2.22%）等。宫海明等（2008）用同法分析的陕西汉中产吴茱萸干燥果实精油的主要成分为：反式-罗勒烯（75.05%）、顺式-罗勒烯（8.10%）、β-香叶烯（6.14%）、β-石竹烯（1.71%）、芳樟醇（1.05%）等；江西产吴茱萸干燥果实精油的主要成分为：β-香叶烯（33.49%）、反式-罗勒烯（30.27%）、β-水芹烯（18.86%）、顺式-罗勒烯（5.23%）、γ-榄香烯（1.84%）、芳樟醇（1.44%）、β-石竹烯（1.30%）、单环倍半萜烯（1.00%）等。王锐等（1993）用同时蒸馏萃取装置提取的吴茱萸未成熟果实精油的主要成分为：吴茱萸烯（30.82%）、4,11,11-三甲基-8-亚甲基双环[7.2.0]-4-十一烯（10.48%）、6,6-二甲基-2-亚甲基-双环[3.1.1]庚烷（8.24%）、1-乙烯基-1-甲基-2,4-双-(1-甲基乙烯基)-环已烷（4.95%）、罗勒烯（3.16%）、2-十三烷酮（2.36%）、3,6,8,8-四甲基-3a,7-亚甲基-2,3,4,7,8,8a-六氢薁（2.32%）、1-甲基-3-亚甲基-8-异丙基-三环[4.4.0.0^2,7^]癸烷（2.10%）、7-甲基-3-辛烯-2-酮（1.78%）、4,11，11-三甲基-8-亚甲基-双环[7.2.0]-4-十一烯（1.28%）、1-甲基-4-(1-甲基乙烯基)-环已醇（1.23%）、4,9-十二-二酮（1.22%）、1,1,4,7-四甲基-4-羟基-1H-环丙烷[e]十氢薁（1.19%）、2,4-二甲基苯甲酸（1.16%）、1-甲基-4-(1,5-二甲基-1,4-已二烯基)-环已烯（1.11%）、4a-甲基-1-亚甲基-7-(1-甲基乙烯基)-十氢萘（1.05%）等。

【利用】嫩果经炮制晾干即是传统中药吴茱萸，是苦味健胃剂和镇痛剂，又作驱蛔虫药，有温中、止痛、理气、燥湿的功效，用于治疗厥阴头痛、脏寒吐泻、脘腹胀痛、经行腹痛、五更泄泻、高血压症、脚气、疝气、口疮溃疡、齿痛、湿疹、黄水疮。根入药，治脘腹冷痛、泄泻下痢、风寒头痛、腰痛、疝气、经闭腹痛、蛲虫病。叶入药，治霍乱、下气；与盐研外敷止心腹冷痛。叶可提取芳香油。果实作辛香料，也可榨油食用。

波氏吴萸

Evodia rutaecarpa (Juss.) Benth. var. *bodinieri* (Dode) Huang

芸香科　吴茱萸属
别名： 疏毛吴茱萸
分布： 广东、广西、湖南、贵州

【形态特征】吴茱萸变种。为落叶灌木或乔木。小叶薄纸质，叶背仅叶脉被疏柔毛。雌花序上的花彼此疏离，花瓣长约4 mm，内面被疏毛或几乎无毛；果梗纤细且延长。小枝紫褐色；幼枝、叶轴及花序轴均被锈色绒毛；裸芽被褐色长绒毛。叶单数羽状复叶，对生，全缘或有不明显的钝锯齿，有粗大腺点。聚伞状圆锥花序顶生，雌雄异株。蓇葖果紫红色，具粗大腺点，顶端无喙，种子1粒，黑色，光亮。花期3～4月，果期7～8月。

【生长习性】生于海拔700～2900 m的山坡草丛或林缘。喜温暖湿润气候，不耐寒冷、干燥。宜选阳光充足、土层深厚、疏松肥沃、排水良好的砂质壤土和腐殖质壤土栽培为宜；低洼积水地不宜栽培。

【精油含量】水蒸气蒸馏法提取干燥近成熟果实的得油率为0.67 ml/g，干燥未成熟果实的得油率为0.20%～0.50%；石油醚萃取的干燥未成熟果实的得油率为1.87%。

【芳香成分】滕杰等（2003）用水蒸气蒸馏法提取的广西百色产波氏吴萸干燥未成熟果实精油的主要成分为：β-榄香烯（10.20%）、石竹烯氧化物（8.08%）、α-杜松油醇（7.14%）、地匙菌烯醇（4.65%）、芳樟醇（3.59%）、2,6,11,15-四甲基-十六碳-2,6,8,14-戊烯（3.38%）、[2R-(2α,4aα,8aβ)]-1,2,3,4,4a,5,6,8a-八氢-4a,8-二甲基-2-(1-甲基乙烯基)萘（2.96%）、桉叶-4(14),11-二烯（2.53%）、α-葑烯（2.34%）、顺式-Z-α-红没药烯环氧化物（2.01%）、石竹烯（1.77%）、D-柠檬烯（1.74%）、蓝桉醇（1.62%）、异香木兰烯环氧化物（1.43%）、(1α,4aα,8aα)-1,2,3,4,4a,5,6,8a-八氢-7-甲基-4-甲烯基-1-(1-甲基乙基)萘（1.41%）、香木兰烯-氧化物-(2)（1.37%）、6-异丙烯基-4,8a-二甲基-1,2,3,5,6,7,8,8a-八氢-萘-2-醇（1.28%）、E-3-(10)-蒈烯-2-醇（1.14%）、4-(1-甲基乙基)-2-环己烯-1-酮（1.10%）等。杨卫平等（2009）用同法分析的贵州余庆产波氏吴萸干燥未成熟果实精油的主要成分为：顺式-罗勒烯（44.29%）、月桂烯（22.75%）、反式-罗勒烯（9.58%）、β-水芹烯（5.72%）、D-柠檬烯（5.67%）、大根香叶烯D（1.51%）、3,7-二甲基-1,6-辛二烯-3-醇（1.36%）、四(1-甲基乙基烯)环丁烷（1.31%）、氧化石竹烯（1.19%）、β-石竹烯（1.14%）等。

【利用】近成熟的果实入药，是中药吴茱萸的药材基本原料之一，有小毒，具有散寒止痛、降逆止呕、助阳止泻等功效，主治胃腹冷痛、恶心呕吐、泛酸嗳气、腹泻、蛲虫病；外用治高血压、湿疹。叶可提黄色染料。

石虎

Evodia rutaecarpa (Juss.) Benth. var. *officinalis* (Dode) Huang

芸香科　吴茱萸属
分布： 长江以南、五岭以北的东部、中部各地

【形态特征】吴茱萸变种。小叶纸质，宽稀超过5 cm．叶背密被长毛，油点大；果序上的果较少，彼此密集或较疏松。

【生长习性】生于低海拔地方。生长环境要求年降水量1282 mm以上；海拔500～1000 m；土壤类型为黄壤土、紫色土；湿度80%左右。

【精油含量】水蒸气蒸馏法提取干燥近成熟果实的得油率为0.86%～1.00%，干燥成熟果实的得油率为1.40%。

【芳香成分】滕杰等（2009）用水蒸气蒸馏法提取的广西桐仁产石虎干燥成熟果实精油的主要成分为：氧化石竹烯异构体（9.58%）、(-)-地匙菌烯醇（8.41%）、3,7-二甲基-1,6-辛二烯-3-醇（5.03%）、α-杜松烯醇（4.89%）、2-亚甲基-6,8,8-三甲基-三环[5.2.2.0^{1,6}]十一烷-3-醇（3.65%）、[1S-(1α,2β,4β)]-1-乙烯基-1-甲基-2,4-二(1-甲基乙烯基)-环己烷（2.72%）、[2R-(2α,4aα,8aβ)]-1,2,3,4,4a,5,6,8a-八氢化-4a,8-二甲基-2-(1-甲基乙烯基)-萘（1.77%）、1α,4aα,8aα-1,2,3,4,4a,5,6,8a-八氢化-7-甲基-4-亚甲基-1-(1-甲基乙基)-萘（1.51%）、罗勒烯（1.42%）、香橙烯环氧化物（1.34%）、2-十五烷酮（1.29%）、3,4,4-三甲基-3-(3-氧-丁-1-烯基)-双环[4.1.0]庚烷-2-酮（1.12%）、τ-依兰油醇（1.03%）等；贵州铜仁产石虎果实精油的主要成分为：氧化石竹烯（14.97%）、(-)-地匙菌烯醇（7.44%）、3,7-二甲基-1,6-辛二烯-3-醇（3.91%）、环十五烷酮（3.52%）、2-

亚甲基-6,8,8-三甲基-三环[5.2.2.0^{1,6}]十一烷-3-醇（3.45%）、α-杜松烯醇（3.20%）、Z-α-红没药烯环氧化合物（2.72%）、[1S-(1α,2β,4β)]-1-乙烯基-1-甲基-2,4-二(1-甲基乙烯基)-环己烷（2.46%）、2-十五烷酮（2.20%）、(E)-3,7,11-三甲基-1,6,10-十二烷三烯-3-醇（1.73%）、顺式里哪醇氧化物（1.51%）、香橙烯环氧化物（1.41%）、桉叶烷-4(14)，11-二烯（1.38%）、3,4,4-三甲基-3-(3-氧-丁-1-烯基)-双环[4.1.0]庚烷-2-酮（1.28%）、1α,4aα,8aα-1,2,3,4,4a,5,6,8a-八氢化-7-甲基-4-亚甲基-1-(1-甲基乙基)-萘（1.24%）、悬铃木碱（1.04%）等。罗永明等（1999）用同法分析的石虎干燥成熟果实精油的主要成分为：d-柠檬烯（18.40%）、月桂烯（17.42%）、β-菲兰烯（5.58%）、β-丁香烯（3.73%）、芳樟醇（3.49%）、樟脑（2.09%）、1-乙烯基-1-甲基-2,4-二异丙基环己烷（1.73%）、α-蒎烯（1.49%）、萘（1.30%）、3-甲基-6-(1-甲基乙烯基)环己烷（1.25%）等。

【利用】近成熟的果实入药，是中药吴茱萸的药材资源之一，有小毒，具有散寒止痛、降逆止呕、助阳止泻等功效，主治胃腹冷痛、恶心呕吐、泛酸嗳气、腹泻、蛲虫病；外用治高血压、湿疹。

小芸木

Micromelum integerrimum (Buch.-Ham.) Roem.

芸香科　小芸木属

别名：野黄皮、山黄皮、鸡屎果、半边枫、臭杜果、癞蛤蟆跌打

分布：广东、海南、广西、贵州、云南、西藏

【形态特征】高达8 m的小乔木，胸径10～15 cm。树皮灰色，平滑，当年生枝、叶轴、花序轴均密被短伏毛，花萼、花瓣背面及嫩叶两面亦被毛，成长叶无毛。叶有小叶7～15片，小叶互生或近对生，叶片斜卵状椭圆形或斜披针形，有时斜卵形，基部的叶较小，长约4 cm，上部的长达20 cm，宽8 cm，边全缘，但波浪状起伏，两侧不对称，一侧圆，另一侧楔尖。花萼浅杯状，裂片长1 mm；花瓣淡黄白色，长5～10 mm，盛开时反折。果椭圆形或倒卵形，长10～15 mm，宽7～12 mm，透熟时由橙黄色转朱红色，有种子1～2粒；种皮薄膜质，子叶绿色，有油点。花期2～4月，果期7～9月。

【生长习性】在海南见于离海岸不远的砂地灌木丛中，在较内陆的地区，见于海拔400～2000 m山地杂木林中较湿润地方。

【精油含量】水蒸气蒸馏法提取鲜叶得油率为0.05%，鲜花得油率为0.13%，鲜果皮的得油率为0.11%～0.20%。

【芳香成分】花：程必强等（1990）用水蒸气蒸馏法提取的鲜花精油的主要成分为：γ-木罗烯（53.54%）、γ-橄香烯（10.01%）、β-橄香烯（9.56%）、水杨酸苄酯（5.04%）、δ-杜松烯（1.50%）、δ-橄香烯（1.43%）、苯甲酸苄酯（1.07%）等。

果实：程必强等（1990）用水蒸气蒸馏法提取的新鲜果实精油的主要成分为：癸醛（47.51%）、十二碳醛（35.94%）、γ-木罗烯（5.41%）、癸醇（1.95%）、γ-橄香烯（1.30%）等。

【利用】全株用作草药，多用其根入药，有行气、祛痰、祛风除湿、散瘀、消肿的功效，治感冒、咳嗽、风湿骨痛、胃痛、跌打肿痛。叶、花、果可供提芳香油或浸膏。

多脉茵芋

Skimmia multinervia Huang

芸香科　茵芋属

别名：鹿啃药

分布：云南、四川

【形态特征】高达13 m的小乔木。枝苍灰色，散生皮孔。叶革质，倒披针形，很少狭长圆形，长10～18 cm，宽3～5 cm，

边缘略向背卷。雄花两性花异株，花淡黄白色，多花集生成金字塔形，长2～6 cm的圆锥花序；苞片卵形，长1～2 mm，边缘被短毛；萼裂片卵形，长约2 mm，均被缘毛；花瓣5片，盛花时明显反折，倒卵状长圆形或长圆形，长4～5 mm；雄蕊5枚，比雄花的花瓣长，与两性花的花瓣约等长；雄花的退化雌蕊棒状，长达1.5 mm，顶部不分裂或极浅裂，裂瓣3～4；两性花的子房圆球形，5室，花柱长约1.5 mm，柱头头状。果蓝黑色，近圆球形或略扁，径6～8 mm，有种子4或5粒，有时3粒。花期4～6月，果期7～9月。

【生长习性】常见于海拔2000 m以上的山地林中。

【芳香成分】张洪杰等（1996）用石油醚萃取法提取的云南产多脉茵芋地上部分精油的主要成分为：棕榈酸乙酯（24.68%）、油酸乙酯（14.75%）、棕榈油酸甲酯（14.65%）、油酸甲酯（6.83%）、棕榈油酸乙酯（2.85%）、肉豆蔻酸乙酯（2.81%）、亚油酸乙酯（2.79%）、十七烷酸乙酯（2.54%）、月桂酸乙酯（2.36%）、硬脂酸乙酯（2.20%）、硬脂酸甲酯（1.61%）、肉豆蔻酸甲酯（1.52%）、月桂酸甲酯（1.08%）等。

【利用】枝叶为民族药物，具有活血化瘀、去腐生肌作用。

乔木茵芋

Skimmia arborescens Andes.

芸香科　茵芋属

别名： 鹿啃木

分布： 广东、广西、贵州、云南、四川、西藏

【形态特征】高达8 m的小乔木，胸径达20 cm。叶较薄，干后薄纸质，椭圆形或长圆形，或为倒卵状椭圆形，长5～18 cm，宽2～6 cm。花序长2～5 cm，花序轴被微柔毛或无毛；苞片阔卵形，长1～1.5 mm；萼片比苞片稍大，边缘均被毛；花瓣5片，倒卵形或卵状长圆形，长4～5 mm，水平展开或斜向上张开；雄花的雄蕊比花瓣长，花丝线状，退化雌蕊长3～4 mm，棒状，顶部3～4深裂；雌花的不育雄蕊比花瓣短，子房近圆球形，花柱长约1 mm，柱头头状。果圆球形，直径6～8 mm，很少更大，蓝黑色，通常有种子1～3粒。花期4～6月，果期7～9月。

【生长习性】常见于海拔800 m以上的山区，在荫蔽、湿度大的密林下或山顶的高山矮林中较常见。

【芳香成分】朱亮锋等（1993）用水蒸气蒸馏法提取的叶精油的主要成分为：乙酸香叶酯（22.16%）、3-己烯醇（5.68%）、芳樟醇（4.38%）等。

【利用】枝、叶入药，民间用于治疗风湿痹痛、四肢挛急、筋骨疼痛。叶精油可用作较高档的香精原料。

茵芋

Skimmia reevesiana Fort.

芸香科　茵芋属
别名：山桂花、黄山桂、深红茵芋、阿里山茵芋、海南茵芋、卑山共、莞草、卑共、茵蓣
分布：我国北纬约30°以南各地，西北至云南东北，东北至安徽黄山，东南至台湾中部山区，南至海南五指山

【形态特征】灌木，高1～2 m。小枝常中空，干后常有浅纵皱纹。叶有柑橘叶的香气，革质，集生于枝上部，叶片椭圆形、披针形、卵形或倒披针形，顶部短尖或钝，基部阔楔形，长5～12 cm，宽 1.5～4 cm。花序轴及花梗均被短细毛，花芳香，淡黄白色，顶生圆锥花序，花密集；萼片及花瓣均5片，很少4片或3片；萼片半圆形，长1～1.5 mm，边缘被短毛；花瓣黄白色，长3～5 mm，花蕾时各瓣大小稍不相等；雄蕊与花瓣同数而等长或较长。果圆形或椭圆形，或倒卵形，长8～15 mm，红色，有种子2～4粒；种子扁卵形，长5～9 mm，宽4～6 mm，厚2～3 mm，顶部尖，基部圆，有极细小的窝点。花期3～5月，果期9～11月。

【生长习性】通常生于海拔1200～2600 m的高山森林下，湿度大、云雾多的地方。喜温暖和阳光较充足的环境，稍耐阴，较耐寒。怕强光暴晒、严寒和积水，喜湿润、肥沃和排水良好的壤土。

【精油含量】水蒸气蒸馏法提取的新鲜叶得油率为0.15%。

【芳香成分】羊青等（2015）用水蒸气蒸馏法提取的海南五指山产茵芋新鲜叶精油的主要成分为：乙酸香叶酯（23.70%）、匙叶桉油烯醇（9.26%）、氧化石竹烯（7.35%）、2,4-二叔丁基苯酚（5.47%）、δ-杜松醇（4.65%）、β-波旁烯（2.89%）、长叶烯（2.63%）、法呢醇（1.68%）、二十一烷（1.38%）、十五烷（1.19%）、β-榄香烯（1.14%）、植烷（1.13%）、棕榈酸（1.12%）、4,6-二甲基十一烷（1.03%）等。

【利用】根、茎、叶均可入药，有小毒，能祛风活络、止痛止血；枝叶治风湿；湖北民间用全株治肾炎、水肿；彝医用于治疗风湿麻木疼痛、跌打损伤，外敷接骨生肌、止血等。适用于观赏栽培。

芸香

Ruta graveolens Linn.

芸香科　芸香属
别名：臭草、荆芥七、香草、百应草、小叶香
分布：全国各地

【形态特征】落地栽种之植株高达1 m，各部有浓烈的特殊气味。叶二至三回羽状复叶，长6～12 cm，末回小羽裂片短匙形或狭长圆形，长5～30 mm，宽2～5 mm，灰绿或带蓝绿色。花金黄色，花径约2 cm；萼片4片；花瓣4片；雄蕊8枚，花初开放时与花瓣对生的4枚贴附于花瓣上，与萼片对生的另4枚斜展且外露，较长，花盛开时全部并列在一起，挺直且等长，花柱短，子房通常4室，每室有胚珠多颗。果长6～10 mm，由顶端开裂至中部，果皮有凸起的油点；种子较多，肾形，长约1.5 mm，褐黑色。花期3～6月及冬季末期，果期7～9月。

【生长习性】喜温暖湿润气候，耐寒、耐旱。最适宜生长温度22～27℃，极端气温下降到零下9～11℃地下部分能安全越冬。年平均气温在15℃以上、年降雨量900～1800 mm的地区适宜生长。以土层深厚、疏松肥沃、排水良好的砂质壤土或壤土栽培为宜。忌连作。

【精油含量】水蒸气蒸馏法提取全草的得油率为0.06%～0.09%；有机溶剂萃取干燥全草的得油率为2.22%～5.74%。

【芳香成分】叶：蒋冬月等（2018）用顶空固相微萃取法提取的广东深圳3月份采收的芸香新鲜叶精油的主要成分为：2-壬酮（48.98%）、2-十一(烷)酮（21.89%）、乙酸仲辛酯（16.93%）、(Z)-乙酸-3-己烯-1-醇酯（5.96%）、3,4-二乙烯基-3-甲基环己烷（2.47%）、2-癸酮（1.14%）等。

全草：唐祖年等（2011）用水蒸气蒸馏法提取的广西桂林产芸香新鲜地上部分精油的主要成分为：2-十一酮（46.15%）、2-壬酮（27.01%）、2-十三醇乙酸酯（12.73%）、2-十四醇乙酸酯（1.76%）、2-十二(烷)酮（1.59%）、3-(1-甲基-2-丙烯基)-1,5-环辛二烯（1.33%）、3,7,11,15-四甲基-2-十六烯-1-醇（1.31%）等。

【利用】茎枝及叶均用作草药，有清热解毒、凉血散瘀的功效，治感冒发热、风火牙痛、头痛、月经不调、疮疖肿毒、跌打肿痛、小儿湿疹、小儿急性支气管炎和支气管黏膜炎。种子为镇静剂及驱虫剂（蛔虫）。孕妇不宜服食。可用于园林观赏，或制成干燥花，也是插花的好素材。全草可提取精油，用于调香原料或杀虫。

枳

Poncirus trifoliata (Linn.) Raf.

芸香科　枳属

别名：枸橘、绿衣枳实、臭橘、臭杞、雀不站、铁篱寨

分布：山东、河南、山西、陕西、甘肃、安徽、江苏、浙江、湖北、湖南、江西、广东、广西、贵州、云南等地

【形态特征】小乔木，高1～5 m。嫩枝扁，有纵棱，刺长达4 cm，红褐色。叶柄有狭长的翼叶，通常指状3出叶，很少4～5小叶，或尚有2小叶或单小叶同时存在，小叶长2～5 cm，宽1～3 cm，叶缘有细钝裂齿或全缘。花单朵或成对腋生，花有大小二型，花径3.5～8 cm；萼片长5～7 mm；花瓣白色，匙形，长1.5～3 cm。果近圆球形或梨形，大小差异较大，通常纵径3～4.5 cm，横径3.5～6 cm，果顶微凹，有环圈，果皮暗黄色，粗糙，也有无环圈、果皮平滑，油胞小而密，瓢囊6～8瓣，微有香橼气味，较酸且苦，带涩味，有种子20～50粒；种子阔卵形，乳白色或乳黄色，有黏腋，长9～12 mm。花期5～6月，果期10～11月。

【生长习性】为温带树种，喜温暖湿润气候，耐寒力较强，耐热。喜光，稍耐阴。对土壤要求不严，中性土、微酸性土均能适应，略耐盐碱，以肥沃、深厚的微酸性黏性壤土生长为好。对二氧化硫、氯气抗性强，对氟化氢抗性差。

【精油含量】水蒸气蒸馏法提取新鲜叶的得油率为0.78%，干燥幼果（枳实）的得油率为0.13%～0.90%，干燥果实（枳壳）的得油率为1.01%～1.20%。

【芳香成分】叶：黄国华等（2014）用水蒸气蒸馏法提取的海南海口产枳新鲜叶精油的主要成分为：氧化芳樟醇（11.93%）、蓝桉醇（10.18%）、喇叭茶萜醇（8.92%）、邻苯二甲酸二异丁酯（7.25%）、石竹烯（7.16%）、顺-氧化里哪醇（6.74%）、4-乙烯基-2-甲氧基-苯酚（6.18%）、芳樟醇（4.04%）、大根香叶烯B（2.20%）、(-)-α-人参烯（2.20%）、α-石竹烯（2.00%）、L-去氢白菖烯（1.82%）、异榄香脂素（1.40%）、二苯胺（1.39%）、β-榄香烯（1.32%）、癸醛（1.20%）、苯乙醛（1.18%）、苄醇（1.17%）、2,3-二氢异苯并呋喃（1.12%）、亚苄

基丙酮（1.09%）、7-胺基-5-甲基-2-(甲硫基)-1,2,4-三唑并[1,5-a]嘧啶-6-羧酸乙酯（1.09%）、3,3,7,11-四甲基-三环[6.3.0.0^{2,4}]-8-十一烯（1.04%）等。

果实： 肖建平等（2009）用水蒸气蒸馏法提取的福建闽侯产枳幼果（绿衣枳实）精油的主要成分为：dl-柠檬烯（42.03%）、β-月桂烯（23.99%）、1-水芹烯（12.03%）、β-水芹烯（9.71%）、α-蒎烯（4.79%）、石竹烯氧化物（3.85%）、β-石竹烯（2.55%）、2-β-蒎烯（1.07%）等；7月果皮尚绿时的未成熟果实（绿衣枳壳）精油的主要成分为：(-)-α-蒎烯（12.30%）、β-石竹烯（8.40%）、1,8-桉油精（7.84%）、2-(2-呋喃）甲基氢化吡喃（7.09%）、2-甲基-十五碳烷（6.95%）、二十二烷（6.81%）、β-香茅醇（6.58%）、2,3-二甲基癸（5.80%）、2-丙基-癸烷-1醇（5.24%）、β-水芹烯（4.79%）、瓦伦桔烯（4.71%）、2,4-二甲基-庚烷（3.02%）、2-β-蒎烯（3.00%）、d-莒烯（2.35%）、芳樟醇（2.25%）、1,1,3-三甲基-环己烯（1.91%）、1,1,2-三甲基-环己烯（1.81%）、外乙酸冰片酯（1.76%）、2-乙基己基异丁烯酸酯（1.73%）、1,8-二烯-壬烷-4(1.65%）、甲酸芳樟酯（1.21%）等。

【利用】果实药用，有舒肝止痛、破气散结、消食化滞、除痰镇咳的功效，用以治肝、胃气、疝气等多种痛症，与其他中药配伍，对治疗子宫脱垂和脱肛有显著效果。种子榨油可供制造肥皂及润滑油。在园林中多栽作绿篱或者作屏障树，可观花、观果、观叶。可作多种柑橘的砧木。

慈姑

Sagittaria trifolia Linn. var. *sinensis* (Sims.) Makino

泽泻科　慈姑属

别名： 野慈姑、慈菇、华夏慈姑、剪刀草、白地栗

分布： 东北、华北、西北、华东、华南以及四川、贵州、云南

【形态特征】野慈姑变种。多年生水生或沼生草本。匍匐茎末端膨大呈卵圆形或球形球茎，可达5～8 cm×4～6 cm。挺水叶箭形，宽大，顶裂片先端钝圆，卵形至宽卵形；叶柄基部鞘状，边缘膜质。圆锥花序长20～80 cm，具1～2轮雌花，主轴雌花3～4轮；雄花多轮，组成大型圆锥花序；苞片3枚，基部多少合生，先端尖。果期花托扁球形，直径4～5 mm，高约3 mm。花单性；花被片反折，外轮花被片椭圆形或广卵形，长3～5 mm，宽2.5～3.5 mm；内轮花被片白色或淡黄色，长6～10 mm，宽5～7 mm，基部收缩。瘦果两侧压扁，长约4 mm，宽约3 mm，倒卵形，具翅；果喙短。种子褐色，具小凸起。花果期5～10月。

【生长习性】有很强的适应性，在陆地上各种水面的浅水区均能生长，但要求光照充足、气候温和、较背风的环境下生长，要求土壤肥沃，但土层不太深的黏土上生长。

【芳香成分】刘春泉等（2015）用顶空萃取法提取的江苏产慈姑新鲜冷冻慈姑球茎精油的主要成分为：泪柏醚（22.87%）、石竹烯（17.73%）、已醛（6.13%）、二甲基硫醚（4.81%）、壬醛（4.00%）、戊醛（2.88%）、α-石竹烯（2.66%）、(Z)-石竹烯（2.63%）、辛醛（2.13%）、邻苯二甲酸二乙酯（1.93%）、乙醇（1.92%）、苯甲酸（1.81%）、α,2-二甲基苯乙烯（1.53%）、戊醇（1.48%）、D-柠檬烯（1.30%）、庚醛（1.27%）等。

【利用】球茎可作蔬菜食用。球茎药用，具有解毒利尿、防癌抗癌、散热消结、强心润肺之功效，可治疗肿块疮疖、心悸心慌、水肿、肺热咳嗽、喘促气憋、排尿不利等病症。

东方泽泻

Alisma orientale (Sam.) Juzepcz.

泽泻科　泽泻属

别名：水泽、泽泻

分布：黑龙江、吉林、辽宁、内蒙古、河北、山西、陕西、宁夏、甘肃、青海、新疆、山东、安徽、江苏、浙江、江西、福建、河南、湖南、湖北、广东、广西、四川、贵州、云南

【形态特征】多年生水生或沼泽生草本。块茎直径1～2 cm，或较大。叶多数；挺水叶宽披针形、椭圆形，长3.5～11.5 cm，宽1.3～6.8 cm，先端渐尖，基部近圆形或浅心形，基部渐宽，边缘窄膜质。花序长20～70 cm，具3～9轮分枝；花两性，直径约6 mm；外轮花被片卵形，长2～2.5 mm，宽约1.5 mm，边缘窄膜质，内轮花被片近圆形，比外轮大，白色、淡红色，稀黄绿色，边缘波状。瘦果椭圆形，长1.5～2 mm，宽1～1.2 mm，背部具1～2条浅沟，腹部自果喙处凸起，呈膜质翅，两侧果皮纸质，果喙长约0.5 mm，自腹侧中上部伸出。种子紫红色，长约1.1 mm，宽约0.8 mm。花果期5～9月。

【生长习性】生于海拔几十米至2500 m的湖泊、水塘、沟渠、沼泽中。喜光，喜温暖，生长的适宜温度为18～30℃，低于10℃时停止生长，最低泥土温度不得低于5℃。

【精油含量】水蒸气蒸馏法提取干燥块茎的得油率为0.06%；超声辅助萃取法提取干燥块茎的得油率为6.32%。

【芳香成分】徐飞等（2011）用水蒸气蒸馏法提取的福建建瓯产东方泽泻干燥块茎精油的主要成分为：棕榈酸（6.88%）、氧化石竹烯（3.70%）、δ-榄香烯（2.90%）、4-乙烯基愈创木酚（2.28%）、β-榄香烯（2.11%）、β-广藿香烯（1.33%）、葎草烯环氧化物II（1.32%）、石竹烯（1.21%）、α-松油烯（1.06%）等。陈建忠等（2012）用同法分析的干燥块茎精油的主要成分为：斯巴醇（36.69%）、1,7,7-三甲基-2-乙烯基双环[2.2.1]庚-2-烯（5.99%）、(+)-γ-古芸烯（4.94%）、δ-榄香烯（4.21%）、6-异丙烯基-4,8a-二甲基-1,2,3,5,6,7,8,8a-八氢化-2-萘酚（2.56%）、3,7,7-三甲基-1-[(2E)-4-甲基-2,4-戊二烯基]-2-氧-双环[3.2.0]-3-庚烯（2.56%）、新异长叶烯（2.44%）、异除虫菊酮（2.16%）、1,2,4a,5,8,8a-六氢化-4,7-二甲基-1-异丙基萘（2.09%）、2-表-α-柏木烯（1.95%）、β-榄香烯（1.69%）、α-榄香烯（1.69%）、反式-3,6-二乙基-3,6-二甲基-三环[3.1.0.0^{2,4}]已烷（1.49%）、(1α,4aα,8aα)-7-甲基-1-异丙基-4 -亚甲基-1,2,3,4,4a,5,6,8a-八氢萘（1.11%）等。

【利用】块茎入药，用于治疗小便不利、尿路感染、肠炎泄泻、水肿、痰饮、眩晕。在园林浅水区作水景植物。

泽泻

Alisma plantago-aquatica Linn.

泽泻科　泽泻属

分布：黑龙江、吉林、辽宁、内蒙古、河北、山西、陕西、新疆、云南等地

【形态特征】多年生水生或沼泽生草本。块茎直径1～3.5 cm，或更大。叶通常多数；沉水叶条形或披针形；挺水叶宽披针形、椭圆形至卵形，长2～11 cm，宽1.3～7 cm，先端渐尖，稀急尖，基部宽楔形、浅心形，边缘膜质。花莛高78～100 cm，或更高；花序长15～50 cm，或更长，具3～8轮分枝，每轮分枝3～9枚。花两性；外轮花被片广卵形，长2.5～3.5 mm，宽2～3 mm，边缘膜质，内轮花被片近圆形，远大于外轮，边缘具粗齿，白色、粉红色或浅紫色。瘦果椭圆形，或近矩圆形，长约2.5 mm，宽约1.5 mm，背部具1～2条浅沟，下部平，果喙自腹侧伸出，喙基部凸起，膜质。种子紫褐色，具凸起。花果期5～10月。

【生长习性】生于湖泊、河湾、溪流、水塘的浅水带，沼泽、沟渠及低洼湿地亦有生长。

【芳香成分】徐飞等（2011）用水蒸气蒸馏法提取的四川彭山产泽泻干燥块茎精油的主要成分为：δ-榄香烯（7.66%）、1,7,7-三甲基-2-乙烯基双环[2.2.1]庚-2-烯（2.77%）、斯巴醇（2.44%）、氧化石竹烯（2.12%）、β-榄香烯（1.77%）、Δ-蛇床烯（1.41%）、α-木罗烯（1.37%）、δ-杜松烯（1.29%）、巴伦西亚烯（1.21%）、β-雪松烯（1.21%）、雅槛蓝树烯（1.19%）等。

【利用】块茎入药，具有利小便、清湿热的功效，主治肾炎水肿、肾盂肾炎、肠炎泄泻、小便不利等症。用于花卉观赏。

檫木

Sassafras tzumu (Hemsl.) Hemsl.

樟科　檫木属

别名：檫树、楠树、山檫、青檫、桐梓树、梨火哄、黄楸树、刷木、花楸树、鹅脚板、半枫樟、枫荷桂、独脚樟、天鹅枫、梓木

分布：我国长江以南各地均有分布

【形态特征】落叶乔木，高可达35 m，胸径达2.5 m；树皮纵裂。顶芽大，椭圆形，长达1.3 cm，直径0.9 cm，芽鳞近圆形，外面密被黄色绢毛。叶互生，聚集于枝顶，卵形或倒卵形，长9～18 cm，宽6～10 cm，先端渐尖，基部楔形，全缘或2～3浅裂，坚纸质。花序顶生，先叶开放，长4～5 cm，多花，有迟落互生的总苞片；苞片线形至丝状，长1～8 mm。花黄色，长约4 mm，雌雄异株。雄花：花被筒极短，花被裂片6，披针形，

近相等，长约3.5 mm，先端稍钝，外面疏被柔毛，内面近于无毛。雌花：退化雄蕊12，排成四轮。果近球形，直径达8 mm，成熟时蓝黑色而带有白蜡粉，果托红色。花期3～4月，果期5～9月。

【生长习性】常生于海拔150～1900 m的疏林或密林中。喜温暖湿润、雨量充沛的环境。适宜年平均温度为12～20℃，向阳山坡，土层深厚、通气、排水良好的酸性土壤上生长。

【精油含量】水蒸气蒸馏法提取根的得油率为1.00%，树皮的得油率为2.34%，叶的得油率为0.40%～1.00%，果实的得油率为2.00%～3.00%。

【芳香成分】韩安榜等（2012）用水蒸气蒸馏法提取的浙江永嘉产檫木新鲜茎精油的主要成分为：1-石竹烯（26.97%）、香树烯（10.93%）、罗汉柏烯（9.86%）、苯甲氧羰基-L-天门冬氨酸（7.23%）、熊去氧胆酸（6.74%）、1,14-二溴十四烷（5.83%）、(E,E,E)-2,6,11,15-四甲基-2,6,8,10,14-十六碳五烯（4.76%）、柏木烯醇（4.26%）、3,7-二甲基-6-辛烯基-3-甲基丁酸酯（3.28%）、α,β,2,2,6-五甲基环已烷丙醇（2.92%）、(6E)-2,6-二甲基-8-(3-甲基-2-呋喃基)-2,6-辛二烯（2.31%）、(1aR,2aR,3aS,5aS,8aS,8bS,8cS)-八氢-3a,8c-二甲基-6-亚甲基-2H-二氧杂[2,3：8,8a]薁[4,5-b]呋喃-7(3aH)-酮（2.31%）、1-甲基-4-(2-甲基环氧乙烷基)-7-氧杂双环[4.1.0]庚烷（1.80%）、2-(十七碳-7-炔-1-基氧基)四氢-2H-吡喃（1.65%）、(3S,5aR,7aS,11aS,11bR)-5H-3,8,8,11a-四甲基-十二氢-3,5a-环氧萘基[2,1-c]噁庚英（1.28%）、维甲酰酚胺（1.08%）等。

【利用】木材为优良的造船材料、室内装修材料及家具用材料。是优良的园林观赏树种。根、树皮及叶入药，有祛风逐湿、活血散瘀之效，治扭挫伤和腰肌劳伤。全株可提取精油，除去黄樟素后可用于食品中。

厚壳桂

Cryptocarya chinensis (Hance) Hemsl.

樟科　厚壳桂属

别名：香果、铜锣桂、香花桂、硬壳槁、山饼斗、华厚壳桂

分布：四川、广西、广东、福建、台湾、海南

【形态特征】乔木，高达20 m，胸径达10 cm；树皮粗糙。老枝多少具棱角，疏布皮孔。叶互生或对生，长椭圆形，长7～11 cm，宽 3.5～5.5 cm，先端长或短渐尖，基部阔楔形，革质，两面幼时被灰棕色小绒毛，后毛被逐渐脱落，叶面光亮，叶背苍白色。圆锥花序腋生及顶生，长1.5～4 cm，具梗，被黄色小绒毛。花淡黄色，长约3 mm；花梗极短，长约0.5 mm，被黄色小绒毛。花被两面被黄色小绒毛，花被筒陀螺形，短小，长1～1.5 mm，花被裂片近倒卵形，长约2 mm，先端急尖。果球形或扁球形，长7.5～9 mm，直径9～12 mm，熟时紫黑色，约有纵棱12～15条。花期4～5月，果期8～12月。

【生长习性】生于山谷荫蔽的常绿阔叶林中，海拔300～1100 m。喜光，为上层优势树种。喜温暖湿润的气候，能耐短期-2℃左右低温。适生于深厚、疏松、湿润的酸性土。

【精油含量】水蒸气蒸馏法提取叶的得油率为0.13%，枝叶的得油率为0.36%。

【芳香成分】朱亮锋等（1993）用水蒸气蒸馏法提取的广东鼎湖山产枝叶精油的主要成分为：β-荜澄茄烯异构体（25.93%）、愈创木酚（13.55%）、γ-榄香烯（9.40%）、榄香醇（5.45%）、δ-杜松醇（2.98%）、δ-杜松烯（2.87%）、β-石竹烯（2.74%）、β-荜澄茄烯（1.68%）、玷𤫱烯（1.40%）、α-荜澄茄烯（1.19%）等。

【利用】木材适用于上等家具、高级箱盒、工艺等用材，亦可作天花板、门、窗、桁、桷、车辆、农具等用材。枝叶富含倍半萜精油，可开发用于调制定香剂。适合作生态林。

黄果厚壳桂
Cryptocarya concinna Hance

樟科　厚壳桂属
别名：黄果桂、生虫树、香港厚壳桂、海南厚壳桂、长果厚壳桂、黄果
分布：广东、广西、江西、台湾、海南

【形态特征】乔木，高达18米，胸径35 cm；树皮淡褐色。枝条灰褐色，多少有棱角。叶互生，椭圆状长圆形或长圆形，长3～10 cm，宽1.5～3 cm，先端钝、近急尖或短渐尖，基部楔形，两侧常不相等，坚纸质，叶面稍光亮，无毛，叶背带绿白色，略被短柔毛，后变无毛。圆锥花序腋生及顶生，长2～8 cm，被短柔毛，向上多分枝，总梗被短柔毛；苞片十分细小，三角形。花长达3.5 mm。花被两面被短柔毛，花被筒近钟形，长约1 mm，花被裂片长圆形，长约2.5 mm，先端钝。果长椭圆形，长1.5～2 cm，直径约8 mm，幼时为深绿色，有纵棱12条，成熟时为黑色或蓝黑色，纵棱有时不明显。花期3～5月，果期6～12月。

【生长习性】生于谷地或缓坡常绿阔叶林中，海拔600 m以下。

【精油含量】水蒸气蒸馏法提取枝叶的得油率为0.16%。

【芳香成分】朱亮锋等（1993）用水蒸气蒸馏法提取的广东鼎湖山产黄果厚壳桂枝叶精油的主要成分为：γ-榄香烯（71.89%）、β-石竹烯（6.83%）、β-荜澄茄烯（4.82%）、β-月桂烯（1.68%）等。

【利用】木材可作家具材料，通常也用于建筑。枝叶精油可用于日用化工工业。

云南厚壳桂
Cryptocarya yunnanensis H. W. Li

樟科　厚壳桂属
分布：云南

【形态特征】乔木，高达28 m，胸径达70 cm；树皮灰白色。叶互生，通常长圆形，偶有卵圆形或卵圆状长圆形，长7～19 cm，宽3.2～10 cm，先端短渐尖，基部宽楔形至圆形，薄革质，叶面干时为褐绿色，叶背色较淡，两面晦暗。圆锥花序腋生及顶生，有时少花，短于叶很多，长仅2～4 cm，有时多花密集，长5.5～12 cm，后者常多分枝。花淡绿白色，长约3 mm。花被内外两面被微柔毛，花被筒陀螺形，长1.5 mm，花被裂片长圆状卵形，长1.5 mm。果卵球形，成熟时长16 mm，直径12 mm，先端近圆形，基部狭，幼时为绿色，成熟时为黑紫色，无毛，有不明显的纵棱12条。花期3～4月，果期5～6月。

【生长习性】生于山谷常绿阔叶林或次生疏林中，坡地或河边，海拔550～1100 m。

【芳香成分】熊汝琴等（2011）用有机溶剂萃取法提取的云南西双版纳产云南厚壳桂干燥叶精油的主要成分为：δ-杜松烯（20.55%）、β-古芸烯（16.66%）、匙叶桉油烯醇（8.09%）、α-胡椒烯（3.16%）、1,2,3,4,6,8a-六氢-1-异丙基-4,7-二甲基萘（2.36%）、杜松-1,3,5-三烯（2.33%）、双环倍半水芹烯（2.32%）、癸烷（2.15%）、α-依兰油烯（1.77%）、γ-古芸烯（1.74%）、正十一烷（1.70%）、正二十一烷（1.67%）、1,3,5-三甲苯（1.58%）、α-古芸烯（1.54%）、正二十烷（1.51%）、α-瑟琳烯（1.37%）、α-杜松烯（1.26%）、γ-杜松烯（1.21%）、α-葎草烯（1.15%）、水合桧烯（1.09%）、正十九烷（1.02%）、1,2,4-三甲苯（1.01%）等。

红果黄肉楠
Actinodaphne cupularis (Hemsl.) Gamble

樟科　黄肉楠属
别名：老鹰茶
分布：湖北、湖南、四川、广西、云南、贵州

【形态特征】灌木或小乔木，高2～10 m，胸径达15 cm。顶芽卵圆形或圆锥形，鳞片外面被锈色丝状短柔毛，边缘有睫毛。叶通常5～6片簇生于枝端成轮生状，长圆形至长圆状披针形，长5.5～13.5 cm，宽1.5～2.7 cm，两端渐尖或急尖，革质，叶面绿色，叶背粉绿色。伞形花序单生或数个簇生于枝侧；苞片5～6，外被锈色丝状短柔毛；每一雄花序有雄花6～7朵；花梗及花被筒密被黄褐色长柔毛；花被裂片6～8，卵形，长约2 mm，宽约1.5 mm，外面中肋有柔毛；雌花序常有雌花5朵。果卵形或卵圆形，长12～14 mm，直径约10 mm，先端有短尖，成熟时红色；果托有皱褶，全缘或粗波状。花期10～11月，果期8～9月。

【生长习性】生于山坡密林、溪旁及灌丛中，海拔360～1300 m。

【精油含量】水蒸气蒸馏法提取枝叶的得油率为0.21%。

【芳香成分】郁建平等（2001）用水蒸气蒸馏法提取的贵州遵义产红果黄肉楠枝叶精油的主要成分为：异丁子香烯（8.28%）、大根香叶烯B（7.11%）、1α,4aα,8aα-7-甲基-4-甲烯基-1-异丙基-1,2,3,4,4a,5,6,8a-八氢萘（6.57%）、1S-(1α,3aβ,4α,8aβ)-4,8,8-三甲基-9-甲烯基-1,4-亚甲基十氢薁（3.69%）、4aR-反-4a,8-二甲基-2(1-异丙烯基)-1,2,3,4,4a,5,6,8a-八氢萘（3.00%）、石竹烯（2.85%）、γ-榄香烯（2.52%）、S-6-甲基-6-乙烯基-1-异丙基-3-(1-异丙烯基)-环己烯（2.14%）、7R,8R-8-羟基-4-异亚丙基-7-甲基双环[5.3.1]十一碳-1-烯（1.93%）、α-石竹烯（1.77%）、α-杜松醇（1.71%）、α-木罗醇（1.62%）、1R,3Z,9S-4,11,11-三甲基-8-亚甲基双环[7.2.0]十一碳-3-烯（1.47%）、1S-(1α,2β,4β)-1-乙烯基-1-甲基-2,4-双异丙烯基-环已烷（1.34%）、玷玴烯（1.04%）等。

【利用】种子榨油可供制皂及机器润滑油等用。根民间外用治脚癣、烫火伤及痔疮等。

毛黄肉楠

Actinodaphne pilosa (Lour.) Merr.

樟科　黄肉楠属

别名： 茶胶树、刨花、胶木、香胶、毛樟、老人木

分布： 广东、广西、海南

【形态特征】乔木或灌木，高4～12 m，胸径达60 cm；树皮灰色或灰白色。顶芽大，卵圆形，鳞片外面密被锈色绒毛。叶互生或3～5片聚生成轮生状，倒卵形或有时椭圆形，长12～24 cm，宽5～12 cm，先端突尖，基部楔形，革质，叶背有锈色绒毛。花序腋生或枝侧生，由伞形花序组成圆锥状；苞片早落，宽卵圆形，外面密被锈色绒毛；每一伞形花序有花5朵；花被裂片6，椭圆形，外面有长柔毛，内面基部有柔毛。雄花：花被裂片长约3 mm。雌花：较雄花略小；花被裂片长1.5～2 mm。果球形，直径4～6 mm，生于近于扁平的盘状果托上。花期8～12月，果期翌年2～3月。

【生长习性】常生于海拔500 m以下的旷野丛林或混交林中。

【芳香成分】冯志坚等（2009）用水蒸气蒸馏法提取的广东广州产毛黄肉楠干燥叶精油的主要成分为：喇叭茶烯（12.72%）、(1α,4aα,8aα)-1,2,3,4,4a,5,6,8a-八氢-7-甲基-4-亚甲基-1-(1-甲基乙基)-萘（12.33%）、大根香叶烯-D（11.58%）、反式-石竹烯（10.66%）、蓝桉醇（5.89%）、匙叶桉油烯醇（4.25%）、α-依兰烯（4.22%）、δ-杜松烯（4.02%）、α-葎草烯（3.73%）、α-榄香烯（3.38%）、T-杜松醇（3.14%）、T-依兰醇（3.11%）、别香橙烯（2.31%）、α-桉叶醇（1.26%）等。

【利用】木材刨成薄片泡水后得透明黏液，可供粘布、粘渔网、作造纸胶和发胶用。树皮与叶供药用，有祛风、消肿、散淤、解毒、止咳之功效，并能治疮疖，对治疗跌打损伤亦有效。

豺皮樟

Litsea rotundifolia (Nees) Hemsl. var. *oblongifolia* (Nees) Allen

樟科　木姜子属

别名： 白叶仔、硬钉树、假面果、嗜喳木、圆叶木姜子

分布： 广东、广西、湖南、江西、福建、台湾、浙江等地

【形态特征】圆叶豺皮樟变种。常绿灌木或小乔木，高可达3 m，树皮灰色或灰褐色，常有褐色斑块。预芽卵圆形，鳞片外面被丝状黄色短柔毛。叶散生，叶片卵状长圆形，长2.5～5.5 cm，宽1～2.2 cm，先端钝或短渐尖，基部楔形或钝，薄革质，叶面绿色，光亮，叶背粉绿色。伞形花序常3个簇生叶腋，几乎无总梗；每一花序有花3～4朵，花小，近于无梗；花被筒杯状，被柔毛；花被裂片6，倒卵状圆形，大小不等，能育雄蕊9，花丝有稀疏柔毛，腺体小，圆形；退化雌蕊细小，无毛。果球形，直径约6 mm，几乎无果梗，成熟时为灰蓝黑色。花期8～9月，果期9～11月。

【生长习性】生于丘陵地下部的灌木林中或疏林中，或山地路旁，海拔800 m以下。喜湿润气候。喜光，在光照不足的条件下生长发育不良。适生于上层深厚、排水良好的酸性红壤土、黄壤土以及山地棕壤土，在低洼积水处则不宜栽种。

【精油含量】水蒸气蒸馏法提取阴干根的得油率为0.47%，

阴干叶的得油率为0.24%。

【芳香成分】根：严小红等（2000）用水蒸气蒸馏法提取的广东广州产豺皮樟阴干根精油的主要成分为：愈创木醇（18.76%）、(E)-5-烯-十二醛（9.42%）、乙酸龙脑酯（7.29%）、月桂酸（5.27%）、10-十一炔-1-醇（4.16%）、反式-氧化芳樟醇（3.31%）、芳姜黄烯（2.81%）、邻苯二甲酸双丁酯（2.76%）、β-桉叶醇（2.70%）、顺式-氧化芳樟醇（2.54%）、10-十一烷烯-1-醇（2.47%）、(Z)-4-壬烯-1-醇（2.15%）、十二醛（2.13%）、3,7-二甲基-6-辛烯-1-醇（1.57%）、2-甲基-5-(金刚烷-1)-2-戊醇（1.25%）、邻苯二甲酸双乙酯（1.21%）、榄香醇（1.20%）、十一烯酸（1.19%）、反式-11-十四烯酸（1.15%）、棕榈酸（1.09%）、喇叭醇（1.05%）等。

叶：严小红等（2001）用水蒸气蒸馏法提取的阴干叶精油的主要成分为：十二烷酸（43.68%）、肉豆蔻酸（14.61%）、正十一烷酸（4.70%）、棕榈酸（4.15%）、正十一烷醇（1.98%）、十二醛（1.89%）、2-十二酮（1.34%）、3-甲基-2-戊酮（1.30%）、6,10,14-三甲基-十五酮（1.17%）、正己酸（1.15%）、2-十三酮（1.15%）、β-桉叶醇（1.14%）、邻苯二甲酸双丁酯（1.03%）等。

【利用】种子榨油可供工业用。根药用，有祛风除湿、行气止痛、活血通经的功效，用于治疗风湿关节痛、跌打损伤、痛经、胃痛、泄泻、水肿。彝药叶治风寒感冒。叶、果可提芳香油。

潺槁木姜子

Litsea glutinosa (Lour.) C. B. Rob.

樟科　木姜子属

别名：潺槁树、山胶木、油槁树、胶樟、青野槁、潺槁木姜、厚皮楠、香胶木、青桐胶、野果木、牛耳枫、山加龙、潺果

分布：广东、广西、福建、云南

【形态特征】常绿小乔木或乔木，高3～15 m；树皮灰色或灰褐色，内皮有黏质。顶芽卵圆形，鳞片外面被灰黄色绒毛。叶互生，倒卵形、倒卵状长圆形或椭圆状披针形，长6.5～26 cm，宽5～11 cm，先端钝或圆，基部楔形，钝或近圆，革质。伞形花序生于小枝上部叶腋，单生或几个生于短枝上，短枝长达2～4 cm或更长；苞片4；每一花序有花数朵；花梗被灰黄色绒毛；花被不完全或缺；能育雄蕊通常15，或更多，花丝长，有灰色柔毛，腺体有长柄，柄有毛；退化雌蕊椭圆形；雌花中子房近于圆形，柱头漏斗形；退化雄蕊有毛。果球形，直径约7 mm，果梗长5～6 mm，先端略增大。花期5～6月，果期9～10月。

【生长习性】生于山地林缘、溪旁、疏林或灌丛中，海拔500～1900 m。属弱阳性树种，幼树喜在适当庇荫环境下生长，到壮年时需阳光。喜暖热湿润的气候条件，不耐严寒，幼苗容易受冻害，长大后抗寒性逐渐增强。喜湿润肥沃、土层深厚、酸性至中性的砂壤土或壤土。

【精油含量】水蒸气蒸馏法提取阴干叶的得油率为0.15%；超临界萃取阴干叶的得油率为0.56%。

【芳香成分】覃文慧等（2012）用水蒸气蒸馏法提取的广西南宁产潺槁木姜子新鲜叶精油的主要成分为：β-石竹烯（22.83%）、β-罗勒烯（7.19%）、植醇（6.90%）、β-蒎烯（6.79%）、α-蒎烯（5.97%）、石竹烯氧化物（5.95%）、右旋萜二烯（4.73%）、二环大根香叶烯（4.47%）、α-石竹烯（4.38%）、橙花叔醇（3.40%）、月桂烯（2.81%）、(E)-β-罗勒烯（2.25%）、β-荜澄茄烯（1.76%）、β-杜松烯（1.59%）、α-荜澄茄油烯（1.39%）、β-桉叶醇（1.30%）等。周燕园（2012）用同法分析的广西南宁产潺槁木姜子阴干叶精油的主要成分为：(Z)-叶醇（43.90%）、

(E)-青叶醛（7.42%）、2,4-二叔丁基苯酚（4.80%）、(E)-2-己烯-1-醇（3.47%）、二十二烷（2.21%）、三十六烷（1.24%）、十四烷（1.08%）等。

【利用】木材可供家具用材。树皮和木材含胶质，可作粘合剂。种仁可榨油供制皂及作硬化油。根皮和叶民间入药，具有清湿热、消肿毒、治腹泻的功效，外敷治疮痈；治痢疾、肠炎、风湿骨痛、腮腺炎、乳腺炎、疮疖。可盆栽观赏。

大萼木姜子

Litsea baviensis Lecomte

樟科　木姜子属

别名： 托壳果、白面槁、白肚槁、香椒槁、毛丹、黄槁、红干

分布： 海南、广东、广西、云南

【形态特征】常绿乔木，高达20 m，胸径60 cm；树皮灰白色或灰黑色。顶芽裸露，卵圆形，外被黄褐色短柔毛。叶互生，椭圆形或长椭圆形，长11～24 cm，宽3～7.5 cm，先端短渐尖或钝，基部楔形，革质，叶面深绿色，叶背粉绿色，有微柔毛。伞形花序常几个簇生一起，腋生短枝上，短枝长2～3 mm，被柔毛；苞片卵形，长4 mm，外面有黄褐色微柔毛；花被裂片6，宽卵形，外面有短柔毛，边缘有睫毛。果椭圆形，长2.5～3 cm，直径1.7～2 cm，顶端平，光亮而滑，中间有1小尖，成熟时紫黑色；果托杯状，厚木革质，带灰色，有疣状突起。花期5～6月，果期2～3月，也有在9月采得果实，一年内有两次果期。

【生长习性】生于密林中或林中溪旁处，海拔400～2000 m。

【芳香成分】李贵军等（2008）用水蒸气蒸馏法提取的云南绿春产大萼木姜子新鲜枝叶精油的主要成分为：d-杜松萜烯（22.08%）、二氢白菖考烯（20.84%）、γ-依兰油烯（8.83%）、9-马兜铃烯（8.06%）、α-库毕烯（6.69%）、杜松-1,4-二烯（6.40%）、α-芹子烯（5.10%）、石竹烯（2.99%）、α-依兰油烯（2.81%）、依兰烯（2.44%）、β-愈创木烯（2.43%）、α-白菖考烯（2.23%）、g-杜松萜烯（2.00%）、顺式-α-没药烯（1.30%）、γ-芹子烯（1.10%）等。

【利用】木材适宜作家具、细木工、木琴等用材。

金平木姜子

Litsea chinpingensis Yang et P. H. Huang

樟科　木姜子属

分布： 云南

【形态特征】常绿乔木，高10～20 m，胸径达20 cm。小枝干时有棱条，黑褐色，老枝灰褐色。顶芽裸露，圆锥形，外被黄褐色短柔毛。叶互生，披针形或窄椭圆形，长8～17 cm，宽2.2～4.2 cm，先端渐尖或短尖，间或钝头，基部楔形，薄革质，叶面深绿色，有光泽，叶背淡绿色。伞形花序3～4个簇生于叶腋长至2 mm的短枝上；每一花序有花4～5朵；花被裂片6，卵形或卵圆形，外部有柔毛，边缘多少有睫毛。果椭圆形，长约2.2 cm，直径约1.5 cm；果托盘状，深约2 mm，直径约1 cm；果梗长1.6～2.5 cm，粗壮，直径约3 mm，先端渐增粗达4 mm；果序梗长约1 cm，较粗壮。果期8～9月。

【生长习性】生于潮湿的阔叶混交林中，海拔1500～2100 m。

【精油含量】水蒸气蒸馏法提取果实的得油率为4.12%。

【芳香成分】杨丽娟等（2008）用水蒸气蒸馏法提取的云南金平产金平木姜子果实精油的主要成分为：β-柠檬醛（28.32%）、α-柠檬醛（22.28%）、柠檬烯（12.15%）、橙花醇（4.98%）、1,8-桉叶素（4.67%）、甲基庚烯酮（4.35%）、α-蒎烯（3.98%）、芳樟醇（3.21%）、β-蒎烯（2.66%）、对伞花烃

(2.33%)、莰烯(1.56%)、β-月桂烯(1.55%)、樟脑(1.55%)、香叶醇(1.28%)、石竹烯(1.21%)、香茅醛(1.02%)等。

【利用】根皮及叶可供药用，具有祛风、散寒、理气、止痛、温肾、健胃等功效，用于治疗肠胃炎、胃寒腹痛、水肿、风湿关节痛及跌打损伤等。果实精油可作工业原料，并有抑制黄曲霉菌和驱虫的功效。

毛豹皮樟

Litsea coreana Levl. var. *lanuginosa* (Migo) Yang et. P. H. Huang

樟科　木姜子属

别名：老鹰茶

分布：浙江、安徽、河南、江苏、福建、江西、湖南、湖北、四川、广东、广西、贵州、云南

【形态特征】朝鲜木姜子变种。常绿乔木，高8～15 m，胸径30～40 cm；树皮灰色，呈小鳞片状剥落，脱落后呈鹿皮斑痕。幼枝红褐色，老枝黑褐色。顶芽卵圆形，先端钝。叶互生，倒卵状椭圆形或倒卵状披针形，长4.5～9.5 cm，宽1.4～4 cm，先端钝渐尖。基部楔形，革质，叶面深绿色，嫩叶两面均有灰黄色长柔毛，叶背尤密，老叶叶背仍有稀疏毛。伞形花序腋生；苞片4，交互对生，近圆形，外面被黄褐色丝状短柔毛；每一花序有花3～4朵；花被裂片6，卵形或椭圆形，外面被柔毛。果近球形，直径7～8 mm；果托扁平，宿存有6裂花被裂片；果梗长约5 mm，颇粗壮。花期8～9月，果期翌年夏季。

【生长习性】生于山谷杂木林中海拔300～2300 m。

【精油含量】水蒸气蒸馏法提取茎叶的得油率为0.10%。

【芳香成分】郁建平等（2001）用水蒸气蒸馏法提取的贵州遵义产毛豹皮樟嫩茎叶精油的主要成分为：正癸醛(71.53%)、十一碳-10-烯醛(5.02%)、壬醛(3.95%)、α-荜澄茄烯(3.58%)、2,5-二甲基-1,2,3,4-四氢吡啶并(3,4-o)吲哚(2.63%)、十一碳-4-酮(2.21%)、十二碳醛(1.71%)、α-绿叶烯(1.34%)、(-)-绿叶烯(1.07%)、杜松-3,9-二烯(1.01%)等。

【利用】嫩叶可制作老鹰茶。

毛叶木姜子

Litsea mollis Hemsl.

樟科　木姜子属

别名：大木姜、香桂子、野木姜子、荜澄茄、山胡椒、狗胡椒、猴香子、木香子

分布：广东、广西、湖南、湖北、四川、贵州、云南、西藏

【形态特征】落叶灌木或小乔木，高达4 m；树皮绿色，光滑，有黑斑，撕破有松节油气味。顶芽圆锥形，鳞片外面有柔毛。小枝灰褐色，有柔毛。叶互生或聚生枝顶，长圆形或椭圆形，长4～12 cm，宽2～4.8 cm，先端突尖，基部楔形，纸质，叶面暗绿色，叶背带绿苍白色，密被白色柔毛。伞形花序腋生，常2～3个簇生于短枝上，短枝长1～2 mm，每一花序有花4～6朵，先叶开放或与叶同时开放；花被裂片6，黄色，宽倒卵形，能育雄蕊9，花丝有柔毛，第三轮基部腺体盾状心形，黄色；退化雌蕊无。果球形，直径约5 mm，成熟时为蓝黑色；果梗长5～6 mm，有稀疏的短柔毛。花期3～4月，果期9～10月。

【生长习性】生于山坡灌丛中或阔叶林中，海拔600～2800 m。喜湿润气候。喜光，在光照不足的条件下生长发育不良。适生于土层深厚、排水良好的酸性红壤土、黄壤土以及山地棕壤土，在低洼积水处则不宜栽种。

【精油含量】水蒸气蒸馏法提取干燥叶的得油率为0.15%，干花的得油率为11.40%～12.16%，鲜花的得油率为4.20%～4.45%，果实的得油率为2.29%～8.50%，果皮的得油率为0.08%；超临界萃取果实的得油率为5.85%。

【芳香成分】叶：林翠梧等（2000）用水蒸气蒸馏法提取的湖北神农架产毛叶木姜子干燥叶精油的主要成分为：1,8-桉叶素(29.41%)、松油醇(9.93%)、氧化石竹烯(7.13%)、芳樟醇(7.09%)、β-石竹烯(5.57%)、桧脑(3.53%)、匙叶桉油烯醇(2.23%)、松油烯-4-醇(2.18%)、α-芹子烯(2.14%)、吉玛烯D(1.69%)、香叶醛(1.46%)、香叶醇(1.41%)、β-檀香烯(1.32%)、桧萜(1.07%)、反-α-二氢松油醇(1.07%)、α-葎草烯(1.01%)等。

花：周天达（1995）用水蒸气蒸馏法提取的湖南产毛叶木姜子花精油的主要成分为：1,8-桉油素(45.86%)、β-蒎烯(13.32%)、松油烯-4-醇(10.72%)、橙花醛(4.31%)、月桂烯(4.31%)、β-榄香烯(2.68%)、α-松油醇(2.26%)、α-水芹烯

（1.83%）、α-柠檬醛（1.24%）、δ-荜澄茄烯（1.11%）等。

果实：王晓炜等（2005）用水蒸气蒸馏法提取的广西产毛叶木姜子干燥成熟果实精油的主要成分为：月桂酸（12.08%）、正癸酸（11.49%）、丁香烯氧化物（9.56%）、反式柠檬醛（9.10%）、顺式柠檬醛（5.16%）、丁香烯（5.11%）、β-没药烯（5.10%）、6-甲基-5-庚烯-2-酮（2.92%）、顺式牻牛儿醇（2.61%）、反式牻牛儿醇（2.09%）、D-柠檬烯（2.06%）、3,7-二甲基-1,6-辛二烯-3-醇（1.72%）、α-松油醇（1.29%）、α-香柠檬烯（1.23%）等。王发松等（2002）用同法分析的湖北巴东产毛叶木姜子阴干果实精油的主要成分为：柠檬醛（65.24%）、柠檬烯（20.82%）等。陈汉平等（1984）用同法分析的果皮精油的主要成分为：α-柠檬醛（39.19%）、β-柠檬醛（30.19%）、柠檬烯（11.04%）、6-甲基-5-庚烯-2-酮（3.72%）、芳樟醇（3.06%）、α-松油醇（2.15%）、α-蒎烯（1.72%）、β-蒎烯（1.72%）、香茅醛（1.63%）、香茅醇（1.47%）、1,8-桉叶油素＋对伞花烃（1.16%）等。

【利用】果、树皮、叶可提取芳香油，叶精油具有镇静镇痛、祛痰平喘、抑制过敏反应、抗菌及抗心肌缺血等作用，是治疗冠心病、心绞痛的有效药物；为提取柠檬醛的原料。种子可榨油，为制皂的上等原料。根和果可入药，根治气痛、劳伤；果治腹泻、气痛、血吸虫病等。

木姜子

Litsea pungens Hemsl.

樟科　木姜子属

别名：兰香树、木香子、生姜树、香桂子、辣姜子、猴香子、陈茄子、山苍子、山胡椒、山姜子、山茶子、山鸡椒、黄花子、生姜材

分布：湖北、湖南、广东、广西、贵州、云南、四川、西藏、甘肃、陕西、河南、山西、浙江

【形态特征】落叶小乔木，高3～10 m；树皮灰白色。幼枝黄绿色，被柔毛，老枝黑褐色。顶芽圆锥形。叶互生，常聚生于枝顶，披针形或倒卵状披针形，长4～15 cm，宽2～5.5 cm，先端短尖，基部楔形，膜质。伞形花序腋生；总花梗长5～8 mm，无毛；每一花序有雄花8～12朵，先叶开放；花梗长5～6 mm，被丝状柔毛；花被裂片6，黄色，倒卵形，长2.5 mm，外面有稀疏柔毛；能育雄蕊9，花丝仅基部有柔毛，第三轮基部有黄色腺体，圆形；退化雌蕊细小，无毛。果球形，直径7～10 mm，成熟时为蓝黑色；果梗长1～2.5 cm，先端略增粗。花期3～5月，果期7～9月。

【生长习性】生于溪旁和山地阳坡杂木林中或林缘，海拔800～2300 m。

【精油含量】水蒸气蒸馏法提取鲜叶的得油率为0.44%。

【芳香成分】**叶**：张振杰等（1992）用水蒸气蒸馏法提取的陕西太白产木姜子新鲜叶精油的主要成分为：1,3,3-三甲基-2-氧杂二环[2.2.2]辛烷（59.96%）、1,8-桉叶油素（8.96%）、香茅醛（6.86%）、2-甲基-5-(1-甲基乙烯基)环己酮（4.04%）、乙酸橙花酯（3.19%）、α-蒎烯（1.27%）、γ-杜松烯（1.20%）等。

果实：项昭保等（2008）用水蒸气蒸馏法提取的重庆云阳产木姜子果实精油的主要成分为：α-柠檬醛（37.29%）、β-柠檬醛（32.36%）、柠檬烯（5.96%）、甲基庚烯酮（1.94%）、芳樟醇（1.88%）、β-香茅醛（1.37%）等。

【利用】果实药用，有温中行气止痛、燥湿健脾消食、解毒消肿的功效，用于治疗胃寒腹痛、暑湿吐泻、食滞饱胀、痛经、疝痛、疟疾、疮疡肿痛。枝叶、果实可提取精油，用于配制化妆品、食品和皂用香精，也可作为提取柠檬醛的原料。种子榨油可供制皂和工业用。

清香木姜子

Litsea euosma W. W. Smith

樟科　木姜子属

别名：毛梅桑、驱蚊树、山苍子、山胡椒、山姜子、山茶子、山鸡椒

分布：广东、广西、湖南、江西、四川、贵州、云南、西藏

【形态特征】落叶小乔木，高10 m；树皮灰绿或灰褐色。幼枝有短柔毛。顶芽圆锥形，外被黄褐色柔毛。叶互生，卵状椭圆形或长圆形，长6.5～14 cm，宽2.2～4.5 cm，先端渐尖，基部楔形略圆，纸质，叶面深绿色，无毛，叶背粉绿色，被疏柔毛，沿中脉稍密。伞形花序腋生，常4个簇生于短枝上，短枝长2 mm；每一花序有花4～6朵，先叶开放或与叶同时开放；花被裂片6，黄绿色或黄白色，椭圆形，长约2 mm，先端圆；能育雄蕊9，花丝有灰黄色柔毛，第三轮基部腺体盾状心形；退化雌蕊无。果球形，直径5～7 mm，顶端具小尖，成熟时黑色；果梗长4 mm，先端不增粗，有稀疏短柔毛。花期2～3月，果期9月。

【生长习性】生于山地阔叶林中湿润处，海拔2450 m。

【精油含量】水蒸气蒸馏法提取新鲜枝叶的得油率为0.80%，新鲜果实的得油率为2.50%～3.00%。

【芳香成分】枝叶：张丽等（2009）用连续蒸馏萃取法提取的云南绿春产清香木姜子新鲜枝叶精油的主要成分为：桉油（27.20%）、松油烯-4-醇（21.27%）、N-甲基山鸡椒痉挛碱（6.32%）、十七烷酸（4.33%）、叶绿醇（3.53%）、乙醚基亚油酸（3.45%）、2,6-二甲基-2,6辛二烯（2.96%）、维生素E（2.45%）、正十八烷（1.64%）、菜油甾醇（1.25%）、石竹烯（1.24%）、α-蒎烯（1.23%）等。

果实：云南植物研究所（1975）用水蒸气蒸馏法提取的云南腾冲产清香木姜子新鲜果实精油的主要成分为：柠檬醛（80.50%）、d-柠檬烯（5.10%）、香茅醛（3.90%）、芳樟醇（2.80%）、香叶醇（1.90%）、甲基庚烯酮（1.40%）、α-蛇麻烯（1.40%）等。

【利用】四川省民间以果实作木姜子入药，治胃寒腹痛、泄泻、食滞饱胀。果实及叶、枝可提取芳香油，用于配制化妆品及皂用香精，也用于食用香精。果实精油是提取柠檬醛的原料。种子榨油供工业用。

山鸡椒

Litsea cubeba (Lour.) Pers.

樟科　木姜子属

别名：山苍子、山苍树、木姜子、荜澄茄、澄茄子、豆鼓姜、山姜子、臭樟子、赛梓树、山胡椒、猴香子、臭油果树

分布：广西、广东、福建、台湾、浙江、江苏、安徽、江西、湖南、湖北、四川、贵州、云南、西藏

【形态特征】落叶灌木或小乔木，高达8～10 m；幼树树皮黄绿色，光滑，老树树皮灰褐色。顶芽圆锥形，外面具柔毛。叶互生，披针形或长圆形，长4～11 cm，宽1.1～2.4 cm，先端渐尖，基部楔形，纸质，叶面深绿色，叶背粉绿色。伞形花序单生或簇生，总梗细长，长6～10 mm；苞片边缘有睫毛；每一花序有花4～6朵，先叶开放或与叶同时开放，花被裂片6，宽卵形；能育雄蕊9，花丝中下部有毛，第三轮基部的腺体具短柄；退化雌蕊无毛；雌花中退化雄蕊中下部具柔毛；子房卵形，花柱短，柱头头状。果近球形，直径约5 mm，无毛，幼时绿色，成熟时为黑色，果梗长2～4 mm，先端稍增粗。花期2～3月，果期7～8月。

【生长习性】生于向阳的山地、灌丛、疏林或林中路旁、水

边，海拔500～3200 m。喜温暖湿润的环境，适宜的年平均气温为10～18℃，短期可耐-12℃低温，年降水量900～1800 mm。对土壤条件要求不严，但以缓坡、沟谷、丘陵、土层深厚、肥沃、排水良好、pH4.5～6的土壤生长最好，在低洼积水处则不宜栽种。幼苗期需要遮阴，成年树喜光。

【精油含量】水蒸气蒸馏法提取根的得油率为0.04%～0.33%，叶的得油率为0.06%～2.04%，新鲜花的得油率为0.94%～1.60%，干燥花蕾的得油率为3.80%，果实的得油率为0.95%～7.93%；同时蒸馏萃取法提取根的得油率为0.30%，果实的得油率为4.17%；超临界萃取根的得油率为2.60%，干燥果实的得油率为3.16%～30.70%；微波萃取法提取新鲜果实的得油率为8.38%；超声波辅助水蒸气蒸馏法提取果实的得油率为5.33%。

【芳香成分】根：蔡进章等（2010）用水蒸气蒸馏法提取的浙江温州产山鸡椒新鲜根精油的主要成分为：柠檬烯（41.49%）、α-柠檬醛（13.64%）、β-柠檬醛（12.23%）、1S-α-蒎烯（7.89%）、L-4-萜品醇（6.24%）L-樟脑（1.90%）、月桂烯醇（1.83%）、1R-α-蒎烯（1.74%）、β-月桂烯（1.59%）、5,9,13-三甲基-4,8,12-十四炭三烯-1-醇（1.03%）、等。赵欧等（2010,2015）用同法分析的贵州安顺产山鸡椒根精油的主要成分为：3,7-二甲基-6-辛烯醛（26.56%）、α-柠檬醛（22.83%）、3,7-二甲基-2-辛烯-1-醇（21.81%）、β-柠檬醛（11.87%）、3,7-二甲基-1,6-辛二烯-3-醇（4.15%）、d-柠檬烯（2.26%）、(E)-3,7-二甲基-2,6-辛二烯-1-醇（1.99%）、异丁芳樟酸（1.59%）等；贵州铜仁产山鸡椒根精油的主要成分为：香茅醛（60.19%）、羟基香茅醛（11.20%）、顺-2-甲基-5-(1-甲基乙烯基)-2-环已烯-1-醇（4.60%）、(E)-柠檬醛（4.29%）、(Z)-柠檬醛（3.47%）、薄荷醇（2.85%）、3,7-二甲基-1,6-辛二烯-3-醇（2.44%）、D-柠檬烯（1.71%）、洋薄荷醇（1.28%）等；贵州湄潭产山鸡椒根精油的主要成分为：(E)-柠檬醛（40.31%）、(Z)-柠檬醛（30.85%）、3,7-二甲基-1,6-辛二烯-3-醇（5.69%）、2,6-二甲基-2,8-二癸烯（4.08%）、石竹烯氧化物（2.59%）、(S)-1-甲基-4-(5-甲基-1-亚甲基-4-己烯基)-环己烯（2.51%）、D-柠檬烯（2.49%）、6-甲基-5-庚烯-2-酮（1.87%）、7-甲基-3-亚甲基-6-辛烯-1-醇（1.68%）、(E)-香叶醇（1.53%）、反-环氧树脂（1.37%）等；贵州威宁产山鸡椒根精油的主要成分为：2,6-二甲基-2,8-二癸烯（76.95%）、(E)-香叶醇（10.27%）、1,7,7-三甲基-双环[2.2.1]庚-2-酮（2.97%）、洋薄荷醇（2.30%）、3,7-二甲基-1,6-辛二烯-3-醇（1.83%）、(Z)-香茅醛（1.71%）、桉油精（1.14%）等。

茎：王陈翔等（2011）用水蒸气蒸馏法提取的浙江温州产山鸡椒茎精油的主要成分为：芹子-6-烯-4-醇（22.24%）、(R)-4-萜品醇（15.08%）、α-柠檬醛（11.68%）、β-柠檬醛（8.20%）、α-萜品醇（7.67%）、石竹烯（5.34%）、顺-β-萜品醇（4.77%）、石竹烯氧化物（4.52%）、β-榄香烯（3.25%）、(Z)-5,11,14,17-二十碳四烯酸甲酯（2.71%）、2,5-二甲基-3-亚甲基-1,5-庚二烯（2.59%）、亚油酸乙酯（2.51%）、顺-β-法呢烯（1.77%）、α-石竹烯（1.77%）、(R)-β-香茅醇（1.72%）、棕榈酸乙酯（1.60%）、β-荜澄茄油烯（1.40%）、桧烯（1.17%）等。

叶：王陈翔等（2011）用水蒸气蒸馏法提取的浙江温州产山鸡椒叶精油的主要成分为：α-蒎烯（ 17.04%）、桉树脑（15.92%）、桧烯（ 12.87%）、α-萜品醇（9.24%）、(R)-4-萜品醇（7.20%）、顺式-β-萜品醇（6.22%）、石竹烯（4.53%）、β-侧柏烯（3.46%）、β-榄香烯（3.23%）、枞油烯（2.36%）、γ-古芸烯（2.18%）、γ-萜品烯（2.05%）、2,10,10-三甲基三环[7.1.1.0^{2,7}]十一碳-6-烯-8-酮（1.73%）、β-月桂烯（1.33%）、(+)-4-蒈烯（1.33%）、大根香叶烯D（1.20%）、β-蒎烯（1.11%）、α-石竹烯（1.10%）等。王发松等（1999）用同法分析的湖北巴东产山鸡椒阴干叶精油的主要成分为：α-顺式-罗勒烯（25.11%）、3,7-二甲基-1,6-辛二烯醇-3(16.85%）、正-反式-橙花叔醇（13.89%）、d-柠檬烯（7.82%）、3,6,6-三甲基-2-降蒎烯（7.67%）、莰烯（6.80%）、香叶酸乙酸酯（2.65%）、α-反式-罗勒烯（2.57%）、α-金合欢烯（1.66%）、龙脑（1.61%）、对-伞花烃（1.54%）、反式-氧化芳樟醇（1.53%）、四氢-α,α,5-三甲基-5-乙烯基-糠醇（1.42%）、(1S,5S)-(-)-2(10)-蒎烯（1.34%）、1,3,3-三甲基-2-正龙脑乙酯（1.06%）等。钟昌勇等（2009）用同法分析的广西武鸣产山鸡椒新鲜叶精油的主要成分为：1,8-桉叶油素（41.30%）、桧烯（12.99%）、α-松油醇（10.96%）、α-蒎烯（5.75%）、γ-松油烯（5.12%）、β-蒎烯（3.65%）、4-松油醇（3.22%）、α-松油烯（3.19%）、β-月桂烯（2.48%）、α-侧柏烯（2.26%）、芳樟醇（1.92%）、异松油烯（1.78%）、石竹烯（1.71%）、2-甲基-6-亚甲基-7-辛烯-2-醇（1.03%）等。赵欧等（2010）用同法分析的

贵州安顺产山鸡椒叶精油的主要成分为：3,7-二甲基-6-辛烯醛（16.74%）、桉叶油素（13.80%）、α-柠檬醛（12.31%）、α-香茅醇（7.37%）、3,7-二甲基-1,6-辛二烯-3-醇（6.89%）、β-柠檬醛（6.74%）、β-月桂烯（4.61%）、α,α,4-三甲基-3-环己烯-1-甲醇（4.59%）、十二酸乙酯（4.12%）、α-蒎烯（3.55%）、β-水芹烯（2.34%）、(E)-3,7-二甲基-1,3,6-辛三烯（1.02%）等。

花：王陈翔等（2011）用水蒸气蒸馏法提取的浙江温州产山鸡椒花序精油的主要成分为：α-萜品醇（25.36%）、顺-β-萜品醇（14.08%）、石竹烯（8.81%）、(R)-4-萜品醇（7.64%）、双环大牻牛儿烯（6.51%）、大根香叶烯D（4.53%）、桉树脑（3.99%）、β-榄香烯（3.72%）、枞油烯（2.58%）、β-侧柏烯（2.45%）、1,5,9,9-四甲基-Z.Z.Z-1,4,7-环十一碳三烯（1.99%）、α-柠檬醛（1.77%）、龙脑（1.63%）、顺-β-法呢烯（1.52%）、β-柠檬醛（1.46%）、α-桉叶烯（1.20%）等。朱亮锋等（1993）用同法分析的鲜花精油的主要成分为：桧烯（62.36%）、α-蒎烯（8.09%）、1,8-桉叶油素（7.09%）、松油醇-4(6.73%）、γ-松油烯（2.56%）、α-松油醇（1.67%）、β-月桂烯（1.43%）、α-松油烯（1.41%）等。赵欧（2010）用同法分析的贵州安顺产山鸡椒新鲜雄花精油的主要成分为：橙花醛（22.77%）、棕榈酸甲酯（14.31%）、9-十八碳烯酸甲基乙酯（9.46%）、D-柠檬烯（5.95%）、9-氧代壬酸甲酯（5.73%）、9,12-十八烷二烯酸乙酯（5.68%）、芳樟醇（4.00%）、香叶酸（2.39%）、亚油酸甲酯（1.61%）、丁香烯环氧化物（1.33%）、十六甲基环辛氧烷（1.31%）、反-4,5-环氧树脂（1.10%）、4,6,6-三甲基二环[3.1.1]庚-3-烯-2-酮（1.02%）等；新鲜雌花精油的主要成分为：橙花醛（33.67%）、D-柠檬烯（16.61%）、芳樟醇（5.25%）、桉叶油素（4.61%）、反-4,5-环氧树脂（2.16%）、4,6,6-三甲基二环[3.1.1]庚-3-烯-2-酮（2.01%）、6-甲基-5-庚烯-2-酮（1.96%）、香叶酸（1.79%）、2-蒎烯（1.72%）、β-月桂烯（1.66%）、莰烯（1.40%）、3,7-二甲基-2,6-辛二烯-1-醇乙酸酯（1.36%）、棕榈酸甲酯（1.18%）、(R)-3,7-二甲基-6-辛烯醛（1.03%）、3,7-二甲基-1,3,6-辛三烯（1.02%）、α,α,5-三甲基-3-环己烯-1-甲醇（1.02%）、6,6-二甲基-2-亚甲基[3.1.1]环己烷（1.01%）等。罗爱崃等（2012）用同法分析的湖南常德产山鸡椒晾干雌花花蕾精油的主要成分为：桉油精（39.86%）、[S]-松油醇（15.62%）、α-蒎烯（4.96%）、α-水芹烯（4.79%）、β-蒎烯（2.69%）、石竹烯（2.36%）、4-甲基-1-异丙基-3-环己烯-1-醇（2.31%）、β-香叶烯（1.78%）、D-柠檬烯（1.59%）、3-蒈烯（1.55%）、1-甲基-1-乙烯基-2,4-二（甲基乙烯基）环己烷异构体（1.23%）、1-甲基-4-异丙基-1,4-环己二烯（1.16%）等。

果实：何金明等（2011）用水蒸气蒸馏法提取的广东始兴产山鸡椒新鲜成熟果实精油的主要成分为：α-柠檬醛（36.44%）、β-柠檬醛（29.53%）、柠檬烯（12.41%）、β-蒎烯（2.82%）、马鞭草烯醇（2.71%）、顺式马鞭草烯醇（1.52%）、芳樟醇（1.21%）、α-蒎烯（1.05%）等。赵欧等（2010,2015）用同法分析的贵州安顺产山鸡椒果实精油的主要成分为：β-柠檬醛（41.12%）、α-柠檬醛（28.10%）、d-柠檬烯（8.69%）、异丁芳樟酸（5.01%）、反-4,5-环氧树脂（2.36%）、3,7-二甲基-1,6-辛二烯-3-醇（2.21%）、(E)-3,7-二甲基-2,6-辛二烯-1-醇（1.68%）、α-蒎烯（1.33%）、4,6,6-三甲基-二环[3.1.1]庚-3-烯-2-醇（1.32%）、(E)-9-十八碳烯酸乙酯（1.24%）等；贵州花溪产山鸡椒新鲜果实精油的主要成分为：香茅醛（24.53%）、香叶醛（9.52%）、D-柠檬烯（8.18%）、橙花醛（8.00%）、十八甲基环壬硅氧烷（4.70%）、二异丁基酮（4.68%）、芳樟醇（3.80%）、6-甲基-5-庚烯-2-酮（3.30%）、罗勒烯（3.16%）、桉油精（2.09%）、十六烷酸乙酯（1.75%）、(1R)-α-蒎烯（1.50%）、β-月桂烯（1.46%）、月桂醛（1.40%）、β-蒎烯（1.31%）、β-胡萝卜素（1.25%）等；贵州息烽产山鸡椒新鲜果实精油的主要成分为：D-柠檬烯（23.14%）、十八甲基环壬硅氧烷（13.51%）、4,8-二甲基-3,7-壬二烯-2-醇（10.91%）、3,7-二甲基-1,6-辛二烯-3-醇（8.03%）、癸酸乙酯（7.16%）、橙花醛（6.21%）、香茅醛（6.07%）、香叶醛（2.90%）等。

【利用】果实精油的商品名为山苍子油，是我国出口量最大的一种天然精油，在食品、药品、日化产品上有着广泛的利用；花、叶和果皮主要是提制柠檬醛的原料，供医药制品和配制香精等用。木材可供普通家具和建筑等用。种子榨油供工业上用。根、茎、叶和果实均可入药，有祛风散寒、消肿止痛之功效。果实用于治疗食积气胀、腕腹冷痛、反胃呕吐、痢疾等。在湖北西部地区将新鲜果实放入泡菜水中浸泡，半个月后可捞起食用，或当做调料。在湖南怀化地区用作食品调料。

杨叶木姜子

Litsea populifolia (Hemsl.) Gamble

樟科　木姜子属

别名：老鸦皮、澄茄子、樟树果

分布：云南、四川、西藏

【形态特征】落叶小乔木，高3～5 m；除花序有毛外，其余均无毛。小枝绿色，搓之有樟脑味。叶互生，常聚生于枝梢，圆形至宽倒卵形，长6～8 cm，宽5～7 cm，先端圆，基部圆形或楔形，纸质，嫩叶紫红绿色，老叶叶面深绿色，叶背粉绿色。伞形花序常生于枝梢，与叶同时开放；总花梗长3～4 mm，被黄色柔毛；每一花序有雄花9～11朵；花梗细长，长1～1.5 cm，有稀疏柔毛；花被裂片6，卵形或宽卵形，长约3 mm，黄色；能育雄蕊9，花丝无毛，第三轮基部的腺体大，有柄，退化雌蕊无毛。果球形，直径5～6 mm；果梗长1～1.5 cm，先端略增粗。花期4～5月，果期8～9月。

【生长习性】生于山地阳坡或河谷两岸，阴坡灌丛或干瘠土层的次生林中也有分布，海拔750～2000 m。喜湿润气候。喜光，在光照不足的条件下生长发育不良。适生于土层深厚、排水良好的酸性红壤土、黄壤土以及山地棕壤土，在低洼积水处则不宜栽种。

【精油含量】水蒸气蒸馏法提取干燥成熟叶的得油率为0.50%，阴干果实的得油率为4.28%。

【芳香成分】叶：陈幼竹等（2004）用水蒸气蒸馏法提取的四川峨眉产杨叶木姜子干燥成熟叶精油的主要成分为：芳樟醇（46.62%）、1,8-桉叶油素（16.21%）、橙花叔醇（6.99%）、薄荷酮（6.09%）、芳樟醇氧化物（5.04%）、香叶醇（3.26%）、α-松油醇（1.36%）、γ-杜松醇（1.14%）、水芹烯（1.05%）等。

果实：万德光等（2004）用水蒸气蒸馏法提取的四川峨眉产杨叶木姜子阴干果实精油的主要成分为：β-柠檬醛（22.35%）、α-柠檬醛（16.65%）、柠檬烯（14.15%）、橙花醇（5.75%）、1,8-桉叶油素（5.04%）、甲基庚烯酮（4.15%）、β-蒎烯（3.43%）、芳樟醇（3.26%）、α-蒎烯（3.08%）、对-伞花烃（2.65%）、石竹烯（2.38%）、樟脑（2.14%）、莰烯（1.89%）、香茅醛（1.35%）、香叶醇（1.26%）等。

【利用】果、叶可提取芳香油，用于化妆品及皂用香精。种子榨油可供工业及照明用。嫩叶提取油后可作饲料。

白楠

Phoebe neurantha (Hemsl.) Gamble

樟科　楠属

分布： 江西、湖北、湖南、广西、贵州、陕西、甘肃、四川、云南

【形态特征】大灌木至乔木，通常高3～14 m；树皮灰黑色。叶革质，狭披针形、披针形或倒披针形，长8～16 cm，宽1.5～5 cm，先端尾状渐尖或渐尖，基部渐狭下延，极少为楔形，叶面无毛或嫩时有毛，叶背绿色或有时苍白色，初时疏或密被灰白色柔毛，后渐变为仅被散生短柔毛或近于无毛。圆锥花序长4～12 cm，在近顶部分枝；花长4～5 mm；花被片卵状长圆形，外轮较短而狭，内轮较长而宽，先端钝，两面被毛，内面毛被特别密。果卵形，长约1 cm，直径约7 mm；果梗不增粗或略增粗；宿存花被片革质，松散，有时先端外倾，具有明显纵脉。花期5月，果期8～10月。

【生长习性】生于山地密林中。为耐阴树种，适生于气候温暖、湿润、土壤肥沃的地方，在土层深厚疏松、排水良好、中性或微酸性的壤质土壤上生长尤佳。深根性树种，能耐间歇性的短期水浸。

【精油含量】水蒸气蒸馏法提取新鲜叶的得油率为0.14%。

【芳香成分】李阳等（2014）用水蒸气蒸馏法提取的重庆产白楠新鲜叶精油的主要成分为：萘的化合物（26.58%）、α-蒎烯（8.46%）、β-水芹烯（5.22%）、蓝桉醇（3.30%）等。

【利用】木材为上等建筑、家具、雕刻和精密木模的良材，制造精密仪器、胶合板面板、漆器、木胎，以及造船亦多应用。

楠木

Phoebe zhennan S. Lee et F. N. Wei

樟科　楠属

别名： 桢楠、雅楠、

分布： 湖北、贵州、四川

【形态特征】大乔木，高达30余m，树干通直。芽鳞被灰黄色贴伏长毛。叶革质，椭圆形，少为披针形或倒披针形，长7～13 cm，宽2.5～4 cm，先端渐尖，尖头直或呈镰状，基部楔

形，最末端钝或尖，叶背密被短柔毛。聚伞状圆锥花序十分开展，被毛，长6～12 cm，在中部以上分枝，最下部分枝通常长2.5～4 cm，每伞形花序有花3～6朵，一般为5朵；花中等大，长3～4 mm；花被片近等大，长3～3.5 mm，宽2～2.5 mm，外轮卵形，内轮卵状长圆形，先端钝，两面被灰黄色长或短柔毛，内面较密。果椭圆形，长1.1～1.4 cm，直径6～7 mm；宿存花被片卵形，革质、紧贴，两面被短柔毛或外面被微柔毛。花期4～5月，果期9～10月。

【生长习性】多见于海拔1500 m以下的阔叶林中。分布区位于亚热带常绿阔叶林区西部，气候温暖湿润，生长在气温0～38℃，年降水量1400～1600 mm的亚热带区域。

【精油含量】水蒸气蒸馏法提取干燥木材的得油率为1.13%，种皮的得油率为1.60%。

【芳香成分】茎：丁文等（2017）用水蒸气蒸馏法提取的四川彭州产楠木干燥木材精油的主要成分为：沉香螺醇（28.26%）、愈创木醇（21.84%）、γ-桉叶醇（8.98%）、α-荜澄茄烯（6.52%）、愈创木二烯（5.26%）、7-表-α-桉叶醇（4.28%）、α-桉叶醇（2.05%）、大根香叶烯（1.79%）、β-石竹烯（1.74%）、α-玷玾烯（1.50%）、d-杜松烯（1.48%）、β-愈创木烯（1.21%）、β-倍半水芹烯（1.05%）、榄香醇（1.01%）等。周妮等（2015）用同法分析的四川荥经产楠木木材精油的主要成分为：7-氨基-4-甲基香豆素（21.72%）、氧化石竹烯（8.62%）、去氢白菖烯（5.11%）、T-杜松醇（4.49%）、环氧化蛇麻烯Ⅱ（3.96%）、榄香醇（2.74%）、沉香螺萜醇（2.61%）、雪松烯（2.60%）、(+)-γ-古芸烯（2.22%）、4a,5,6,7,8,8a-六氢-7α-异丙酯-4aβ,8aβ-二甲基-2(1H)-萘酮（2.19%）、(+)-环苜蓿烯（2.14%）、(4aR-反式)-4a-甲基-1-亚甲基-7-异烯丙基十氢化萘（1.98%）、α-荜澄茄烯（1.81%）、β-广藿香烯（1.79%）、反式菊醛（1.74%）、α-二去氢菖蒲烯（1.66%）、1,2,4a,5,6,8a-六氢-4,7-二甲基-1-(1-甲基乙基)萘（1.51%）、2-异丙基-5-甲基-9-亚甲基-二环[4.4.0]癸烷-1-烯（1.38%）、γ-依兰油烯（1.33%）、1,2,3,4-四氢-6,7-二甲基萘（1.19%）、α-姜黄烯（1.13%）等。

种子：任维俭等（1990）用水蒸气蒸馏法提取的四川成都产楠木种皮精油的主要成分为：α-水芹烯（38.81%）、β-水芹烯（12.34%）、α-松油烯（12.03%）、4-(5-甲基-2-呋喃基)-2-丁酮（4.31%）、β-蒎烯（3.49%）、榧烯醇（2.90%）、β-桉叶醇（2.89%）、对伞花烃（1.86%）、α-蒎烯（1.85%）、甲酸香叶酯（1.78%）、顺式-桧醇（1.22%）、莰烯（1.10%）、α-玷玾烯（1.04%）、愈创木醇（1.01%）、5-甘菊环甲醇（1.00%）等。

【利用】枝叶药用，有散寒化浊、利水消肿的功效，治吐泻转筋、水肿。木材为建筑、高级家具等优良用材。南方人多用作棺木或牌匾。木材和枝叶可提取芳香油，是高级香料。是著名的庭园观赏和城市绿化树种。

竹叶楠

Phoebe faberi (Hemsl.) Chun

樟科　楠属

分布：陕西、四川、湖北、贵州、云南

【形态特征】乔木，通常高10～15 m。小枝粗壮，干后变为黑色或黑褐色。叶厚革质或革质，长圆状披针形或椭圆形，长7～15 cm，宽2～4.5 cm，先端钝头或短尖，少为短渐尖，基部楔形或圆钝，通常歪斜，叶背苍白色或苍绿色，无毛或嫩叶叶背有灰白色贴伏柔毛，叶缘外反。花序多个，生于新枝下部叶腋，长5～12 cm，中部以上分枝，每伞形花序有花3～5朵；花黄绿色，长2.5～3 mm；花被片卵圆形，内面及边缘有毛。果球形，直径7～9 mm；宿存花被片卵形，革质，略紧贴或松散，先端外倾。花期4～5月，果期6～7月。

【生长习性】多见于海拔800～1500 m的阔叶林中。

【精油含量】水蒸气蒸馏法提取阴干叶的得油率为0.40%。

【芳香成分】杨得坡等（2000）用水蒸气蒸馏法提取的湖北巴东产竹叶楠阴干叶精油的主要成分为：S-(Z)-3,7,11-三甲基-1,6,10-十二碳三烯-3-醇＋正-反式-橙花椒醇（39.43%）、β-丁香烯＋异丁香烯（29.18%）、姜烯（5.16%）、氧化丁香烯（4.21%）、八氢-7-甲基-3-甲烯基-4-(1-异丙基)-1H-环戊环丙苯（3.99%）、β-水芹烯（3.77%）、α-丁香烯（3.21%）、对-蓋-1-烯-4-醇（1.84%）、(Z)-α-金合欢烯（1.76%）、1aR-(1aα,4aα,7β)-十氢-1,1,7-三甲烯基-1H-环丙薁-7-醇（1.04%）等。

【利用】木材供建筑、高级家具等用。心材可入药，用于治疗散寒止痛、温胃止呕。是园林良好的庭院绿化树种和行道树。

琼楠

Beilschmiedia intermedia Allen

樟科　琼楠属

别名：荔枝公

分布：广东、广西

【形态特征】乔木，高9～20 m，胸径60～100 cm；树皮灰色至灰褐色，全株无毛。顶芽多为卵圆形。叶对生或近对生，革质，椭圆形或披针状椭圆形，长6.5～11 cm，宽2.5～4.5 cm，先端钝或为短渐尖，尖头钝，基部楔形或近圆形，微沿叶柄下延，叶面亮绿色，叶背浅绿色，干后叶面灰绿色，叶背紫褐色。圆锥花序腋生或顶生，长1.5～2 cm，少花；花绿白色；花梗长2～3 mm；花被裂片椭圆形，长约2 mm，有密集而显著的线状斑点。果长圆形或近橄榄形，长3～6 cm，直径1.5～3 cm，成熟时为黑色或黑褐色，有细微小瘤；果梗长约1 cm，粗3～7 mm，两端不膨大。花期8～11月，果期10月至次年5月。

【生长习性】常散生于海拔400～1300 m的山谷和山腰的缓坡上或在水边和溪旁。

【精油含量】水蒸气蒸馏法提取新鲜叶的得油率为0.17%。

【芳香成分】李阳等（2014）用水蒸气蒸馏法提取的重庆产琼楠新鲜叶精油的主要成分为：α-蒎烯（13.88%）、乙酸冰片酯（6.91%）、萘的化合物（5.88%）、α-葎草烯（4.61%）等。

【利用】为建材用树种，适宜作梁、柱、桁板和较好的家具及农具用材。

雅安琼楠

Beilschmiedia yaanica N. Chao

樟科　琼楠属

分布：四川、重庆。国家珍稀濒危保护植物

【形态特征】常绿乔木，高15 m。当年生小枝灰绿色，纤细，有纵纹，被灰褐色小绢毛，二年生小枝灰褐色。芽小，被灰褐色小绢毛。叶薄革质，互生至对生，椭圆形或矩圆形，先端渐尖或短渐尖，基部狭楔形，长5～12 cm，宽2～5 cm，腹面绿色，背面淡绿色。花两性，花序总状，腋生，长约1.5 cm，密被灰褐色小绢毛；花被长约3 mm，两侧密被灰褐色小绢毛，花被管长约1 mm，花被裂片6枚，排列两轮，椭圆卵形，长约2 mm，花后花被自基部整齐环裂脱落。果实长圆形，长4 cm，宽2.5 cm，外皮暗紫色，内绿色，味甜，略酸涩，种子长3 cm，宽1.5 cm。花期8～9月，果8月中旬成熟，

【生长习性】生于海拔1000 m以下的地区。具有抗风、耐烟尘、吸收有毒气体的能力。

【芳香成分】罗思源等（2015）用水蒸气蒸馏法提取的重庆缙云山产雅安琼楠新鲜叶精油的主要成分为：β-反式-罗勒烯（6.83%）、乙酸冰片酯（5.68%）、(+)-δ-杜松烯（5.46%）、α-松油醇（5.00%）、石竹烯（4.96%）、1R-α-蒎烯（4.66%）、γ-桉叶醇（4.51%）、D-柠檬烯（3.86%）、γ-榄香烯（3.17%）、β-没药醇（2.69%）、玷𤩝烯（2.65%）、β-顺式-罗勒烯（2.49%）、莰烯（2.19%）、石竹烯氧化物（2.10%）、α-桉叶醇（2.07%）、邻甲基异丙基苯（1.96%）、绿化白千层烯（1.91%）、α-姜黄

烯（1.72%）、石竹烯醇（1.71%）、松油烯（1.47%）、α-杜松醇（1.47%）、γ-木罗烯（1.41%）、(-)-4-萜品醇（1.26%）、β-桉叶醇（1.07%）、乙酸橙花酯（1.06%）、桉树醇（1.04%）等。

【利用】可以用作城市行道树。

短序润楠

Machilus breviflora (Benth.) Hemsl.

樟科　润楠属
别名： 短序桢楠、较树、白皮槁
分布： 广东、海南、广西

【形态特征】乔木，高约8 m；树皮灰褐色。小枝咖啡色，渐变灰褐色。芽卵形，长约5 mm，芽鳞有绒毛。叶略聚生于小枝先端，倒卵形至倒卵状披针形，长4～5 cm，极少长至9 cm，宽1.5～2 cm，先端钝，基部渐狭，革质，干时叶背稍粉绿色或带褐色。圆锥花序3～5个，顶生，无毛，有长总梗，花枝萎缩，常呈复伞形花序状，长2～5 cm；花梗短，长3～5 mm；花绿白色，长7～9 mm，外轮花被裂片较小，结果时花被裂片宿存，有时脱落；第一、第二轮雄蕊长约2 mm，第三轮雄蕊稍较长，腺体具短柄；退化雄蕊箭头形，柄上有小柔毛；雌蕊长约1.8 mm。果球形，直径8～10 mm。花期7～8月，果期10～12月。

【生长习性】生长于山地或山谷阔叶混交疏林中，或生于溪边。较耐阴，不耐寒。

【芳香成分】戴磊等（2013）用水蒸气蒸馏法提取的广东广州产短序润楠新鲜叶精油的主要成分为：橙花叔醇（12.15%）、反式-石竹烯（11.04%）、榧烯醇（11.03%）、δ-杜松烯（6.65%）、环氧石竹烯（5.15%）、蓝桉醇（3.08%）、α-紫穗槐烯（2.46%）、香橙烯（2.32%）、磷酸三丁酯（2.29%）、α-葎草烯（2.12%）、异金合欢醇 A（1.94%）、匙叶桉油烯醇（1.54%）、表蓝桉醇（1.53%）、雅槛蓝烯（1.52%）、ç-杜松烯（1.51%）、异香树烯（1.41%）、α-桉叶醇（1.01%）等。

【利用】可作园林观赏树。

凤凰润楠

Machilus phoenicis Dunn

樟科　润楠属
分布： 广东、湖南、福建、浙江

【形态特征】中等乔木，高约5 m，树皮褐色，全株无毛。枝和小枝粗壮，紫褐色，干时有纵向皱纹，一年和二年生枝顶端有顶芽鳞片脱落后的疤痕8～9环。顶芽外面芽鳞内面有绢毛。叶二、三年不脱落，椭圆形、长椭圆形至狭长椭圆形，长9.5～21 cm，宽2.5～5.5 cm，先端渐尖，尖头钝，基部钝至近圆形，厚革质。花序多数，生于枝端，长5～8 cm，在上端分枝；总梗约占全长的2/3，与分枝带红褐色；花被裂片近等长，长圆形或狭长圆形，长6～10 mm，宽约3 mm，绿色，先端钝，内面的先端有很短的绢毛；第三轮雄蕊的腺体无柄；子房无毛。果球形，直径约9 mm；宿存的花被裂片革质；花梗增粗。

【生长习性】生于混交林中。

【芳香成分】戴磊等（2013）用水蒸气蒸馏法提取的广东广州产凤凰润楠新鲜叶精油的主要成分为：反式-石竹烯（40.86%）、喇叭烯（12.09%）、异香树烯（6.26%）、α-葎草烯（5.78%）、蓝桉醇（4.57%）、右旋大根香叶烯（3.96%）、匙叶桉油烯醇（3.33%）、环氧石竹烯（2.25%）、表蓝桉醇（2.03%）、α-榄香烯（1.10%）等。

【利用】可作园林观赏树。

红楠

Machilus thunbergii Sieb. et Zucc.

樟科　润楠属

分布： 山东、江苏、浙江、安徽、台湾、福建、江西、湖南、广东、广西

【形态特征】常绿中等乔木，通常高10～20 m；胸径可达2～4 m；树皮黄褐色。枝条紫褐色，嫩枝紫红色。顶芽卵形或长圆状卵形，鳞片棕色革质，宽圆形，下部的较小，中部的较宽，先端圆形，边缘有小睫毛。叶倒卵形至倒卵状披针形，长4.5～13 cm，宽1.7～4.2 cm，先端短突尖或短渐尖，尖头钝，基部楔形，革质，叶面黑绿色，叶背较淡，带粉白色。花序顶生或在新枝上腋生，长5～11.8 cm；多花；苞片卵形，有棕红色贴伏绒毛；花被裂片长圆形，长约5 mm，外轮的较狭，略短，先端急尖，内面上端有小柔毛。果扁球形，直径8～10 mm，初时绿色，后变为黑紫色；果梗鲜红色。花期2月，果期7月。

【生长习性】生于山地阔叶混交林中，海拔500 m以下。稍耐阴，多生于湿润阴坡、山谷和溪边。喜中性、微酸性而多腐殖质的土壤。

【精油含量】水蒸气蒸馏法提取叶的得油率为0.02%。

【芳香成分】戴磊等（2013）用水蒸气蒸馏法提取的广东深圳产红楠新鲜叶精油的主要成分为：表蓝桉醇（37.27%）、反式-石竹烯（8.31%）、榧烯醇（7.08%）、匙叶桉油烯醇（4.93%）、雅槛蓝烯（4.67%）、δ-杜松烯（3.54%）、α-葎草烯（2.12%）、α-紫穗槐烯（1.59%）、右旋大根香叶烯（1.29%）、ç-杜松烯（1.21%）等。

【利用】木材供建筑、桥梁、家具、小船、胶合板、雕刻等用。叶可提取芳香油，是优良的天然香料。种子油可制肥皂和润滑油。树皮和根皮入药，有温中顺气、舒经活血、消肿止痛的功效，用于治疗呕吐腹泻、小儿吐乳、胃呆食少、扭挫伤、转筋、足肿。在东南沿海各地低山地区可为防风林树种，也可作为庭园、行道、绿化树种。

黄绒润楠

Machilus grijsii Hance

樟科　润楠属

别名： 黄桢楠、黄楠、香槁、跌打王、香胶树

分布： 福建、广东、江西、浙江

【形态特征】乔木，高可达5 m。芽、小枝、叶柄、叶背有黄褐色短绒毛。叶倒卵状长圆形，长7.5～18 cm，宽3.7～7 cm，先端渐狭，基部多少圆形，革质，叶面无毛，中脉和侧脉在叶面凹下，在叶背隆起，侧脉每边8～11条，小脉纤细而不明显；叶柄稍粗壮，长7～18 mm。花序短，丛生小枝枝梢长约3 cm，密被黄褐色短绒毛；总梗长1～2.5 cm；花梗长约5 mm；花被裂片薄，长椭圆形，近相等，长约3.5 mm，两面均被绒毛，外轮的较狭；第三轮雄蕊腺体肾形，生于花丝基部。果球形，直径约10 mm。花期3月，果期4月。

【生长习性】生于灌木丛中或密林中。

【精油含量】超临界萃取法提取新鲜叶的得油率为3.64%。

【芳香成分】程友斌等（2012）用超临界CO_2萃取法提取的广东鹤山产黄绒润楠新鲜叶精油的主要成分为：桉双烯酮（16.61%）、β-波旁烯（14.09%）、芹菜甲素（9.96%）、5,8-二甲基-4-羰基-3-(丙烷-2-亚基)-萘-1-基乙酸酯（5.75%）、α-玷��烯（3.42%）、β-芹子烯（3.19%）、双氢香橙烯（2.12%）、α-芹子烯（1.83%）、环氧石竹烯（1.83%）、1-(2,8,8-三甲基-5,6,7,8-四氢-4H-环庚三烯并[b]呋喃-5-基)乙酮（1.76%）、环氧异香橙烯（1.52%）、油菜甾醇（1.50%）、1S,2S,5R-1,4,4-三甲基-三环[6.3.1.0^{2,5}]十二碳-8-烯（1.48%）、异长叶烯酮（1.45%）、11-(羟甲基)-15,16-二氢环戊二烯并[a]菲-17-酮（1.32%）、α-依兰烯（1.28%）、香橙烯（1.27%）、(-)-丁香烯（1.25%）、反式豆甾醇（1.23%）、丁基环已基邻苯二甲酸酯（1.22%）、顺式-9,12-十八碳二烯酸（1.18%）、邻苯甲二酸二丁酯（1.13%）、大牻牛儿酮（1.10%）等。

【利用】民间多以其叶、茎皮和根皮入药，具有散瘀消肿、止血、消炎的功效，用于治疗跌打瘀肿、骨折、脱臼、外伤出血；亦可用于治疗口腔炎、喉炎、扁桃体炎等疾患。

柳叶润楠

Machilus salicina Hance

樟科　润楠属

别名： 柳楠、柳叶槙楠、水边楠、柳叶楠、米樟稔

分布： 广东、广西、贵州、云南

【形态特征】灌木，高通常3～5 m。枝条褐色，有浅棕色纵裂的皮孔。叶常生于枝条的梢端，线状披针形，长4～16 cm，宽1～3.2 cm，先端渐尖，基部渐狭成楔形，革质，叶背暗粉绿

色，无毛，或嫩叶有时有贴伏微柔毛。聚伞状圆锥花序多数，生于新枝上端，少分枝，通常长约3 cm，无毛，或总梗和各级序轴、花梗被或疏或密的绢状微毛；花黄色或淡黄色；花被筒形或倒圆锥形；花被裂片长圆形，外轮的略短小，两面被绢状小柔毛，内面的毛较密。果序疏松，少果，生小枝先端，长3.5～7.5 cm；果球形，直径7～10 mm，嫩时绿色，成熟时为紫黑色；果梗红色。花期2～3月，果期4～6月。

【生长习性】常生于低海拔地区的溪畔河边，适生水边。喜阴湿，宜选择日照时间短、排灌方便、肥沃湿润的土壤。

【精油含量】水蒸气蒸馏法提取新鲜叶的得油率为1.05%。

【芳香成分】牛燕燕等（2013）用水蒸气蒸馏法提取的海南陵水产柳叶润楠新鲜叶精油的主要成分为：(Z)-橙花叔醇（12.62%）、匙桉醇（7.48%）、喇叭茶醇（5.38%）、1-石竹烯（3.83%）、α-荜澄茄醇（3.63%）、δ-杜松烯（3.55%）、1,2,3,5,6,8a-六氢-4,7-二甲基-1-异丙基萘（3.39%）、(+)-香橙烯（2.90%）、邻苯二甲酸单(2-乙基己基)酯（2.45%）、(+)-g-古芸烯（2.11%）、(Z)-3,7-二甲基-1,3,6-十八烷三烯（1.80%）、邻异丙基甲苯（1.40%）、α-依兰油烯（1.37%）、β-榄香烯（1.35%）、正己醇（1.34%）、对异丙基苯甲醇（1.32%）、(-)-a-芹子烯（1.31%）、丁香烯（1.21%）、(-)-4-萜品醇（1.11%）、10-十一烯醛（1.11%）、α-环氧葎草烯Ⅱ（1.07%）、1,2,4a,5,6,8a-六氢-4,7-二甲基-1-(1-甲乙基)-萘（1.06%）、1,2,3,4,4a,7-六氢-1-异丙基-4,7-二甲基萘（1.06%）等。

【利用】叶药用，有消肿解毒的功效，用于治疗痈肿疮毒、疔毒内攻、耳、目肿痛。可作护岸防堤树种。

刨花润楠

Machilus pauhoi Kanehira

樟科　润楠属

别名：粘柴、鼻涕楠、刨花楠、刨花

分布：浙江、福建、江西、湖南、广东、广西等省区

【形态特征】乔木，高6.5～20 m，直径达30 cm，树皮灰褐色，有浅裂。顶芽球形至近卵形，随着新枝萌发，逐渐多少呈竹笋形，鳞片密被棕色或黄棕色小柔毛。叶常集生小枝梢端，椭圆形或狭椭圆形，间或倒披针形，长7～17 cm，宽2～5 cm，先端渐尖或尾状渐尖，尖头稍钝，基部楔形，革质，叶面深绿色，叶背浅绿色，嫩时除中脉和侧脉外密被灰黄色贴伏绢毛外，老时仍被贴伏小绢毛。聚伞状圆锥花序当年生枝下部，约与叶近等长，有微小柔毛，疏花，约在中部或上端分枝；花被裂片卵状披针形，长约6 mm，先端钝，两面都有小柔毛。果球形，直径约1 cm，熟时黑色。

【生长习性】生于土壤湿润肥沃的山坡灌丛或山谷疏林中，垂直分布于海拔300～900 m的山地。深根性偏阴树种，幼年喜阴耐湿，幼中年喜光喜湿，生长迅速。喜生于气候温暖、肥沃、湿润的丘陵地和山地。

【精油含量】水蒸气蒸馏法提取枝叶的得油率为0.06%。

【芳香成分】池庭飞等（1985）用水蒸气蒸馏法提取的福建南平产刨花润楠新鲜叶精油的主要成分为：十二醛（8.63%）、癸醛（8.40%）、壬醛（7.38%）、十氢-1,1,7-三甲基-4-亚甲基-氢-环丙薁（6.17%）、金合欢醇（5.97%）、杜松烯醇（2.98%）、十氢-1,1,4,7-四甲基-1H-环丙薁醇-4(2.90%）、辛醛（2.57%）、环葑烯（2.24%）、β-檀香烯（2.03%）、罗勒烯（1.96%）、壬醇（1.95%）、β-罗勒烯（1.89%）、1,2,3,5,6,8a-六氢-4,7-二甲基-1-(1-甲乙基)萘（1.88%）、癸酸（1.85%）、壬烷（1.78%）、α-瑟林烯醇（1.41%）、β-金合欢烯（1.20%）、植物醇（1.06%）、十氢-1,1,7-三甲基-4-亚甲基-环丙薁（1.03%）、1,2,3,4,4a,5,6,8a-八氢-7-甲基-4-亚甲基-1-(1-甲乙基)萘（1.01%）、罗勒烯（1.00%）等。覃族等（2015）用同法分析的湖南株洲产刨花润楠新鲜叶精油的主要成分为：癸醛（51.67%）、十氢-1,1,7-三甲基-4-亚甲基-氢-环丙薁（8.70%）、罗勒烯（5.67%）、γ-榄香烯（5.25%）、10-十一烯醛（4.58%）、十二醛（2.87%）、β-罗勒烯（2.56%）、十氢-1,1,7-三甲基-4-亚甲基-H-环丙薁（2.53%）、3-己烯-1-醇（1.90%）、十氢-1,1,4,7-四甲基-1H-环丙薁醇（1.59%）、金合欢烯（1.31%）、α-桉叶醇（1.17%）等。

【利用】木材是制造家具、胶合板、建筑、室内装饰、细木工具的优良用材。木材刨片浸水有黏液，作为胶合板、造纸及粉刷墙壁用的粘合剂。木材加工成香粉，可制作塔香、蚊香、祭香等熏香产品。种子为制蜡烛、肥皂和润滑油等的良好原料。叶精油可用于化妆品和皂用香精。是优美的庭园观赏、绿化树种。可应用于防火林带建设。

绒毛润楠
Machilus velutina Champ. ex Benth.

樟科　润楠属
别名： 猴高铁、绒楠、香胶木、牛较铁树
分布： 广西、广东、福建、江西、湖南、浙江

【形态特征】乔木，高可达18 m，胸径40 cm。枝、芽、叶背和花序均密被锈色绒毛。叶狭倒卵形、椭圆形或狭卵形，长5～18 cm，宽2～5.5 cm，先端渐狭或短渐尖，基部楔形，革质，叶面有光泽。花序单独顶生或数个密集在小枝顶端，近无总梗，分枝多而短，近似团伞花序；花黄绿色，有香味，被锈色绒毛；内轮花被裂片卵形，长约6 mm，宽约3 mm，外轮的较小且较狭，雄蕊长约5 mm，第三轮雄蕊花丝基部有绒毛，腺体心形，有柄，退化雄蕊长约2 mm，有绒毛；子房淡红色。果球形，直径约4 mm，紫红色。花期10～12月，果期翌年2～3月。

【生长习性】喜温暖湿润、土壤肥沃的环境。幼苗初期生长缓慢，喜阴湿，宜选择日照时间短、排灌方便、肥沃湿润的土壤。

【精油含量】水蒸气蒸馏法提取枝叶的得油率为0.20%～0.25%。

【芳香成分】朱亮锋等（1993）用水蒸气蒸馏法提取的枝叶精油的主要成分为：γ-榄香烯（22.99%）、β-荜澄茄烯（5.62%）、橙花叔醇（2.90%）、β-石竹烯（2.62%）、δ-杜松醇（1.21%）等。

【利用】木材可作家具和薪炭等用材。枝叶精油具有较强的定香功能，可调配香精。枝叶和树皮为“香粉”的优质原料。

润楠
Machilus pingii Cheng ex Yang

樟科　润楠属
分布： 四川

【形态特征】乔木，高40 m或更高，胸径40 cm。小枝褐色，干时通常蓝紫黑色。顶芽卵形，鳞片近圆形，外面密被灰黄色绢毛，浅棕色。叶椭圆形或椭圆状倒披针形，长5～13.5 cm，宽2～5 cm，先端渐尖或尾状渐尖，尖头钝，基部楔形，革质，叶面绿色，叶背有贴伏小柔毛，嫩叶的叶背和叶柄密被灰黄色小柔毛。圆锥花序生于嫩枝基部，有4～7个，长5～9 cm，有灰黄色小柔毛，在上端分枝；花小带绿色，长约3 mm，直径4～5 mm，花被裂片长圆形，外面有绢毛，内面绢毛较疏。果扁球形，黑色，直径为7～8 mm。花期4～6月，果期7～8月。

【生长习性】喜生于湿润阴坡山谷或溪边，多生于低山阴坡湿润处，海拔1000 m或以下。喜温暖至高温，生育适温

18～28℃。

【精油含量】水蒸气蒸馏法提取新鲜叶的得油率为0.16%。

【芳香成分】李阳等（2014）用水蒸气蒸馏法提取的重庆产润楠新鲜叶精油的主要成分为：癸醛（33.66%）、环氧十二烷（11.13%）、萘的化合物（5.34%）、α-蒎烯（3.89%）等。

【利用】木材用于作梁、柱、制家具。为优良的行道树及庭院绿化树种。茎、叶、皮药用，治疗霍乱、吐泻不止，抽筋及足肿。

浙江润楠

Machilus chekiangensis S. Lee

樟科　润楠属

分布：浙江

【形态特征】乔木。枝褐色，散布纵裂的唇形皮孔，在当年生和一、二年生枝的基部遗留有顶芽鳞片数轮的疤痕，疤痕高3～4 mm。叶常聚生小枝枝梢，倒披针形，长6.5～13 cm，宽2～3.6 cm，先端尾状渐尖，尖头常呈镰状，基部渐狭，革质或薄革质，梢头的叶干时有时呈黄绿色，叶背初时有贴伏小柔毛。花未见。果序生于当年生枝基部，纤细，长7～9 cm，有灰白色小柔毛，自中部或上部分枝，总梗长3～5.5 cm，最下边的分枝长6～10 mm。嫩果球形，绿色，直径约6 mm，干时带黑色；宿存花被裂片近等长，长约4 mm，两面都有灰白色绢状小柔毛，内面的毛较疏，果梗稍纤细，长约5 mm。果期6月。

【生长习性】在山谷或河边等地较为常见。喜温暖而潮湿的环境，适宜种植于土层疏松、排水良好的土壤上。

【芳香成分】戴磊等（2013）用水蒸气蒸馏法提取的广东深圳产浙江润楠新鲜叶精油的主要成分为：十二烷醛（11.61 %）、癸醛（7.26%）、磷酸三丁酯（5.14%）、反式-石竹烯（3.75%）、橙花叔醇（3.63%）、喇叭烯（3.50%）、蓝桉醇（2.99%）、ç-杜松烯（2.43%）、α-桉叶醇（2.38%）、δ-杜松烯（2.14%）、榧醇（1.73%）、异香树烯（1.56%）、α-葎草烯（1.33 %）、右旋大根香叶烯（1.29%）、匙叶桉油烯醇（1.11%）、α-紫穗槐烯（1.09%）等。

【利用】木材是优良的建筑材料。

鼎湖钓樟

Lindera chunii Merr.

樟科　山胡椒属

别名：江浙钓樟、白胶木、耙齿钩、陈氏钓樟

分布：广东、广西

【形态特征】灌木或小乔木，高6 m。叶互生，椭圆形至长椭圆形；长5～10 cm，宽1.5～4 cm；先端尾状渐尖，基部楔形或急尖；纸质；幼时两面被白色或金黄色贴伏绢毛，老时毛仅在叶脉、脉腋处残存，叶干时常为橄榄绿色。伞形花序数个生于叶腋短枝上；每伞形花序有花4～6朵。雄花序总梗、花梗密被柔毛，花被管内外两面被浓密长柔毛，花被片长圆形，先端短渐尖或圆形，长1.4 mm，宽约0.5 mm，外面被柔毛。雌花序总梗被微柔毛；花被管漏斗形，长约1 mm，花被片条形，长1.5 mm，宽约0.3 mm，内轮较外轮略长，外面被棕褐色柔毛。果椭圆形，长8～10 mm，直径6～7 mm。花期2～3月，果期8～9月。

【生长习性】分布于热带湿润季风气候地区，海拔200 m 左右的山坡上。年平均气温19.6℃，年平均降雨量2000 mm，相对湿度80%。土壤为发育于砂岩母质上的赤红壤土，pH4.3 左右。

【精油含量】水蒸气蒸馏法提取根的得油率为0.30%，枝叶的得油率为0.20%。

【芳香成分】根：李吉来等（2002）用水蒸气蒸馏法提取的根精油的主要成分为：3-苯基-4,5,6,7-四氢-(3H)-异苯并呋喃-1-酮（13.49%）、2-羟乙基油酸甘油酯（9.02%）、土青木香烯（5.25%）、δ-3-蒈烯（3.52%）、3,6-双甲基-5-(1-甲基乙烯基)-6-乙烯基-4,7-二氢-苯基呋喃（3.51%）、β-榄香烯（3.09%）、(-)-乙酸冰片酯（3.03%）、β-水茴香烯（2.44%）、杜鹃酮（1.86%）、1-甲基-2-(1-甲基乙基)-苯（1.74%）、L-冰片（1.64%）、1-甲氧基-3,4,5,7-四甲基萘（1.54%）、莰烯（1.46%）、α-蒎烯（1.45%）、β-蒎烯（1.38%）、绿花倒提壶碱（1.21%）、杜鹃酮B（1.21%）、柠檬烯（1.16%）、(+)-蒜头素（1.13%）、α-芹子烯（1.11%）、杜鹃酮（1.08%）等。

枝叶：朱亮锋等（1993）用水蒸气蒸馏法提取的枝叶精油的主要成分为：γ-榄香烯（36.46%）、δ-杜松烯（8.27%）、β-荜澄茄烯（4.34%）、γ-杜松烯（3.64%）、玷𤫩烯（2.95%）、δ-杜

松醇（2.70%）、β-石竹烯（2.27%）、β-马榄烯（1.93%）、γ-依兰油烯（1.77%）、β-杜松烯（1.20%）、1,2,3,4,4a,7-六氢-1,6-二甲基-4-(1-甲基乙基)萘（1.10%）等。

【利用】根膨大部分入药，称“台乌球”，有祛风杀虫、敛疮止血的功效，主治疥癣痒疮、外伤出血、手足皲裂。可代乌药浸制“台乌酒”，也可作香料淀粉原料。

黑壳楠

Lindera megaphylla Hemsl.

樟科　山胡椒属

别名：楠木、八角香、花兰、猪屎楠、鸡屎楠、大楠木、批把楠

分布：陕西、甘肃、四川、云南、贵州、湖北、湖南、安徽、江西、福建、广东、广西等地

【形态特征】常绿乔木，高3～25 m，胸径达35 cm以上，树皮灰黑色。顶芽大，卵形，长1.5 cm，芽鳞外面被白色微柔毛。叶互生，倒披针形至倒卵状长圆形，有时长卵形，长10～23 cm，先端急尖或渐尖，基部渐狭，革质，叶面深绿色，叶背淡绿苍白色。伞形花序多花，雄的多达16朵，雌的12朵。雄花黄绿色；花被片6，椭圆形，外轮长4.5 mm，宽2.8 mm，外面仅下部或背部略被黄褐色小柔毛，内轮略短。雌花黄绿色；花被片6，线状匙形，长2.5 mm，宽仅1 mm，外面仅下部或略沿脊部被黄褐色柔毛。果椭圆形至卵形，长约1.8 cm，宽约1.3 cm，成熟时为紫黑色；宿存果托杯状。花期2～4月，果期9～12月。

【生长习性】生于海拔1600～2000 m的阴湿常绿阔叶林山坡和谷地。

【精油含量】水蒸气蒸馏法提取新鲜叶的得油率为0.07%。

【芳香成分】卞京军等（2014）用水蒸气蒸馏法提取的重庆产黑壳楠新鲜叶精油的主要成分为：植物醇（14.30%）、棕榈酸（6.09%）、右旋柠檬烯（4.67%）、(2-十七碳炔基氧基)-四氢-2H-吡喃（4.65%）、玷𤥕烯（4.30%）、荜茄醇（4.23%）、氧化石竹烯（4.11%）、反式-橙花叔醇（3.32%）、β-榄香烯（3.24%）、乙酸龙脑酯（2.62%）、β-桉叶醇（2.42%）、β-蒎烯（2.05%）、1R-α-蒎烯（1.93%）、γ-木罗烯（1.89%）、表蓝桉醇（1.81%）、δ-榄香烯（1.62%）、石竹烯（1.39%）、δ-荜澄茄烯（1.37%）、异植醇（1.18%）、邻异丙基甲苯（1.12%）、α-木罗烯（1.09%）、葎草烯（1.05%）、α-萜品醇（1.04%）等。

【利用】木材可作装饰薄木、家具、建筑、造船用材。种仁榨油为制皂原料。根、树皮或枝药用，有祛风除湿、温中行气、消肿止痛的功效，用于治疗风湿痹痛、肢体麻木疼痛、脘腹冷痛、疝气疼痛、咽喉肿痛、癣疮瘙痒。果皮、叶可提取精油，作调香原料。

红果山胡椒

Lindera erythrocarpa Makino

樟科　山胡椒属

别名：红果钓樟、钓樟、光狗棍、詹糖香

分布：陕西、河南、山东、江苏、安徽、浙江、江西、湖北、湖南、福建、台湾、广东、广西、四川等地

【形态特征】落叶灌木或小乔木，高可达5 m；树皮灰褐色，幼枝多皮孔，粗糙。冬芽角锥形，长约1 cm。叶互生，通常为倒披针形，偶有倒卵形，先端渐尖，基部狭楔形，常下延，长5～15 cm，宽1.5～6 cm，纸质，叶面绿色，叶背带绿苍白色，被贴服柔毛。伞形花序着生于腋芽两侧各一；总苞片4，具缘毛，内有花15～17朵。雄花花被片6，黄绿色，近相等，椭圆形，先端圆，长约2 mm，宽约1.5 mm，外面被疏柔毛。雌花较小，花被片6，内、外轮近相等，椭圆形，先端圆，长1.2 mm，宽0.6 mm，外面被较密柔毛，内面被贴伏疏柔毛。果

球形，直径7～8 mm，成熟时为红色。花期4月，果期9～10月。

【生长习性】生于海拔1000 m以下的山坡、山谷、溪边、林下等处。

【精油含量】水蒸气蒸馏法提取叶的得油率为0.03%～0.15%，干燥果实的得油率为0.80%。

【芳香成分】叶：谢丽莎等（2010）用水蒸气蒸馏法提取的广西全州产红果山胡椒干燥叶精油的主要成分为：橙花叔醇（28.09%）、(+)-δ-杜松烯（8.54%）、t-杜松醇（6.77%）、石竹烯（6.15%）、顺式-金合欢醇（5.80%）、3,4,4α,7,8,8α-六氢化-4-异丙基-1,6-二甲基萘（5.68%）、α-杜松醇（4.36%）、(+)-香橙烯（3.11%）、α-金合欢烯（2.27%）、香树烯（2.06%）、1,2,4α,5,6,8α-六氢-1-异丙基-4,7-二甲基萘（1.65%）、石竹素（1.65%）、α-法呢烯（2.61%）、1,2,3,4,6,8α-六氢-1-异丙基-4,7-二甲基萘（1.59%）、β-波旁烯（1.20%）等。

果实：原鲜玲等（2010）用水蒸气蒸馏法提取干燥果实精油的主要成分为：肉桂酸苯甲酯（39.41%）等。

【利用】叶精油可作调配皂用和化妆品香精的原料。

三桠乌药

Lindera obtusiloba Blume

樟科　山胡椒属

别名：红叶甘橿、甘橿、香丽木、猴楸树、山橿、假崂山棍、橿军、三健风、三角枫、绿绿柴、山胡椒、大山胡椒、三钻风、三钻七

分布：辽宁、山东、安徽、江苏、河南、陕西、甘肃、浙江、江西、福建、湖南、湖北、四川、西藏等地

【形态特征】落叶乔木或灌木，高3～10 m；树皮黑棕色。老枝多皮孔、褐斑及纵裂。芽卵形，先端渐尖；外鳞片3，革质，黄褐色，椭圆形，先端尖；内鳞片3，有淡棕黄色厚绢毛。叶互生，近圆形至扁圆形，长5.5～10 cm，宽4.8～10.8 cm，先端急尖，全缘或3裂，基部近圆形或心形，有时宽楔形，叶面深绿，叶背绿苍白色，有时带红色。花序腋生混合芽，有花序5～6；总苞片4，长椭圆形，膜质，外面被长柔毛，内有花5朵。花被片6，长椭圆形，外被长柔毛。雌花花被片长2.5 mm，宽1 mm，内轮略短。果广椭圆形，长0.8 cm，直径0.5～0.6 cm，成熟时为红色，后变为紫黑色，干时为黑褐色。花期3～4月，果期8～9月。

【生长习性】生于海拔20～3000 m的山谷、密林灌丛中。在南方生于高海拔，北方生于低海拔，是能适应较寒环境的广布种。

【芳香成分】刘泽坤等（2011）用水蒸气蒸馏法提取的山东烟台产三桠乌药干燥树皮及茎枝精油的主要成分为：α-荜澄茄醇（11.79%）、四甲基环癸二烯甲醇（9.74%）、α-桉叶醇（9.70%）、石竹烯（6.37%）、τ-荜澄茄醇（6.16%）、α-异丙醇（5.70%）、τ-桉叶醇（5.08%）、α-榄香烯（4.80%）、τ-杜松烯（4.27%）、τ-榄香烯（3.99%）、匙叶桉油烯醇（3.62%）、乙酸龙脑酯（2.81%）、蓝桉醇（2.36%）、甘香烯（2.02%）、桉叶二烯（1.79%）、荜澄茄油烯醇（1.68%）、6-甲基十环-5-烯醇（1.19%）等。

【利用】枝叶精油用于化妆品、皂用香精等。种子油可用于医药及轻工业原料。木材可作细木工用材。可作园林观赏。树皮入药，具有温中行气、活血散瘀的功效，用于治疗心腹疼痛、跌打损伤、瘀血肿痛、疮毒。

山胡椒

Lindera glauca (Sieb. et Zucc.) Blume

樟科　山胡椒属

别名：牛筋树、野胡椒、香叶子、牛筋条、雷公子、雷电公、苔乌、假死柴、胡椒树、山姜、六月干、红果子树、黄叶树、油金条、刺生精、油金树、榨子风、诈死枫、白叶枫、老来红、家藻柴、枯死柴、大叶见风消

分布：江苏、山东、浙江、江西、河南、陕西、甘肃、山西、安徽、湖南、湖北、广东、广西、台湾、四川、福建等地

【形态特征】落叶灌木或小乔木，高可达8 m；树皮灰色或灰白色。冬芽长角锥形，长约1.5 cm，直径4 mm，芽鳞裸露部分红色。叶互生，宽椭圆形、椭圆形、倒卵形到狭倒卵形，长4～9 cm，宽2～6 cm，叶面深绿色，叶背淡绿色，被白色柔毛，纸质。伞形花序腋生，总苞片绿色膜质，每总苞有3～8朵花。雄花花被片黄色，椭圆形，长约2.2 mm，内、外轮几乎相等，外面在背脊部被柔毛。雌花花被片黄色，椭圆或倒卵形，内、外轮几乎相等，长约2 mm，外面在背脊部被稀疏柔毛或仅基部有少数柔毛。果实熟时为黑褐色。花期3～4月，果期7～8月。

【生长习性】生于海拔900 m以下山坡、林缘、路旁。为阳性树种，喜光照，也稍耐阴湿，抗寒力强，耐干旱瘠薄，对土壤适应性广，以湿润肥沃的微酸性砂质土壤生长最为良好。

【精油含量】水蒸气蒸馏法提取根的得油率为0.40%，叶的得油率为0.20%～1.40%，果实的得油率为0.57%～2.10%。

【芳香成分】**根**：潘晓军等（2010）用水蒸气蒸馏法提取的浙江温州产山胡椒新鲜根精油的主要成分为：1,2,3,3a,4,5,6,7-八氢-1,4-二甲基-7-(1-甲基乙烯基)-薁（49.21%）、4,6,6-三甲基-2-(3-甲基-1,3-丁二烯基)-3-氧杂环-辛烷（26.23%）、愈创木醇（5.22%）、1,2,3,5,6,7,8,8a-八氢-1,4-二甲基-7-(1-甲基乙烯基)-薁（4.09%）、山胡椒酸（3.34%）、橙花叔醇（2.69%）、3-甲基-6-(1-甲基乙烯基)-环己烯（1.53%）、1,5-二甲基-6-亚甲基-螺[2,4]-庚烷（1.39%）、氧化丁香烯（1.25%）等。

叶：林丽芳等（2011）用水蒸气蒸馏法提取的浙江温州产山胡椒新鲜叶精油的主要成分为：α-杜松醇（17.55%）、石竹素（12.05%）、别香橙烯氧化物（7.49%）、T-萘醇（7.46%）、榄香醇（7.03%）、[S-(Z)]-橙花叔醇（4.37%）、α-萘醇（3.41%）、γ-依兰油烯（3.13%）、3,4-二甲基-3-环己烯-1-甲醛（2.87%）、α-紫穗槐烯（2.77%）、喇叭烯（2.75%）、α-依兰油烯（2.08%）、γ-桉叶醇（2.05%）、棕榈酸（1.94%）、1-甲基-2b-羟甲基-3,3-二甲基-4b-(3-甲基丁-2-烯基)-环己烯（1.78%）、γ-古芸烯（1.71%）、香橙烯（1.64%）、(Z)-3-十四碳烯-5-炔（1.64%）、β-荜澄茄油萜（1.60%）、3-乙烯基-2,3-二氢-1,1-二甲基-1H-茚（1.59%）、檀香醇（1.46%）、α-石竹烯醇（1.23%）、1,8-二甲基-8,9-环氧基-4-异丙基-螺[4.5]癸烷-7-酮（1.21%）、4,8a-二甲基-6-异丙烯基-1,2,3,5,6,7,8,8a-八氢萘-2-醇（1.12%）、反式，反式-法呢醇（1.09%）、菖蒲烯（1.04%）等。刘立鼎等（1992）用同法分析的陕西城固产山胡椒新鲜叶精油的主要成分为：β-水芹烯（19.03%）、月桂烯（17.93%）、香树烯（17.11%）、γ-杜松烯（10.17%）、别罗勒烯（9.17%）、杜松烯（3.90%）、(+)-δ-杜松烯（3.18%）、α-蒎烯（2.78%）、α-玷玑烯（2.06%）、葎草烯（1.57%）、莰烯（1.16%）、3-异丙基-2-亚甲基-环己-1-醇乙酸酯（1.15%）、β-蒎烯（1.06%）、3,7,11-三甲基-1,3,6,10-十二烯（1.03%）等。

果实：杨得坡等（1999）用水蒸气蒸馏法提取的湖北巴东产山胡椒阴干果实精油的主要成分为：正癸酸（25.39%）、大根香叶烯A（10.71%）、正十二烷酸（10.08%）、表水菖蒲乙酯（7.29%）、氧化丁香烯（5.44%）、1(5)，11-愈创木二烯（4.39%）、胡椒烯（3.88%）、喇叭茶醇（2.97%）、己醛（2.96%）、桉油素（2.36%）、1,1a,4,5,6,7,7a,7b-八氢-1,1,7,7a-四甲基-2H-环丙[a]萘-2-酮（2.12%）、3,7,11-三甲基-1,6,10-三烯十二-3-醇（1.77%）、4,4-二甲基三环[6.3.2.0^{2,5}]十三烯-1-醇（1.67%）、十八醛（1.31%）、1(10)，11-愈创木二烯（1.30%）等。万顺康等（2012）用同法分析的云南大理产山胡椒干燥果实精油的主要成分为：罗勒烯（10.21%）、β-水芹烯（8.26%）、柠檬醛（5.59%）、沉香醇（5.39%）、榄香烯（4.98%）、β-石竹烯（4.52%）、香叶醇（4.23%）、α-石竹烯环氧物（3.10%）、α-水芹烯（2.64%）、β-金合欢烯（4.95%）、β-桉叶醇（2.18%）、月桂烯（2.17%）、香茅醛（1.52%）、香叶醇（1.37%）、6-甲基-5-庚烯-2-酮（1.32%）、枞油烯（1.28%）、β-马鞭烯醇（1.20%）、葎草烯环氧物Ⅱ（1.18%）、β-蒎烯（1.17%）、2-异亚丙基-5-甲基-4-己醛（1.17%）、异龙脑（1.07%）等。

【利用】木材可作家具用材。叶、果皮可提取芳香油，用于化妆品、肥皂香精的原料。种仁油可作肥皂和润滑油。根、枝、叶、果均可药用，叶可温中散寒、破气化滞、祛风消肿；根治劳伤脱力、水湿浮肿、四肢酸麻、风湿性关节炎、跌打损伤；果治胃痛。在园林中可作绿篱、林缘或墙垣的装饰。

山橿

Lindera reflexa Hemsl.

樟科　山胡椒属

别名： 钓樟、甘橿、生姜树、铁脚樟、大叶钓樟、大叶山橿、米珠、副山苍、野樟树、木姜子

分布： 河南、江苏、安徽、浙江、江西、湖南、湖北、贵州、云南、广西、广东、福建等地

【形态特征】落叶灌木或小乔木；树皮棕褐色，有纵裂及斑点。冬芽长角锥状，芽鳞红色。叶互生，通常卵形或倒卵状椭圆形，有时为狭倒卵形或狭椭圆形，长5～16.5 cm，宽2.5～12.5 cm，先端渐尖，基部圆或宽楔形，有时稍心形，纸质，叶面绿色，叶背带绿苍白色。伞形花序着生于叶芽两侧各一；总苞片4，内有花约5朵。花梗长4～5 mm，密被白色柔毛；雄花花被片6，黄色，椭圆形，近等长，长约2 mm。雌花花被片黄色，宽矩圆形，长约2 mm，外轮略小，外面在背脊部被白柔毛，内面被稀疏柔毛。果球形，直径约7 mm，熟时红色；长约1.5 cm，被疏柔毛。花期4月，果期8月。

【生长习性】生于海拔约1000 m以下的山谷、山坡林下或灌丛中。

【精油含量】水蒸气蒸馏法提取根的得油率为1.00%～1.40%，叶的得油率为0.34%～1.45%，枝叶的得油率为0.30%；超临界萃取根的得油率为7.02%。

【芳香成分】**根：** 蔡进章等（2011）用水蒸气蒸馏法提取的浙江温州产山橿根精油的主要成分为：桉树脑（17.89%）、樟脑（11.35%）、胡椒酮（9.89%）、乙酸异龙脑酯（8.93%）、2-蒈烯（7.54%）、α-萜品醇（6.94%）、(E)-乙酸香叶酯（5.86%）、(E)-橙花叔醇（5.61%）、4-萜烯醇（5.11%）、1S-α-蒎烯（3.17%）、莰烯（2.85%）、(β-蒎烯（2.01%）、+)-4-蒈烯（1.44%）、3-蒈烯（1.42%）、冰片（1.01%）等。

茎： 蔡进章等（2011）用水蒸气蒸馏法提取的浙江温州产山橿茎精油的主要成分为：(E)-乙酸香叶酯（34.07%）、桉树脑（14.63%）、α-萜品醇（9.71%）、(E)-香叶醇（7.36%）、(E)-橙花叔醇（5.43%）、(R)-4-萜品醇（4.75%）、乙酸异龙脑酯（4.64%）、芳樟醇（4.28%）、α-杜松醇（1.28%）等。

叶： 蔡进章等（2011）用水蒸气蒸馏法提取的浙江温州产山橿叶精油的主要成分为：桉树脑（33.75%）、α-萜品醇（13.09%）、(E)-橙花叔醇（12.95%）、(R)-4-萜品醇（7.84%）、γ-萜品烯（4.85%）、α-蒎烯（3.73%）、芳樟醇（2.94%）、β-石竹烯（2.47%）、(E)-乙酸香叶酯（1.80%）、α-水芹烯（1.49%）、萜品油烯（1.45%）、α-桉叶醇（1.37%）、α-萜品烯（1.05%）、乙酸橙花酯（1.02%）等。

【利用】根药用，可止血、消肿、止痛，治胃气痛、疥癣、风疹、刀伤出血。

乌药

Lindera aggregata (Sims) Kosterm

樟科　山胡椒属

别名： 旁其、天台乌药、鳑魮树、矮樟、矮樟根、铜钱树、铜钱柴、斑皮柴、土木香、鲫鱼姜、鸡骨香、白叶柴、白背树、细叶樟、白叶子树、香叶子

分布： 安徽、浙江、湖南、广东、广西、江西、福建、台湾等地

【形态特征】常绿灌木或小乔木，高可达5 m，胸径4 cm；树皮灰褐色；根纺锤状或结节状膨胀，长3.5～8 cm，直径0.7～2.5 cm，外面棕黄色至棕黑色，有香味。顶芽长椭圆形。叶互生，卵形，椭圆形至近圆形，长2.7～7 cm，宽1.5～4 cm，先端长渐尖或尾尖，基部圆形，革质，叶面绿色，叶背苍白色，两面有小凹窝。伞形花序腋生，常6～8花序集生于短枝上，每花序有一苞片，一般有花7朵；花被片6，近等长，外面被白色柔毛，黄色或黄绿色，偶有外乳白色内紫红色。雄花花被片长约4 mm，宽约2 mm。雌花花被片长约2.5 mm，宽约2 mm。果卵形或有时近圆形，长0.6～1 cm，直径4～7 mm。花期3～4月，果期5～11月。

【生长习性】生于海拔200～1000 m的向阳坡地、山谷或疏林灌丛中。喜亚热带气候，适应性强。适宜在阳光充足、土质

疏松、肥沃的酸性土壤栽培为宜。

【精油含量】水蒸气蒸馏法提取块根的得油率为0.35%～1.28%，根的得油率为0.10%～0.27%，茎的得油率为0.02%，叶的得油率为0.30%；超临界萃取干燥块根的得油率为6.67%；微波辅助水蒸气蒸馏法提取块根的得油率为0.41%。

【芳香成分】根（块根）：周继斌等（2000）用水蒸气蒸馏法提取的福建闽清产乌药根精油的主要成分为：苯甲酸苄酯（26.58%）、α-古芸烯（8.62%）、α-愈创木烯（8.21%）、愈创木醇（7.71%）、β-橄榄烯（5.45%）、δ-杜松萜烯（4.45%）、1,7,7-三甲基-2-苯基二环[2,2,1]庚-2-酮（4.41%）、β-榄香酮（3.80%）、α-姜黄烯（2.06%）、长叶烯（2.01%）、异冰片（1.92%）、α-萜品醋酸酯（1.88%）、2,2,2,8-四甲基-三环[4,4,0,0^{2,7}]癸-8-烯-5-甲醇（1.75%）、绿花白千层醇（1.64%）、α-葎草烯（1.63%）、β-雪松烯（1.52%）、α-雪松烯（1.43%）、苇得醇（1.13%）、2-异丙基-1-甲氧基-4-甲苯（1.08%）、雪松醇（1.02%）等；块根精油的主要成分为：长叶烯（19.30%）、1,4-甲醇-八氢-4-甲基-8-亚甲基-(1-甲基)-1-H-茚（12.20%）、δ-杜松萜烯（9.18%）、冰片（7.48%）、β-橄榄烯（4.18%）、β-绿叶烯（4.16%）、十氢-2,2,4-三甲基-8-甲基-2-萘甲醇（3.66%）、香树烯（2.72%）、朱栾倍半萜（2.65%）、4-(1-甲基)-1-苯基苯酚（2.03%）、愈创木薁（1.65%）、1a,2,4,5,6,7,7a,7b-八氢-1H-环丙[a]萘-4-醇（1.38%）、4,4a,9,10-四氢-4a-甲基-2(3H)-菲酮（1.29%）、大根香叶烯（1.29%）、1,3,3-三甲基-2-(3-甲基-2-亚甲基-3-丁基)环己醇（1.06%）、冰片甲醚（1.06%）、白檀油烯醇（1.05%）等。杜志谦等（2003）用同法分析了不同产地乌药块根的精油成分，浙江产的主要成分为：乌药烯（19.21%）、乌药醇（16.83%）、醋酸龙脑酯（8.26%）、醋酸乌药酯（8.17%）、莰烯（4.49%）、乌药酸（4.24%）、α-菲兰烯（3.25%）、α-蒎烯（3.08%）、樟脑（2.91%）、柠檬烯（2.75%）、β-蒎烯（1.98%）、新乌药内酯（1.79%）、龙脑（1.49%）、α-萜品醇（1.35%）、乌药酮（1.34%）、乌药醚（1.28%）、异呋吉玛烯（1.25%）、香樟烯（1.24%）等；福建产的主要成分为：β-菲兰烯（16.23%）、乌药烯（14.90%）、乌药醇（12.83%）、醋酸乌药酯（9.29%）、醋酸龙脑酯（4.90%）、α-菲兰烯（2.84%）、柠檬烯（2.60%）、α-蒎烯（2.56%）、莰烯（2.40%）、β-蒎烯（1.36%）、乌药酮（1.28%）、乌药酸（1.24%）、异呋吉玛烯（1.23%）、新乌药内酯（1.20%）、樟脑（1.15%）、香樟烯（1.02%）等；安徽产的主要成分为：乌药醇（14.62%）、醋酸龙脑酯（13.60%）、乌药烯（10.77%）、醋酸乌药酯（7.09%）、β-菲兰烯（6.31%）、莰烯（5.31%）、α-蒎烯（3.75%）、α-菲兰烯（3.22%）、乌药酸（2.73%）、β-蒎烯（2.27%）、柠檬烯（2.17%）、龙脑（1.84%）、乌药酮（1.42%）、新乌药内酯（1.30%）、香樟烯（1.14%）、α-萜品醇（1.13%）、乌药醚（1.06%）、异呋吉玛烯（1.05%）等。何桂霞等（2010）用同法分析的干燥块根精油的主要成分为：4,4′-二甲基-2,2′-二亚甲基双环己基-3,3′-二烯（23.69%）、2-[2-(2,4-二甲基苯基)环丙基]呋喃（11.61%）、龙脑乙酸酯（8.31%）、8-甲基-2-苯基-4,7-二烯-2-壬醇（6.05%）、tau-杜松醇（4.36%）、β-桉叶油醇（4.11%）、吉马酮（3.35%）、长叶烯（2.84%）、δ2-甲基-4-(2,6,6-三甲基-1-环己烯基)正丁醛（2.37%）、-愈创木烯（2.01%）、榄香醇（1.80%）、桉叶-4(14),11-二烯（1.64%）、龙脑（1.60%）、蛇床-6-烯-4-醇（1.51%）、β-愈创木烯（1.39%）、5-异丙烯基-3,6-二甲基-6-乙烯基-4,5,6,7-四氢-1-苯骈呋喃（1.38%）、3-异丙烯基环戊羧酸龙脑酯（1.11%）、4-(5,5-二甲基螺[2.5]-4-辛基)-2-丁酮（1.06%）、γ-桉叶油醇（1.02%）等。

茎：周继斌等（2000）用水蒸气蒸馏法提取的福建闽清产乌药茎精油的主要成分为：α-荜澄茄烯（28.48%）、α-紫穗槐烯（15.83%）、α-雪松烯（9.46%）、4,8-二甲醛哇啉（9.45%）、δ-杜松萜烯（7.99%）、α-古芸烯（5.15%）、α-葎草烯（2.96%）、香树烯（2.15%）、β-橄榄烯（1.67%）、6-甲基-6-甲基-3-(1-甲基乙烯基)-1-环丙烯-2-庚酮（1.62%）、α-玷理烯（1.59%）、1,3,3-三甲基-2-(3-甲基-2-亚甲基-3-亚丁烯基)环己醇（1.54%）、冰片（1.00%）等。

叶：付俊等（2009）用水蒸气蒸馏法提取的浙江临海产乌药叶精油的主要成分为：4a-甲基-1-亚甲基-1,2,3,4,4a,9,10,10a-八氢菲（17.79%）、2-甲基-5-(1-甲基乙烯基)-2-环己烯-1-酮（5.03%）、8,9-去氢-9-甲酰基-环异长叶酯（4.29%）、荜茄醇（3.82%）、(E)-3,7,11-三甲基-1,6,10-三烯十二烷-3-醇（3.63%）、1,2-苯二甲酸单(2-乙基己基)酯（2.94%）、β-桉叶醇（2.25%）、匙叶桉油烯醇（1.82%）、1S,4R,7R,11R-8-羟基-1,3,4,7-四甲基三环[5.3.1.0^{4,11}]十一碳-8-烯（1.81%）、4a-甲基-1-甲烯基-7-(异丙烯基)-[4aR-(4aα,7α,8aα)]-十氢萘（1.68%）、芹子-6-烯-4-醇（1.60%）、3,6,7,8-四氢化-3,3,6,6-四甲基化-环戊二烯并[e]茚-1(2H)-酮（1.50%）、异炔诺酮（1.46%）、邻苯二甲酸二异丁酯（1.43%）、tau-杜松醇（1.40%）、8,9-去氢-9-乙酰基-环异长叶烯（1.39%）、8,9-去氢-9-甲酰基-环异长叶烯（1.34%）、杜松烯（1.25%）、1,3-二甲基-3-环己烯-1-基-乙酮（1.22%）、2-异丙烯基-4a,8-二甲基-1,2,3,4,4a,5,6,8a-八氢萘（1.21%）、2,4,4-三甲基-3-(3-丁酰基)-2-环己烯酮（1.16%）、植醇（1.16%）、八氢-1,1,4,7-四甲基-1H-[1aR-(1aα,4α,4aα,7bα)]环丙[e]薁（1.07%）等。

【利用】块根入药，有行气止痛、温肾散寒的功效，用于治疗寒凝气滞、胸腹胀痛、气逆喘急、膀胱虚冷、遗尿尿频、疝气疼痛、经寒腹痛。果实、根、叶均可提取精油用于制香皂。根、种子磨粉可杀虫。

狭叶山胡椒

Lindera angustifolia Cheng

樟科　山胡椒属

别名：鸡婆子、小鸡条、见风消、月肿消、五雷肿

分布：山东、浙江、福建、安徽、江苏、江西、河南、陕西、湖北、广东、广西等地

【形态特征】落叶灌木或小乔木，高2～8 m。冬芽卵形，紫褐色，芽鳞具脊；内面芽鳞背面被绢质柔毛。叶互生，椭圆状披针形，长6～14 cm，宽1.5～3.5 cm，先端渐尖，基部楔形，近革质，叶面绿色，叶背苍白色，沿脉上被疏柔毛。伞形花序2～3生于冬芽基部。雄花序有花3～4朵，花被片6。雌花序有花2～7朵；花被片6。果球形，直径约8 mm，成熟时为黑色，果托直径约2 mm。花期3～4月，果期9～10月。

【生长习性】多生于山坡灌丛或丛林中。

【精油含量】水蒸气蒸馏法提取鲜叶的得油率为1.98%～2.70%。

【芳香成分】俞志雄等（1991）用水蒸气蒸馏法提取的江西永修产狭叶山胡椒鲜叶精油悬浮油的主要成分为：罗勒烯（45.52%）、枞油烯（9.72%）、月桂烯（7.84%）、1-乙基-2,4-二甲基苯（6.43%）、β-榄香烯（6.01%）、甲基异丁香酚（1.27%）、1-(1, 4-二甲基-3-环己烯基)乙酮（1.02%）等；萃取油的主要成分为：罗勒烯（48.76%）、月桂烯（4.76%）、β-榄香烯（4.58%）、α-水芹烯（1.80%）、1,8-二甲基-7-异丙基-1,2,3,5,6,7,8,8a-八氢化萘（1.61%）、Δ3-蒈烯（1.58%）、甲基异丁香酚（1.14%）等。

【利用】果、叶可提取精油，作食品及化妆品香精等用。种子油可制作肥皂及润滑油。根、茎、叶入药，有祛风利湿、舒筋活络、解毒消肿的功效，用于治疗感冒、头痛、消化不良、胃肠炎、痢疾、风湿关节痛、麻木、跌打损伤、痈肿疮毒、荨麻疹、颈淋巴结结核。

香粉叶

Lindera pulcherrima (Wall.) Benth. var. *attenuata* Allen

樟科　山胡椒属

别名：香叶、香叶树、乌药苗、山叶树、假桂皮、尖叶樟

分布：广东、广西、湖南、湖北、云南、贵州、四川等地

【形态特征】西藏钓樟变种。常绿乔木，高7～10 m；芽大，椭圆形，长7～8 mm，芽鳞密被白色贴伏柔毛。叶互生，变异较大，从纸质到近革质，卵形到披针形，叶缘稍下卷，长8～13 cm，宽2～4.5 cm，先端渐尖或有时尾状渐尖，基部圆或宽楔形，叶面绿色，干后仍绿色，叶背蓝灰色。伞形花序3～5朵花，生于叶腋的短枝先端。雄花（总苞中）花梗被白色柔毛，花被片6，近等长，椭圆形，外面背脊部被白色疏柔毛。雌花未见。果椭圆形，幼果仍被稀疏白色柔毛，幼果顶部及未脱落的花柱密被白色柔毛，近成熟果长8 mm，直径6 mm。果期6～8月。

【生长习性】生于海拔65～1590 m的山坡、溪边。

【精油含量】水蒸气蒸馏法提取新鲜枝叶的得油率为0.75%。

【芳香成分】黄品鲜等（2012）用水蒸气蒸馏法提取的广西崇左产香粉叶新鲜枝叶精油的主要成分为：桉树脑（28.94%）、α-甲基苯并呋喃（15.78%）、α-松油醇（11.21%）、2-羟基肉桂

酸（7.97%）、4-松油醇（5.13%）、愈创木醇（2.87%）、E-乙酸橙花酯（1.78%）、贝壳杉-16-烯（1.47%）、β-蒎烯（1.37%）、乙酸龙脑酯（1.29%）、α-蒎烯（1.14%）、α-水芹烯（1.11%）、氧化石竹烯（1.11%）、二氧化萜二烯（1.05%）等。

【利用】广西民间将叶粉调入猪饲料内可使猪增肥。树皮药用，能清凉消食。广东罗浮山将叶作为米粉糊香料。

香叶树

Lindera communis Hemsl.

樟科　山胡椒属

别名：香果树、细叶假樟、千斤香、千金树、野木姜子、大香叶、香叶子

分布：陕西、甘肃、湖北、湖南、江西、浙江、广东、广西、福建、台湾、四川、贵州、云南等地

【形态特征】常绿灌木或小乔木，高1～4 m，胸径25 cm；树皮淡褐色。顶芽卵形，长约5 mm。叶互生，通常披针形、卵形或椭圆形，长3～12.5 cm，宽1～4.5 cm，先端渐尖、急尖、骤尖或有时近尾尖，基部宽楔形或近圆形；薄革质至厚革质；叶面绿色，叶背灰绿色或浅黄色，边缘内卷。伞形花序具5～8朵花，单生或二个同生于叶腋；总苞片4。雄花黄色，直径达4 mm；花被片6，卵形，近等大，长约3 mm，宽1.5 mm，先端圆形，外面略被金黄色微柔毛或近无毛。雌花黄色或黄白色；花被片6，卵形，长2 mm，外面被微柔毛。果卵形，长约1 cm，宽7～8 mm，成熟时为红色。花期3～4月，果期9～10月。

【生长习性】常见于干燥砂质土壤，散生或混生于常绿阔叶林中。耐阴，喜温暖气候，耐干旱瘠薄，在湿润、肥沃的酸性土壤上生长较好。

【精油含量】水蒸气蒸馏法提取枝叶的得油率为0.16%，叶的得油率为0.30%～0.32%，果实的得油率为0.20%～0.65%；超临界萃取枝叶的得油率为2.60%。

【芳香成分】枝：罗凡等（2015）用水蒸气蒸馏法提取的云南腾冲产香叶树新鲜粗枝精油的主要成分为：山胡椒酸（31.61%）、香树烯（7.31%）、d-愈创木烯（6.75%）、顺-β-愈创木烯（6.39 %）、(E)-b-罗勒烯（5.83%）、a-愈创木烯（4.53%）、(E)-罗勒烯（3.56%）、(3S)-1,2,3,4,5,6,7,8-八氢-3α,8α-二甲基-β-亚甲基-5α-薁基乙醇（3.32%）、愈创醇（2.35%）、氧化石竹烯（2.00%）、(5S)-1,2,4,5,6,7,8,8αβ-八氢-3,8α-二甲基-α-亚甲基-5β-薁基乙醇（1.87%）、a,a-二异丙基-大茴香醇（1.81%）、1-石竹烯（1.30%）、别香树烯氧化物-(1)(1.29%)、a-芹子烯（1.09%）、2-[(2-乙氧基-3,4-二甲基-2-环己烯-1-亚基)甲基呋喃（1.05%）等；新鲜细枝精油的主要成分为：山胡椒酸（52.65 %）、(E)-b-罗勒烯（7.85%）、(E)-罗勒烯（4.70%）、d-愈创木烯（4.33%）、顺-β-愈创木烯（4.30%）、a-愈创木烯（3.35%）、(1aR,4aα,7aα,7bβ)-十氢-1,1,4,7β-四甲基-1H-环丙并[e]薁-4α-醇（3.35%）、(3S)-1,2,3,4,5,6,7,8-八氢-3α,8α-二甲基-β-亚甲基-5α-薁基乙醇（1.85%）、1-石竹烯（1.31%）、a-芹子烯（1.22%）、愈创醇（1.05 %）、b-芹子烯（1.10%）等。

叶：罗维巍等（2018）用水蒸气蒸馏法提取的干燥叶精油的主要成分为：桉树脑（38.82%）、1-甲基-4-(1-甲基亚乙基)-环己烯（12.48%）、4-甲基-1-(1-甲基乙基)-3-环己烯-1-醇（5.65%）、(+)-α-松油醇（4.62%）、丁子香酚（3.27%）、β-水芹烯（2.75%）、3,7-二甲基-1,6-辛二烯-3-醇（2.74%）、1,2-二甲氧基-4-(2-丙烯基)-苯（2.69%）、γ-榄香烯（1.40%）、β-蒎烯（1.38%）、Z-β-松油醇（1.35%）、6,6-二甲基-2-亚甲基-双环[3.1.1]庚-3-醇（1.31%）、1-亚甲基-4-(1-甲基乙基)-环己烷（1.24%）、6,6-二甲基-双环[3.1.1]庚-2-烯-2-甲醇（1.22%）、2,3-脱氢化-1,8-桉树脑（1.21%）、氧化石竹烯（1.09%）、1S-α-蒎烯（1.04%）、10,10-二甲基-2,6-二亚甲基双环[7.2.0]十一-5--醇（1.00%）等。杨得坡等（1999）用同法分析的湖北巴东产香叶树叶精油的主要成分为：(-)-斯巴醇（22.50%）、1,3,3-三甲基-内-降冰片烷醇乙酯（10.06%）、氧化丁香烯（6.74%）、大根香叶烯B（6.71%）、S-(Z,E)-1,5-二甲基-8-(1-甲基乙烯基)-1,5-环癸二烯（5.39%）、3,4,4a,5,8,8a-六氢化-4-异丙基-1,6-二甲基-萘（4.75%）、檀香醇（4.24%）、莰烯（3.85%）、(1aR,7R,7aR,7bS)-(+)-1a,2,3,5,6,7,7a,7b-八氢化-1,1,7,7a-三甲基-1H-环丙基萘（2.66%）、1(5)，11-愈创木二烯（2.34%）、1aR(1aα,4aα,7β)-1,1,7-三甲基-4-甲烯基-十氢化-1-H-环丙基薁-7-醇（2.31%）、1(10)，11-雅槛蓝二烯（2.08%）、1-甲基-8-

(1-甲基乙基)-三环[4.4.0.0^{2,7}]-癸-3-烯-3-甲醇（2.07%）、丁香烯（2.04%）、1(10)，4-荜澄茄二烯（1.63%）、1(5)，7(11)-愈创木二烯（1.63%）、白菖蒲醇（1.61%）、(1S,5S)-(-)-2(10)-蒎烯（1.44%）、1aR-(1aα,4aα,7β)-1,1,4,7-四甲基-十氢化-1-H-环丙基薁-4-醇（1.28%）、1,3,6,6-三甲基-2-降蒎烯（1.22%）、(-)-马兜铃烯（1.21%）等。罗凡等（2015）用同法分析的云南腾冲产香叶树新鲜叶精油的主要成分为：山胡椒酸（36.95%）、香树烯（10.64%）、氧化石竹烯（3.33%）、3-脱氧异蜂斗醇（3.22%）、d-愈创木烯（3.19%）、桔利酮（2.78%）、b-葎草烯（2.28%）、罗汉柏烯-I3(2.15%）、顺-β-愈创木烯（2.05%）、(+)-g-古芸烯（1.97%）、(5S)-1,2,4,5,6,7,8,8aβ-八氢-3,8α-二甲基-α-亚甲基-5β-薁基乙醇（1.91%）、[1aR-(1aα,4aβ,7α,7aβ,7bα)-十氢-1,1,7-三甲基-4-亚甲基-H-环丙[e]甘菊环（1.58%）、叶绿醇（1.57%）、愈创醇（1.49%）、b-芹子烯（1.44%）、Velleral（1.41%）、亚麻酸乙酯（1.40%）、别香树烯氧化物-(1)(1.38%）、a-愈创木烯（1.22%）、(-)异香橙烯-(V)(1.21%）等。

枝叶：朱亮锋等（1993）用水蒸气蒸馏法提取的广东鼎湖山产香叶树枝叶精油的主要成分为：β-荜澄茄烯（19.92%）、α-檀香烯（16.21%）、α-古芸烯（15.57%）、α-佛手烯（3.72%）、β-檀香烯（3.37%）、α-依兰油烯（3.16%）、δ-杜松烯（2.65%）、γ-杜松烯（1.75%）、δ-杜松醇（1.72%）等。

果实：王发松等（1999）用水蒸气蒸馏法提取的湖北巴东产香叶树阴干果实精油的主要成分为：双(2-羟乙基)月桂酰胺（43.53%）、正癸酸（35.28%）、(+)-苜蓿烯（3.74%）、1,3-丁二醇（2.35%）、氧化丁香烯（2.14%）、喇叭烷（2.09%）、喇叭烷醇-4(1.63%）、(2S,3S)-(+)-2,3-丁二醇（1.45%）、1,2,3,4,4a,5,6,8a-八氢化-4a,8-二甲基-2-(1-甲基乙烯基)-萘（1.31%）等。罗凡等（2015）用同法分析的云南腾冲产香叶树新鲜果实精油的主要成分为：(E)-b-罗勒烯（30.22%）、雪松烯（18.58%）、a-愈创木烯（9.16%）、乙酸冰片酯（5.42%）、山胡椒酸（4.61%）、1-石竹烯（3.56%）、香树烯（2.98%）、莰烯（2.65%）、(1R)-(+)-α-蒎烯（2.21 %）、愈创醇（1.58 %）、E,E-2,6-二甲基-1,3,5,7-辛四烯（1.55%）、γ-橄榄烯（1.49%）、β-蒎烯（1.47%）、a-石竹烯（1.18%）、E,E-2,6-二甲基-3,5,7-辛三烯-2-醇（1.16%）等；新鲜果皮精油的主要成分为：(E)-b-罗勒烯（23.68%）、山胡椒酸（14.25 %）、乙酸冰片酯（7.65 %）、雪松烯（5.90%）、莰烯（4.21%）、香树烯（4.17 %）、d-愈创木烯（4.15%）、a-愈创木烯（3.61%）、(1R)-(+)-α-蒎烯（3.00%）、β-蒎烯（2.32%）、(E)-罗勒烯（1.79%）、桉叶油醇（1.56%）、(5S)-1,2,4,5,6,7,8,8aβ-八氢-3,8α-二甲基-α-亚甲基-5β-薁基乙醇（1.48 %）、氧化石竹烯（1.31%）、b-芹子烯（1.10%）等；新鲜种仁精油的主要成分为：(E)-b-罗勒烯（24.72%）、月桂酸（13.92%）、山胡椒酸（10.71%）、正癸酸（6.38%）、d-愈创木烯（5.20%）、香树烯（5.11%）、雪松烯（4.87%）、(E)-罗勒烯（4.39%）、a-愈创木烯（2.83%）、乙酸冰片酯（1.90%）、棕榈酸（1.69%）、(3S)-1,2,3,4,5,6,7,8-八氢-3α,8α-二甲基-β-亚甲基-5α-薁基乙醇（1.62%）、愈创醇（1.26%）、(5S)-1,2,4,5,6,7,8,8aβ-八氢-3,8α-二甲基-α-亚甲基-5β-薁基乙醇（1.04%）、丁酸，2,7-二甲基-辛-7-烯-5-炔-4-乙酸酯（1.04%）等。

【利用】枝叶或茎皮入药，有解毒消肿、散瘀止痛的功效，主治跌打肿痛、外伤出血、疮痈疖肿；民间用枝叶治疗跌打损伤及牛马癣疥等。种仁油供制皂、润滑油、油墨及医用栓剂原料；也可供食用，作可可豆脂代用品。油粕可作肥料。叶和果可提芳香油供香料。木材是制作农具、家具和细木工板的优良用材。是较好的景观绿化树种、水土保持树种。

长圆叶新木姜子

Neolitsea oblongifolia Merr. et Chun

樟科　新木姜子属

别名：长叶新木姜、香椒槁、红玉李、黑心、长叶木姜、长圆叶新木姜、香桂、柳槁、鸡卵槁

分布：广东、湖南、广西

【形态特征】乔木，高8～10 m，有时达22 m，胸径达40 cm；树皮灰白色、灰色而微带褐色或灰黑色，内皮具芳香气味。顶芽单生或2～4个簇生，鳞片外被锈色柔毛。嫩枝、叶柄、花序均有锈色短柔毛。叶互生，有时4～6片簇生呈近轮生状，长圆形或长圆状披针形，长4～10 cm，宽0.8～2.3 cm，先端钝或急尖或略渐尖，基部急尖，薄革质，叶面深绿色，光亮，叶背淡绿色或灰绿色。伞形花序常3～5个簇生叶腋或枝侧；苞片椭圆状卵形，长3.5～4 mm，每一花序有花4～5朵；花被裂片4，卵形，长1.5～2 mm。果球形，直径8～10 mm，成熟时为深黑褐色；常宿存有4裂的花被片。花期8～11月，果期9～12月。

【生长习性】散生于山谷密林中或林缘处，海拔300～900 m。

【精油含量】水蒸气蒸馏法提取叶的得油率为0.30%～0.40%。

【芳香成分】朱亮锋等（1993）用水蒸气蒸馏法提取的广东鼎湖山产长圆叶新木姜子叶精油的主要成分为：桧烯（21.86%）、1,8-桉叶油素（4.58%）、对伞花烃（3.62%）、β-蒎烯（2.88%）、α-蒎烯（2.81%）、蒎葛缕醇（1.87%）、5-(1-甲基乙基)-二环[3.1.0]己-2-酮（1.52%）、柠檬烯（1.44%）等。

【利用】木材可供建筑、家具、农具等用。种子油作为工业用油或照明用油。叶精油可调配皂用香精。

簇叶新木姜子

Neolitsea confertifolia (Hemsl.) Merr.

樟科　新木姜子属

别名：密叶新木姜、丛叶楠、香桂子树、

分布：广西、四川、江西、陕西、河南、湖南、广东、湖北、贵州等地

【形态特征】小乔木，高3～7 m；树皮灰色。顶芽常数个聚生，圆锥形、鳞片外被锈色丝状柔毛。叶密集呈轮生状，长圆形、披针形至狭披针形，长5～12 cm，宽1.2～3.5 cm，先端渐尖或短渐尖，基部楔形，薄革质，边缘微呈波状，叶面深绿色，有光泽，叶背带绿苍白色。伞形花序常3～5个簇生于叶腋或节间；苞片4，外面被丝状柔毛；每一花序有花4朵；花被裂片黄色，宽卵形，外面中肋有丝状柔毛。果卵形或椭圆形，长8～12 mm，直径5～6 mm，成熟时灰蓝黑色；果托扁平盘状：直径约2 mm；果梗长4～8 mm，顶端略增粗，无毛或初时有柔毛。花期4～5月，果期9～10月。

【生长习性】生于山地、水旁、灌丛及山谷密林中，海拔460～2000 m。

【精油含量】水蒸气蒸馏法提取干燥根的得油率为0.13%，干燥茎的得油率为0.08%，干燥叶的得油率为0.16%，干燥果实的得油率为0.22%。

【芳香成分】根：欧阳胜等（2008）用水蒸气蒸馏法提取的干燥根精油的主要成分为：莰烯（15.33%）、α-蒎烯（14.54%）、乙酸龙脑酯（12.04%）、β-蒎烯（8.59%）、氧化石竹烯（5.85%）、β-石竹烯（3.77%）、反-β-法呢烯（3.06%）、柠檬烯（2.83%）、2-十五酮（2.22%）、桧烯（2.12%）、橙花椒醇（1.22%）等。

茎：欧阳胜等（2007）用水蒸气蒸馏法提取的江西产簇叶新木姜子干燥茎精油的主要成分为：反-β-法呢烯（2.33%）、乙酸龙脑酯（2.18%）、β-石竹烯（1.78%）、橙花叔醇（1.67%）等。

叶：欧阳胜等（2007）用水蒸气蒸馏法提取的江西产簇叶新木姜子干燥叶精油的主要成分为：罗勒烯（15.22%）、桧烯（11.46%）、β-石竹烯（8.18%）、反-β-罗勒烯（6.75%）、顺-3-乳酸己烯酯（4.43%）、大牻牛儿烯（4.01%）、反-β-法呢烯（2.44%）、β-橄香烯（1.48%）、萜烯（1.16%）、γ-松油烯（1.10%）等。

果实：欧阳胜等（2007）用水蒸气蒸馏法提取的江西产簇叶新木姜子干燥果实精油的主要成分为：桧烯（29.44%）、4-萜品醇（20.96%）、顺-罗勒烯（10.68%）、γ-萜品烯（5.09%）、β-蒎烯（5.07%）、反-β-罗勒烯（5.03%）、α-萜品烯（3.14%）、(+)-2-蒈烯（2.87%）、α-蒎烯（2.43%）、反-β-法呢烯（1.75%）等。

【利用】木材可供家具用。种子可榨油，供制造肥皂及机器润滑油等用。

小新木姜

Neolitsea umbrosa (Nass) Gamble

樟科　新木姜子属

别名：南亚新木姜

分布：广东、广西

【形态特征】乔木，高8～10 m。叶厚革质，假轮生，椭圆形，长4～6 cm，宽2～3 cm，叶背粉绿色，具离基三出脉，脉上有绢毛。花序腋生，无花梗；花小，具被毛短梗。果球形，直径4～5 mm；果柄顶端稍增大；果托浅杯状。

【生长习性】生于山谷的混交林中。

【精油含量】水蒸气蒸馏法提取枝叶的得油率为0.66%。

【芳香成分】朱亮锋等（1993）用水蒸气蒸馏法提取的广东鼎湖山产小新木姜枝叶精油的主要成分为：1,8-桉叶油素

(15.05%)、马鞭草烯酮(14.12%)、蒎葛缕醇(9.04%)、β-桉叶醇(5.19%)、桃金娘烯醛(4.13%)、乙酸龙脑酯(2.72%)、桃金娘烯醇(1.94%)、对-伞花醇-8(1.21%)、α-蒎烯(1.06%)、优藏茴香酮(1.10%)等。

【利用】枝叶精油可用于调配化妆品和皂用香精。

新樟

Neocinnamomum delavayi (Lec.) Liou

樟科　新樟属

别名：少官桂、云南桂、少花新樟、肉桂树、羊角香、香叶树、梅叶香、野香叶树、荷花香、荷叶香、香桂子、香叶子

分布：云南、四川、西藏

【形态特征】灌木或小乔木，高1.5～5 m，有时可达10 m；树皮黑褐色。芽小，芽鳞厚而密被锈色或白色绢状短柔毛。叶互生，椭圆状披针形至卵圆形或宽卵圆形，长4～11 cm，宽1.5～6 cm，先端渐尖，基部锐尖至楔形，两侧常不相等，近革质，叶面绿色，叶背苍白色。团伞花序腋生，具1～10花，苞片三角状钻形，长约0.5 mm，密被锈色绢质短柔毛。花小，黄绿色。花被筒极短，花被裂片6，两面密被锈色绢质短柔毛，三角状卵圆形，近等大，外轮长1.8 mm，宽1 mm，内轮长2.2 mm，宽1.4 mm，先端均锐尖。果卵球形，长1～1 cm，直径0.7～1 cm，成熟时为红色；果托高脚杯状，顶端宽5～8 mm，花被片宿存，略增大，凋萎状；果梗纤细，向上渐增大，长0.7～2 cm。花期4～9月，果期9月至翌年1月。

【生长习性】生于灌丛、林缘、疏林或密林中，沿河谷两岸、沟边或在排水良好的石灰岩上，海拔1100～2300 m。

【精油含量】水蒸气蒸馏法提取叶的得油率为0.70%。

【芳香成分】温鸣章等(1990)用水蒸气蒸馏法提取的四川米易产新樟叶精油的主要成分为：樟脑(41.01%)、α-蒎烯(6.98%)、莰烯(6.97%)、顺式-石竹烯(6.61%)、乙酸冰片酯(5.40%)、柠檬烯(5.06%)、β-蒎烯(2.85%)、月桂烯(2.49%)、γ-广藿香烯(2.17%)、杜松烯(1.71%)、α-水芹烯(1.58%)、乙酸香茅酯(1.55%)、1,8-桉叶油素(1.45%)等。

【利用】枝、叶可提取精油，用于香料及医药工业；叶精油可用来生产樟脑。果核油可供工业用。叶可入药，具有祛风湿、舒筋络之功效。

月桂

Laurus nobilis Linn.

樟科　月桂属

别名：月桂树

分布：浙江、江苏、福建、台湾、四川、云南有栽培

【形态特征】常绿小乔木或灌木状，高可达12 m，树皮黑褐色。叶互生，长圆形或长圆状披针形，长5.5～12 cm，宽1.8～3.2 cm，先端锐尖或渐尖，基部楔形，边缘细波状，革质，叶面暗绿色，叶背稍淡。花为雌雄异株。伞形花序腋生，1～3个成簇状或短总状排列，开花前由4枚交互对生的总苞片所包裹，呈球形；总苞片近圆形，内面被绢毛。雄花：每一伞形花序有花5朵；花小，黄绿色，花被筒短，外面密被疏柔毛，花被裂片4，宽倒卵圆形或近圆形，两面被贴生柔毛。果卵珠形，熟时暗紫色。花期3～5月，果期6～9月。

【生长习性】喜温暖湿润气候，能耐短期低温(-8℃)。喜光，稍耐阴。既不耐旱也不耐涝，适宜选择疏松肥沃、向阳、排灌良好的壤土或砂壤土栽培。不耐盐碱。

【精油含量】水蒸气蒸馏法提取新鲜叶的得油率为0.51%～0.56%，干燥叶的得油率为1.14%～2.50%；微波萃取法提取叶的得油率为1.10%；超临界萃取干燥叶的得油率为2.37%；亚临界萃取干燥叶的得油率为2.16%。

【芳香成分】林正奎等(1990)用水蒸气蒸馏法提取的陕西

西安产月桂叶精油的主要成分为：1,8-桉叶油素（42.90%）、乙酸松油酯（17.97%）、甲基丁香酚（8.88%）、桧烯（4.43%）、L-芳樟醇（4.36%）、松油烯-4-醇（3.71%）、α-松油醇（2.47%）、丁香酚（2.43%）、β-蒎烯（1.81%）、α-蒎烯（1.44%）、β-甜没药烯（1.02%）等。李荣等（2011）用同法分析的干燥叶精油的主要成分为：α-乙酸松油酯（19.52%）、肉桂醛（8.00%）、β-桉叶油醇（6.18%）、β-石竹烯（5.72%）、丁香酚甲醚（5.25%）、α-松油醇（3.81%）、佛术烯（3.73%）、氧化石竹烯（3.42%）、1,8-桉叶素（3.17%）、斯巴醇（3.00%）、胡薄荷酮（2.98%）、γ-杜松烯（2.97%）、菖蒲萜烯（2.74%）、玷理烯（2.66%）、愈创薁（2.64%）、萜品醇-4(2.21%）、桉叶二烯（1.60%）、异丁香酚甲醚（1.45%）、丁香酚（1.42%）、α-白菖考烯（1.34%）、环氧化水菖蒲烯（1.32%）、α-沉香螺萜醇（1.27%）、瓦伦橘烯（1.10%）等。

【利用】根、枝、树皮、花、果实均可入药，根有祛风湿、散寒的功效，用于治疗风湿筋骨疼痛、腰痛、肾虚、牙痛；枝有发汗、解除肌表及四肢风寒和温通经络的作用，是治疗风寒湿痹、关节酸疼的良药；树皮有补元阳、暖脾胃、除积冷、通血脉的功效，主治肾阳虚衰、心腹冷痛、久泻等；花有散寒破结、化痰止咳的功效，用于治牙痛、咳喘痰多、经闭腹痛；果实有暖胃、平肝、散寒的功效，用于治虚寒胃痛。叶和果可提取精油，用于制食品、化妆品及皂用香精。叶片可作调味香料或作罐头矫味剂。种子油供工业用。庭园绿化树种。

八角樟

Cinnamomum ilicioides A. Chev.

樟科　樟属
分布： 海南、广东、广西

【形态特征】乔木，高5～18 m，胸径达90 cm，树冠球形；树皮褐色，具深纵裂纹。老枝圆柱形，黑灰色，幼枝浅绿色。叶互生，卵形或卵状长椭圆形，长6～11 cm，宽（2.5）3～6 cm，先端锐尖或短渐尖，基部宽楔形至近圆形，近革质，叶面淡绿色，光亮，叶背浅褐色，晦暗。花未见。果序圆锥状，腋生或近顶生，长6.5～7 cm，具梗，总梗粗壮，长约2.5 cm，与序轴被黄褐色柔毛。果倒卵形，长约2 cm，紫黑色；果托钟形，绿色，长1.2～1.8 cm，口部宽度和管的长度几乎相等。果期6～7月。

【生长习性】生于林谷或密林中，海拔200～800 m。喜温暖湿润的环境。

【精油含量】水蒸气蒸馏法提取干燥侧根的得油率为0.21%，新鲜叶的得油率为0.83%，干燥叶的得油率为1.85%。

【芳香成分】根：程必强等（1997）用水蒸气蒸馏法提取的广西产八角樟干燥侧根精油的主要成分为：黄樟素（82.67%）、金合欢醇（6.19%）、橙花叔醇（4.56%）等。

叶：程必强等（1997）用水蒸气蒸馏法提取的广西产八角樟叶精油主要成分为：黄樟素（81.97%）、1,8-桉叶素（6.72%）、月桂烯（1.97%）、β-蒎烯（1.36%）、芳樟醇（1.13%）等。

【利用】木材适宜于作家具、建筑、室内装修、模型等。适宜于作庭园绿化树种。枝叶精油可单离黄樟素。

柴桂

Cinnamomum tamala (Buch.-Ham.) Nees et Eberm.

樟科　樟属
别名： 桂皮、三股筋、三条筋、土肉桂、辣皮树、哈尼茶
分布： 云南

【形态特征】乔木，高达20 m，胸径20 cm；树皮灰褐色，有芳香气。叶互生或在幼枝上部者有时近对生，卵圆形、长圆形或披针形，长7.5～15 cm，宽2～5.5 cm，先端长渐尖，基部锐尖或宽楔形，薄革质，叶面绿色，光亮，叶背绿白色，晦暗。圆锥花序腋生及顶生，长5～10 cm，多花，分枝，分枝末端为3～5花的聚伞花序。花白绿色，长达6 mm。花被外面疏被内面密被灰白色短柔毛，花被筒倒锥形，短小，长不及2 mm，花被裂片倒卵状长圆形，长约4 mm，宽约1.5 mm，先端钝。成熟果未见。花期4～5月。

【生长习性】生于山坡或谷地的常绿阔叶林中或水边，海拔1180～1930 m。

【精油含量】水蒸气蒸馏法提取新鲜叶的得油率为0.47%～1.12%，干燥叶的得油率为1.94%，干燥枝的得油率为0.36%～0.43%，新鲜树皮的得油率为2.34%，干燥树皮的得油率为5.42%。

【芳香成分】茎：程必强等（1997）用水蒸气蒸馏法提取的云南西双版纳产柴桂树皮精油的主要成分为：黄樟素（98.84%）。

枝：程必强等（1997）用水蒸气蒸馏法提取的云南玉溪产柴桂干枝精油的主要成分为：香茅醛（49.39%）、异胡薄荷醇（11.38%）、香茅醇（9.85%）、乙酸香茅酯（2.11%）等。

叶：程必强等（1997）用水蒸气蒸馏法提取的云南西双版纳产柴桂新鲜叶精油的主要成分为：黄樟素（44.29%）、对-聚伞花素（7.06%）、榄香醇（6.80%）、γ-榄香烯（6.57%）、1,8-桉叶素（5.01%）、α-水芹烯（3.83%）、愈创醇（2.69%）、β-桉醇（1.70%）、α-松油醇（1.20%）、δ-榄香烯（1.16%）等；云南玉溪产柴桂新鲜叶精油的主要成分为：d-香茅醛（69.13%）、香茅醇（5.87%）、l,8-桉叶素（4.95%）、异胡薄荷酮（2.11%）、α-蒎烯（1.65%）、月桂烯（1.49%）、芳樟醇（1.35%）、柠檬烯（1.10%）、2,6-二甲基-5-癸烯醛（1.04%）等。

【利用】树皮入药，具有散风寒、止呕吐、除湿痹、通经脉的功效，用于治疗呕吐、噎膈、胸闷腹痛、筋骨疼痛、腰膝冷痛、跌打损伤。叶精油用于调香，也是提取香茅醛的原料。

长柄樟

Cinnamomum longipetiolatum H. W. Li

樟科　樟属

别名：樟树、香樟树

分布：云南

【形态特征】乔木，高达35 m，胸径60 cm；树皮灰黑色。枝条近圆柱形，多少具棱角，红褐色。芽大，卵珠形，长达7 mm，宽约5 mm，芽鳞密集，卵圆形至宽卵圆形，背面及边缘被微柔毛。叶互生，卵圆形，长7～12.5 cm，宽2.8～7.8 cm，先端短渐尖，基部近圆形，薄革质，叶面绿色，叶背淡绿色。花未见。果序圆锥状，侧生，长达6 cm，序轴略被黄褐色微柔毛。果卵球形，长约2 cm，宽约1.7 cm，先端浑圆；果托浅杯状，长宽约1.5 cm，多少木质，干时带红褐色。果期5～10月。

【生长习性】生于山坡阳处，海拔1750～2100 m。

【精油含量】水蒸气蒸馏法提取侧根的得油率为2.39%，侧根皮的得油率为1.13%，叶的得油率为0.53%，枝的得油率为0.11%～0.15%。

【芳香成分】根：程必强等（1997）用水蒸气蒸馏法提取的云南文山产长柄樟侧根精油的主要成分为：黄樟素（86.89%）、樟脑（3.12%）、β-蒎烯（2.63%）、1,8-桉叶素（2.46%）等；侧根皮精油的主要成分为：黄樟素（61.99%）、1,8-桉叶素（12.88%）、樟脑（6.71%）、β-蒎烯（3.09%）、松油烯-4-醇（2.94%）、α-蒎烯（2.47%）、柠檬烯（1.33%）、芳樟醇（1.11%）等。

枝：程必强等（1997）用水蒸气蒸馏法提取的云南文山产长柄樟枝精油的主要成分为：1,8-桉叶素（21.98%）、黄樟素（15.66%）、芳樟醇（10.53%）、β-蒎烯（4.85%）、α-松油醇（4.39%）、松油烯-4-醇（4.18%）、香叶醛（4.16%）、α-蒎烯

（3.72%）、橙花醛（3.18%）、香茅醛（2.15%）、莰烯（1.81%）、龙脑（1.78%）、香茅醇（1.71%）、柠檬烯（1.50%）、β-丁香烯（1.50%）、匙叶松油烯醇（1.22%）等。

叶：程必强等（1997）用水蒸气蒸馏法提取的云南文山产长柄樟叶精油的主要成分为：香叶醛（35.70%）、橙花醛（24.87%）、香桧烯（4.44%）、橙花醇（3.25%）、匙叶松油烯醇（2.78%）、对-聚伞花素（2.57%）、松油烯-4-醇（2.51%）、芳樟醇（2.34%）、β-蒎烯（2.19%）、1,8-桉叶素（2.17%）、蓝桉醇（2.00%）、樟脑（1.68%）、柠檬烯（1.33%）、α-蒎烯（1.28%）等。

【利用】不同部位精油可用于单离柠檬醛和黄樟素。

沉水樟

Cinnamomum micranthum (Hayata) Hayata

樟科　樟属
别名：水樟、臭樟、有樟、黄樟树、牛樟、华南樟、黑樟
分布：广西、广东、湖南、台湾、福建、江西、湖南等地

【形态特征】乔木，高14～30 m，胸径25～65 cm；树皮坚硬，黑褐色或红褐灰色，有纵向裂缝。顶芽大，卵球形，长6 mm，宽5 mm，芽鳞覆瓦状紧密排列，宽卵圆形，外被褐色绢状短柔毛。叶互生，长圆形、椭圆形或卵状椭圆形，长7.5～10 cm，宽4～6 cm，先端短渐尖，基部宽楔形至近圆形，坚纸质或近革质，叶缘呈软骨质而内卷，干时叶面黄绿色，叶背黄褐色。圆锥花序顶生及腋生，长3～5 cm，干时茶褐色。花白色或紫红色，具有香气，长约2.5 mm。花被筒钟形，长约1.2 mm，内面密被柔毛，裂片6，长卵圆形。果椭圆形，长1.5～2.2 cm，直径1.5～2 cm，淡绿色，具斑点；果托壶形。花期7～10月，果期10月。

【生长习性】生于山坡或山谷密林中或路边，或河旁水边，海拔300～1800 m。适合生在冬季温和，夏季暖热，雨量多，湿度大，年平均温16～21℃，月平均温5～15℃，极端最低温-5～9℃；年降水量1660～2100 mm，相对湿度82%～85%的地区。土壤为黄红壤土、红壤土或赤红壤土，强酸性，pH低于5。偏阳性树种，幼龄阶段较耐阴。耐湿性强，不耐干旱。

【精油含量】水蒸气蒸馏法提取根的得油率为1.52%～3.00%，树干的得油率为0.09%～1.00%，新鲜叶的得油率为0.01%～1.28%。

【芳香成分】**根**：徐汉虹等（1996）用水蒸气蒸馏法提取的根精油的主要成分为：黄樟油素（85.01%）、1,8-桉叶素（6.44%）、松油烯-4-醇（3.20%）、α-松油烯（1.20%）等。

茎：池庭飞等（1985）用水蒸气蒸馏法提取的福建产沉水樟树干精油的主要成分为：黄樟油素（61.31%）等。

叶：池庭飞等（1985）用水蒸气蒸馏法提取的福建南平产沉水樟新鲜叶精油的主要成分为：癸酸（15.87%）、十二酸（14.26%）、癸醛（13.84%）、壬醛（8.28%）、正壬烷（7.23%）、正壬醇（6.92%）、正辛烷（2.44%）、2-十一烷酮（1.53%）、1,1,7-三甲基-4-亚甲基-5,6-环丙薁（1.53%）、1-癸醇（1.24%）、乙酸壬酯（1.03%）等。杨海宽等（2016）用同法分析的广东汕尾和江西鹰潭产沉水樟新鲜叶异橙花叔醇型精油的主要成分为：异橙花叔醇（19.62%）、对伞花烃（17.12%）、芳樟醇（11.15%）、柠檬烯（7.14%）、3-侧柏烯（5.20%）、香茅醇（2.77%）、α-蒎烯（2.11%）、β-石竹烯（1.95%）、α-水芹烯（1.25%）、月桂烯（1.09%）、t-杜松醇（1.09%）、α-杜松醇（1.01 %）等；桉叶油素型精油的主要成分为：桉叶油素（55.17%）、α-水芹烯（17.43%）、α-松油醇（7.77%）、α-蒎烯（5.74%）、β-蒎烯（3.78 %）、4-萜品醇（1.95 %）、月桂烯（1.29%）等；芳樟醇型精油的主要成分为：芳樟醇（65.50%）、肉豆蔻醛（4.94%）、香茅醇（4.58 %）、α-松油醇（3.40%）、4-萜品醇（3.14%）、1,1-二乙氧基-癸烷（3.08%）、顺式-柠檬醛（1.90%）、反式-柠檬醛（1.37%）、1-愈创烯-11-醇（1.27 %）等；肉豆蔻醛型精油的主要成分为：肉豆蔻醛（23.33%）、1,1-二乙氧基-癸烷（14.71%）、β-石竹烯（13.87%）、β-桉叶烯（10.13%）、芳樟醇（6.18%）、α-石竹烯（4.01%）、1-愈创烯-11-醇（3.69%）、γ-榄香烯（3.25%）、异橙花叔醇（2.95%）、氧化石竹烯（1.68%）、对伞花烃（1.36%）等。

【利用】枝叶可提取精油，为配制多种香精及香料的原料，可用于单离黄樟油素。木材是造纸的好材料。是保持水土的优良树种。可用于园林观赏。

川桂

Cinnamomum wilsonii Gamble

樟科　樟属
别名：桂皮树、臭樟、柴桂、三条筋、官桂、大叶子树、臭樟木
分布：四川、陕西、湖北、湖南、广西、广东、江西等地

【形态特征】乔木，高25 m，胸径30 cm。叶互生或近对生，卵圆形或卵圆状长圆形，长8.5～18 cm，宽3.2～5.3 cm，先端

渐尖，尖头钝，基部渐狭下延至叶柄，但有时为近圆形，革质，边缘软骨质而内卷，叶面绿色，叶背灰绿色。圆锥花序腋生，长3～9 cm，单一或多数密集，少花，近总状或为2～5花的聚伞状。花白色，长约6.5 mm。花被内外两面被丝状微柔毛，花被筒倒锥形，长约1.5 mm，花被裂片卵圆形，先端锐尖，近等大，长4～5 mm，宽约1 mm。成熟果未见；果托顶端截平，边缘具极短裂片。花期4～5月，果期6月以后。

【生长习性】生于山谷或山坡阳处或沟边，疏林或密林中，海拔30～2400 m。生于亚热带地区，喜欢温暖潮湿的气候。要求年平均气温20℃以上，不能低于2℃，怕霜雪，在18℃左右的雨季中生长最快。对土壤的性质要求不严格，在砂质土、黏土、酸性土等土壤中均可很好地生长。幼苗期怕强烈的阳光照射，成龄树则需要充足的阳光。

【精油含量】水蒸气蒸馏法提取树皮的得油率为0.18%～0.30%，嫩枝的得油率为0.15%～0.70%，叶的得油率为0.30%～2.33%。

【芳香成分】茎：张桂芝等（2009）用水蒸气蒸馏法提取的树皮精油的主要成分为：反-肉桂醛（17.06%）、肉桂酸甲酯（10.48%）、库贝醇（5.96%）、δ-杜松醇（5.95%）、τ-依兰醇（5.43%）、桉油精（4.18%）、氢白菖蒲烯（3.70%）、β-芳樟醇（3.31%）、α-松油醇（3.17%）、卡达烯（2.31%）、β-愈创木烯（2.20%）、乙酸龙脑酯（2.08%）、苯甲酸苄酯（1.88%）、反式对甲基桂皮酸乙酯（1.69%）、龙脑（1.59%）、松油醇-4(1.39%)、顺-肉桂醛（1.31%）、肉豆蔻醛（1.26%）、α-蒎烯（1.19%）、α-依兰烯（1.17%）、τ-依兰烯（1.09%）等。任三香等（2002）用同法分析的湖北巴东产35年龄树的川桂干燥树皮精油的主要成分为：桉油素（11.02%）、1(10)，4-杜松二烯（10.21%）、乙酸异龙脑酯（6.30%）、杜松醇（5.53%）、桉叶油醇（5.34%）、丙酸芳樟酯（4.99%）、正十六酸（4.52%）、(R)-(-)-对-1-盖烯-4-醇（3.96%）、4,9-杜松二烯（2.73%）、可巴烯-11-醇（2.73%）、依兰油烯（2.56%）、可巴烯（2.44%）、4-杜松烯-10-醇（2.35%）、正-反式-橙花叔醇（2.22%）、2,3,4,4a,5,6,7,8-八氢化-4a,8-四甲基-2-萘甲醇（2.20%）、1,2,3,4,4a,7-六氢化-1,6-二甲基-4-(1-甲基乙基)-萘（1.84%）、α,α-二甲基-1-乙烯基-邻-盖-8-烯-4-甲醇（1.76%）、芳樟醇（1.62%）、乙酸桂皮酯（1.61%）、1a,2,3,5,6,7,7a,7b-八氢化-1,1,7,7a-四甲基-1H-环丙基萘（1.60%）、1,2,4a,5,8,8a-六氢化-4,7-二甲基-1-(1-甲基乙基)-萘（1.47%）、4,11,11-三甲基-8-亚甲基-二环[7.2.0]十一碳-4-烯（1.40%）、3-蒈烯（1.36%）、萜品烯（1.23%）、丁子香酚（1.17%）、α-荜澄茄油烯（1.05%）等。

枝：李姣娟等（2007）用水蒸气蒸馏法提取的湖南新化产川桂阴干嫩枝精油的主要成分为：芳樟醇（48.76%）、石竹烯（6.89%）、氧化石竹烯（6.14%）、桉油素（3.94%）、δ-杜松烯（2.27%）、环己烷（2.20%）、玷𤥕烯（1.70%）、α-蒎烯（1.53%）、香豆素（1.14%）、葎草烯（1.06%）等。

叶：李姣娟等（2007）用水蒸气蒸馏法提取的湖南新化产川桂阴干叶精油的主要成分为：芳樟醇（69.02%）、石竹烯（4.58%）、环己烷（2.86%）、氧化石竹烯（2.72%）、醋酸龙脑酯（1.96%）、香豆素（1.49%）、δ-杜松烯（1.28%）等。陶光复等（1989,2002）用同法分析的湖北利川产川桂叶精油的主要成分为：(E)-乙酸桂皮酯（17.27%）、(E)-桂皮醛（15.90%）、芳樟醇（7.65%）、十九碳烯（6.24%）、乙酸香叶酯（4.02%）、(Z)-乙酸桂皮酯（3.87%）、1,8-桉叶油素（3.46%）、十六烷乙酯（3.02%）、香叶醛（2.86%）、乙酸异龙脑酯（2.27%）、十九烷（2.13%）、橙花醛（1.79%）、十六烷（1.32%）、十七烷（1.18%）、α-蒎烯（1.10%）、松油醇（1.05%）、橙花醇（1.05%）等；湖北长阳产川桂叶精油的主要成分为：香叶醛（47.05%）、橙花醛（30.94%）、芳樟醇（11.91%）、1,8-桉叶油素（3.15%）、α-蒎烯（2.02%）、十六碳酸（1.42%）等。

枝叶：朱亮锋等（1993）用水蒸气蒸馏法提取的枝叶精油的主要成分为：乙酸龙脑酯（26.14%）、龙脑（16.81%）、桂酸甲酯（11.35%）、樟脑（10.38%）、芳樟醇（6.07%）、柠檬烯（2.38%）、1,8-桉叶油素（2.34%）、α-柠檬醛（2.06%）、甲酸龙脑酯（2.05%）、顺式-氧化芳樟醇（呋喃型）(1.77%)、反式-氧化芳樟醇（呋喃型）(1.67%)、对伞花烃（1.47%）、爱草脑（1.15%）、α-蒎烯（1.10%）、莰烯（1.04%）、β-柠檬醛（1.02%）等。

【利用】茎、枝、叶和果实可提取精油，为天然调香原料，可调配化妆品、皂用香精及食用香精等。树皮入药，有温经散寒、行气活血、止痛之功效，主治感受风寒、胃腹冷痛、痛经、风湿关节痛；外用治跌打损伤、骨折。小枝及皮可为香料及补助剂、兴奋剂等；也常作为肉桂的代用品。

粗脉桂

Cinnamomum validinerve Hance

樟科　樟属

别名： 野肉桂、假肉桂、三条筋、长尖桂

分布： 广东、广西

【形态特征】枝条具棱角，黑色，无毛或向顶端被极细的短绒毛。叶椭圆形，长4～9.5 cm，宽2～3.5 cm，先端骤然渐狭成短而钝的尖头，基部楔形，硬革质，叶面光亮，叶背微红，苍白色，离基三出脉，脉在叶面稍凹陷，叶背十分凸起，侧脉向叶端消失，横脉在叶面几乎不明显、在叶背全然不明显；叶柄长达1.3 cm。圆锥花序疏花，三歧状，与叶等长，分枝叉开，末端为3花的聚伞花序。花具极短梗，被灰白细绢毛，花被裂片卵圆形，先端稍钝。花期7月。

【生长习性】生长于海拔500 m的地区。

【精油含量】水蒸气蒸馏法提取鲜叶的得油率为0.21%，干叶的得油率为0.41%，干燥树皮的得油率为0.09%～0.10%。

【芳香成分】程必强等（1997）用水蒸气蒸馏法提取的广西武鸣产粗脉桂叶精油的主要成分为：芳樟醇（43.78%）、香叶醇（17.43%）、1,8-桉叶素（14.11%）、丁香酚（5.85%）、α-松油醇（2.44%）、松油烯-4-醇（1.69%）、黄樟素（1.55%）、白千层醇（1.37%）、β-蒎烯（1.16%）、对-聚伞花素（1.09%）等。

【利用】叶精油可用于调配花香香精、化妆品香精、香水等，也可用作肥皂的赋香剂。

大叶桂

Cinnamomum iners Reinw. ex Blume

樟科　樟属

别名： 野肉桂、假肉桂、三条筋

分布： 云南、广西、西藏

【形态特征】乔木，高达20 m，胸径20 cm。芽小，卵珠形，鳞片密被绢状毛。叶近对生，卵圆形或椭圆形，长12～35 cm，宽5.5～8.5 cm，先端钝或微凹，基部宽楔形至近圆形，硬革质，叶面绿色，光亮，叶背黄绿色，晦暗。圆锥花序腋生或近顶生，1～3出，长6～26 cm，多分枝，末端为3～7花的聚伞花序。花淡绿色，长4～6 mm。花被内外两面密被灰色短柔毛，花被筒倒锥形，长1～2 mm，花被裂片6，外轮卵圆状长圆形，长4 mm，宽2 mm，内轮长圆形，较狭，长约4 mm，宽1.5 mm，先端均锐尖。果卵球形，先端具小突尖，长9～12 mm，宽约7 mm，鲜时淡绿色或绿色；果托倒圆锥形或碗形。花期3～4月，果期5～6月。

【生长习性】生于山谷路旁、疏林或密林中，海拔140～1000 m。

【精油含量】水蒸气蒸馏法提取新鲜叶片的得油率为0.47%，干燥叶的得油率为0.57%～0.61%，枝皮的得油率为0.11%。

【芳香成分】程必强等（1997）用水蒸气蒸馏法提取的云南产大叶桂叶精油的主要成分为：喇叭茶醇（30.38%），α-水芹烯（6.68%）、松油烯-4-醇（4.29%）、α-杜松醇（4.01%）、丁香烯氧化物（3.02%）、芳樟醇（2.81%）、别芳萜烯（2.79%）、1,8-桉叶素（2.54%）、对-聚伞花素（2.51%）、愈创醇（2.49%）、β-榄香烯（2.42%）、金合欢醇（2.15%）、白千层醇（1.55%）、β-丁香烯（1.24%）、橙花叔醇（1.11%）、α-蒎烯（1.05%）、α-榄香烯（1.05%）、c-α-香柠檬烯（1.00%）等。

【利用】树皮药用，有温中散寒、理气止痛、止血、接骨的功效，用于治疗胃寒疼痛、虚寒泄泻、风湿骨痛、腰肌劳损、阳痿、闭经；外用治外伤出血、骨折、蛇咬伤。枝叶精油为天然调香原料。

刀把木

Cinnamomum pittosporoides Hand.-Mazz.

樟科　樟属

别名： 桂皮树、大果香樟

分布： 云南、四川

【形态特征】乔木，高达25 m。叶互生，椭圆形或披针状椭圆形，9～16 cm，宽3～7.5 cm，先端长渐尖，基部楔形，薄革质，叶面干时淡褐色，叶背淡紫灰白色，被短柔毛。圆锥花序长2～4 cm，具1～7花，着生在幼枝近顶部的叶腋内，短小；苞片及小苞片三角形或后者常近钻形，长约1 mm，密被污黄色绒毛状短柔毛。花金黄色，长达5 mm。花被外面密被污黄色短绒毛，内面被较多的丝毛，花被筒钟形，长约2 mm，花被裂片卵圆状长圆形，先端钝，近等大，长约5 mm，外轮宽3 mm，内轮宽约2.5 mm。果卵球形，长达2.5 cm，宽2 cm，先端具小尖头，基部渐狭，外皮粗糙；果托浅盆状。花期2～5月，果期6～10月。

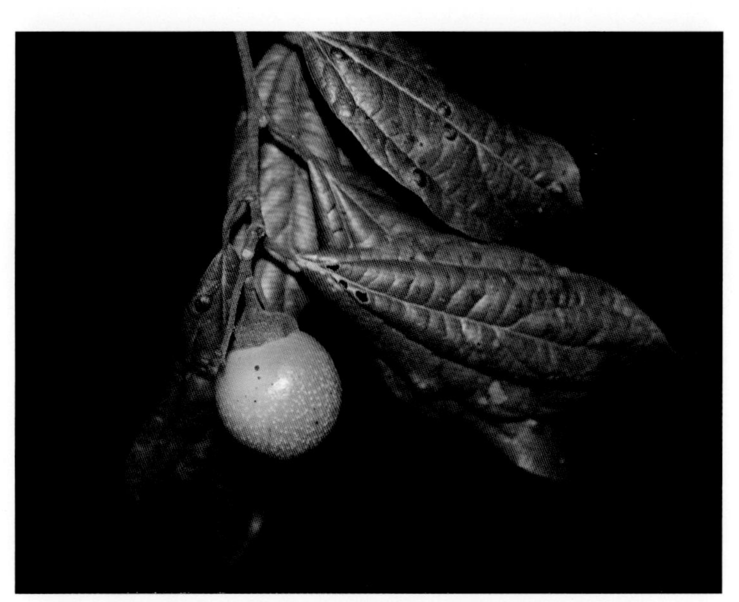

【生长习性】生于常绿阔叶林中，海拔1800～2500 m。

【精油含量】水蒸气蒸馏法提取干燥根的得油率为0.39%～0.50%，干燥叶的得油率为1.50%。

【芳香成分】程必强等（1997）用水蒸气蒸馏法提取的云南屏边产刀把木干燥叶精油的主要成分为：丁香酚（64.87%）、芳樟醇（22.12%）、柠檬烯（2.44%）、1,8-桉叶素（1.78%）、t-β-罗勒烯（1.21%）等。

【利用】果实可榨油，供食用及工业用。叶及幼枝可提取精油，是制造香皂、香水等的化工原料，并可入药制造清凉油等。木材作烧柴使用。

滇南桂

Cinnamomum austroyunnanense H. W. Li

樟科　樟属
别名：野肉桂、假肉桂
分布：云南

【形态特征】乔木，高达20 m，胸径25 cm；树皮灰白色。芽长卵珠形，长达4 mm，芽鳞先端锐尖，外面密被灰白微柔毛。叶互生或在幼枝上部者常近对生，长圆形至披针状长圆形，长7～22 cm，宽2～6 cm，先端钝或锐尖，基部近圆形，薄革质，干时叶面深绿色，叶背淡绿色或灰绿色，多少被柔毛。圆锥花序腋生及顶生，长6～12 cm。花淡黄褐色，开花时长4 mm。花被两面密被柔毛，花被筒倒锥形，长约1 mm，干时具纵槽，花被裂片6，长卵圆形，长约3 mm，宽1.6 mm，先端锐尖。果卵球形，长约6 mm，宽5 mm，鲜时绿色，干时黑褐色，具小突尖尖头，尖头褐色；果托黑褐色，帽状。花期4月，果期5～6月。

【生长习性】生于热带林中阴处，海拔200～600 m。

【精油含量】水蒸气蒸馏法提取新鲜叶的得油率为0.12%，果皮的得油率为3.48%。

【芳香成分】程必强等（1997）用水蒸气蒸馏法提取的新鲜叶精油的主要成分为：γ-榄香烯（20.83%）、β-丁香烯（6.33%）、芳樟醇（5.62%）、α-胡椒烯（5.04%）、肉豆蔻醚（4.88%）、α-蒎烯（4.87%）、β-蒎烯（3.63%）、δ-杜松醇（3.34%）、白千层醇（2.97%）、乙酸龙脑酯（2.49%）、γ-杜松烯（1.85%）、蛇麻烯（1.85%）、柠檬烯（1.83%）、别芳萜烯（1.80%）、香叶醇（1.64%）、愈创醇（1.10%）等。

【利用】叶精油为天然调香原料。

钝叶桂

Cinnamomum bejolghota (Buch.-Ham) Sweet

樟科　樟属
别名：假桂皮、土桂皮、老母猪桂皮、青樟木、泡木、大叶山桂、鸭母桂、鸭母楠、老母楠、山桂楠、香桂楠、山桂、奉楠、山玉桂、钝叶樟
分布：云南、海南、广东

【形态特征】小乔木至大乔木，高5～25 m，胸径达30 cm；树皮青绿色，有香气。芽小，卵珠形，芽鳞密被绢状毛。叶近对生，椭圆状长圆形，长12～30 cm，宽4～9 cm，先端钝、急尖或渐尖，基部近圆形或渐狭，硬革质，叶面绿色，叶背淡绿色或黄绿色，多少带白色。圆锥花序生于枝条上部叶腋内，长13～16 cm，多花密集，多分枝。花黄色，长达6 mm。花被筒短，倒锥形，长约1 mm；花被裂片6，卵状长圆形，长5 mm，宽2.5 mm，先端锐尖，两面被灰色短柔毛。果椭圆形，长1.3 cm，宽8 mm，鲜时绿色；果托黄带紫红，倒圆锥形，顶端宽达7 mm，具齿裂，齿顶端截平。花期3～4月，果期5～7月。

【生长习性】生于山坡、沟谷的疏林或密林中，海拔600～1780 m。

【精油含量】水蒸气蒸馏法提取树皮的得油率为0.51%，鲜叶的得油率为0.10%～0.20%，枝叶的得油率为0.31%，果皮的得油率为0.12%～0.20%。

【芳香成分】茎：李祖强等（1998）用水蒸气蒸馏法提取的云南思茅产野生钝叶桂树皮精油的主要成分为：桂皮醛（80.40%）、α-松油醇（2.05%）、龙脑（1.27%）、丁香酚（1.08%）、1,8-桉叶素（1.07%）、苯甲醛（1.02%）等。程必强等（1997）用同法分析的混杂型树皮精油的主要成分为：α-松油醇（11.83%）、α-胡椒烯（5.09%）、十四醛（5.07%）、1,8-桉叶素（4.90%）、松油烯-4-醇（4.59%）、十三醇（2.96%）、白菖烯（2.92%）、肉豆蔻酸（2.52%）、十二醛（2.35%）、十五碳酸（2.11%）、芳樟醇（2.07%）、对-聚伞花素（1.66%）、γ-木罗烯（1.63%）、棕榈酸（1.58%）、γ-杜松烯（1.35%）、香叶醇（1.19%）、2-十五酮（1.19%）等；桂醛型树皮精油的主要成分为：t-桂醛（82.58%）、α-松油醇（1.55%）、松油烯-4-醇（1.13%）、δ-杜松烯（1.06%）等。

叶：程必强等（1997）用水蒸气蒸馏法提取的云南产钝叶桂新鲜叶精油的主要成分为：γ-榄香烯（28.56%）、芳樟醇（14.18%）、β-丁香烯（10.13%）、白千层醇（3.99%）、香叶醇（3.59%）、芳萜烯（2.12%）、蛇麻烯（2.02%）、1,8-桉叶素（1.78%）、δ-杜松烯（1.50%）、松油烯-4-醇（1.30%）、α-松油醇（1.22%）、β-榄香烯（1.01%）等。

【利用】木材适用于作建筑、一般较好的家具和农具等用材。叶、根及树皮可提取精油，为天然调香原料。海南取其树皮捣碎用以作香粉。

猴樟

Cinnamomum bodinieri Levl.

樟科　樟属
别名：香樟、大胡椒树、樟树、香树、香茅樟、楠木、猴挟木
分布：云南、四川、贵州、湖南、湖北

【形态特征】乔木，高达16 m，胸径30～80 cm；树皮灰褐色。芽小，卵圆形，芽鳞疏被绢毛。叶互生，卵圆形或椭圆状卵圆形，长8～17 cm，宽3～10 cm，先端短渐尖，基部锐尖，宽楔形至圆形，坚纸质，叶面光亮，叶背苍白，极密被绢状微柔毛。圆锥花序在幼枝上腋生或侧生，有时基部具苞叶，长5～15 cm，多分枝。花绿白色，长约2.5 mm。花被筒倒锥形，裂片6，卵圆形，长约1.2 mm，内面被白色绢毛，反折，很快脱落。果球形，直径7～8 mm，绿色，无毛；果托浅杯状，顶端宽6 mm。花期5～6月，果期7～8月。

【生长习性】生于路旁、沟边、疏林或灌丛中，海拔700～1480 m。

【精油含量】水蒸气蒸馏法提取根的得油率为1.89%～2.90%，树干的得油率为0.53%～1.70%，枝的得油率为0.06%，叶的得油率为0.30%～2.00%。

【芳香成分】根：程必强等（1997）用水蒸气蒸馏法提取的云南广南产猴樟干燥侧根精油的主要成分为：黄樟素（74.05%）、樟脑（6.30%）、1,8-桉叶油素（6.03%）、β-蒎烯（4.34%）、α-松油醇（2.41%）、α-蒎烯（1.51%）等。

叶：程必强等（1997）用水蒸气蒸馏法提取的贵州产猴樟新鲜叶精油的主要成分为：樟脑（26.16%）、柠檬烯+1,8-桉叶油素（19.94%）、芳樟醇（9.17%）、α-松油醇（7.24%）、对-聚伞花素（5.29%）、金合欢醇（3.26%）、香桧烯（3.25%）、癸酸（2.74%）、松油烯-4-醇（2.08%）、β-丁香烯（1.57%）、β-蒎烯（1.48%）、α-蒎烯（1.31%）、β-芹子烯（1.20%）、香叶醛（1.09%）、香叶醇（1.08%）、龙脑（1.05%）、橙花醛（1.03%）等；云南广南产猴樟新鲜叶精油的主要成分为：橙花叔醇（68.35%）、金合欢醇（13.46%）、芳樟醇（3.73%）、匙叶桉油烯醇（2.37%）、龙脑（1.11%）等。

【利用】果实入药，有散寒、行气、止痛的功效，主治虚寒胃痛、腹痛、疝气疼痛。民间用茎皮治烧伤、烫伤。根精油可作提取黄樟素的原料。叶精油可分离柠檬醛。种子榨油可供工业用。

黄樟

Cinnamomum porrectum (Roxb.) Kosterm

樟科　樟属

别名：黄槁、南安、香湖、香喉、山椒、假樟、油樟、大叶樟、大叶芳樟、香樟、臭樟、樟木、冰片树、樟树、樟脑树、蒲香树、鸨毛樟

分布：云南、贵州、四川、湖南、广东、广西、福建、江西等地

【形态特征】常绿乔木，树干通直，高10～20 m，胸径达40 cm以上；树皮暗灰褐色，深纵裂，小片剥落。小枝具棱角，灰绿色。芽卵形，鳞片近圆形，被绢状毛。叶互生，通常为椭圆状卵形或长椭圆状卵形，长6～12 cm，宽3～6 cm，在花枝上的稍小，先端通常急尖或短渐尖，基部楔形或阔楔形，革质，叶面深绿色，叶背色稍浅。圆锥花序于枝条上部腋生或近顶生，长4.5～8 cm。花小，长约3 mm，绿带黄色。花被内面被短柔毛，花被筒倒锥形，长约1 mm，花被裂片宽长椭圆形，长约2 mm，宽约1.2 mm，具点，先端钝形。果球形，直径6～8 mm，黑色；果托狭长倒锥形，红色。花期3～5月，果期4～10月。

【生长习性】生于海拔1500 m以下的河流沿岸、山谷水旁、山地林中、湿润山坡或岩石缝中。耐阴，喜湿润肥厚的酸性土。

【精油含量】水蒸气蒸馏法提取根的得油率为1.00%～2.55%，树干的得油率为1.30%，枝的得油率为0.05%～0.10%，叶的得油率为0.10%～3.50%，枝叶的得油率为0.10%～2.00，果实的得油率为1.93%～2.82%。

【芳香成分】根：程必强等（1997）用水蒸气蒸馏法提取的云南西双版纳产黄樟新鲜侧根精油的主要成分为：黄樟素（87.25%）、1,8-桉叶素（2.32%）、β-蒎烯（2.16%）、甲基丁香酚（1.74%）、樟脑（1.31%）、α-蒎烯（1.30%）等。

叶：程必强等（1997）用水蒸气蒸馏法提取的云南西双版纳产黄樟新鲜叶精油的主要成分为：1,8-桉叶素（62.24%）、α-松油醇（9.91%）、香桧烯（9.64%）、α-蒎烯（3.29%）、β-蒎烯（2.62%）、松油烯-4-醇（2.03%）、柠檬烯（1.79%）、1,4-桉叶素（1.36%）、芳樟醇（1.29%）、月桂烯醇（1.05%）等；云南西双版纳产黄樟叶精油的主要成分为：樟脑（50.25%）、柠檬烯（12.16%）、α-蒎烯（5.37%）、月桂烯（4.14%）、α-松油醇（4.11%）、松油烯-4-醇（3.13%）、莰烯（2.58%）、1,8-桉叶素（2.23%）、β-蒎烯（2.21%）、对-聚伞花素（1.56%）、异

松油烯（1.43%）、α-水芹烯（1.42%）等；广西上思产黄樟叶精油的主要成分为：黄樟素（74.73%）、柠檬烯（8.54%）、月桂烯（2.84%）、α-水芹烯（2.14%）、β-蒎烯（1.85%）、芳樟醇（1.31%）、β-丁香烯（%1.29）等。吴航等（1992）用同法分析的广东紫金产野生黄樟叶精油的主要成分为：α-柠檬醛（43.34%）、β-柠檬醛（28.79%）、1,8-桉叶油素（5.18%）、α-愈创木烯（3.97%）、香叶醇（3.14%）、橙花醇（1.85%）、α-侧柏酮（1.81%）、α-蒎烯（1.76%）、d-芳樟醇（1.14%）等；叶精油的主要成分为：松油醇-4(25.21%)、α-蒎烯（22.46%）、香桧烯（12.71%）、β-侧柏烯（9.50%）、乙酸-β-松油酯（9.08%）、γ-松油烯（5.28%）、β-蒎烯（2.41%）、柠檬烯（2.40%）、d-芳樟醇（1.60%）、蒈烯-2(1.57%)、β-月桂烯（1.23%）等；青味樟型叶精油的主要成分为：丁香酚甲醚（71.48%）、1,8-桉叶油素（8.01%）、异丁香酚甲醚（6.06%）、β-石竹烯（2.98%）、α-蒎烯（1.67%）、香桧烯（1.21%）、α-石竹烯（1.12%）、d-芳樟醇（1.00%）等；叶精油的主要成分为：α-蒎烯（21.77%）、9-氧代橙花叔醇（21.70%）、橙花叔醇（19.99%）、莰烯（10.86%）、β-蒎烯（6.02%）、d-龙脑（5.73%）、柠檬烯（4.17%）、d-芳樟醇（3.68%）、β-月桂烯（1.12%）等；叶精油的主要成分为：橙花叔醇（54.78%）、9-氧代橙花叔醇（24.22%）、d-芳樟醇（6.54%）、柠檬烯（3.21%）、1,8-桉叶油素（2.08%）、β-石竹烯（1.91%）等。

枝叶：朱亮锋等（1993）用水蒸气蒸馏法提取的广东紫金产黄樟枝叶精油的主要成分为：d-芳樟醇（82.79%）、c-芳樟醇氧化物（2.89%）、己酸-3-己烯醇酯（2.48%）、t-芳樟醇氧化物（2.12%）、丁酸-3-己烯酯（1.44%）、樟脑（1.36%）、1,8-桉叶素（1.08%）等。

果实：程必强等（1997）用水蒸气蒸馏法提取的云南西双版纳产黄樟新鲜果实精油的主要成分为：樟脑（36.60%）、柠檬烯（22.60%）、黄樟素（13.50%）、α-蒎烯（5.08%）、α-水芹烯（4.63%）、月桂烯（3.06%）、莰烯（2.52%）、β-蒎烯（2.38%）、1,8-桉叶素（1.89%）、α-松油醇（1.14%）、异松油烯（1.38%）等；云南西双版纳产黄樟新鲜果实精油的主要成分为：1,8-桉叶素（54.96%）、香桧烯（11.87%）、α-松油醇（10.68%）、柠檬烯（4.83%）、α-蒎烯（3.55%）、β-蒎烯（2.78%）、松油烯-4-醇（1.81%）、月桂烯（1.44%）、对-聚伞花素（1.01%）等。

【利用】木材适用于作梁、柱、桁、确、门、窗、天花板及农具等用材，供造船、水工、桥梁、上等家具等用材尤佳，广东地区以其木材有樟脑气味可驱臭虫，喜欢用此木作床板。枝叶、根、树皮、木材可提取精油，是调配各种香精不可缺少的原料，精油各化学型的主要成分均可单独分离，为重要的单体天然香料。叶可供饲养天蚕。核仁可榨油供制肥皂用。根、叶药用，有祛风散寒、温中止痛、行气活血、消食化滞的功效，用于治疗风寒感冒、风湿痹痛、胃寒腹痛、泄泻、痢疾、跌打损伤、月经不调。

假桂皮树

Cinnamomum tonkinense (Lec.) A. Chev.

樟科　樟属
别名：土肉桂、三条筋、香叶树
分布：云南

【形态特征】乔木，高达30 m，胸径45 cm；树皮灰褐色。叶互生或近对生，卵状长圆形或卵状披针形至长圆形，长6～12 cm，宽2.5～5.5 cm，先端短渐尖或钝形，基部宽楔形至近圆形，革质，叶面绿色，干时变褐色，光亮，叶背白绿色，晦暗，疏被极细的微柔毛。圆锥花序短小，长2.5～6 cm，腋生或近顶生，通常着生在远离枝端的叶腋内，多花密集，分枝末端为3花的聚伞花序。花白色，长达5 mm。花被外面疏被内面密被微柔毛，花被筒倒锥形，长2 mm，花被裂片卵圆形，先端锐尖，长约6 mm，外轮稍宽，宽3.5 mm，内轮宽约3 mm。果卵球形，长1.3 cm，宽9 mm；果托浅杯状。花期4～5月，果期10月。

【生长习性】生于常绿阔叶林中的潮湿处，海拔1000～1800 m。

【精油含量】水蒸气蒸馏法提取叶的得油率为0.13%～0.50%，干燥树皮的得油率为0.43%～1.04%。

【芳香成分】茎：程必强等（1997）用水蒸气蒸馏法提取的云南麻栗坡产假桂皮树干燥树皮精油的主要成分为：丁香酚（67.73%）、1,8-桉叶素（10.28%）、芳樟醇（4.88%）、α-松油醇（3.36%）、松油烯-4-醇（2.01%）、t-α-杜松醇（1.81%）等。

叶：程必强等（1997）用水蒸气蒸馏法提取的云南麻栗坡产假桂皮树香叶醇/芳樟醇型干燥叶精油的主要成分为：香叶醇（37.32%）、芳樟醇（21.61%）、乙酸香叶酯（8.98%）、1,8-桉叶素（7.10%）、黄樟素（2.87%）、乙酸龙脑酯（1.98%）、丁香酚（1.89%）、α-蒎烯（1.58%）、α-松油醇（1.46%）、γ-榄香烯（1.40%）、β-蒎烯（1.30%）、匙叶桉油烯醇（1.08%）、莰烯（1.03%）等；丁香酚型叶精油的主要成分为：丁香酚（73.44%）、柠檬烯（4.72%）、1,8-桉叶素（4.43%）、α-蒎烯（1.64%）、蛇麻烯（1.60%）、β-蒎烯（1.54%）、芳樟醇（1.31%）、樟脑（1.15%）等；柠檬醛/芳樟醇型叶精油的主要成分为：香叶醛（23.77%）、橙花醛（14.81%）、芳樟醇（13.27%）、丁香酚（10.44%）、柠檬烯（4.62%）、α-蒎烯（4.53%）、1,8-桉叶素（4.43%）、β-蒎烯（4.28%）、α-松油醇（1.52%）、月桂烯醇（1.44%）、香叶醇（1.10%）、橙花醇（1.10%）、香茅醛（1.03%）等。

【利用】叶精油可用于调配化妆品香精、皂用香精等；树皮精油可用于调制香水、皂用等香精，也可单独分离丁香酚。

坚叶樟

Cinnamomum chartophyllum H. W. Li

樟科　樟属

别名：梅宋容、樟树

分布：云南

【形态特征】乔木，高达20 m；树皮灰褐色，具香气。叶互生，叶形多变，宽卵圆形、卵状长圆形至长圆形或披针形，长6～14 cm，宽1.5～7.5 cm，先端钝、锐尖至短渐尖，基部宽楔形至近圆形，两侧常不相等，干时叶面绿带红褐色，叶背淡绿色，晦暗，坚纸质。圆锥花序腋生，通常长4～6 cm，具7～11花，分枝，末端为3花的聚伞花序。花黄色，小，长约2 mm。花被内面密被丝状柔毛，花被筒倒锥形，长0.5 mm，花被裂片6，宽卵圆形，近等大，长约1.5 mm，宽约1.1 mm，先端钝。果近球形，直径约8 mm，顶端具小尖头；果托增大，长达12 mm，顶端宽7 mm，干时具纵槽。花期6～8月，果期8～10月。

【生长习性】生于山坡疏林中、水沟旁或沟谷密林中，海拔380～600 m。

【精油含量】水蒸气蒸馏法提取新鲜根的得油率为0.50%～1.50%，新鲜根颈的得油率为0.58%，树干的得油率为0.03%～0.27%，新鲜树皮的得油率为0.11%，新鲜叶片的得油率为0.08%～0.10%，新鲜果实的得油率为1.22%。

【芳香成分】根：程必强等（1997）用水蒸气蒸馏法提取的云南西双版纳产坚叶樟新鲜根精油的主要成分为：黄樟素（94.12%）、榄香脂素（2.17%）等。

果实：程必强等（1988）用水蒸气蒸馏法提取的云南西双版纳产坚叶樟新鲜果实精油的主要成分为：黄樟素（77.07%）、α-水芹烯（11.33%）、柠檬烯（6.82%）等。

【利用】根精油是提取黄樟素的主要原料之一。

聚花桂

Cinnamomum contractum H. W. Li

樟科　樟属
别名：柴桂、桂树
分布：云南、西藏

【形态特征】小乔木，高达8 m，胸径32 cm；树皮灰黑色，有芳香气。叶互生或近对生，卵形至宽卵形，长9～14 cm，宽3.5～7.5 cm，先端渐尖，尖头钝，基部宽楔形至近圆形，革质，边缘软骨质，内卷，叶面绿色，光亮，叶背灰绿色，晦暗。圆锥花序腋生及顶生，密集多花，腋生者长4～8.5 cm，下部具短分枝或近总状，顶生者伸长，长达12 cm，为具2～11花的伞形花序所组成。花黄绿色，长达7 mm。花被两面被丝状微柔毛，花被筒倒锥形，长约1.5 mm，花被裂片卵圆形或长圆状卵圆形，先端锐尖，长5 mm，外轮宽3.8 mm，内轮宽3 mm。果未见。花期5月。

【生长习性】生于山坡或沟边的常绿阔叶林中，海拔1800～2800 m。喜光，稍耐阴。喜温暖湿润气候，耐寒性不强。对土壤要求不严，较耐水湿，但不耐干旱、瘠薄和盐碱土。有抗海潮风及耐烟尘和抗有毒气体能力，并能吸收多种有毒气体，较能适应城市环境。

【精油含量】水蒸气蒸馏法提取叶的得油率为0.47%。

【芳香成分】程必强等（1997）用水蒸气蒸馏法提取的云南产聚花桂叶精油的主要成分为：t-桂醛（90.96%）、1,8-桉叶素（1.79%）等。

【利用】是城市绿化的优良树种，广泛作为庭荫树、行道树、防护林及风景林。枝叶精油可用于调配食品、化妆品、日用品香精，也可单独分离桂醛。

阔叶樟

Cinnamomum platyphyllum (Diels) Allen

樟科　樟属
别名：银木、大叶樟、油樟、樟树
分布：陕西、甘肃、四川、湖北

【形态特征】乔木，高约5.5 m。小枝具纵棱。芽卵形或椭圆形，长约4 mm，芽鳞阔卵圆形，先端锐尖，外面密被灰褐色或淡黄褐色绒毛。叶互生，椭圆形，卵圆形至阔卵圆形，长5.5～13 cm，宽2.5～7 cm，先端渐尖或短渐尖，基部楔形至圆形或有时呈浅心形，坚纸质或近革质，叶面略被短柔毛或变无毛，光亮，叶背密被灰褐色或淡黄褐色短柔毛。花未见。果序圆锥状，腋生，长达9 cm，序轴密被灰褐色或淡黄褐色绒毛。果阔倒卵形或近球形，直径约1 cm，被灰褐色或淡黄褐色柔毛；果托浅碟状，全缘，径约3.5 mm，果梗长约3 mm，向上逐渐增粗，顶端径约2 mm。果期9月。

【生长习性】常生于山坡上，海拔约1050 m。喜光，稍耐阴。喜温暖湿润气候，耐寒性不强，对土壤要求不严，较耐水湿，不耐干旱、瘠薄和盐碱土。

【精油含量】水蒸气蒸馏法提取叶得油率为0.40%～1.00%。

【芳香成分】陶光复等（1988）用水蒸气蒸馏法提取的阔叶樟新鲜叶精油的主要成分为：甲基异丁香酚（94.04%）、甲基丁香酚（1.35%）等。黄远征等（1988）用同法分析的四川成都产阔叶樟3月份采收的叶精油的主要成分为：樟脑（28.57%）、1,8-桉叶脑（20.58%）、芳樟醇（6.60%）、香桧烯（6.06%）、α-蒎烯（5.25%）、甲基异丁子香酚Ⅱ（4.37%）、柠檬烯（2.83%）、

β-蒎烯（2.68%）、α-萜品醇（2.44%）、莰烯（1.83%）、β-丁香烯（1.80%）、β-橙花叔醇（1.67%）、香叶烯（1.52%）、甲基丁子香酚（1.39%）、香叶醛（1.15%）、对-伞花烃（1.13%）、萜品醇-4(1.01%）等；6月份采收的叶精油的主要成分为：香叶醛（26.90%）、樟脑（26.23%）、橙花醛（21.84%）、1,8-桉叶脑（2.00%）、β-丁香烯（1.80%）、β-甜没药烯（1.50%）、α-蒎烯（1.38%）、乙酸芳樟酯（1.19%）等；12月份采收的叶精油的主要成分为：1,8-桉叶脑（27.47%）、樟脑（25.89%）、香桧烯（7.68%）、甲基异丁子香酚Ⅱ（6.73%）、α-萜品醇（5.56%）、α-蒎烯（3.60%）、甲基丁子香酚（2.72%）、香叶醛（2.23%）、β-蒎烯（2.22%）、橙花醛（1.69%）、芳樟醇（1.45%）、香叶烯（1.34%）、柠檬烯（1.30%）、莰烯（1.02%）等。

【利用】根、木材、枝、叶均可提取精油，用于提取单体香料。木材供建筑、造船、家具、箱柜、板料、雕刻等使用。可作园林绿化、行道树及防风林。

卵叶桂

Cinnamomum rigidissimum H. T. Chang

樟科　樟属

别名： 卵叶樟、硬叶樟、香楠

分布： 我国特有。广西、广东、海南、云南、台湾

【形态特征】小乔木至中乔木，高3～22 m，胸径50 cm；树皮褐色。枝灰褐色或黑褐色，有松脂的香气；小枝略扁，有棱角。叶对生，卵圆形、阔卵形或椭圆形，长3.5～8 cm，宽2.2～6 cm，先端钝或急尖，基部宽楔形、钝至近圆形，革质或硬革质，叶面绿色，光亮，叶背淡绿色，晦暗。花序近伞形，生于当年生枝的叶腋内，长3～8.5 cm，有花3～11朵，总梗长2～4 cm，略被稀疏贴伏的短柔毛。花未见。成熟果卵球形，长达2 cm，直径1.4 cm，乳黄色；果托浅杯状，高1 cm，顶端截形，宽1.5 cm，淡绿色至绿蓝色，下部为近柱状长约0.5 cm的果梗。果期8月。

【生长习性】生于林中沿溪边，海拔约1700 m或以下。

【精油含量】水蒸气蒸馏法提取根的得油率为1.44%，叶的得油率为0.05%～1.06%，新鲜枝叶的得油率为1.03%。

【芳香成分】根：陆碧瑶等（1986）用水蒸气蒸馏法提取的海南产卵叶桂根精油的主要成分为：黄樟油素（61.72%）、丁香酚甲醚（28.61%）、榄香脂素（1.18%）等。

叶：陆碧瑶等（1986）用水蒸气蒸馏法提取的海南产卵叶桂叶精油的主要成分为：松油醇-4(18.69%）、α-蒎烯（7.94%）、1,8-桉叶油素（7.04%）、α-异松油醇（2.68%）、β-侧柏烯（2.32%）、2,2,4-三甲基-8-甲撑-2-十氢萘甲醇（2.23%）、β-水芹烯（1.84%）、β-蒎烯（1.59%）、β-杜松烯（1.02%）等。

枝叶：程必强等（1997）用水蒸气蒸馏法提取的云南西双版纳产卵叶桂新鲜枝叶精油的主要成分为：苯甲酸苄酯（82.82%）、芳樟醇（8.10%）等。

【利用】叶精油可单独分离苯甲酸苄酯。

毛桂

Cinnamomum appelianum Schewe

樟科　樟属

别名： 假桂皮、山桂枝、香桂子、土肉桂、香沾树、三条筋、香桂、山桂皮、锈毛桂

分布： 我国特有。湖南、江西、广东、广西、贵州、四川、云南、湖北等地

【形态特征】小乔木，高4～6 m，极多分枝。芽狭卵圆形，锐尖，芽鳞覆瓦状排列，革质，褐色，密被污黄色硬毛状绒毛。叶互生或近对生，椭圆形、椭圆状披针形至卵形或卵状椭圆形，长4.5～11.5 cm，宽1.5～4 cm，先端骤然短渐尖，基部楔形至近圆形，革质，榄绿褐色，叶背密被皱波状污黄色疏柔毛，黄褐色，两面略呈牛皮状皱纹。圆锥花序生于当年生枝条基部叶腋内，长4～6.5 cm，具3～11花，苞片线形或披针形，两面被柔毛。花白色，长3～5 mm。花被两面被毛，花被筒倒锥形，长1～1.5 mm，裂片宽倒卵形至长圆状卵形。未成熟果椭圆形，长约6 mm，宽4 mm，绿色；果托漏斗状。花期4～6月，果期6～8月。

【生长习性】生于山坡或谷地的灌丛和疏林中，海拔350～1400 m。喜在充足的阳光和土层肥厚、排水良好的地方生长，土壤要微酸，pH5.5～6.5。忌碱土，怕积水和煤烟。

【精油含量】水蒸气蒸馏法提取树皮的得油率为0.08%～0.51%，枝叶的得油率为0.35%，鲜叶得油率为0.25%～1.05%，干叶得油率为0.52%～0.54%。

【芳香成分】陶光复等（1988）用水蒸气蒸馏法提取的湖北咸丰产毛桂鲜叶精油的主要成分为：1,8-桉叶素（37.02%）、乙酸龙脑酯（16.24%）、莰烯（5.19%）、对-聚伞花素（3.72%）、十六碳酸乙酯（2.72%）、α-蒎烯（2.28%）、α-乙酸松油酯（2.27%）、β-蒎烯（1.43%）等。程必强等（1997）用水蒸气蒸馏法提取的广西武鸣产毛桂叶精油的主要成分为：芳樟醇（59.46%）、1,8-桉叶素（16.60%）、α-松油醇（3.10%）、α-胡椒烯（2.43%）、黄樟素（1.74%）、松油烯-4-醇（1.70%）、柠檬烯（1.47%）等。

【利用】树皮民间替代肉桂入药。木材作一般用材，并可作造纸糊料。枝叶精油可作日用化工产品的调配原料。

毛叶樟

Cinnamomum mollifolium H. W. Li.

樟科　樟属
别名： 革叶樟、革叶芳樟、黑叶樟、香茅樟、毛叶芳樟
分布： 云南

【形态特征】乔木，高5～15 m；树皮灰褐色，具条裂。芽大，卵珠形，长达1 cm，芽鳞宽卵圆形至近圆形，先端微凹，具小突尖头，密被短柔毛，边缘具小睫毛。叶互生，卵圆形或长圆状卵圆形，长4.5～16 cm，宽3.5～8 cm，先端锐尖或短渐尖，基部宽楔形至近圆形，革质，叶背被灰白色小柔毛。圆锥花序腋生，长7～11 cm，具12～16花，分枝末端为具3花的聚伞花序。花小，淡黄色，长约2.5 mm。花被两面密被柔毛，花被筒倒锥形，裂片长圆形或长圆状卵圆形，外轮宽1.2 mm，内轮宽1.3 mm。果近球形，稍扁而歪，干时直径9 mm，花被片脱落；果托盘状。花期3～4月，果期9月。

【生长习性】生于路边、疏林中或樟茶混生林中，海拔1100～1300 m。产地的年平均气温18℃，极端最低气温-0.5℃，≥10℃的年积温6504℃，年降水量约1350 mm。

【精油含量】水蒸气蒸馏法提取新鲜根的得油率为0.43%～0.62%，鲜叶的得油率为0.13%～2.50%，干叶的得油率为1.25%～3.30%。

【芳香成分】根：程必强等（1997）用水蒸气蒸馏法提取的云南西双版纳产毛叶樟新鲜根精油的主要成分为：黄樟素（77.11%）、榄香素（8.35%）、樟脑（8.24%）、肉豆蔻醚（2.67%）等。

叶：程必强等（1997）用水蒸气蒸馏法提取的云南西双版纳产毛叶樟叶精油的主要成分为：t-甲基异丁香酚（83.25%）、β-丁香烯（4.04%）、c-甲基异丁香酚（3.23%）、甲基丁香酚（2.02%）、金合欢醇（1.23%）、γ-榄香烯（1.01%）等；新鲜叶精油的主要成分为：芳樟醇（46.26%）、1,8-桉叶素（30.78%）、香桧烯（7.52%）、α-松油醇（5.80%）、α-蒎烯（1.63%）、β-蒎烯（1.50%）、松油烯-4-醇（1.31%）等。

【利用】枝、叶可提取精油，各化学型主要成分可单独分离并分别用于医药、香料及日用化工产品的调配原料。果仁榨油可作工业用油。

米槁

Cinnamomum migao H. W. Li

樟科　樟属
别名： 大果木姜子、麻告、大果樟
分布： 贵州、云南、广西等地

【形态特征】常绿乔木，高达20 m；树皮灰黑色，开裂，具香味。芽小，卵珠形，芽鳞宽卵形，外被灰白微柔毛。叶互生，卵圆形至卵圆状长圆形，长4.5～16 cm，宽2.5～7 cm，先端急尖至短渐尖，基部宽楔形，两侧近相等，坚纸质，干时叶面黄绿色，稍光亮，叶背灰绿色，晦暗，两面沿中脉及侧脉多少带红色，边缘略内卷。花未见。果序圆锥状，腋生，着生在幼枝中下部，长3.5～7.5 cm。果球形，直径1.2～1.3 cm，鲜时绿色，干时黄褐色；果托高脚杯状，长约1.2 cm，顶部盘状增大，宽达1 cm，具圆齿，下部突然收缩成柱状，基部宽约1.5 mm，外面被极细灰白微柔毛和纵向沟纹。果期11月。

【生长习性】常生于石灰山或山地疏林中，海拔500～1500 m。

【精油含量】水蒸气蒸馏法提取干燥侧根的得油率为0.62%～1.08%，新鲜叶的得油率为0.74%，干燥叶的得油率为1.29%～1.53%，果实的得油率为0.27%～6.09%；超临界萃取的干燥叶的得油率为2.44%，果实的得油率为3.32%～23.40%；超声波萃取干燥果实的得油率为3.00%～3.60%。

【芳香成分】根：程必强等（1997）用水蒸气蒸馏法

提取的云南广南产米槁干燥侧根精油的主要成分为：黄樟素（83.59%）、樟脑（4.50%）、β-蒎烯（2.26%）、1,8-桉叶素（1.71%）、芳樟醇（1.16%）等。

茎：李志华等（2014）用水蒸气蒸馏法提取的干燥茎精油的主要成分为：芳樟醇（53.42%）、D-苧烯（19.61%）、柠檬醛（3.90%）、(Z)-柠檬醛（3.29%）、6-甲基-5-庚烯-2-酮（3.28%）、(1S)-6,6-二甲基-2-亚甲基二环[3.1.1]庚烷（2.18%）、(-)-4-萜品醇（2.02%）、氧化芳樟醇（1.80%）、(+)-α-松油醇（1.69%）、1R-α-蒎烯（1.53%）、桉油精（1.31%）、4-甲基-1-(1-甲基乙基)二环[3.1.0]己-2-烯（1.01%）等。

叶：刘育辰等（2008）用水蒸气蒸馏法提取的叶精油主要成分为：樟脑（17.68%）、龙脑（5.91%）、桉油精（4.76%）、石竹烯氧化物（3.62%）、沉香螺萜醇（2.94%）、β-桉叶油醇（2.51%）、十氢萘（2.37%）、珐琲烯（2.12%）、檀烯萜烯（1.50%）、莰烯（1.37%）、长叶松萜烯（1.22%）、2-莰烷基（1.17%）、α-蒎烯（1.08%）等。程必强等（1997）用同法分析的云南广南产米槁叶精油的主要成分为：香叶醛（7.57%）、δ-杜松烯（5.73%）、t-α-杜松醇（5.71%）、香桧烯（4.82%）、c-α-杜松醇（4.71%）、橙花醛（4.53%）、芳樟醇（3.53%）、柠檬烯（3.15%）、松油烯-4-醇（3.05%）、α-蒎烯（3.01%）、1,8-桉叶素（2.87%）、对-聚伞花素（2.38%）、β-蒎烯（1.92%）、c-α-木罗烯（1.92%）、莰烯（1.88%）、β-丁香烯（1.55%）、α-水芹烯（1.49%）、香茅醇（1.45%）、大香叶烯（1.33%）、别芳萜烯（1.00%）等。

果实：梁光义等（1989）用水蒸气蒸馏法提取的贵州罗甸产米槁干燥果实精油的主要成分为：双环[3,1,0]己烷-4-甲撑-1-(1-甲基乙基)(10.46%）、β-杜松烯（8.15%）、甘香烯（7.19%）、[1R-(1α,3α,4β)]-4-乙烯基-α,α,4-三甲基-3-(甲基乙基)-环己烷甲醇（5.34%）、珐琲烯（5.07%）、白菖油烯（4.67%）、α-松油醇（4.60%）、愈创醇（4.55%）、环戊烯（4.51%）、Δ4-长松针烯（4.45%）、α,α,3,8-四甲基-1,2,3,3a,4,5,6,7-八氢-甲撑薁（4.31%）、β-荜澄茄油烯（4.19%）、桧脑（3.76%）、α-丁香烯（3.19%）、β-丁香烯（3.01%）、β-榄香烯（1.78%）、芳樟醇（1.70%）等。周涛等（2010）用同法分析的贵州罗甸产米槁果实精油的主要成分为：桉叶素（41.44%）、1-甲氧基-1,3,4α-三甲基-4α-乙烯基-环己烷（8.41%）、β-蒎烯（5.29%）、α-水芹烯（4.64%）、松香芹醇（4.17%）、α-蒎烯（3.98%）、异丙醚（3.30%）、β-水芹烯（3.28%）、苯酚（2.39%）、D-柠檬烯（2.21%）、芳樟醇（1.53%）等。

【利用】民间用果实入药，有散寒祛湿、行气止痛的功效，治吐泻、胃寒腹痛、脚气、肿毒等。叶精油为天然调香原料，根油可单独分离黄樟素。

屏边桂

Cinnamomum pingbienense H. W. Li

樟科　樟属

别名：土肉桂、假肉桂、三条筋

分布：云南、贵州、广西

【形态特征】乔木，高5～10 m，胸径10～25 cm；树皮灰白色。芽小，卵球形，芽鳞少数，宽卵形，先端锐尖。叶近对生或对生，长圆形或长圆状卵圆形，长12.5～24 cm，宽4.5～10.5 cm，先端锐尖，基部宽楔形，薄革质，叶面绿色，光亮，叶背绿白色，晦暗。圆锥花序长4.5～10.5 cm，常着生于远离枝端的叶腋内，分枝末端为3～5花的聚伞花序。花淡绿色，长约4.5 mm。花被外面疏被内面密被绢状微柔毛，花被筒倒锥形，短小，长约1.5 mm，花被裂片长圆形，近等大，长约3 mm，宽1～1.2 mm，先端钝。果未见。花期4～5月。

【生长习性】生于石灰岩山坡或谷地常绿阔叶林中或水边，海拔550～1100 m。

【精油含量】水蒸气蒸馏法提取干燥叶的得油率为0.28%，干燥树皮的得油率为0.19%。

【芳香成分】程必强等（1997）用水蒸气蒸馏法提取的云南金平产屏边桂干燥叶精油的主要成分为：芳樟醇（38.43%）、1,8-桉叶素（18.54%）、桂醛（6.31%）、α-松油醇（5.40%）、β-桉醇（3.06%）、β-蒎烯（2.35%）、松油烯-4-醇（2.33%）、α-蒎烯（2.18%）、橙花醛（1.36%）、黄樟素（1.04%）、愈创醇（1.04%）、异愈创醇（1.04%）等。

【利用】叶精油为天然调香原料，可用于调配日用品、皂用香精等。

肉桂

Cinnamomum cassia Presl

樟科　樟属

别名： 玉桂、桂皮、桂枝、筒桂、桂

分布： 广西、广东、海南、福建、台湾、云南等地

【形态特征】中等大乔木；树皮灰褐色。顶芽小，长约3 mm，芽鳞宽卵形，先端渐尖，密被灰黄色短绒毛。叶互生或近对生，长椭圆形至近披针形，长8～34 cm，宽4～9.5 cm，先端稍急尖，基部急尖，革质，边缘软骨质，内卷，叶面绿色，有光泽，叶背淡绿色，晦暗，疏被黄色短绒毛。圆锥花序腋生或近顶生，长8～16 cm，三级分枝，分枝末端为3花的聚伞花序。花白色，长约4.5 mm。花被两面密被黄褐色短绒毛，花被筒倒锥形，长约2 mm，花被裂片卵状长圆形，近等大，长约2.5 mm，宽1.5 mm，先端钝或近锐尖。果椭圆形，长约1 cm，宽7～9 mm，成熟时黑紫色；果托浅杯状，边缘截平或略具齿裂。花期6～8月，果期10～12月。

【生长习性】生于常绿阔叶林中。喜温暖湿润、阳光充足的环境，喜光又耐阴，喜暖热、无霜雪、多雾高温之地，不耐干旱、积水、严寒和空气干燥。适宜在疏松肥沃、排水良好、富含有机质的酸性砂壤土栽培。

【精油含量】水蒸气蒸馏法提取根的得油率为0.03%～0.08%，树皮的得油率为0.32～5.80%，枝的得油率为0.13%～2.30%，枝叶的得油率为0.30%～1.28%，叶的得油率为0.07%～2.90%，幼果的得油率为0.72%～2.04%；同时蒸馏萃取法提取树皮的得油率为0.54%～6.50%；超临界萃取树皮的得油率为1.50%～11.60%，干燥嫩枝的得油率为0.69%；亚临界萃取法提取树皮的得油率为1.83%；有机溶剂萃取法提取树皮的得油率为1.82%～4.69%；超声波萃取树皮的得油率为2.93%～3.33%；微波萃取法提取树皮的得油率为2.01%～8.33%。

【芳香成分】树皮：熊运海等（2009）用水蒸气蒸馏法提取的广西产肉桂干燥树皮精油的主要成分为：肉桂醛（76.63%）、玷㤚烯（5.08%）、2-甲氧基-3-(2-丙烯基)酚（4.81%）、[1S-(1.α,4a.β,8a.α)]-1,2,4a,5,8,8a-六氢化-4,7-二甲基-1-(1-甲基乙基)-萘（2.64%）等。阮桂平等（1997,2000）用同法分析的海南屯昌引种的大叶清化桂肉桂树皮精油的主要成分为：玷㤚烯（26.89%）、反式-桂醛（16.35%）、肉桂酸（2.85%）、α-杜松烯（2.39%）、十六酸（2.22%）、顺-γ-杜松烯（2.14%）、荜澄茄醇（1.73%）、α-卡拉烯（1.66%）、α-杜松醇（1.44%）等；广东引种栽培的大叶清化桂距地0.1～1.3 m段的树皮精油的主要成分为：去氢白菖烯（18.63%）、玷㤚烯（11.68%）、α-杜松烯（11.33%）、反式-桂醛（8.01%）、顺-γ-杜松烯（6.25%）、α-杜松醇（4.29%）、荜澄茄醇（2.58%）、γ-依兰油烯（2.45%）、α-杜松醇异构体（2.04%）、δ-杜松醇（2.00%）、β-榄香烯（1.92%）、γ-杜松烯（1.63%）、α-依兰油烯（1.54%）等；距地1.3～3.9 m段的树皮精油的主要成分为：β-杜松烯（22.06%）、α-杜松烯（15.39%）、反式-桂（8.20%）、玷㤚烯（7.77%）、α-杜松醇（4.72%）、杜松烯（3.72%）、荜澄茄醇（2.40%）、α-卡拉烯（2.16%）、δ-杜松醇（2.06%）、β-榄香烯（1.76%）、γ-依兰油烯（1.75%）、α-依兰油烯（1.18%）、石竹烯醇（1.06%）、

β-石竹烯（1.01%）等；距地3.9 m至一级分枝处的树皮精油的主要成分为：反式-桂醛（23.38%）、β-杜松烯（17.61%）、α-杜松烯（8.49%）、α-杜松醇（4.11%）、玷玭烯（3.40%）、顺-γ-杜松烯（3.28%）、α-杜松醇异构体（2.61%）、荜澄茄醇（2.31%）、α-卡拉烯（2.19%）、杜松烯（2.09%）、γ-依兰油烯（1.69%）、δ-杜松醇（1.58%）、β-甜没药烯（1.43%）、α-依兰油烯（1.21%）、石竹烯醇（1.10%）等。

枝：王秋萍等（2015）用水蒸气蒸馏法提取的贵州产肉桂干燥嫩枝精油的主要成分为：反式肉桂醛（81.99%）、对甲氧基桂皮醛（3.71%）、顺式肉桂醛（1.20%）等。

叶：王世伟（2011）用水蒸气蒸馏法提取的广西岑溪产从越南引种的12年树龄的大叶清化桂叶精油的主要成分为：肉桂醇乙酸酯（58.10%）、桂皮醛（28.56%）、3-苯基丙醛（3.13%）、苯甲醛（1.93%）、α-胡椒烯（1.86%）、香豆素（1.23%）、苯乙醇（1.05%）等；15年树龄的肉桂叶精油的主要成分为：桂皮醛（50.04%）、丁香烯（5.01%）、β-榄香烯（3.98%）、苯甲醛（3.10%）、白菖蒲烯（2.18%）、α-胡椒烯（2.09%）、肉桂酸甲酯（1.00%）等。郭虹等（2009）用同法分析的浙江温州产肉桂新鲜叶精油的主要成分为：龙脑（28.19%）、(-)-斯巴醇（10.36%）、石竹烯（6.66%）、γ-榄香烯（6.38%）、α-松油醇（6.03%）、愈创醇（5.97%）、橙花叔醇（3.86%）、[1aR-(1aα,4aα,7β,7aβ,7bα)]-十氢-1,7,7-三甲基-4-亚甲基-1H-环丙[e]薁-7-醇（2.85%）、[3S-(3α,3aβ,5α)]-α,α,3,8-四甲基-1,2,3,3a,4,5,6,7-八氢-5-薁甲醇（2.65%）、[1R-(1α,3α,4β，)]-4-乙烯基-α,α,4-三甲基-3-(1-甲基乙烯基)环己烷甲醇（2.39%）等。

果实：程必强等（1989）用水蒸气蒸馏法提取的云南西双版纳勐仑产肉桂幼果精油的主要成分为：反式-桂醛（60.49%）、乙酸桂酯（33.72%）、苯丙醛（1.24%）等。熊梅等（2013）用同法分析的干燥带宿萼未成熟果实精油的主要成分为：肉桂醛（84.02%）、甲氧基肉桂醛（1.91%）、苯丙烯醛（1.82%）、莰醇（1.07%）等。

【利用】枝、叶、树皮、果实、花梗均可提取精油，可作调配食品、化妆品以及日用品香精，并可单独分离桂醛。各器官均可入药，树皮称肉桂或桂皮，枝条横切后称桂枝，嫩枝称桂尖，叶柄称桂芋，果托称桂盅，果实称桂子，初结的果称桂花或桂芽。肉桂有温中补肾、散寒止痛功能，治腰膝冷痛、虚寒胃痛、慢性消化不良、腹痛吐泻、受寒经闭；桂枝有发汗解肌、温通经脉的功能，治外感、风寒、肩臂肢节酸痛；桂枝煎剂对金黄色葡萄球菌、伤寒杆菌和人型结核杆菌有显著抗菌作用；桂子可治虚寒胃痛。

少花桂

Cinnamomum pauciflorum Nees

樟科　樟属

别名：岩桂、香桂树、香叶桂树、香桂、三条筋、三股筋、香叶子树、土桂皮、臭乌桂、土肉桂、臭樟、小叶樟

分布：云南、四川、湖南、湖北、贵州、广西、广东等地

【形态特征】乔木，高3～14 m，胸径达30 cm；树皮黄褐色，具白色皮孔，有香气。芽卵珠形，小，长约2 mm，芽鳞坚硬，外面略被微柔毛。叶互生，卵圆形或卵圆状披针形，长3～10.5 cm，宽1.2～5 cm，先端短渐尖，基部宽楔形至近圆形，边缘内卷，厚革质，叶面绿色，多少光亮，叶背粉绿色，晦暗。圆锥花序腋生，长2.5～6.5 cm，3～7花，常呈伞房状。花黄白色，长4～5 mm。花被两面被灰白色短丝毛，花被筒倒锥形，长约1 mm，花被裂片6，长圆形，近等大，长3～4 mm，先端锐尖。果椭圆形，长11 mm，直径5～5.5 mm，顶端钝，成熟时为紫黑色，具栓质斑点；果托浅杯状。花期3～8月，果期9～10月。

【生长习性】生于石灰岩或砂岩上的山地或山谷疏林或密林中，海拔400～2200 m。土壤类型有石灰土、黄棕壤土、紫色土、黄壤土等，对土层厚度要求不严，耐旱耐涝，对肥力要求较高。为弱阴性植物。喜温热而耐寒，年均温为10.3℃。

【精油含量】水蒸气蒸馏法提取根的得油率为0.48%～0.71%，茎的得油率为0.44%～0.76%，新鲜树皮的得油率为1.58%，枝的得油率为0.86%～1.16%，枝叶的得油率为0.76%～3.89%，叶的得油率为0.19%～4.05%，干燥果实的得油率为0.74%～0.88，干燥果皮的得油率为7.39%；超临界萃取幼树叶的得油率为3.00%～3.75%；乙醚萃取法提取叶的得油率为3.14%。

【芳香成分】根：程必强等（1997）用水蒸气蒸馏法提取的云南西双版纳产少花桂新鲜侧根精油的主要成分为：黄樟素（80.39%）、樟脑（7.50%）、柠檬烯（3.75%）、1,8-桉叶素（2.76%）等。

枝：刘志超（1995）用水蒸气蒸馏法提取的一年生枝条精油的主要成分为：黄樟油素（97.23%）。

叶：钱正强等（2009）用水蒸气蒸馏法提取的云南威信产少花桂2年以上生新鲜叶精油的主要成分为：黄樟油（96.80%）、芳樟醇（1.00%）等。陶光复等（1988）用同法分析的湖北利川产少花桂带小枝鲜叶精油的主要成分为：α-蒎烯（9.09%）、1,8-桉叶油素（8.27%）、香叶醇（6.03%）、香叶醛（5.90%）、乙酸香叶酯（4.94%）、黄樟油素（4.43%）、芳樟醇（4.10%）、顺式-甲基异丁香酚（3.39%）、柠檬烯（2.90%）、橙花醛（2.80%）、β-蒎烯（2.63%）、邻苯二甲酸二乙酯（1.97%）、对-苯二甲酸二乙酯（1.92%）、反式-甲基异丁香酚（1.80%）、莰烯（1.73%）、对-聚伞花素（1.67%）、α-松油醇（1.53%）、甜没药烯（1.38%）、月桂烯（1.33%）、δ-杜松子醇（1.24%）、α-姜黄烯（1.12%）、愈创醇（1.04%）、松油-4-醇（1.03%）等。

果实：程必强（等1997）用水蒸气蒸馏法提取的云南西双版纳产少花桂新鲜果实精油的主要成分为：黄樟素（93.64%）。

【利用】枝叶可提取精油，广泛应用于家用日化产品，如地板蜡、上光剂、肥皂、去垢剂及洗涤剂；可用于单离黄樟油素。树皮和根可入药作官桂皮使用，具有开胃健脾、通气散热之功能，用于治疗肠胃病和腹痛。

天竺桂

Cinnamomum japonicum Sieb.

樟科　樟属

别名：大叶天竺桂、竺香、土肉桂、山肉桂、土桂、山玉桂、浙江樟（桂）、柴桂

分布：江苏、浙江、安徽、江西、福建、台湾

【形态特征】常绿乔木，高10～15 m，胸径30～35 cm。枝条红色或红褐色，具香气。叶近对生或互生，卵圆状长圆形至长圆状披针形，长7～10 cm，宽3～3.5 cm，先端锐尖至渐尖，基部宽楔形或钝形，革质，叶面绿色，光亮，叶背灰绿色，晦暗。圆锥花序腋生，长3～10 cm，末端为3～5花的聚伞花序。花长约4.5 mm。花被筒倒锥形，短小，长1.5 mm，花被裂片6，卵圆形，长约3 mm，宽约2 mm，先端锐尖，内面被柔毛。果长圆形，长7 mm，宽达5 mm；果托浅杯状，顶部极开张，宽达5 mm，边缘极全缘或具浅圆齿，基部骤然收缩成细长的果梗。花期4～5月，果期7～9月。

【生长习性】生于低山或近海的常绿阔叶林中，海拔300～1000 m。中性树种，幼年期耐阴。喜温暖湿润气候，在排水良好的微酸性土壤上生长最好，中性土壤亦能适应。平原引种应注意幼年期庇荫和防寒，在排水不良之处不宜种植。对二氧化硫抗性强。

【精油含量】水蒸气蒸馏法提取树皮的得油率为0.50%～1.26%，枝条的得油率为0.59%，叶的得油率为0.25%～1.19%。

【芳香成分】茎：贾琦等（2011）用水蒸气蒸馏法提取的广西产天竺桂干燥树皮精油的主要成分为：反式肉桂醛（74.91%）、2,2'-亚甲基双-(4-甲基-6-叔丁基苯酚（6.24%）、顺式-4,7-二甲基-1-异丙基六氢萘（2.78%）、α-蒎烯（1.67%）、α-荜澄茄醇（1.41%）、4,7-二甲基-1-异丙基六氢萘（1.39%）、tau-依兰油醇（1.06%）等。张桂芝等（2009）用同法分析的树皮精油的主要成分为：肉桂酸甲酯（45.19%）、反-肉桂醛（33.31%）、顺-肉桂醛（3.42%）、丁香酚（2.14%）、乙酸龙脑酯（1.13%）、δ-荜澄茄烯（1.03%）等。

叶：申鸽等（2010）用水蒸气蒸馏法提取的湖南长沙产天竺桂新鲜叶精油的主要成分为：2-莰醇（28.30%）、桉叶油醇（20.98%）、乙酸龙脑酯（6.65%）、芳樟醇（5.94%）、α-松油醇（5.87%）、(-)-环氧石竹烯（5.11%）、(+)-斯巴醇（4.76%）、4-异丙基甲苯（4.37%）、柠檬烯（3.00%）、4-萜烯醇（1.90%）、左旋樟脑（1.30%）、乙酸桂酯（1.21%）、榄香醇（1.03%）等。黄晓冬等（2010）用同法分析的福建泉州产天竺桂叶精油的主要成分为：匙叶桉油烯醇（13.52%）、丁香烯（10.40%）、丁香烯氧化物（8.69%）、α,α,4-三甲基-3-环己烯-1-甲醇（8.29%）、愈创醇（7.81%）、Z-橙花叔醇（6.01%）、桉叶油醇（4.04%）、4-萜烯醇（3.49%）、匙叶桉油烯醇（3.44%）、异愈创木醇（2.74%）、α-丁香烯（1.88%）、(+)-喇叭烯（1.77%）、[1aR-(1aα,4aβ,7α,7aβ,7bβ)]-十氢-1,7,7-三甲基-4-亚甲基-1H-环丙[e]薁（1.69%）、δ-桉叶烯（1.60%）、叶绿醇（1.40%）、榄香醇（1.12%）、桉叶油素（1.11%）等。程必强等（1997）用同法分析的云南西双版纳产天竺桂新鲜叶精油的主要成分为：龙脑（71.22%）、1,8-桉叶素（4.45%）、对-聚伞花素（2.95%）、乙酸龙脑酯（2.95%）、柠檬烯（2.66%）、α-松油烯（2.37%）、β-蒎烯（1.54%）、γ-榄香烯（1.11%）、α-水芹烯（1.10%）、橙花叔醇（1.03%）等。舒康云等（2014）用同法分析的云南楚雄产天竺桂新鲜叶精油的主要成分为：2-羟基-1,7,7-三甲基降冰片烯（18.55%）、(-)-柠檬烯（7.68%）、乙酸冰片酯（7.55%）、l-石竹烯（7.34%）、(1E,5E)-1,5-二甲基-8-(1-甲基亚乙基)-1,5-环辛二烯（5.20%）、[3S-(3α,5α,8α)]-1,2,3,4,5,6,7,8-八氢化-α,α-3,8-四甲基-5-薁甲醇（4.56%）、α-松油醇（4.42%）、β-桉叶醇（4.33%）、邻异丙基甲苯（3.76%）、榄香烯（3.31%）、1,1-乙基-甲基-2-(1-甲基乙烯基)-4-(1-甲基亚乙基)-环己烷（2.70%）、α-

石竹烯（2.66%）、(-)-大根香叶烯D（1.36%）、α-蒎烯（1.27%）、芳樟醇（1.25%）、β-月桂烯（1.16%）、β-蒎烯（1.15 %）、叶绿醇（1.03%）、水芹烯（1.02%）、α-依兰烯（1.02%）、α-蒎烯（1.00%）等。

【利用】树皮和叶入药。有温中散寒、理气止痛的功效，用于治疗胃痛、腹痛、风湿关节痛；外用治跌打损伤。枝叶及树皮可提取精油，为天然的调香原料，可作调配多种香精及香料的原料。果核榨油供制造肥皂及润滑油。木材可供建筑、造船、桥梁、车辆及家具等用。厂矿区绿化及防护林带。

土肉桂

Cinnamomum osmophloeum Kanehira

樟科　樟属
别名： 假肉桂、假桂皮
分布： 台湾

【形态特征】中等大乔木；树皮芳香。叶互生或近对生，卵圆形，卵圆状长圆形或卵圆状披针形，长8～12 cm，宽2.5～5.5 cm，先端锐尖至渐尖，基部钝至近圆形，薄革质，叶面灰白色。花序为聚伞状圆锥花序，少花，疏松，腋生。花被筒钟形，长约1 mm；花被裂片长圆形，长约4 mm，先端钝，外被短柔毛，内面被长柔毛。第一、二轮花丝长约1.5 mm，近无毛，第三轮花丝中部有腺体，花丝基部被长柔毛。退化雄蕊箭头形，背面被疏柔毛，柄近无毛。子房卵珠形，长1 mm；花柱长1.8 mm，无毛，柱头盘状。果卵球形，长10 mm，直径5 mm，顶端有宿存的部分花被片。花期4～5月，果期7～9月。

【生长习性】生于常绿阔叶林中，海拔400～1500 m。

【精油含量】水蒸气蒸馏法提取叶的得油率为0.28%～1.45%。

【芳香成分】程必强等（1997）用水蒸气蒸馏法提取的台湾产土肉桂叶精油成分具有不同的化学型，t-桂醛型的主要成分为：t-桂醛（79.46%）、乙酸香叶酯（3.51%）、苯甲醛（2.24%）、丁香酚（1.72%）、桂皮醇（1.22%）、α-蒎烯（1.17%）、4-松油醇（1.13%）等；芳樟醇型的主要成分为：芳樟醇（83.33%）、香叶醛（4.87%）、t-桂醛（1.78%）、丁香酚（1.72%）、香兰素（1.45%）、4-丙烯苯甲醚（1.05%）等；芳樟醇/苯甲醛型的主要成分为：芳樟醇（43.88%）、苯甲醛（35.68%）、香叶醛（1.88%）等；芳樟醇/桂醛型的主要成分为：芳樟醇（40.43%）、t-桂醛（32.88%）、苯甲醛（5.65%）、乙酸香叶酯（2.55%）、香兰素（1.76%）等；混杂型的主要成分为：香叶醛（8.03%）、乙酸香叶酯（6.59%）、芳樟醇（2.41%）、乙酸桂酯（1.34%）、丁香酚（1.06%）等。

【利用】叶精油可单离桂醛、芳樟醇等。

尾叶樟

Cinnamomum caudiferum Kosterm.

樟科　樟属
别名： 樟树、香樟树、野樟木、臭樟
分布： 云南、贵州

【形态特征】小乔木，高达5 m，胸径5 cm。枝条带紫色。芽小，倒锥形，芽鳞被柔毛，边缘明显具缘毛。叶互生，卵圆形或卵状长圆形，长9～15 cm，宽3～5.5 cm，先端长尾状渐尖，尖头狭长，长达2.5 cm，基部宽楔形至圆形，近革质，叶

背被柔毛而近灰褐色。圆锥花序在新枝上腋生，长2.5～8 cm，由少花的聚伞花序组成。花小。花被两面近无毛，花被筒极短，花被裂片6，近等大，外轮卵圆形，长2 mm，宽1.1 mm，内轮宽卵圆形，长1.7 mm，宽1.2 mm，先端均锐尖。果卵球形，长1.3 cm，宽约1 cm，鲜时绿色，果皮薄呈软骨质，果托具沟，有栓质斑点，顶端增大，宽达6 mm，边缘波状。花期4月，果期8月。

【生长习性】生于山谷林中或路旁阳处，海拔800～1500 m。

【精油含量】水蒸气蒸馏法提取干燥侧根的得油率为3.78%，鲜叶的得油率为2.06%～2.50%，干叶的得油率为5.39%～6.30%。

【芳香成分】根：程必强等（1997）用水蒸气蒸馏法提取的云南西畴产尾叶樟干燥侧根精油的主要成分为：1,8-桉叶油素（36.55%）、樟脑（25.84%）、α-松油醇（10.88%）、黄樟素（9.07%）、松油烯-4-醇（3.22%）、柠檬烯（1.55%）、香桧烯（1.50%）、月桂烯醇（1.45%）、β-蒎烯（1.32%）、β-丁香烯（1.07%）等。

叶：程必强等（1997）用水蒸气蒸馏法提取的云南西畴产尾叶樟叶精油的主要成分为：1,8-桉叶油素（53.89%）、香桧烯（10.54%）、α-松油醇（10.07%）、α-蒎烯（3.94%）、樟脑（3.00%）、月桂烯（2.25%）、β-蒎烯（2.00%）、柠檬烯（1.80%）、γ-木罗烯（1.68%）、松油烯-4-醇（1.55%）、1,4-桉叶油素（1.05%）等；樟脑型尾叶樟叶精油的主要成分为：樟脑（60.40%）、γ-木罗烯（9.23%）、α-蒎烯（3.62%）、龙脑（3.28%）、柠檬烯（3.21%）、蛇麻烯（2.98%）、β-蒎烯（2.94%）、1,8-桉叶油素（2.25%）、β-丁香烯（2.19%）、莰烯（1.99%）、α-松油醇（1.11%）等。

【利用】木材可制樟木箱及建筑用材，并可作造纸糊料。根材供作美术品。叶精油可用于分离1,8-桉叶油素、樟脑等。

锡兰肉桂

Cinnamomum zeylanicum Blume

樟科　樟属
别名： 锡桂、丁香锡桂、苄酯锡桂
分布： 海南、云南、广东、广西、福建、台湾有栽培

【形态特征】常绿小乔木，高达10 m；树皮黑褐色，内皮有强烈的桂醛芳香气。芽被绢状微柔毛。幼枝略为四棱形，灰色而具白斑。叶通常对生，卵圆形或卵状披针形，长11～16 cm，宽4.5～5.5 cm，先端渐尖，基部锐尖，革质或近革质，叶面绿色，光亮，叶背淡绿白色。圆锥花序腋生及顶生，长10～12 cm。花黄色，长约6 mm。花被筒倒锥形，花被裂片6，长圆形，近相等，外面被灰色微柔毛。果卵球形，长10～15 mm，成熟时为黑色；果托杯状，增大，具齿裂，齿先端截形或锐尖。

【生长习性】生于热带海拔1000 m以下的潮湿地带。

【精油含量】水蒸气蒸馏法提取木材的得油率为0.03%，树皮的得油率为0.20%～3.20%，枝的得油率为0.13%，叶的得油率为0.26%～2.20%，果实的得油率为0.16%～0.25%。

【芳香成分】茎：程必强等（1991）用水蒸气蒸馏法提取的云南西双版纳产锡兰肉桂木材精油的主要成分为：十四碳醛（49.86%）、反-肉桂醛（4.67%）、β-石竹烯（3.34%）、十三碳醛（3.26%）、乙酸肉桂酯（3.06%）、芳樟醇（2.76%）、对-伞花烃（2.49%）、香叶醇（1.48%）、α-松油醇（1.29%）等；树皮精油主要成分为：反-肉桂醛（31.15%）、对-伞花烃（12.02%）、α-水芹烯（8.87%）、乙酸肉桂酯（5.13%）、α-松油醇（4.54%）、β-石竹烯（4.05%）、α-蒎烯（3.55%）、芳樟醇（3.30%）、丁香

酚（3.06%）、1,8-桉叶油素（2.74%）、柠檬烯（2.29%）、香桧烯（1.63%）、松油-4-醇（1.21%）、苯丙醛（1.18%）、异松油烯（1.09%）、莰烯（1.00%）等。

枝：程必强等（1991）用水蒸气蒸馏法提取的云南西双版纳产锡兰肉桂枝精油的主要成分为：芳樟醇（33.66%）、对-伞花烃（12.51%）、α-水芹烯（11.76%）、乙酸肉桂酯（8.77%）、α-松油醇（4.48%）、α-蒎烯（4.47%）、1,8-桉叶油素（2.20%）、β-石竹烯（2.13%）、香叶醇（2.00%）、柠檬烯（1.54%）、反-肉桂醛（1.12%）、松油-4-醇（1.00%）等。

叶：程必强等（1991）用水蒸气蒸馏法提取的云南西双版纳产锡兰肉桂丁香酚型鲜叶精油的主要成分为：丁香酚（81.26%）、苯甲酸苄酯（5.46%）、α-水芹烯（2.50%）、对-伞花烃（1.98%）、β-石竹烯（1.80%）、α-蒎烯（1.02%）等；苯甲酸苄酯型鲜叶精油的主要成分为：苯甲酸苄酯（71.04%）、丁香酚（8.59%）、芳樟醇（5.38%）、β-石竹烯（2.83%）、γ-榄香烯（1.52%）、乙酸肉桂酯（1.30%）、乙酸丁子香酚酯（1.02%）等。

【利用】树皮用作香味料。树皮入药有驱风健胃等功效。树皮和叶可提取精油，用于食品、利口酒、香水和药物；用于单离丁香酚、苯甲酸苄酯。是很好的庭园绿化及观赏树种。

细毛樟

Cinnamomum tenuipilum Kosterm.

樟科　樟属

别名：细毛芳樟、细毛香樟、细毛丁香樟

分布：云南

【形态特征】小乔木至大乔木，通常高4～16 m，有时可达25 m，胸径10～50 cm；树皮灰色。叶互生，近聚生于枝梢，倒卵形或近椭圆形，长7.5～13.5 cm，宽4.5～7 cm，先端圆形或钝形或短渐尖，基部宽楔形或近圆形，坚纸质，叶面被毛。圆锥花序腋生或近顶生，长4.5～12 cm，具12～20花，分枝末端为具3花的聚伞花序。花小，淡黄色，长约3 mm。花被两面密被绢状微柔毛，花被筒倒锥形，长约1 mm，花被裂片6，卵圆形或长圆形，近等大，长约2 mm，内轮稍宽。果近球形，直径达1.5 cm，成熟时为红紫色；果托伸长，长达1.5 cm，顶端增大成浅杯状，宽达8 mm，边缘截平或略具齿裂。花期2～4月，果期6～10月。

【生长习性】生于山谷或谷地的灌丛、疏林或密林中，海拔580～2100 m。

【精油含量】水蒸气蒸馏法提取根的得油率为0.64%～1.59%，树皮和木材的得油率为0.03%～0.04%，嫩枝的得油率为0.51%～0.79%，老枝的得油率为0.06%，叶的得油率为0.48%～2.69%，果实的得油率为1.91%。

【芳香成分】根：程必强等（1997）用水蒸气蒸馏法提取的云南西双版纳产细毛樟根精油的主要成分为：榄香素（41.31%）、肉豆蔻醚（33.10%）、β-蒎烯（4.70%）、α-蒎烯（3.40%）、δ-杜松醇（1.18%）等。

叶：程必强等（1997）用水蒸气蒸馏法提取的云南西双版纳产细毛樟叶精油有12个化学型，芳樟醇型叶精油的主要成分为：芳樟醇（97.51%）、α-金合欢烯（1.39%）等；香叶醇型鲜叶精油的主要成分为：香叶醇（92.49%）、香叶醛（1.66%）、金合欢醇（1.17%）等；金合欢醇型栽培种鲜叶精油的主要成分为：金合欢醇（70.03%）、γ-木罗烯（4.33%）、α-胡椒烯（3.11%）、δ-杜松烯（2.99%）、香叶醇（2.61%）、β-丁香烯（2.08%）、蛇麻烯（1.71%）、β-榄香烯（1.33%）等；甲基丁香酚型栽培种鲜叶精油的主要成分为：甲基丁香酚（89.28%）、β-芹子烯（3.54%）、柠檬烯（2.05%）、γ-榄香烯（1.28%）等；樟脑型鲜叶精油的主要成分为：樟脑（85.73%）、β-丁香烯（3.67%）、柠檬烯（1.99%）、莰烯（1.02%）等；1,8-桉叶素型鲜叶精油主要成分为：1,8-桉叶素（54.10%）、香桧烯（17.01%）、α-松油醇（10.01%）、β-蒎烯（3.28%）、月桂烯（1.84%）、γ-榄香烯（1.51%）等；柠檬醛型鲜叶精油的主要成分为：香叶醛（43.27%）、橙花醛（31.27%）、榄香素（10.11%）、香叶醇（6.13%）、β-丁香烯（1.56%）等；榄香素型鲜叶精油的主要成分为：榄香素（83.99%）、β-丁香烯（4.89%）、甲基丁香酚（2.45%）、金合欢醇（1.58%）等；γ-榄香烯型鲜叶精油的主要成分：γ-榄香烯（56.41%）、金合欢醇（6.38%）、蓝桉醇（4.06%）、β-蒎烯（2.42%）、白千层醇（2.31%）、α-胡椒烯（2.00%）、香桧烯（1.55%）、1,8-桉叶素（1.49%）、α-愈创烯（1.48%）、蛇麻烯（1.48%）、δ-杜松烯（1.39%）、β-桉醇（1.21%）、塞舌尔烯（1.07%）、丁香烯氧化物（1.02%）、α-榄香烯（1.00%）等。

【利用】细毛樟是一种新香料植物，精油可单离多种成分，它们在香料、日用化工、医药、香烟等工业上都有各自的用途。

香桂

Cinnamomum subavenium Miq.

樟科　樟属

别名：细叶月桂、细叶香桂、月桂、香树皮、香桂皮、三条筋、土肉桂、香槁树、假桂皮

分布：云南、贵州、四川、湖北、广西、广东、安徽、浙江、江西、福建、台湾等地

【形态特征】乔木，高达20 m，胸径50 cm；树皮灰色。叶近对生或互生，椭圆形、卵状椭圆形至披针形，长4～13.5 cm，宽2～6 cm，先端渐尖或短尖，基部楔形至圆形，叶面深绿色，光亮，叶背黄绿色，晦暗，密被黄色平伏绢状短柔毛，革质。花淡黄色，长3～4 mm。花被两面密被短柔毛，花被筒倒锥形，短小，长约1 mm，花被裂片6，外轮较狭，长圆状披针形或披针形，长3 mm，宽1.5 mm，内轮卵圆状长圆形，长3 mm，宽1.7 mm。果椭圆形，长约7 mm，宽5 mm，成熟时为蓝黑色；果托杯状，顶端全缘，宽达5 mm。花期6～7月，果期8～10月。

【生长习性】生于山坡或山谷的常绿阔叶林中，海拔400～2500 m。

【精油含量】水蒸气蒸馏法提取树皮的得油率为0.89%～4.00%，叶的得油率为0.11%～3.17%，枝叶的得油率为0.24%～0.50%；超临界萃取干燥树皮的得油率为6.75%。

【芳香成分】茎：程必强等（1997）用水蒸气蒸馏法提取的云南西双版纳产香桂树皮精油的主要成分为：丁香酚（67.42%）、柠檬烯（26.45%）、松油烯-4-醇（1.35%）等。

叶：俞志雄等（1998）用水蒸气蒸馏法提取的江西井冈山产香桂阴干叶精油的主要成分为：丁香酚（89.80%）、1,8-桉叶油素（1.90%）、2-丙烯基苯酚（1.80%）、芳樟醇（1.50%）等。

枝叶：朱亮锋等（1993）用水蒸气蒸馏法提取的枝叶精油的主要成分为：1,8-桉叶油素（75.96%）、桧烯（10.62%）、α-松油醇（4.38%）、α-蒎烯（2.74%）、β-蒎烯（1.88%）等。

【利用】树皮精油可作调配化妆品、皂用香精、食品香料。叶精油可用作化妆品及牙膏等调香配料；可单离丁香酚。叶是罐头食品的重要配料。

岩樟

Cinnamomum saxatile H. W. Li

樟科　樟属

别名：米槁、米瓜

分布：云南、广西

【形态特征】乔木，高达15 m。芽卵珠形至长卵圆形，长2～5 mm，芽鳞极密被黄褐色绒毛。叶互生或近对生，长圆形或有时卵状长圆形，长5～13 cm，宽2～5 cm，先端短渐尖，尖头钝，有时急尖或不规则撕裂状，基部楔形至近圆形，两侧常不对称，近革质，叶面绿色，光亮，叶背淡绿色，晦暗。圆锥

花序近顶生，长3～6 cm，6～15花，分枝末端通常为3花的聚伞花序。花绿色，长达5 mm。花被外面略被内面极密被淡褐色微柔毛，花被筒倒锥形，长约2 mm，花被裂片6，近等大，卵圆形，长约3 mm，先端锐尖。果卵球形，长1.5 cm，直径9 mm；果托浅杯状，长5 mm，顶端宽6.5 mm，全缘。花期4～5月，果期10月。

【生长习性】生于石灰岩山上的灌丛中、林下或水边，海拔600～1500 m。

【精油含量】水蒸气蒸馏法提取干燥侧根的得油率为1.46%，干燥叶的得油率为0.19%。

【芳香成分】根：程必强等（1997）用水蒸气蒸馏法提取的云南麻栗坡产岩樟干燥侧根精油的主要成分为：黄樟素（94.70%）、芳樟醇（1.35%）等。

叶：程必强等（1997）用水蒸气蒸馏法提取的云南麻栗坡产岩樟干燥叶精油的主要成分为：橙花叔醇（30.72%）、乙酸金合欢酯（12.11%）、芳樟醇（11.53%）、金合欢醇（7.63%）、c-α-杜松醇（5.60%）、t-α-杜松醇（3.72%）、白千层醇（3.57%）、1,8-桉叶素（3.31%）、δ-杜松烯（2.51%）、β-丁香烯（1.61%）、α-胡椒烯（1.53%）、γ-杜松烯（1.32%）、α-松油醇（1.23%）、γ-木罗烯（1.20%）等。

【利用】果实是贵州传统苗药，有温中散寒、理气止痛的功效，主治胃疼、腹痛、风湿关节炎、胸闷和呕吐。种仁榨油可供工业用油。木材为造船、橱箱和建筑等用材。叶精油为天然调香原料，根精油可单离黄樟素。

野黄桂

Cinnamomum jensenianum Hand.-Mazz.

樟科　樟属

别名：桂皮树、三条筋树、稀花樟、景生樟、山玉桂、官桂、官桂皮、香桂皮

分布：湖南、湖北、贵州、四川、江西、广东、福建等地

【形态特征】小乔木，高约6 m；树皮灰褐色，有桂皮香味。枝条曲折，密布皮孔。芽纺锤形，芽鳞硬壳质，长6 mm，先端锐尖，外面被绢状毛。叶常近对生，披针形或长圆状披针形，长5～20 cm，宽1.5～6 cm，先端尾状渐尖，基部宽楔形至近圆形，厚革质，叶面绿色，叶背晦暗，被蜡粉，边缘增厚，带黄色。花序伞房状，具2～5朵花，通常长3～4 cm，或有成对的花或单花；苞片及小苞片长约2 mm。花黄色或白色，长4～8 mm。花被内面被丝毛，边缘具乳突小纤毛，花被筒极短，裂片6，倒卵圆形。果卵球形，长达1～1.2 cm，直径达6～7 mm，先端具小突尖；果托倒卵形。花期4～6月，果期7～8月。

【生长习性】生于山坡常绿阔叶林或竹林中，海拔500～1600 m。

【精油含量】水蒸气蒸馏法提取叶、细枝和皮的得油率为0.15%，新鲜叶的得油率为0.14%。

【芳香成分】王岳峰等（2007）用水蒸气蒸馏法提取的四川峨眉山产野黄桂新鲜叶精油的主要成分为：芳樟醇（32.24%）、1,8-桉叶油素（17.29%）、松油醇（5.25%）、Z-柠檬醛（5.19%）、香叶醛（4.83%）、桧萜（4.21%）、α-蒎烯（3.79%）、4-羟基-松油二醇（2.98%）、丁香酚（2.45%）、白菖烯（2.37%）、二环[2.2.1]-2羟基-庚（2.26%）、β-蒎烯（2.05%）、α-蛇麻烯（1.74%）、柠檬烯（1.58%）、顺-3-乙烯醇（1.43%）、6-甲基-5-庚烯-2-酮（1.42%）、樟脑萜（1.35%）、肉豆蔻醚（1.33%）等。

【利用】湖南黔阳一带用树皮作桂皮入药，功效同桂皮，亦有将树皮放入酒内作为酒的香料。

阴香

Cinnamomum burmannii (C. G. et Th. Nees) Blume

樟科　樟属

别名：香胶树、桂树、山肉桂、香胶叶、山玉桂、八角、山桂、香桂、香柴、炳继树、计树、野玉桂树、假桂树、野桂树、野樟树、大叶樟、天竺桂、梓樟、小桂皮、梅片树、粘连树、香桂树、阿尼茶、狭叶桂、三条筋、细叶桂

分布：广东、海南、广西、云南、江西、湖南、浙江、福建等地

【形态特征】乔木，高达14 m，胸径达30 cm；树皮灰褐色至黑褐色，味似肉桂。叶互生或近对生，稀对生，卵圆形、长圆形至披针形，长5.5～10.5 cm，宽2～5 cm，先端短渐尖，基部宽楔形，革质，叶面绿色，光亮，叶背粉绿色，晦暗。圆锥花序腋生或近顶生，比叶短，长2～6 cm，少花，疏散，密被灰白微柔毛，最末分枝为3花的聚伞花序。花绿白色，长约5 mm。花被两面密被灰白微柔毛，花被筒短小，倒锥形，长约2 mm，

花被裂片长圆状卵圆形，先端锐尖。果卵球形，长约8 mm，宽5 mm；果托具齿裂，齿顶端截平。花期主要在秋、冬季，果期主要在冬末及春季。

【生长习性】生于疏林、密林或灌丛中，或溪边路旁等处，海拔100～2100 m。喜阳光，稍耐阴。喜暖热湿润气候及肥沃湿润土壤。常生于肥沃、疏松、湿润而不积水的地方。适应范围广，中亚热带以南地区均能生长良好。

【精油含量】水蒸气蒸馏法提取根的得油率为0.29%～0.37%，叶的得油率为0.13%～1.78%，树皮的得油率为0.16%～0.81%，新鲜枝的得油率为0.10%～0.23%，枝叶的得油率为0.34%～1.08%，树干（木材）的得油率为0.06%～0.24%，果实的得油率为0.13%～0.43%；超临界萃取干燥叶的得油率为6.51%。

【芳香成分】根：程必强等（1992）用水蒸气蒸馏法提取的云南产4年生狭叶阴香新鲜侧根精油的主要成分为：黄樟素（63.28%）、松香芹醇（14.21%）、1,8-桉叶素（7.19%）、莰烯（1.97%）、α-松油醇（1.71%）、柠檬烯（1.61%）、β-蒎烯（1.05%）等。

茎：刘艳清等（2007）用水蒸气蒸馏法提取的广东肇庆产阴香阴干茎精油的主要成分为：龙脑（20.32%）、α-水芹烯（4.70%）、对甲基异丙基苯（4.52%）、匙叶桉油烯醇（4.02%）、α-松油醇（4.02%）、愈创木醇（3.76%）、桉叶油素（3.44%）、松油烯-4-醇（3.27%）、丁香烯（2.93%）、大根香叶烯（2.75%）、乙酸龙脑酯（2.73%）、柠檬烯（2.67%）、α-香附酮（2.55%）、β-桉叶油醇（2.53%）、α-蒎烯（2.51%）、2,2,7,7-四甲基三环[6.2.1.0^{1,6}]十一碳-4-烯-3-酮（2.14%）、4,8a-二甲基-6-异丙烯基-3,5,6,7,8,8a-六氢萘-2(1H)-酮（1.90%）、β-月桂烯（1.45%）、雅槛蓝油烯（1.45%）、石竹烯氧化物（1.37%）、β-愈创木醇（1.35%）、异长叶烯-5-酮（1.34%）、橙花叔醇（1.33%）、榄香醇（1.31%）、1-甲基-4-(α-羟基异丙基)苯（1.09%）、2-蒈烯（1.08%）、β-蒎烯（1.03%）等。程必强等（1992）用同法分析的云南产4年生狭叶阴香新鲜木材精油的主要成分为：黄樟素（97.01%）。张桂芝等（2009）用同法分析的狭叶阴香树皮精油的主要成分为：反-肉桂醛（63.69%）、桉油精（6.39%）、α-松油醇（4.66%）、顺-肉桂醛（2.66%）、松油醇-4(2.27%)、乙酸龙脑酯（1.92%）、肉桂醇乙酯（1.85%）、α-蒎烯（1.31%）、δ-荜澄茄烯（1.20%）、龙脑（1.08%）、珐玶烯（1.06%）等。黎小伟等（2015）用同法分析的广西玉林产阴香干燥树皮精油的主要成分为：桉油精（30.93%）、龙脑（18.31%）、(R)-(+)-柠檬烯（15.01%）、(+)-4-蒈烯（10.93%）、桂皮醛（6.55%）、异龙脑（4.23%）、(1S)-(-)-α-蒎烯（3.10%）、邻异丙基甲苯（1.60%）、莰烯（1.14%）等。程必强等（1992）用同法分析的云南产4年生狭叶阴香新鲜树皮精油的主要成分为：黄樟素（98.76%）。蒋华治等（2014）用同法分析的广西产阴香干燥树皮精油的主要成分为：桉树醇（30.39%）、α-亚油酸单甘油酯（12.85%）、α-松油醇（11.38%）、2-莰酮（10.39%）、2-十八烯酸单甘油酯（9.77%）、4-萜烯醇（7.14%）、龙脑（2.27%）、α-蒎烯（1.78%）、反式肉桂醛（1.61%）、3-异丙基甲苯（1.52%）等。

枝：刘发光等（2007）用水蒸气蒸馏法提取广东韶关产阴香新鲜枝条精油的主要成分为：龙脑（73.80%）、D-柠檬烯（5.46%）、桉油精（2.66%）、丁子香烯（2.18%）、芳樟醇（1.96%）、萜品醇（1.87%）、β-香叶烯（1.73%）、L-4-萜品醇（1.30%）、莰烯（1.21%）、β-桉叶油醇（1.20%）、β-蒎烯（1.11%）等。程必强等（1992）用同法分析的云南产4年生狭叶阴香新鲜枝精油的主要成分为：黄樟素（98.33%）。

叶：邓超澄等（2010）用水蒸气蒸馏法提取广西德保产阴香阴干叶精油的主要成分为：石竹烯（21.71%）、桉油精（18.22%）、愈创醇（7.52%）、(+)-α-萜品醇（7.06%）、(-)-β-蒎烯（3.57%）、α-侧柏烯（3.52%）、γ-桉叶醇（3.33%）、异愈创木醇（3.16%）、(Z)-橙花叔醇（3.16%）、榄香醇（2.67%）、α-石竹烯（2.22%）、(1S)-α-蒎烯（1.90%）、(-)-萜品烯-4-醇（1.80%）、(+)-喇叭烯（1.35%）、石竹烯氧化物（1.29%）、γ-萜品烯（1.05%）等。刘发光等（2007）用同法分析的广东韶关产阴香新鲜叶精油的主要成分为：龙脑（71.60%）、丁子香烯（5.09%）、橙花叔醇（3.58%）、桉油精（2.74%）、枞萜（2.73%）、β-桉叶油醇（2.38%）、α-萜品醇（1.93%）、榄香醇（1.48%）、布黎醇（1.18%）、L-4-萜品醇（1.09%）、L-β-蒎烯（1.07%）等。刘艳清等（2007）用同法分析的广东肇庆产阴香叶精油的主要成分为：桉叶油素（20.71%）、α-松油醇（7.73%）、大根香叶烯（7.34%）、丁香烯（5.53%）、龙脑（5.16%）、β-水芹烯（4.26%）、愈创木醇（3.78%）、α-蒎烯（3.76%）、β-荜澄茄苦素（2.71%）、榄香醇（2.58%）、柠檬烯（2.42%）、α-水芹烯（2.36%）、对甲基异丙基苯（2.35%）、乙酸肉桂酯（2.12%）、β-蒎烯（2.04%）、乙酸龙脑酯（1.71%）、橙花叔醇（1.69%）、匙叶桉油烯醇（1.67%）、β-月桂烯（1.67%）、2-甲基苯并呋喃（1.41%）、沉香螺醇（1.20%）、石竹烯氧化物（1.12%）、β-愈创木醇（1.12%）等。程必强等（1992,1997）用同法分析的云南产狭叶阴香叶精油的主要成分为：樟脑（48.74%）、黄樟素（21.14%）、α-水芹烯（5.52%）、1,8-桉叶油素（4.58%）、α-蒎烯（4.22%）、芳樟醇（2.84%）、月桂烯（2.56%）、β-蒎烯（1.53%）、莰烯（1.35%）、柠檬烯（1.32%）等；云南产阴香新鲜叶精油的主要成分为：芳樟醇（57.00%）、c-桂醛（6.22%）、β-丁香烯（4.21%）、δ-杜松烯（2.78%）、乙酸桂酯（2.31%）、香叶醇（1.74%）、十四醛（1.70%）、γ-榄香烯（1.60%）、乙酸水杨醛（1.59%）、酸香叶酯（1.58%）、愈创醇（1.49%）、γ-木罗烯（1.33%）、β-桉醇（1.18%）等；云南广南产阴香新鲜叶精油的主要成分为：香叶醛（45.40%）、橙花醛（31.28%）、柠檬烯（5.50%）、月桂烯（2.20%）、t-氧化二戊烯（2.00%）、6-甲基-5-庚烯-2-酮（1.50%）、c-氧化二戊烯（1.29%）等；云南产4年生狭叶阴香鲜叶精油的主要成分为：黄樟素（97.49%）。吴航等（1992）用同法分析的广东惠东产野生阴香叶精油的主要成分为：对-伞花烃（24.02%）、1,8-桉叶油素（20.69%）、β-水芹烯（7.29%）、α-蒎烯（6.43%）、芳樟醇（4.32%）、γ-松油烯（4.24%）、β-石竹烯（3.44%）、月桂烯（3.03%）、α-松油醇（2.74%）、γ-松油醇（2.47%）、菖烯-4(2.21%）、愈创木醇（2.19%）、β-蒎烯（1.95%）、α-石竹烯（1.88%）、β-侧柏烯（1.71%）、石竹烯（1.28%）、香桧烯（1.12%）等。

果实：刘发光等（2007）用水蒸气蒸馏法提取广东韶关产阴香新鲜果实精油的主要成分为：龙脑（68.59%）、丁子香烯（6.94%）、β-桉叶烯（6.72%）、δ-荜澄茄烯（3.33%）、双三醇（3.06%）、橙花叔醇（1.45%）、β-榄香烯（1.00%）等。程必强等（1992）用同法分析的云南产4年生狭叶阴香新鲜果实精油的主要成分为：黄樟素（98.43%）。

【利用】树皮、叶、根可用作药材，树皮有祛风除湿、解毒消肿的功效，治食少、腹胀、泄泻、脘腹疼痛、风湿、疮肿、跌打扭伤；叶煎水，妇人洗头，能祛风、洗身，能消散皮肤风热；根入药能健胃祛风。皮、叶、根均可提取精油，用于医药、香料及日用化工的调配原料；根据化学型类型可用于分离龙脑、黄樟油素等重要原料。叶可作腌菜及肉类罐头的香料。木材适用于建筑、枕木、桩木、矿柱、车辆、船舶、农具、机模、雕刻、车工、运动器械及文具等用材，供上等家具、室内装修及其他细工用材尤佳。果核可榨油供工业用。为优良的行道树和庭园观赏树。可作肉桂的砧木。

银木

Cinnamomum septentrionale Hand.-Mazz.

樟科　樟属

别名：香樟、土沉香

分布：四川、陕西、甘肃、湖北等地

【形态特征】中乔木至大乔木，高16～25 m，胸径0.6～1.5 m；树皮灰色。芽卵珠形，芽鳞先端微凹，具小突尖，被白色绢毛。叶互生，椭圆形或椭圆状倒披针形，长10～15 cm，宽5～7 cm，先端短渐尖，基部楔形，近革质，叶面被短柔毛，叶背被白色绢毛。圆锥花序腋生，长达15 cm，多花密集，分枝末端为3～7花的聚伞花序。花开放时长约2.5 mm。花被筒倒锥形，外面密被白色绢毛，长约1 mm，花被裂片6，近等大，宽卵圆形，长约1.5 mm，宽约1.2 mm，先端锐尖，外面疏被、内面密被白色绢毛，具腺点。果球形，直径不及1 cm，果托长5 mm，先端增大成盘状，宽达4 mm。花期5～6月，果期7～9月。

【生长习性】生于山谷或山坡上，海拔600～1000 m。喜温暖气候，喜光，稍耐阴。

【精油含量】水蒸气蒸馏法提取叶的得油率为0.53%～1.10%，干燥枝的得油率为1.05%。

【芳香成分】根：林正奎等（1987）用水蒸气蒸馏法提取的四川产银木根精油的主要成分为：黄樟油素（95.09%）、甲基丁香酚（2.91%）等。

叶：张文莲等（1995）用水蒸气蒸馏法提取的四川成都人工种植的银木枝叶精油（Ⅰ）的主要成分为：1,8-桉叶油素（68.46%）、桧烯（15.24%）、(-)-α-松油醇（7.49%）、β-侧柏烯（2.05%）、β-蒎烯（1.90%）等；精油（Ⅱ）的主要成分为：樟脑（85.19%）、α-柠檬醛（5.57%）、β-柠檬醛（4.00%）、橙花醇（1.16%）等；精油（Ⅲ）的主要成分为：反-丁香酚甲醚（81.10%）、丁香酚甲醚（11.16%）等；精油（Ⅳ）的主要成分为：9-氧代橙花叔醇（67.86%）、橙花叔醇（23.00%）、芳樟醇（2.76%）等。

【利用】根材用作美术品。木材可制樟木箱及作建筑用材。叶可作纸浆黏合剂。根精油可用于单离樟脑；叶精油可分离反式-异甲基丁香酚。根、叶可药用，有理气活血、除风湿的功效，治疗上吐下泻、心腹胀痛、风湿痹痛、跌打损伤、疥癣瘙痒。

油樟

Cinnamomum longepaniculatum (Gamble) N. Chao ex H. W. Li

樟科　樟属
别名：香叶子树、香樟、樟木、黄葛树
分布：四川、湖北、湖南、陕西

【形态特征】乔木，高达20 m，胸径50 cm；树皮灰色。芽大，卵珠形，长达8 mm，芽鳞密集，卵圆形，先端具小突尖，外面密被柔毛。叶互生，卵形或椭圆形，长6～12 cm，宽3.5～6.5 cm，先端骤短渐尖至长渐尖，常呈镰形，基部楔形至近圆形，边缘软骨质，内卷，薄革质，叶面深绿色，叶背灰绿色。圆锥花序腋生，长9～20 cm，分枝末端二岐状，每岐为3～7花的聚伞花序。花淡黄色，有香气，长2.5 mm，直径达4 mm。花被筒倒锥形，花被裂片6，卵圆形，长约1.5 mm，近等大，先端锐尖，内面密被白色丝状柔毛，具腺点。幼果球形，绿色，直径约8 mm；果托顶端盘状增大。花期5～6月，果期7～9月。

【生长习性】生于潮湿的常绿阔叶林中，海拔600～2000 m。适生于酸性或微酸性土壤，喜温暖湿润气候。

【精油含量】水蒸气蒸馏法提取叶的得油率为0.45%～2.74%，枝的得油率为0.05%～0.10%。

【芳香成分】根：林正奎等（1987）用水蒸气蒸馏法提取的四川产油樟根精油的主要成分为：黄樟油素（76.64%）、1,8-桉叶油素（12.79%）、樟脑（3.98%）、α-萜品醇（3.13%）、萜品-4-醇（1.19%）等。

叶：陶光复等（2002）用水蒸气蒸馏法提取湖北长阳产晾干叶精油的主要成分为：布勒醇（44.78%）、β-桉叶醇（15.61%）、香叶醛（10.80%）、橙花醛（7.63%）、愈创醇（5.07%）、β-石竹烯（2.46%）、1,8-桉叶油素（1.72%）、β-蒎烯（1.43%）、α-蒎烯（1.09%）、对-伞花烃（1.07%）、α-水芹烯（1.05%）等。程必强等（1997）用同法分析的四川产油樟叶精油的主要成分为：β-桉醇（40.98%）、榄香醇（10.84%）、愈创醇（4.61%）、α-水芹烯（1.43%）、樟脑（1.35%）、γ-木罗烯（1.33%）、柠檬烯（1.21%）、β-芹子烯（1.12%）等。李毓敬等（1993）用同法分析的湖南产油樟叶精油（Ⅰ）的主要成分为：甲基丁香酚（82.66%）、黄樟油素（9.29%）、樟脑（3.00%）、1,8-桉叶油素（1.55%）等；精油（Ⅱ）的主要成分为：龙脑（77.57%）、樟脑（17.41%）、莰烯（1.16%）等；精油（Ⅲ）的主要成分为：樟脑（88.63%）、柠檬烯（1.97%）、α-蒎烯（1.42%）、莰烯（1.41%）、乙酸龙脑酯（1.00%）等；精油（Ⅳ）的主要成分为：1,8-桉叶油素（52.21%）、桧烯（18.90%）、α-松油醇（11.45%）、α-蒎烯（3.64%）、松油醇-4（1.80%）、β-蒎烯（1.79%）、β-月桂烯（1.27%）等；精油（Ⅴ）的主要成分为：芳樟醇（89.63%）、γ-榄香烯（2.46%）、β-石竹烯（1.09%）等；精油（Ⅵ）的主要成分为：β-石竹烯（5.84%）、γ-榄香烯（4.19%）、β-杜松烯（4.17%）、α-水芹烯（3.03%）、β-水芹烯（3.03%）、α-金合欢烯（1.35%）、对-伞花烃（1.10%）、α-石竹烯（1.05%）等。

【利用】根、树干及枝叶均可提取精油，可单离桉醇等成分。果核可榨油，为工业用油。

云南樟

Cinnamomum glanduliferum (Wall.) Nees

樟科　樟属
别名：臭樟、果东樟、樟木、樟叶树、红樟、香叶樟、青皮树、青皮樟、香樟、白樟、樟脑树、大黑叶樟、冰片树
分布：云南、贵州、四川、西藏等地

【形态特征】常绿乔木，高5～20 m，胸径达30 cm；树皮灰褐色，深纵裂，小片脱落，具有樟脑气味。芽卵形，大，鳞片近圆形，密被绢状毛。叶互生，椭圆形至卵状椭圆形或披针形，长6～15 cm，宽4～6.5 cm，在花枝上的稍小，先端通常急尖至短渐尖，基部楔形、宽楔形至近圆形，两侧有时不相等，革质，叶面深绿色，有光泽，叶背通常粉绿色。圆锥花序腋生，长4～10 cm。花小，长达3 mm，淡黄色。花被外面疏被白色微柔毛，内面被短柔毛，花被筒倒锥形，长约1 mm，花被裂片6，宽卵圆形，近等大，长约2 mm，宽达1.7 mm，先端锐尖。果球形，直径达1 cm，黑色；果托狭长倒锥形，红色。花期3～5月，果期7～9月。

【生长习性】多生于山地常绿阔叶林中，海拔1500～3000 m。喜温暖、湿润气候，喜光，幼树稍耐阴。在肥沃、深厚的酸性或中性砂壤土上生长良好，不耐水湿。

【精油含量】水蒸气蒸馏法提取侧根的得油率为0.93%～

1.76%，树皮的得油率为0.95%，叶的得油率为0.10%～0.75%，枝叶的得油率为1.10%，果实的得油率为2.70%～4.11%。

【芳香成分】根：程必强等（1997）用水蒸气蒸馏法提取的云南产云南樟根精油的主要成分为：黄樟素（39.42%）、肉豆蔻醚（34.34%）、榄香素（25.22%）等。

叶：程必强等（1997）用水蒸气蒸馏法提取的云南产云南樟新鲜叶精油（Ⅰ）的主要成分为：α-水芹烯（65.66%）、水合香桧烯（5.40%）、香桧烯（3.80%）、对-聚伞花素+柠檬烯（3.39%）、月桂烯（2.83%）、榄香醇（2.60%）、α-蒎烯（2.21%）、β-桉醇（1.99%）、芳樟醇（1.57%）、蛇麻烯（1.57%）、β-蒎烯（1.09%）等；新鲜叶精油（Ⅱ）的主要成分为：香叶醛（30.74%）、橙花醛（23.46%）、香草醇（11.58%）、香茅醛（6.93%）、香叶醇（2.60%）、柠檬烯（2.59%）、α-蒎烯（2.35%）、β-蒎烯（1.66%）、莰烯（1.61%）、α-水芹烯（1.36%）、龙脑（1.33%）等；新鲜叶精油（Ⅲ）的主要成分为：1,8-桉叶油素（45.84%）、对-聚伞花素+柠檬烯（25.74%）、α-蒎烯（13.76%）、β-蒎烯（5.82%）、莰烯（2.33%）、月桂烯（1.38%）、香桧烯（1.07%）等。

果实：程必强等（1997）用水蒸气蒸馏法提取的云南产云南樟新鲜果实精油的主要成分为：黄樟油素（90.00%）等。

【利用】枝叶可提取精油，可单离樟脑等成分，广泛应用于香料、食品、饮料、医药和日用化工等行业。木材可制家具。种子可榨油供工业用。树皮及根可入药，有祛风、散寒之功效。

爪哇肉桂

Cinnamomum javanicum Blume

樟科　樟属

分布：云南

【形态特征】常绿乔木，高达20 m，胸径约25 cm。芽小，卵珠形，密被黄褐色绒毛。叶对生，椭圆形或椭圆状卵形，长11～22 cm，宽5～6.5 cm，先端尾尖，基部近圆形，坚纸质或近革质，叶面深绿色，光亮，无毛或仅下部沿脉上被黄褐色绒毛，叶背黄绿色，晦暗，极密被淡黄褐色短柔毛，边缘内卷。花未见。果序圆锥状，在枝条上部腋生，粗壮，长10.5～14 cm，总梗长5～9 cm，多少具棱角，与各级序轴密被黄褐色绒毛。果椭圆形，长1.5 cm，宽1.2 cm；果托倒圆锥状或碗状，高约6 mm，顶端由于花被裂片全然脱落因而截平，宽达1.2 cm，基部骤然收缩成长约4 mm的梗，梗密被黄褐色绒毛。果期10月。

【生长习性】生于密林中，海拔1400 m。

【精油含量】水蒸气蒸馏法提取干燥根的得油率为0.33%～0.49%，枝叶的得油率为0.09%～0.10%。

【芳香成分】程必强等（1997）用水蒸气蒸馏法提取的云南屏边产爪哇肉桂干燥根精油的主要成分为：黄樟素（86.45%）、樟脑（2.92%）、芳樟醇（1.67%）、香叶醛（1.27%）等。

【利用】精油可单离黄樟素。

樟

Cinnamomum camphora (Linn.) Presl

樟科　樟属

别名：香樟、樟树、芳樟、油樟、脑樟、异樟、樟木、乌樟、瑶人柴、栳樟、臭樟、樟脑树

分布：江西、台湾、福建、浙江、江苏、安徽、湖南、湖北、广东、海南、广西、云南、贵州、四川等地

【形态特征】常绿大乔木，高可达30 m，直径可达3 m；树皮黄褐色，有不规则的纵裂。顶芽广卵形或圆球形，鳞片宽卵形或近圆形，外面略被绢状毛。叶互生，卵状椭圆形，长6～12 cm，宽2.5～5.5 cm，先端急尖，基部宽楔形至近圆形，边缘全缘，软骨质，有时呈微波状，叶面绿色或黄绿色，有光泽，叶背黄绿色或灰绿色，晦暗，两面无毛或叶背幼时略被微柔毛。圆锥花序腋生，长3.5～7 cm。花绿白色或带黄色，长约3 mm。花被外面无毛或被微柔毛，内面密被短柔毛，花被筒倒锥形，长约1 mm，花被裂片椭圆形，长约2 mm。果卵球形或近球形，直径6～8 mm，紫黑色；果托杯状。花期4～5月，果期8～11月。

【生长习性】多生于低山的向阳山坡、丘陵、谷地，垂直分布多在海拔500～600 m以下，至海拔1800 m也有分布。喜光，稍耐阴。喜温暖湿润气候，耐寒性不强，怕冷，低于0℃会遭冻害。对土壤要求不严，在深厚、肥沃、湿润的酸性或中性黄壤土、红壤中生长良好，较耐水湿，不耐干旱、瘠薄和盐

碱土。深根性，能抗风。有很强的吸烟滞尘、抗海潮风及耐烟尘和抗有毒气体能力。

【精油含量】水蒸气蒸馏法提取根的得油率为0.99%～6.00%，根皮的得油率为1.90%，茎（树干或木材）的得油率为0.15%～5.00%，叶的得油率为0.16%～4.72%，枝的得油率为0.11%～1.17%，枝叶的得油率为0.30%～2.57%，花的得油率为0.38%～2.10%，果实的得油率为0.40%～2.20%，新鲜种子的得油率为0.24%～1.39%；同时蒸馏萃取法提取干燥叶的得油率为2.80%；微波辅助水蒸气蒸馏法提取新鲜叶的得油率为1.12%，干燥叶的得油率为3.10%；超声波辅助水蒸气蒸馏法提取干燥叶的得油率为2.50%；微波无溶剂法提取新鲜叶的得油率为1.04%。

【芳香成分】根：林正奎等（1987）用水蒸气蒸馏法提取的四川宜宾产樟树根精油的主要成分为：黄樟油素（44.43%）、1,8-桉叶油素（22.87%）、樟脑（10.87%）、α-萜品醇（4.26%）、桧烯（1.84%）、萜品-4-醇（1.84%）、芳樟醇（1.31%）、β-石竹烯（1.04%）等。程必强等（1997）用同法分析的根精油的主要成分为：1,8-桉叶油素（33.60%）、樟脑（21.36%）、黄樟素（15.71%）、橙花叔醇（3.05%）、香桧烯（2.96%）、松油烯-4-醇（2.71%）、α-蒎烯（2.67%）、β-蒎烯（1.22%）、龙脑（1.03%）等。龙光远等（1989）用同法分析的成年樟树根精油（Ⅰ）的主要成分为：樟脑（27.90%）；根精油（Ⅱ）的主要成分为：松油醇（28.97%）；根精油（Ⅲ）的主要成分为：芳樟醇（43.20%）等。吴学文等（2008）用同法分析的湖南湘潭产樟树根皮精油的主要成分为：黄樟素（87.53%）、4-诱虫醚（4.84%）、左旋樟脑（2.36%）、桉树脑（2.05%）等。

茎：胡文杰等（2014）用水蒸气蒸馏法提取的江西产樟树（异樟）新鲜树干精油的主要成分为：黄樟油素（62.09%）、1,8-桉叶油素（7.90%）、樟脑（7.09%）、异-橙花叔醇（4.22%）、三甲基-2-丁烯酸环丁酯（3.05%）、石竹烯氧化物（1.21%）、α-石竹烯（1.06%）等。龙光远等（1989）用同法分析的茎精油（Ⅰ）的主要成分为：桉叶油素（38.20%）；精油（Ⅱ）的主要成分为：芳樟醇（63.60%）；精油（Ⅲ）的主要成分为：樟脑（41.80%）等。

枝：孙崇鲁等（2007）用水蒸气蒸馏法提取的湖南产樟树枝精油的主要成分为：芳樟醇（63.73%）、樟脑（8.04%）、萜烯-3-醇-1(3.86%)、β-石竹烯（2.88%）、橄榄烯（1.25%）、莰烯（1.24%）、环氧兰桉醇（1.05%）等。龙光远等（1989）用同法分析的江西吉泰产成年樟树桉油素型枝精油的主要成分为：桉叶油素（41.90%）；右旋龙脑型枝精油的主要成分为：樟脑（52.75%）；异橙花叔醇型枝精油的主要成分为：异橙花叔醇（22.2%）等。

叶：刘虹等（1992）用水蒸气蒸馏法提取的广西产樟树叶精油（Ⅰ，占24.4%）的主要成分为：1,8-桉叶油素（54.60%）、香桧烯（17.74%）、α-松油醇（9.68%）、α-蒎烯（4.68%）、对伞花烃（2.76%）、萜品-4-醇（2.10%）、萜烯-4(1.78%)、石竹烯（1.60%）、γ-萜品烯（1.10%）等；叶精油（Ⅱ，占15.5%）的主要成分为：芳樟醇（92.74%）等；叶精油（Ⅲ，占15.5%）的主要成分为：樟脑（68.24%）、1,8-桉叶油素（4.88%）、α-萜烯（3.55%）、莰烯（2.07%）、β-香叶烯（1.99%）、石竹烯（1.93%）、β-蒎烯（1.47%）、芹子烯（1.37%）等；叶精油（Ⅳ，占13.3%）的主要成分为：α-蒎烯（19.72%）、萜品-4-醇（18.30%）、香桧烯（16.19%）、α-侧柏烯（9.25%）、芳樟醇（6.43%）、1,8-桉叶油素（5.18%）、对伞花烃（2.54%）、萜烯-4(1.37%)、β-罗勒烯（1.14%）等；叶精油（Ⅴ，占8.9%）的主要成分为：萜品-4-醇（16.58%）、樟脑（13.70%）、α-松油醇（12.43%）、α-蒎烯（11.56%）、香桧烯（8.84%）、α-侧柏烯（4.72%）、γ-萜品烯（3.89%）、1,8-桉叶油素（3.75%）、芳樟醇（3.34%）、萜烯-4(2.18%)、β-香叶烯（2.01%）、水芹烯（1.42%）、莰烯（1.28%）等；叶精油（Ⅵ，占11.1%）的主

要成分为：二环己基丙二腈（44.92%）、橙花叔醇（31.40%）、榄香烯（7.00%）、萜品-4-醇（4.18%）、石竹烯（4.18%）、1,8-桉叶油素（1.22%）、荜澄茄烯（1.17%）、香草醛醋酸酯（1.11%）等；叶精油（Ⅶ，11.1%）的主要成分为：乙酸愈创醇酯（47.96%）、二环己基丙二腈（16.60%）、橙花叔醇（11.23%）、桧木醇（3.26%）、石竹烯（2.89%）、荜澄茄-6,7,8-三烯（2.01%）、α-石竹烯（1.44%）等。吴学文等（2011）用同法分析的湖南湘潭产樟树嫩叶精油的主要成分为：可巴烯（28.55%）、石竹烯（25.81%）、α-石竹烯（12.69%）、δ-愈创木烯（5.45%）、3,7-二甲基-2,6-壬二烯-1-醇（5.36%）、β-荜澄茄油烯（4.42%）、1,5-二环戊基-3-(2-环戊基乙基)-2-戊烯（3.25%）、芳樟醇（2.62%）、β-花柏烯（1.89%）、香柠烯醇（1.79%）、β-榄香烯（1.26%）、香橙烯（1.25%）等；枯叶精油的主要成分为：石竹烯（38.64%）、芳樟醇（19.36%）、L-樟脑（18.69%）、α-石竹烯（17.66%）、2-甲基-2-己醇（3.14%）等。梁忠云等（2010）用同法分析的广西产2年生樟树叶精油的主要成分为：6-芹子烯-4-醇（69.39%）、樟脑（4.10%）、4,7-桉叶二烯（3.61%）、香橙烯环氧化物（1.76%）、塞舌尔烯（1.20%）、t-依兰油醇（1.10%）、苧烯（1.05%）等。孙凌峰等（2004）用同法分析的叶精油的主要成分为：柠檬烯（61.27%）、对伞花烃（19.13%）、α-异松油烯（7.03%）、γ-松油烯（5.09%）、Δ8(9)-对蓋烯（2.21%）、樟脑（1.13%）等。杨素华等（2018）用同法分析的广西宜州产樟树新鲜叶精油的主要成分为：邻伞花烃（41.97%）、β-花柏烯（11.40%）、香芹酚（7.23%）、芳樟醇（5.96%）、橙花叔醇（4.55%）、石竹烯氧化物（3.95%）、α-水芹烯（2.83%）、δ-杜松烯（2.79%）、柠檬烯（2.77%）、月桂烯（1.84%）、α-蒎烯（1.70%）、α-松油醇（1.49%）、三甲基苯甲醇（1.38%）、β-桉叶醇（1.25%）、龙脑（1.19%）、葎草烯氧化物（1.19%）、4-松油醇（1.05%）等。程必强等（1997）用同法分析的云南西双版纳产樟树新鲜叶精油的主要成分为：香叶醛（44.51%）、橙花醛（29.18%）、樟脑（9.22%）、橙花醇（2.64%）、胡薄荷酮（1.71%）、6-甲基-5-庚烯-2-酮（1.32%）、1,8-桉叶油素（1.32%）、氧化二戊烯（1.01%）等。孙凌峰等（1995）用同法分析的幼樟树叶精油的主要成分为：黄樟油醇（58.08%）、异橙花叔醇（34.06%）、芳樟醇（2.68%）、桉叶油素（1.29%）等。胡文杰等（2014）用同法分析的江西产樟树（异樟）新鲜叶精油的主要成分为：异-橙花叔醇（33.77%）、三甲基-2-丁烯酸环丁酯（23.09%）、异丁香酚甲醚（10.66%）、1,8-桉叶油素（9.98%）、α-松油醇（1.70%）、甲基丁香酚（1.51%）、匙叶桉油烯醇（1.38%）、石竹烯氧化物（1.32%）等。曾春山等（2013）用同法分析的广东广州产樟树新鲜叶精油的主要成分为：吉马酮（27.95%）、橙花叔醇（18.94%）、芳樟醇（16.36%）、α-香茅醇（7.30%）、樟脑（4.50%）、(-)-氧石竹烯（4.26 %）、反式-石竹烯（2.76%）、橙花叔醇-环氧乙酸酯（2.21%）、(E)-柠檬醛（1.26 %）、α-葎草烯（1.19%）、甲基异丁香酚（1.12%）等。张宇思等（2014）用同法分析的江西吉安产龙脑樟叶精油的主要成分为：右旋龙脑（53.17%）、柠檬烯（9.13%）、α-蒎烯（5.55 %）、β-蒎烯（3.86 %）、莰烯（3.83%）、γ-榄香烯（2.57%）、月桂烯（2.52 %）、β-石竹烯（2.52%）、樟脑（1.85%）、松油醇（1.44%）、吉玛烯（1.36%）、萜品油烯（1.23%）、α-水芹烯（1.20%）、芳香醇（1.18%）、斯巴醇（1.01%）等。

花：吴学文等（2008）用水蒸气蒸馏法提取的湖南湘潭产樟树花精油的主要成分为：芳樟醇（68.51%）、石竹烯（15.21%）、α-水芹烯（3.27%）、左旋樟脑（2.95%）、反式橙花叔醇（1.16%）、β-榄香烯（1.16%）等。

果实：顾静文等（1990）用水蒸气蒸馏法提取的江西吉安产樟树果实精油（Ⅰ）的主要成分为：樟脑（42.71%）、黄樟油素（18.89%）、α-异松油烯（8.02%）、二聚戊烯氧化物（7.78%）、葎草烯（3.60%）、β-马榄烯（2.15%）、喇叭茶醇（2.10%）、α-松油醇（2.00%）、松油-4-醇（1.41%）、月桂烯（1.06%）等；果实精油2的主要成分为：甲基丁香酚（51.77%）、黄樟油素（23.85%）、β-松油醇（10.86%）、喇叭茶醇（3.54%）、橙花叔醇（2.16%）等；果实精油3的主要成分为：黄樟油素（53.20%）、β-松油醇（15.58%）、β-红没药烯（11.29%）、柠檬烯（8.02%）、3,3-二甲基环己烷叉乙醇（1.94%）、4-蒈烯（1.69%）、2-甲基丙烯酸戊酯（1.31%）、β-马榄烯（1.18%）等。欧阳少林等（2013）用同法分析的江西吉安产樟树阴干成熟果实精油的主要成分为：D-龙脑（50.68%）、甲基丁香酚（10.73%）、桉叶油素（10.49%）、黄樟醚（5.22%）、D-柠檬烯（4.58%）、α-蒎烯（3.03%）、反式香叶醇（1.94%）、莰烯（1.91%）、樟脑（1.56%）、β-月桂烯（1.39%）、4-松油醇（1.19%）等。杨锦强等（2017）用顶空固相微萃取法提取的阴干果实挥发油的主要成分为：β-侧柏烯（16.07%）、樟脑（14.31%）、3-蒈烯（13.70%）、桉叶油醇（11.53%）、莰烯（5.09%）、甲基丁香酚（4.99%）、邻-异丙基苯（3.28%）、芳樟醇（3.24%）、黄樟素（2.71%）、癸酸乙酯（2.59%）、(-)-α-荜澄茄油烯（1.79%）、α-水芹烯（1.04%）等。

【利用】我国南方城市优良的绿化树、行道树及庭荫树。木材宜制家具、箱子，也可造船和建筑等用。叶、茎、根、树皮、果皮精油是重要的化学工业原料，根据精油的成分不同，可分别用于医药、香料及日用化工产品的原料，也可直接用于调配各类香精。杂樟油前馏分可用作溶剂，可广泛地应用在涂料、鞋油、催干剂、胶粘剂、油膏等工业领域。种子油供工业用。根、果、枝和叶入药，有祛风散寒、强心镇痉和杀虫等功能。嫩叶水烫后可调味食用。

浙江桂

Cinnamomum chekiangense Nakai

樟科　樟属

分布：福建、浙江、江西等地

【形态特征】常绿乔木，高15～20 m，胸径40 cm，枝条细脆，圆柱形，绿色。叶近对生少互生，长7～10 cm，宽2.5～4.5 cm，基部楔形或阔楔形，先端渐尖，革质，叶面深绿，光亮，叶背灰绿色，有白粉，两面无毛。离基三出脉，侧脉成网状，不明显，主侧脉两面隆起。叶柄黄绿色，无毛。圆锥花序腋生。成熟的果实外果皮蓝黑色，种子长0.5～0.7 cm，宽0.4～0.6 cm，具纵棱，果托半圆形杯状，光滑无毛。花期4月下旬到5月上旬，果期9月中旬到11月上旬。

【生长习性】喜侧方庇荫，喜温暖湿润，不耐寒。适宜阳光充足、光照时间长，土壤疏松、排水良好的砂质壤土。对二氧化硫等有一定抗性。

【精油含量】水蒸气蒸馏法提取阴干叶的得油率为1.84%；超临界萃取干燥叶的得油率为1.21%～1.40%。

【芳香成分】杨青等（2009）用水蒸气蒸馏法提取的福建武夷山产浙江桂阴干叶精油的主要成分为：对伞花烃（22.14%）、α-蒎烯（16.26%）、dl-柠烯（11.09%）、芳樟醇（9.27%）、4-松油醇（9.12%）、1-水芹烯（4.15%）、α-松油烯（2.43%）、反式-石竹烯（2.38%）、α-异松油烯（2.36%）、γ-松油烯（2.34%）、β-月桂烯（2.30%）、乙酸龙脑酯（2.17%）、β-蒎烯（2.09%）、α-松油醇（2.05%）、δ-3-蒈烯（1.74%）、1,8-桉叶素（1.71%）、香豆素（1.69%）、莰烯（1.55%）、β-愈创木烯（1.31%）、γ-杜松烯（1.17%）、橙花叔醇（1.05%）、环氧石竹烯（1.02%）等。

【利用】作污染区厂矿绿化树种。木材是建筑、造船和家具的良材。叶精油在调香中作配香原料，常用于美容产品及牙膏、口香糖、口气清新剂等口腔护理产品的生产配料中。还可作为食品防腐剂。

小花琉璃草

Cynoglossum lanceolatum Forsk.

紫草科　琉璃草属

分布：西南、华南、华东及河南、陕西、甘肃

【形态特征】多年生草本，高20～90 cm。茎直立，密生基部具基盘的硬毛。基生叶及茎下部叶长圆状披针形，长8～14 cm，宽约3 cm，先端尖，基部渐狭，叶面被具基盘的硬毛及稠密的伏毛，叶背密生短柔毛；茎中部叶披针形，长4～7 cm，宽约1 cm，茎上部叶极小。花序顶生及腋生，分枝钝角叉状分开，无苞片，果期延长呈总状；花萼长1～1.5 mm，裂片卵形，先端钝，外面密生短伏毛，果期稍增大；花冠淡蓝色，钟状，长1.5～2.5 mm，檐部直径2～2.5 mm，喉部有5个半月形附属物。小坚果卵球形，长2～2.5 mm，背面突，密生长短不等的锚状刺，边缘锚状刺基部不连合。花果期4～9月。

【生长习性】生长于海拔300～2800 m的丘陵、山坡草地及路边。

【芳香成分】张援虎等（1996）用水蒸气蒸馏法提取的四川都江堰产小花琉璃草全草精油的主要成分为：茴香脑（62.00%）、爱草醚（3.96%）、小茴香酮（3.31%）、对-甲氧基-苯甲醛（3.05%）、异茴香脑（1.92%）、十四烷（1.30%）、2,6,10,14-四甲基十六烷（1.10%）等。

【利用】草和根入药，有清热解毒、利尿消肿、活血之功效，用于治疗急性肾炎、月经不调；外用于治疗痈肿疮毒、毒蛇咬伤。嫩茎叶可作蔬菜食用。

软紫草

Arnebia euchroma (Royle) Johnst.

紫草科　软紫草属

别名：新疆假紫草、新疆紫草

分布：新疆、西藏

【形态特征】多年生草本。茎高15～40 cm，基部有残存叶基形成的茎鞘，被长硬毛。叶两面均疏生硬毛；基生叶线形至线状披针形，长7～20 cm，宽5～15 mm，先端短渐尖，基部扩展成鞘状；茎生叶披针形至线状披针形，较小。镰状聚伞花序生茎上部叶腋，长2～6 cm，有时密集成头状，含多数花；苞片披针形；花萼裂片线形，长1.2～1.6 cm，先端微尖，两面密生硬毛；花冠筒状钟形，深紫色，有时淡黄色带紫红色，筒部长1～1.4 cm，檐部直径6～10 mm，裂片卵形。小坚果宽卵形，黑褐色，长约3.5 mm，宽约3 mm，有粗网纹和少数疣状突起，先端微尖，背面凸，腹面略平，着生面略呈三角形。花果期6～8月。

【生长习性】生长于海拔2500～4200 m的砾石山坡、洪积扇、草地及草甸等处。耐寒，忌高温，怕水浸。土壤以石灰质壤土、砂质壤土、黏壤土为佳。

【精油含量】有机溶剂（氯仿）萃取干燥根的得油率为1.10%～1.40%。

【芳香成分】谷红霞等（2010）用水蒸气蒸馏法提取的新疆产软紫草干燥根精油的主要成分为：诱虫烯（16.28%）、3-烯丙基-2-甲氧基苯酚（6.20%）、樟脑（5.82%）、石竹烯（4.49%）、香茅醛（4.07%）、对甲氧基-β-甲基苯乙烯（3.10%）、正十七烷（2.60%）、玷𤩽烯（2.46%）、1-甲基萘（2.40%）、2-甲基-2,3-二氢-3-羧醛-呋喃（2.11%）、雪松醇（2.01%）、草蒿脑（1.89%）、异喇叭烯（1.74%）、肉桂醛（1.68%）、2-异亚丙基-5-甲基环己酮（1.63%）、8-雪松烯-13-醇（1.54%）、邻苯二甲酸丁基辛基酯（1.40%）、苯乙醛（1.25%）、5,11,14,17-二十碳四烯酸甲酯（1.14%）、十五醛（1.14%）、十四烷醛（1.10%）、9-甲基十九烷（1.01%）等。

【利用】可代紫草入药，有凉血、活血、清热、解毒的功效，治疗温热斑疹、湿热黄疸、紫癜、吐血、衄血、尿血，淋浊、热结便秘、烧伤、湿疹、丹毒、痈疡。

紫草

Lithospermum erythrorhizon Sieb. et Zucc.

紫草科　紫草属

别名：硬紫草、大紫草、红条紫草、紫丹、地血

分布：东北及河北、山东、山西、河南、江西、湖南、湖北、贵州、四川、广西、陕西、甘肃

【形态特征】多年生草本。茎通常1～3条，高40～90 cm，有短糙伏毛。叶卵状披针形至宽披针形，长3～8 cm，宽7～17 mm，先端渐尖，基部渐狭，两面均有短糙伏毛。花序生茎和枝上部，长2～6 cm，果期延长；苞片与叶同形而较小；花萼裂片线形，长约4 mm，果期可达9 mm，背面有短糙伏毛；花冠白色，长7～9 mm，外面稍有毛，筒部长约4 mm，檐部与筒部近等长，裂片宽卵形，长2.5～3 mm，开展，全缘或微波状，先端有时微凹，喉部附属物半球形。小坚果卵球形，乳白色或带淡黄褐色，长约3.5 mm，平滑，有光泽，腹面中线凹陷呈纵沟。花果期6～9月。

【生长习性】多生于海拔2500～4200 m的砾石山坡、向阳山坡草地、灌丛或林缘、荒漠草原、戈壁、向阳石质山坡、湖滨沙地。耐寒，忌高温，怕水浸。土壤以石灰质壤土、砂质壤土、黏壤土为佳。

【精油含量】水蒸气蒸馏法提取干燥全草的得油率为0.62%；超声强化亚临界水萃取干燥全草的得油率为2.39%；超声辅助溶剂萃取干燥全草的得油率为1.93%。

【芳香成分】谷红霞等（2010）用水蒸气蒸馏法提取的山东泰山产紫草干燥根精油的主要成分为：2,6-二叔丁基对甲酚（9.29%）、2,4-二叔丁基-1,3-戊二烯（8.17%）、3-新戊氧基-2-丁醇（6.60%）、反式橙花叔醇（6.05%）、8-甲基-十七烷（3.74%）、7,9-二甲基十六烷（2.98%）、2-亚甲基-5-(1-甲基亚乙烯基)-8-甲基-[5.3.0]-二环癸烷（2.75%）、正十七烷（2.50%）、2,6-二叔丁基对甲苯酚（2.15%）、8-甲基-十七烷（1.78%）、2,6,11,15-四甲基十六烷（1.69%）、6-乙基-3-基异丁酯（1.67%）、正十四烷（1.64%）、石竹烯（1.64%）、(3E,5E)-3,5-壬烯-2-酮（1.40%）、4-α.H-桉叶烷（1.20%）、2-甲基-5-(1-甲基乙基)环己酮（1.10%）、5,5-二叔丁基壬烷（1.09%）、2,2,7,7-四甲基三环$[6.2.1.0^{1,6}]$十一碳-4-烯-3-酮（1.04%）、2,6-二甲基萘（1.00%）等。

【利用】全草入药，有解表凉血、清热解毒、活血化淤等功效，治麻疹不透、斑疹、便秘、腮腺炎等症；外用治烧烫伤。紫草宁为紫草干根的萃取物，外用治疗皮肤癌、红斑狼疮、湿疹、带状疱疹和烧烫伤；内服可用于绒毛膜上皮癌、病毒性肝炎、肺癌及肝癌放化疗的辅助治疗。

蜡烛果

Aegiceras corniculatum (Linn.) Blanco

紫金牛科　蜡烛果属

别名： 桐花树、黑枝、黑榄、浪柴、红蒴、黑脚梗、桐花树、水蒌

分布： 广西、广东、福建、海南

【形态特征】灌木或小乔木，高1.5～4 m。叶互生，枝顶近对生，叶片革质，倒卵形、椭圆形或广倒卵形，顶端圆形或微凹，基部楔形，长3～10 cm，宽2～4.5 cm，全缘，边缘反

卷，两面密布小窝点。伞形花序生于枝顶，有花10余朵；花长约9 mm，花萼仅基部连合，长约5 mm，萼片斜菱形，不对称，全缘，紧包花冠；花冠白色，钟形，长约9 mm，管长3～4 mm，里面被长柔毛，裂片卵形，顶端渐尖，基部略不对称，长约5 mm，花时反折，花后全部脱落。蒴果圆柱形，弯曲如新月形，顶端渐尖，长6～8 cm，直径约5 mm；宿存萼紧包基部。花期12月至翌年1～2月，果期10～12月，有时花期4月，果期2月。

【生长习性】生于海边潮水涨落的污泥滩上。对盐度的适应性很广。

【芳香成分】宋文东等（2007）用水蒸气蒸馏法提取的广东湛江产蜡烛果阴干叶精油的主要成分为：2,6-二叔丁基-4-甲基苯酚（20.60%）、2-乙基癸氧基硼烷（9.97%）、1-碘代癸烷（6.84%）、3-溴代癸烷（6.28%）、1-碘代十三烷（6.19%）、2-甲基-6-乙基癸烷（4.64%）、2-乙基癸氧基硼烷（3.55%）等。

【利用】皮可作提取栲胶原料。木材是较好的薪炭柴。组成的树林有防风、防浪作用。

白花酸藤果

Embelia ribes Burm. f.

紫金牛科　酸藤子属

别名： 白花酸藤子、牛脾蕊、牛尾藤、小种楠藤、公羊板仔、碎米果、水林果、黑头果、枪子果

分布： 贵州、广东、云南、广西、福建、台湾、江西

【形态特征】攀缘灌木或藤本，长3～9 m。叶片坚纸质，倒卵状椭圆形或长圆状椭圆形，顶端钝渐尖，基部楔形或圆形，长5～10 cm，宽约3.5 cm，全缘，背面有时被薄粉；叶柄两侧具狭翅。圆锥花序，顶生，长5～15 cm，被疏乳头状突起或密被微柔毛；小苞片钻形或三角形，外面被疏微柔毛；花5数，花萼基部连合，萼片三角形，顶端急尖或钝，外面被柔毛，有时被乳头状突起，具腺点；花瓣淡绿色或白色，分离，椭圆形或长圆形，长1.5～2 mm，外面被疏微柔毛，边缘和里面被密乳头状突起，具疏腺点。果球形或卵形，直径3～4 mm，红色或深紫色，干时具皱纹或隆起的腺点。花期1～7月，果期5～12月。

【生长习性】生于海拔50～2000 m的林内、林缘灌木丛中，或路边、坡边灌木丛中。

【芳香成分】凌中华等（2011）用水蒸气蒸馏法提取的广西南宁产白花酸藤果叶精油的主要成分为：棕榈酸（21.33%）、亚麻酸（8.90%）、己烯酮（7.50%）、辛烷（7.16%）、庚醛（6.02%）、壬醛（3.69%）、辛烯醛（2.96%）、2-庚烯（2.70%）、1-辛烯-3-醇（2.05%）、柠檬醛（2.01%）、六氢法呢基丙酮（1.92%）、柳酸甲酯（1.89%）、丁子香烯（1.83%）、亚油酸（1.73%）、香叶基丙酮（1.72%）、9,12,15-十八碳三烯酸（1.59%）、2-正戊基呋喃（1.57%）、己烯醇（1.37%）、甲庚酮（1.36%）、2-癸烯酮（1.34%）、十五酮（1.34%）、α-麝子油烯（1.32%）、十一烷酮（1.31%）、正十二烷酸（1.14%）、2-壬烯酮（1.05%）、紫罗兰酮（1.04%）、芫荽醇（1.02%）、α-松油醇（1.01%）等。

【利用】药用，治急性肠胃炎、赤白痢、腹泻、刀枪伤、外伤出血等，亦有用于治蛇咬伤。叶煎水可作外科洗药。果可食。嫩茎叶可生吃或作蔬菜食用。

当归藤

Embelia parviflora Wall.

紫金牛科　酸藤子属

别名： 筛箕、小花酸藤子、大力王、筛其蕴、虎尾草、千里香、土当归、保妇蕴、走马胎、土丹桂、小箭赶风、米筛藤

分布： 西藏、贵州、云南、广西、广东、浙江、福建

【形态特征】攀缘灌木或藤本，长3 m以上。叶二列，叶片坚纸质，卵形，顶端钝或圆形，基部广钝或近圆形，长1～2 cm，宽0.6～1 cm，全缘，多少具缘毛，叶面中脉被柔毛，背面被锈色长柔毛或鳞片，近顶端具疏腺点。亚伞形花序或聚伞花序，腋生，长5～10 mm，被长柔毛，有花2～4朵或略多；小苞片披针形至钻形，外面被疏微柔毛；花5数，长2.5 mm，萼片卵形或近三角形，急尖，顶端多少具腺点，具缘毛；花瓣白色或粉红色，长1.5～2.5 mm，卵形、长圆状椭圆形或长圆形，顶端具腺点，边缘和里面密被微柔毛。果球形，直径5 mm或略小，暗红色，宿存萼反卷。花期12月至翌年5月，果期5～7月。

【生长习性】生于海拔300～1800 m的山间密林中或林缘，或灌木丛中，土质肥润的地方。

【芳香成分】根：卢森华等（2012）用水蒸气蒸馏法提取的广西金秀产当归藤根精油的主要成分为：亚油酸（32.17%）、棕榈酸（30.07%）、月桂酸（4.59%）、癸酸（3.22%）、丁酸己酯（1.85%）、2-正戊基呋喃（1.69%）、辛酸（1.35%）、肉豆蔻酸（1.14%）等。

茎：卢森华等（2012）用水蒸气蒸馏法提取的广西金秀产当归藤茎精油的主要成分为：棕榈酸（17.90%）、亚油酸（7.24%）、(1S-顺)-1,2,3,4-四氢-1,6-二甲基-4-(1-亚甲基)萘（7.21%）、油酸（5.53%）、2,4a,5,6,7,8,9,9a-八氢-3,5,5-三甲基-9-甲基苯并环庚烯（5.42%）、1,2,4a,5,6,8a-六氢-4,7-二甲基-1-(1-亚甲基)萘（5.03%）、γ-芹子烯（4.74%）、β-芹子烯（4.29%）、1-[(3-羟基-2-吡啶基)硫代]-2-丙酮（4.17%）、(1R,8aβ)-1,4aβ-二甲基-7α-(1-亚甲基)十氢萘-1α-醇（3.86%）、顺-(-)-2,4a,5,6,9a-六氢-3,5,5,9-四甲基苯并环庚烯（2.35%）、(-)-斯巴醇（2.09%）、β-石竹烯（1.77%）、癸酸（1.64%）、月桂酸（1.39%）、α-杜松烯（1.35%）、(+)-香橙烯（1.33%）、3,4'-二氟-4-甲氧基联苯（1.28%）、α-荜澄茄醇（1.27%）、(+)-喇叭烯（1.20%）、2-正戊基呋喃（1.18%）、β-榄香烯（1.17%）、Z-7-十六烷酸（1.15%）、E,E-10,12-四十溴二烯-1-醇酯（1.10%）、肉豆蔻酸（1.01%）等。

叶：卢森华等（2012）用水蒸气蒸馏法提取的广西金秀产当归藤叶精油的主要成分为：10S,11S-雪松-3(12)，4-二烯（9.38%）、β-石竹烯（8.10%）、棕榈酸（5.27%）、α-荜澄茄醇（3.83%）、γ-芹子烯（3.63%）、(+)-δ-杜松烯（3.54%）、(-)-丁子香烯氧化物（3.52%）、2,4a,5,6,7,8,9,9a-八氢-3,5,5-三甲基-9-甲基苯并环庚烯（3.26%）、顺-(-)-2,4a,5,6,9a-六氢-3,5,5,9-四甲基苯并环庚烯（3.24%）、α-芹子烯（3.02%）、Z,Z,Z-1,5,9,9-四甲基-1,4,7-环十一碳三烯（2.81%）、α-柏木烯（2.52%）、1,2,3,4,4a,5,6,8a-八氢-7-甲基-4-亚甲基-1-(1-亚甲基)萘（2.34%）、1-[(3-羟基-2-吡啶基)硫代]-2-丙酮（2.24%）、依兰烯（1.40%）、反-橙花叔醇（1.31%）、(-)-斯巴醇（1.29%）、叶醇（1.25%）、(-)-葎草烯环氧化物 II（1.25%）等。

【利用】与老藤药用，有补血、活血、强壮腰膝的功效，用于治疗血虚诸证、月经不调、闭经、产后虚弱、腰腿酸痛、跌打骨折。

酸藤子

Embelia laeta (Linn.) Mez

紫金牛科　酸藤子属

别名： 信筒子、甜酸叶、鸡母酸、挖不尽、咸酸果、酸果藤

分布： 广东、云南、广西、福建、台湾、江西

【形态特征】攀缘灌木或藤本，稀小灌木，长1～3 m。叶片坚纸质，倒卵形或长圆状倒卵形，顶端圆形、钝或微凹，基部楔形，长3～4 cm，宽1～1.5 cm，稀长达7 cm，宽2.5 cm，全缘。总状花序，腋生或侧生，长3～8 mm，被细微柔毛，有花3～8朵，基部具1～2轮苞片；小苞片钻形或长圆形，具缘毛；花4数，长约2 mm，花萼基部连合达1/2或1/3，萼片卵形或三角形，顶端急尖，具腺点；花瓣白色或带黄色，分离，卵形或长圆形，顶端圆形或钝，长约2 mm，具缘毛，里面密被乳头状突起，具腺点。果球形，直径约5 mm。花期12月至翌年3月，果期4～6月。

【生长习性】生于海拔100～1850 m的山坡疏林、密林下，或疏林缘或开阔的草坡。

【芳香成分】凌中华等（2011）用水蒸气蒸馏法提取的广西南宁产酸藤子叶精油的主要成分为：己烯酮（12.33%）、棕榈酸（11.25%）、己烯醇（9.28%）、辛烷（5.71%）、亚麻酸（5.67%）、芫荽醇（3.24%）、香叶基丙酮（2.88%）、α-麝子油烯（2.61%）、柠檬醛（2.21%）、正十二烷酸（2.15%）、壬醛（1.94%）、2-癸烯酮（1.49%）、n-癸酸（1.46%）、己酸叶醇酯（1.44%）、甲庚酮（1.37%）、紫罗兰酮（1.34%）、亚油酸（1.28%）、戊酸叶醇酯（1.27%）、六氢法呢基丙酮（1.24%）、己醇（1.14%）、丁子香烯（1.11%）、α-松油醇（1.04%）等。

【利用】茎、叶药用，可散瘀止痛、收敛止泻，治跌打肿痛、肠炎腹泻、咽喉炎、胃酸少、痛经闭经等症；叶煎水亦作外科洗药。兽用根、叶治牛伤食腹胀、热病口渴。嫩尖和叶可生食。果可食。

铁仔

Myrsine africana Linn.

紫金牛科　铁仔属

别名： 碎米棵、矮零子、豆瓣柴、小暴格蚤、冷饭果、霹拉子、小铁仔、霹霹草、矮胜子、簸赭子、野茶、明立花、碎米果、铁帚把、牙痛草、炒米柴

分布： 广西、湖北、湖南、四川、贵州、云南、陕西、甘肃、西藏、台湾等地

【形态特征】灌木，高0.5～1 m。叶片革质或坚纸质，通常为椭圆状倒卵形，有时成近圆形、倒卵形、长圆形或披针形，长1～3 cm，宽0.7～1 cm，顶端广钝或近圆形，具短刺尖，基部楔形，边缘具锯齿，齿端常具短刺尖，背面常具小腺点。花簇生或近伞形花序，腋生，基部具1圈苞片；花4数，长2～2.5 mm，花萼长约0.5 mm，萼片广卵形至椭圆状卵形，具缘毛及腺点；花冠基部连合成管；花冠裂片卵状披针形，具缘毛及腺毛。果球形，直径达5 mm，红色变紫黑色，光亮。花期2～3月，有时5～6月，果期10～11月，有时2或6月。

【生长习性】生于海拔1000～3600 m的石山坡、荒坡疏林中或林缘，向阳干燥的地方。

【精油含量】水蒸气蒸馏法提取干燥果实的得油率为0.07%。

【芳香成分】唐天君等（2010）用水蒸气蒸馏法提取的四川绵阳产铁仔干燥果实精油的主要成分为：反-10-甲基-1-亚甲基-7-亚异丙基十氢化萘（7.71%）、(1R)-5,6a-二甲基-8-异丙烯基双环[4.4.0]癸-1-烯（5.82%）、3-甲基-10-异丙基-7-亚甲基二环[4.4.0]癸-2-烯（3.39%）、2-亚环丙基-(5,6)-环氧二环[2.2.1]庚烷（3.78%）、顺-(1S)-1,2,3,5,6,8a-六氢-4,7-二甲基-1-异丙烯基萘（3.78%）、2,5,9-三甲基环十一碳-4,8-二烯酮（3.42%）、(1R,3Z,9S)-4,11,11-三甲基-8-亚甲基-二环[7.2.0]十一碳-3-烯（2.99%）、(3,4),(8,9)-二环氧三环[5.2.1.0^{2,6}]癸烷（2.85%）、氧化石竹烯（2.83%）、α-芹子烯（2.41%）等。

【利用】叶药用，治风火牙痛、咽喉痛、脱肛、子宫脱垂、肠炎、痢疾、红淋、风湿、虚劳等症；叶捣碎外敷，治刀伤。皮和叶可提取栲胶。种子可榨油。

虎舌红

Ardisia mamillata Hance

紫金牛科　紫金牛属

别名： 红毛毡、老虎脷、蟾蜍皮、豺狗舌、红毡、肉八爪、红毛针、白毛毡、毛地红、宝鼎红、天仙红衣、毛凉伞、金丝红珠

分布： 福建、湖南、广西、广东、云南、四川、贵州、江西

【形态特征】矮小灌木，茎高不超过15 cm。叶互生或簇生于茎顶端，叶片坚纸质，倒卵形至长圆状倒披针形，顶端急尖或钝，基部楔形或狭圆形，长7～14 cm，宽3～5 cm，边缘具疏圆齿，具腺点，两面绿色或暗紫红色，被糙伏毛，毛基部隆起如小瘤，具腺点。伞形花序着生于特殊花枝顶端，花枝1～3个；有花约10朵，近顶端常有叶1～4片；花长5～7 mm，萼片披针形或狭长圆状披针形，顶端渐尖，具腺点；花瓣粉红色；稀近白色；卵形；顶端急尖；具腺点。果球形，直径约6 mm，鲜红色，多少具腺点。花期6～7月，果期11月至翌年1月，有时达6月。

【生长习性】生于海拔500～1600 m的山谷密林下，阴湿的地方。喜温暖半阴环境，最适宜生长温度为15～30℃，能耐-3～-5℃的短期低温，夏季需充足水分，冬季需干燥和充足阳光。在疏松的有机质含量高的中性壤土中生长良好。

【精油含量】超临界萃取阴干全草的得油率为0.07%。

【芳香成分】根：杨海宽等（2014）用水蒸气蒸馏法提取的江西南昌产虎舌红阴干根精油的主要成分为：芳樟醇（19.28%）、异龙脑（12.98%）、反式-橙花叔醇（7.26%）、β-萜品醇（5.88%）、糠醛（5.14%）、喇叭烯（3.30%）、油酸酰胺（3.10%）、2-十九烷酮（2.20%）、匙叶桉油烯醇（1.76%）、氧化石竹烯（1.76%）、3,7-二甲基-6-壬烯醇乙酯（1.66%）、壬醛（1.52%）、樟脑（1.50%）、乙酸龙脑酯（1.40%）、α-萜品醇（1.36%）、水杨酸甲酯（1.32%）、突厥烯酮（1.22%）、软脂酸乙酯（1.12%）、对伞花烃-8-醇（1.06%）、桉叶油素（1.04%）、香叶基香叶醇（1.00%）等。

茎：杨海宽等（2014）用水蒸气蒸馏法提取的江西南昌产虎舌红阴干茎精油的主要成分为：叶绿醇（43.50%）、芳樟醇（19.10%）、1-己烯-3-醇（9.41 %）、油酸酰胺（3.78%）、11,13-二甲基-12-十四烯酸乙酯（1.78%）、α-萜品醇（1.54%）、突厥烯酮（1.33%）、法呢烯（1.28 %）、龙脑（1.14%）等。

叶：杨海宽等（2014）用水蒸气蒸馏法提取的江西南昌产虎舌红阴干叶精油的主要成分为：叶绿醇（26.09 %）、3-己烯-1-醇（13.89%）、水杨酸甲酯（10.32%）、异龙脑（2.91%）、氧化喇叭烯（2.50%）、1-己醇（1.92%）、桉叶油素（1.74%）、匙叶桉油烯醇（1.69%）、6,10,14-三甲基-十五烷酮（1.40%）、9-十六碳烯（1.18%）、α-萜品醇（1.12%）等。

全草：凌育赵等（2005）用超临界CO_2萃取法提取的广东封开产虎舌红阴干全草精油的主要成分为：石竹烯（17.20%）、α-石竹烯（9.02%）、3,7,11-三甲基-1,6,10-十二碳三烯-3-醇（7.03%）、蓝桉醇（5.54%）、龙脑（5.51%）、α-萜品醇（5.02%）、己酸（4.55%）、α-杜松醇（4.45%）、α-没药醇（2.51%）、水杨酸甲酯（2.23%）、苯乙醇（2.19%）、丁子香基乙醇（2.11%）、芳樟醇（2.10%）、金合欢醇（1.78%）、β-没药烯（1.71%）、3-己烯-1-醇（1.67%）、氧化石竹烯（1.62%）、9,12,15-十八碳三烯-1-醇（1.03%）等。

【利用】草为民间常用的中草药，有清热利湿、活血止血、去腐生肌等功效，用于治疗风湿跌打、外伤出血、小儿疳积、产后虚弱、月经不调、肺结核咳血、肝炎、胆囊炎等症；叶外敷可拔刺拔针、去疮毒等。为室内观赏叶植物。

九管血

Ardisia brevicaulis Diels

紫金牛科　紫金牛属

别名：矮八爪、八爪根、血猴爪、猴爪、乌肉鸡、矮凉伞子、小罗伞、团叶八爪金龙、血党、山豆根、活血胎

分布：福建、江西、广东、广西、湖南、湖北、贵州、云南、四川、台湾等地

【形态特征】矮小灌木，具匍匐生根的根茎；直立茎高10～15 cm。叶片坚纸质，狭卵形或卵状披针形，或椭圆形至近长圆形，顶端急尖且钝，或渐尖，基部楔形或近圆形，长7～18 cm，宽2.5～6 cm，近全缘，具腺点，叶背被细微柔毛，具疏腺点。伞形花序着生于侧生特殊花枝顶端，花长4～5 mm，萼片披针形或卵形，长约2 mm，具腺点；花瓣粉红色，卵形，顶端急尖，长约5 mm，有时达7 mm，里面被疏细微柔毛，具腺点。果球形，直径约6 mm，鲜红色，具腺点，宿存萼与果梗通常为紫红色。花期6～7月，果期10～12月。

【生长习性】生于海拔400～1260 m的密林下，阴湿的地方。

【精油含量】水蒸气蒸馏法提取的根得油率为0.02%，叶的得油率为0.08%。

【芳香成分】根：蒲兰香等（2009）用水蒸气蒸馏法提取的重庆石柱产九管血根精油的主要成分为：γ-依兰油烯（14.23%）、石竹烯（11.59%）、顺-α-甜没药烯（5.22%）、二氢白菖考烯（2.91%）、石竹烯氧化物（2.00%）、α-荜澄茄醇（1.98%）、正十六烷醇（1.46%）、3-脱氧雌二醇（1.46%）、瓦伦烯（1.37%）、γ-荜澄茄烯（1.36%）、1,6-二甲基-4-(1-甲乙基)-萘（1.15%）、α-芹子烯（1.00%）等。

叶：蒲兰香等（2009）用水蒸气蒸馏法提取的重庆石柱产九管血叶精油的主要成分为：棕榈酸（43.33%）、2-甲基-1,3-二氧五环（4.20%）、植醇（3.14%）、植酮（2.43%）、十四烷酸（1.26%）、十二烷酸（1.26%）、石竹烯氧化物（1.16%）等。

【利用】全株入药，有清热解毒、祛风止痛、活血消肿的功效，用于治疗咽喉肿痛、风火牙痛、风湿痹痛、跌打损伤、无名肿毒、毒蛇咬伤。

小紫金牛

Ardisia chinensis Benth.

紫金牛科　紫金牛属

别名： 石狮子、产后草、衫细根、华紫金牛、小狮子、黑果凉伞、小凉伞、入骨风、小郎伞

分布： 浙江、福建、江西、广西、广东、台湾

【形态特征】亚灌木状矮灌木，具蔓生走茎；直立茎通常丛生，高约25 cm，稀达45 cm。叶片坚纸质，倒卵形或椭圆形，顶端钝或钝急尖，基部楔形，长3～7.5 cm，宽1.5～3 cm，全缘或于中部以上具疏波状齿。叶背被疏鳞片。亚伞形花序，单生于叶腋，有花3～5朵；花长约3 mm，花萼仅基部连合，萼片三角状卵形，顶端急尖，长约1 mm，具缘毛，有时具疏腺点；花瓣白色，广卵形，顶端急尖，长约3 mm，无腺点。果球形，直径约5 mm，由红变黑色。花期4～6月，果期10～12月。

【生长习性】生于海拔300～800 m的山谷、山地疏林、密林下，阴湿的地方或溪旁。

【芳香成分】林秋凤等（2010）用水蒸气蒸馏法提取的广东韶关产小紫金牛全草精油的主要成分为：石竹烯（10.65%）、棕榈酸（10.02%）、α-法呢烯（6.54%）、玷𤝐烯（5.58%）6,10,14-三甲基-2-十五烷酮（4.69%）、水杨酸甲酯（4.20%）、3,9-杜松二烯（3.93%）、2,6-二甲基-6-[4-甲基-3-戊烯基]-2-降蒎烯（3.70%）、τ-依兰油烯（3.03%）、1,2,4a,5,6,8a-六氢化-4,7-二甲基-1-(1-甲基乙基)-萘（2.57%）、1,3,5-杜松三烯（1.79%）、反式-橙花叔醇（1.62%）、α-石竹烯（1.60%）、龙脑（1.50%）、(Z)-己酸-3-己烯酯（1.48%）、叶绿醇（1.44%）、石竹烯氧化物（1.43%）、十七烷酮（1.26%）、3,7(11)-桉双烯（1.24%）、棕榈酸甲酯（1.24%）、十氢-1,1,7-三甲基-4-亚甲基-1-H-环丙基甘菊环（1.12%）、十八烷（1.12%）、1a,2,3,5,6,7,7a,7b-八氢化-1,1,7,7a-四甲基-1H-环丙基萘（1.08%）、α-环柠檬叉丙酮（1.06%）等。

【利用】全株药用，具有活血止血、散瘀止痛、清热利湿的功效，用于治疗肺痨咳血、咯血、吐血、痛经、闭经、跌打损伤、黄疸、小便淋痛。

紫金牛

Ardisia japonica (Thunb) Blume

紫金牛科　紫金牛属

别名： 矮地茶、千年不大、不出林、平地木、矮茶风、矮脚樟、四叶茶、千年矮、小青、矮茶、短脚三郎、凉伞盖珍珠、矮脚樟茶、矮爪、老勿大

分布： 陕西及长江以南各地

【形态特征】小灌木或亚灌木，近蔓生，具匍匐生根的根茎；直立茎长达30 cm，稀达40 cm。叶对生或近轮生，叶片坚纸质或近革质，椭圆形至椭圆状倒卵形，顶端急尖，基部楔形，长4～7 cm，宽1.5～4 cm，边缘具细锯齿，多少具腺点。亚伞形花序，腋生或生于近茎顶端的叶腋，有花3～5朵；花长4～5 mm，有时6数，花萼基部连合，萼片卵形，顶端急尖或钝，长约1.5 mm或略短，具缘毛，有时具腺点；花瓣粉红色或白色，广卵形，长4～5 mm，具蜜腺点。果球形，直径5～6 mm，鲜红色转黑色，多少具腺点。花期5～6月，果期11～12月，有时5～6月仍有果。

【生长习性】常见于海拔1200 m以下的林下、谷地、溪旁阴湿处。

【精油含量】水蒸气蒸馏法提取根的得油率为0.04%，干燥全株的得油率为0.20%，地上部分的得油率为0.07%。

【芳香成分】根：倪士峰等（2004）用水蒸气蒸馏法提取的浙江杭州产紫金牛根精油的主要成分为：石竹烯（30.13%）、α-石竹烯（12.89%）、龙脑（9.16%）、α-杜松醇（8.90%）、蓝桉醇

(6.02%)、丁子香基乙醇（4.22%）、β-没药烯（3.41%）、喇叭茶醇（2.37%）、α-没药醇（1.84%）、氧化石竹烯（1.18%）、α-长叶烯（1.04%）等。

全草：尹鲁生等（1989）用水蒸气蒸馏法提取的紫金牛干燥带根全草精油的主要成分为：龙脑（18.33%）、β-桉叶醇（7.02%）、2,3-二氢-3,5-二羟基-6-甲基吡喃4-酮（6.74%）、2,4-二甲基-2-戊醇（4.03%）、水杨酸甲酯（3.61%）、己酸乙酯（3.56%）、α-石竹烯醇（3.46%）、松油醇-4(3.26%)、3,4-二甲基-3-己烯-2-酮（3.07%）、异硫氰酸丙酯（3.07%）、苯基-2-丙烯醛（1.48%）、苯甲醇（1.17%）、1,3,5-环庚三烯（1.16%）、3-甲基-2-丁烯醇（1.11%）、乙酸乙酯（1.08%）、2-十一酮（1.08%）、3-甲基-2-异丙基-2-环己烯酮（1.07%）等。卢金清等（2012）用同法分析的湖北恩施产紫金牛干燥全草精油的主要成分为：石竹烯（34.99%）、棕榈酸（20.44%）、α-芹子烯（6.69%）、1,2,3,4,4a,5,6,8a-八氢-4a,8-二甲基-2-(1-异丙烯基)-萘（4.83%）、α-石竹烯（2.69%）、石竹烯醇（1.93%）、3,7,11-三甲基-2,6,10-十二烷三烯醋酸盐（1.54%）、芳-姜黄烯（1.50%）、β-防风根烯（1.22%）、Z-11-十六烯酸（1.22%）、肉豆蔻酸（1.19%）、1,4-二甲基-7-(1-甲基乙基)-薁苷菊环（1.05%）等。倪士峰等（2004）用同法分析的浙江杭州产紫金牛地上部分精油的主要成分为：3,7,11-三甲基-1,6,10-十二碳三烯-3-醇（14.07%）、己酸（9.10%）、α-石竹烯（5.14%）、蓝桉醇（5.07%）、水杨酸甲酯（4.47%）、苯乙醇（4.38%）、石竹烯（4.26%）、芳樟醇（4.20%）、(Z)-3-己烯-1-醇（3.35%）、α-没药醇（3.17%）、氧化石竹烯（2.16%）、(Z,Z,Z)-9,12,15-十八碳三烯-1-醇（2.07%）、1-己醇（1.85%）、斯巴醇（1.73%）、蛇床烯（1.66%）、1,5,5,8-四甲基-1,2-氧杂双环[9.1.0]-二碳-3.7-二烯（1.61%）、喇叭茶醇（1.55%）、3,7,11-三甲基-1,6,10-十二碳三烯-1-醇乙酸酯（1.44%）、α-萜品醇（1.44%）、亚油酸（1.25%）等。

【利用】叶为我国民间常用的中草药，具有镇咳、祛痰、活血、利尿、解毒的功效，治慢性气管炎、肺结核咳嗽咯血、吐血、脱力劳伤、筋骨酸痛、肝炎、痢疾、急慢性肾炎、高血压、疝气、肿毒。是常见的花卉。

光叶子花

Bougainvillea glabra Choisy

紫茉莉科　叶子花属

别名：光叶三角梅、宝巾、簕杜鹃、小叶九重葛、三角花、紫三角、紫亚兰、三角梅

分布：我国南方各地

【形态特征】藤状灌木。茎粗壮，枝下垂，无毛或疏生柔毛；刺腋生，长5～15 mm。叶片纸质，卵形或卵状披针形，长5～13 cm，宽3～6 cm，顶端急尖或渐尖，基部圆形或宽楔形，叶面无毛，叶背被微柔毛；叶柄长1 cm。花顶生枝端的3个苞片内，花梗与苞片中脉贴生，每个苞片上生一朵花；苞片叶状，紫色或洋红色，长圆形或椭圆形，长2.5～3.5 cm，宽约2 cm，纸质；花被管长约2 cm，淡绿色，疏生柔毛，有棱，顶端5浅裂；雄蕊6～8；花柱侧生，线形，边缘扩展成薄片状，柱头尖；花盘基部合生呈环状，上部撕裂状。花期冬春间（广州、海南、昆明），北方温室栽培3～7月开花。

【生长习性】喜温暖湿润气候，不耐寒，喜充足光照。品种多样，植株适应性强，不仅在南方地区广泛分布，在寒冷的北方也可栽培。

【芳香成分】叶：徐夙侠等（2009）用水蒸气蒸馏法提取的福建厦门产光叶子花‘Formosa’叶精油的主要成分为：反-2-己烯醛（45.42%）、植醇（13.00%）、棕榈酸（7.94%）、2-甲基-4-烯戊醛（5.38%）、顺-3-己烯-1-醇（3.74%）、亚麻酸（2.18%）、对乙烯基愈创木酚（2.01%）、正二十九烷（1.62%）、反-2-己烯-1-醇（1.55%）、乙基戊基醚（1.32%）等。

花：徐夙侠等（2010）用水蒸气蒸馏法提取的福建厦门产光叶子花‘Magnifica’花精油的主要成分为：棕榈酸（19.06%）、植醇（14.11%）、亚油酸（7.91%）、亚麻酸（7.30%）、正二十九烷（5.32%）、正二十三烷（5.31%）、正二十五烷（4.68%）、顺-3-己烯-1-醇（3.89%）、反-2-己烯-1-醇（2.63%）、正二十七烷（2.50%）、反-2-己烯醛（2.28%）、3-乙基-二十四烷（1.13%）、正二十四烷（1.05%）、肉豆蔻酸（1.01%）等；‘Pink Pixie’花精油的主要成分为：植醇（23.27%）、棕榈酸（21.05%）、反-2-己烯醛（6.21%）、正二十九烷（5.85%）、亚油酸（5.37%）、亚麻酸（5.34%）、顺-3-己烯-1-醇（3.52%）、2,3-二氢苯并呋喃（2.97%）、反-2-己烯-1-醇（2.71%）、正二十五烷（2.52%）、正二十七烷（2.15%）、

角鲨烯（1.48%）、对乙烯基愈创木酚（1.42%）、正二十三烷（1.24%）、邻苯二甲酸单(2-乙基辛基)酯（1.02%）等；'Formosa' 花精油的主要成分为：植醇（20.19%）、反-2-己烯醛（12.17%）、棕榈酸（11.53%）、正二十九烷（8.78%）、顺-3-己烯-1-醇（5.29%）、亚麻酸（4.43%）、亚油酸（4.20%）、角鲨烯（3.06%）、反-2-己烯-1-醇（2.66%）、对乙烯基愈创木酚（2.49%）、正三十一烷（2.30%）、正己醇（2.13%）、2,3-二氢苯并呋喃（2.11%）、正二十七烷（1.94%）、正二十五烷（1.69%）、2-甲基-4-烯戊醛（1.55%）等；'Mahara' 花精油的主要成分为：植醇（26.12%）、棕榈酸（13.88%）、正二十九烷（10.21%）、亚麻酸（5.89%）、亚油酸（5.73%）、反-2-己烯醛（5.61%）、角鲨烯（3.16%）、正三十一烷（2.87%）、顺-3-己烯-1-醇（2.80%）、反-2-己烯-1-醇（2.30%）、正二十七烷（2.27%）、正二十五烷（1.93%）、2,3-二氢苯并呋喃（1.75%）、对乙烯基愈创木酚（1.47%）、对甲氧苯丙烯酸-2-乙基-辛酯（1.03%）等。

【利用】庭园种植或盆栽观赏，欧美常用作切花。叶可药用，捣烂敷患处，有散淤消肿的效果。花可药用，有活血调经，化湿止带的功效，治血瘀经闭、月经不调、赤白带下。

紫萁

Osmunda japonica Thunb.

紫萁科　紫萁属

分布：山东以南各地

【形态特征】植株高50～80 cm或更高。根状茎短粗。叶簇生，柄长20～30 cm，禾秆色；叶片为三角广卵形，长30～50 cm，宽25～40 cm，顶部一回羽状，其下为二回羽状；羽片3～5对，对生，长圆形，长15～25 cm，基部宽8～11 cm，基部一对稍大，奇数羽状；小羽片5～9对，对生或近对生，长4～7 cm，宽1.5～1.8 cm，长圆形或长圆披针形，先端稍钝或急尖，向基部稍宽，圆形，或近截形，向上部稍小，顶生的同形，基部往往有1～2片的合生圆裂片，或阔披针形的短裂片，边缘有细锯齿。叶纸质，干后为棕绿色。孢子叶同营养叶等高或稍高，羽片和小羽片均短缩，小羽片线形，长1.5～2 cm，沿中肋两侧背面密生孢子囊。

【生长习性】生于林下或溪边酸性土上。喜温暖阴湿环境，不耐旱，忌强光，在林下遮阴处生长良好。

【芳香成分】根茎：刘为广等（2011）用顶空固相微萃取法提取的根茎精油的主要成分为：已烷（9.74%）、十七烷（7.93%）、2,2'，5,5'-四甲基-1,1'-联苯（7.64%）、已酸（7.37%）、(E)-1,2,3-三甲基-4-丙基萘（5.82%）、二十烷（4.95%）、十六烷（4.86%）、2-(对-甲苯)-对-二甲苯（4.50%）、(4-乙酰苯酚）甲苯（4.13%）、5-(2-丙基)-1,3-胡椒环（亚甲二氧基苯或苯并二噁茂)(3.78%）、十九烷（3.75%）、十八烷（3.55%）、1,2-二甲氧基-4-(2-丙基)-苯（3.43%）、3,7-二甲基-2,6-辛二烯醛（2.61%）、二十一烷（2.57%）、柠檬烯（2.54%）、6,7-二甲氧基-2-氧代-2H-苯并吡喃-4-醛（2.46%）、二十二烷（2.28%）、二十五烷（2.26%）、二十三烷（2.20%）、二十六烷（2.12%）、十五烷（1.72%）、2-戊基呋喃（1.69%）、萘（1.64%）、邻苯二甲酸丁基异己酯（1.61%）、(1R)-1,7,7-三甲基-二环[2.2.1]庚-2-酮（1.48%）、二十四烷（1.36%）等。

全草：刘为广等（2011）用顶空固相微萃取法提取的地上部分精油的主要成分为：2,3-二氢噻吩（17.91%）、2-异氰酸基-2-甲基丙烷（15.63%）、乙酸（8.34%）、2-(乙烯氧基)-丙烷（6.93%）、2-环己烯-1,4-二酮（4.31%）、棕榈酸（4.04%）、1-碘代十八烷（3.91%）、(E)-1,2,3-三甲基-4-丙基萘（3.20%）、6,10,14-三甲基-2-十五烷酮（3.17%）、十七烷（3.11%）、甲氧基-戊基肟（2.76%）、2,5-二氢-1H-吡咯（2.38%）、2-(对-甲苯)-对-二甲苯（1.90%）、(4-乙酰苯酚）甲苯（1.81%）、4,4,7a-三甲基-5,6,7,7a-四氢-2(4H)-苯并呋喃酮（1.77%）、六甲基环三硅醚类（1.50%）、十六烷（1.47%）、邻苯二甲酸丁基异己酯（1.28%）、噻吩（1.23%）、壬醛（1.16%）、1,2-苯二羧酸单(2-乙基己基)酯（1.16%）、邻苯二甲酸二丁酯（1.12%）、2,6,10,14-四甲基十六烷（1.03%）等。

【利用】幼苗或幼叶柄上的绵毛入药，中药名紫萁贯众，有止血功效。根茎及叶柄残基入药，中药名为紫萁苗，有小毒，可清热解毒、祛瘀止血、杀虫。根茎为民族药、治痢疾、崩漏、白带、绦虫病、钩虫病、腮腺炎、便血、外伤出血等；叶可治水肿、淋病、脚气病等。嫩叶可食，也可晾干成干菜或盐腌。铁丝状的鬚根为附生植物的培养剂。

火焰树

Spathodea campanulata Beauv.

紫葳科　火焰树属

别名： 喷泉树、火烧花、火焰木、苞萼木

分布： 原产非洲，我国广东、福建、台湾、云南均有栽培

【形态特征】乔木，高10 m，树皮灰褐色。奇数羽状复叶，对生，连叶柄长达45 cm；小叶13～17枚，叶片椭圆形至倒卵形，长5～9.5 cm，宽3.5～5 cm，顶端渐尖，基部圆形，全缘。伞房状总状花序，顶生，密集；苞片披针形，长2 cm；小苞片2枚，长2～10 mm。花萼佛焰苞状，外面被短绒毛，顶端外弯并开裂，长5～6 cm，宽2～2.5 cm。花冠一侧膨大，基部紧缩成细筒状，檐部近钟状，直径为5～6 cm，长5～10 cm，橘红色，具紫红色斑点，内面有突起条纹，裂片5，阔卵形，具纵褶纹，外面橘红色，内面橘黄色。蒴果黑褐色，长15～25 cm，宽3.5 cm。种子具周翅，近圆形，长和宽均为1.7～2.4 cm。花期4～5月。

【生长习性】阳性植物，需强光。生长适温23～30℃。耐热、耐旱、耐湿、耐瘠薄，枝脆不耐风，易移植。

【芳香成分】杨艳等（2014）用固相微萃取法提取的广东广州产火焰树新鲜花精油的主要成分为：双戊烯（64.33%）、反式-柠檬烯-1,2-环氧化物（9.88%）、α-法呢烯（5.67%）、甲基庚烯酮（3.43%）、(E)-乙酸-2-己烯-1-醇酯（2.52%）、2-甲基丁醇（2.20%）、(Z)-乙酸叶醇酯（1.97%）、苯乙烯（1.11%）、正己醇（1.00%）等。

【利用】风景观赏树种。

角蒿

Incarvillea sinensis Lam.

紫葳科　角蒿属

别名： 透骨草、莪蒿、萝蒿、冰耘草、大一枝蒿、羊角蒿、羊角透骨草、羊角草

分布： 东北及河北、河南、山东、山西、陕西、宁夏、青海、内蒙古、甘肃、四川、云南、西藏

【形态特征】一年生至多年生草本，具分枝的茎，高达80 cm。叶互生，不聚生于茎的基部，2～3回羽状细裂，形态多变异，长4～6 cm，小叶不规则细裂，末回裂片线状披针形，具细齿或全缘。顶生总状花序，疏散，长达20 cm；小苞片绿色，线形，长3～5 mm。花萼钟状，绿色带紫红色，长和宽均

约5 mm，萼齿钻状，萼齿间皱褶2浅裂。花冠淡玫瑰色或粉红色，有时带紫色，钟状漏斗形，基部收缩成细筒，长约4 cm，直径粗2.5 cm，花冠裂片圆形。蒴果淡绿色，细圆柱形，顶端尾状渐尖，长3.5～10 cm，粗约5 mm。种子扁圆形，直径约2 mm，四周具透明的膜质翅，顶端具缺刻。花期5～9月，果期10～11月。

【生长习性】生于向阳山坡、田野，海拔500～3850 m。耐干旱，不耐水湿。喜湿润的砂质壤土。

【精油含量】水蒸气蒸馏法提取全草的得油率为0.22%；同时蒸馏萃取法提取全草的得油率为1.06%。

【芳香成分】侯冬岩等（2002）用同时蒸馏萃取装置提取的辽宁锦州产角蒿全草精油的主要成分为：依兰烯（6.84%）、长叶酸（5.44%）、5-甲基-3-(1-亚甲基)-环己烯（5.42%）、1,2-二甲氧基-4-(2-丙烯基)-苯（5.23%）、2,6-二甲基-二环庚-2-烯（4.32%）、桉叶油素（3.03%）、6,10,14-三甲基-2-十五烷酮（2.98%）、长叶烯（2.78%）、苄醇（2.67%）、苯乙基醇（2.66%）、8,8-二甲基-1,5-环十一二酸（2.48%）、3,5-二甲氧基-甲苯（2.25%）、十六烷酸（2.24%）、2-甲氧基-4-乙烯基苯酚（2.21%）、苯乙醛（2.08%）、1-甲基-4-(5-甲基)-环己烯（1.84%）、4-甲基-1-(1-甲基)-3-环己烯-1-醇（1.79%）、十六醛（1.71%）、1,2,3-三甲氧基-5-甲基-苯（1.70%）、苯并环庚烯（1.58%）、2-莰酮（1.47%）、1-辛烯-3-醇（1.40%）、冰片（1.35%）、2-戊基-呋喃（1.34%）、石竹烯（1.24%）、5-(2-丙基)-1,3-苯二氧杂环戊烯（1.23%）、丁香酚（1.16%）、p-(2-甲代烯丙基)-酚（1.15%）、3-己烯-1-醇（1.13%）、2,4-二甲基-呋喃（1.07%）、石竹烯氧化物（1.00%）等。

【利用】全草药用，有调经活血、祛风湿、消炎利耳、益脉的功效；种子用于治疗中耳炎；根用于治疗虚弱、头晕、胸闷、腹胀、咳嗽、月经不调；叶用于治疗咳嗽。嫩叶可作蔬菜食用。

藏波罗花

Incarvillea younghusbandii Sprague

紫葳科　角蒿属

别名：藏角蒿、角蒿

分布：西藏、青海

【形态特征】矮小宿根草本，高10～20 cm，无茎。根肉质。叶基生，平铺于地上，为1回羽状复叶；顶端小叶卵圆形至圆形，较大，长和宽分别为3～7 cm，顶端圆或钝，基部心形，侧生小叶2～5对，卵状椭圆形，长1～2 cm，宽约1 cm，粗糙，具泡状隆起，有钝齿。花单生或3～6朵着生于叶腋。花萼钟状，长8～12 mm，口部直径约4 mm，萼齿5，长为5～7 mm。花冠细长，漏斗状，长4～7 cm，直径8 mm，花冠筒橘黄色，花冠裂片圆形。蒴果弯曲或新月形，长3～4.5 cm，具四棱，顶端锐尖，淡褐色，2瓣开裂。种子2列，椭圆形，长5 mm，宽2.5 mm，近黑色，具有不明显的细齿状周翅及鳞片。花期5～8月，果期8～10月。

【生长习性】生于高山沙质草甸及山坡砾石垫状灌丛中，海拔3600～5840 m。喜光、耐寒、耐瘠薄。

【精油含量】水蒸气蒸馏法提取干燥花的得油率为0.03%。

【芳香成分】阿萍等（2010）用水蒸气蒸馏法提取的西藏那曲产藏波罗花干燥花精油的主要成分为：十六酸（31.66%）、二十三烷（15.76%）、9-己基十七烷（8.37%）、十四酸（7.96%）、2,15-十六烷二酮（7.20%）、(Z)-5,11,14,17-二十碳四烯酸甲酯（6.67%）、亚麻酸（5.56%）、二十一烷（4.35%）、十二酸（4.01%）、2-甲基二十三烷（1.54%）等。

【利用】根入药，有滋补强壮的功效，可治产后少乳、久病虚弱、头晕、贫血。具有较好的观赏性。

猫尾木

Dolichandrone cauda-felina (Hance) Benth. et Hook. f.

紫葳科　猫尾木属

别名：猫尾、猫尾树

分布：广东、海南、广西、云南、福建

【形态特征】乔木，高达10 m以上。叶近于对生，奇数羽状复叶，长30～50 cm；小叶6～7对，长椭圆形或卵形，长16～21 cm，宽6～8 cm，顶端长渐尖，基部阔楔形至近圆形，有时偏斜，全缘纸质。花大，直径10～14 cm，组成顶生具数花

的总状花序。花萼长约5 cm，密被褐色绒毛，顶端有黑色小瘤体数个。花冠黄色，长约10 cm，口部直径10～15 cm，漏斗形，下部紫色，花冠外面具多数微凸起的纵肋，花冠裂片椭圆形，长约4.5 cm。蒴果极长，达30～60 cm，宽达4 cm，厚约1 cm，悬垂，密被褐黄色绒毛。种子长椭圆形，极薄，具膜质翅，连翅长5.5～6.5 cm，宽约1.2 cm。花期10～11月，果期4～6月。

【生长习性】生于疏林边、阳坡，海拔200～300 m。

【芳香成分】AISHAHabita等（2007）用水蒸气蒸馏法提取的广东广州产猫尾木新鲜叶精油的主要成分为：邻苯二甲酸二丁酯（56.55%）、二-(2-乙基己基)邻苯二甲酸酯（9.80%）、1-辛烯-3-醇（6.64%）、(Z)-3-己烯-1-醇（4.48%）、(Z)-3-庚烯（2.81%）、己醛（2.39%）、甲氧基苯（2.07%）、芳樟醇（1.67%）、á-大马酮（1.41%）、10-(乙酰基甲基)-(+)-3-蒈烯（1.31%）、2,6,10,14-四甲基十六烷（1.18%）、1,2-苯二甲-双（2-甲基丙基)酯（1.02%）等。

【利用】可作庭园观赏的绿化树种。木材适用于作梁、柱、门、窗、家具等用材，海南多用作一般家具、床板、房板等。

木蝴蝶

Oroxylum indicum (Linn.) Kurz

紫葳科　木蝴蝶属

别名：玉蝴蝶、千张纸、千层纸、破故纸、毛鸭船、土黄柏、兜铃、海船、朝筒、牛脚筒

分布：福建、台湾、广东、四川、云南、贵州、广西

【形态特征】直立小乔木，高6～10 m，胸径15～20 cm，树皮灰褐色。大型奇数2～4回羽状复叶着生于茎干近顶端，长60～130 cm；小叶三角状卵形，长5～13 cm，宽3～10 cm，顶端短渐尖，基部近圆形或心形，偏斜，全缘，干后为蓝色。总状聚伞花序顶生，长40～150 cm；花大，紫红色。花萼钟状，紫色，长2.2～4.5 cm，宽2～3 cm，顶端平截，具小苞片。花冠肉质，长3～9 cm，口部直径5.5～8 cm；檐部下唇3裂，上唇2裂，裂片微反折，开放后有恶臭气味。蒴果木质，长40～120 cm，宽5～9 cm，厚约1 cm，2瓣开裂，果瓣具有中肋，边缘肋状凸起。种子多数，圆形，连翅长6～7 cm，宽3.5～4 cm，周翅薄如纸，故有千张纸之称。

【生长习性】生于海拔500～900 m的热带及亚热带低丘河谷密林，喜生于温暖向阳的山坡、河岸，以及公路边丛林中。喜温暖湿润气候，耐干旱，不耐寒，耐贫瘠。对土壤要求不严，以肥沃的砂质壤土生长良好。

【精油含量】水蒸气蒸馏法提取干燥成熟种子的得油率为0.30%～1.99%。

【芳香成分】赵丽娟等（2006）用水蒸气蒸馏法提取的干燥成熟种子精油的主要成分为：苯乙酮（72.29%）、二苯酮（7.81%）、丁化羟基甲苯（4.85%）、4-甲氧基苯乙酮（4.10%）、1,7,7-三甲基-(1R)-双环[2.2.1]庚-2-酮（2.12%）、苯乙醇（1.37%）等。李楠楠等（2016）用超临界CO_2萃取法提取的干燥成熟种子精油的主要成分为：羽扇豆醇（47.55%）、豆甾醇（13.67%）、g-谷甾醇（13.07%）、油酸（10.48%）、羽扇烯酮（5.90%）、反油酸乙酯（2.31%）、反式角鲨烯（1.67%）、棕榈酸（1.49%）、菜油甾醇（1.36%）等。

【利用】是理想的观花和观果植物。种子可用作花卉工艺品。种子和树皮供药用，有清肺利咽、止咳、消炎镇痛、舒肝之功效，主治肺热咳嗽、喉痹、音哑、十二指肠溃疡、肝胃气痛、疮口不敛。种子亦可泡茶。

蒜香藤

Pseudocalymma alliaceum (Lam.) Sandwith

紫葳科　蒜香藤属
别名：张氏紫薇、紫铃藤
分布：我国多地有栽培

【形态特征】为常绿攀缘性植物。三出复叶对生，小叶椭圆形，顶小叶常呈卷须状或脱落，小叶长7～10 cm，宽3～5 cm，全圆锥花序腋生；花冠筒状，花瓣前端5裂，紫色。蒜香藤花期，一般在夏末初秋的9～10月开花最旺。春秋开花，花朵初开时，颜色较深，以后颜色渐淡，每朵花可维持5～7天。花紫红色至白色。蒴果长约15 cm，扁平长线形。为常绿藤状灌木。植株蔓性，具卷须，叶为二出复叶，深绿色椭圆形，具光泽。花腋生，聚伞花序，花冠筒状，开口五裂。其花、叶在搓揉之后，有大蒜的气味，因此得名蒜香藤。花期春季至秋季，盛花期为8～12月。

【生长习性】喜温暖湿润气候和阳光充足的环境，生长适温18～28℃，冬季温度短时间低于5℃时，可安全越冬；长时间在5℃以下可引起地上部分冻害。对土质要求不高。全日照的环境最佳。

【精油含量】水蒸气蒸馏法提取新鲜叶的得油率为0.01%～0.06%，新鲜茎的得油率为0.05%，新鲜果实的得油率为0.07%。

【芳香成分】茎：唐玲等（2014）用水蒸气蒸馏法提取的云南西双版纳产蒜香藤新鲜茎精油的主要成分为：己二烯二硫化物（25.40%）、二烯丙基三硫化物（14.00%）、棕榈酸（11.00%）、丙基-2-甲基丙基硫醚（10.50%）、1-辛烯-3-醇（7.10%）、3-己烯-1-醇（2.70%）、反式-2-己烯醛（2.40%）、苯乙醛（2.00%）、反式-5-己烯醛（1.80%）、新植二烯（1.70%）、二烯丙基四硫化物（1.50%）、3-辛酮（1.40%）、3-辛醇（1.40%）、芳樟醇（1.40%）、水杨酸甲酯（1.30%）、β-紫罗（兰）酮（1.10%）、反式-7-甲基-1,6-二噁螺环[4.5]癸烷（1.10%）等。

叶：唐玲等（2014）用水蒸气蒸馏法提取的云南西双版纳产蒜香藤新鲜叶精油的主要成分为：己二烯二硫化物（48.90%）、二烯丙基三硫化物（18.40%）、1-辛烯-3-醇（10.20%）、丙基-2-甲基丙基硫醚（5.40%）、3-己烯-1-醇（2.40%）、二烯丙基四硫化物（2.20%）、3-辛醇（1.70%）、3-乙烯基-1,2-二噻环己-5-烯（1.10%）、反式-5-己烯醛（1.00%）等。纳智（2005）用同法分析的新鲜叶精油的主要成分为：植醇（54.33%）、二烯丙基二硫醚（13.31%）、1-辛烯-3-醇（8.25%）、顺-3-己烯-1-醇（4.10%）、2-甲氧基-4-乙烯基-苯酚（2.30%）、二烯丙基三硫醚（2.00%）、丁基丙烯基硫化物（1.91%）、巨豆三烯酮（1.89%）、芳樟醇（1.22%）、2,5-二甲酰基噻吩（1.01%）等。

果实：唐玲等（2014）用水蒸气蒸馏法提取的云南西双版纳产蒜香藤新鲜果实精油的主要成分为：己二烯二硫化物（34.20%）、二烯丙基三硫化物（29.80%）、丙基-2-甲基丙基硫醚（9.30%）、棕榈酸（5.20%）、二烯丙基四硫化物（2.90%）、3-乙烯基-1,2-二噻环己-5-烯（2.20%）、3-己烯-1-醇（1.40%）、1-辛烯-3-醇（1.30%）、反式-5-己烯醛（1.20%）、顺式-13-十八碳烯1-醛（1.00%）等。

【利用】供观赏，可地栽、盆栽，也可作为篱笆、围墙美化，或凉亭、棚架装饰之用，还可作阳台的攀缘花卉或垂吊花卉。根、茎、叶均可入药，可治疗伤风、发热、咽喉肿痛等呼吸道疾病。可作为蒜的替代物用于烹饪。

槟榔

Areca catechu Linn.

棕榈科　槟榔属

别名：槟榔子、大腹子、大腹皮、宾门、橄榄子、青仔

分布：云南、海南及台湾等热带地区

【形态特征】茎直立，乔木状，高10多m，最高可达30 m，有明显的环状叶痕。叶簇生于茎顶，长1.3～2 m，羽片多数，狭长披针形，长30～60 cm，宽2.5～4 cm，上部的羽片合生，顶端有不规则齿裂。雌雄同株，花序多分枝，花序轴粗壮压扁，分枝曲折，长25～30 cm，着生1列或2列的雄花，雌花单生于分枝的基部；雄花小，通常单生，很少成对着生，萼片卵形，长不到1 mm，花瓣长圆形，长4～6 mm；雌花较大，萼片卵形，花瓣近圆形，长1.2～1.5 cm。果实长圆形或卵球形，长3～5 cm，橙黄色，中果皮厚，纤维质。种子卵形，基部截平，胚乳嚼烂状，胚基生。花果期3～4月。

【生长习性】属温湿热型阳性植物，喜高温、雨量充沛湿润的气候环境。常见散生于低山谷底、岭脚、坡麓和平原溪边热带季雨林次生林间，也有成片生长于富含腐殖质的沟谷、山坎、疏林内及微酸性至中性的砂质壤土荒山旷野。最适宜气温在10～36℃，最低温度不低于10℃，最高温度不高于40℃，海拔1000 m以下，年降雨量1700～2000 mm的地区均能生长良好。

【精油含量】水蒸气蒸馏法提取干燥果皮的得油率为0.03%；超临界萃取种子的得油率为3.76%。

【芳香成分】花：张明等（2014）用固相微萃取法提取的海南文昌产槟榔新鲜雄花精油的主要成分为：乙酸异戊酯（36.24%）、苯乙烯（8.44%）、2-甲基丁酸-3-甲基丁酯（7.41%）、丙酸异戊酯（5.62%）、3,7-二甲基-2,6-辛二烯-2-甲基丁酸酯（4.11%）、乙酸己酯（3.93%）、丁酸异戊酯（3.65%）、5-甲基-2-(1-甲基乙烯基)-4-己烯-1-醇乙酸酯（3.60%）、异戊酸异戊酯（3.07%）、十五烷（2.67%）、3-己烯醇乙酸酯（2.44%）、2-甲基丁酸乙酯（1.81%）、水杨酸乙酯（1.70%）、3-甲基丁酸

戊酯（1.64%）、异戊醇（1.12%）、乙酸薰衣草酯（1.03%）等；新鲜花梗精油的主要成分为：(Z)-3-己烯醇乙酸酯（27.71%）、(E)-3-己烯醇乙酸酯（26.51%）、乙酸己酯（20.96%）、乙酸异戊酯（11.97%）、正己醇（2.91%）、叶醇（2.62%）、乙酸戊酯（1.45%）等。

果实：胡延喜等（2017）用水蒸气蒸馏法提取的海南万宁产槟榔干燥果皮精油的主要成分为：正十六烷酸（45.43%）、十六烷酸乙酯（8.29%）、辛酸（5.57%）、(E,E)-2,4-癸二烯醛（4.43%）、苯基环氧乙烷（3.98%）、十四烷酸（1.60%）等。周大鹏等（2012）用固相微萃取法提取的海南产槟榔果皮挥发油的主要成分为：十六醛（27.53%）、长叶薄荷酮（12.78%）、十四醛（7.21%）、壬醛（3.85%）、(11E,13Z)-1,11,13-十八碳三烯（3.72%）、芳樟醇（3.35%）、二十六烷（2.89%）、薄荷酮（2.69%）、十三醛（2.66%）、二十五烷（2.52%）、1-己醇（2.39%）、2-壬酮（2.01%）、正癸醛（1.91%）、L-薄荷醇（1.73%）、(E)- 2-十四烯（1.38%）、1-辛醇（1.31%）、二十四烷（1.12%）、2-戊基呋喃（1.11%）、十四烷（1.05%）等。

种子：周大鹏等（2012）用固相微萃取法提取的海南产槟榔种子挥发油的主要成分为：苯乙醛（24.24%）、长叶薄荷酮（21.04%）、芳樟醇（6.47 %）、薄荷酮（6.16%）、桉油醇（5.07%）、正癸醛（3.56%）、1-己醇（2.86%）、薄荷醇（2.80%）、壬醛（2.48%）、二十四烷（2.44%）、槟榔碱（2.33%）、2-甲基-丁醛（1.68%）、苯甲醛（1.20%）等。

【利用】果实作为一种咀嚼嗜好品供食用。种子、果皮、花等均可入药，具有杀虫、消积、降气、行气、利水之功效，用于治疗绦虫、蛔虫、姜虫病、水肿、脚气、食积气滞、腹痛胀满、腹水、痢疾、胆道蛔虫、血吸虫病；外治青光眼，制成眼药水滴眼。木材是优良的建筑材料。叶可以编箱笼，拈房顶。可以制作手杖、农具柄等。可作为观赏树或行道树。

椰子

Cocos nucifera Linn.

棕榈科　椰子属

别名：可可椰子

分布：海南、台湾、广东、广西、云南

【形态特征】植株高大，乔木状，高15～30 m，茎粗壮，有环状叶痕，基部增粗，常有簇生小根。叶羽状全裂，长3～4 m；裂片多数，外向折叠，革质，线状披针形，长65～100 cm或更长，宽3～4 cm，顶端渐尖；叶柄粗壮，长达1 m以上。花序腋生，长1.5～2 m，多分枝；佛焰苞纺锤形，厚木质，最下部的长60～100 cm或更长，老时脱落；雄花萼片3片，鳞片状，长3～4 mm，花瓣3枚，卵状长圆形，长1～1.5 cm；雌花基部有小苞片数枚；萼片阔圆形，宽约2.5 cm，花瓣与萼片相似，但较小。果卵球状或近球形，顶端微具三棱，长15～25 cm，外果皮薄，中果皮厚纤维质，内果皮木质坚硬。花果期主要在秋季。

【生长习性】在年平均温度26～27℃，年温差小，年降雨量1300～2300 mm且分布均匀，年光照2000h以上，海拔50 m以下的沿海地区最为适宜。为热带喜光作物，在高温、多雨、阳光充足和海风吹拂的条件下生长发育良好。适宜在低海拔地区生长，生长的土壤以海洋冲积土和河岸冲积土为佳。

【精油含量】超临界萃取法提取果实的得油率为0.93%。

【芳香成分】叶：马国峰等（2011）用同时蒸馏萃取法提取的海南儋州产椰子心叶精油的主要成分为：2,6-二叔丁基-4-甲基苯酚（21.04%）、2-甲氧基-4-乙烯基苯酚（15.85%）、棕榈酸（14.97%）、2,3-二氢苯并呋喃（13.33%）、叶绿醇（6.33%）、油酸（4.63%）、(Z,Z)-9,12-十八碳二烯酸（2.94%）、十六烷-1-醇（1.94%）、8-甲基壬基邻苯二甲酸丁酯（1.75%）、(E)-9-十六碳烯酸（1.74%）、十七烷-1-醇（1.66%）、十四烷酸（1.63%）等；半展叶精油的主要成分为：棕榈酸（15.11%）、2-甲氧基-4-乙烯基苯酚（11.15%）、2,6-二叔丁基-4-甲基苯酚（10.36%）、2,3-二氢苯并呋喃（9.34%）、十四烷酸（6.93%）、叶绿醇（6.51%）、(Z)-11-十六碳烯酸（6.09%）、十五烷酸（4.85%）、(E)-9-十八碳烯酸（2.84%）、壬醛（2.57%）、十二烷酸（1.67%）、13-甲基氧杂环十四烷-2,11-二酮（1.32%）、油酸（1.21%）、(Z,Z)-9,12-十八碳二烯酸（1.13%）、5,9,13-三甲基-4,8,12-十四碳三烯醛（1.09%）、4-羟基-3-甲氧基苯甲醛（1.02%）等；老熟叶

精油的主要成分为：叶绿醇（24.60%）、棕榈酸（9.82%）、2-甲氧基-4-乙烯基苯酚（6.80%）、十八碳-1-烯（6.21%）、2,3-二氢苯并呋喃（6.14%）、2,6-二叔丁基-4-甲基苯酚（5.74%）、新植二烯（4.74%）、油酸（4.42%）、十八烷-1-醇（4.20%）、9-羟基-1-甲基-1,2,3,4-四氢-8H-吡啶并(1,2-A）吡嗪-8-酮（3.94%）、十四烷酸（3.26%）、邻二甲苯（1.66%）、十二烷-1-醇（1.45%）、(Z,Z)-9,12-十八碳二烯酸（1.27%）、(Z)-11-十六碳烯酸（1.22%）等。

果实：陆占国等（2008）用水蒸气蒸馏法提取的'Yatay'椰子果实精油的主要成分为：己酸乙酯（33.99%）、己酸（13.47%）、异戊醇（6.46%）、辛酸乙酯（4.58%）、1-丁醇（2.65%）、月桂酸乙酯（2.49%）、油酸乙酯（2.36%）、丁二酸二乙酯（2.33%）、2-甲基丙醇（2.24%）、2-甲基丁醇（1.80%）、1,1-二甲氧基-2,2,5-三甲基-4-己烯（1.72%）、亚油酸乙酯（1.61%）、乙酸乙酯（1.44%）、乙醇（1.37%）、苯乙醇（1.19%）、11-十六碳烯酸乙酯（1.16%）、十六碳酸乙酯（1.03%）等。蔡贤坤等（2014）用同时蒸馏萃取法提取的海南产椰子汁精油成分为：乙偶姻（29.79%）、丁位癸内酯（8.04%）、2,3-丁二酮（5.87%）、2,3-戊二酮（5.18%）、丁位辛内酯（4.98%）、异戊醇（4.79%）、异戊醛（4.50%）、乙醇（3.41%）、苯乙醛（3.19%）、十六酸甲酯（3.10%）、糠醛（2.86%）、桂醛（2.71%）、2-甲基丁醛（2.38%）、壬醛（2.05%）、3-甲硫基丙醛（1.80%）、2-甲基吡嗪（1.43%）、4-乙烯基愈创木酚（1.43%）、丁醇（1.15%）、2-吡啶甲醛（1.10%）等。

【利用】椰汁及椰肉是老少皆宜的美味佳果，可食。果肉药用，具有补虚强壮、益气祛风、消疳杀虫的功效；椰子汁有生津止渴、利尿消肿、驱虫的功效；果壳油治疗癣及杨梅疮。椰肉可榨油、作菜，也可制成椰奶、椰蓉、椰丝、椰子酱罐头和椰子糖、饼干。椰子水可作清凉饮料，也是组织培养的良好促进剂。椰油可制成化妆品、机械润滑油、蜡烛；可治冻疮、神经性皮炎、癣疾。椰纤维可制毛刷、地毯、缆绳等。椰壳可制成各种器皿和工艺品、高级活性炭。树干可作建筑材料。叶子可盖屋顶或编织。是热带地区绿化美化环境的优良树种。

棕榈

Trachycarpus fortunei (Hook.) H. Wendl.

棕榈科　棕榈属

别名：栟榈、棕树

分布：分布于长江以南各地

【形态特征】乔木状，高3～10 m或更高，树干被老叶柄基部和密集的网状纤维。叶片近圆形，深裂成30～50片具皱折的线状剑形，宽2.5～4 cm，长60～70 cm的裂片，先端具短2裂或2齿，硬挺。花序多次分枝，雌雄异株。雄花序具2～3个分枝花序；每2～3朵生于小穗轴上，也有单生的；黄绿色，卵球形，钝三棱；花萼3片，卵状急尖，花冠约2倍长于花萼，花瓣阔卵形；雌花序有3个佛焰苞，具4～5个圆锥状的分枝花序；雌花淡绿色，通常2～3朵聚生；球形，萼片阔卵形，3裂，基部合生，花瓣卵状近圆形。果实阔肾形，有脐，宽11～12 mm，高7～9 mm，由黄色变为淡蓝色，有白粉。花期4月，果期12月。

【生长习性】栽培于四旁，罕见野生于疏林中，垂直分布在海拔300～1500 m，我国西南地区可达2700 m。喜温暖湿润的气候，喜光，较耐阴。耐寒性极强，不能抵受太大的日夜温差。适生于排水良好、湿润肥沃的中性、石灰性或微酸性土壤，耐轻盐碱，也耐一定的干旱与水湿。抗大气污染能力强。

【精油含量】超临界萃取法提取干燥茎的得油率为0.67%～1.01%，干燥叶的得油率为0.91%～1.45%，干燥花的得油率为1.06%～2.02%。

【芳香成分】茎：卫强等（2016）用超临界CO_2-环己烷萃

取法提取的棕榈干燥茎精油的主要成分为：甲苯（13.80%）、邻苯二甲酸二丁酯（5.08%）、壬醛（4.95%）、对二甲苯（4.35%）、十四醛（4.20%）、二十三烷（4.05%）、甲基环己烷（3.75%）、乙苯（2.15%）、2-甲氧基苯酚（2.15%）、邻苯二甲酸异辛酯（2.00%）、十六醛（1.95 %）、4-乙基-2-甲氧基苯酚（1.90%）、正壬醇（1.85 %）、4-乙烯基-2-甲氧基苯酚（1.78%）、邻苯二甲酸二异丁酯（1.75%）、(E,E)-2,4-癸二烯醛（1.73%）、十七烷（1.65%）、正庚醛（1.58%）、3,7-二甲基-1,6-辛二烯-3-醇（1.55%）、二十一烷（1.53%）、6,10,14-三甲基-2-十五烷酮（1.50%）、己醛（1.40%）、醋酸正丁酯（1.20%）、(Z)-3-壬烯-1-醇（1.20%）、3-乙基-5-(2-乙基丁基)-十八烷（1.13%）等；乙醚萃取的干燥茎精油的主要成分为：1,1-二乙氧基乙烷（25.77%）、2,3-丁二醇（10.65%）、2-乙氧基-3-氯丁烷（6.21%）、仲丁基醚（1.65%）、2,4,5-三甲基-1,3-二氧戊环（1.63%）、2-丁氧基戊烷（1.31%）、3-(1-乙氧乙氧基)-2-甲基-1-丁醇（1.06%）、1-(2-甲丙氧基)-2-丙醇（1.03%）等。

叶：卫强等（2016）用超临界CO_2-环已烷萃取法提取的棕榈干燥叶精油的主要成分为：(Z)-3-己烯-1-醇（15.87%）、正己醇（12.60%）、甲苯（9.60%）、二十一烷（5.82%）、邻苯二甲酸二丁酯（2.73%）、十八醛（2.67%）、甲基环己烷（2.64%）、2-溴十八醛（2.07%）、苯乙醛（1.83%）、4-乙烯基-2-甲氧基苯酚（1.74%）、β-紫罗兰酮（1.65%）、Z-(13,14-环氧)十四烷基-11-烯-1-醇乙酯（1.35 %）、3-乙基-5-(2-乙基丁基)-十八烷（1.32%）、邻苯二甲酸异辛酯（1.26 %）、十二烷酸（1.26%）、已酸乙烯醇酯（1.20%）、1,3-二羟基-5-戊基苯（1.20%）、十四醛（1.17%）、亚麻酸甘油酯（1.14%）、四十四烷（1.08%）、3-已烯醛（1.08%）、6,10,14-三甲基-2-十五烷酮（1.05%）、茉莉酮（1.02%）、(E)-6,10-二甲基-5,9-十一烷二烯-2-酮（1.02%）等。

花：卫强等（2016）用超临界CO_2-环已烷萃取法提取的棕榈干燥花精油的主要成分为：二十三烷（23.86%）、二十八烷（8.48%）、甲苯（4.48%）、二十一烷（3.84%）、丁苯那嗪（3.78%）、2-甲基-1-十六醇（3.08%）、吡啶-9,10-亚甲基-十六酸（2.84%）、二十四烷（2.54%）、1-十九烯（2.10%）、8,11-十八碳二烯酸甲酯（1.68%）、2-甲氧基苯酚（1.52%）、蝶呤-6-羧酸（1.42%）、邻苯二甲醚（1.42 %）、2-十五烷酮（1.38%）、壬醛（1.34%）、2,3-二氢-3-[2-(乙氧羰基)氨乙基]-5-甲氧基-1,3-二甲基-吲哚-2-酮（1.34%）、2-壬烯基丁二酸酐（1.08%）、4-氧代-3-硫代丙烷基-3-杂螺[5.5]-1,5-二氰基-1-十一烯（1.06%）、邻苯二甲酸二异丁酯（1.02%）等；乙醚萃取的棕榈干燥花精油的主要成分为：二十一烷（6.39%）、二十八烷（5.46%）、吡啶基-11,12-亚甲基-十八酸甲酯（4.68%）、十六烷酸（4.29%）、14-羟基-15-甲基-15-十六碳烯酸（3.84%）、2-甲氧基苯酚（3.39%）、(Z)-2-戊烯-1-醇（2.63%）、齐敦果烷-12-烯-3-酮（2.63%）、1,1-二乙氧基乙烷（2.57%）、丁苯那嗪（2.40%）、二十二烷（2.04%）、吡啶-9,10-亚甲基-十六酸（2.03%）、二十七烷（1.71 %）、二十四烷（1.55%）、N-乙氧基羰基-3，4-环氧-6-(3-甲氧基苯基)-氮杂双环[3.2.1]壬烷（1.53%）、四十四烷（1.14%）、苯酚（1.13%）、亚油酸乙酯（1.10 %）、油酸（1.08%）、2,3-二氢-3-[2-(乙氧羰基)氨乙基]-5-甲氧基-1,3-二甲基-吲哚-2-酮（1.04%）等。

【利用】叶鞘纤维作绳索、渔网、编蓑衣、棕绷、地毯、制刷子和作沙发的填充料等。树干可作亭柱、水槽，又可制扇骨、木梳等。嫩叶经漂白可制扇和草帽。未开放的花苞可供食用。棕皮及叶柄（棕板）煅炭入药，有止血作用；果实、叶、花、根等亦入药，有收敛止血的功效，用于治疗吐血、衄血、便血、血淋、尿血、外伤出血、崩漏下血。是庭园绿化的优良树种。

阳桃

Averrhoa carambola Linn.

酢浆草科　阳桃属

别名：杨桃、五敛子、三敛、洋桃、羊桃、酸桃、酸五棱、五棱果、五稔

分布：原产地印度、马来西亚。我国台湾、福建、广东、广西、云南、海南等地有栽种

【形态特征】乔木，高可达12 m，分枝较多；树皮暗灰色。奇数羽状复叶，互生，长10～20 cm；小叶5～13片，全缘，卵形或椭圆形，长3～7 cm，宽2～3.5 cm，顶端渐尖，基部圆，一侧歪斜，叶面深绿色，叶背淡绿色；花小，微香，数朵至多朵组成聚伞花序或圆锥花序，自叶腋出或着生于枝干上，花枝和花蕾深红色；萼片5，长约5 mm，覆瓦状排列，基部合成细杯状，花瓣略向背面弯卷，长8～10 mm，宽3～4 mm，背面淡紫红色，边缘色较淡，有时为粉红色或白色。浆果肉质，有5棱，长5～8 cm，淡绿色或蜡黄色，有时带暗红色。种子黑褐色。花期4～12月，果期7～12月。

【生长习性】生于路旁、疏林或庭园中。喜高温湿润气候，不耐寒，日均温需在15℃以上，温度低于15℃时幼苗停止生长，10℃以下受寒害，开花期需27℃以上温度。怕霜害和干旱，久旱和干热风引起落花落果。喜半阴，怕强烈日晒，易受风害。对土壤要求不严，以土层深厚、疏松肥沃、富含腐殖质的壤土栽培为宜，pH5.5～6.5。喜微风而怕台风。

【精油含量】超临界萃取干燥果实的得油率为2.30%。

【芳香成分】叶：廖彭莹等（2011）用水蒸气蒸馏法提取的广西南宁产阳桃叶精油的主要成分为：棕榈酸（29.11%）、二十一烷（18.39%）、硬脂酸（10.23%）、壬醛（5.70%）、β-紫罗兰酮（4.34%）、植酮（2.94%）、香叶基丙酮（2.66%）、苯甲醛（2.37%）、(Z,Z,Z)-9,12,15-十八烷三烯-1-醇（2.17%）、α-紫罗兰酮（1.73%）、二十三烷（1.22%）、苯乙酮（1.02%）等。

果实：刘胜辉等（2008）用顶空固相微萃取法提取的广东湛江产‘B17’阳桃成熟果实香气的主要成分为：乙酸-反-2-己烯酯（39.54%）、4,6(Z),8(Z)-大柱三烯（25.56%）、β-紫罗兰酮（10.35%）、4,6(Z),8(E)-大柱三烯（8.07%）、丁酸-反-2-己烯酯（4.33%）、1-壬醇（4.01%）、乙酸辛酯（3.65%）、4,6(E),8(Z)-大柱三烯（1.39%）、茶螺烷（1.38%）、己酸-2-己烯酯（1.37%）、4,6(E)，8(E)-大柱三烯（1.13%）等；‘B10’阳桃成熟果实香气的主要成分为：乙酸-反-2-己烯酯（43.77%）、4,6(Z),8(Z)-大柱三烯（18.01%）、丁酸-反-2-己烯酯（12.55%）、β-紫罗兰酮（7.81%）、4,6(Z),8(E)-大柱三烯（5.19%）、己酸-2-己烯酯（4.26%）、丙酸-反-2-己烯酯（1.03%）等；‘新加坡红肉’阳桃成熟果实香气的主要成分为：乙酸-反-2-己烯酯（53.07%）、丁酸-反-2-己烯酯（15.07%）、4,6(Z),8(Z)-大柱三烯（7.73%）、β-紫罗兰酮（6.83%）、乙酸辛酯（2.87%）、4,6(Z),8(E)-大柱三烯（2.86%）、己酸-2-己烯酯（2.31%）等。

【利用】果实为常见水果，也可加工成蜜饯等食用。根、枝、叶、花、果实入药，根有涩精、止血、止痛的功效，用于治疗遗精、鼻衄、慢性头痛、关节疼痛；枝、叶有祛风利湿、消肿止痛的功效，用于治风热感冒、急性胃肠炎、小便不利、产后浮肿、跌打肿痛、痈疽肿毒；花有清热的功效，用于治寒热往来；果实具有清热、生津、利水、解毒之功效，用于治疗风热咳嗽、烦咳、咽喉肿痛、消肿解毒、小便不利、皮肤瘙痒、痈肿疮毒。

红花酢浆草

Oxalis corymbosa DC.

酢浆草科　酢浆草属

别名：大酸味草、铜锤草、南天七、紫花酢浆草、多花酢浆草

分布：华东、华中、华南以及河北、陕西、四川、云南等地

【形态特征】多年生直立草本。无地上茎，地下部分有球状鳞茎，外层鳞片膜质，褐色，内层鳞片呈三角形。叶基生；小叶3，扁圆状倒心形，长1～4 cm，宽1.5～6 cm，顶端凹入，两侧角圆形，基部宽楔形，叶面绿色；叶背浅绿色，两面有小腺体，叶背尤甚并被疏毛；托叶长圆形，顶部狭尖。二歧聚伞花序，通常排列成伞形花序式；花梗、苞片、萼片均被毛；有披针形干膜质苞片2枚；萼片5，披针形，长4～7 mm，先端有暗红色长圆形的小腺体2枚，顶部腹面被疏柔毛；花瓣5，倒心形，长1.5～2 cm，为萼长的2～4倍，淡紫色至紫红色，基部颜色较深。花果期3～12月。

【生长习性】生于低海拔的山地、路旁、荒地或水田中。喜向阳、温暖、湿润的环境，夏季炎热地区宜遮半阴。抗旱能力较强，不耐寒。对土壤适应性较强，一般园土均可生长，以腐殖质丰富的砂质壤土生长旺盛。

【精油含量】超临界萃取后进行减压蒸馏，再以环己烷萃取干燥叶的得油率为0.40%，干燥花的得油率为0.66%；以乙醚萃取干燥叶的得油率为0.56%，干燥花的得油率为0.81%。

【芳香成分】叶：卫强等（2016）用超临界CO_2萃取后进行减压蒸馏，再以环己烷萃取的红花酢浆草干燥叶精油的主要成分为：甲苯（17.16%）、甲基环己烷（16.59%）、邻苯二甲酸二丁酯（5.43%）、4-乙烯基-2-甲氧基苯酚（4.65%）、二十八烷（4.38%）、乙苯（3.06%）、10-甲基乙基-(+)-3-蒈烯（3.03%）、二十一烷（3.00%）、松油醇（2.70%）、邻苯二甲酸二异丁酯（2.52%）、邻苯二甲酸二异辛酯（2.49%）、苯乙醛（2.49%）、叶绿醇（2.34%）、二十七烷（2.19%）、间二甲苯（1.92%）、醋酸正丁酯（1.77%）、4-[2,2,6-三甲基-7-氧杂二环[4.1.0]庚-1-基]-3-丁烯-2-酮（1.50%）、乙酸仲丁酯（1.08%）、4-(2,6,6-三甲基-1,3-环己二烯-1-基)-2-丁酮（1.05%）等；以乙醚萃取的干燥叶精油的主要成分为：1,1-二乙氧基乙烷（24.22%）、2-乙氧基-3-氯丁烷（14.14%）、2-甲基-2,4-二甲氧基丁烷（6.12%）、2-甲基戊酸甲酯（3.76%）、2-乙氧丙烷（3.24%）、2,4,5-三甲基-1,3-二氧戊环（2.78%）、仲丁基醚（2.12%）、2,4-二叔丁基苯酚（1.88%）、2-(苯甲基)-1,3-二氧戊环（1.80%）、乙苯（1.66%）、二十七烷（1.46%）、3-羟基-2-丁酮（1.36%）、8-甲基丁基-1,2-苯二甲酸壬酯（1.26%）、3,5-二甲基-1,3,4-三羟基己烷（1.24%）、(Z)-9-十八碳烯酰胺（1.12%）、2,6,10,15-四甲基十七烷（1.08%）、丁基邻苯二甲酸十四酯（1.08%）、十六烷（1.02%）等。

花：卫强等（2016）用超临界CO_2萃取后进行减压蒸馏，再以环己烷萃取的红花酢浆草干燥花精油的主要成分为：甲基环己烷（18.42%）、甲苯（17.46%）、6,10,14-三甲基-2-十五烷酮（7.17%）、邻苯二甲酸二丁酯（5.76%）、3-己烯-1-醇（4.29%）、邻苯二甲酸二异丁酯（3.60%）、二十一烷（2.97%）、二十八烷（2.91%）、乙苯（2.82%）、7-己基二十烷（2.46%）、邻苯二甲酸二异辛酯（2.28%）、松油醇（2.10%）、醋酸正丁酯（1.74 %）、间二甲苯（1.74%）、苯乙醛（1.26%）、1,7-二乙酰氧基庚烷（1.11%）等；以乙醚萃取的干燥花精油的主要成分为：2,3-丁二醇（29.84%）、6,10,14-三甲基-2-十五烷酮（7.80%）、2-乙氧基-3-氯丁烷（7.00%）、甘油缩甲醛（4.24%）、2,4,5-三甲基-1,3-二氧戊环（2.56%）、丁基邻苯二甲酸十四酯（2.06%）、二十一烷（1.98%）、9-(2',2'-二甲基丙酰肼基)-3,6-二氯-2,7-双-[2-(二乙胺)-乙氧基]芴（1.88%）、仲丁基醚（1.86%）、二乙基醋酸（1.74%）、2,4-二叔丁基苯酚（1.60%）、邻苯二甲酸二丁酯（1.54%）、2-(苯甲基)-1,3-二氧戊环（1.50%）、16,17,20,21-四氢-16-羟甲基-18,19-开环育亨烷-19-甲酸甲酯（1.48%）、十五烷（1.38%）、乙苯（1.34%）、十六烷（1.30%）、3,5-二甲基-1,3,4-三羟基己烷（1.16%）、3-羟基-2-丁酮（1.16%）、十四烷（1.04%）、2,6,10,14-四甲基十七烷（1.00%）等。

【利用】园林中广泛种植，还是盆栽的良好材料。全草药用，具有清热解毒、散瘀消肿、调经的功效，用于治疗肾盂肾炎、痢疾、水泻、咽炎、牙痛、淋浊、月经不调、白带；外用治毒蛇咬伤、跌打损伤、痈疮、烧烫伤。

参考文献

AISHA Habita，陆永跃，曾玲，2007. 猫尾木挥发油对美洲斑潜蝇产卵驱避作用研究[J]. 华南农业大学学，28(1)：58-62.

阿萍，吴娟，彭括，等，2010. 藏角蒿花挥发油的GC-MS分析[J]. 安徽农业科学，38(22)：11785-11786.

阿优（Vilaysack Mackhaphonh），冯洁，李进英，等，2013. 不同采收期两面针叶挥发性成分的GC-MS分析[J]. 时珍国医国药，24(5)：1244-1246.

白贞芳，张继，杨永利，等，2004. 草黄堇挥发油化学成分的GC-MS研究[J]. 西北植物学报，24(5)：907-910.

包呼和牧区乐，2013. 水蒸汽蒸馏和超临界CO_2萃取对蒙药文冠木挥发油萃取的比较[J]. 内蒙古民族大学学报（自然科学版），28(5)：528-531.

毕和平，韩长日，韩建萍，2005. 三叉苦叶挥发油的化学成分分析[J]. 中草药，36(5)：663-664.

卞京军，程密密，罗思源，等，2014. 黑壳楠叶片精油挥发性成分的GC/MS鉴定与应用分析[J]. 西南大学学报（自然科学版），36(10)：82-88.

蔡进章，潘晓军，林观样，等，2010. 气相色谱-质谱法测定山鸡椒根的挥发性成分[J]. 中国中医药科技，17(2)：135-136.

蔡进章，林崇良，周子晔，等，2011. 山橿根、茎、叶挥发油化学成分的研究[J]. 中华中医药学刊，29(8)：1893-1895.

蔡贤坤，及晓东，2014. 同时蒸馏萃取-气相色谱质谱联用法分析2种椰子水中的香气物质[J]. 香料香精化妆品，(4)：28-31.

蔡逸平，陈有根，曹岚，等，1998. 枳壳类药材挥发油成分分析[J]. 中药材，21(11)：567-569.

巢志茂，何波，尚尔金，1999. 怀牛膝挥发油成分分析[J]. 天然产物研究与开发，11(4)：41-44.

陈彩和，刘丽芬，郑琳，等，2012. 三桠苦叶挥发性成分的分析及在卷烟中的应用[J]. 食品工业，(3)：100-102.

陈丹，刘永静，曾绍炼，等，2008. 代代叶、花与果挥发油中化学成分的GC-MS分析[J]. 中国现代应用药学杂志，25(2)：117-119.

陈东，邓国宾，杨黎华，等，2007. 三七叶挥发油的化学成分分析[J]. 天然产物研究与开发，19：37-40.

陈汉平，伊惠贤，刘益群，1984. 毛叶木姜子果实精油化学成分研究[J]. 中草药，15(11)：13.

陈行烈，张惠迪，1989. 藏药全缘绿绒蒿挥发油化学成分的研究[J]. 新疆大学学报，6(4)：75-77.

陈佳妮，蒋桂华，杨莎，等，2012. GC-MS分析随手香中挥发油的化学成分[J]. 华西药学杂志，27(5)：498-500.

陈家华，林祖铭，金声，1989. 佛手果头香挥发油的化学成分研究[J]. 北京大学学报（自然科学版），25(2)：205-210.

陈家源，牙启康，卢文杰，等，2009. GC-MS分析四数九里香的挥发油成分[J]. 华西药学杂志，24(6)：671-672.

陈建忠，李彧，肖建平，等，2012. 药对泽泻-白术与其单味药挥发油成分的比较分析[J]. 福建中医药大学学报，22(4)：43-46.

陈进，苏应春，陈贵清，等，1993. 云南西双版纳大翼厚皮橙的研究[J]. 中国柑桔，22(3)：3-5.

陈丽，蔡琪，1997. 芦柑果皮挥发油化学成分的研究[J]. 福建中医药，28(6)：40-41.

陈丽艳，王昶，2010. 葡萄柚精油的化学成分分析[J]. 黑龙江医药，23(1)：36-37.

陈利军，周顺玉，史洪中，等，2009. 博落回挥发油化学成分GC-MS分析[J]. 中国农学通报，25(07)：94-96.

陈玲，杨文彬，李剑政，2001. 海南西番莲果实香气成分研究[J]. 香料香精化妆品，(5)：1-4.

陈玲，刘志鹏，施文兵，等，2005. 荔枝核与荔枝膜挥发油的GC/MS分析[J]. 中山大学学报（自然科学版），44(2)：53-56.

陈美航，舒华，陈仕学，等，2013. 棘茎楤木不同部位挥发油成分的比较[J]. 中国实验方剂学杂志，19(12)：124-128.

陈萍，张吉波，王建刚，2016. 东北刺人参根挥发油的GC-MS分析[J]. 中药材，39(4)：799-801.

陈卫东，张友胜，肖更生，等，2005. GC-MS联用分析金柚外黄皮和内白皮中挥发性化学成分[J]. 食品科学，26(10)：169-172.
陈伟鸿，张媛燕，卢丽平，等，2016. 山橘果皮及叶片挥发油成分的分析比较[J]. 福建师范大学学报（自然科学版），32(2)：69-75.
陈小强，刘帅，于雯，等，2016. 黄檗果实精油的化学成分、抗氧化及细胞毒活性[J]. 精细化工，33(2)：147-151.
陈新颖，许良葵，杨燕军，等，2017. 痰火草挥发油成分及抗肿瘤活性研究[J]. 天然产物研究与开发，29：264-267.
陈秀琳，张建华，2009. 小叶杨萎蒿叶片挥发物成分分析[J]. 安徽农业科学，37(25)：11859，11942.
陈训，贺瑞坤，2009. 顶坛花椒和四川茂县大红袍花椒挥发油的GC-MS分析比较[J]. 安徽农业科学，37(5)：1879-1880，1885.
陈艳，2014. 粤产射干挥发油的水蒸气蒸馏提取及气相色谱-质谱联用分析[J]. 广东化工，41(17)：9-11.
陈永宽，李雪梅，孔宁川，等，2003. 罂粟籽油挥发性化学成分的分析[J]. 中草药，34(10)：887-888.
陈有根，范崔生，1998. 4种陈皮药材挥发油成分的研究[J]. 江西中医学院学报，10(2)：79-80.
陈有根，范崔生，黄敏，1998. 三种江西产陈皮挥发油成分的研究[J]. 中草药，29(6)：373-374.
陈幼竹，万德光，2004. 杨叶木姜子叶的挥发油成分分析及抗菌活性初步研究[J]. 中国医药杂志，1(2)：56-57.
谌瑞林，何行真，龚千峰，2004. 枳壳不同炮制方法对其挥发油的影响[J]. 江西中医学院学报，16(1)：44-47.
程必强，许勇，喻学俭，等，1989. 云南省肉桂的引种和栽培[J]. 云南植物研究，11(4)：433-439.
程必强，喻学俭，1991. 西双版纳引种的锡兰肉桂品种及精油成分[J]. 林产化学与工业，11(4)：325-332.
程必强，许勇，马信祥，等，1990. 一种新香料植物—小芸木的初步研究[J]. 香料香精化妆品，(3)：1-4.
程必强，马信祥，许勇，等，1997. 细毛芳樟香气鉴别及后代的特性[J]. 香料香精化妆品，(3)：7-9，38.
程必强，许勇，喻学俭，等，1992. 西双版纳引种的少花桂及精油成分[J]. 香料香精化妆品，(2)：1-5.
程必强，喻学俭，丁靖垲，等，1997. 中国樟属植物资源及其芳香成分[M]. 昆明：云南科技出版社，3-120.
程传格，王晓，苑金鹏，等，2005. 加杨雄花序挥发油化学成分分析[J]. 山东轻工业学院学报，19(1)：1-5.
程荷凤，蔡春，李小凤，1996. 化橘红挥发油化学成分的研究[J]. 中国药学杂志，31(7)：424-425.
程荷凤，蔡春，李小凤，1996. 化州柚叶挥发油化学成分的研究[J]. 现代应用药学，13(5)：25-26.
程菊英，唐改福，1987. 柚花头香化学成分的研究（一）[J]. 广西植物，7(3)：274-276.
程立超，迟德富，2007. 10种杨属植物树皮挥发油的化学成分分析[J]. 林业科学研究，20(2)：267-271.
程世法，朱亮锋，陆碧瑶，等，1990. 勒欓果精油化学成分和抑菌活性的研究[J]. 植物学报，32(1)：49-53.
程友斌，许峰，赵琰玲，等，2012. 香槁树叶挥发油化学成分分析[J]. 安徽医药，16(12)：1775-1777.
池庭飞，施小芳，袁湘宁，等，1985. 刨花楠叶精油化学成分的初步研究[J]. 福建林学院学报，5(2)：37-44.
池庭飞，施小芳，吴当鉴，等，1985. 沉水樟叶精油化学成分的研究[J]. 福建林学院学报，5(1)：81-86.
楚建勤，1985. 野香橼的栽培及其精油成分研究[J]. 香料香精化妆品，(4)：47-51.
崔炳权，郭晓玲，林元藻，2006. 陕西凤县大红袍花椒挥发油化学成分的GC/MS分析[J]. 中国医药导报，3(36)：21-22，152.
戴磊，冯志坚，李文峰，2013. 4种润楠属植物精油成分分析[J]. 福建林业科技，40(1)：49-51.
戴云华，梁晓原，徐力，等，1986. 不同产地的千只眼精油化学成分的比较研究[J]. 云南植物研究，8(4)：477-481.
邓超澄，霍丽妮，李培源，等，2010. 广西阴香叶挥发油化学成分及其抗氧化性研究[J]. 中国实验方剂学杂志，16(17)：105-109.
邓国宾，张晓龙，王燕云，等，2008. 香根鸢尾挥发油的化学成分分析及抗菌活性研究[J]. 林产化学与工业，28(3)：39-44.
刁全平，侯冬岩，回瑞华，等，2013. 马莲叶挥发油成分气相色谱-质谱分析[J]. 特产研究，(1)：62-65.
刁银军，许玲玲，麻佳蕾，等，2009. GC-MS联用分析三个品种杨梅树叶的挥发油组分[J]. 化学分析计量，18(1)：25-28.
刁远明，高幼衡，2008. 广东产三叉苦叶挥发性成分的气相色谱-质谱联用分析[J]. 时珍国医国药，19(3)：708.
丁文，宁莉萍，杨威，等，2017. 桢楠精油、精气化学成分及精油生物活性研究[J]. 西北农林科技大学学报（自然科学版），45(9)：123-128.
丁忠源，李淑秀，洪仁惠，1989. 南丰落桔花净油化学成分的研究[J]. 林产化学与工业，9(1)：55-58.
董雷，牟凤辉，杨晓虹，等，2008. 阔叶十大功劳叶挥发油成分GC-MS分析[J]. 特产研究，(1)：50-52.

董雷，杨晓虹，王勇，等，2006. 阔叶十大功劳茎中挥发油成分GC/MS分析[J]. 长春中医药大学学报，22(3)：43-44.
董丽华，郭娟，张红霞，等，2017. 麻欠产地对精油化学成分及抗炎效果的影响[J]. 天然产物研究与开发，29：425-430.
窦全丽，张仁波，肖仲久，等，2010. 小婆婆纳挥发油的化学成分的研究[J]. 安徽农业科学，38(32)：18132-18133，18149.
杜凤国，姜炳文，胡荣，2001. 长白楤木挥发油成分分析[J]. 植物研究，21(1)：110-112.
杜志谦，夏华玲，江海肖，等，2003. 乌药挥发油化学成分的GC-MS分析[J]. 中草药，34(4)：308-310.
樊丹青，陈鸿平，刘荣，等，2014. GC-MS-AMDIS结合保留指数分析花椒、竹叶花椒挥发油的组成[J]. 中国实验方剂学杂志，20(8)：63-68.
樊经建，1992. 花椒、花椒叶芳香油及椒籽油的成分分析[J]. 中国油脂，(1)：22-24.
范丽华，牛辉林，张金桐，等，2013. 脐腹小蠹寄主白榆挥发性物质的分析[J]. 山西农业大学学报（自然科学版），33(4)：305-312.
范润珍，宋文东，2006. 水浮莲叶挥发性化学成分的GC/MS法分析[J]. 福建分析测试，15(2)：8-11.
范妍，黄旭明，莫伟钦，等，2017. SPME/GC-MS法分析不同荔枝品种果实中的香气成分[J]. 热带农业科学，37(6)：72-78.
方长发，孙策，乔方，等，2011. 顶空萃取结合气相色谱-质谱分析3种荔枝花中香气成分[J]. 农产品加工学刊，(4)：16-19.
方健，周期，薛胜霞，等，2011. 琯溪蜜柚和玉环文旦柚果皮挥发油化学成分分析比较[J]. 海峡药学，23(8)：95-98.
房敏峰，王锐，张文娟，等，2010. 气相色谱-质谱联用法分析药对远志-石菖蒲的挥发油[J]. 中成药，32(2)：311-314.
冯璐璐，毛运芝，冉慧，等，2018. 6种宽皮柑橘果皮精油GC-MS鉴定与组分差异分析[J]. 果树学报，35(4)：412-422.
冯旭，李耀华，梁臣艳，等，2014. 赤苍藤叶挥发油化学成分分析[J]. 时珍国医国药，25(6)：1338-1339.
冯志坚，李文锋，陈秀娜，等，2009. 毛黄肉楠挥发油成分分析[J]. 广东林业科技，25(3)：25-28.
冯自立，李志刚，敖义俊，等，2014. 朱桔叶挥发油化学成分及抑菌活性研究[J]. 中国实验方剂学杂志，20(5)：102-105.
付复华，李忠海，单杨，等，2010. GC-MS法分析三种柑橘皮精油成分[J]. 食品与机械，26(3)：30-34.
付娟，赵桦，2010. 吴茱萸和密楝叶中挥发油成分的气相色谱-质谱分析[J]. 时珍国医国药，21(1)：60-64.
付俊，李钧敏，陈少云，等，2009. 乌药叶挥发油的化学成分研究[J]. 中草药，40(增刊)：112-114.
甘秀海，梁志远，王道平，等，2012. 固相微萃取—气相色谱—质谱法分析火龙果果肉中挥发性成分[J]. 理化检验-化学分册，48(6)：726-727，730.
甘泳红，刘光华，2012. 海芋挥发性化学成分研究[J]. 广东农业科学，(24)：38-39.
高昂，赵兵，巩江，等，2013. 柱果绿绒蒿挥发油化学成分及其抗氧化活性的研究[J]. 中国中药杂志，38(2)：284-288.
高玉琼，刘建华，霍昕，2003. 石菖蒲挥发油成分的研究[J]. 贵阳医学院学报，28(1) 31-33.
高玉琼，丁丽娜，赵德刚，等，2009. 短柄南蛇藤叶超微粉与普通粉挥发油化学组成的对比研究[J]. 中山大学学报（自然科学版），48(2)：63-65，70.
宫海明，赵桦，2008. 不同产地吴茱萸果实挥发油成分的GC-MS分析及与小花吴茱萸的比较[J]. 西北植物学报，28(3)：595-605.
弓宝，肖艳，李榕涛，等，2016. 海南产两种九里香叶精油成分的GC-MS分析[J]. 陕西中医，37(3)：359-360，380.
龚敏，卢金清，肖宇硕，等，2017. 紫花地丁及其混用品挥发性成分比较[J]. 中国药师，20(11)：2080-2082.
谷红霞，冀海伟，翟静，2010. 泰山紫草和新疆紫草挥发油成分的GC-MS分析[J]. 中国药房，21(27)：2546-2548.
顾静文，刘立鼎，张伊莎，1990. 三种类型樟树果实的精油[J]. 江西科学，8(2)：22-28.
官艳丽，达娃卓玛，格桑索朗，等，2007. 全缘叶绿绒蒿花精油的GC-MS分析[J]. 中国药学杂志，42(7)：539-540.
郭畅，傅曼琴，唐道邦，等，2018. 梅州4种柚子精油GC-MS分析[J]. 广东农业科学，45(1)：87-93.
郭虹，林观样，2009. 肉桂叶挥发性成分分析[J]. 浙江中医药大学学报，33(6)：883-884.
郭线茹，原国辉，蒋金炜，等，2005. 不同季节黑杨萎蔫叶片挥发物的化学成分分析[J]. 应用生态学报，16(10)：1822-1825.
郭璇华，罗小艳，2008. GC-MS联用分析火龙果花提取液的化学成分[J]. 分析试验室，27(12)：84-87.
郭艳峰，吴惠婵，夏雨，等，2017. 百香果不同发育阶段果汁挥发性成分研究[J]. 福建农业学报，32(3)：299-304.
郭治安，赵景婵，谢志海，2001. 气相色谱-质谱联用分析花椒挥发油的成分[J]. 色谱，19(6)：567-568.

韩安榜，尤志勉，2012. 檫木茎挥发油化学成分的研究[J]. 海峡药学，24(11): 52-53.
韩寒冰，王明阳，刘杰凤，等，2015. 水蒸气蒸馏与乙醇提取化橘红叶成分的GC-MS分析[J]. 食品研究与开发，36(11): 117-119，136.
韩寒冰，张啟，魏国程，等，2018. 南药化橘红花果叶中挥发油成分比较分析[J]. 中医药导报，24(7): 33-36.
韩亮，郭晓玲，冯毅凡，等，2009. 藏药绿萝花挥发性成分GC-MS分析[J]. 中国民族民间医药，18(9): 148-150.
韩明，郑玉玺，刘慧娟，等，2017. 岭南特色果木荔枝木木质精油的提取及其成分分析[J]. 林业科技，42(5): 28-30.
韩明，郑玉玺，董蕾，等，2018. 龙眼木木质精油的提取及其成分分析[J]. 中国林副特产，(1): 36-38.
韩帅，苗志伟，刘玉平，等，2012. 银杏外种皮挥发性成分分析[J]. 食品科学，33(14): 146-149.
韩伟，朱艳华，苏慧，等，2018. 垂柳叶挥发油成分及抗肿瘤活性研究[J]. 化学工程师，(3): 62-65.
韩英，向仁德，1992. 甘薯叶的挥发性化学成分的研究[J]. 天然产物开发与研究，4(3): 39-41.
何冬梅，刘红星，黄初升，等，2010. 百香果籽挥发油的提取研究[J]. 中国酿造，(3): 150-153.
何方奕，张捷莉，李铁纯，等，2000. 杨树花挥发性成分的GC/MS分析[J]. 辽宁大学学报（自然科学版），27(3): 233-235.
何方奕，李铁纯，李发美，2004. 气相色谱-质谱法分析无梗五加茎的挥发油成分[J]. 质谱学报，25(2): 103-106.
何桂霞，易海燕，郭建生，等，2010. 超临界CO_2萃取和水蒸汽蒸馏法研究乌药中挥发性有机物[J]. 天然产物研究与开发，22(5): 816-819，825.
何金明，肖艳辉，杨丽缎，2011. 韶关山苍子果实挥发油含量与组分分析[J]. 广东农业科学，(22): 114-116.
何前松，冯泳，彭全材，等，2010. GC-MS分析臭常山根、茎及叶中主要挥发性化学成分[J]. 中国实验方剂学杂志，16(9): 83-87.
何涛，李林松，康丽洁，等，2006. 七叶莲挥发油成分的GC/MS分析[J]. 江西中医学院学报，18(4): 51.
何紫凝，刘嘉炜，李武国，等，2014. 两面针根和茎超临界CO_2萃取物GC-MS比较分析及体外细胞毒活性评价[J]. 中国中药杂志，39(4): 710-714.
洪化鹏，程光中，1991. 梁王茶成分研究：I梁王精油组份初探[J]. 贵州师范大学学报（自然科学版），(2): 28-31.
侯冬岩，回瑞华，李铁纯，2002. GC/MS法分析透骨草化学成分[J]. 辽宁师范大学学报（自然科学版），25(3): 291-293.
侯冬岩，李铁纯，于冰，2003. 两种菟丝子挥发性成分的比较研究[J]. 质谱学报，24(2): 343-345.
侯冬岩，回瑞华，李铁纯，2001. 黄柏果中挥发性成分的研究[J]. 质谱学报，22(3): 61-65.
侯穴，田义杰，朱公建，等，2005. 刺异叶花椒根挥发性成分分析[J]. 中华实用中西医杂志，18(9): 1370-1371.
胡怀生，胡浩斌，郑旭东，2009. 短柄五加挥发油化学成分及抑菌作用研究[J]. 中药材，32(1): 67-70.
胡文杰，江香梅，2014. 异樟不同部位精油成分的气相色谱-质谱比较分析[J]. 东北林业大学学报，42(10): 118-122.
胡鑫尧，卢为琴，杨成对，等，1989. 东北刺人参挥发油成分的研究[J]. 中草药，20(8): 2-4.
胡延喜，徐亮，王志萍，等，2017. 槟榔果皮挥发油成分的GC-MS分析[J]. 时珍国医国药，28(5): 1055-1056.
胡英杰，安银岭，沈小玲，1991. 良旺茶精油的化学成分[J]. 林产化学与工业，11(3): 247-250.
黄爱芳，林崇良，林观样，等，2011. 浙产竹叶椒叶挥发油化学成分的研究[J]. 海峡药学，23(4): 40-42.
黄聪，2000. GC/MS法鉴定食用柠檬精油的化学成分[J]. 质谱学报，21(3，4): 15-16.
黄国华，张大帅，宋鑫明，等，2014. 构橘叶挥发油的化学成分及活性研究[J]. 中国实验方剂学杂志，20(5): 97-101.
黄海波，贺红，潘超美，等，2002. 三种不同产地佛手挥发油含量测定和GC-MS分析[J]. 医药世界，(7): 57-59.
黄开响，赖家业，袁，等，2008. 蒜头果叶挥发油提取工艺及其成分分析研究[J]. 广西大学学报（自然科学版），33(增刊): 88-91.
黄兰珍，林励，2008. 化州柚果皮、花、叶有效成分的比较研究[J]. 中药新药与临床药理，19(3): 213-215，219.
黄蕾蕾，熊世平，周治，等，2001. 食用土当归挥发油化学成分的研究[J]. 中药材，24(4): 274-275.
黄立兰，李春远，邓雪莹，等，2010. 几种荔枝叶挥发性成分的比较研究[J]. 广东化工，37(9): 128-129，134.
黄丽峰，黄儒珠，张宏梓，等，2007. 金弹果皮挥发油成分的气相色谱-质谱分析[J]. 福建师范大学学报（自然科学版），23(4): 92-95.

黄丽莎，朱峰，2009. 蚌兰花挥发油化学成分的GC/MS分析[J]. 中药材，32(1): 65-66.
黄良勤，王刚，2014. 千日红挥发油提取工艺优化及其化学成分分析[J]. 湖北农业科学，53(5): 1156-1158.
黄品鲜，赖芳，周永红，等，2012. 香粉叶挥发性成分的提取和分析[J]. 应用化学，29(3): 311-315.
黄仕清，徐文芬，王道平，等，2013. 地稔药材中挥发性成分的测定分析[J]. 贵州农业科学，41(8): 76-78.
黄苇，黄琼，罗汝南，等，2003. 西番莲香味及主要糖酸物质含量的季节性变化规律研究[J]. 华南农业大学学报（自然科学版），24(4): 84-87.
黄晓冬，黄晓昆，张娴，等，2010. 天竺桂叶精油的含量动态、化学成分及体外抗菌活性[J]. 中国农学通报，26(4): 182-188.
黄晓冬，黄晓昆，李裕红，2011. 大叶石龙尾叶精油化学成分及其体外抗氧化活性[J]. 泉州师范学院学报，29(2): 21-27.
黄晓钰，钟秀茵，苏毅，1998. 佛手柑挥发油成分提取鉴定[J]. 华南农业大学学报，19(3): 101-106.
黄燕，吴怀恩，韦志英，等，2011. 大头陈挥发油的化学成分分析及其抗菌活性[J]. 中国实验方剂学杂志，17(12): 79-82.
黄远征，温鸣章，肖顺昌，等，1986. 水蒸汽蒸馏巴柑檬叶和果皮精油化学成分的研究[J]. 云南植物研究，8(4): 471-476.
黄远征，胡隆基，向在筠，1990. 髯毛樟叶和樟叶精油化学成分的研究[J]. 四川林业科技，11(3): 7-13.
黄远征，温鸣章，肖顺昌，等，1988. 不同季节银木叶精油化学成分的研究[J]. 武汉植物学研究，6(3): 253-259.
黄远征，陈全友，吴云伦，1989. 香茅醛的两种新的资源植物[J]. 天然产物研究与开发，(2): 75-81.
黄远征，陈树群，陈全友，等，1990. 六种酸橙叶精油成分及其化学分类研究[J]. 西北植物学报，10(2): 149-155.
黄远征，左尧凤，何宗英，等，1991. 两种新的茴香脑资源植物[J]. 天然产物研究与开发，3(3): 18-24.
黄远征，曹延怀，陈全友，等，1993. 罗汉橙叶精油化学成分的研究[J]. 林产化学与工业，13(2): 165-168.
黄远征，何宗英，曹延怀，等，1993. 中国菖蒲属植物根茎挥发油成分分析及其资源的合理利用[J]. 色谱，11(5): 267-270.
黄远征，陈全友，1998. 110个种和品种的柑橘属植物叶精油的化学成分[J]. 植物学报，40(9): 846-852.
黄远征，吴云伦，1998. 25个种和品种的柑桔果皮精油的化学成分[J]. 天然产物研究与开发，10(4): 48-54.
回瑞华，侯冬岩，李铁纯，等，2001. 黄柏挥发性化学成分分析[J]. 分析化学，29(3): 361-364.
回瑞华，侯冬岩，李铁纯，等，2005. 超临界CO_2萃取淫羊藿挥发油的实验与分析[J]. 分析试验室，24(10): 63-66.
回瑞华，侯冬岩，李铁纯，等，2009. 藏红花挥发性化学成分的气相色谱-质谱分析[J]. 鞍山师范学院学报，11(4): 25-27.
霍昕，丁丽娜，刘建华，等，2009. 短柄南蛇藤茎普通粉与超微粉的挥发性成分的对比研究[J]. 时珍国医国药，20(8): 1943-1944.
纪晓多，濮全龙，杨桂芝，1983. 豆叶九里香挥发油化学成分的研究[J]. 药学学报，18(8): 626-629.
纪晓多，濮全龙，1985. 秋花毛麝香挥发油的成分研究[J]. 植物学报，27(1): 80-83.
季慧，丁霄霖，2007. 顶空固相微萃取气相色谱/质谱法测定“米邦塔”仙人掌挥发性成分[J]. 中国调味品，(7): 65-67.
姬志强，贺光东，康文艺，2008. 普通铁线蕨挥发油的HS-SPME-GC-MS分析[J]. 中国药房，(30): 2359-2361.
贾雷，何湘丽，陶能国，等，2013. 不同发育期椪柑精油对意大利青霉和指状青霉的抑制作用，食品工业科技，34(07): 68-72，76.
贾琦，王瑞，吴喜民，等，2011. 不同种类桂皮化学成分的比较[J]. 上海中医药杂志，45(5): 82-86.
江宁，龚力民，刘塔斯，等，2010. 吴茱萸叶挥发油成分的GC-MS分析[J]. 湖南中医药大学学报，30(1): 43-45.
姜明华，姜建国，杨丽，2010. 不同方法提取代代花中挥发油成分的GC-MS分析[J]. 现代食品科技，26(11): 1271-1279.
姜平川，周军，曹斌，等，2009. 九里香挥发油成分研究[J]. 中药材，32(8): 1224-1227.
蒋东旭，李远彬，何百寅，等，2011. 东风桔挥发油的GC-MS分析[J]. 中药新药与临床药理，22(1): 86-88.
蒋冬月，李永红，沈鑫，2018. 芸香叶片和花瓣释放挥发性有机物成分及其变化规律[J]. 浙江农林大学学报，35(3): 572-580.
蒋华治，王海波，刘锐锋，等，2014. 阴香树皮挥发油成分的GC-MS分析[J]. 中国药房，25(23): 2150-2151.
蒋太白，危莉，王道平，等，2015. 秃叶黄檗果实的挥发性化学成分分析[J]. 贵州农业科学，43(7): 148-150.
金华，马驰骁，2010. 仙人掌挥发油化学成分GC-MS分析[J]. 安徽农业科学，38(24): 13060-13061.
金惠娟，殷宁，彭黎旭，等，2007. 海南红厚壳花浸膏、精油的提取及化学成分分析[J]. 精细化工，24(1): 60-62，100.
康传红，张彦龙，韩晓云，2002. 中药刘寄奴挥发油成分研究[J]. 黑龙江医药，15(5): 343-344.

孔德新，杨晓虹，董雷，等，2013. 东北天南星茎挥发油成分GC-MS分析[J]. 特产研究，(1)：66-68，78.
孔凡丽，包海鹰，2015. 岩高兰分泌组织显微结构特征及其挥发性成分分析[J]. 西北植物学报，35(8)：1587-1596.
赖红芳，申利群，吴志鸿，等，2010. 顶空固相微萃取-气相色谱-质谱法分析扶芳藤叶挥发性成分[J]. 光谱实验室，27(5)：1764-1768.
赖普辉，田光辉，高艳妮，等，2008. 钮子茎中石油醚提取物成分的GC-MS分析[J]. 安徽农业科学，36(23)：10026-10027，10231.
赖普辉，田光辉，季晓晖，等，2010. 大巴山区汉中参叶挥发油化学成分和抗菌活性研究[J]. 中国实验方剂学杂志，16(13)：7-11.
乐长高，付红蕾，2001. 荔枝壳和核挥发性成分研究[J]. 中草药，32(8)：688-689.
雷华平，卜晓英，田向荣，等，2009. 超临界二氧化碳萃取川黄柏挥发性成分及其GC-MS分析[J]. 中国野生植物资源，28(2)：61-62，65.
黎小伟，陈宇，周天详，2015. 壮药阴香皮挥发油成分GC-MS分析[J]. 中药材，38(3)：548-549.
李承敏，梁宇斌，李雪华，2016. 百香果籽挥发油的提取研究[J]. 乡村科技，(12下)：34-35.
李春梅，郁建平，赖茂林，等，2014. 博落回挥发油成分分析及抗氧化活性的研究[J]. 食品科技，39(05)：198-202.
李峰，2002. 水蔓菁挥发油成分的气相色谱-质谱分析[J]. 分析化学，30(7)：822-825.
李高阳，丁霄霖，2006. 亚麻籽挥发油化学成分的SDE-GC/MS分析[J]. 食品研究与开发，27(3)：104-106.
李贵军，赵静峰，羊晓东，等，2008. 大萼木姜子挥发油化学成分研究[J]. 云南化工，35(5)：10-11.
李海池，马晋芳，陈天玲，等，2017. 超临界CO_2萃取磨芋脂溶性成分工艺研究及其成分分析[J]. 中药材，40(5)：1154-1158.
李汉保，吴晴斋，王玉玺，等，1994. 雷公藤叶挥发油成分的研究[J]. 中草药，(4)：174.
李惠勇，刘友平，张玲，等，2009. 花椒和青椒挥发油化学成分的气相色谱-质谱分析[J]. 现代中药研究与实践，23(5)：62-64.
李吉来，陈飞龙，刘传明，等，2002. 白胶木挥发油化学成分GC-MS分析[J]. 中药材，25(9)：637-639.
李建光，金幼菊，骆有庆，等，2002. 光肩星天牛不同寄主树种挥发性物质的比较分析[J]. 北京林业大学学报，24(5/6)：165-169.
李建银，曹利勉，程婷，等，2014. 短柄五加叶挥发油成分的气相色谱—质谱分析[J]. 甘肃中医学院学报，31(5)：23-27.
李姣娟，黄克瀛，龚建良，等，2007. 川桂叶和川桂枝中挥发油的比较研究[J]. 安徽农业科学，35(18)：5412-5413，5416.
李锦辉，2015. 贵州产地八角莲叶挥发性成分分析[J]. 食品科学，36(12)：138-141.
李晶，李和莲，潘娅，等，2010. 石菖蒲挥发油提取方法的比较研究[J]. 广州化工，38(9)：96-97，143.
李静，卫永第，陈玮瑄，1996. 野山参叶挥发油化学成分的研究[J]. 中草药，27(4)：205-206.
李静，卫永第，陈玮瑄，等，1996. 独角莲块茎挥发油化学成分的研究[J]. 吉林农业大学学报，18(2)：29-31.
李麦香，江泽荣，1994. 菖蒲挥发油及其主要成分动态变化的研究[J]. 中国中药杂志，19(5)：274-276，319.
李麦香，江泽荣，1993. 菖蒲中的挥发油成分及其在不同植物部位中的分布研究[J]. 中草药，24(9)：459-461.
李楠楠，孟宪生，包永睿，等，2016. 木蝴蝶挥发性成分体外抗肿瘤活性评价及化学成分研究[J]. 中国现代应用药学，33(11)：1361-1365.
李萍，卢丹，刘金平，等，2003. 远志挥发油成分的GC-MS分析[J]. 特产研究，(4)：43-45.
李钳，张宏达，朱亮锋，1988. 广西九里香精油的化学成分[J]. 云南植物研究，10(3)：359-361.
李荣，盖旭，姜子涛，2011. 天然调味香料月桂精油化学成分的研究[J]. 中国调味品，(11)：98-101.
李瑞珍，廖华卫，陈飞苑，2007. 广州黄皮果挥发油成分研究[J]. 广东药学院学报，23(2)：141-143.
李素云，李孝栋，2012. 石菖蒲薄层鉴别及挥发性成分分析[J]. 福建中医药大学学报，22(5)：48-50.
李铁纯，回瑞华，侯冬岩，2004. 番薯藤挥发性化学成分的分析[J]. 鞍山师范学院学报，6(6)：53-55.
李翔，邓赟，唐灿，杨祥，等，2006. GC-MS分析白鲜皮的挥发油成分[J]. 华西药学杂志，21(6)：556-558.
李向高，帅绯，张崇禧，1990. 根皮全根茎刺人参中挥发油成分的分离鉴定[J]. 中国药学杂志，25(3)：167.

李小凤，程荷凤，蔡春，1999. 红江橙果皮挥发性成分研究[J]. 时珍国医国药，10(1): 4.
李小军，黄玮超，李芝，等，2015. 吴茱萸五加不同部位挥发性成分及其抗炎活性和细胞毒活性研究[J]. 天然产物研究与开发，27: 1156-1161.
李晓霞，王茂媛，王建荣，等，2010. 黄牛木茎脂溶性成分的GC-MS分析[J]. 中成药，32(12): 2179-2181.
李晓霞，王祝年，王茂媛，等，2010. 黄牛木根脂溶性成分的气相色谱-质谱联用分析[J]. 时珍国医国药，21(6): 1455-1456.
李晓霞，黄乔乔，范志伟，等，2014. 金钟藤叶挥发油化学成分分析及其化感潜力研究[J]. 热带作物学报，35(8): 1643-1647.
李焱，秦军，黄筑艳，等，2006. 同时蒸馏萃取GC-MS分析刺异叶花椒叶挥发油化学成分[J]. 理化检验-化学分册，42(6): 423-425.
李焱，秦军，黄筑艳，等，2005. 微波-同时蒸馏萃取花椒挥发油化学成分的GC-MS分析[J]. 贵州工业大学学报（自然科学版），34(3): 33-35.
李阳，江广渝，王海洋，2014. 4种樟科园林树种挥发性物质杀菌能力测定及有效成分分析[J]. 西南师范大学学报（自然科学版），39(6): 29-34.
李宇，周昕，董新荣，等，2010. 汉源花椒挥发油超临界CO_2萃取与GC-MS分析[J]. 化学与生物工程，27(2): 90-94.
李毓敬，李宝灵，曾幻添，等，1993. 湖南油樟的化学类型[J]. 植物资源与环境，2(3): 7-11.
李兆琳，赵兴红，陈宁，等，1990. 罂粟籽辉发油化学成分研究[J]. 兰州大学学报（自然科学版），26(3): 145-146.
李志华，吴彦，杨凯，等，2014. 大果木姜子茎挥发油化学成分分析及在卷烟中的应用[J]. 香料香精化妆品，(5): 25-28，32.
李祖强，罗蕾，黄荣，等，1998. 滇产樟属植物精油的化学研究[J]. 云南大学学报（自然科学版），20(化学专辑): 377-379.
梁波，范丽萍，王文婷，等，2011. GC-MS联用分析香椒子的挥发性成分[J]. 辽宁中医杂志，38(8): 1625-1626.
梁光义，魏慧芬，1989. 大果木姜子挥发油和脂肪油的研究[J]. 贵阳中医学院学报，(4): 55-60.
梁光义，贺祝英，周欣，等，2002. 民族药马蹄金挥发油的研究[J]. 贵阳中医学院学报，24(1): 45-47.
梁洁，王雯慧，李耀华，等，2010. 广西产龙眼花挥发油成分GC-MS分析[J]. 中药材，33(8): 1270-1273.
梁洁，王雯慧，甄汉深，等，2010. 广西产龙眼叶及花挥发油成分气质联用分析[J]. 中国实验方剂学杂志，16(9): 52-55.
梁洁，王雯慧，朱小勇，等，2010. 超临界CO_2流体萃取法与水蒸气蒸馏法提取龙眼花挥发油化学成分的研究[J]. 安徽农业科学，38(16): 8414-8416.
梁立娟，农耀京，韦璐阳，等，2011. 山黄皮果挥发油成分研究[J]. 农业研究与应用，(4): 16-19.
梁娜，杨胜杰，赵洪菊，等，2013. 裂叶牵牛地上部分挥发油化学成分与生物活性研究[J]. 中成药，35(5): 1023-1026.
梁桥辉，郑佩君，黄桂彬，等，2015. 肇庆特色黄皮果挥发油成分及清除羟自由基能力[J]. 农业与技术，35(09): 25-27.
梁庆优，马培恰，王波，等，2014. 广东不同产地柠檬果肉中挥发性风味物质比较和柠檬烯测定方法的研究[J]. 广东农业科学，(8): 116-121.
梁志远，甘秀海，王道平，等，2012. 八角金盘茎、叶、花（果实）中精油的化学成分分析[J]. 安徽农业科学，40(15): 8473-8475.
梁忠云，李桂珍，覃子海，等，2010. 一种新的生化类型的樟树叶油成分分析[J]. 福建林业科技，37(4): 102-104.
廖华卫，邓金梅，黄敏仪，黄皮果皮挥发油成分研究[J]. 广东药学院学报，2006，22(2): 139-141.
廖彭莹，李兵，苗伟生，等. 阳桃叶挥发性成分的气相色谱/质谱分析[J]. 中国实验方剂学杂志，2011，17(9): 126-128.
廖彭莹，李兵，潘为高，等，2012. 裂叶崖角藤挥发性化学成分的GC-MS分析[J]. 广州化工，40(21): 101-102.
林崇良，蔡进章，林观样，2012. 浙江产水菖蒲挥发油化学成分研究[J]. 中国药房，23(7): 640-641.
林聪丽，周子晔，林观样，等，2011. 浙江产竹叶椒枝皮挥发油化学成分的研究[J]. 医药导报，30(9): 1145-1146.
林翠梧，苏镜娱，曾陇梅，等，2000. 毛叶木姜子叶挥发油化学成分的研究[J]. 中国药学杂志，35(3): 156-157.
林佳彬，李冬梅，郑炜，2012. 青花椒挥发油的GC-MS分析[J]. 安徽农业科学，40(30): 14724-14725.
林家逊，许有瑞，顾生玖，等，2008. GC-MS法分析沙田柚幼果中挥发油化学成分的研究[J]. 安徽农业科学，36(24): 10527，10537.
林丽芳，林观样，楚生辉，2011. 浙江产山胡椒叶挥发油化学成分的研究[J]. 海峡药学，23(3): 49-50.

林秋凤，岑颖洲，伍秋明，2010. GC-MS分析小紫金牛挥发性化学成分[J]. 安徽农业科学，38(17)：8951-8952，8969.
林燕，王科军，罗国添，等，2006. 赣南脐橙花挥发油的化学成分分析[J]. 精细化工，23(9)：900-902，906.
林正奎，华映芳，谷豫红，1986. 玳玳花、叶和果皮精油化学成分研究[J]. 植物学报，28(6)：635-640.
林正奎，华映芳，1987. 四川宜宾地区樟科十四种精油化学成分的研究[J]. 林产化学与工业，7(1)：46-64.
林正奎，华映芳，1988. 甜橙贮藏过程香气成分变化[J]. 植物学报，30(6)：623-628.
林正奎，华映芳，龚国萍，等，1990. 月桂叶精油成分及逐月动态变化[J]. 植物学报，32(11)：878-882.
林正奎，华映芳，谷豫红，1990. 十种柑桔叶精油化学成分研究[J]. 四川日化，(2)：23-33.
林正奎，华映芳，1991. 红河橙叶精油化学成分研究[J]. 四川日化，(3)：14-16.
林正奎，华映芳，1992. 来檬叶精油化学成分研究[J]. 四川日化，(3)：11-13.
林正奎，华映芳，1992. 黎檬叶精油化学成分研究[J]. 四川日化，(2)：13-15.
林正奎，华映芳，1992. 葡萄柚叶精油化学成分研究[J]. 四川日化，(4)：10-12.
林正奎，华映芳，1993. 红玉血橙与伏令夏橙叶精油化学成分研究[J]. 四川日化，(4)：17-21.
林正奎，华映芳，1994. 兴山酸橙与巴柑檬叶精油化学成分研究[J]. 四川日化，1：16-20.
林正奎，华映芳，1994. 中国特有的宜昌橙叶精油成分及其分类地位[J]. 四川日化，(4)：9-12.
林正奎，华映芳，1995. N-甲基邻氨基苯甲酸甲酯的新资源植物与化学分类[J]. 四川日化，1：16-21.
凌育赵，曾满枝，严志云，2005. 超临界萃取气-质联用分析虎舌红挥发油化学成分[J]. 精细化工，22(10)：766-769.
凌中华，梁臣艳，原鲜玲，等，2011. 二种酸藤子属植物挥发油的GC-MS分析[J]. 中国民族民间医药，(13)：40-41.
刘冰，陈义坤，郭国宁，等，2013. 基于保留指数的GC-MS分析毛蕊花挥发性成分[J]. 氨基酸和生物资源，35(2)：27-30.
刘布鸣，梁凯妮，黄平，2004. 中药水半夏挥发油化学成分分析[J]. 广西科学，11(1)：52-54.
刘布鸣，林霄，白懋嘉，等，2015. 野生与栽培千里香挥发油化学成分分析研究[J]. 香料香精化妆品，(6)：21-24.
刘春泉，卓成龙，李大婧，等，2015. 速冻加工过程中慈姑挥发性风味成分分析[J]. 食品科学，36(02)：137-141.
刘发光，李鹏，王羽梅，2007. 粤北阴香不同器官中精油成分研究[J]. 生物学杂志，24(5)：25-27.
刘发光，肖艳辉，何金明，等，2013. 韶关野生竹叶花椒挥发油含量与组分分析[J]. 河南农业科学，42(2)：46-49.
刘虹，沈美英，何正洪，1992. 广西樟树叶油的五种生化类型，广西林业科技，21(4)：181-186.
刘惠卿，刘国声，刘铁城，等，1988. 西洋参茎叶中挥发油成分的研究[J]. 中药材，11(3)：37-38.
刘惠卿，刘铁城，1991. 北京农田栽培人参根中挥发油成分分析[J]. 中国药学杂志，26(7)：408，442.
刘基柱，严寒静，房志坚，2009. 白簕叶中挥发油成分分析[J]. 河南中医，29(5)：505-506.
刘剑，刘纳纳，杨虹傑，等，2010. GC-MS分析刺楸树根和根皮中挥发性成分[J]. 安徽农业科学，38(34)：19284-19286.
刘江琴，庄海旗，蔡春，等，1997. 九里香叶与花中挥发油成分研究[J]. 广东医学院学报，15(1)：80-81.
刘锦东，杨朝柱，刘二喜，2014. 大野芋花香气成分分析及其综合开发应用前景[J]. 湖北民族学院学报（自然科学版），32(3)：273-275，281.
刘军民，徐鸿华，丁平，等，2000. 黄毛楤木形态组织鉴定及挥发油成分分析[J]. 中药材，23(9)：524-526.
刘立鼎，顾静文，陈京达，1992. 山胡椒叶子化学成分及其应用[J]. 江西科学，10(1)：38-44.
刘娜，周树娅，尹艳清，等，2014. 藏药革叶兔耳草挥发油的化学成分研究[J]. 云南民族大学学报：自然科学版，23(3)：157-160.
刘宁，李正芬，林铁，1996. 矮杨梅叶精油化学成分分析[J]. 贵州师范大学学报（自然科学版），14(2)：1-4.
刘绍华，黄世杰，胡志忠，等，2010. 藏红花挥发油的GC-MS分析及其在卷烟中的应用[J]. 中草药，41(11)：1790-1792.
刘胜辉，魏长宾，李伟才，等，2008. 3个杨桃品种的果实香气成分分析[J]. 果树学报，25(1)：119-121.
刘世巍，黄述州，2012. 桃儿七挥发油成分的GC-MS质谱分析[J]. 安徽农业科学，40(35)：17075-17076，17112.
刘顺珍，刘红星，张丽霞，等，2011. 金橘叶和金橘果皮挥发油成分的分析[J]. 安徽农业科学，39(26)：15968-15970，15972.
刘偲翔，董晓敏，刘布鸣，等，2010. 广西九里香挥发油GC-MS研究[J]. 中国实验方剂学杂志，16(3)：26-28.

刘偲翔，刘布鸣，董晓敏，等，2010. 小果十大功劳挥发油的化学成分分析[J]. 广西科学院学报，26(3)：216-217，220.
刘偲翔，刘布鸣，何开家，等，2010. 长柱十大功劳挥发油的化学成分分析[J]. 中药材，33(7)：1099-1102.
刘涛，彭志军，金吉芬，等，2014. 东方明珠杨梅挥发油成分及抗肿瘤活性研究[J]. 湖北农业科学，53(18)：4418-4421.
刘为广，张东，杨岚，2011. HS-SPME-GC/MS法分析紫萁挥发性化学成分[J]. 中国实验方剂学杂志，17(8)：63-66.
刘文粢，王玫馨，黄爱东，等，1991. 广陈皮化学成分的比较研究1. 挥发油的成分研究[J]. 中药材，14(3)：33-36.
刘昕，陈滴，李清民，等，2008. 东北刺人参根挥发油成分GC-MS分析[J]. 特产研究，(2)：58-59.
刘新胜，袁璐，姬晓灵，2016. 宁夏丝棉木果实挥发性成分的GC-MS分析[J]. 广州化工，44(15)：113-117.
刘雄民，李伟光，李飘英，等，2007. 蒜头果挥发油提取及化学成分分析[J]. 应用化学，24(8)：968-970.
刘艳清，汪洪武，鲁湘鄂，2007. 阴香茎及叶挥发油化学成分的气相色谱-质谱联用分析比较[J]. 时珍国医国药，18(10)：2383-2385.
刘晔玮，邸多隆，马志刚，等，2005. 甘肃竹叶椒乙醇提取物化学成分研究[J]. 香料香精化妆品，(4)：4-7.
刘育辰，杨叶昆，李忠荣，等，2008. 两种方法提取苗药大果木姜子叶挥发油化学成分的比较研究[J]. 贵阳中医学院学报，30(2)：21-24.
刘元艳，王淳，宋志前，等，2011. 重庆产酸橙与甜橙枳实中挥发油成分的对比分析[J]. 中国实验方剂学杂志，17(11)：45-48.
刘泽坤，陈海霞，2011. 三桠乌药树皮及茎枝中挥发油成分GC-MS分析[J]. 安徽农业科学，39(24)：14639-14641.
刘泽坤，陈海霞，2011. 三桠乌药叶片中挥发油成分及抑菌活性研究[J]. 中国实验方剂学杂志，17(22)：164-167.
刘展元，吴泽宇，陈乐，等，2011. 麻口皮子药挥发油成分的GC-MS分析[J]. 亚太传统医药，7(2)：28-29.
刘哲，陈晓林，张连学，2016. 伐林栽参与平地栽参方法种植人参、西洋参挥发油含量比较[J]. 北方园艺，(20)：151-155.
刘志超，1995. 岩桂叶精油蒸馏出油率及化学成分变化的研究[J]. 林产化学与工业，15(2)：59-62.
刘志刚，李莹，朱芳芳，等，2011. GC-MS法分析贵州产飞龙掌血叶中挥发油成分[J]. 贵阳学院学报（自然科学版），6(2)：28-30，61.
刘志刚，李莹，朱芳芳，等，2011. 飞龙掌血挥发性化学成分的GC-MS分析[J]. 辽宁中医药大学学报，13(11)：150-151.
刘佐仁，陈洁楷，李坤平，等，2005. 七叶莲枝叶挥发油化学成分的GC/MS分析[J]. 广东药学院学报，21(5)：519-520.
柳建军，段桂斌，刘锡葵，2006. 香蜜儿叶香味成分分析[J]. 中国野生植物资源，25(5)：53-56.
龙光远，郭德选，刘银苟，1989. 樟树精油含量的研究[J]. 江西林业科技，(6)：7-14.
卢丹，刘金平，李平亚，2004. 莽吉柿果皮中挥发性成分的研究[J]. 特产研究，(4)：31-32，45.
卢金清，胡俊，唐瑶兴，等，2012. 气相色谱-质谱法分析矮地茶挥发油的化学成分[J]. 中国药业，21(1)：10-11.
卢森华，李耀华，陈勇，等，2012. 当归藤不同部位挥发油成分GC-MS分析[J]. 安徽农业科学，40(2)：733-735.
鲁岐，李向高，1987. 三七挥发油成分的研究[J]. 药学通报，22(9)：528-530.
陆碧瑶，李毓敬，麦浪天，等，1986. 黄樟油素新资源—香楠的精油成分研究[J]. 林产化学与工业，6(4)：39-44.
陆占国，刘向阳，苏荣军，2008. 用比较进样法的Yatay椰子果实精油的GC-MS分析[J]. 北京工商大学学报（自然科学版），26(3)：9-12，16.
陆钊，高凯，潘淑霞，等，2011. 加速溶剂萃取/气相色谱-质谱法分析朝鲜淫羊藿挥发油成分[J]. 哈尔滨工业大学学报，43(8)：145-148.
罗爱嵘，余金明，谢显珍，等，2012. 山苍子花蕾挥发油成分GC-MS分析[J]. 广州化工，40(12)：133-135.
罗凡，费学谦，车运舒，等，2015. 香叶树挥发油、油脂等主要成分分析[J]. 林业科学研究，28(2)：284-288.
罗辉，蔡春，张建和，等，1998. 黄皮叶挥发油化学成分研究[J]. 中药材，21(8)：405-406.
罗思源，刘世尧，卞京军，等，2015. 雅安琼楠鲜叶挥发油成分的GC-NS分析[J]. 西南大学学报（自然科学版），37(3)：166-172.
罗维巍，吕琳琳，孙丽阳，等，2018. 不同方法提取香叶树叶挥发性成分的GC-MS分析[J]. 特产研究，(1)：39-43.
罗亚男，陶晨，王道平，等，2010. 气相色谱-质谱法测定南五加皮挥发性成分[J]. 安徽农业科学，38(17)：8949-8950.
罗永明，李诒光，李斌，1999. 几种辛味中药的化学成分分析[J]. 江西中医学院学报，11(2)：80-81.

吕晴，秦军，章平，等，2005. 同时蒸馏萃取三七花挥发油成分的气相色谱-质谱分析[J]. 药物分析杂志，25(3)：284-287.

麻佳蕾，许玲玲，杨晓东，等，2009. GC-MS方法分析杨梅果实精油中香气成分[J]. 化学分析计量，18(2)：21-23.

麻琳，何强，赵志峰，等，2016. 三种花椒精油的化学成分及其抑菌作用对比研究[J]. 中国调味品，41(8) 11-16.

马国峰，赵冬香，万树青，等，2011. 不同发育时期椰子叶片精油的提取与成分分析[J]. 果树学报，28(2)：246-251.

马惠芬，闫争亮，泽桑梓，等，2011. 毛杨梅叶挥发性化学成分的GC-MS分析[J]. 广东农业科学，(16)：88-89.

马培恰，吴文，唐小浪，等，2008. 广东几个汁用甜橙品种的营养成分及香气组分初探[J]. 广东农业科学，(3)：18-20.

马雯芳，朱意麟，贾智若，等，2013. 小花山小橘叶、茎挥发油GC-MS分析[J]. 中国实验方剂学杂志，19(1)：95-98.

马志刚，张继，杨林，等，2004. 刺异叶花椒不同部位挥发油的GC-MS分析比较[J]. 中国药学杂志，39(7)：502-503.

梅国荣，郭换，刘飞，等，2016. GC-MS-AMDIS结合保留指数分析不同炒制程度花椒饮片挥发性成分[J]. 中国实验方剂学杂志，22(12)：70-74.

梅文莉，曾艳波，戴好富，等，2006. 红厚壳挥发油化学成分[J]. 植物资源与环境学报，15(1)：74-75.

孟佳敏，江汉美，卢金清，等，2017. HS-SPME-GC-MS分析怀牛膝不同炮制品中的挥发性成分[J]. 中国药师，20(10)：1745-1748.

孟佳敏，邸江雪，江汉美，等，2018. 花椒及花椒叶挥发性成分对比研究[J]. 中国调味品，43(4)：49-52，58.

孟祥颖，李向高，张宏，等，2001. 国产西洋参花蕾中挥发油的分离与鉴定[J]. 分析化学，29(5)：542-545.

孟雪，王志英，吕慧，2010. 绿萝和常春藤主要挥发性成分及其对5种真菌的抑制活性[J]. 园艺学报，37(6)：971-976.

孟永海，史连宏，杨欣，等，2015. 花椒挥发油成分GC-MS分析[J]. 化学工程师，(04)：26-28.

米盈盈，薛娟，孙宜春，等，2015. 类叶牡丹挥发油成分GC-MS分析[J]. 化学工程师，(08)：19-21.

宓鹤鸣，李承祜，苏中武，等，1987. 刺人参挥发油成分及其抗真菌活性的研究[J]. 药学学报，22(7)：549-552.

纳智，2005. 蒜香藤叶挥发油的化学成分[J]. 植物资源与环境学报，14(4)：57-58.

纳智，2005. 三桠苦叶挥发油的化学成分[J]. 天然产物研究与开发，17(增刊)：3-6.

纳智，2005. 白簕叶挥发油的化学成分[J]. 广西植物，25(3)：261-263.

纳智，2006. 三种黄皮属植物叶挥发油化学成分的研究[J]. 生物质化学工程，40(2)：19-22.

纳智，2007. 小黄皮叶挥发油的化学成分[J]. 广西植物，27(5)：803-804，791.

纳智，2006. 小叶臭黄皮叶挥发油化学成分的研究[J]. 西北植物学报，26(1)：193-196.

纳智，2007. 西双版纳苦丁茶挥发油的化学成分[J]. 植物资源与环境学报，16(2)：75-77.

倪娜，赵君，2007. GC-MS法分析红毛五加皮中挥发油的化学成分[J]. 中国科技论文在线，2(11)：852-855.

倪士峰，黄静，潘远江，等，2004. 紫金牛地上和地下部位挥发性成分比较研究[J]. 药物分析杂志，24(3)：257-261.

倪士峰，傅承新，吴平，等，2004. 八角莲挥发油化学成分的GC-MS研究[J]. 中草药，35(2)：143-144.

宁洪良，郑福平，孙宝国，等，2008. 无溶剂微波萃取法提取花椒精油[J]. 食品与发酵工业，34(5)：179-184.

牛丽影，郁萌，刘夫国，等，2013. 香橼精油的组成及香气活性成分的GC-MS-O分析[J]. 食品与发酵工业，39(4)：186-191.

牛先前，杜丽君，林秀香，等，2016. 胡椒木叶片精油成分分析及其抗氧化、驱虫、抗菌活性[J]. 热带亚热带植物学报，24(1)：93-98.

牛燕燕，钟琼芯，陈光英，等，2013. 气质联用法鉴别柳叶润楠叶挥发油中化学成分[J]. 中国实验方剂学杂志，19(23)：79-82.

欧小群，王瑾，李鹏，等，2015. 广陈皮及其近缘品种挥发油成分的比较[J]. 中成药，37(2)：364-370.

欧阳建文，熊兴耀，王辉宪，等，2007. 超临界CO_2萃取西番莲籽油及其成分分析[J]. 园艺学报，34(1)：239-241.

欧阳少林，赵小宁，李楚文，等，2013. 龙脑樟果实挥发油成分气相色谱-质谱分析[J]. 中国中医药信息杂志，20(11)：58-60.

欧阳胜，冯育林，陈凯峰，等，2008. 密叶新木姜根的挥发性化学成分研究[J]. 中草药，39(12)：1794-1795.

欧阳胜，关志宇，谢平，等，2007. 密叶新木姜茎、叶挥发油成分比较研究[J]. 世界科学技术-中医药现代化，9(6)：55-57，126.

欧阳胜，谢平，杨世林，等，2007. 密叶新木姜果实中的挥发油化学成分研究[J]. 中草药，38(10)：1470-1471.

潘晓军，林观样，王贤亲，等，2010. 浙产山胡椒根挥发油化学成分的研究[J]. 光谱实验室，27(5)：1777-1779.

潘宣，1998. 红花绿绒蒿油脂性成分的研究[J]. 中国药学杂志，33(4)：208–210.
裴学军，卢金清，黎强，等，2016. HS-SPME-GC-MS法分析不同产地菟丝子中的挥发性成分[J]. 中国药房，27(21)：3006–3009.
彭广，刘建华，汪凯莎，等，2010. 独角莲普通粉与超微粉挥发性成分的对比研究[J]. 中华中医药杂志，25(7)：1119–1121.
彭映辉，张云，陈飞飞，等，2010. 岭南花椒果实精油成分的分析及对两种蚊虫的毒杀活性[J]. 中南林业科技大学学报，30(2)：60–64，69.
蒲兰香，袁小红，唐天君，2009. 九管血挥发油化学成分研究[J]. 中药材，32(11)：1694–1697.
蒲兰香，唐天君，袁小红，等，2010. 不同产地九眼独活挥发油成分分析[J]. 安徽农业科学，38(17)：8946–8948.
齐明明，李紫薇，李聪，等，2016. 不同产地龙牙楤木芽中挥发油成分的GC-MS分析与比较[J]. 中药材，39(7)：1567–1570.
钱正强，周金江，杨明挚，2009. 不同年龄香桂叶精油含量及成分差异分析[J]. 云南大学学报（自然科学版），31(S2)：464–467.
秦波，高海翔，汪汉卿，等，2000. 茶条木挥发油的化学成分[J]. 分析测试学报，19(1)：1–4.
秦军，陈桐，吕晴，等，2003. 扁竹根挥发油组分的测定[J]. 贵州工业大学学报（自然科学版），32(2)：31–32，45.
秦民坚，王强，徐珞珊，等，1997. 射干和鸢尾的挥发性成分[J]. 植物资源与环境，6(2)：54–55.
丘振文，何建雄，唐洪梅，等，2010. 佛手挥发油特征化学成分群GC-MS研究[J]. 现代生物医学进展，10(22)：4363–4365.
邱琴，崔兆杰，刘廷礼，等，2002. 花椒挥发油化学成分的GC-MS分析[J]. 中药材，25(5)：327–329.
邱琴，丁玉萍，赵文强，等，2004. 千年健挥发油化学成分的研究[J]. 上海中医药杂志，38(3)：51–53.
邱松山，周天，梁艳霞，等，2014. 同时蒸馏萃取/GC-MS分析荔枝精油香味成分[J]. 食品研究与开发，35(14)：29–32.
确生，达洛嘉，曾擎屹，等，2017. 斑花黄堇超临界CO_2萃取挥发性成分及抗菌活性的研究[J]. 中国新药杂志，26(2)：203–207.
任三香，王发松，胡海燕，等，2002. 川桂皮挥发油的化学组成[J]. 分析测试学报，21(3)：83–85.
任维俭，温鸣章，肖顺昌，等，1990. 楠木种皮精油化学成分的研究[J]. 天然产物研究与开发，2(3)：79–82.
阮桂平，刘心纯，徐鸿华，等，1997. 不同采收部位南玉桂中挥发油的研究[J]. 中草药，28(5)：268–269，276.
阮桂平，徐鸿华，刘心纯，等，2000. 不同引种地南玉桂与进口越南高山桂中挥发油成分的GC-MS检测[J]. 中草药，31(6)：415–416.
芮雯，郭晓玲，冯毅凡，等，2007. 瑶药野柠檬根挥发性成分GC-MS分析[J]. 广东药学院学报，23(1)：14–16.
尚雪波，张菊华，单杨，等，2010. GC-MS法分析杂柑皮中挥发性精油成分[J]. 食品科学，31(02)：175–178.
沈宁，王素贤，吴立军，等，1991. 中国吉林栽培西洋参挥发油成分的新近研究[J]. 沈阳药学院学报，8(3)：175–181，210.
申鸽，彭映辉，秦巧慧，等，2010. 天竺桂叶精油成分分析及其对蚊虫的毒杀作用[J]. 中南林业科技大学学报，30(9)：132–136.
盛丽，安淑英，吴琛，2017. 黄岩蜜桔的挥发性成分分析[J]. 食品安全导刊，(6)：141–143.
盛文兵，彭彩云，孟瑛，等，2015. 丁香茄挥发油成分GC-MS分析[J]. 湖南中医药大学学报，35(2)：25–26，37.
施丽娜，刘润民，曹树明，等，1989. 市售三七挥发油成分的研究[J]. 昆明医学院学报，10(4)：6–8.
施丽娜，詹尔益，张玉珠，1992. 云南丽江西洋参挥发油成分的研究[J]. 昆明医学院学报，13(2)：17–19.
施启红，吕磊，李玲，等，2011. 运用GC-MS技术对2种淫羊藿挥发性成分的比较研究[J]. 药学实践杂志，29(6)：445–448.
施学骄，张杰红，韦正，等，2012. 枳实、枳壳挥发油成分比较研究[J]. 中药与临床，3(2)：21–24.
史高峰，杨云裳，鲁润华，等，2003. 藏药短管兔耳草挥发性化学成分的研究[J]. 天然产物研究与开发，15(4)：319–321.
石雪萍，张卫明，2010. 红花椒和青花椒的挥发性化学成分比较研究[J]. 中国调味品，35(2)：102–105，112.
宋文东，王浩，张夏娟，2007. 气相色谱–质谱测定红树植物桐花树叶中的挥发油和脂肪酸的组成[J]. 分析试验室，26(增刊)：353–356.
宋洋，2014. 无梗五加根挥发油提取工艺的优化及其化学成分研究[J]. 山西医药杂志，43(5)：487–489.
宋永芳，罗嘉梁，1990. 泡桐花的化学成分研究[J]. 林产化学与工业，10(4)：265–272.
舒康云，陶永元，徐成东，等，2014. 天竺桂叶精油的提取及成分分析[J]. 中南林业科技大学学报，34(1)：107–111.
苏丹，高玉桥，黄增芳，等，2011. 山芝麻挥发油成分的GC-MS分析[J]. 中国药房，22(23)：2173–2174.
苏莉，郭新异，2011. 不同产地延胡索挥发油成分分析[J]. 安徽农业科学，39(33)：20418–20420.

苏薇薇，王永刚，2005. 沙田柚幼果挥发油成分的气相-质谱联用分析[J]. 中国医院药学杂志，25(4)：333-334.

苏秀芳，2008. GC-MS法分析鸡皮果叶挥发油的化学成分[J]. 安徽农业科学，36(25)：10956-10957.

苏秀芳，梁振益，2010. GC-MS法分析细叶黄皮挥发油的化学成分[J]. 食品研究与开发，31(12)：176-178.

苏秀芳，梁振益，2010. 山黄皮茎根挥发油化学成分的气相色谱-质谱联用法分析[J]. 时珍国医国药，21(6)：1540-1542.

苏秀芳，梁振益，2011. 细叶黄皮各器官挥发油的化学成分[J]. 中国实验方剂学杂志，17(12)：87-89.

孙崇鲁，黄克瀛，陈丛瑾，等，2007. GC-MS分析樟叶和枝中挥发油的化学成分[J]. 香料香精化妆品，1：7-9.

孙崇鲁，汤小蕾，陈磊，2015. 榉树叶挥发油化学成分的GC-MS分析[J]. 中国实验方剂学杂志，21(19)：53-56.

孙汉董，丁立生，吴玉，等，1984. 云南野香橼叶油的化学成分[J]. 云南植物研究，6(4)：457-460.

孙凌峰，周传军，彭春耘，1995. 樟树枝叶精油的提取和分析研究[J]. 江西师范大学学报（自然科学版），19(4)：347-351，355.

孙凌峰，叶文峰，刘秀娟，2004. 杂樟油前馏分化学成分及利用[J]. 宜春学院学报（自然科学），26(4)：4-6.

孙启良，卫永第，杨雨东，1995. GC/MS法分析独角莲挥发油[J]. 中国药学杂志，30(9)：572.

孙允秀，张惠祥，1987. 吉林人参根茎叶和芦头中挥发性成分的比较（VI）[J]. 吉林大学自然科学学报，(2)：109-112.

孙允秀，张惠祥，姜文普，等，1987. 人参挥发性成分分析（Ⅳ）-吉林省不同产地的人参根部挥发性成分的研究[J]. 吉林大学自然科学学报，(1)：107-112.

覃文慧，冯旭，李耀华，等，2012. 广西山胶木树叶鲜、干品中挥发油成分的GC-MS分析[J]. 安徽农业科学，40(24)：12003-12004，12084.

覃振林，韦海英，廖冬燕，2012. 柚子枫挥发油化学成分研究[J]. 时珍国医国药，23(5)：1099-1100.

覃振师，贺鹏，王文林，等，2017. 山黄皮果实和叶片挥发油成分分析[J]. 南方农业学报，48(9)：1665-1670.

覃族，陈茜文，何洪城，等，2015. 湖南刨花楠树叶挥发油的成分分析[J]. 中国食品添加剂，(10)：172-175.

谭斌，周双德，张友胜，2008. 江永香柚柚皮中挥发性化学成分的GC-MS联用分析研究[J]. 现代食品科技，24(5)：490-492，482.

唐冰，王成芳，费超，等，2011. GC-MS法分析黄皮叶挥发油的化学成分[J]. 中国实验方剂学杂志，17(17)：94-97.

唐玲，陈高，2014. 蒜香藤的挥发性成分分析[J]. 天然产物研究与开发，26：221-224.

唐天君，蒲兰香，袁小红，等，2010. 铁仔果实中挥发油化学成分的研究[J]. 时珍国医国药，21(8)：1917-1918.

唐闻宁，康文艺，穆淑珍，等.，2002黄皮果挥发油成分研究[J]. 天然产物研究与开发，14(2)：26-28.

唐祖年，杨月，杨扬，等，2011. 芸香挥发油GC-MS分析及其生物活性研究[J]. 中国现代应用药学，28(9)：834-838.

陶光复，丁靖垲，孙汉董，2002. 湖北油樟叶精油的化学成分[J]. 武汉植物学研究，20(1)：75-77

陶光复，吕爱华，丁靖垲，等，1988. 中国特有的反式-甲基异丁香酚新资源植物[J]. 植物学报，30(3)：312-317.

陶光复，吕爱华，张小红，等，1988. 毛桂和少花桂叶精油的化学成分[J]. 武汉植物学研究，6(3)：261-265.

陶光复，吕爱华，张小红，等.，1989柠檬醛和桉叶油素的新资源植物[J]. 武汉植物学研究，7(3)：268-274.

滕杰，杨秀伟，2009. 不同产地吴茱萸挥发油气相色谱-质谱联用分析[J]. 中国现代中药，11(11)：17-20，27.

滕杰，杨秀伟，陶海燕，等，2003. 疏毛吴茱萸果实挥发油成分的气-质联用分析[J]. 中草药，34(6)：504-505.

田发聪，景琳，黄云峰，等，2017. 樟叶鹅掌柴叶挥发油化学成分研究[J]. 广西科学院学报，33(2)：139-142，146.

田光辉，2011. 大叶三七柄梗中挥发油成分分析及其生物活性的研究[J]. 食品科技，36(1)：188-191.

田卫环，张蓓，2017. 4种不同产地青、红花椒挥发油成分及香气特征研究[J]. 香料香精化妆品，(2)：7-11.

童星，陈晓青，蒋新宇，等，2007. 常春藤挥发油的提取及GC-MS分析[J]. 精细化工，24(6)：559-562.

佟鹤芳，薛健，童燕玲，2013. GC-MS法测定人参和西洋参挥发性成分[J]. 中医药学报，41(1)：49-54.

涂勋良，阳姝婷，李亚波，等，2016. 8个不同柠檬品种果皮香气成分的GC-MS分析[J]. 植物科学学报，34(4)：630-636.

万德光，裴瑾，2001. 三种金丝桃属药用植物挥发油气相色谱-质谱联用分析[J]. 中药材，24(12)：867-869.

万德光，陈幼竹，2004. 杨叶木姜子果实的挥发油成分分析[J]. 天然产物研究与开发，16(2)：136-137.

万顺康，董光平，张兰胜，2012. 山胡椒挥发油化学成分的研究[J]. 时珍国医国药，23(6)：1470-1471.

王彬，裴科，汪小莉，等，2015. 气相色谱—质谱联用测定石菖蒲中26种挥发性成分的研究[J]. 时珍国医国药，26(11)：2627-2630.
王长青，潘素娟，雷新有，等，2011. 太白楤木芽挥发性成分及抑菌活性研究[J]. 资源开发与市场，27(12)：1070-1072.
王陈翔，周子晔，林官样，2011. 浙产山鸡椒各部位挥发油化学成分的比较[J]. 中国中医药科技，18(4)：317-319.
王成章，沈兆邦，谭卫红，等，2000. 银杏叶精油的化学成分[J]. 热带亚热带植物学报，8(4)：329-332.
王丹红，陈玉婷，李飞，等，2007. 巫山淫羊藿叶中挥发油成分的气相色谱-质谱分析[J]. 时珍国医国药，18(12)：3022-3023.
王发松，杨得坡，任三香，等，1999. 香叶树果挥发油的化学成分和抗菌活性研究[J]. 天然产物研究与开发，11(6)：1-5.
王发松，杨得坡，任三香，等，1999. 山苍子叶挥发油的化学成分与抗真菌活性[J]. 中药材，(8)：401-403.
王发松，黄世亮，胡海燕，等，2002. 柠檬醛分子蒸馏纯化新工艺与毛叶木姜子果油成分分析[J]. 天然产物研究与开发，14(2)：55-57.
王桂红，胡俊杰，肖伊，等，2011. 橘叶挥发油化学成分的气相色谱-质谱分析[J]. 中国医院药学杂志，31(4)：272-274.
王华，吴厚玖，焦必林，等，1999. 柚香精油的提取与成分研究[J]. 中国南方果树，28(6)：13-14.
王继彦，李向高，许传莲，等，2004. 人参果中挥发油和无机元素的分析[J]. 吉林农业大学学报，26(1)：53-56.
王健，张连学，赵岩，等，2011. 长白山地区不同海拔人参挥发油含量及其成分变化规律[J]. 安徽农业科学，39(14)：8315-8318，8321.
王劼，陈保业，晁玉龙，等，2017. 斑唇马先蒿挥发油的超临界萃取及GC-MS分析[J]. 甘肃农业大学学报，52(2)：100-106.
王军，蔡彩虹，陈亮亮，等，2015. 海南山油柑挥发性成分及其生物活性[J]. 中国实验方剂学杂志，21(12)：26-30.
王立中，纪江，1987. 花椒挥发油初步分析[J]. 食品科学，(1)：50-52.
王媚，史亚军，郭东艳，等，2017. 延胡索挥发油的红外光谱法与气相色谱-质谱分析[J]. 中南药学，15(1)：99-102.
王强，陈金印，沈勇根，等，2018. 四个品种赣南脐橙果实糖酸含量及果皮精油成分分析[J]. 食品工业科技，39(6)：1-10.
王秋萍，张承，李俐，2015. 两地桂枝挥发油化学成分分析[J]. 安徽农业科学，43(11)：113-115.
王蓉，徐志杨，毕阳，等，2013. 白果挥发性物质的顶空固相微萃取条件筛选及成分分析[J]. 食品工业科技，34(9)：132-136.
王锐，倪京满，马星，1993. 中药吴茱萸挥发油成分的研究[J]. 中国药学杂志，28(1)：16-18.
王锐，倪京满，马蓉，1995. 中药半夏挥发油成分的研究[J]. 中国药学杂志，30(8)：457-459.
王世伟，2011. 国产肉桂和大叶清化桂的鉴别比较及其挥发油成分研究[J]. 中华中医药学刊，29(6)：1401-1402.
王天山，陈光英，陆昌生，等，2008. 海南假韶子叶子脂溶性可挥发成分气相色谱-质谱联用分析[J]. 时珍国医国药，19(9)：2239-2240.
王文新，王璐，谢冰，等，2010. 西双版纳西番莲果实挥发性香气成分研究[J]. 云南大学学报（自然科学版），32(S1)：60-67.
王祥培，孙宜春，吴红梅，等，2009. 雷公连挥发油化学成分分析[J]. 中成药，31(8)：1257-1259.
王小芳，董晓宁，闫世才，2006. 贯叶连翘挥发性化学成分研究[J]. 西北植物学报，26(6)：1259-1262.
王晓，程传格，刘建华，等，2005. 泡桐花精油化学成分分析[J]. 林产化学与工业，25(2)：99-102.
王晓娟，刘应蛟，龚力民，等，2016. GC-MS法检测湘产扣子七、白三七挥发性成分含量研究[J]. 亚太传统医药，12(14)：35-38.
王晓萌，叶扬，周双，等，2012. 藏红花花瓣和雄蕊挥发油化学成分GC-MS分析及比较[J]. 天然产物研究与开发，24(9)：1239-1241，1260.
王晓炜，刘吉金，熊英，等，2005. 澄茄子挥发油成分的GC-MS分析[J]. 天津药学，17(3)：7-9.
王晓霞，魏杰，阴耕云，等，2013. 不同方法提取的柚子花的挥发性成分分析[J]. 云南师范大学学报（自然科学版），33(4)：52-59.
王学军，杨碧仙，赵能武，等，2013. 黔产七叶莲挥发性成分GC-MS测定分析[J]. 贵州科学，31(6)：30-33.
王娅娅，张有林，2007. 花椒籽中脂肪酸及挥发性成分的GC/MS分析研究[J]. 中成药，29(12)：1838-1840.
王燕，高洁，崔建强，等，2016. 陕产贯叶连翘挥发油的提取工艺优化及GC-MS分析[J]. 化学与生物工程，33(3)：28-32.
王勇，陈硕，李泽友，等，2012. 气相色谱-质谱联用对海南产黄皮叶挥发油成分分析[J]. 海南医学院学报，18(12)：1701-

1703，1707.
王悠然，周春娟，杨永利，等，2015. 龙眼果皮干燥前后挥发性化学成分的GC-MS分析[J]. 湖北农业科学，54(3)：682-686.
王岳峰，范静娴，许冬强，2007. 野黄桂叶挥发性成分色谱-质谱联用分析[J]. 时珍国医国药，18(12)：2923-2924.
王钊，蒋俊兰，梁瑞璋，1989. 野香橼果皮油成分研究[J]. 西南林学院学报，9(2)：131-135.
王兆玉，郑家欢，林敬明，等，2016. 九里香不同部位挥发油成分GC-MS分析[J]. 中药材，39(6)：1323-1326.
王忠壮，郑汉臣，苏中武，等，1994. 楤木的生药学研究和挥发油成分分析[J]. 中国药学杂志，29(4)：201-204.
王忠壮，郑汉臣，苏中武，等，1994. 头序楤木根皮中挥发油、氨基酸及微量元素的测定[J]. 第二军医大学学报，15(5)：438-441.
王忠壮，胡晋红，檀密艳，等，1996. 虎刺楤木的资源调查及化学成分分析[J]. 中草药，27(3)：140-141.
王忠壮，汤海峰，苏中武，等，1997. 中药九眼独活的显微鉴定及化学成分分析[J]. 第二军医大学学报，18(2)：153-156.
王忠壮，张凤春，苏中武，等，1995. 太白楤木的生药学研究及化学成分分析[J]. 中国药学杂志，30(4)：199-202.
王忠壮，郑汉臣，苏中武，等，1993. 辽东楤木挥发油的成分[J]. 植物资源与环境，2(3)：29-32.
王祝年，李晓霞，王建荣，等，2010. 黄牛木果实挥发油的化学成分研究[J]. 热带作物学报，31(6)：1047-1049.
汪存存，卫罡，李润美，2008. 毛麝香挥发油成分的GC-MS分析[J]. 中国中医药信息杂志，15(2)：36-37.
汪凯莎，丁丽娜，刘建华，等，2009. 仙人掌超微粉挥发性成分研究[J]. 生物技术，19(5)：54-55.
卫强，纪小影，2015. 金边黄杨叶、茎挥发油成分分析及抗肿瘤活性研究[J]. 现代食品科技，31(12)：42-48.
卫强，刘洁，2016. 大叶黄杨叶、茎、果挥发油成分及抗病毒作用[J]. 应用化学，33(6)：719-726.
卫强，邵敏，周莉莉，2016. 柳树叶、茎挥发油成分及解热、抗菌作用研究[J]. 中药新药与临床药理，27(3)：404-412.
卫强，王燕红，2016. 棕榈花、叶、茎挥发油成分及抑菌活性研究[J]. 浙江农业学报，28(5)：875-884.
卫强，刘洁，2016. GC-MS测定红花酢浆花与叶中的挥发油成分[J]. 分析试验室，35(6)：676-680.
魏小宁，刘霞，武水仙，等，2002. 青杨挥发油化学成分研究[J]. 天然产物研究与开发，14(4)：16-19.
温鸣章，黄远征，肖顺昌，等，1986. 木里香橼精油化学成分的研究[J]. 植物学报，28(5)：511-516.
温鸣章，肖顺昌，赵蕙，等，1989. 木里柠檬叶精油化学成分的研究[J]. 天然产物研究与开发，(2)：18-22.
温鸣章，任维俭，伍岳宗，等，1990. 少官桂精油化学成分的研究[J]. 天然产物研究与开发，2(3)：54-58.
吴迪，陈亮，辛秀兰，等，2012. HS-SPME-GC-MS分析短梗五加挥发性成分[J]. 江苏农业科学，40(6)：298-299，365.
吴刚，陆宇，梅之南，2008. 傣药坡扣挥发油化学成分研究[J]. 中国民族医药杂志，(2)：53-54.
吴刚，秦民坚，张伟，等，2011. 椿叶花椒叶挥发油化学成分的研究[J]. 中国野生植物资源，30(3)：60-63.
吴海峰，潘莉，邹多生，等，2006. 3种绿绒蒿挥发油化学成分的GC-MS分析[J]. 中国药学杂志，41(17)：1298-1300.
吴航，王建军，刘驰，等，1992. 黄樟化学型的研究[J]. 植物资源与环境，1(4)：45-49.
吴航，朱亮锋，李毓敬，1992. 阴香种内化学型的研究[J]. 植物学报，34(4)：302-308.
吴恒，阴耕云，黄静，等，2015. 尤力克柠檬叶挥发油成分分析及其在卷烟加香中的应用[J]. 江西农业学报，27(8)：80-83.
吴建国，陈体强，吴岩斌，等，2015. 小花黄堇挥发油成分的GC-MS分析[J]. 中国药房，26(12)：1686-1688.
吴学文，熊艳，游奎一，2008. 湖南产樟树不同部位精油分析[J]. 天然产物研究与开发，20：1035-1039.
吴学文，熊艳，游奎一，2011. 樟树叶挥发性成分研究[J]. 广西植物，31(1)：139-142.
吴月仙，倪燕，尹贵豪，2010. 海南琼中绿橙果皮香精油成分的GC-MS分析[J]. 热带农业科学，30(5)：18-20.
伍岳宗，温鸣章，肖顺昌，等，1990. 我国特有植物-木里香橼叶精油化学成分的研究[J]. 天然产物研究与开发，2(1)：32-36.
武尉杰，谭睿，卢琼，等，2013. 藏药木橘挥发油化学成分气相色谱—质谱联用分析[J]. 中国药业，22(17)：11-13.
武子敬，2010. 远志挥发性成分的GC-MS分析[J]. 安徽农业科学，38(9)：4562，4574.
席萍，曾惠芳，詹若挺，等，2000. 山桔叶挥发油化学成分分析[J]. 中药材，23(6)：335-336.
夏文斌，周瑞芳，欧桂香，2011. 橘白、橘络、橘叶、化橘红、青皮与陈皮的挥发油成分比较分析[J]. 亚太传统医药，7(10)：33-36.
项昭保，陈海生，夏晨燕，等，2008. 木姜子挥发油的化学成分及抑菌活性研究[J]. 中成药，30(10)：1514-1516.

肖炳坤，杨建云，黄荣清，等，2016. 贯叶金丝桃挥发油成分的GC-MS分析[J]. 中国实验方剂学杂志，22(11): 64-67.
肖炳坤，杨建云，黄荣清，等，2016. 元宝草挥发性成分GC/MS分析[J]. 解放军药学学报，32(1): 22-27.
肖红利，忤均祥，侯建雄，等，2007. 罂粟籽挥发性化学成分分析[J]. 现代科学仪器，(2): 70-72.
肖建平，陈体强，陈丽艳，等，2009. 绿衣枳实与绿衣枳壳挥发油成分GC-MS分析比较[J]. 福建中医学院学报，19(4): 25-27.
谢丽莎，龚志强，原鲜玲，等，2010. 红果山胡椒叶挥发油化学成分的GC-MS分析[J]. 上海中医药杂志，44(7): 75-77.
辛广，张平，张雪梅，2005. 山竹果皮与果肉挥发性成分分析[J]. 食品科学，26(8): 291-294.
辛文芬，陈宝生，1997. 红橙皮油化学成分的分析[J]. 香料香精化妆品，(1): 8-10.
邢其毅，金声，林祖铭，等，1995. 荔枝香气化学成分的研究[J]. 北京大学学报（自然科学版），31(2): 159-165.
邢有权，孙志忠，韩晓玲，等，1992. 黑龙江刺五加根和茎挥发油成分的气相色谱-质谱分析[J]. 黑龙江大学自然科学学报，9(4): 92-96.
邢有权，孙志忠，辛柏福，等，1991. 刺五加果实挥发油成分的气相色谱-质谱分析[J]. 黑龙江大学自然科学学报，8(4): 87-89，97.
熊梅，张正方，唐军，等，2013. HS-SPME-GC-MS法分析肉桂子挥发性化学成分[J]. 中国调味品，38(1): 88-91.
熊泉波，施大文，1992. 花椒及其类同品挥发油的分析[J]. 上海医科大学学报，19(4): 301-306.
熊汝琴，姬梅娟，蒋次清，等，2011. 云南厚壳桂叶脂溶性成分分析[J]. 安徽农业科学，39(2): 761-763.
熊艳，蒋孟良，吴学文，2003. 竹叶椒叶挥发性成分的研究[J]. 中药材，26(6): 410-411.
熊元君，伊力亚斯•卡斯木，解成喜，等，2006. 腺点金丝桃挥发油化学成分分析[J]. 中成药，28(6): 865-867.
熊运海，王玫，余莲芳，等，2009. 丁香与桂皮挥发油混合后化学成分变化分析[J]. 食品科学，30(24): 311-315.
胥聪，龙普明，魏均娴，等，1992. 三七花挥发油的化学成分研究[J]. 华西药学杂志，7(2): 79-82.
徐达宇，陈湘宏，康文娟，等，2016. 不同提取方法提取藏药五脉绿绒蒿挥发油主成分的研究[J]. 青海医学院学报，37(3): 164-169.
徐多多，郑炜，高阳，等，2012. 荔枝核挥发油的GC-MS分析[J]. 安徽农业科学，40(7): 4058-4059，4062.
徐飞，吴启南，李兰，等，2011. 气质联用法分析泽泻中的挥发性成分的研究[J]. 南京中医药大学学报，27(3): 277-280.
徐汉虹，赵善欢，1996. 沉水樟精油的杀虫活性与化学成分研究[J]. 华南农业大学学报，17(1): 10-14.
徐禾礼，余小林，胡卓炎，等，2010. 七个荔枝品种果实香气成分的提取与分析研究[J]. 食品与机械，26(2): 23-26，39.
徐凯建，闫凤，顾风云，等，1997. 淫羊藿叶中挥发油成分的气相色谱/质谱分析[J]. 中成药，19(9): 34-35.
徐攀，姚煜，刘英勃，等，2009. 黄堇挥发油化学成分的GC-MS分析[J]. 中草药，40(增刊): 108-109.
徐凤侠，黄青云，刘鸿洲，等，2009. 光叶三角梅‘Formosa’叶片挥发性组分的GC-MS分析[J]. 亚热带植物科学，38(4): 5-8.
徐凤侠，黄青云，刘鸿洲，等，2010. 三角梅属四个品种花挥发性组分的GC-MS分析[J]. 亚热带植物科学，39(1): 1-4.
徐嵬，陶海燕，杨秀伟，2008. 西红花挥发油化学成分的GC-MS分析[J]. 中国现代中药，10(5): 15-17，46.
徐位良，李坤平，袁旭江，2005. 广西鹅掌柴挥发油化学成分GC-MS分析[J]. 中药材，28(6): 471.
徐晓浩，孙立伟，姜锐，2017. 林下参花挥发油化学成分及其抗肿瘤细胞增殖活性研究[J]. 北华大学学报（自然科学版），18(1): 38-42.
徐元芬，刘信平，张驰，2016. GC-MS分析不同生长期荸荠杨梅果实挥发油化学成分[J]. 食品科学，37(02): 87-91.
许俊洁，卢金清，屠寒，等，2015. HS-SPME-GC-MS法分析五加皮、香加皮和地骨皮中挥发性成分[J]. 中药材，38(2): 330-332.
许玲玲，杨晓东，韩铮，等，2009. 东魁杨梅树叶和果实精油成分的比较与分析[J]. 食品科学，30(10): 248-251.
许有瑞，顾生玖，朱开梅，等，2010. 椪柑幼果挥发油化学成分的GC-MS分析[J]. 安徽农业科学，38(16): 8410-8411.
薛敦渊，李兆琳，陈耀祖，1986. 阴行草中挥发油的分析[J]. 高等学校化学学报，7(10): 905-908.
牙启康，卢文杰，陈家源，等，2011. GC-MS分析壮药大头陈中的挥发油成分[J]. 药物分析杂志，31(3): 544-546.
严小红，张凤仙，魏孝义，2000. 豺皮樟根部挥发油成分的GC-MS分析[J]. 中药材，23(6): 331-332.

严小红，张凤仙，魏孝义，等，2001. 豺皮樟叶挥发油化学成分的研究[J]. 热带亚热带植物学报，9(1)：81-82.
严赞开，陈树思，刘朝吉，等，2014. 宜昌橙鲜果皮及其蜜饯香气成分分析[J]. 食品工业，35(8)：268-271.
闫争亮，马惠芬，李勇杰，等，2012. 橄榄园不同树叶挥发性物质对陈齿爪鳃金龟选择行为的影响[J]. 西南大学学报（自然科学版），34(2)：45-52.
晏晨，郭洪位，张云东，等，2015. 黔产川黄柏果实中挥发油化学成分研究[J]. 黔南民族医专学报，28(2)：90-92.
杨博，2008. 鸢尾根挥发性成分的GC-MS分析[J]. 分析试验室，27(增刊)：129-131.
杨彩霞，刘宁，苏小龙，等，2012. 梧桐花挥发油化学成分的研究[J]. 安徽农业科学，40(12)：7087-7088，7094.
杨胆，高翔，王萌，等，2010. 红花香雪兰挥发油提取方法及化学成分分析[J]. 东北师大学报（自然科学版），42(1)：106-110.
杨得坡，王发松，张宏达，等，2000. 竹叶楠叶挥发油的化学成分与抗真菌活性研究[J]. 广西植物，20(2)：181-184.
杨得坡，王发松，彭劲甫，等，1999. 香叶树叶精油的GC-MS分析与抑菌活性[J]. 中药材，22(3)：128-131.
杨得坡，王发松，任三香，等，1999. 山胡椒果挥发油的化学成分与抗真菌活性[J]. 中药材，22(6)：295-298.
杨广成，高玉琼，刘文炜，等，2011. 牵牛子（黑丑）挥发油成分研究[J]. 生物技术，21(4)：74-76.
杨海宽，江香梅，赵玲华，等，2013. 虎舌红不同部位挥发性成分差异研究[J]. 江西农业大学学报，35(5)：993-998.
杨海宽，章挺，汪信东，等，2016. 牛樟叶精油化学成分分析及类型划分研究[J]. 江西农业大学学报，38(4)：668-673.
杨宏伟，周考文，于春洋，2011. 蓝花喜盐鸢尾和喜盐鸢尾的化学成分比较分析[J]. 光谱实验室，28(5)：2723-2727.
杨辉，杨培君，李会宁，2010. 中药材香圆挥发油成分GC-MS分析与比较[J]. 食品与生物技术学报，29(2)：219-229.
杨锦强，杨念云，于生，等，2017. 香樟果挥发性成分不同提取方法的气相色谱-质谱联用分析及其对神经细胞活性的影响[J]. 中国药业，26(12)：23-26.
杨君，朱丽云，尹洁，2014. 东魁杨梅叶精油的提取工艺优化与成分分析[J]. 食品工业，35(11)：139-143.
杨君，吴俊清，Lenka Langhansova，等，2014. 炭梅叶精油的化学成分分析与抗氧化、抑菌活性研究[J]. 食品科技，39(01)：286-290.
杨丽娟，李干鹏，羊晓东，等，2008. 金平木姜子果实的挥发油成分分析[J]. 中国药房，19(15)：1153-1154.
杨柳，杨东娟，马瑞君，等，2009. 五爪金龙叶挥发油化学成分的研究[J]. 时珍国医国药，20(12)：2984-2985.
杨迺嘉，刘文炜，霍昕，等，2007. 天南星挥发性成分研究[J]. 生物技术，17(5)：52-54.
杨青，陈世品，邹利清，等，2009. 浙江桂叶油化学成分的GC-MS分析[J]. 生物质化学工程，43(3)：25-27.
杨素华，陆顺忠，邱米，等，2018. 高含量邻伞花烃樟树精油成分分析[J]. 林业工程学报，3(1)：49-53.
杨卫平，杨占南，何前松，等，2009. GC-MS分析不同方法提取的疏毛吴茱萸挥发性成分[J]. 精细化工，26(5)：458-463.
杨小凤，仇佩虹，李永，等，2007. 瓯柑石油醚提取物的GC-MS分析[J]. 分析试验室，26(1)：85-88.
杨小洪，2009. 一朵云挥发油成分的GC/MS分析[J]. 湖北民族学院学报（自然科学版），27(2)：141-143.
杨晓东，肖珊美，韩铮，等，2008. 杨梅果实挥发油的气-质联用分析[J]. 果树学报，25(2)：244-249.
杨晓红，张桂霞，崔鹏，2001. 蜜柚果皮挥发油成分的GC-MS分析[J]. 武汉化工学院学报，23(2)：13-15.
杨晓红，侯瑞瑞，赵海霞，2002. 鲜龙眼肉挥发性化学成分的GC-MS分析[J]. 食品科学，23(7)：123-125.
杨序成，侯娜，2017. 顶空固相微萃取-气质联用法测定日本花椒挥发油成分分析[J]. 化学科学，35(1)：94-96.
杨延峰，祝爱艳，王远兴，2017. 南丰蜜桔挥发性成分的主成分分析[J]. 食品科技，42(04)：280-286.
杨彦松，2013. 砂糖橘精油化学组成及对指状青霉的抑菌活性[J]. 食品科学，34(07)：125-128.
杨燕军，1998. 金桔挥发油成分的GC-MS分析[J]. 中药材，21(2)：87-88.
杨艳，杨春英，杨荣玲，等，2014. 火焰花挥发性成分的SPME-GC/MS分析[J]. 热带作物学报，35(5)：1016-1020.
羊青，王建荣，王清隆，等，2015. 茵芋鲜叶挥发油成分及抑菌活性研究[J]. 中华中医药学刊，33(11)：2631-2633.
姚健，王振恒，刘涵，等，2004. 刺异叶花椒果皮和种子挥发性成分的分析研究[J]. 中华实用中西医杂志，17(24)：3822-3824.
姚亮，黄健军，2012. 冰糖草挥发油化学成分的GC-MS分析[J]. 中国实验方剂学杂志，18(5)：101-103.
姚祖钰，1997. 白柠檬精油提取加工技术研究[J]. 香料香精化妆品，(4)：8-14.

叶冲，毛寒冰，何军，等，2010. 顶空固相微萃取法分析刺楸树杆和树皮中挥发油的化学成分[J]. 生物质化学工程，44(6)：32-35.
叶鹏，周昱，2007. 琯溪蜜柚鲜花香气成分的气相色谱/质谱分析[J]. 福建分析测试，16(1)：4-6.
叶晓雯，李树帜，唐自明，1999. 松风草挥发油化学成分研究[J]. 云南中医学院学报，22(1)：16-18.
叶欣，卢金清，曹利，等，2018. 气质联用法分析胖大海中挥发性成分[J]. 中国医院药学杂志，38(5)：491-495.
尹鲁生，范俊源，1989. 矮地茶挥发油化学成分的研究[J]. 中草药，20(10)：5-8.
伊力亚斯•卡斯木，解成喜，熊元君，等，2007. 新疆贯叶金丝桃挥发油化学成分分析[J]. 中成药，29(3)：441-442.
易桥宾，谷风林，房一明，等，2015. 发酵与焙烤对可可豆香气影响的GC-MS分析[J]. 热带作物学报，36(9)：1889-1902.
易元芬，吴玉，梁惠玲，等，2000. GC/MS分析黄杨花精油成分[J]. 质谱学报，21(3，4)：89-90.
殷艳华，万树青，2012. 黄皮不同部位挥发油化学成分分析[J]. 广东农业科学，(5)：99-102.
于万滢，张华，黄威东，等，2005. 多种气相色谱联用技术分析陕西刺五加茎挥发油的化学成分[J]. 色谱，23(2)：196-201.
余辅松，姚海萍，邓世明，等，2013. 岭南山竹子茎皮的挥发性成分分析[J]. 海南大学学报自然科学版，31(2)：124-126.
余汉谋，姜兴涛，陈涛，等，2016. 簕欓花椒果实精油的化学成分研究[J]. 中国调味品，41(9)：131-134.
余焘，杨姝丽，孙建华，等，2009. 鸡皮果叶挥发油的重复萃取及气相色谱-质谱法分析[J]. 广西农学报，24(4)：35-37.
余珍，丁靖垲，1996. 几种芸香科柑桔类精油的化学成分与香气的研究[J]. 云南植物研究，18(4)：465-470.
郁建平，古练权，任三香，2001. 贵州老鹰茶（豹皮樟）挥发油成分研究[J]. 食品科学，22(7)：63-64.
郁建平，周欣，古练权，2001. 贵州老鹰茶（红果黄肉楠）挥发油成分研究[J]. 天然产物研究与开发，13(3)：26-29.
郁建平，古练权，周欣，2001. 田基黄茎、花叶挥发油化学成分的研究[J]. 中国药学杂志，36(3)：199-200.
郁建平，刘兴宽，古练权，等，2002. 贵州金丝桃挥发油成分及抗菌活性研究[J]. 中国药学杂志，37(12)：900-902.
俞志雄，杨贤辉，王岳峰，等，1991. 狭叶山胡椒叶油的化学成分[J]. 江西农业大学学报，13(1)：40-46.
俞志雄，杨贤辉，李晓芳，等，1998. 细叶香桂叶油的化学成分[J]. 江西农业大学学报，20(3)：361-364.
喻学俭，程必强，1986. 草八角精油化学成分的研究[J]. 云南植物研究，8(1)：103-106.
袁果，先静缄，袁家谟，等，1996. 华盛顿脐橙花精油化学成分研究[J]. 贵州农业科学，(6)：23-25.
袁娟丽，王四旺，崔雪娜，2009. 花椒挥发油的化学成分分析及体外抑菌活性研究[J]. 现代生物医学进展，9(21)：4108-4112.
袁萍，张银华，王国亮，等，1999. 中国珍稀植物裸芸香精油化学成分研究[J]. 武汉植物学研究，17(2)：184-186.
袁文杰，曾伟成，1999. 干地黄挥发油GC-MS测定[J]. 中药材，22(11)：577.
原鲜玲，谈远锋，梁臣艳，等，2010. 红果山胡椒果实挥发油化学成分的GC-MS分析[J]. 中国实验方剂学杂志，16(17)：81-82，86.
云南省植物研究所，植物化学研究室精油研究组，1975. 云南樟科植物精油的研究—哈尼茶、山鸡椒和清香木姜子果的精油化学成分[J]. 植物学报，17(1)：35-44.
翟彦峰，邢煜军，王先友，等，2010. 地黄叶挥发油GC-MS分析[J]. 河南大学学报（医学版），29(2)：113-115.
曾春晖，杨柯，韦建华，等，2012. 广西山油柑不同部位挥发油成分及抗菌作用的研究[J]. 中成药，34(4)：747-750.
曾春山，李文峰，冯志坚，2013. 4种樟属植物鲜叶精油成分分析[J]. 福建林业科技，40(4)：17-21.
曾虹燕，周朴华，2000. 贯叶连翘挥发性成分分析[J]. 中药材，23(12)：752-753.
曾虹燕，周朴华，裴刚，2001. 元宝草挥发油化学成分的研究[J]. 天然产物研究与开发，13(2)：30-33.
曾志，叶雪宁，沈妙婷，等，2011. 不同产地石菖蒲的挥发性成分研究[J]. 分析测试学报，30(4)：407-412.
张爱平，张建华，2008. 小叶杨叶片挥发性物质成分分析[J]. 新疆农业科学，45(3)：476-478.
张崇禧，马晓静，丛登立，等，2010. GC-MS分析短梗五加化学成分[J]. 资源开发与市，26(7)：577-578，582.
张大帅，钟琼芯，宋鑫明，等，2012. 簕欓花椒叶挥发油的GC-MS分析及抗菌抗肿瘤活性研究[J]. 中药材，35(8)：1263-1267.
张国琳，胡星麟，张卫明，等，2014. 常规粉碎对青花椒挥发油含量与成分的影响[J]. 食品工业科技，35(11)：112-116.
张桂芝，张石楠，孟庆华，等，2009. GC-MS分析肉桂与桂皮挥发油的化学成分[J]. 药物分析杂志，29(8)：1256-1259.
张洪杰，管宁宁，张明哲，1996. 多脉茵芋中挥发油化学成分的研究[J]. 北京大学学报（自然科学版），32(2)：135-139

张宏，张宏桂，吴广宣，等，1993. 野生东北刺人参茎挥发油化学成分研究[J]. 分析化学，21(6)：679-681.
张宏桂，刘松艳，付爱华，等，1999. 野生东北刺人参茎挥发油成分及其抗皮肤癣菌作用[J]. 中国药学杂志，34(6)：369-371.
张晖，王军，杨道友，等，1981. 不同产区石菖蒲挥发油含量及成分考察[J]. 药学通报，16(4)：15-17.
张继，马君义，杨永利，等，2003. 灰绿黄堇挥发性成分的分析研究[J]. 兰州大学学报（自然科学版），39(6)：67-69.
张建和，蔡春，罗辉，等，1997. 黄皮果核挥发油成分的研究[J]. 中药材，20(10)：518-519.
张建逵，高睿，康廷国，等，2013. 西洋参鲜品与干品蛋白质、维生素C、维生素E、挥发油成分及超氧化物歧化酶活性的比较[J]. 中国实验方剂学杂志，19(8)：102-106.
张剑寒，潘祖连，王佩铃，等，2010. 浙产竹叶椒茎皮挥发性成分的GC-MS分析[J]. 医学信息，23(12)：4732-4734.
张捷莉，车奋勇，李学成，等，2008. 玉环柚果皮中香气成分的GC-MS分析[J]. 食品科学，29(10)：480-482.
张捷莉，车奋勇，李学成，等，2008. 玉环柚果肉中挥发性成分的GC-MS分析[J]. 食品科学，29(9)：494-495.
张静，刘静毅，杨云，等，2010. SPME-GC/MS法分析附生美丁花中挥发油化学成分[J]. 中药材，33(2)：225-229.
张军平，冯广武，罗永明，1999. 臭辣树挥发油成分GC-MS分析[J]. 中药材，22(1)：30-31.
张昆，卢蔚，郑穗华，等，1998. SFE-GC/MS分离鉴定卫矛科植物青江藤中的生物活性成分[J]. 广东工业大学学报，15(2)：56-58.
张兰胜，董光平，刘光明，2010. 云南、四川两产地菖蒲挥发油的化学成分分析[J]. 中国药房，21(23)：2153-2155.
张兰胜，董光平，刘光明，2009. 芒种花挥发油化学成分研究[J]. 中药材，32(2)：224-226.
张立坚，蔡春，王秀季，2006. 橘红珠、橘红及化橘红挥发油成分的比较[J]. 广东医学院学报，24(4)：344-345.
张丽，闵勇，王洪，等，2009. 清香木姜子挥发油化学成分研究[J]. 安徽农业科学，37(29)：14183，14193.
张莅峡，刘泓，董建平，1994. 毛梗红毛五加皮挥发油化学成分的研究[J]. 中国药学杂志，29(2)：83-86.
张莅峡，刘泓，2001. 红毛五加茎皮、叶及果实挥发油的GC-MS比较分析[J]. 中国中医基础医学杂志，7(5)：24-27.
张亮，张正行，盛龙生，等，1992. 雷公藤和昆明山海棠植物中挥发性化学成分比较[J]. 中国药科大学学报，23(5)：301-303.
张璐，田棣，窦芳，等，2011. 栾华挥发油的提取及GC-MS分析[J]. 中国现代应用药学，28(3)：262-264.
张明，黄玉林，宋菲，等，2014. SPME-GC/MS联合分析槟榔花香气成分[J]. 热带作物学报，35(6)：1244-1249.
张庆勇，1996. 两种四川花椒油的成分分析[J]. 香料香精化妆品，(3)：9-12.
张仁波，窦全丽，2010. 疏花婆婆纳（Veronicalaxa）中挥发油的化学成分分析[J]. 药用植物研究，1(1)：18-20.
张润芝，关小丽，刘飞，等，2012. 昆明产石菖蒲根和叶挥发油的化学成分分析[J]. 中成药，34(5)：976-979，
张素英，2009. 野生南天竹挥发油化学成分的研究[J]. 遵义师范学院学报，11(6)：77-78，90.
张素英，张仁波，2010. 宽阔水国家级自然保护区松风草挥发油成分分析[J]. 中国药房，21(39)：3719-3721.
张婷婷，陈晓珍，罗应刚，2011. 禹白附生品和制品挥发油成分及稳定性，中国中药杂志，36(10)：1337-1341.
张文莲，朱亮锋，陆碧瑶，等，1995. 银木种内化学类型研究[J]. 热带亚热带植物学报，4(1)：61-64.
张肖宁，孙妍，曹飞，2011. 刺五加叶挥发性化学成分的提取与气相色谱-质谱分析[J]. 中国新药杂志，20(10)：936-939.
张晓凤，高南南，刘红玉，等，2011. 吴茱萸炮制前后挥发油成分及毒性的比较研究[J]. 解放军药学学报，27(3)：229-232.
张永洪，王敬勉，张银华，等，1998. 银杏叶挥发性成分的化学研究[J]. 天然产物研究与开发，11(2)：62-66.
张宇思，王成章，周昊，等，2014. 不同产地龙脑樟叶挥发油成分的GC-MS分析[J]. 中国实验方剂学杂志，20(10)：57-61.
张玉凤，陆群，1997. 几种阔叶树枝叶精油的提取及化学成分分析[J]. 内蒙古林业科技，(3)：37-39，48.
张玉玉，孙宝国，黄明泉，等，2010. 兰考泡桐花的挥发性成分分析研究[J]. 林产化学与工业，30(3)：88-92.
张远志，2017. 乙醇提取法与树脂吸附法提取柚子花香气成分的对比研究[J]. 饮料工业，20(3)：12-16.
张援虎，卢馥荪，1996. 小花琉璃草精油成分的研究[J]. 植物学通报，13(3)：44-47.
张媛燕，陈伟鸿，纪鹏伟，等，2016. 大叶臭花椒果、叶挥发油化学成分的比较分析[J]. 福建师范大学学报（自然科学版），32(1)：65-70.
张云，彭映辉，曾冬琴，等，2010. 竹叶花椒果实精油对两种蚊虫的毒杀活性研究[J]. 广西植物，30(2)：274-279.
张云，彭映辉，陈飞飞，等，2009. 椿叶花椒果实精油对两种蚊虫的生物活性及成分分析[J]. 昆虫学报，52(9)：1028-1033.

张振杰，张宏利，汪佑民，等，1992. 木姜子叶精油的化学成分研究[J]. 天然产物研究与开发，4(1): 20-23.
章立华，刘力，林小凤，等，2014. 七叶莲挥发油的GC/MS分析和抗炎镇痛作用研究[J]. 安徽农业科学，42(23): 7732-7735.
章甫，申子好，尤倩倩，等，2014. 南天竹花挥发油化学成分的GC-MS分析及体外抗氧化活性[J]. 化学研究与应用，26(7): 1084-1088.
赵长胜，郭树科，张小东，等，2013. 五加皮挥发油的气相色谱-质谱联用分析[J]. 中国药物经济学，(1): 28-30.
赵超，张前军，关永霞，等，2008. 金钱蒲挥发油的化学成分及其抑菌活性研究[J]. 江苏中医药，40(1): 68-69.
赵超，程力，周欣，等，2009. 固相微萃取/气相色谱/质谱法分析日本常山挥发性化学成分[J]. 精细化工，26(1): 21-23.
赵晨，邹国林，2007. 狮头柑挥发油化学成分分析[J]. 中国调味品，(8): 71-73.
赵德仁，田作霖，1990. 白菖蒲精油化学成分的初步研究[J]. 长春光学精密机械学院学报，13(3): 25-27.
赵静芳，蒋立勤，钟晓明，2013. 佛手叶挥发性成分的提取鉴定[J]. 中华中医药学刊，31(8): 1773-1777.
赵丽娟，张捷莉，李学成，2006. 木蝴蝶挥发性化学成分的气相色谱-质谱分析[J]. 食品科技，(8): 252-254.
赵琳，丁艳霞，祁献芳，等，2010. 南天竹叶挥发性成分研究[J]. 云南民族大学学报（自然科学版），19(2): 99-101.
赵欧，2010. 山苍子雄花和雌花挥发油的提取及成分分析[J]. 广州化学，35(3): 11-15.
赵欧，周建威，班大明，2010. 山鸡椒不同部位挥发油化学成分的GC/MS分析[J]. 中药材，33(9): 1417-1419.
赵欧，关四维，韦万丽，2015. 贵州不同地区山苍子根部挥发油的GC-MS分析[J]. 湖北农业科学，54(4): 950-952.
赵欧，班大明，2015. 贵州不同地区山苍子果实挥发油化学成分的差异[J]. 贵州农业科学，43(1): 126-128.
赵强，王廷璞，2016. 野生药用红茂草挥发油提取及抗氧化活性研究[J]. 草地学报，24(2): 473-478.
赵树年，陈于澍，孙汉董，等，1986. 石椒草化学成分的研究，Ⅱ. 石椒草精油的化学成分[J]. 中草药，17(4): 9-10.
赵晓红，严善春，迟德富，等，2002. 小青X黑杨树皮中挥发油化学成分分析[J]. 东北林业大学学报，30(6): 18-20.
赵兴红，李兆琳，袁秋生，等，1992. 花椒挥发油化学成分研究[J]. 兰州大学学报（自然科学版），28(4): 74-77.
赵兴杰，籍保平，赵磊，等，2007. 佛手挥发油不同提取方法的比较研究[J]. 食品科学，28(4): 167-170.
赵雪梅，叶兴乾，朱大元，等，2003. 胡柚皮挥发油的化学成分和抗菌活性初步研究[J]. 中国中药杂志，28(11): 1087-1089.
赵岩，侯莹莹，郭帅，等，2015. 反相高效液相色谱法测定白屈菜种子中挥发油成分分析及氨基酸含量[J]. 食品安全质量检测学报，6(12): 5053-5060.
赵志峰，雷鸣，雷绍荣，等，2004. 两种四川花椒挥发油的成分分析[J]. 中国调味品，(10): 39-42.
郑良，朱华勇，沈慧，等，2009. GC-MS分析山东野花椒果皮中挥发油的化学成分[J]. 华西药学杂志，24(4): 386-388.
郑尚珍，王进欣，吕金顺，等，2000. 旱柳叶精油的化学成分[J]. 西北师范大学学报（自然科学版），36(3): 43-46.
钟昌勇，梁忠云，陈海燕，等，2009. 广西山苍子叶挥发油成分GC-MS分析[J]. 天然产物研究与开发，21: 346-348.
钟瑞敏，张振明，王羽梅，等，2006. 杨梅树叶、皮、根部精油成分及其抗氧化活性物质[J]. 林产化学与工业，26(1): 1-5.
中国科学院中国植物志编写委员会，2004. 中国植物志[M]. 北京：科学出版社.
周葆华，操璟璟，2008. 植物资源的环境效应—四季桔叶挥发油抑菌效果实验[J]. 自然资源学报，23(4): 737-744.
周波，谭穗懿，周静，等，2004. 山小橘叶与果实挥发油成分的GC-MS分析论[J]. 中药材，27(9): 640-645.
周大鹏，王金梅，尹震花，等，2012. HS-SPME-GC-MS分析槟榔果皮和种子的挥发性成分[J]. 天然产物研究与开发，24(12): 1782-1786.
周红，黄克健，潘智文，等，2008. 气相色谱-质谱法分析山黄皮果皮挥发油成分[J]. 精细化工，25(1): 65-67.
周继斌，翁水旺，范明，等，2000. 乌药块根及根、茎挥发油成分测定[J]. 中国野生植物资源，19(3): 45-47.
周坚，陈刚，唐维宏，2013. 水蒸气蒸馏法与超临界CO_2萃取法提取五味藤挥发油的化学成分比较[J]. 广西中医药大学学报，16(2): 87-89.
周江菊，任永权，雷启义，2014. 樗叶花椒叶精油化学成分分析及其，抗氧化活性测定[J]. 食品科学，35(06): 137-141.
周劲帆，覃富景，冯洁，等，2012. 二氧化碳超临界流体萃取两面针根挥发油成分的气相色谱-质谱分析[J]. 中国药业，21(11): 5-6.
周露，谢文申，周恒苍，等，2009. 棱子吴茱萸果实挥发油的化学成分研究[J]. 香料香精化妆品，(5): 3-4，38.

周明，卢剑青，陈金印，等，2018. 不同干燥方法对‘修水化红’甜橙皮黄酮含量、抗氧化能力及挥发性风味成分的影响[J]. 果树学报，35(2)：246-256.

周妮，齐锦秋，王燕高，等，2015. 桢楠现代木和阴沉木精油化学成分的GC-MS分析[J]. 西北农林科技大学学报（自然科学版），43(6)：136-140，152.

周琼，梁广文，孔垂华，2004. 白蝴蝶挥发油的化学成分研究[J]. 天然产物研究与开发，16(1)：31-32，35.

周素娣，陈祝林，彭建和，1997. 番红花挥发油GC-MS分析测定[J]. 中草药，28(9)：537-539.

周涛，杨占南，江维克，等，2010. 民族药大果木姜子果实挥发油成分的变异及其规律[J]. 中国中药杂志，35(7)：852-856.

周天达，1995. 毛叶木姜子花挥发油及其镇咳祛痰作用的研究[J]. 现代应用药学，12(3)：16-18.

周向军，高义霞，呼丽萍，等，2009. 刺异叶花椒叶挥发性成分GC-MS分析研究[J]. 资源开发与市场，25(6)：490-491，543.

周燕园，2012. 水蒸气蒸馏与超临界CO_2萃取香胶木叶挥发油化学成分的GC-MS分析[J]. 中国实验方剂学杂志，18(2)：116-118.

朱凤妮，卢剑青，陈金印，等，2017. 江西省6种宽皮柑橘类黄酮及挥发油成分的研究[J]. 果树学报，34(9)：1106-1116.

朱海燕，杨付梅，杨小生，等，2007. 大叶臭椒不同部位的挥发油成分及其抑菌活性分析[J]. 时珍国医国药，18(2)：262-263.

朱红枚，周先礼，王绪甲，等，2007. 野花椒果皮挥发性成分的研究[J]. 天然产物研究与开发，19(4)：246-249.

朱丽云，张春苗，高永生，等，2018. 杨梅叶精油的成分分析及其对肺癌A549细胞增殖抑制作用[J]. 果树学报，35(6)：1-14.

朱亮锋，曾幻添，李毓敬，等，1987. 异大茴香脑新资源—齿叶黄皮的研究[J]. 植物学报，29(4)：416-421.

朱亮锋，陆碧瑶，李宝灵，等，1993. 芳香植物及其化学成分[M]. 海口：海南出版社.

朱小勇，赵红艳，黄贵庆，等，2012. 超临界CO_2提取天茄子挥发油化学成分的分析[J]. 中国实验方剂学杂志，18(7)：139-141.

朱岳麟，郑晓梅，王文广，2009. 早熟金柚果皮挥发油的提取及GC-MS分析[J]. 植物研究，29(2)：253-256.

朱岳麟，郑晓梅，邹卓，等，2008. GC-MS法分析红肉蜜柚果皮香精油的化学成分[J]. 广东化工，35(9)：129-131，55.

祝瑞雪，曾维才，赵志峰，等，2011. 汉源花椒精油的化学成分分析及其抑菌作用[J]. 食品科学，32(17)：85-88.

邹坤，刘小琴，聂发玉，2002. 鲜柑皮挥发油成分及其溶解膨化泡沫的作用[J]. 三峡大学学报（自然科学版），24(5)：461-462，476.

邹联新，郑汉臣，杨崇仁，1999. 大叶九里香叶的挥发油成分研究与植物分类[J]. 中草药，30(6)：417-418.

邹联新，郑汉臣，杨崇仁，1998. 小叶九里香叶挥发油成分分析[J]. 中药材，21(11)：569-571.

邹联新，郑汉臣，杨崇仁，1999. 翼叶九里香叶挥发油化学成分的研究[J]. 中国药学杂志，34(10)：660-662.

邹联新，郑汉臣，杨崇仁，1998. 调料九里香叶的挥发油化学成分研究[J]. 广州中医药大学学报，15(增刊)：23-24.

中文名索引

D

E

M

N

O

P

Q

R

S

T

W

Y

Z

学名索引

A

B

C

D

E

F

G

H

I

J

K

L

M

N

O

P

Q

R

S

T

U

V

W

X

Y

Z